M. E. Berljand

Moderne Probleme
der atmosphärischen Diffusion und der
Verschmutzung der Atmosphäre

M. E. Berljand

Moderne Probleme der atmosphärischen Diffusion und der Verschmutzung der Atmosphäre

In deutscher Sprache herausgegeben von
Dr.-Ing. H. Ihlenfeld

Mit 81 Abbildungen und 43 Tabellen

Akademie-Verlag · Berlin 1982

М. Е. Берлянд
Современные проблемы атмосферной
диффузии и загрязнения атмосферы

Erschienen im Verlag Gidrometeoisdat, Leningrad 1975

Übersetzung aus dem Russischen von

Dr.-Ing. M. Heinze, Dresden
Dr.-Ing. E. Richter, Dresden

Erschienen im Akademie-Verlag, DDR-1086 Berlin, Leipziger Straße 3—4
Lektor: Dipl.-Met. Heide Deutscher

Lizenznummer: 202 · 100/510/82
Gesamtherstellung: VEB Druckerei „Thomas Müntzer", 5820 Bad Langensalza
Einband und Schutzumschlag: Rolf Kunze
Bestellnummer: 7624806 (6446) · LSV 1465
Printed in GDR
DDR 56,— M

Inhaltsverzeichnis

Vorwort

Gegenwärtig verstärkt sich die Aufmerksamkeit für Untersuchungen über die Verschmutzung der Atmosphäre beträchtlich. Wesentlich veränderte sich auch der Charakter dieser Forschungen. Unlängst wurden sie noch nur für voneinander unabhängige Forschungsrichtungen durchgeführt, die mit der technischen Reinigung von Rauchgasen, mit der Festlegung von Kriterien für gesundheitliche Gefährdungen sowie mit der Untersuchung von Besonderheiten der Verteilung von Luftverunreinigungen in der Atmosphäre zusammenhingen. Spezialisten jeder dieser Richtungen interessierten sich hauptsächlich für Fragen, die unmittelbar zum Bereich der von ihnen durchgeführten Arbeiten gehörten. In den letzten Jahren veränderte sich die Situation wesentlich. Es wurde offensichtlich, daß die Erforschung der Verschmutzung der Atmosphäre ein komplexes Herangehen erfordert und selbst Bestandteil der allgemeinen Aufgaben zur Erhaltung der Umwelt sowie zur rationellen Ausnutzung der Naturschätze ist. Die Zahl der Spezialisten, die zur Lösung der angegebenen Aufgabe hinzugezogen werden, wächst schnell. Es erweitert sich der Horizont ihrer gegenseitigen Interessen, die nicht nur durch die Notwendigkeit verursacht werden, die in angrenzenden Forschungsgebieten erzielten Ergebnisse zu verstehen, sondern sie auch anzuwenden. Das bezieht sich besonders auf Fragen zur allgemeinen Beurteilung der Verschmutzung der Atmosphäre und auf die Gesetzmäßigkeiten der Ausbreitung von Schadstoffen zum Zweck der Kontrolle und des Kampfes gegen die Luftverschmutzung. Der Bereich der angegebenen Untersuchungen erweiterte sich auch beträchtlich. Während sie sich früher praktisch den Bedingungen der lokalen Verschmutzung des Luftraumes zuwendeten, so erhielten heute die Arbeiten zur Untersuchung der Makromaßstabseffekte bei der Ausbreitung von Schadstoffen sowie ihre Rolle in ökologischen Prozessen Bedeutung.

An der Lösung der aufgezeigten Aufgaben unter Berücksichtigung der vielseitigen Beurteilung von Folgeerscheinungen der Luftverschmutzung arbeiten gemeinsam Physiker und Mathematiker, Meteorologen und Chemiker, Spezialisten aus verschiedenen Bereichen der Technik, Hygieniker und Biologen sowie Ökonomen und Juristen. An vielen Universitäten und Instituten wurden Vorlesungsreihen zum Naturschutz eingeführt, die Abschnitte zum Studium der Verschmutzung der Atmosphäre enthalten.

Diese Faktoren bestimmen im wesentlichen den Charakter des vorliegenden Buches. Der Verfasser bemühte sich, die Ergebnisse der Arbeiten darzulegen, die im Bereich seiner Interessen sowie der Forschungen in angrenzenden Gebieten liegen.

Der Charakter und der Inhalt des Buches wird in vielem auch durch die Thematik der Arbeiten bestimmt, die der Verfasser und das Kollektiv seiner Mitarbeiter in der Abteilung zur Erforschung der atmosphärischen Diffusion und der Verschmutzung der Atmosphäre des Geophysikalischen Hauptobservatoriums (GGO) A. I. Wojeikow durchführten. In dieser Abteilung wurden in den letzten 10 bis 12 Jahren innerhalb der Hauptforschungsrichtung über die Verschmutzung der Atmosphäre verschiedene Arbeiten angefertigt: zur Theorie; Durchführung von Expeditionsarbeiten; Organisation von Beobachtungsstationen; Methodologie der Beobachtungen; zur Analyse der gewonnenen Informationen und zu Prognosen sowie über die Bestimmung der in der Atmosphäre vorhandenen natürlichen Verschmutzung und die Beurteilung ihrer globalen Tendenz. Diese Untersuchungen liefen im Kontakt mit Arbeiten anderer Institute des Landes und im Plan der internationalen Zusammenarbeit. In diesem Buch werden die erhaltenen Ergebnisse zusammengefaßt und die ersten Schlußfolgerungen der durchgeführten Untersuchungen gezogen.

Der Verfasser möchte den Mitarbeitern der Abteilung zur Erforschung der atmosphärischen Diffusion und der Verschmutzung der Atmosphäre seinen aufrichtigen Dank aussprechen, besonders N. N. Alexandrow, E. J. Besuglaja, I. W. Wassiltschenko, N. S. Wolberg (gemeinsam mit ihm wurden die Abschnitte 7.1. und 7.2. verfaßt), J. L. Genichowitsch, B. B. Goroschko, A. S. Saizew, I. M. Srashewski, T. A. Ognewaja, R. I. Onikul, O. P. Petrentschuk, J. S. Selesnewaja, L. R. Sonkin, I. A. Jankowski, die einen beträchtlichen Anteil an der Entwicklung der angeführten Arbeiten leisteten und den Verfasser bei der Vorbereitung dieser Monographie unterstützten. Der Verfasser ist N. K. Gassilinaja und I. L. Karol für das Lesen des Manuskriptes und die äußerst nützlichen Bemerkungen zutiefst dankbar.

Vorwort zur deutschen Ausgabe

Auf Grund der großen Bedeutung, die gegenwärtig dem Problem des Umweltschutzes beigemessen wird, gehört die Erforschung der atmosphärischen Diffusion und der Verunreinigung der Luft zu einem sich äußerst schnell entwickelnden modernen Wissenschaftszweig. Deshalb ist sogar in der verhältnismäßig kurzen Zeit bis zur Fertigstellung der deutschen Übersetzung dieses Buches und der Herausgabe der zweiten Auflage des Originals in russischer Sprache die Zahl der veröffentlichten Zeitschriftenartikel, Bücher und Vorträge auf wissenschaftlichen Tagungen zu dieser Thematik sehr groß.

Zur vorliegenden Ausgabe des Buches wurden in diesem Zusammenhang eine Reihe Ergänzungen vorbereitet. Sie sind in unterschiedlichem Umfang in alle Kapitel der Monographie einbezogen.

Speziell für die deutsche Ausgabe wurden zehn Abschnitte fast neu ausgearbeitet und niedergeschrieben. Sie sind den besonders in der letzten Zeit entwickelten aktuellen Problemen gewidmet. Das sind die Erforschung der atmoshärischen Diffusion von Bodenquellen unter Berücksichtigung instationärer Prozesse (Abschn. 2.4. u. 3.9.), wie beispielsweise der Emissionen des Autoverkehrs und der Leckstellen von Gasleitungen, die Erforschung der Abhängigkeit der kritischen Windgeschwindigkeit von der Entfernung zur Quelle bei bestimmten Schadstoffkonzentrationen (Abschn. 3.10.), die Berechnung der über das Jahr gemittelten Konzentration von einzelnen Quellen sowie ihrer Gesamtheit (Abschn. 3.11.), aber auch die Ausbreitung industrieller Feuchtigkeit und ihr Einfluß auf die Verteilung der Beimengungen (Abschn. 5.10.). Weiterhin sind die Probleme bei der Anwendung von Ergebnissen der Modellierung der Luftströmung im Windkanal zur Berechnung der Luftverschmutzung (Abschn. 6.11.), der Fernbeobachtungsmethoden und der Anwendung von Lasern (Abschn. 7.4.), der Festlegung von Sanitärschutzzonen sowie der Festlegung von Emissionsgrenzwerten für Bodenquellen (Abschn. 10.8.), der Berücksichtigung der Gesamtemissionen in die Atmosphäre bei der Vorhersage der Verunreinigung der Atmosphäre über lange Zeiten (Abschn. 12.7.) und der Untersuchungsprogramme für den Langstreckentransport (Abschn. 13.11.) mit berücksichtigt worden.

Die Abschnitte zur Überprüfung der Theorie anhand der Daten einer Komplexuntersuchung zur Erforschung der Ausbreitung von Beimengungen für komplizierte Reliefformen, die gemeinsam von einer Reihe sozialistischer Länder durchgeführt wurde, sowie anhand der Beobachtungsergebnisse über große Entfernungen im Gebiet von Wärmekraftwerken in den USA sind wesentlich erweitert worden. Weiterhin wurden die Abschnitte umfangreicher gestaltet, die sich auf die Modellierung der Luftverschmutzung in Städten, die Festlegung maximal zulässiger Emissionen in die

Atmosphäre, die Erforschung der globalen Grundbelastung der Atmosphäre und anderes beziehen.

Zur Wahrung einer einheitlichen Darstellung sind ebenso wie in der russischen Ausgabe in den zusätzlichen Abschnitten der Monographie die neuesten Arbeiten des Autors und seines Forschungskollektivs sehr ausführlich dargelegt worden. Gleichzeitig wurden die Ergebnisse von mehr als 120 Arbeiten aus verschiedenen Ländern und ihre Quellen hinzugefügt.

Möge das Erscheinen der deutschen Ausgabe dieses Buches die weitere Entwicklung der schöpferischen Verbindungen fördern, die sich zwischen den Wissenschaftlern der UdSSR und der DDR herausgebildet haben und in bestimmtem Grade den Beginn einer Zusammenarbeit der Spezialisten der sozialistischen Länder zu meteorologischen Aspekten der Verunreinigung der Atmosphäre angenommen haben. Die Übersetzung des Buches in die in vielen Ländern der Welt sehr verbreitete deutsche Sprache ermöglicht zweifellos auch, den Kreis seiner Leser beträchtlich zu erweitern.

Der Autor ist dem Herausgeber der deutschen Ausgabe des Buches, Herrn Dr. sc. techn. H. Ihlenfeld, und der Leitung des Akademie-Verlages zutiefst dankbar, die die Übersetzung des Buches in Angriff und mit der Vorbereitung seiner Herausgabe eine große Arbeit auf sich genommen haben.

Juli 1978 M. E. Berljand

0. Einleitung

In den letzten Jahren wird den Fragen der Erforschung der atmosphärischen Diffusion und der Verschmutzung des Luftraumes immer mehr Aufmerksamkeit gewidmet. Das damit zusammenhängende Problem der Sorge um die Reinhaltung der Atmosphäre trat schon außerhalb der wissenschaftlichen Forschungen auf. Es erlangte wichtige soziale und staatliche Bedeutung.

Im Vortrag des stellvertretenden Vorsitzenden des Ministerrates der UdSSR W. A. Kirillin auf der vierten Sitzung des Obersten Sowjets der UdSSR („Prawda" vom 20. 9. 1972) wurden Bilanzen einer großen Arbeit gezogen, die in der angegebenen Richtung von einem breiten Kreis von Wissenschaftlern und Spezialisten der UdSSR durchgeführt wurde. Außerdem erfolgte eine allgemeine Charakterisierung des gegenwärtigen Standes der Probleme sowohl in der UdSSR als auch im Ausland. Der Vortrag unterstrich, daß die Menge der Emissionen in die Atmosphäre unseres Planeten sich ständig vergrößert. Im letzten Jahrzehnt verdoppelte sie sich, und wenn nicht notwendige Maßnahmen ergriffen werden, wird sie sich im nächsten Jahrzehnt wenigstens nochmals auf das Doppelte erhöhen. Allein die 250 Millionen Autos auf der Welt, deren Anzahl sich noch weiter vergrößern wird, stoßen in einem Jahr 200 Millionen Tonnen Kohlenmonoxid und 50 Millionen Tonnen Kohlenwasserstoffe aus. Mehrere zehn Millionen Tonnen Asche und schwefelhaltiger Gase gelangen jährlich aus dem sich erweiternden Netz der Wärmekraftwerke in die Atmosphäre. Ungeachtet der beträchtlichen Arbeiten zur Reinhaltung der Atmosphäre von Verschmutzungen, übersteigt in der UdSSR, im Zusammenhang mit dem unaufhörlichen Wachstum der Industrie, des Autoverkehrs und der unzureichend ergriffenen Maßnahmen im Kampf gegen die Verschmutzung, in einer Reihe von Städten die Schadstoffkonzentration im Luftraum die zulässigen Normen, bemerkte W. A. Kirrillin. Er führte im Vortrag Beispiele des erfolgreichen Kampfes gegen die Luftverschmutzung an und unterbreitete einen erweiterten Maßnahmeplan zur Erhaltung und rationellen Ausnutzung der Umwelt.

Das Problem der Reinhaltung der Atmosphäre war Gegenstand von Gesprächen auf höchster Ebene zwischen der UdSSR und den USA im Mai 1972. Es erschien als eines der grundlegenden Bestandteile der unterzeichneten Vereinbarung über die Zusammenarbeit zwischen beiden Regierungen auf dem Gebiet des Umweltschutzes. In dieser Richtung unterhalten die sowjetischen Wissenschaftler auch mit Frankreich, Großbritannien, Schweden und anderen Ländern eine technisch-wissenschaftliche Zusammenarbeit. In Fragen des Kampfes gegen die Verschmutzung arbeiten die sozialistischen Länder aktiv zusammen.

Die Verschmutzung des Luftraumes erreichte in einer Reihe von Staaten einen so hohen Grad, daß eine schnelle Ausarbeitung einer besonderen Gesetzgebung und die

Schaffung von speziellen Regierungsorganen erforderlich wurde. In den USA wurde eine Agentur für Umweltschutz gebildet, in Großbritannien, Polen, Bulgarien und in einer Reihe anderer Länder wurden Ministerien für Umweltschutz gegründet. Die Hauptverwaltung des hydrometeorologischen Dienstes beim Ministerrat der UdSSR wurde 1978 in das Staatliche Komitee für Hydrometeorologie und Überwachung der natürlichen Umwelt der UdSSR umgewandelt.

Die Erklärung der Stockholmer Konferenz der UNO zu Fragen des Umweltschutzes stellte fest, daß „der Schutz und die Verbesserung der Umwelt des Menschen für die gegenwärtige und zukünftige Generation zum wichtigsten Ziel der Menschheit wurde" („Prawda" vom 31. 8. 1974).

0.1. Schäden durch die Verunreinigung der Luft

In den allgemeinen Aufgaben des Umweltschutzes ist die Sicherung der Reinhaltung der Atmosphäre besonders wichtig. Das ist dadurch bedingt, daß die Verunreinigung des Luftraumes sowohl eine Bedrohung der Gesundheit des Menschen als auch der Umwelt insgesamt darstellt. In der Literatur wird oft das anschauliche Beispiel von J. Goldsmith benutzt, in dem gezeigt wird, daß der Mensch im Mittel an einem Tag 1 kg Nahrung und 1,5 kg Wasser benötigt, aber durch seine Lunge 12 kg Luft aufgenommen und verarbeitet werden. Dabei kann er beispielsweise fünf Wochen ohne Nahrung, fünf Tage ohne Wasser, aber nur fünf Minuten ohne Luft leben.

Bekanntlich nehmen infolge der Luftverschmutzung in Industriegebieten verschiedene Krankheiten zu. Das bezieht sich vor allem auf Kinder und ältere Menschen. In zahlreichen Untersuchungen wurde der Zusammenhang zwischen der Luftverschmutzung und dem Auftreten von chronischer Bronchitis, Lungenblähungen (Lungenemphysem) und Asthma festgestellt. Beispielsweise wies Humphrey (1967) darauf hin, daß sich in den USA von 1950 bis 1965 der Prozentsatz der Todesfälle an Lungenemphysem auf das Zehnfache erhöht hat. Nach Schabad (1973) verzehnfachte sich in den letzten 50 Jahren in vielen Ländern die Zahl der Lungenkrebserkrankungen. Zum Beispiel vergrößerte sich in Großbritannien die Zahl der Erkrankungen auf das 40fache (größtes Wachstum) und in der UdSSR 10mal. Das Anwachsen der Erkrankungen hängt im allgemeinen mit dem Gehalt von Verbrennungsprodukten der Brennstoffe und mit einer Reihe anderer Emissionen von krebserregenden Stoffen in die Atmosphäre zusammen. In Städten ist diese Zahl der Erkrankungen unter Nichtrauchern zweimal, unter Rauchern jedoch zehnmal größer als in ländlichen Gebieten (Detrie, 1973). Nach der Einschätzung von Commoner (1974) sind diejenigen, die die Luft von New York einatmen, für Lungenkrebs in fast dem gleichen Grade anfällig, wie jene Menschen, die an einem Tag zwei Schachteln Zigaretten aufrauchen. Schabad (1973) zitiert den vereinfachten, aber bildhaften Satz des englischen Wissenschaftlers Rybus: „Rauch — das ist Krebs".

Nach einer an einer Bevölkerungsgruppe in Industriegebieten der BRD durchgeführten stichprobenmäßigen Überprüfung erwies sich in der Mehrzahl der Fälle der Gehalt von Blei im Organismus höher als das zulässige Maß. Es wurde festgestellt, daß die Bleimenge im Blut der Stadtbewohner in einer Reihe von Gebieten der USA um 30% bis 40% größer ist als in Landgebieten. Bei Menschen, die mit einem Auto fahren, ist diese Menge noch um 50% größer. Nach der Überprüfung, die in dem Industriebezirk Ostrava (ČSSR) 1958 durchgeführt wurde, erhöhte sich die Zahl der Augenerkrankungen durch Bindehautentzündung um 5- bis 20mal. Die Dauer der Behandlung dieser Krankheit verlängerte sich auf das Achtfache, verglichen mit anderen, weniger verunreinigten Bezirken des Landes (Detrie, 1973).

Schon am Ende des vergangenen Jahrhunderts wurden in Deutschland Schädigungen großer Waldflächen in der Nähe von Metallurgiefabriken als Folge der Emission von schwefelhaltigen Gasen beobachtet. 1903 erschien das Buch von Haselhoff und Landau über den Einfluß der Luftverschmutzung auf die Vegetation nach Angaben, die sich auf langjährige Beobachtungen beziehen. Der jährliche Schaden in der Land- und Forstwirtschaft der USA durch die Luftverschmutzung wird auf Hunderte Millionen Dollar geschätzt. Ashby und Fritts (1971) beobachteten auf der Grundlage einer statistischen Analyse der Dicke der Jahresringe von Bäumen ein verlangsamtes Wachstum der Bäume in den Industriegebieten des mittleren Westens der USA nach 1930. Die Luftverschmutzung verstärkt die Korrosion der Metalle. Es ist zu bemerken, daß in Gebieten, in denen chemische Kombinate existieren, die Korrosionsgeschwindigkeit von Eisen und Aluminiumlegierungen um viele Male größer ist als in ländlichen Gebieten. Bei Beobachtungen in Bombay wurde festgestellt, daß sich hier die Korrosion der Metalle um 3- bis 6mal schneller vollzieht als in anderen Küstengebieten Indiens. Mammarella (1971) weist darauf hin, daß nur infolge der Staubablagerungen auf dem Territorium von Indien in einem Jahr Schäden von ungefähr 300 Mill. Dollar entstehen. In Schweden schätzt man die Verluste durch Korrosion auf ungefähr 1 Mrd. Kronen im Jahr (Lindner und Nyberg, 1973). Ein merklicher Einfluß der Luftverschmutzung auf Kulturdenkmäler ist ebenfalls beobachtbar.

In den USA wurde im Jahr 1968 der Schaden durch Luftverunreinigungen, der der Gesundheit der Bevölkerung zugefügt wurde, auf 8,1 Mrd. Dollar, hinsichtlich von Schäden an Wohnbauten auf 5,2 Mrd. Dollar und bezüglich Material und Vegetation auf 4,9 Mrd. Dollar geschätzt. Es wird erwartet, daß 1977 dieser Schaden entsprechend 9,3 Mrd., 8,0 Mrd. und 7,6 Mrd. Dollar ausmachen wird, wenn nicht zusätzliche Maßnahmen ergriffen werden (nach „Environmental quality", 1973). Analoge Beurteilungen zeigen, daß in Japan der jährliche Schaden nicht weniger als 500 Mill. Dollar beträgt, in England ca. 600 Mill. Dollar. Nach Courtright (1972) wird für Kanada dieser Schaden im Jahre 1980 115 Dollar pro Einwohner jährlich betragen, jedoch sind es für die Städte Ontario und Toronto 157 bzw. 208 Dollar im Jahr.

Man kann auf dieser Grundlage annehmen, daß für entwickelte Länder der jährliche Schaden, bezogen auf einen Einwohner, etwa 10 bis 100 Dollar ausmacht.

0.2. Grundlegende Forschungsrichtungen

Im Kampf gegen die Verschmutzung der Atmosphäre kann man einen umfangreichen Komplex von Maßnahmen anwenden, unter denen die Vervollkommnung der Technologie von Produktionsprozessen und Motoren eine große Rolle spielt. Aber auch die Verbesserung der Abdichtung von Ausrüstungen, die Quelle von schädlichen Stoffen sind, sowie die Reinigung der Abluft und Rauchgase, die Ausarbeitung von effektiven Verfahren zur Verbrennung von Brennstoff und seiner Entschwefelung in der Industrie und im Verkehrswesen, der Ersatz fester und flüssiger Brennstoffe durch Erdgas, die

Schaffung neuer Typen von Kraftfahrzeugmotoren und anderes haben dabei eine große Bedeutung.

Große Möglichkeiten enthält die rationelle Lösung städtebaulicher Aufgaben, die den Bau von Umgehungsstraßen, die Verbreiterung von Straßen, die Schaffung von Unterführungen, die Anpflanzung von Grünflächen sowie den umfassenderen Einsatz des Verkehrs mit Elektrofahrzeugen einschließen.

Besondere Bedeutung besitzen die Arbeiten innerhalb des Plans über meteorologische Aspekte der Verunreinigung des Luftraumes, die vor allem mit den Erforschungen der atmosphärischen Diffusion, dem Studium der Gesetzmäßigkeiten der Schadstoffausbreitung und der Besonderheiten ihrer räumlichen und zeitlichen Verteilung zusammenhängen. Diese Arbeiten sind die Grundlage für die objektive Bewertung des Zustandes der Luftverschmutzung sowie für die Ausarbeitung möglicher Maßnahmen zur Gewährleistung der Luftreinhaltung. Ohne diese Untersuchung ist es nicht möglich, repräsentative Beobachtungsorte und -zeiten für die Schaffung eines Kontrollsystems zur Reinhaltung der Luft zu bestimmen. Die Parameter der Verschmutzung der Atmosphäre selbst werden jetzt in immer höherem Grad als meteorologische Einflußgrößen betrachtet. Deshalb hängen die Schaffung eines Beobachtungssystems der Luftverschmutzung und die Analyse der erhaltenen Ergebnisse direkt mit meteorologischen Aufgaben zusammen. Offensichtlich ist auch die Festlegung gefährlicher Schadstoffkonzentrationen unmittelbar von der Berechnung ihrer Ausbreitung in der Atmosphäre abhängig. Es ist notwendig, Prinzipien für die voneinander abhängige Standortverteilung von Betrieben und Wohnzentren auszuarbeiten. Weiterhin werden Voraussagen der Wetterbedingungen erforderlich, bei denen gefährliche Anhäufungen von Schadstoffen in der für die Lebensfunktionen notwendigen bodennahen Luftschicht auftreten können. Schließlich vergrößern sich mit der Entwicklung der Industriealisierung ständig die Zonen verunreinigter Luft. Die Untersuchung der globalen Ausbreitung von emittierten Gasen und Aerosolen sowie auch ihres rückwirkenden Einflusses auf die Wetter- und Klimabedingungen wurde begonnen.

Die Forschungen zur atmosphärischen Diffusion können auch bei der Lösung anderer wissenschaftlicher und praktischer Fragen vielfältig angewendet werden. Dazu gehört insbesondere die Bestimmung der Effektivität und die Vervollkommnung der Methoden bei der Aerosolbearbeitung landwirtschaftlicher Kulturen und Wälder, die Ausarbeitung von Verfahren der aktiven Einwirkung auf die atmosphärischen Prozesse, einschließlich des Kampfes gegen Nachtfröste und der Zerstreuung von Nebeln und Wolken.

Wichtige Bedeutung besitzt die Lösung sogenannter rückwirkender Aufgaben, wenn man aus den Parametern der atmosphärischen Diffusion einige meteorologische Größen bestimmt, zum Beispiel die Komponenten des Austauschkoeffizienten. Diese Werte, aber auch die entwickelten Methoden zur Untersuchung der atmosphärischen Diffusion, können für die Erforschung des Wärme- und Feuchtigkeitsaustausches in der Atmosphäre und anderer Naturprozesse angewendet werden.

Die Lösung der aufgezeigten Aufgaben bildet im Zusammenhang mit der Untersuchung der atmosphärischen Diffusion die allgemeine Grundlage, da die Prozesse der Ausbreitung von Schadstoffen in der Atmosphäre hauptsächlich durch die Gesetze der turbulenten Mischung bestimmt werden. Äußerst klar tritt diese Gemeinsamkeit bei der Schaffung von theoretischen Modellen für die Erscheinungen hervor, die auf der Lösung der Gleichungen für die turbulente Diffusion bei entsprechenden

Randbedingungen basieren. In allen diesen Fällen ist hierbei die Kenntnis der turbulenten Kennwerte und der Verteilung der meteorologischen Einflußgrößen erforderlich, die den Austauschmechanismus in der Atmosphäre bestimmen.

Im wesentlichen verlief die Entwicklung der Arbeiten zur turbulenten Diffusion parallel. Die durchgeführten Turbulenzforschungen förderten den Fortschritt der Arbeiten zur atmosphärischen Diffusion, und letztere stimulierten ihrerseits die Untersuchung des turbulenten Austauschs in der Atmosphäre, insbesondere in der bodennahen Luftschicht.

0.3. Aufgaben des Buches

In den letzten Jahren wurde eine Reihe von Sammelbänden, Zeitschriftenartikeln, Vorträgen, Materialien von Symposien, Übersichtsarbeiten und Monographien zum Problem der Verschmutzung der Atmosphäre und ihrer Einwirkung auf die Umwelt herausgegeben. Neue Fachzeitschriften zu Fragen der Luftverschmutzung erschienen.

Auch auf Grund des allgemeinen Wachstums der gedruckten Informationen erhöhte sich die Anzahl der Arbeiten zu Problemen der Luftverschmutzung besonders bemerkenswert: Im Buch von Barker u. a. (1962) wurde angegeben, daß in der Periode von 1900 bis 1930 zu diesen Fragen im Mittel 20 bis 25 Artikel im Jahr herausgegeben wurden. Im Jahre 1950 stieg diese Zahl beinahe auf das Zehnfache. Gegenwärtig erhöhte sich im Vergleich zum Jahre 1950 die Zahl der Artikel und Monographien zu Fragen der Luftverschmutzung um viele Male.

Gleichzeitig beziehen sich die zusammenfassenden Artikel und Monographien in der Regel auf einzelne, manchmal verhältnismäßig spezielle Seiten des betrachteten Problems. Die Bücher zu umfassenderen Problemkreisen, die im allgemeinen durch Autorenkollektive verfaßt wurden, sind Sammelbänden von Artikeln sehr viel ähnlicher als Monographien. Bisher fanden in ihnen die Erfahrungen der sowjetischen Forscher sehr wenig Resonanz.

In der vorliegenden Monographie wird einer der ersten Versuche gemacht, auf einer einheitlichen Grundlage moderne Probleme der atmosphärischen Diffusion und der Luftverschmutzung darzulegen. In ihr wird ein weiter Kreis von Fragen betrachtet, in den theoretische und experimentelle Forschungen zur Ausbreitung atmosphärischer Schadstoffe, die Ausarbeitung von meteorologischen Aspekten der Kontrolle und des Kampfes gegen die Verschmutzung des Luftraumes, aber auch die eng damit zusammenhängenden Aufgaben der Physik der atmosphärischen Grenzschicht und anderer Bereiche der Meteorologie eingehen. Die Probleme mit lokalem und großmaßstäblichem Charakter, insbesondere die Untersuchung der Luftverschmutzung und die Veränderung der meteorologischen Bedingungen für die Verhältnisse einer Stadt, aber auch die globalen Effekte der Ausbreitung von natürlichen und anthropogenen Luftbeimengungen werden behandelt.

Es bereitet selbstverständlich Schwierigkeiten, diese verschiedenen Fragen von einem einheitlichen Standpunkt aus darzustellen. Der Verfasser wird deshalb zufrieden sein, wenn es ihm gelungen ist, diese Aufgabe auch nur teilweise zu lösen. Eines der Hauptziele der modernen Forschungen zu den betrachteten Problemen besteht darin, solche allgemeinen Standpunkte und Wechselbeziehungen zwischen den angeführten

Fragen aufzufinden. Dabei ist es auf der entsprechenden Stufe der Forschungen ausreichend, in einigen Fällen nur die Aufgabenstellung einzugrenzen.

Die Monographie wurde so aufgebaut, daß sich der Leser mit ihren Hauptergebnissen bekannt machen kann, indem er einige Fragen überliest, die eine spezielle Vorbereitung, insbesondere die Beherrschung des mathematischen Apparates, erfordern. In jedem Kapitel werden die Aufgabenstellung und die Schlußfolgerungen hervorgehoben, die sich aus ihrer Lösung ergeben. Ein Teil der Abschnitte des Buches ist für einen engeren Leserkreis bestimmt.

Als Grundlage des dargestellten Materials dienten die Ergebnisse von Arbeiten, die in den letzten Jahren in der UdSSR und vor allem in der Abteilung zur Untersuchung der atmosphärischen Diffusion und der Verschmutzung der Atmosphäre des Geophysikalischen Hauptobservatoriums A. I. Wojejkow durchgeführt wurden. Außerdem wurden auch die Ergebnisse der internationalen Forschungen für die ausführlichere Darstellung und den Vergleich der erhaltenen Schlußfolgerungen nach Möglichkeit mit herangezogen.

1. Ausgangspositionen der Theorie der atmosphärischen Diffusion

1.1. Grundauffassungen zur Beschreibung der atmosphärischen Diffusion

Verhältnismäßig spät begannen systematische Untersuchungen der atmosphärischen Diffusion in bezug auf Fragen der Verunreinigung der Atmosphäre. Ihre wissenschaftlichen Grundlagen wurden jedoch im Verlaufe einer langen Zeit geschaffen.

Schon die bekannten Arbeiten von G. I. Taylor, A. A. Fridman und L. W. Keller zu Fragen der Turbulenz besaßen prinzipielle Bedeutung für die weiteren Untersuchungen der atmosphärischen Diffusion. Diese Arbeiten ermöglichten, Bedingungen für die sich nach den Gesetzen der turbulenten Vermischung ausbreitenden Substanzen aufzustellen und Standpunkte zur Untersuchung dieser Gesetzmäßigkeiten zu umreißen.

In den zwanziger und dreißiger Jahren des 20. Jahrhunderts wurde eine Vorstellung darüber ausgearbeitet, daß man in vielen Fällen den Wärme-, Feuchtigkeits- und Impulstransport in der bodennahen Luftschicht näherungsweise als Transport einer passiven Beimengung betrachten und ihn auf der Grundlage der gleichen Differentialgleichungen untersuchen kann. In diesem Zusammenhang besaßen die Arbeiten zur Theorie der Verteilung von meteorologischen Einflußgrößen in Bodennähe große Bedeutung bei der Auswahl und Begründung des Modelles für den Austauschkoeffizienten und ähnliches.

Der Zusammenhang zwischen den theoretischen Untersuchungen der atmosphärischen Diffusion einer Luftbeimengung und den Gesetzmäßigkeiten des Wärme- und Feuchtigkeitsaustausches in der bodennahen Luftschicht zeigt sich auch unmittelbar bei der Behandlung der entsprechenden Aufgaben. So stellen die bei der Lösung der Differentialgleichungen des Wärme- und Feuchtigkeitsaustausches erhaltenen Greenschen Funktionen Verteilungsfunktionen der aus Quellen diffundierenden Substanzen für bestimmte Randbedingungen dar. In diesem Zusammenhang muß man auf eine Reihe von Untersuchungen über die Übertragung von Luftmassen, die lokale Temperatur- und Feuchtigkeitsänderung der Luft und ähnliches verweisen, die von Berljand (1956), Laichtman (1970) und anderen ausgeführt wurden.

Die Bestimmung der Form und des Typs der Gleichung, die die atmosphärische Diffusion beschreibt, war von großer Bedeutung. In Analogie zu den Prozessen der molekularen Diffusion wurden für das angegebene Ziel die Gleichungen vom parabolischen Typ angewendet, die eine Verallgemeinerung der bekannten Fickschen Gleichung sind. Gegen dieses Vorgehen gab es eine Reihe wesentlicher Einwände. Sie erschienen als Folge der empirischen Ergebnisse von L. Richardson, die fernerhin in den Arbeiten von A. N. Kolmogorow und A. M. Obuchow theoretische Deutung erhielten. Danach können die Koeffizienten der Ausgangsgleichung, die die Austauschkoeffizienten in der Atmosphäre darstellen, vom Maßstab der turbulenten Wirbel abhängen.

Einer der ersten Beweise für die Möglichkeit, die FICKsche Gleichung für die Beschreibung der Diffusionsprozesse in der Atmosphäre anzuwenden, wurde von L. W. KELLER angegeben. Dieses Problem wurde in den Untersuchungen von JUDIN (1946) weiterentwickelt. Er schlug vor, die Ausbreitung von Teilchen relativ zu einem beweglichen Zentrum zu betrachten und somit den Einfluß des LAGRANGEschen Effektes einzuschätzen. Auf dieser Grundlage wurden die Schlußfolgerungen RICHARDSONS über die Abhängigkeit des Austauschkoeffizienten vom Maßstab der Wirbel analysiert und die Möglichkeiten der Beschreibung von Prozessen der atmosphärischen Diffusion mit Hlfe der FICKSchen Gleichung aufgezeigt.

Das Problem der Beschreibung der atmosphärischen Diffusion untersuchten auch LJAPIN (1948) und MONIN (1955), die dafür auf die Möglichkeit verwiesen, ein System von hyperbolischen Gleichungen anzuwenden. Die erhaltenen Ergebnisse gestatten, die Grenzen für die Anwendbarkeit der FICKschen Gleichung zu beurteilen und die Beschreibung der Diffusion von Schadstoffen in einigen Fällen zu präzisieren, insbesondere an den Grenzen der Schadstoffwolke, wenn die Berücksichtigung einer endlichen Ausbreitungsgeschwindigkeit eine wesentliche Bedeutung hat.

In den Arbeiten von SILITINKEWITSCH (1971), BETCHOV und JAGLOM (1971) wurde die turbulente Diffusion bei freier Konvektion mit Hilfe der Dimensionsanalyse und der Einführung verschiedener Längenmaßstäbe in horizontaler und vertikaler Richtung beschrieben sowie die Bedingungen, bei denen eine solche Analyse zulässig ist, betrachtet. LEWIN (1971) entwickelte ein sehr allgemeines eindimensionales Modell der Diffusion eines Schadstoffes mit Berücksichtigung sprunghafter Veränderung der Ausbreitungsgeschwindigkeit des Schadstoffes. Er zeigte, daß es unter gewissen Voraussetzungen zur gewöhnlichen FICKschen Gleichung führt.

Schon in den ersten Arbeiten zur atmosphärischen Diffusion zeichneten sich zwei Wege der theoretischen Forschung zur Ausbreitung von Schadstoffen in der bodennahen Luftschicht ab. Der eine ist mit der Arbeit von A. ROBERTS verbunden, die auf der Lösung der turbulenten Diffusionsgleichung mit konstanten Koeffizienten basiert Die andere Art des Herangehens, die von O. SUTTON entwickelt wurde, benutzt die auf statistischer Grundlage erhaltene Formel zur Bestimmung der Konzentration einer Beimengung aus einer Quelle.

In Übereinstimmung mit SUTTON (1958) wird die Verteilung eines Schadstoffes hinter einer Punktquelle in den verschiedenen Richtungen durch eine GAUSSsche Normalverteilung beschrieben. Sie legt fest, daß die Konzentration eines Schadstoffes im Punkt (x, y, z) von einer im Koordinatenursprung liegenden Quelle proportional dem Ausdruck

$$p_y = \frac{1}{\sigma_y \sqrt{2\pi}} \mathrm{e}^{-(y^2/2\sigma_y^2)}$$

ist. Die Funktionen p_z und p_x in Richtung der Koordinaten z und x sind analog. σ_y^2 ist die Streuung (Standardabweichung) der Schadstoffausbreitung in y-Richtung. Indem SUTTON eine bestimmte Form der LAGRANGEschen Korrelationsfunktion $R_i(\xi)$ für die Konzentrationen angab und das TAYLORsche Theorem über den Zusammenhang dieser Funktion mit σ_i (s. Abschn. 2.6.) anwendete, erhielt er

$$\sigma_i^2 = \tfrac{1}{2} C_i^2 (\bar{u}t)^{2-n} .$$

C_i sind gewisse Koeffizienten, und $\bar{u}$ ist die über der Höhe gemittelte Windgeschwindigkeit. Für die momentan wirkende Quelle ist t die Zeit der Wirkung der Quelle, und für eine stationäre Quelle wird angenommen, daß $t = x/\bar{u}$ gilt ($i = 1, 2, 3$ entsprechend für x, y, z).

Sutton zeigte auch, daß bei der von ihm ausgewählten Form der Funktion $R_i(\xi)$ das Potenzgesetz für die Änderung der Windgeschwindigkeit mit der Höhe erfüllt werden muß, wobei der Exponent von n abhängt. Folglich kann man den Parameter n, der für die Berechnung der Konzentration erforderlich ist, aus dem vertikalen Geschwindigkeitsprofil des Windes bestimmen und dadurch indirekt den Schichtungszustand berücksichtigen.

Ursprünglich erhielt Sutton die Beziehung für Bodenquellen, die danach durch die Beobachtungsergebnisse in Porton (Großbritannien) bei Gleichgewichtsbedingungen für verhältnismäßig geringe Entfernungen (einige hundert Meter) bestätigt wurde. Später wurde diese Formel ohne ausreichende Begründung auch für Höhenquellen angewandt.

Die Beschreibung des Stofftransports mit Hilfe der turbulenten Diffusionsgleichung bezieht sich gewöhnlich auf ein im Raum feststehendes Koordinatensystem und ist somit mit den Eulerschen Kennziffern verbunden. Bei der statistischen Beschreibung der Prozesse der atmosphärischen Diffusion geht man größtenteils von einem Lagrangeschen Koordinatensystem aus. Für die Feststellung des Zusammenhanges zwischen den zwei aufgezeigten Betrachtungsweisen ist es wesentlich, die Beziehung zwischen den Lagrangeschen und Eulerschen Kennziffern eines turbulenten Fluids zu untersuchen.

Übersichten der Forschungen in den betrachteten Richtungen sind beispielsweise in den Büchern von Monin und Jaglom (1965), Csanady (1973), Detrie (1973), Priestley u. a. (1958), Pasquill (1974) in „Meteorology and atomic energy" (1959, 1971), und in „Lectures on air pollution" (1975) enthalten.

In bestimmtem Grad aus den beschriebenen Forschungen hervorgegangen, wird in den in der UdSSR durchgeführten Arbeiten größtenteils der Weg der Lösung der turbulenten Diffusionsgleichung mit veränderlichen Koeffizienten beschritten. Eine solche Betrachtungsweise ist universeller und gestattet, Aufgaben mit Quellen verschiedenen Typs, mit verschiedenen Randbedingungen und Eigenschaften des Fluids zu untersuchen. Sie ermöglicht, die turbulenten Austauschparameter zu benutzen, die bei Problemen des Wärme- und Feuchtigkeitsaustausches angewendet werden. Das ist sehr wesentlich für die Entwicklung der praktischen Anwendung von Ergebnissen der Theorie, einschließlich der Festlegung von Grenzwerten der Emissionen.

Versuche, die industriellen Emissionen in die Atmosphäre in Abhängigkeit von einigen meteorologischen Größen festzulegen, begannen vor 30 bis 40 Jahren. Die ersten Berechnungsformeln zur Bestimmung der Bodenkonzentration von Schadstoffen aus Quellen wurden in der Arbeit von Bosanquet und Pearson (1936) und in den bereits erwähnten Forschungen von Sutton angegeben. Infolge des intensiven Anwachsens der Luftverschmutzung erhielten diese Ergebnisse, insbesondere die Formeln von Sutton, in vielen Ländern schnelle Verbreitung. Das Interesse daran stieg noch mehr, als der Aufbau von Atomreaktoren begann und die Bewertung einer möglichen Luftverschmutzung durch radioaktive Teilchen erforderlich machte. Seit dieser Zeit wurden die Arbeiten sowohl zur experimentellen Überprüfung der Berechnungsgleichungen als auch zu ihrer weiteren theoretischen Verallgemeinerung beträchtlich erweitert.

In der UdSSR führten SCHELEICHOWSKI (1949), ANDREJEW (1952) und DERGATSCHEW (1953) die ersten Arbeiten zur Berechnung der Verteilung von industriellen Emissionen aus, indem sie die Formel von SUTTON oder mit ihr übereinstimmende Beziehungen anwendeten.

Die durchgeführten experimentellen Arbeiten zeigten, daß die erwähnten Berechnungsformeln einige Besonderheiten der Schadstoffausbreitung in der Atmosphäre qualitativ widerspiegeln. In quantitativer Beziehung existieren jedoch zwischen den Angaben der Beobachtungen und der Rechnungen beträchtliche Widersprüche. Das veranlaßte die Bearbeiter dazu, in die Berechnungsformeln Korrekturkoeffizienten einzuführen und andere empirische und theoretische Beziehungen auszuarbeiten.

Allgemein bekannt wurden in dieser Richtung die Arbeiten von MEADE (1960), HOWKINS und NONHEBEL (1955), WIPPERMANN (1961) und andere. Als Grundlage enthalten sie Beziehungen vom Typ der Formeln von SUTTON oder BOSANQUET und PEARSON.

Gegenwärtig existiert eine große Zahl sehr verschiedenartiger Gleichungen zur Bestimmung der Konzentration von Schadstoffen. Nur wenige davon wurden jedoch anerkannt und für eine breite Anwendung als verbindlich für einzelne Länder empfohlen.

Bei der Benutzung einiger der vorgeschlagenen Beziehungen in Projektierungsorganisationen der UdSSR waren beispielsweise die errechneten Konzentrationswerte im Vergleich mit dem Experiment um 3- bis 5mal, manchmal sogar um 10- bis 15mal, geringer. Es ist verständlich, daß bei so großen Korrekturen die Bedeutung der theoretischen Voraussagen, die der Berechnung zugrundelagen, beträchtlich vermindert wird, und die Berechnungsformeln empirischen Charakter erlangen. Das betrifft insbesondere die sehr wichtige Beziehung zwischen den Maximalwerten der Bodenkonzentration und der Schornsteinhöhe. Da die Korrekturkoeffizienten nur für verhältnismäßig niedrige Schornsteine bestimmt wurden, erwies sich ihre Anwendung für höhere Schornsteine physikalisch als nicht gerechtfertigt. Besonders deutlich trat dieser Unterschied bei starken Emissionsquellen schädlicher Stoffe in die Atmosphäre hervor.

Mit der Zeit stellte die Praxis neue Anforderungen an die Erforschung der atmosphärischen Diffusion. So machte es sich erforderlich, die Besonderheiten der turbulenten Vermischung auf einem höheren Niveau im Vergleich zu den vorausgegangenen Arbeiten und die Bedingungen für die Ausbreitung einer Beimengung von den Quellen bis zu großen Entfernungen zu untersuchen. Meteorologische Faktoren müssen jetzt vollständiger und strenger berücksichtigt werden. Es reicht nicht mehr wie früher aus, sich nur auf die Werte der Windgeschwindigkeit und der Lufttemperatur an der Erdoberfläche zu beschränken. Bei der Berechnung der Verteilung der Emissionen hoher Quellen ist die Entwicklung der Theorie für die turbulente Diffusion in einer Luftschicht der Dicke von einigen hundert Metern unter Berücksichtigung der möglichen Veränderungen der Temperatur, des Windes und des Austauschkoeffizienten erforderlich. Der Übergang von den Bedingungen des ebenen Geländes, auf die sich gewöhnlich die vorausgehenden Untersuchungen bezogen, zu den Bedingungen der realen Form des Reliefs sowie die Ausarbeitung von Methoden für Beobachtungen und zur Charakterisierung der Verschmutzung der Atmosphäre auf großen Flächen und anderes wurde notwendig. Die Forschungen der letzten 10 bis 15 Jahre hatten hauptsächlich das Ziel, diese praktischen Forderungen zu erfüllen.

1.2. Ausgangsgleichungen

Bei der Beschreibung der Diffusionsprozesse von Beimengungen in der turbulenten Atmosphäre kann man die Schadstoffkonzentration ebenso wie die Geschwindigkeiten der Luftbewegung in ihre zeitlichen Mittelwerte sowie in turbulente Schwankungen aufteilen. Das gestattet, mit Hilfe der üblichen Mitteilungsmethoden von der Diffusionsgleichung für eine augenblickliche Konzentration zu einer turbulenten Diffusionsgleichung für die Mittelwerte der Konzentrationen überzugehen. Im allgemeinen werden die Abhängigkeiten der Mittelwerte der Konzentrationen q durch die Gleichung

$$\frac{\partial q}{\partial t} + u\frac{\partial q}{\partial x} + v\frac{\partial q}{\partial y} + w\frac{\partial q}{\partial z} = \frac{\partial}{\partial x}\left(k_x\frac{\partial q}{\partial x}\right) + \frac{\partial}{\partial y}\left(k_y\frac{\partial q}{\partial y}\right) + \frac{\partial}{\partial z}\left(k_z\frac{\partial q}{\partial z}\right) - \alpha q \tag{1.1}$$

beschrieben. Hier liegen die Achsen x und y in der horizontalen, die Achse z in der vertikalen Ebene; t ist die Zeit; u, v, w sind die Komponenten der mittleren Transportgeschwindigkeit der Luftbeimengung in den entsprechenden Richtungen der Achsen x, y, z; k_x, k_y, k_z sind die horizontalen und die vertikalen Komponenten des Austauschkoeffizienten und α ist ein Koeffizient, der die Veränderung der Konzentration infolge von Umwandlungen der Beimengungen bestimmt.

Bei der Lösung konkreter Aufgaben kann die allgemeine Form der Gleichungen vereinfacht werden, so gestattet die Betrachtung stationärer Prozesse, $\partial q/\partial t = 0$ zu setzen.

Weiterhin wird gewöhnlich die mittlere Bewegung in der Horizontalebene aufgeteilt. Wenn man die Achse x in Windrichtung orientiert, dann ist $v = 0$. Die Vertikalbewegungen in der Atmosphäre über der horizontalen, homogenen Oberfläche sind klein und können unberücksichtigt bleiben. Die z-Achse ist gewöhnlich nach oben gerichtet. Deshalb ist im Falle schwerer Beimengungen die Größe w gleich (mit dem negativen Vorzeichen) der Sinkgeschwindigkeit, und für leichte Luftverunreinigungen, die keine eigene Sinkgeschwindigkeit besitzen, kann man $w = 0$ setzen.

Im allgemeinen stellt der Austauschkoeffizient in einer turbulenten Strömung einen Tensor zweiter Ordnung dar. Unter der Voraussetzung, daß die Koordinatenachsen mit den Hauptachsen des Tensors übereinstimmen, verschwinden die Komponenten des Tensors außerhalb der Hauptdiagonale, und nur die Komponenten auf der Hauptdiagonale sind verschieden von Null: $k_{xx} = k_x$, $k_{yy} = k_y$, $k_{zz} = k_z$.

In Wirklichkeit können die Hauptachsen des Tensors der turbulenten Diffusion nicht immer mit den Koordinatenachsen übereinstimmen. Dieses Problem wird in einer Reihe von Arbeiten aufgeworfen. Ausführlicher wurde es von Jaglom (1972) analysiert, der außer der Diffusionsgleichung vom parabolischen Typ auch noch die hyperbolische Gleichung heranzog, die den Ausbreitungsprozeß einer Substanz in der Atmosphäre mit endlicher Geschwindigkeit beschreibt. Als Ergebnis wurde festgestellt, daß die Berücksichtigung der Komponenten des Tensors k außerhalb der Hauptdiagonalen wesentlicher als die Berücksichtigung einer endlichen Diffusionsgeschwindigkeit ist. Gleichzeitig gelang es zum jetzigen Zeitpunkt nur für einige Einzelfälle, die Komponenten abzuschätzen, und deshalb erscheint ihre Berücksichtigung bei der Lösung konkreter Aufgaben noch lange nicht möglich.

Bei Vorhandensein von Wind kann man das Glied, das die Diffusion entlang der x-Achse berücksichtigt, vernachlässigen, da in dieser Richtung der Diffusionsstrom der Beimengungen bedeutend geringer als der konvektive Strom ist. Von letzterem kann man sich leicht überzeugen, wenn man die Rauchausbreitung aus einem Schornstein beobachtet. Der Rauch breitet sich praktisch nicht gegen den Wind aus. Das bedeutet, daß der Einfluß der Diffusion klein ist, denn in Windrichtung und entgegen der Windrichtung muß er gleich sein. Es gibt auch mathematische Abschätzungen, die auf die geringe Bedeutung des angegebenen Effektes hinweisen. Sie basieren auf der Lösung der Differentialgleichung der turbulenten Diffusion mit konstanten Koeffizienten unter Berücksichtigung von k_x (NOWIKOW, 1958; KAROL, 1960; CSANADY, 1973).

Somit erhält die Ausgangsgleichung für stationäre Diffusion bei horizontalem, homogenem Gelände mit den angeführten Vereinfachungen die Form

$$u\frac{\partial q}{\partial x} + w\frac{\partial q}{\partial z} = \frac{\partial}{\partial z}\left(k_z\frac{\partial q}{\partial z}\right) + \frac{\partial}{\partial y}\left(k_y\frac{\partial q}{\partial y}\right) - \alpha q\,. \tag{1.2}$$

In der Gleichung (1.2) verschwindet für leichte Schadstoffe ($w \approx 0$) das zweite Glied der linken Seite, für beständige Beimengungen ($\alpha = 0$) auch das letzte Glied der rechten Seite. Bei Vorhandensein von vertikalen Strömungen in der Atmosphäre erhält das Glied $w(\partial q/\partial z)$ eine andere Bedeutung, da w die vertikale Komponente der Bewegungsgeschwindigkeit einschließt. Unter den Bedingungen eines komplizierten hügeligen Reliefs ist es erforderlich, auch das Glied $(\partial/\partial x)\; k_x\; (\partial q/\partial x)$ zu berücksichtigen, wenn die Windrichtung nicht horizontal ist.

1.3. Randbedingungen

Die Gleichung (1.2) ist von erster Ordnung für die Veränderliche x und von zweiter Ordnung für die Veränderlichen y und z. Deshalb müssen eine Anfangsbedingung für x und zwei Randbedingungen für y und z aufgestellt werden. Streng genommen erfolgen die Schadstoffemissionen in die Atmosphäre von räumlichen Quellen. Jedoch sind die Ausmaße dieser Quellen klein im Vergleich zu den Entfernungen, in denen das von ihnen verursachte Konzentrationsfeld untersucht wird. Deshalb betrachtet man bei der Aufstellung von Anfangsbedingungen nur Punkt- oder Linienquellen. Die ersten Untersuchungen der atmosphärischen Diffusion aus Quellen enthielten gewöhnlich keine Anfangsbedingung für x, sondern Beziehungen, welche die Erhaltung der Schadstoffe in Vertikalebenen bei verschiedenen Entfernungen von der Quelle beschreiben. Diese Beziehungen können natürlich nicht als Randbedingungen betrachtet werden. Die 1946 durchgeführte Arbeit von BERLJAND (1963) enthielt den Vorschlag, als Anfangsbedingung einen bekannten Konvektionsstrom des Schadstoffes aus der Quelle in die Atmosphäre anzunehmen. Für die Beschreibung einer Punktquelle wurde vorgeschlagen, eine δ-Funktion einzuführen. Diese Bedingung erhält für eine im Punkt $x = 0$, $y = 0$ und $z = H$ liegende Punktquelle die Form

$$uq = M\delta(y)\,\delta(z - H) \quad \text{für} \quad x = 0\,, \tag{1.3}$$

wobei M die Emission pro Zeiteinheit eines Stoffes aus der Quelle ist.

Nach Definition entspricht die δ-Funktion für Werte von α, die zu dem Intervall (a, b) gehören, der Beziehung

$$\int_a^b \varphi(\xi)\,\delta(\xi - \alpha)\,\mathrm{d}\xi = \varphi(\alpha)$$

und für alle übrigen Werte von α der Gleichung

$$\int_a^b \varphi(\xi)\, \delta(\xi - \alpha)\, \mathrm{d}\xi = 0 .$$

Hierbei ist $\varphi(\xi)$ eine willkürliche Funktion.

Für die Randbedingungen in unendlicher Entfernung von der Quelle wird in Übereinstimmung mit den natürlichen Bedingungen angenommen, daß dort die Konzentration gegen Null geht,

$$q \to 0 \quad \text{für} \quad z \to \infty , \tag{1.4}$$

$$q \to 0 \quad \text{für} \quad |y| \to \infty . \tag{1.5}$$

Bei der Formulierung der Randbedingungen auf der darunterliegenden Oberfläche eliminiert man die Fälle, wo sich Beimengungen über einer Wasseroberfläche ausbreiten. Größtenteils absorbiert das Wasser die Beimengungen, und deshalb ist ihre Konzentration auf der Wasseroberfläche gleich Null, das heißt

$$q = 0 \quad \text{für} \quad z = 0 . \tag{1.6}$$

Auf die Oberfläche des Erdbodens wirken die Schadstoffe gewöhnlich wenig ein. Wenn die Beimengungen auf die Oberfläche auftreffen, sammeln sie sich nicht an, sondern werden mit den turbulenten Wirbeln in die Atmosphäre fortgetragen. Zur Vereinfachung dieses Problems wird deshalb angenommen, daß der mittlere turbulente Stoffstrom an der Erdoberfläche gering ist, das heißt

$$k_z \frac{\partial q}{\partial z} = 0 \quad \text{für} \quad z = 0 . \tag{1.7}$$

Im allgemeinen Fall wird jedoch die Randbedingung an der Oberfläche unter Berücksichtigung einer möglichen Absorption und Reflexion des Schadstoffes formuliert, Monin (1962) schlug vor, diese Randbedingung in der Form

$$k_z \frac{\partial q}{\partial z} - \beta_1 q = 0 \quad \text{für} \quad z = 0 \tag{1.8}$$

anzugeben, wobei β_1 eine Konstante ist, die die Wechselwirkung des Schadstoffes mit der darunterliegenden Oberfläche charakterisiert. Aus (1.8) folgen für $\beta_1 \to \infty$ und $\beta_1 = 0$ die beiden entsprechenden Bedingungen (1.6) und (1.7).

Die Schwierigkeit der Verwendung der letzten Beziehung als Randbedingung bei der Betrachtung praktischer Fragen besteht darin, daß bis jetzt die Kenntnisse über die Werte von β_1 unzureichend sind. Man kann hierzu nur auf Versuchsergebnisse von Chamberlain (1964) zur Abschätzung der Aufnahme von Schadstoffen durch verschiedene künstlich geschaffene Oberflächen und auf die Auswertung einzelner Beobachtungen von Bysowa und Machonko (1968) verweisen. Deshalb beschränkt man sich gewöhnlich auf die Betrachtung der einfacheren Bedingungen (1.6) und (1.7).

Für eine gewisse Entfernung von der darunterliegenden Oberfläche stellte Berljand (1956) fest, daß sich die aus der Lösung der Diffusionsgleichung bei den verschiedenen Randbedingungen ((1.6) und (1.7)) berechneten Konzentrationswerte für eine hohe Quelle und sogar für verhältnismäßig niedrige Quellhöhen wenig voneinander unterscheiden. Diese Schlußfolgerung wird auch durch die analog der in Abschnitt 6.7.

dargestellten numerischen Rechnungen bestätigt. Daraus folgt, daß für Quellhöhen zwischen 50 m und 100 m und höher bis zu Entfernungen von weniger als 1 km die Gesamtabsorption der Schadstoffe durch die darunterliegende Oberfläche einen sehr geringen Teil der Gesamtmenge der Schadstoffe ausmacht, die aus der Quelle in die Atmosphäre austritt.

1.4. Der Zeitpunkt des Beginns der stationären Diffusion

Es wurde schon bemerkt, daß die zu bestimmenden Diffusionsprozesse durch die Gleichung (1.2) beschrieben werden. Gleichzeitig ist es bei der Untersuchung der Ausbreitung industrieller Emissionen in der Atmosphäre und besonders zur Vorbereitung spezieller Experimente mit Schadstoffquellen wesentlich, den Zeitpunkt zu bestimmen, nach dem der betrachtete Prozeß stationären Charakter erlangt. Dazu benutzt man Abschätzungen, die den in der Arbeit von Berljand (1961) angeführten analog sind. Man geht für die Konzentration eines Schadstoffes s von einer momentan wirkenden Quelle von der Gleichung

$$\frac{\partial s}{\partial t} + u\frac{\partial s}{\partial x} + w\frac{\partial s}{\partial z} = \frac{\partial}{\partial z}\left(k_z\frac{\partial s}{\partial z}\right) + \frac{\partial}{\partial y}\left(k_y\frac{\partial s}{\partial y}\right) \tag{1.9}$$

und den Randbedingungen

$$k_z\frac{\partial s}{\partial z} = 0 \quad \text{für} \quad z = 0\,,$$

$$s \doteq 0 \quad \text{für} \quad z \to \infty \quad \text{und} \quad |y| \to \infty$$

aus.

Für den Emissionsbeginn einer Quelle der Intensität M im Punkt $x = 0$, $y = 0$, $z = H$ wird als Anfangsbedingung angenommen

$$s = M\delta(x)\,\delta(y)\,\delta(z - H) \quad \text{für} \quad t = 0\,. \tag{1.10}$$

Eine Schadstoffquelle kann man im allgemeinen als Quelle endlicher Wirkungszeit betrachten. Indem man das bekannte Prinzip der Überlagerung anwendet und zur Vereinfachung die Windgeschwindigkeit u als konstant annimmt, erhält man zur Zeit t die Konzentration s für eine Quelle, die während des Zeitabschnittes T_Q wirkt, aus der Gleichung

$$s = \int_0^{T_Q} q(t - \xi, y, z)\,\delta[x - u(t - \xi)]\,d\xi\,. \tag{1.11}$$

Aus dieser Beziehung folgt infolge der Eigenschaften der δ-Funktion:

$$s = q\left(\frac{x}{u}, y, z\right) \quad \text{für} \quad t \geqq \frac{x}{u}\,,$$

$$s = 0 \quad \text{für} \quad t < \frac{x}{u}\,. \tag{1.12}$$

Dabei genügt q der Gleichung für den stationären Zustand (1.2) bei $\partial q/\partial z|_{z=0} = 0$. Folglich wird der stationäre Zustand im gegebenen Falle für $t \geqq (x/u)$ erreicht. Analog verändern sich die Formeln im Falle $t < (x/u)$. In der Regel ist die Beobachtungszeit t

nach Beginn der Emission größer als die Zeit, die für das Passieren des Beobachtungspunktes notwendig ist und durch die Beziehung x/u bestimmt wird. Deshalb kann man sich auf die Bestimmung der Lösung für den stationären Zustand beschränken. LAICHTMAN und BJUTNER (1963) betrachteten diese Fragen unter einem etwas anderen Gesichtspunkt. Sie ermittelten auf der Grundlage der Lösung der turbulenten Diffusionsgleichung mit konstanten Koeffizienten unter Berücksichtigung der Diffusion in Windrichtung für eine Punktquelle das Verhältnis der zur Erreichung des stationären Zustandes notwendigen Zeit zur Wirkungszeit der Quelle. Die von ihnen gezogenen Schlußfolgerungen erwiesen sich sehr ähnlich zu denen vom Verfasser und seinen Mitarbeitern erhaltenen. Zu ähnlichen Ergebnissen gelangten auch OGURA (1962) und BYSOWA (1974).

1.5. Koeffizienten der Gleichung der atmosphärischen Diffusion

Auf der Grundlage einer großen Anzahl von Untersuchungen wurde festgestellt, daß in der bodennahen Luftschicht einer Dicke von 50 m bis 100 m die vertikalen Wärme- und Impulsströme größtenteils mit der Höhe konstant bleiben. Beträchtliche Änderungen der Windgeschwindigkeit, der Temperatur und der Turbulenz mit der Höhe charakterisieren diese Schicht. Hier zeigt sich auch sehr deutlich der Einfluß der Stabilität der Atmosphäre, die mit der Temperaturschichtung zusammenhängt.

Man bezeichnet eine Schichtung als indifferent oder neutral, wenn der vertikale Wärmestrom gleich Null ist und sich die Temperatur mit der Höhe adiabatisch ändert. Wegen der geringen vertikalen Ausdehnung der bodennahen Schicht kann man von neutraler Schichtung sprechen, wenn sich die Temperatur wenig mit der Höhe ändert, insbesondere bei Isothermie. Eine sich nicht im Gleichgewicht befindende Schichtung wird durch Temperaturgradienten charakterisiert, die wesentlich von Null verschieden sind.

Die Bedingungen mit überadiabatischen Temperaturgradienten gehören zum instabilen Zustand der Atmosphäre. In solchen Fällen der Schichtung führen zufällige Störungen im Luftstrom zur Verstärkung des turbulenten Austausches. Die Inversionsverteilung, die ein Anwachsen der Temperatur mit der Höhe bedingt, wird wie die stabile Schichtung behandelt. Bei Vorhandensein einer Temperaturinversion werden Störungen im Luftstrom gedämpft und die Turbulenzintensität beträchtlich verringert.

Außer der durch die Höhe h gekennzeichneten bodennahen Schicht definiert man noch die Grenzschicht mit der Dicke H_0 (im Mittel ca. 1 km), in deren Grenzen sich deutlich der Einfluß der darunterliegenden Erdoberfläche auf die Verteilung der meteorologischen Parameter zeigt. Es existieren einige Festlegungen für die Höhe der Grenzschicht. Eine davon besteht darin, daß in dieser Höhe die Windgeschwindigkeit die Geschwindigkeit des geostrophischen Windes erreicht, der nur vom horizontalen Druckgradienten der Luft abhängt.

Die Bestimmung der Vertikalkomponente des turbulenten Diffusionskoeffizienten k_z in Abhängigkeit von den Haupteinflußgrößen erfordert umfangreiche Untersuchungen. Nach den ersten Arbeiten von ROSSBY und MONTGOMERY, SWERDRUP und anderen erlangten die Vorschläge von OBUCHOW (1946), BUDYKO (1948) sowie MONIN und OBUCHOW (1954) für Modelle zur Bestimmung des Austauschkoeffizienten und zur

Einteilung der meteorologischen Einflußgrößen unter Berücksichtigung der Stabilität in der Bodenschicht große Bedeutung.

Nach BUDYKO gilt in der bodennahen Luftschicht

$$k_z = k_{1n} \frac{z}{z_1} \sqrt{1 - \overline{\mathrm{Ri}}}\,, \tag{1.13}$$

wobei k_{1n} der Wert von k_z in einer einheitlichen Höhe z_1 bei neutralen Bedingungen und $\overline{\mathrm{Ri}}$ die über die Grenzschicht gemittelte RICHARDSON-Zahl

$$\mathrm{Ri} = \frac{g(\partial T/\partial z)}{T_a(\partial u/\partial z)^2}$$

ist (T — Lufttemperatur in °C, T_a — absolute Temperatur, g — Erdbeschleunigung).

Für eine logarithmische Verteilung der Windgeschwindigkeit und der Temperatur in der bodennahen Luftschicht nimmt (1.13) annähernd die Form

$$k_z = k_{1n} \frac{z}{z_1} \sqrt{1 - \frac{hg}{T_a} \frac{\ln^2 \frac{z_1}{z_0}}{\ln \frac{z_3}{z_2}} \mathrm{B}} \tag{1.14}$$

an, wobei B der von M. I. BUDYKO eingeführte Stabilitätsparameter

$$\mathrm{B} = \frac{\delta T}{u_1^2}, \tag{1.15}$$

$k_{1n} = (\varkappa^2 u_1/\ln(z_1/z_0))$, $\varkappa = 0{,}4$ die KÁRMÁNsche Konstante, u_1 die Windgeschwindigkeit in der Höhe z_1, δT der Temperaturunterschied zwischen den Höhen z_3 und z_2 und z_0 die Rauhigkeit der Oberfläche ist. Im Gleichgewichtszustand, bei $\mathrm{B} \approx 0$, geht die Gleichung (1.14) in die Formel von ROSSBY und MONTGOMERY über.

Nach MONIN und OBUCHOW gilt

$$k_z = \frac{\varkappa v_* z}{1 + \beta_* \zeta}, \tag{1.16}$$

wobei $v_* = \sqrt{\tau_0/\varrho}$ die Schubspannungsgeschwindigkeit, $\zeta = (z/L_*)$, τ_0 die Wandschubspannung, ϱ die Dichte der Luft, $L_* = -\,(c_p \varrho T_a v_*^3/\varkappa g P_\mathrm{W})$ ein Längenmaßstab, P_W der Wärmestrom, g die Erdbeschleunigung, c_p die spezifische Wärme bei konstantem Druck und β_* eine empirische Konstante ist.

Die Bedingungen $\zeta > 0$ entsprechen dem stabilen, und $\zeta < 0$ dem instabilen Zustand.

Im Falle der freien Konvektion, für $\zeta \to -\infty$ wird

$$k_z = -\frac{3}{c_1} \varkappa v_* L_* \zeta^{4/3}, \tag{1.17}$$

wobei c_1 eine Konstante ist.

Die Weiterentwicklung der Untersuchungen zur Bestimmung von k_z in der atmosphärischen Grenzschicht erfolgte durch die Arbeiten von BLACKADAR (1957), SILITINKEWITSCH (1970), LAICHTMAN (1970) und anderen. Bedeutung hatten auch die Ergebnisse von LJAPIN (1946) und DUBOW (1959) zur Ausarbeitung eines kinematischen Verfahrens für die Bestimmung des Austauschkoeffizienten aus Messungen der Schwankungsgeschwindigkeiten des Windes.

Eines der Hauptresultate der durchgeführten Untersuchungen besteht darin, daß in der Bodenschicht bis zu einer Höhe von $z = h$ der Austauschkoeffizient ungefähr proportional mit der Höhe $z(k_z \approx k_1(z/z_1))$ ansteigt. Demnach bleiben in dieser Schicht die Schubspannung $\tau = \varrho k_z(\partial u/\partial z)$ und der Wärmestrom $P_W = -\varrho c_p k_z(\partial T/\partial z)$, konstant, das heißt, für $k_z \doteq k_1 z/z_1$ folgt sofort, daß u und T logarithmische Funktionen von z sind. In der Schicht $z > h$ unterscheidet sich unter dem Einfluß der Coriolis-Kraft und der Änderung der Schubspannung mit der Höhe das Geschwindigkeitsprofil von dem logarithmischen. Aus Beobachtungen und Berechnungen (Berljand, 1947) folgt jedoch, daß durch die verhältnismäßig geringe Drehung des Windvektors mit der Höhe, besonders während des Tages, die Änderung der Windgeschwindigkeit mit der Höhe bis wesentlich oberhalb der bodennahen Schicht dem logarithmischen Verlauf ähnlich ist. Nach einigen Modellen steigt der Koeffizient k_z hier mit Vergrößerung von z bei konvektiven Bedingungen weiter an, aber im indifferenten Zustand und bei Inversion verringert er sich. Es ist einzusehen, daß k_z mit der Höhe nicht unbegrenzt anwachsen oder auf Null abnehmen kann. Wesentliche Schwierigkeiten bestehen darin, daß vorläufig keine Modelle ausgearbeitet worden sind, die den Einfluß der Turbulenz der Atmosphäre oberhalb der Grenzschicht auf darunterliegende Schichten berücksichtigen können.

Zugleich besteht oft auch keine Notwendigkeit, bei der Berechnung der Bodenkonzentrationen eine genauere Verteilung von k_z mit der Höhe bis in große Höhen zu berücksichtigen. Auf dieser Grundlage ist für viele Berechnungen das Modell von Judin und Schwez (1940) für den Austauschkoeffizienten annehmbar, nach dem k_z linear mit der Höhe z in der Bodenschicht ($z \leqq h$) ansteigt und im Mittel bei $z > h$ konstant bleibt.

In unmittelbarer Nähe der darunterliegenden Oberfläche kann man näherungsweise als Grenzwert von k_z bei $z = 0$ die Größe des molekularen Diffusionskoeffizienten D annehmen.

Somit ist es praktisch ausreichend, für die Berechnung der Schadstoffkonzentrationen anzunehmen (mit $D \approx \nu$):

$$u = u_1 \frac{\lg \frac{z}{z_0}}{\lg \frac{z_1}{z_0}},$$

$$k_z = \nu + k_1 \frac{z}{z_1} \quad \text{für} \quad z \leqq h\,,$$

$$k_z = \nu + k_1 \frac{h}{z_1} \quad \text{für} \quad z > h\,. \tag{1.18}$$

Zur Bestimmung von k_1 und h wurden die Ergebnisse der Arbeit von Berljand und Genichowitsch (1973) angewendet. Wie in anderen Untersuchungen zur Bestimmung des Austauschkoeffizienten, wird dabei eine gemeinsame Lösung des Systems der Bewegungsgleichungen und der Gleichung für den Wärmestrom sowie (in Übereinstimmung mit den Arbeiten von Kolmogorow und Obuchow) der Gleichung für die turbulente Energie gefunden,

$$a_1 \frac{d}{dz}\left(k_z \frac{db}{dz}\right) + k_z \left[\left(\frac{du}{dz}\right)^2 + \left(\frac{dv}{dz}\right)^2\right] - \frac{g}{T_a} k_z \frac{dT}{dz} = \frac{c_1 b^2}{k_z}. \tag{1.19}$$

b ist die turbulente Energie, und a_1 sowie c_1 sind dimensionslose Konstanten, deren Wert nach Silitinkewitsch (1970) 0,73 und 0,046 beträgt.

Das angegebene System wird bezüglich der unbekannten Größe von k_z mit Hilfe einer zusätzlichen Beziehung abgeschlossen, die aus allgemeinen Ähnlichkeitsbetrachtungen in folgender Form geschrieben werden kann:

$$b^{1/2} \frac{d}{dz}\left(\frac{k_z}{b}\right) = \varkappa c_1^{1/4} \Phi. \tag{1.20}$$

Hier ist Φ eine gewisse universelle Funktion dimensionsloser Argumente (das Produkt $\varkappa c_1^{1/4}$ wurde zur Vereinfachung eingeführt).

Für den Bereich $z > h$ wird aus der Vorstellung über die Existenz eines äußeren Maßstabes der Turbulenz, der das Wachstum der Wirbel außerhalb der Grenzschicht begrenzt, angenommen

$$\Phi = 1 - \frac{f_0^2 k_z^2}{s_0^2 b^2} \quad \text{für} \quad k_z \leqq \frac{s_0 b}{f_0}$$

und

$$\Phi = 0 \quad \text{für} \quad k_z > \frac{s_0 b}{f_0}. \tag{1.21}$$

Hierbei ist $f_0 = 2\omega_z$, ω_z die vertikale Komponente der Winkelgeschwindigkeit der Erddrehung und s_0 eine Konstante, die aus der Übereinstimmung der numerischen Berechnung des Problems mit den Ergebnissen von Beobachtungen bei neutraler Schichtung bestimmt wird.

Für $z \leqq h$ ist nach den Ähnlichkeitsbetrachtungen Φ eine dimensionslose Funktion von $\zeta = (z/L_*)$. Zur Bestimmung von Φ werden zunächst die asymptotischen Werte ermittelt,

$$\Phi_- = \lim_{\zeta \to -\infty} \Phi(\zeta) \quad \text{und} \quad \Phi_+ = \lim_{\zeta \to \infty} \Phi(\zeta).$$

Dabei wird für die freie Konvektion entsprechend $\zeta \to -\infty$ Beziehung (1.17) und für starke Stabilität entsprechend $\zeta \to \infty$ die Gleichung (1.19) benutzt, die sich im vorliegenden Falle auf die Form

$$\beta \frac{d^2 b}{d\zeta^2} = \frac{b^2 \sqrt{c_1}}{v_*^2}$$

zurückführen läßt, wobei $\beta = (\varkappa^2 a_1/\sqrt{c_1})$ gilt. Damit erhält man

$$\Phi_- = \frac{2}{\sqrt{3\beta + \sqrt{9\beta^2 + 3c_1^2}}} \quad \text{und} \quad \Phi_+ = \frac{2}{\sqrt{6\beta}}.$$

Berücksichtigt man den empirischen Charakter von β und c_i, so folgt, daß in der bodennahen Schicht Φ_+ und Φ_- sich von Eins nicht mehr als um 25% unterscheiden. Das gestattet, näherungsweise $\Phi = 1$ anzunehmen. Dann geht (1.20) in den Ausdruck von Silitinkewitsch und Laichtman (1965) über. Für genauere Berechnungen ist die Approximation

$$\Phi(\zeta) = \Phi_- + \frac{\Phi_+ - \Phi_-}{1 + N\,e^{\mu\zeta}}$$

vorteilhafter, wobei

$$N = \frac{\Phi_+ - 1}{1 - \Phi_-}, \qquad \mu = \frac{a_1(\Phi_+ - \Phi_-)}{(2 - \beta)\,(\Phi_+ - 1)\,(1 - \Phi_-)}$$

ist. Durch die Wahl des Parameters a_1, dessen Wert sich in den Grenzen von 3/2 bis 5/6 ändert, erzielt man Übereinstimmung mit den universellen Kurven, die nach den Versuchsergebnissen von MONIN und OBUCHOW (1954) erhalten wurden.

Man kann annehmen, daß in der Bodenschicht die Diffusion der turbulenten Energie, die durch das erste Glied in (1.19) beschrieben wird, proportional dem Wärmestrom ist. Somit gilt

$$a_1 \frac{\mathrm{d}}{\mathrm{d}z}\left(k_z \frac{\mathrm{d}b}{\mathrm{d}z}\right) = (1 - \sigma)\frac{g}{T_a} k_z \frac{\mathrm{d}T}{\mathrm{d}z},$$

wobei σ eine gewisse Konstante ist.

Hieraus folgt die Beziehung, die unmittelbar k_z mit den angegebenen Beobachtungen der vertikalen Verteilung der Windgeschwindigkeit und der Temperatur T in Beziehung bringt,

$$k_z = \frac{\varkappa^2}{4}\left\{\int\limits_0^z \frac{\left[\left(\frac{\mathrm{d}u}{\mathrm{d}z}\right)^2 - \frac{\sigma g}{T_a}\frac{\mathrm{d}T}{\mathrm{d}z}\right]^{5/4}}{\left(\frac{\mathrm{d}u}{\mathrm{d}z}\right)^2 - \frac{\sigma g}{2T_a}\frac{\mathrm{d}T}{\mathrm{d}z}}\,\mathrm{d}z\right\}^2.$$

Wenn man für u und T eine logarithmische Abhängigkeit von z annimmt, so erhält man

$$k_z = \frac{\varkappa^2 u_1}{\ln(z_1/z_0)} L' J\left(\frac{z}{L'}\right), \tag{1.22}$$

wobei

$$L' = \frac{T_a u_1^2}{\sigma g \delta T}\frac{\ln(z_3/z_2)}{\ln^2(z_1/z_0)}$$

und

$$J(x) = \frac{x}{1 + 0{,}9x} \quad \text{für} \quad 0 < x < 1\,,$$

$$J(x) = x(1 + 0{,}54\,|x|^{0,8}) \quad \text{für} \quad x < 0\,,$$

$$J(x) = 0{,}53 \quad \text{für} \quad x \geqq 1$$

gilt. Hierbei ist δT der Temperaturunterschied zwischen den Ebenen z_2 und z_3; im allgemeinen nimmt man $\sigma = 10$ an.

Für Höhen $h \leqq z < H_0$ ist es wegen der oben dargelegten Überlegungen zweckmäßig, einen Mittelwert von k_z in allen Bereichen der Grenzschicht bis zur oberen Grenze H_0 zu benutzen, an der die Windgeschwindigkeit u mit dem geostrophischen Wert u_g übereinstimmt. Dann gilt auf der Grundlage der bekannten Lösung von

ECKMANN

$$H_0 = 2{,}3\sqrt{\frac{k_z}{\omega_z}}\,. \tag{1.23}$$

Die Gleichung (1.19) wird für ein über die Höhe gemitteltes k_z umgeformt zu

$$\frac{1}{2}\,f_0^2 u_g^2 k_z + \frac{2{,}3 g k_z^2}{T_a}\,\overline{\frac{\mathrm{d}T}{\mathrm{d}z}} = 2{,}3 c_1 \overline{b^2}\,, \tag{1.24}$$

wobei $\overline{\mathrm{d}T}/\mathrm{d}z$ und $\overline{b^2}$ die entsprechenden über der Höhe gemittelten Werte von $\mathrm{d}T/\mathrm{d}z$ und b^2 sind. Die Extremfälle der Schichtung, bei denen das zweite Glied in (1.24) nicht verschwindet, ausschließend, erhält man

$$\overline{k_z} \approx \frac{4{,}6 c_1 \overline{b^2}}{f_0 u_g^2}\,. \tag{1.25}$$

Weiterhin ist zu bemerken, daß man unter der Höhe der Bodenschicht einen Wert versteht, bis zu dem die Schubspannung $\tau = \varrho k_z(\partial u/\partial z)$ unabhängig von z und gleich $\tau_0 = \varrho k_z(\partial u/\partial z)|_{z=0}$ ist. Jenseits der Grenzschichthöhe H_0 kann man näherungsweise eine Größe annehmen, wo τ praktisch klein im Verhältnis zu τ_0 ist, oder

$$\frac{k_z\left(\dfrac{\partial u}{\partial z}\right)\Big|_{z=H_0}}{k_z\left(\dfrac{\partial u}{\partial z}\right)\Big|_{z=0}} = \varepsilon\,,$$

wobei ε wesentlich kleiner als Eins ist.

Indem man für k_z und u das Modell (1.18) annimmt, erhält man $(h/H_0) = \varepsilon$. Somit bestimmt das Verhältnis h/H_0 den Grad der Abnahme der Schubspannung mit der Höhe.

Man kann sich leicht überzeugen, daß in der oben angegebenen Beziehung (1.23) für die Grenzschichthöhe H_0 bei $z = H_0$ $\tau = 0{,}1 \cdot \tau_0$ ist. Folglich beträgt hier $\varepsilon = 0{,}1$. Dieselben Ergebnisse wurden auch in einer Reihe vorausgehender Untersuchungen, insbesondere in der Arbeit von BERLJAND (1947), erhalten. Die angeführte Schlußfolgerung gestattet, die aus der Beziehung (1.25) erhaltenen Werte ausreichend genau auf die Schicht $z > h$ zu übertragen. Wenn man k_z für $z < h$ nach (1.18) bestimmt und $k_h = (k_1 h/z_1)$ annimmt, dann erhält man unter Berücksichtigung des aufgefundenen Ausdruckes für H_0 $k_h = 0{,}05(k_1^2/z_1^2 f_0)$ und $h = 0{,}05(k_1/z_1 f_0)$.

Gewöhnlich gilt für konvektive Bedingungen $k_1 = (0{,}1 \ldots 0{,}2)\ \mathrm{m^2/s}$ und $h = (50 \ldots 100)$ m bei $z_1 = 1$ m. Die erhaltenen Ausdrücke für k_z stimmen zufriedenstellend mit den vorhandenen experimentellen Daten in einem breiten Stabilitätsbereich überein.

Das Modell (1.18) für k_z entspricht der Tatsache, daß mit der Vergrößerung der Höhe die Abmessungen der Wirbel, die den turbulenten Austausch verursachen, in der bodennahen Schicht ($z \leqq h$) anwachsen und sich ab $z > h$ verhältnismäßig wenig verändern und charakteristischen Werten zustreben. Für Wirbel dieses Maßstabes kann man annehmen, daß die atmosphärische Turbulenz außerhalb der Bodenschicht beispielsweise isotropen Charakter besitzt, das heißt, hier gilt $k_x \approx k_y \approx k_z$. In niedrigeren Höhen verändern sich k_y und k_x, das ungefähr gleich k_y ist, natürlich mit der Höhe, denn an der Oberfläche müssen sie Null werden. Jedoch wächst k_y geringer mit der

Höhe an als k_z. Daraus folgt, der Einfluß der Oberfläche auf die Vertikalkomponente des Austauschkoeffizienten muß größer sein als auf die Horizontalkomponente. Diese Bedingungen erfüllt näherungsweise die 1946 von BERLJAND (1963) vorgeschlagene Beziehung

$$k_y = k_0 u\,, \tag{1.26}$$

weil u in der bodennahen Schicht ungefähr logarithmisch mit der Höhe z wächst, aber $k_z \sim z$ ist. Das gleiche Modell für k_y wurde 1949 von DAVIES benutzt. Indem man die Größe $k_0 u_h = k_h$ an der oberen Grenze der Bodenschicht, also bei $z = h$, annimmt, kann man den Wert k_0 aus u_h und k_h berechnen.

Die Werte von k_0 werden auch aus der Lösung der umgekehrten Problemstellung der turbulenten Diffusion nach Daten über die Schadstoffverteilung oder aus der davon abhängenden Ausbreitung der sichtbaren Konturen der Rauchfahne eines Schornsteins bestimmt. Solche Verfahren wurden auch in den Arbeiten von BERLJAND (1944, 1961) und anderen angewendet. Als Ergebnis erhielt man, in Abhängigkeit vom Stabilitätsgrad der Atmosphäre, die Größe k_0 zu (0,1 ... 1) m. Bei instabiler Schichtung ist sie größer. Dort kann man k_0 ungefähr mit (0,5 ... 1) m annehmen. Es ließ sich zeigen, daß die Werte k_y in der bodennahen Luftschicht, die aus der Bedingung der Gleichheit $k_y = k_z$ bei $z = h$ und nach der sichtbaren Kontur der Rauchwolke bestimmt wurden, miteinander übereinstimmen.

1.6. Beziehung zwischen den Lösungen der Punkt- und Linienquelle

Die Lösung von Aufgaben der atmosphärischen Diffusion erfordert bestimmte Vereinfachungen. In diesem Zusammenhang erweist sich die Abhängigkeit zwischen den Lösungen für die Punkt- und Linienquelle als nützlich. Zu diesem Zweck kann man die Beziehung (1.26) anwenden. Nachdem man u und k_z nur als Funktionen der Höhe z erhielt, ist es nicht schwierig, von der Gleichung (1.2) und den Randbedingungen (1.3) bis (1.7) für die Punktquelle zu den entsprechenden Gleichungen und Randbedingungen für die Linienquelle überzugehen. Dafür stellt man sich die Lösung des Problems in der Form

$$q = q'(x, z)\, P(x, y) \tag{1.27}$$

vor. Man setzt den Ausdruck (1.27) in (1.2) und in die Bedingungen (1.3) bis (1.7) ein und nimmt an, daß P der Gleichung

$$\frac{\partial P}{\partial x} = k_0 \frac{\partial^2 P}{\partial y^2} \tag{1.28}$$

und den Randbedingungen

$$P = \delta(y) \quad \text{für} \quad x = 0\,,$$
$$P \to 0 \quad \text{für} \quad |y| \to \infty \tag{1.29}$$

sowie $q'(x, z)$ der Gleichung

$$u\frac{\partial q'}{\partial x} + w\frac{\partial q'}{\partial z} = \frac{\partial}{\partial z}\left(k_z \frac{\partial q'}{\partial z}\right) - \alpha q' \tag{1.30}$$

und der Anfangsbedingung

$$uq' = M\delta(z - H) \quad \text{für} \quad x = 0 \tag{1.31}$$

genügt.

Die Randbedingungen bei $z = 0$ und $z = \infty$ für q' sind die gleichen wie für q (siehe (1.4) und (1.6) oder (1.7)).

Aus (1.28) und (1.29) folgt

$$P(x, y) = \frac{1}{2\sqrt{\pi k_0 x}} \, \mathrm{e}^{-(y^2/4k_0 x)} . \tag{1.32}$$

Danach ist $q'(x, z)$ die Konzentration einer unendlichen Linienquelle, die sich längs der y-Achse erstreckt. Die Intensitäten M der Punkt- und der Linienquelle stimmen zahlenmäßig überein. Nach ihrer physikalischen Bedeutung und Dimension unterscheiden sich die Größen M in (1.3) und (1.31) jedoch. Für die Punktquelle bestimmt M die Schadstoffmenge, die in einer Zeiteinheit emittiert wird. Bei der Linienquelle ist M die Schadstoffmenge, die pro Zeit- und Längeneinheit von der Quelle emittiert wird. Die Lösungen für die Punkt- und Linienquelle (q und q') sind durch die Beziehung

$$q(x, y, z) = \frac{q'(x, z)}{2\sqrt{\pi k_0 x}} \, \mathrm{e}^{-(y^2/4k_0 x)} \tag{1.33}$$

miteinander verbunden. Diese Gleichung wurde für sehr allgemeine Voraussetzungen bezüglich der Abhängigkeit für u und k_z von der Höhe z erhalten. Dabei muß zwischen u und k_y der Zusammenhang (1.26) existieren.

Erstreckt sich im allgemeinen Falle die Linienquelle endlicher Länge längs der y-Achse im Bereich (L_1, L_2), wobei die Richtung der Windgeschwindigkeit den Winkel β mit der x-Achse bildet (die positive Richtung wird von der x-Achse entgegen dem Uhrzeigersinn eingeführt), dann ist es bequem, das Koordinatensystem x, y, z in ein System x', y', z' so zu überführen, daß die Achse x' in Windrichtung und y' senkrecht dazu gerichtet ist:

$$x' = a' - \eta \sin\beta , \qquad y' = b' - \eta \cos\beta ,$$

wobei $a' = x\cos\beta + y\sin\beta$, $b' = y\cos\beta - x\sin\beta$ und η der Abschnitt veränderlicher Länge im Bereich (L_1, L_2) ist. Infolge des Superpositionsprinzips beträgt die Konzentration in diesem Falle

$$q_{\mathrm{L}}(x, y, z) = \int_{L_1}^{L_2} q(a' - \eta\sin\beta, b' - \eta\cos\beta) \, \mathrm{d}\eta . \tag{1.34}$$

Bei $\beta = 0$ und $L_1 \to -\infty$, $L_2 \to \infty$ folgt aus (1.34) der Ausdruck für die Konzentration einer Quelle unendlicher Länge:

$$q'(x, z) = \int_{-\infty}^{\infty} q(x, y - \eta, z) \, \mathrm{d}\eta . \tag{1.35}$$

Man kann sich leicht davon überzeugen, daß der Ausdruck (1.35) der Gleichung (1.33) genügt. Für die Linienquelle endlicher Länge l_0 mit einer entlang der Quelle orientierten y-Achse und einem im Zentrum der Quelle angeordneten Koordinatenursprung erhält man bei $\beta = 0$ auf analoge Weise

$$q_{\mathrm{L}}(x, y, z) = \int_{-l_0/2}^{l_0/2} q(x, y - \eta, z) \, \mathrm{d}\eta . \tag{1.36}$$

Indem man (1.33) in (1.36) einsetzt, findet man

$$q_L(x, y, z) = q'(x, z)\left(\operatorname{erf}\frac{y + l_0}{2\sqrt{k_0 x}} - \operatorname{erf}\frac{y - l_0}{2\sqrt{k_0 x}}\right), \tag{1.37}$$

wobei

$$\operatorname{erf} t = \frac{2}{\sqrt{\pi}} \int\limits_0^t e^{-\xi^2}\, d\xi$$

das Fehlerintegral darstellt.

1.7. Analytische Lösung der turbulenten Diffusionsgleichung

Für die Untersuchung der Konzentrationsverteilung einer Punktquelle reicht es aus, die Gleichung (1.30) für eine Linienquelle mit $\alpha = 0$ zu lösen. Außerdem kann man, wenn $w = \text{const}$ ist, sich zur Vereinfachung auf die Betrachtung des Falles $w = 0$ beschränken, indem man vorläufig (1.30) in die einfachere Form

$$\tilde{u}\frac{\partial q'}{\partial x} = \frac{\partial}{\partial z}\left(\tilde{k}_z \frac{\partial q'}{\partial z}\right) \tag{1.38}$$

umwandelt, worin

$$\tilde{u} = u\, e^{-w\int\limits_0^z \frac{dz}{k_z}}, \qquad \tilde{k}_z = k_z\, e^{-w\int\limits_0^z \frac{dz}{k_z}} \tag{1.39}$$

sind. Von der Richtigkeit der angegebenen Umformung überzeugt man sich leicht durch Einsetzen von (1.39) in (1.38).

Eines der effektivsten Verfahren zur analytischen Lösung der Diffusionsgleichung des betrachteten Typs ist die LAPLACE-Transformation. Bei ihrer Anwendung werden alle Funktionen, die in der Differentialgleichung und den Randbedingungen enthalten sind, einer Umwandlung der Form

$$\bar{q}' = \int\limits_0^\infty e^{-px}\, q'\, dx \tag{1.40}$$

unterzogen. Hier ist $\bar{q}'$ die Abbildungsfunktion und p eine komplexe Veränderliche.

Auf Grund bekannter Eigenschaften der LAPLACE-Transformation genügt die Größe $\bar{q}'$ in Übereinstimmung mit (1.30) bei $w = 0$ und $\alpha = 0$ der Gleichung

$$\frac{d}{dz}\left(\tilde{k}_z \frac{d\bar{q}'}{dz}\right) - p\tilde{u}\bar{q}' = -M\delta(z - H) \tag{1.41}$$

und den Randbedingungen

$$\tilde{k}_z \frac{d\bar{q}'}{dz} = 0 \quad \text{für} \quad z = 0\,, \tag{1.42}$$

$$\bar{q}' \to 0 \quad \text{für} \quad z \to \infty\,. \tag{1.43}$$

Für den Fall einer Wasseroberfläche verlaufen die nachfolgenden Rechnungen mit der Randbedingung (1.6) analog.

Wenn man die GREENsche Funktion $G(z, \zeta)$ einführt, gilt

$$\bar{q}' = M \int_0^\infty G(z, \zeta)\, \delta(\zeta - H)\, d\zeta \,. \tag{1.44}$$

Auf einfache Weise erhält man dann (BERLJAND, 1956)

$$G(z, \zeta) = \begin{cases} \dfrac{1}{W} \tau_1(\zeta)\, \tau_2(z) & \text{für} \quad \zeta < z\,, \\ \dfrac{1}{W} \tau_1(z)\, \tau_2(\zeta) & \text{für} \quad \zeta > z\,, \end{cases} \tag{1.45}$$

Hierbei sind $\tau_1(\zeta)$ und $\tau_2(\zeta)$ die vollständigen Lösungen des homogenen Teils von (1.41), wobei $\tau_1(\zeta)$ der Bedingung (1.42) und $\tau_2(\zeta)$ der Bedingung (1.43) genügt, und es gilt

$$W = k_z \left(\tau_2 \frac{d\tau_1}{dz} - \tau_1 \frac{d\tau_2}{dz} \right).$$

Die Größe W stimmt bis auf eine Konstante genau mit der WRONSKIschen Determinante der Funktionen τ_1 und τ_2 überein und hängt nicht von z ab. Infolge der Eigenschaft der δ-Funktion (Abschn. 1.3.) erhält man aus (1.44) und (1.45)

$$\bar{q}' = \begin{cases} \dfrac{M}{W} \tau_1(z)\, \tau_2(H) & \text{für} \quad z < H\,, \\ \dfrac{M}{W} \tau_1(H)\, \tau_2(z) & \text{für} \quad z > H\,. \end{cases} \tag{1.46}$$

Somit ist die Schadstoffkonzentration unmittelbar durch die GREENsche Funktion bestimmt.

Die entwickelte Lösungsmethodik wird auch auf den Fall verallgemeinert, bei dem in der Atmosphäre innerhalb der Bodenschicht u und k_z durch Funktionen vorgegeben sind, die sich von den Funktionen der darüberliegenden Schichten unterscheiden. Es gelten zum Beispiel in der bodennahen Schicht für $z < h$ die Funktionen $\tilde{u} = u_{\mathrm{I}}(z)$ und $\tilde{k}_z = k_{\mathrm{I}}(z)$ aber für $z > h$ die Beziehungen $\tilde{u} = u_{\mathrm{II}}(z)$ und $\tilde{k}_z = k_{\mathrm{II}}(z)$ (s. (1.39)). Die Funktionen $u(z)$ und $k_z(z)$ müssen natürlich stetig sein. Die Lösung der Aufgabe wird im gegebenen Fall, ebenso wie vorher, mit Hilfe der LAPLACE-Transformation ausgeführt. Wenn man voraussetzt, daß die Quelle in der Schicht $z > h$ liegt, so erhält man

$$\frac{d}{dz}\left(k_{\mathrm{I}} \frac{d\bar{q}_{\mathrm{I}}'}{dz} \right) - p u_{\mathrm{I}} \bar{q}_{\mathrm{I}}' = 0\,, \tag{1.47}$$

$$\frac{d}{dz}\left(k_{\mathrm{II}} \frac{d\bar{q}_{\mathrm{II}}'}{dz} \right) - p u_{\mathrm{II}} \bar{q}_{\mathrm{II}}' = -M\delta(z - H)\,. \tag{1.48}$$

Da an der Grenze der Schichten die Kopplungsbedingungen erfüllt werden müssen, nimmt man

$$\bar{q}_{\mathrm{I}}' = A\tau_1(z) \quad \text{und} \quad \bar{q}_{\mathrm{II}}' = B\tau_3(z) + g$$

an, wobei $\tau_1(z)$ die vollständige Lösung von (1.47), die der Bedingung (1.42) genügt, und $\tau_3(z)$ die vollständige Lösung des homogenen Teils von (1.48) unter Berücksichtigung der Gleichung (1.43) darstellt. A und B sind Integrationskonstanten, g ist eine partikuläre Lösung von (1.48).

Die Funktion g wird so ausgewählt, daß an der Grenze zwischen den zwei Schichten bei $z = h$ die Ableitung $\mathrm{d}g/\mathrm{d}z = 0$ ist und bei $z \to \infty$ $g \to 0$ geht. Weiterhin wird für die Gleichung (1.48) die GREENsche Funktion $G(z, \zeta)$ eingeführt, die die gleichen Randbedingungen wie g erfüllt. Dann erhält man analog dem vorher Dargelegten

$$g = M \int_0^\infty G(z, \zeta)\, \delta(\zeta - H)\, \mathrm{d}\zeta = MG(z, H)\,.$$

Dabei ist die Funktion $G(z, \zeta)$ im Punkt $\zeta = z$ stetig, aber die Ableitung $\mathrm{d}G/\mathrm{d}\zeta$ besitzt eine Unstetigkeit gleich $1/k_{\mathrm{II}}$. Folglich kann man angeben

$$G(z, \zeta) = \begin{cases} a(z)\, \tau_3(\zeta) + b(z)\, \tau_4(\zeta) & \text{für} \quad \zeta < z\,, \\ c(z)\, \tau_3(\zeta) & \text{für} \quad \zeta > z\,, \end{cases}$$

wobei $\tau_4(\zeta)$ ebenso wie auch $\tau_3(\zeta)$ eine vollständige Lösung des homogenen Teils von (1.48) ist. Die Lösung $\tau_3(\zeta)$ wird so ausgewählt, daß sie bei $\zeta \to \infty$ gegen Null geht. Die Koeffizienten $a(z)$, $b(z)$ und $c(z)$ werden durch Anwendung der entsprechenden Randbedingungen für $G(z, \zeta)$ bestimmt. Dann ergibt sich

$$G(z, \zeta) = \frac{1}{W} \tau_3(z)\, [\tau_3(\zeta) - \varrho \tau_4(\zeta)] \quad \text{für} \quad \zeta < z\,,$$

wobei

$$\varrho = \left(\frac{\mathrm{d}\tau_3}{\mathrm{d}\zeta} \Big/ \frac{\mathrm{d}\tau_4}{\mathrm{d}\zeta} \right)_{z=h}$$

und

$$W = k_z \left(\tau_3 \frac{\mathrm{d}\tau_4}{\mathrm{d}\zeta} - \tau_4 \frac{\mathrm{d}\tau_3}{\mathrm{d}\zeta} \right)$$

ist. Die Größe W ist die WRONSKIsche Determinante der Funktionen $\tau_3(\zeta)$ und $\tau_4(\zeta)$. Sie hängt nicht von ζ ab. Deshalb ist $W = W|_{\zeta=h}$. Die GREENsche Funktion wird für $\zeta > z$ durch Vertauschen der Argumente z und ζ im Ausdruck von $G(z, \zeta)$ bei $\zeta < z$ gebildet. Die Integrationskonstanten in den Beziehungen für $\bar{q}'_{\mathrm{I}}$ und $\bar{q}'_{\mathrm{II}}$ werden aus den entsprechenden Randbedingungen gefunden. Als Endergebnis erhält man

$$\bar{q}'_{\mathrm{I}} = \frac{M \tau_1(z)\, \tau_3(H)}{\left[k_{\mathrm{II}} \left(\tau_1 \frac{\mathrm{d}\tau_3}{\mathrm{d}z} - \tau_3 \frac{\mathrm{d}\tau_1}{\mathrm{d}z} \right) \right]_{z=h}}\,, \qquad g = MG(H, z) \tag{1.49}$$

sowie einen analogen Ausdruck für $\bar{q}'_{\mathrm{II}}$.

Aus (1.49) kann man auf einfache Weise als Sonderfall die vorher aufgestellte Lösung (1.46) für das einschichtige Problem erhalten, indem man $h = 0$ setzt.

Der Übergang von den Abbildungsfunktionen zu ihren Originalfunktionen wird allgemein mit Hilfe der Transformationsfunktion von RIEMANN-MELLIN verwirklicht,

$$q'(x, z) = \int_{\sigma - i\infty}^{\sigma + i\infty} \mathrm{e}^{px}\, \bar{q}'(p, z)\, \mathrm{d}p\,, \tag{1.50}$$

in der die Integration entlang einer Geraden ausgeführt wird, die parallel zur Ordinate verläuft und rechts von singulären Punkten der unter dem Integral stehenden Funktion $q'(p, z)$ liegt. In der Regel haben bei den praktisch angewendeten Funktionen für u und k_z die vollständigen Lösungen $\tau_i(z) = (i = 1, 2, 3, 4)$ in der betrachteten Aufgabe keine Besonderheiten bezüglich der Veränderlichen p außer einem Verzweigungspunkt im Koordinatenursprung. Analog den Ausführungen in der Arbeit von BERLJAND (1956) kann man zeigen, daß sowohl die einschichtige als auch die zweischichtige Aufgabe $q'(p, z)$ keine Pole besitzt. Das gestattet in (1.50), zur Integration nach der natürlichen Veränderlichen überzugehen, und man bekommt

$$q'(x, z) = \frac{2}{\pi} \int_0^\infty \operatorname{Im} \bar{q}' (\sqrt{p} = -i\omega, z)\, e^{-\omega^2 x}\, \omega \, d\omega \,. \tag{1.51}$$

Die so erhaltene Formel stellt eine analytische Lösung der Aufgabe für eine breite Klasse von Funktionen für u und k_z von z dar. Die Methode zur Berechnung des Integrales (1.51) hängt von der konkreten Gestalt dieser Funktionen ab. Es sollen jetzt einige Varianten der Lösung dieser Aufgabe betrachtet werden.

1.8. Lösungen für Potenzmodelle der Windgeschwindigkeit und des Austauschkoeffizienten

Für einige verhältnismäßig einfache Modelle der Änderung von u und k_z mit der Höhe z wurde die analytische Lösung der Gleichungen (1.2) und (1.30) von BERLJAND (1963), DAVIES (1954), RAUNDS (1955), LAICHTMAN (1970), MONIN (1956) und anderen angegeben. Hier gehen wir auf den Fall ein, daß u und k_z durch Potenzfunktionen der Form

$$u = u_1 \left(\frac{z}{z_1}\right)^n; \qquad k_z = k_1 \left(\frac{z}{z_1}\right)^m \tag{1.52}$$

beschrieben werden, wobei n und m dimensionslose Parameter sind, die entsprechend für die Interpolation des vertikalen Profils der Windgeschwindigkeit und des Austauschkoeffizienten ausgewählt wurden. In der Regel ist $m \approx 1$, $n \approx 0{,}15$ und $z_1 = 1$ m.

Es wird die Diffusion einer leichten, in der Atmosphäre schwebenden Beimengung betrachtet, die sich über dem Festland ausbreitet. In diesem Falle befriedigt die Abbildungsfunktion der gesuchten Lösung $\bar{q}'(x, z)$ die Gleichung (1.41) und die Randbedingungen (1.42) und (1.43). Dann gilt

$$\tau_1 = \eta^\mu I_{-\mu}(\eta)\,, \qquad \tau_2 = \eta^\mu K_\mu(\eta)\,, \tag{1.53}$$

wobei

$$\eta = \frac{2}{2 + n - m} \sqrt{\frac{p u_1}{k_1}}\, z^{\frac{2+n-m}{2}}\,, \qquad \mu = \frac{1 - m}{2 + n - m}$$

und $I_{-\mu}(\eta)$ die BESSEL-Funktion mit imaginärem Argument sowie $K_\mu(\eta)$ die MACDONALDsche Funktion ist.

Man kann zeigen, daß für $z < H$

$$\bar{q}' = \frac{2M(zH)^{\frac{1-m}{2}}}{(2+n-m)\,k_1} I_{-\mu}\left(\frac{2z^{\frac{2+n-m}{2}}}{2+n-m}\sqrt{\frac{pu_1}{k_1}}\right) K_\mu\left(\frac{2H^{\frac{2+n-m}{2}}}{2+n-m}\sqrt{\frac{pu_1}{k_1}}\right)$$

ist. Eine analoge Formel findet man für $\bar{q}'$ bei $z > H$.

Für den Übergang von der Abbildungsfunktion zur Originalfunktion kann man im vorliegenden Falle die Tabellen für die LAPLACE-Transformation benutzen. Als Ergebnis erhält man für die Konzentration einer Punktquelle in der Höhe H die 1946 von BERLJAND (1963) angegebene Formel

$$q = \frac{M(zH)^{\frac{1-m}{2}} z_1^m}{2(2+n-m)\,k_1\sqrt{\pi k_0 x^3}} e^{-\frac{y^2}{4k_0 x} - \frac{u_1 z_1^{m-n}(z^{2+n-m}+H^{2+n-m})}{k_1(2+n-m)^2 x}}$$

$$\times I_{-\frac{1-m}{2+n-m}}\left[\frac{2u_1 z_1^{m-n}(Hz)^{\frac{2+n-m}{2}}}{(2+n-m)^2\,k_1 x}\right]. \tag{1.54}$$

Die Rechnungen zeigten, daß q verhältnismäßig wenig empfindlich auf Veränderungen der Werte n und m in deren realem Bereich ist. Deshalb zeigt sich der Einfluß der Stabilität der Atmosphäre auf die Schadstoffverteilung in erster Linie durch die Parameter k_1 und k_0. Auf analoge Weise findet man die Lösung für die Verteilung einer schweren Beimengung, die mit der konstanten Geschwindigkeit w sinkt, für folgende Ansätze

$$u = u_1\left(\frac{z}{z_1}\right)^n, \qquad k_z = \frac{k_1 z}{z_1}.$$

In diesem Falle erhält man mit Hilfe von (1.39)

$$\tilde{u} = u_1 z_1^{\frac{wz_1}{k_1}}\left(\frac{z}{z_1}\right)^{n-\frac{wz_1}{k_1}}, \qquad \tilde{k}_z = k_1 z_1^{\frac{wz_1}{k_1}}\left(\frac{z}{z_1}\right)^{1-\frac{wz_1}{k_1}}.$$

Folglich genügt es für den Übergang von den Formeln der Konzentration einer leichten zur Konzentration einer schweren Beimengung, in (1.54) n durch $n - (wz_1/k_1)$ und m durch $1 - (wz_1/k_1)$ zu ersetzen, ebenso wie u_1 durch $u_1 z_1^{wz_1/k_1}$ und k_1 durch wz_1/k_1.

Als Sonderfall erhält man aus (1.54) für $m = n = 0$, $u_1 \equiv u$, $k_1 \equiv k_z$ und $k_0 = ky/u$ die Formel für die Schadstoffkonzentration bei konstanten Werten des Austauschkoeffizienten k_z und der Windgeschwindigkeit u:

$$q(x, y, z) = \frac{M}{4\pi x\sqrt{k_y k_z}} e^{-\frac{uy^2}{4k_y x}}\left[e^{-\frac{u(z+H)^2}{4k_z x}} + e^{-\frac{u(z-H)^2}{4k_z x}}\right]; \tag{1.55}$$

für einen schweren Schadstoff nach BERLJAND und ONIKUL (1968b)

$$q_w\big|_{y=z=0} = \frac{2M}{\sqrt{\pi}\,\sigma_1 u H^2}\frac{k_z}{k_y} e^{\sigma^2}\left[1 - \sigma_2\sqrt{\sigma_1}\, r'(\sigma)\right] \tag{1.56}$$

mit

$$r(\sigma) = e^{\sigma^2}[1 - \operatorname{erf}\sigma], \qquad \sigma = \frac{1}{\sqrt{\sigma_1}} + \sigma_2\sqrt{\sigma_1},$$

$$\sigma_1 = \frac{4k_z x}{uH^2}, \qquad \sigma_2 = \frac{wH}{4k_z}.$$

Analog findet man die Lösung auch für die Ausbreitung über einer Wasserfläche, d. h. bei der Randbedingung (1.6). Insbesondere bei konstanten u, k_y und k_z ist es ausreichend, für die Bestimmung der Konzentration q über einer Wasserfläche in der Formel (1.55) in den eckigen Klammern das Plus (+) durch ein Minus (—) zu ersetzen.

1.9. Numerische Methoden zur Untersuchung der atmosphärischen Diffusion

Die dargelegten Verfahren der analytischen Lösung von Aufgaben der atmosphärischen Diffusion gestatteten, eine Reihe wichtiger und interessanter Ergebnisse zu erhalten. Sie ermöglichen vor allem, die Art der funktionalen Abhängigkeiten der Konzentration von den grundlegenden Einflußfaktoren festzustellen. Mit ihrer Hilfe kann man verhältnismäßig einfach die Werte der maximalen Konzentration und eine Reihe anderer zu erforschender Größen erhalten. Die Benutzung der analytischen Methoden ist jedoch größtenteils nur bei beträchtlichen Vereinfachungen der realen Bedingungen in der Atmosphäre möglich. So entstehen wesentliche Schwierigkeiten schon bei verhältnismäßig einfachen Bedingungen; wenn sich die Windgeschwindigkeit logarithmisch mit der Höhe verändert, wird das lineare oder potentielle Anwachsen des Austauschkoeffizienten u. ä. gestört.

Gleichzeitig ist es notwendig zu berücksichtigen, daß die Dicke der Luftschicht, in der die Verteilung der Schadstoffe von Industriebetrieben vor sich geht, sehr groß sein kann. Das betrifft insbesondere die Fälle starker Quellen mit Schornsteinhöhen von 200—300 m, deren Emissionen sich über große Entfernungen ausbreiten. In dieser Schicht haben die Änderungen der Windgeschwindigkeit und der Komponenten des Austauschkoeffizienten häufig komplizierten Charakter. Deshalb dürfen die Angaben über die Windgeschwindigkeit und den Austauschkoeffizienten nicht nur auf Werte an der Bodenfläche beschränkt bleiben, sondern man muß ihre reale Verteilung in der gesamten Schicht der Schadstoffausbreitung berücksichtigen. Die Erforschung der atmosphärischen Diffusion über unebenem Gelände und inhomogener Oberfläche erfordert auch die Berücksichtigung komplizierter Änderungen der meteorologischen Einflußgrößen sowohl in vertikaler als auch in horizontaler Richtung.

Die Lösung dieser Aufgaben ist nur unter Einbeziehung moderner numerischer Untersuchungen möglich. Eine solche Fragestellung ist auch im Zusammenhang mit der schnellen Entwicklung der Methoden zur numerischen Integration von Differentialgleichungen mit Hilfe elektronischer Datenverarbeitungsanlagen (EDVA) vollkommen natürlich. In den letzten Jahren wurden in dieser Richtung sowohl in der UdSSR als auch im Ausland eine Reihe von Untersuchungen zur atmosphärischen Diffusion durchgeführt. Eine der ersten Arbeiten zur numerischen Lösung der turbulenten Diffusionsgleichung eines schweren Schadstoffes wurde von Arrago und Schwez (1963) ausgeführt. Systematische und breite Anwendung erhielten die numerischen Methoden zur Untersuchung der atmosphärischen Diffusion in den weiter unten angeführten Arbeiten von BERLJAND u. a. (1963a, b; 1964a, b; 1965a, b) und anderen.

Ungeachtet der großen Möglichkeiten der modernen Rechentechnik ist es trotzdem sinnvoll, die Aufgabenstellung zu vereinfachen. Das gestattet, die Rechenzeit wesentlich zu verkürzen. Außerdem hat die Komplizierung der Aufgabe nur dann Sinn, wenn die Methoden zur Bestimmung der Parameter für diese Aufgabe ausreichend entwickelt sind. Bei der numerischen Lösung ist es zweckmäßig, die Beziehung (1.26) anzuwenden und von der Gleichung für die Konzentration einer Punktquelle zur Gleichung (1.30) für die Konzentration q' einer Linienquelle überzugehen, indem dabei die Zahl der Veränderlichen der Aufgabe verringert und die Rechnung somit beträchtlich vereinfacht und beschleunigt wird. Die Randbedingungen auf der Bodenoberfläche werden in der allgemeinen Form

$$a(x)\frac{\partial q'}{\partial x} + b(x)\,q' = c(x) \quad \text{für} \quad z = 0 \tag{1.57}$$

geschrieben, wobei a, b, c gewisse Funktionen von x sind.

Außerdem ist es ebenso wie in vorangegangenen Gleichungen erforderlich, daß bei $z \to \infty$ der Wert $q' \to 0$ geht sowie bei $x = 0$ die Anfangsbedingung (1.31) erfüllt wird.

Für die numerische Lösung der Aufgabe werden die Ableitungen in der Differentialgleichung und den angeführten Randbedingungen durch endliche Differenzen approximiert. Zu diesem Zweck wird in der vertikalen Ebene (x, z) ein Gitternetz, das aus einem System sich einander schneidender vertikaler und horizontaler Geraden besteht, mit der Schrittweite δx in der Horizontalen und δz in der Vertikalen aufgebaut. Die Konzentration q' im Punkt mit den Koordinaten $x = i\delta x$, $z = j\delta z$ $(i, j = 0, 1, 2, \ldots)$ wird durch q'_{ij} bezeichnet. Dann gilt

$$u\frac{\partial q'}{\partial x} \approx u_{i,j}\frac{q'_{i,j} - q'_{i-1,j}}{\delta x};$$

$$w\frac{\partial q'}{\partial z} \approx w_{i,j}\frac{q'_{i,j+1} - q'_{i,j-1}}{2\delta z}.$$

Die Genauigkeit der Approximation der Glieder $u(\partial q'/\partial x)$ und $w(\partial q'/\partial z)$ ist entsprechend gleich $O(\delta x)$ und $O(\delta z^2)$.

Bei der Approximation des rechten Teils der Gleichung (1.30) entstehen bestimmte Schwierigkeiten. Sogar im Fall kleiner Schrittweiten δz, der in der Praxis der Berechnungen mit Hilfe der EDVA angewendet wird, kann sich k_z in Nähe der Oberfläche um einige Größenordnungen in den Grenzen einer Schrittweite ändern. Dieselbe Situation tritt auch bei der Approximation an den Schichtgrenzen der freien Inversion auf, wo sich der Austauschkoeffizient beträchtlich verringert. In einer dünnen Schicht jedoch, wo k_z stark ansteigt, verkleinert sich auch der Gradient einer Schadstoffkonzentration $\partial q'/\partial z$ ziemlich schnell. Somit verändert sich der Konzentrationsstrom $k_z(\partial q'/\partial z)$ in einer solchen Schicht verhältnismäßig wenig. Das gestattet, die Genauigkeit der Approximation durch Einführung eines effektiven Koeffizienten des turbulenten Austausches k_e (BERLJAND u. a., 1963a; ONIKUL, 1962) aus der Bedingung

$$k_z\frac{\partial q'}{\partial z} = k_{ei(j,j+1)}\frac{q'_{i,j+1} - q'_{i,j}}{\delta z}$$

zu verbessern. Dabei beträgt die Genauigkeit der Approximation des rechten Teils von (1.30) $O(\delta z^2)$. Insbesondere, wenn k_z linear mit der Höhe ansteigt, ergibt sich

$$k_{ei(j,j+1)} = \frac{k_{i,j+1} - k_{i,j}}{\ln k_{i,j+1} - \ln k_{i,j}}. \tag{1.58}$$

Wenn man in (1.30) die Approximation der Glieder $(\partial/\partial z)\, k_z(\partial q'/\partial z)$ und $w(\partial q'/\partial z)$ im $(i-1)$-ten Schritt (direktes Differenzenschema) ausführt, dann wird der Wert der Konzentration q' in den Knotenpunkten im i-ten Schritt direkt durch die Größe q' des $(i-1)$-ten Schrittes ausgedrückt. Für die Gewährleistung der Konvergenz und Stabilität des direkten Differenzenschemas ist es jedoch erforderlich, die Schrittweiten δx und δz zu beschränken. Im Falle konstanter Werte von u, w und k_z dient die Beziehung

$$\delta x < \frac{u(\delta z)^2}{2k_z} \frac{1}{1 + \dfrac{w\delta z}{2k_z}}$$

als eine solche Begrenzung, wie von Onikul (1962) gezeigt wurde. Bei $w = 0$, das heißt für einen leichten Schadstoff, geht die angegebene Beziehung in das bekannte Kriterium über

$$\delta x < \frac{u(\delta z)^2}{2k_z}.$$

Die Benutzung eines indirekten Differenzenschemas (Approximationen des Diffusionsgliedes nach dem i-ten Schritt), das praktisch immer über Stabilität und Konvergenz verfügt, beschleunigt die Berechnungen und lastet die Maschinenzeit ökonomischer aus. In diesem Falle der endlichen Differenzenapproximation von (1.30) kann man für $\alpha = 0$ nach einigen Umwandlungen folgende Standardform angeben:

$$A_{i,j}q'_{i,j+1} - 2B_{i,j}q'_{i,j} + C_{i,j}q'_{i,j-1} = D_{i,j} \tag{1.59}$$

mit

$$A_{i,j} = k_{i(j,j+1)} - \frac{w_{i,j}\delta z}{2}, \qquad B_{i,j} = \frac{k_{i(j,j+1)} + k_{i(j-1,j)}}{2} + \frac{(\delta z)^2\, u_{i,j}}{2\delta x},$$

$$C_{i,j} = k_{i(j-1,j)} + \frac{w_{i,j}\delta z}{2}, \qquad D_{i,j} = -\frac{(\delta z)^2}{\delta x}\, u_{i,j}q'_{i-1,j}.$$

Hier und im folgenden wird zur Abkürzung der Index e bei k weggelassen. Analog wird auch die Randbedingung von (1.57) für die Ebene der Bodenoberfläche durch

$$q'_{i,0} = P_{i,1}q'_{i,1} + Q_{i,1} \quad \text{für} \quad j = 0 \tag{1.60}$$

angenähert, wobei $P_{i,1}$ und $Q_{i,1}$ bekannte Koeffizienten sind. Für $z \to \infty$, das heißt bei $j \to \infty$, geht $q'_{i,j} \to 0$.

Bei endlicher Differenzenapproximation der Anfangsbedingung, nach der im Punkt $z = H$ die Quelle durch eine δ-Funktion beschrieben wird, existiert eine wesentliche Schwierigkeit. Sie besteht darin, daß bei dieser Art der Beschreibung der Quelle die Konzentration mit Annäherung an sie unbegrenzt wächst und direkt in der Quelle unendlich groß wird. Für die entsprechende Approximation in der Umgebung der Quelle ist eine unbegrenzte Verkleinerung der Schrittweiten erforderlich. Um diese Schwierigkeit zu überwinden, verwendeten Arrago und Schwez (1963) für kleine Abstände von x eine analytische Lösung der Aufgabe und begannen mit numerischen Methoden zur Bestimmung der Konzentration erst von ausreichend großem x an. Jedoch gibt es bei der numerischen Lösung keine Notwendigkeit, die Quelle mit Hilfe der δ-Funktion darzustellen. Die linearen Abmessungen realer Quellen, zum Beispiel der Durchmesser eines Schornsteines, erreichen einige Meter und sind ungefähr von der Größenordnung der Schrittweiten δx und δz, aber manchmal auch größer als sie.

Für eine Linienquelle konstanter Höhe folgt bei der numerischen Lösung die Angabe der Anfangsbedingung für $x = 0$ aus der Eigenschaft des stabilen und konvergenten Differenzenschemas für $w = 0$, daß die gesamte Schadstoffmenge in der Atmosphäre erhalten bleibt. Deshalb gilt für alle x

$$\sum_{j=0}^{\infty} u_j q'_{i,j} \delta z = M u_H , \tag{1.61}$$

wobei u_H die Windgeschwindigkeit in der Höhe der Quelle ist. Das gestattet, im Knotenpunkt des Netzes mit den Koordinaten $x = 0$, $z = H$ die Konzentration mit $q' = (M/u_H\delta z)$ anzugeben, ohne auf die analytische Lösung in geringen Entfernungen der Quelle zurückzugreifen. Diese Beziehung wird um so notwendiger, als die analytische Lösung manchmal zur Begrenzung der Möglichkeiten der numerischen Untersuchung führt, besonders in den weiter unten betrachteten Fällen, wenn in der Nähe der Quelle Sperrschichten liegen.

Für die Lösung der Gleichung (1.59) bei entsprechenden Randbedingungen ist es bequem, die Faktorisierungsmethode anzuwenden. Diese Methode wird neuerdings mit Erfolg bei verschiedenen Aufgaben der mathematischen Physik (Martschuk, 1961, u. a.) angewendet. Sie gestattet, von der Differenzengleichung zweiter Ordnung (1.59) zu einem System von Gleichungen erster Ordnung überzugehen,

$$q'_{i,j} = P_{i,j+1} q'_{i,j} + Q_{i,j+1} . \tag{1.62}$$

Durch die unmittelbare Überprüfung kann man sich überzeugen, daß sich als Lösung des Systems (1.62) ergibt

$$P_{i,j+1} = \frac{A_{i,j}}{2B_{i,j} - C_{i,j}P_{i,j}},$$

$$Q_{i,j+1} = \frac{C_{i,j}Q_{i,j} - D_{i,j}}{A_{i,j}} P_{i,j+1} .$$

Mit Hilfe dieser Rekursionsformeln werden zuerst die Werte $P_{i,j}$ und $Q_{i,j}$ aus den Werten $P_{i,j-1}$ und $Q_{i,j-1}$ aufgefunden (direkte Faktorisierung), wobei man $P_{i,1}$ und $Q_{i,1}$ aus der Randbedingung bei $z = 0$ bestimmt. In der zweiten Etappe wird die umgekehrte Faktorisierung von der oberen zur niederen Grenze nach der Formel (1.62) verwirklicht, in deren Verlauf man auch q' bestimmt. Gewöhnlich wird die Methode der Faktorisierung bei festgelegten oberen und unteren Grenzen des Bereiches angewendet. In der betrachteten Aufgabe ist das nicht streng eingehalten, da ein halbbegrenztes Fluid untersucht wird. Jedoch kann man die Faktorisierungsmethode auch auf diesen Fall ausdehnen, wenn man berücksichtigt, daß, in einer ausreichend großen Höhe beginnend, die Konzentration eines Schadstoffes mit Vergrößerung der Höhe z abfällt. Letzteres gestattet in einer bestimmten Ebene $j + 1$ die Annahme

$$q'_{i,j+1} < \varepsilon , \tag{1.63}$$

wobei ε eine gewisse festgelegte kleine Größe ist. Man kann sich leicht davon überzeugen, daß immer $P_{i,j} < 1$ ist. Dann folgt aus (1.62)

$$Q_{i,j+1} < 2\varepsilon .$$

Auf diese Weise wird im Verlaufe der direkten Faktorisierung von $Q_{i,j}$ die Ebene bestimmt, in der die Konzentration praktisch verschwindet. Diese Ebene kann als obere Grenze der Diffusionsschicht betrachtet werden. Danach wird an der angegebenen Grenze die Konzentration q' zu Null angenommen, und man führt die umgekehrte Faktorisierung durch.

Für die Rechnungen nach dem dargelegten Schema wurde ein Rechenprogramm aufgestellt, das man auch für die Lösung einer Reihe verschiedener Aufgaben des Wärme- und Feuchtigkeitsaustausches anwenden kann.

1.10. Kontrolle der numerischen Rechnungen

Angaben über die Genauigkeit der numerischen Bestimmung der Schadstoffkonzentration haben große Bedeutung. In den Arbeiten von BERLJAND u. a. (1963a, 1964b) wurde zu diesem Zweck eine Reihe von Methoden dargelegt. Insbesondere wurde die Netzschrittweite verkleinert, da sich dabei die numerische Lösung der exakten Lösung der Aufgabe annähert. Letzten Endes benutzt man solche Schrittweiten, bei deren weiterer Verringerung die Ergebnisse sich verhältnismäßig wenig verändern. Diese Methode erfordert einen großen Rechenumfang, deshalb wird sie gewöhnlich für die charakteristischsten und verhältnismäßig einfachsten Beispiele angewendet. Ein anderes Prüfverfahren war die Kontrolle der Erhaltung der Gesamtschadstoffmenge in der Atmosphäre. Die Bedingung der Massenerhaltung wird durch die Integration der Ausgangsgleichung (1.30) über z verwirklicht. Bei $w = 0$ und $\alpha = 0$ findet man infolge der Randbedingung im Unendlichen mit der Annahme, daß $k_z(\partial q'/\partial z) = 0$ für $z = 0$ ist, für alle x $\int_0^\infty uq' \, dz = Mu_H$. Das bedeutet in endlicher Differenzenschreibweise, daß für verschiedene x die Beziehung (1.61) erfüllt werden muß.

Im Falle einer schweren Beimengung gilt analog

$$\sum_{j=0}^{\infty} u_j q'_{i,j} \, \delta z - w \sum_{0}^{i} q'_{i,j} \, \delta x = Mu_H . \tag{1.64}$$

Die Ergebnisse der Rechnungen zeigten, daß die Bedingungen (1.61) und (1.64) bis zu sehr großen Entfernungen mit der Genauigkeit bis zu einem hundertstel Prozent erfüllt werden.

Zur Kontrolle der numerischen Rechenschemen wurden in einzelnen Fällen auch die Rechenergebnisse mit Werten aus Berechnungen nach der genauen analytischen Lösung der Aufgabe verglichen. Die Übereinstimmung der erhaltenen Resultate erwies sich als ausreichend gut. Die Anwendung der angeführten Kontrollverfahren gestattete, gleichzeitig die optimalen Werte für die Parameter der Aufgabe δx, δz und ε zu bestimmen, die die Genauigkeit und die Dauer der Rechnung regulieren.

Für methodische Zwecke wurde auch der Vergleich der Berechnungen der Konzentration q' bei Benutzung des logarithmischen Gesetzes (1.18) und des Potenzgesetzes (1.52) für u und unter Beibehaltung des Modells (1.18) mit dem „Knick“ für den Austauschkoeffizienten k_z ausgeführt.

Im Ergebnis zeigte sich, daß bei ein und demselben Wert u_1 im Falle des Modells mit dem Potenzansatz für u bei $n = 0{,}14$ die Konzentrationen geringer im Vergleich mit den entsprechenden Werten für das logarithmische Windprofil sind. Der Unterschied in der Rechnung beträgt 20–30%. Das hängt damit zusammen, daß die logarithmische und die Potenzverteilung bei gegebenem u_1 nur in der bodennahen Schicht bis zu verhältnismäßig geringen Höhen einander nahe sind.

2. Grundlegende Gesetzmäßigkeiten für die Ausbreitung von Luftverunreinigungen in der Atmosphäre

Die bei der Integration der Differentialgleichung für die turbulente Diffusion erzielten Ergebnisse gestatten, eine Reihe grundlegender Gesetzmäßigkeiten der Schadstoffausbreitung in der Atmosphäre anzugeben.

Unter Berücksichtigung der vertikalen Verteilung der Windgeschwindigkeit und des Austauschkoeffizienten unterscheidet man sowohl die regelmäßig beobachteten normalen Bedingungen als auch Anomaliebedingungen für das Wetter. Für die Charakterisierung der normalen Bedingungen kann man die Beziehungen von (1.18) verwenden. Wie die Rechnungen zeigten, erweist sich die Berücksichtigung kleiner Abweichungen für u und k_z von Gleichung (1.18) als unwesentlich. Beträchtliche Abweichungen muß man den Anomaliebedingungen zurechnen, sie werden gesondert im Kapitel 4 behandelt.

Zunächst sollen einige Folgerungen aus den analytischen Lösungen betrachtet werden. Danach wird auf die auf der Grundlage der numerischen Lösung berechneten Ergebnisse für die Schadstoffkonzentration eingegangen. Bei den numerischen Berechnungen wurde in der Regel die Größe s (cm$^{-5/2}$ s) bestimmt,

$$s = 2 \cdot 10^{12} \frac{\sqrt{\pi k_0}}{M} q \,, \tag{2.1}$$

die proportional der auf eine Einheitsintensität bezogenen Schadstoffkonzentration einer Punktquelle ist.

2.1. Leichte Beimengungen

Die Besonderheiten der atmosphärischen Diffusion einer leichten Beimengung in der bodennahen Luftschicht kann man näherungsweise auf der Grundlage der oben durchgeführten Lösung der Aufgabe untersuchen, wenn die Windgeschwindigkeit und der Austauschkoeffizient durch das Potenzgesetz (1.52) beschrieben werden. Für diesen Fall ist die Konzentration einer Punktquelle durch die Gleichung (1.54) bestimmt. Wenn man sich auf die Betrachtung der Konzentration an der Erdoberfläche bei kleinen Abständen z beschränkt, wird die in (1.54) enthaltene Bessel-Funktion auseichend genau durch das erste Glied einer Reihenentwicklung dargestellt. Damit erhält man

$$q(x, y, z) = M z_1^{\frac{m+n}{2+n-m}} \mathrm{e}^{-\frac{u_1 z_1^{m-n}}{k_1(2+n-m)^2 x}(z^{2+n-m}+H^{2+n-m})-\frac{y^2}{4k_0 x}}$$

$$\times \left[2\sqrt{\pi k_0 x}\,(2+n-m)^{\frac{m+n}{2+n-m}}\,\Gamma\left(\frac{1+n}{2+n-m}\right)\right]^{-1}$$

$$\times \left[(k_1 x)^{\frac{1+n}{2+n-m}}\,(2u_1)^{\frac{1-m}{2+n-m}}\right]^{-1}.$$

Für Höhen z in der Größenordnung einiger Meter kann man für praktische Fälle bei $x > (10 \ldots 20)$ m $z = 0$ annehmen. Dabei beschränkt man sich auf eine lineare Abhängigkeit des Austauschkoeffizienten von der Höhe, das heißt, man nimmt $m \approx 1$ an. Für die Bodenkonzentration ergibt sich dann (z_1 entspricht einer Längeneinheit)

$$q(x, y, 0) = \frac{M}{2(1+n)\,k_1\sqrt{\pi k_0}\,x^{3/2}}\,\mathrm{e}^{-\frac{u_1 H^{1+n}}{(1+n)^2 k_1 x}-\frac{y^2}{4k_0 x}}. \tag{2.2}$$

Eine charakteristische Besonderheit der Verteilung der Bodenkonzentration q entlang der x-Achse (d. h. bei $y = 0$) besteht darin, daß ein Maximum q_m im Abstand x_m von der Quelle existiert. Die Größen q_m und x_m findet man aus der Bedingung $(\partial q/\partial x) = (\partial q/\partial y) = 0$. Aus (2.2) folgt

$$q_\mathrm{m} = \frac{0{,}116(1+n)^2\,M}{u_1 H^{1{,}5(1+n)}}\sqrt{\frac{k_1}{k_0 u_1}}, \tag{2.3}$$

$$x_\mathrm{m} = \frac{2}{3}\,\frac{u_1 H^{1+n}}{k_1(1+n)^2}. \tag{2.4}$$

Dabei hängt q_m von M, H, k_1, u_1 und k_0 ab, x_m aber von k_1/u_1 und H.

Für Werte $n = 0{,}15 \ldots 0{,}2$ ist der Exponent bei H in (2.3) 1,7 ... 1,8 und in (2.4) 1,15 ... 1,2, wenn die durch eine Potenzfunktion dargestellten vertikalen Windprofile in der bodennahen Luftschicht ähnlich dem logarithmischen Windprofil (bei $z_0 = 0{,}01$ m) sind. Aus (2.2) bis (2.4) folgt

$$\frac{q_{y=0}}{q_\mathrm{m}} = f\left(\frac{x}{x_\mathrm{m}}\right) = \mathrm{e}^{3/2\left(1-\frac{x_\mathrm{m}}{x}\right)}\left(\frac{x_\mathrm{m}}{x}\right)^{3/2}. \tag{2.5}$$

Für eine Linienquelle unendlicher Länge erhält man auf analoge Weise aus (2.2) mit (1.27) die Formeln für die maximale Konzentration q_m und die Entfernung x'_m, in der q'_m erreicht wird,

$$q'_\mathrm{m} = \frac{(1+n)\,M}{\mathrm{e}\,u_1 H^{1+n}},$$

$$x'_\mathrm{m} = \frac{u_1 H^{1+n}}{k_1(1+n)^2}. \tag{2.6}$$

Aus dem Vergleich von (2.6) mit (2.4) kann man ersehen, daß der Abstand x_m für eine Punktquelle 2/3 des Abstandes von x'_m einer Linienquelle beträgt.

Die angeführten Ergebnisse zeigen, daß die Konzentrationsänderung mit der Entfernung x wesentlich von der Höhe z abhängt. An der Erdoberfläche wird in einer gewissen Entfernung x_m von der Quelle die maximale Konzentration q_m erreicht. Mit wachsendem z verschiebt sich das Maximum von q zur Quelle hin. In der Ebene der Schadstoffemission $z = H$ fällt die Konzentration mit Vergrößerung von x monoton ab. In höheren Ebenen zeigt sich erneut ein Maximum von q in einer gewissen Entfernung von x.

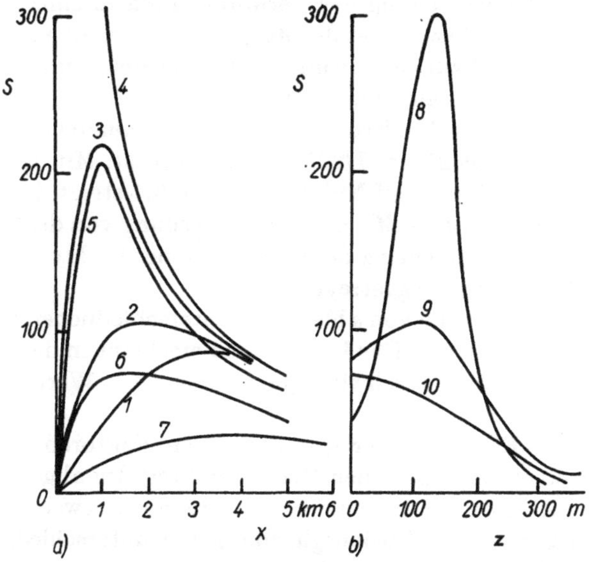

Abbildung 2.1.
Abhängigkeit der Konzentration s von der Entfernung x (a) bzw. von der Höhe z (b)

Kurve	1	2	3	4	5	6	7	Kurve	8	9	10
z/m	0	40	80	120	160	200	240	x/km	1	2	3

Im folgenden werden auf der Grundlage der erhaltenen numerischen Lösungen einige allgemeine Gesetzmäßigkeiten veranschaulicht. In Abbildung 2.1 a ist s abhängig von x in verschiedenen Ebenen (siehe (2.1)) für eine Punktquelle in einer Höhe $H = 120$ m und bei $u_1 = 4$ m/s sowie $z_0 = 0{,}01$ m dargestellt. Nach den Angaben dieser Rechnungen kann man auch das vertikale Konzentrationsprofil in Abhängigkeit von der Entfernung von der Quelle verfolgen. In kleinen Abständen x wird das Maximum ungefähr in der Höhe der Quelle, also bei $z = H$, beobachtet. Das Konzentrationsprofil s ist bezüglich dieser Ebene nahezu symmetrisch. Mit Vergrößerung von x verringert sich das Konzentrationsmaximum (Achse der Rauchfahne) allmählich und erreicht in einiger Entfernung x die Erdoberfläche. Von dieser Entfernung an nimmt die Konzentration mit wachsendem z ab, wobei dieser Vorgang in der unteren Schicht langsamer, in der oberen aber schneller vor sich geht.

In Abbildung 2.1 b ist das vertikale Konzentrationsprofil s in verschiedenen Entfernungen von der Punktquelle in einer Höhe $H = 120$ m dargestellt. Die vertikale Konzentrationsverteilung in verschiedenen Entfernungen von einer Linienquelle verläuft in gewisser Beziehung analog. Bei kleinem x ist sie nahezu symmetrisch bezüglich der Quellebene. Mit Vergrößerung von x wird die Symmetrie so gestört, daß die Abnahme der Konzentration nach oben schneller vor sich geht als nach unten. Die Lage des Konzentrationsmaximums verschiebt sich in vertikaler Richtung allmählich bis in die Bodenebene. Die Entfernung, in der das Konzentrationsmaximum die Erdbodenebene erreicht, stimmt mit dem Wert x'_m überein, wo das Maximum der Bodenkonzentration von einer Linienquelle in Windrichtung beobachtet wird. Da x_m geringer als x'_m ist, muß das Maximum der Bodenkonzentration einer Punktquelle eher erreicht werden als das einer Linienquelle.

Die Rechenergebnisse für die Mengenverteilung der Verunreinigung in einer vertikalen Luftsäule sind aufschlußreich. Man bezeichnet die Menge der Beimengung in der Säule der Höhe z mit M_z im Unterschied zur Gesamtmenge M. Die Beziehung M_z/M charakterisiert zusätzlich die vertikale Verteilung der Verunreinigung. Aus den durchgeführten Rechnungen folgt, daß in kleinen Entfernungen x unter der Quelle ungefähr die Hälfte der Gesamtmenge M, das heißt $M_H \approx 1/2M$ konzentriert ist. Mit der Vergrößerung von x fällt der Wert M_H allmählich auf Null ab. Umgekehrt steigt die oberhalb von H sich ausbreitende Stoffmenge $M - M_H$ mit der Entfernung von der Quelle an. Folglich wird in beträchtlichen Entfernungen x der größte Teil des leichten Schadstoffes in obere Schichten der Atmosphäre weggetragen.

Der Charakter der Konzentrationsänderung von s bleibt bei unterschiedlichen Windgeschwindigkeiten u_1 im allgemeinen erhalten. Der Unterschied erscheint in den absoluten Größen. Mit Verringerung der Windgeschwindigkeit steigt der Wert s_m an, x_m aber sinkt ab.

Eine ausführlichere Analyse des Einflusses der grundlegenden Faktoren auf die Schadstoffausbreitung erfordert einen beträchtlichen Rechenumfang. Im allgemeinen ist es für die Analyse und die operative Anwendung der Rechenergebnisse zweckmäßig, Tabellen für die Lösung der turbulenten Diffusionsgleichung bei unterschiedlichen meteorologischen Bedingungen aufzustellen. Die Rechnung muß man nach einem bestimmten Plan durchführen, indem man die Zahl der Eingangsparameter der Aufgabe auf ein Minimum reduziert. Diese Frage wurde in der Arbeit von Berljand u. a. (1964b) behandelt. Darin ist insbesondere angegeben, daß man eine verhältnismäßig schwache Abhängigkeit der Konzentration von dem Wert des Austauschkoeffizienten D in der Bodenebene ausnutzen kann. Solche Rechnungen wurden für einen Wert von D durchgeführt, der dem molekularen Diffusionskoeffizienten für Luft entspricht, und für Werte von D, die um zwei Größenordnungen kleiner und größer als der angegebene Wert sind. Die erhaltenen Ergebnisse unterscheiden sich wenig voneinander. Das gestattet, näherungsweise anzunehmen, daß der Koeffizient k_z proportional k_1 ist. Dann folgt aus dem Ähnlichkeitsvergleich für die Konzentration einer leichten, nicht reagierenden Beimengung ($w = \alpha = 0$) von einer Linienquelle die Beziehung

$$q' = \frac{M}{u_1} \Phi_1 \left(\frac{k_1 x}{u_1}, H, z \right). \tag{2.7}$$

Sie ermöglicht, die Konzentrationen einer Linienquelle $q'_1(x, z)$ und $q'_2(x, z)$ bei festgelegten h und H für die Fälle $u_1 = u_1^{(1)}$, $k_1 = k_1^{(1)}$, und $u_1 = u_1^{(2)}$, $k_1 = k_1^{(2)}$ miteinander zu verknüpfen,

$$q'_1(x, z) = \frac{u_1^{(2)}}{u_1^{(1)}} q'_2 \left(\frac{u_1^{(2)} k_1^{(1)}}{u_1^{(1)} k_1^{(2)}} x, z \right). \tag{2.8}$$

Der entsprechende Ausdruck für die Konzentration einer Punktquelle q hat die Form

$$q = \frac{M}{u_1} \sqrt{\frac{k_1}{k_0 u_1}} \, \Phi_2 \left(\frac{k_1 x}{u_1}, H, z \right). \tag{2.9}$$

Für $q_1(x, y, z)$ und $q_2(x, y, z)$ stellt man auf analoge Weise folgende Umrechnungsformel auf:

$$q_1(x, y, z) = \frac{u_1^{(2)}}{u_1^{(1)}} \sqrt{\frac{u_1^{(2)} k_1^{(1)}}{u_1^{(1)} k_1^{(2)}}}\, q_2\left(\frac{u_1^{(2)} k_1^{(1)}}{u_1^{(1)} k_1^{(2)}} x, y, z\right). \tag{2.10}$$

Hieraus folgt, daß die Konzentration nicht für alle möglichen Werte u_1 und k_1 berechnet werden muß, sondern es ist ausreichend, sich auf ein Wertepaar dieser Parameter zu beschränken. Man kann auf diese Weise einige Standardverteilungen der Konzentration abhängig von x und z bei verschiedenen Höhen H und bestimmten Werten von u_1 und k_1 erhalten. Für andere Werte von u_1 und k_1 ist die Umrechnung nach den angegebenen Formeln (2.8) und (2.10) auszuführen. Aus (2.7) und (2.9) ergibt sich, daß sich der Wert der Konzentration umgekehrt proportional zur Windgeschwindigkeit u_1 bei gegebener Größe von k_1/u_1 ändert. Der Einfluß der vertikalen Komponente des Austauschkoeffizienten zeigt sich durch die Größe k_1/u_1, analog wird der Einfluß seiner horizontalen Komponente k_y durch die Größe $k_0 = k_y/u$ bestimmt.

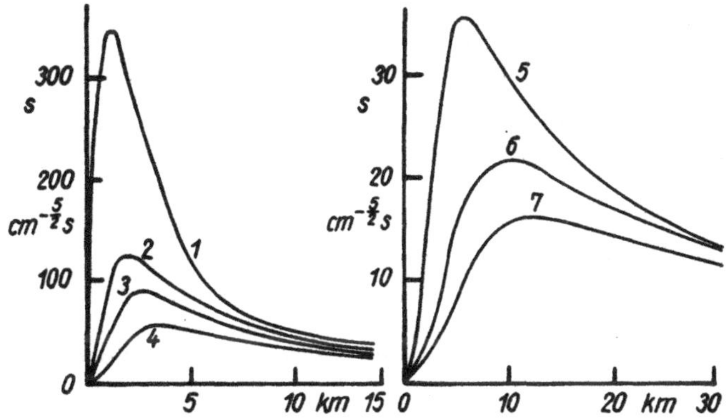

Abbildung 2.2.
Standardverteilungen für die Konzentration s abhängig von der Entfernung x

Kurve	1	2	3	4	5	6	7
H/m	50	100	120	150	170	260	300

Mit Hilfe von (2.9) und (2.10) führten Berljand u. a. (1964b) die Berechnungen für Standardverteilungen der Konzentration s von einer punktförmigen Höhenquelle (s. (2.1)) bei $u_1 = 4$ m/s, $k_1 = 0{,}2$ m²/s und $z_0 = 0{,}01$ m aus.

In Abbildung 2.2 sind die Kurven für die Standardverteilungen angegeben, die für die Bodenkonzentration s bei $h = 100$ m und verschiedenen Quellhöhen H erhalten wurden. Die Kurvenverläufe zeigen deutlich eine asymmetrische Form in bezug auf den Punkt x_m, der zu dem Maximum von s gehört. Die Konzentration steigt bis $x < x_m$ bedeutend stärker an, als sie bei $x > x_m$ abnimmt. Für kleine Höhen H ist charakteristisch, daß s im Bereich $x < x_m$ schnell auf s_m anwächst, während s für große x rasch abklingt.

Mit größer werdender Quellhöhe H verkleinert sich die maximale Konzentration, und es verstärkt sich die Asymmetrie der Verteilung von s.

In diesem Fall klingt die Konzentration s mit dem Abstand x sehr langsam ab, nachdem sie das Maximum erreicht hatte. Diese Besonderheiten der Schadstoffdiffusion spielen, wie weiter unten gezeigt wird, eine wichtige Rolle bei der Industrieprojektierung, insbesondere bei der Berechnung des Konzentrationsfeldes von vielen Quellen und der Grundbelastung für einzelne Objekte mit hohen Schornsteinen.

Die Rechnungen zeigten einen bestimmten Einfluß der Höhe h der bodennahen Schicht auf die Konzentration. Insbesondere steigt mit Vergrößerung von h bei unveränderlichem H das Maximum der Bodenkonzentration s etwas mehr an, während sich gleichzeitig x_m verringert. Bei weiterem Anwachsen von h sind diese Veränderungen verhältnismäßig klein, und s_m sowie x_m streben ihren Grenzwerten für den Fall des in der gesamten Atmosphäre linear anwachsenden Austauschkoeffizienten zu. In der Abbildung 2.3 sind die Änderungen von s_m und x_m abhängig von h für eine Punktquelle der Höhe $H = 120$ m angegeben. Analoge Schlußfolgerungen können auch für eine Linienquelle gezogen werden.

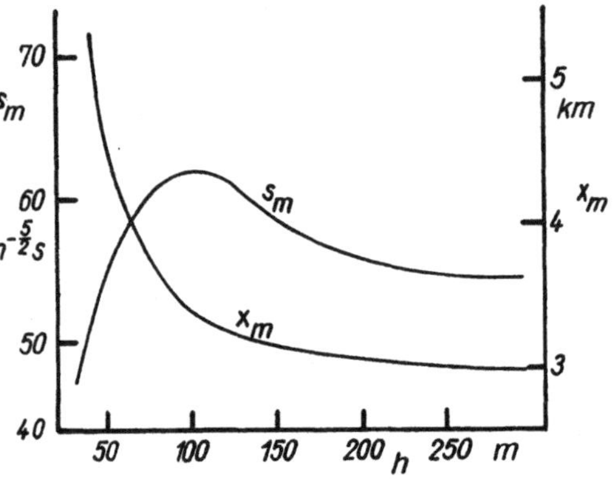

Abbildung 2.3.
Abhängigkeit des Konzentrationsmaximums s_m und der Entfernung x_m von der Höhe der Bodenschicht h

Aus der Formel (2.2) folgt, daß die größte Konzentration bei $y = 0$, das heißt auf der x-Achse, erreicht wird. Von der x-Achse aus fällt die Konzentration in Querrichtung y symmetrisch nach einemExponentialgesetz ab, wobei mit wachsendem x dieses Abklingen verlangsamt wird. Der Hauptanteil des Schadstoffes ist somit in einem verhältnismäßig engen Schadstoffstrahl (oder einer Fahne) konzentriert, dessen Achse $y = 0$ entspricht. Aus den durchgeführten Rechnungen (Berljand u. a., 1964a) folgen näherungsweise die Beziehungen

$$q_m = C_1 \frac{M}{u_1} \sqrt{\frac{k_1}{u_1 k_0}} \frac{1}{H^{\beta_1}},$$

$$x_m = C_2 \frac{u_1}{k_1} H^{1+\beta_2}, \tag{2.11}$$

wobei C_i, β_i ($i = 1, 2$) Konstanten sind, die — wie Untersuchungen zeigten — verhältnismäßig wenig von h und z_0 abhängen. Bei $h = 100$ m und $z_0 = 0{,}01$ m sind $\beta_1 = 1{,}9$ und $\beta_2 = 0{,}2$ sowie $C_1 = 0{,}15$ und $C_2 = 0{,}5$. Die Werte von q_m und x_m entsprechen etwa den Größen in (2.3) und (2.4) bei $n = 0{,}15 \ldots 0{,}2$.

Zur Bestimmung der Bodenkonzentration q bei von x_m verschiedenen Werten von x wendet man eine der Gleichung (2.5) analoge Beziehung zwischen q/q_m und x/x_m an.

In Tabelle 2.1 sind die Rechenergebnisse von q/q_m abhängig von x/x_m für verschiedene Höhen H bei $h = 100$ m dargestellt. Ebenso ist der Mittelwert von q/q_m für alle Höhen H angegeben. Dabei zeigt sich, daß die Abweichung von diesen Mittelwerten bei verschiedenen Höhen H verhältnismäßig gering ist.

Tabelle 2.1.
Abhängigkeit der dimensionslosen Konzentration q/q_m von der dimensionslosen Entfernung x/x_m

H	x/x_m						
m	0,25	0,5	0,75	1	2	3	4
100	0,30	0,73	0,94	1	0,78	0,59	0,47
120	0,33	0,74	0,95	1	0,79	0,59	0,47
150	0,41	0,80	0,95	1	0,80	0,60	0,48
200	0,34	0,76	0,95	1	0,80	0,60	0,47
250	0,27	0,73	0,95	1	0,80	0,60	0,45
300	0,25	0,73	0,94	1	0,80	0,59	0,43
Mittelwert	0,32	0,75	0,95	1	0,80	0,60	0,46

2.2. Schwere Beimengungen

Die Besonderheiten bei der Ausbreitung schwerer Beimengungen werden vor allem durch das Vorhandensein einer ihnen eigenen Sinkgeschwindigkeit bestimmt. Bei der Beschreibung der atmosphärischen Diffusion erscheint deshalb in der Ausgangsgleichung ein entsprechendes zusätzliches Glied.

Die Sinkgeschwindigkeit der Teilchen wird durch ihre Dichte und Abmessungen bestimmt. In der Atmosphäre kommen Aerosole mit einem breiten Spektrum von Abmessungen vor, von tausendstel Mikrometern bis zu hundert Mikrometern. Ihre Eigenschaften sind in den Büchern von Fett (1961), Spurný u. a. (1964), Cadle (1969) und anderen behandelt.

Die Sinkgeschwindigkeit von Kugelteilchen bestimmt man nach der bekannten Formel von Stokes

$$w = \frac{2\varrho_{St}g}{9\varrho\nu} r_{St}^2 , \tag{2.12}$$

wobei ϱ_{St} die Dichte der Staubteilchen, r_{St} ihr Radius, g die Erdbeschleunigung und ν die molekulare kinematische Zähigkeit der Luft sind.

Nach Einsetzen der Werte für g, ϱ und ν in die Gleichung (2.12) ergibt sich die Form

$$w = 1{,}3 \cdot 10^{-2} \varrho_{St} r_{St}^2 ,$$

wobei man w in cm/s bestimmt, wenn ϱ_{St} in g/cm³ und r_{St} in μm angegeben werden. Dann erhält man für 10 μm, 50 μm und 100 μm für r_{St} entsprechende Sinkgeschwindigkeiten w von 1,3 cm/s, 30 cm/s und 130 cm/s.

Die Stokessche Gleichung gilt für Teilchen, deren Abmessungen wesentlich größer als die mittlere freie Weglänge der Luftmoleküle sind. Sie wurde mit einer Reihe von Annahmen abgeleitet. Insbesondere setzt man voraus, daß die Teilchen kugelförmig sind und ähnliches. In dem Buch von Fux (1955) werden die mit diesen Annahmen zusammenhängenden Fehler beurteilt. Fux weist darauf hin, daß sie größtenteils für die Bestimmung der Sinkgeschwindigkeit des Staubes unwesentlich sind. Für Teilchen, die bedeutend kleiner als 1 µm sind, wird die Genauigkeit der STOKESschen Formel durch Multiplikation mit dem dimensionslosen COUNIHANschen Koeffizienten verbessert, der größer als eins ist. Bei Diffusionsaufgaben besteht für diese Präzisierung jedoch keine Notwendigkeit, weil solche kleinen Teilchen eine sehr kleine Geschwindigkeit besitzen und sich in der Atmosphäre praktisch so wie gasförmige Verunreinigungen mit $w = 0$ ausbreiten. Für große Teilchen bei REYNOLDS-Zahlen $\mathrm{Re} = (2r_{\mathrm{St}}w/\nu) > 1$ sind die nach der STOKESschen Formel errechneten Werte von w brauchbar, wenn man sie nach OSEEN mit dem Koeffizienten $1 + (3/16)\,\mathrm{Re}$ multipliziert. Für noch größere Teilchen (größer als 200 µm) muß man die Größe w nach der Formel von NEWTON bestimmen. Dabei ist zu beachten, daß sich infolge der großen Sinkgeschwindigkeiten sehr große Teilchen nur verhältnismäßig kurze Zeit in der Luft befinden. Es ist deshalb oft nicht notwendig, ihre Diffusion zu berücksichtigen.

Einige Gesetzmäßigkeiten der Ausbreitung schwerer Beimengungen in der bodennahen Luftschicht von verhältnismäßig niedrigen Quellen können näherungsweise auf der Grundlage der analytischen Lösung untersucht werden. Die Aufgabe führt man für den Fall durch, daß sich die Windgeschwindigkeit nach dem Potenzgesetz ändert und der Austauschkoeffizient linear mit der Höhe ansteigt (GANDIN und SOLOWEITSCHIK, 1958). Die Bodenkonzentration einer Punktquelle der Höhe H beschreibt die Gleichung

$$q = \frac{MH^{n+\omega(1+n)}\,u_1^{1,5+\omega}}{2(1+n)\,\Gamma(1+\omega)\sqrt{\pi k_0 x}\,(k_1x)^{1+\omega}}\,\mathrm{e}^{-\frac{u_1H^{1+n}}{(1+n)^2\,k_1x}-\frac{y^2}{4k_0x}}, \tag{2.13}$$

wobei gilt

$$\omega = \frac{w}{k_1(1+n)}. \tag{2.14}$$

Die Konzentrationsverteilung in y-Richtung ist die gleiche wie bei einem leichten Schadstoff. Die Verteilung der Bodenkonzentration in Windrichtung (entlang der x-Achse) besitzt ein Maximum in einem gewissen Abstand von der Quelle. Das Konzentrationsmaximum q_{m} und seinen Abstand zur Quelle x_{m} findet man auf gleichem Wege wie für den leichten Schadstoff.

Aus (2.13) folgt dann

$$q_{\mathrm{m}} = \frac{0{,}055(1+n)^2\,M}{u_1H^{1,5(1+n)}}\sqrt{\frac{k_1}{k_0u_1}}\,\frac{(1{,}5+\omega)^{1,5+\omega}}{\Gamma(1+\omega)\,\mathrm{e}^{\omega}},$$

$$x_{\mathrm{m}} = \frac{u_1H^{1+n}}{(1+n)^2\,(1{,}5+\omega)\,k_1}. \tag{2.15}$$

Ebenso wie bei der leichten Verunreinigung, hängt auch bei der schweren Beimengung x_{m} nicht von k_0 ab. Mit wachsendem H verringert sich q_{m}, aber x_{m} vergrößert sich. Gleichzeitig ist die maximale Konzentration q_{m} für schwere Schadstoffe größer als für leichte Schadstoffe, x_{m} jedoch ist kleiner. Der Unterschied in den Größen q_{m} und x_{m} für leichte und schwere Beimengungen steigt mit der Vergrößerung der Sinkgeschwindigkeit der Teilchen w an.

Eine Reihe interessanter Ergebnisse für die Ausbreitung schwerer Beimengungen wurde mit Hilfe der analytischen Lösung dieser Aufgabenstellung ebenfalls in den Arbeiten von DENISSOW (1957), RABINOWITSCH (1965), CSANADY (1973) und anderen erhalten.

Die numerische Untersuchung der atmosphärischen Diffusion einer schweren Beimengung (Berljand u. a., 1964c) ist auf gleiche Weise wie für die leichte Beimengung mit dem logarithmischen Windgeschwindigkeitsprofil und dem Modell für k_z nach (1.18) durchgeführt worden. Nach einem Ähnlichkeitsvergleich schreibt man analog (2.9) für schwere Beimengungen die Beziehung

$$q = \frac{M}{u_1}\sqrt{\frac{k_1}{k_0 u_1}}\,\Phi_3\left(\frac{k_1 x}{u_1}, \frac{w}{k_1}, H, z\right) e^{-\frac{y^2}{4k_0 x}}. \tag{2.16}$$

Mit Hilfe der Beziehung (2.16) kann man auch zwei Lösungsvarianten dieser Aufgabe miteinander verbinden, die zu unterschiedlichen Werten von u_1 und k_1 bei unveränderlichen Größen h und H gehören:

$$q_1(x, y, z, w) = \frac{u_1^{(2)}}{u_1^{(1)}}\sqrt{\frac{u_1^{(2)}k_1^{(1)}}{u_1^{(1)}k_1^{(2)}}}\, q_2\left(\frac{u_1^{(2)}k_1^{(1)}}{u_1^{(1)}k_1^{(2)}}x, y, z, \frac{k_1^{(2)}}{k_1^{(1)}}w\right). \tag{2.17}$$

Für schwere Beimengungen ist es ausreichend, Rechnungen nur für ein Wertepaar von u_1 und k_1 in einem breiten Variationsbereich von w durchzuführen. Danach kann man zu beliebigen Werten von u_1, k_1 und w übergehen, indem man die Umrechnungsformel (2.17) anwendet.

Aus den Rechnungen folgt, daß die Abhängigkeit der Konzentration q von u_1 und k_1 für schwere und leichte Beimengungen ähnlich ist. Eine Verringerung von k_1 ist gleichbedeutend mit dem Anstieg von w und umgekehrt.

Tabelle 2.2.
Abhängigkeit der Konzentration s einer schweren Beimengung von der Quellhöhe H und der Entfernung x

H	w	x/km											
m	cm/s	1	2	3	4	5	6	8	10	12	15	s_m	x_m/km
100	5	118	137	115	92	77	64	47	37	30	22	140	1,9
	10	146	151	119	89	71	58	40	29	22	16	157	1,7
	15	160	160	118	84	64	50	32	22	16	10	175	1,6
	20	181	164	115	77	56	42	25	16	11	6	193	1,4
	25	203	167	111	72	49	35	19	11	7	4	210	1,2
150	5	34	60	69	66	60	54	43	35	29	23	69	3,1
	10	43	71	76	70	62	54	40	31	24	58	76	2,8
	15	52	81	84	71	61	51	36	26	19	13	84	2,6
	20	61	90	88	72	58	46	30	20	14	9	98	2,4
	25	70	97	88	70	53	40	24	15	10	5	98	2,1
200	5	11	26	36	41	42	41	36	31	26	21	42	5,5
	10	13	31	43	48	41	45	37	30	25	19	48	4,5
	15	18	40	52	54	51	45	34	27	21	14	54	3,9
	20	21	46	58	58	53	46	33	24	17	11	59	3,6
	25	25	51	63	61	53	43	29	20	13	7	64	3,4
250	5	3	10	17	23	26	28	28	26	24	20	28	7,0
	10	4	13	22	29	32	33	31	28	24	19	33	6,1
	15	5	17	28	35	38	36	33	28	22	17	38	5,2
	20	7	24	33	41	42	40	33	26	16	13	42	4,8
	25	9	26	40	46	46	42	31	22	20	9	46	4,5

In Tabelle 2.2 sind die Werte von s, ihre Maxima s_m und der entsprechende Abstand x_m für verschiedene Quellhöhen H und Sinkgeschwindigkeiten w für $u_1 = 4$ m/s, $k_1 = 0{,}2$ m²/s, $z_0 = 0{,}01$ m und $h = 100$ m angegeben.

Die Analyse der Konzentration s, abhängig von w, zeigt die charakteristischen Eigenschaften einer schweren Beimengung. Sie hängen mit der teilweisen Sedimentation (Fallout) schwerer Beimengungen in der Nähe der Quelle zusammen. Dabei besitzt die Abhängigkeit der Konzentration von der Sedimentationsgeschwindigkeit in geringen und weiten Entfernungen von der Quelle entgegengesetzten Charakter. Bei kleinem x wächst die Konzentration s mit Vergrößerung von w, bei großem x fällt sie ab, und zwar um so mehr, je größer x ist. Für dazwischenliegende Werte von x (z. B. für $x = 3$ km) hat die Abhängigkeit s von w ein Maximum bei $w = 15$ cm/s. Mit steigender Höhe H bleiben diese Besonderheiten von s erhalten. Die Entfernung, bei der das Maximum von s abhängig von w erreicht wird, vergrößert sich, die entsprechende Größe w_m steigt ebenso an. Diese Ergebnisse stimmen qualitativ mit den Schlußfolgerungen aus der analytischen Lösung überein, sie unterscheiden sich jedoch quantitativ beträchtlich voneinander.

Aus dem Vergleich der Rechenergebnisse bei verschiedenen Höhen der bodennahen Schicht h folgt, daß sich der Anstieg von h in den praktisch vorkommenden Grenzen verhältnismäßig wenig auf die Größe s auswirkt. Dabei hängt die Konzentration schwerer Teilchen weniger von h ab als die leichter Beimengungen.

Für schwerelose Verunreinigungen ($w = 0$) verringert sich die Konzentration mit Vergrößerung der Quellhöhe für alle Entfernungen bei konstant gehaltenen Bedingungen. Diese wichtige Eigenschaft der atmosphärischen Diffusion wird bei der Ausbreitung schwerer Teilchen nicht immer erfüllt, wie aus den ermittelten Versuchswerten zu ersehen ist.

Tabelle 2.3

w cm/s	H m	x/km								
		1	2	3	4	6	8	10	12	15
20	100	186	164	115	77	42	25	16	11	6
	150	61	90	88	72	46	30	20	14	9
	200	21	46	58	58	46	33	24	17	11
	250	7	24	33	41	40	33	26	20	13
5	100	118	137	115	92	64	47	37	30	22
	150	34	60	69	66	54	43	35	29	23
	200	11	26	36	41	41	36	31	26	21
	250	3	10	17	23	28	28	26	24	20

In Tabelle 2.3, die nach den Angaben der Tabelle 2.2 zusammengestellt wurde, sind die Bodenkonzentrationen s für zwei verschiedene Sinkgeschwindigkeiten w der Teilchen und für verschiedene Quellhöhen H dargestellt. Aus dieser Tabelle folgt, daß, beginnend bei genügend großen Entfernungen, die Konzentrationen von hohen Quellen größer als die niedriger Quellen sind. Das wird durch das Absinken der Beimengung verursacht. In geringen Entfernungen beobachtet man gewöhnlich für schwere, ebenso wie für leichte Verunreinigungen, daß sich mit größerer Höhe H die Konzentration verringert. In einem gewissen dazwischenliegenden Abstand besitzt die Konzentration abhängig von H ein Maximum. Zum Beispiel entspricht dieses Maximum bei $x = 6$ km und $w = 20$ cm/s den Werten von $H = (150 \ldots 200)$ m. Je geringer die Sinkgeschwindigkeit der Teilchen w ist, um so größer ist die Entfernung x, bei der ein Maximum in der Abhängigkeit zwischen s und H existiert. So tritt bei $w = 5$ cm/s ein solches Maximum in dem Abstand $x = (13 \ldots 15)$ km und einer Höhe $H = 150$ m auf. Die Sedimentation schwerer Teilchen in geringen Entfernungen und die veränderliche Menge des diffundierenden Schadstoffes in der Atmosphäre verursachen diesen Effekt.

Nach Berljand und Onikul (1968b) existieren zwischen den Bodenkonzentrationen für schwere und leichte Beimengungen q_w und q in den Entfernungen x von einer Quelle der Höhe H sowie auch zwischen ihren Maximalwerten folgende Beziehungen:

$$q_w = q\chi\left(\frac{w}{k_1}, \frac{k_1 x}{u_1}, H\right), \qquad q_{mw} = q_m \chi_m\left(\frac{w}{k_1}, H\right). \tag{2.18}$$

Die Funktion χ wird im allgemeinen Fall in Übereinstimmung mit der numerischen Lösung der Gleichung (1.2) bestimmt. Die Konzentrationsunterschiede zwischen leichten und schweren Beimengungen sind im allgemeinen von dem dimensionslosen Parameter w/k_1 abhängig.

Die Turbulenzintensität bestimmt bei konstantem w das unterschiedliche Absinken von Beimengungen. Bei starker Turbulenz, zum Beispiel im Fall der entwickelten Konvektion, zeigt sich der Einfluß unterschiedlicher Sinkgeschwindigkeiten w hauptsächlich bei genügend großem x. In diesem Fall ist bei kleinem w (kleiner als 3 cm/s) $\chi \approx 1$.

Wenn man näherungsweise $k_z = k_1 z$ und $u = u_1 z^n$ annehmen und für q sowie q_w die entsprechenden Beziehungen (2.2) und (2.13) anwenden kann, ergibt sich bei geringer Quellhöhe H

$$\chi = \frac{\left[\dfrac{u_1}{(1+n)^2 k_1}\right]^{\omega} H^{(1+n)\,\omega}}{\Gamma(1+\omega)\, x^{\omega}}. \tag{2.19}$$

Analog erhält man mit Hilfe von (2.15)

$$\chi_m = \frac{\left(\omega + \dfrac{3}{2}\right)^{\omega+3/2}}{\Gamma(1+\omega)\left(\dfrac{3}{2}\right)^{3/2} e^{\omega}}. \tag{2.20}$$

Hier wird ω nach (2.14) bestimmt. Die Rechnungen zeigen, daß n geringen Einfluß auf χ_m hat.

Sowohl aus der analytischen Lösung als auch aus den numerischen Untersuchungen folgt, daß für schwere Beimengungen immer das Konzentrationsmaximum größer und der dazugehörige Abstand zur Quelle kleiner ist als für schwerelose Verunreinigungen.

Aus (2.20) und (2.14) ergibt sich, daß bei $k_z = k_1 z$ die Größe χ_m nur durch w/k_1 bestimmt wird und nicht von u_1 und H abhängt. Man kann die Abhängigkeit χ_m von w näherungsweise durch eine lineare Funktion $\chi_m = 1 + rw$ approximieren. Bei $k_1 = 0{,}2$ m/s ergibt sich für w im Bereich von 0 bis 25 cm/s $r = 0{,}04$ s/cm. Die Angaben über χ_m, die aus den numerischen Rechnungen erhalten wurden, sind in Tabelle 2.4 angeführt (Berljand u. a., 1964c). Die Werte von χ_m in dieser Tabelle ent-

Tabelle 2.4.
Werte für χ_m

w	H/m			
cm/s	100	150	200	250
5	1,14	1,18	1,18	1,20
10	1,28	1,31	1,37	1,39
15	1,43	1,44	1,52	1,60
20	1,60	1,54	1,68	1,79
25	1,72	1,64	1,82	1,97

sprechen im Mittel auch $r = 0{,}04$ s/cm. In diesem Fall hängen χ_m und r jedoch von der Quellhöhe H ab, wobei diese Abhängigkeit sehr kompliziert ist.

Berljand und Onikul (1968b) verwendeten für die näherungsweise Analyse der Abhängigkeit χ_m von H die Lösung der Aufgabe für die Konzentration eines schweren Schadstoffes (1.56). Dabei sind die Windgeschwindigkeit u und die Komponenten des Austauschkoeffizienten k_y und k_z konstant. Die Maximalwerte der Konzentration q_m nach Gleichung (1.56) werden numerisch bestimmt. In diesem Fall steigt die Größe χ_m als Verhältnis zwischen den Konzentrationsmaxima einer schweren und leichten Beimengung ungefähr linear mit Vergrößerung von σ_2 an. Bei $\sigma_2 = 3$ ist $\chi_m \approx 5$.

Verwendet man das Modell (1.18) für k_z, nach dem $k_z = k_1 h$ bei $z > h$ ist, so ist der zu σ_2 analoge Parameter $wH/k_1 h$.

In der Abbildung 2.4a ist χ für eine Quellhöhe von 400 m abhängig von der „effektiven“ Entfernung $k_1 x/u_1$ und der dimensionslosen Sinkgeschwindigkeit w/k_1 (Berl-

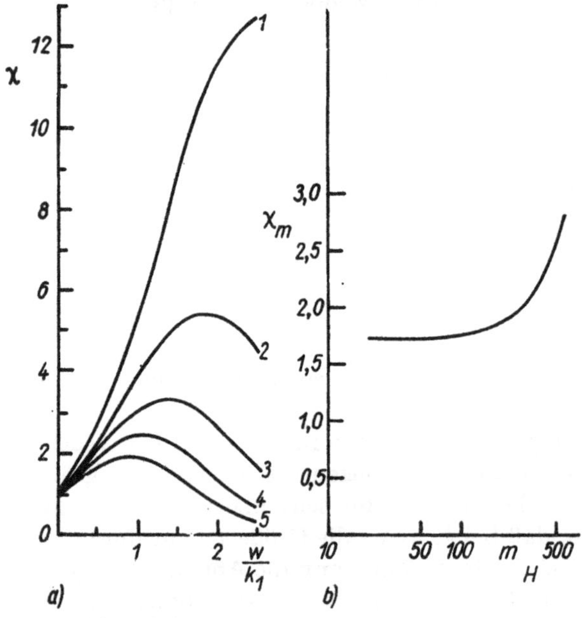

Abbildung 2.4.
Werte für die Koeffizienten χ (a) und χ_m (b)

Kurve	1	2	3	4	5
k_1x/u_1	300	400	500	600	700

JAND u. ONIKUL, 1971) dargestellt. Aus der Abbildung 2.4a folgt, daß in der Nähe der Quelle die Konzentrationen schwerer Beimengungen wesentlich größer als die leichter Substanzen sind. In einer effektiven Entfernung $k_1x/u_1 \approx 600$ m, wo nach den Berechnungen die maximale Konzentration einer leichten Substanz q_m erreicht wird, ergibt sich bei $(w/k_1) = 1$ $\chi \approx 2$. Für genügend große Entfernungen wird die Größe χ bei gegebenem ω/k_1, ebenso wie in den vorangegangenen Beispielen, kleiner als eins. Das wird durch teilweise Sedimentation von Beimengungen auf die Oberfläche verursacht.

Aus den numerischen Ergebnissen ergibt sich im Gegensatz zur analytischen Lösung, daß bei $(w/k_1) = \text{const}$ der Wert von χ_m für Quellen, die in der bodennahen Schicht liegen, praktisch nicht von der Höhe H abhängt. Für größere Quellhöhen wächst der Wert χ_m jedoch verhältnismäßig schnell mit der Höhe H an. Davon kann man sich in Abbildung 2.4b überzeugen, in der die Größe χ_m abhängig von H für $(w/k_1) = 1$ dargestellt ist.

2.3. Polydisperse Beimengungen

Die Emissionen von Staub (Asche) aus Industriebetrieben sind praktisch immer polydispers. Die Teilchen besitzen verschiedene Dichte ϱ_{St}, von der auch ihre Sinkgeschwindigkeit abhängt. Die Dispersionseigenschaften des Staubes, der nach der Reinigung in die Atmosphäre ausgestoßen wird, hängen von dem Wirkungsgrad dieser Einrichtungen und einer Reihe anderer Faktoren ab.

Die Kennwerte des Fraktionsbestandteiles von Industriestaubemissionen wurden von SCHAPRIZKI (1965) und DETRI (1973) beschrieben. Einige allgemeine Prinzipien für die Beschreibung des Spektrums der Teilchenabmessungen von Aerosolen sind auch in dem Buch von FUX (1955) dargelegt.

Bei den Betrachtungen ist es sinnvoll, die Dichte und das Spektrum der Teilchenabmessungen nicht einzeln, sondern die stabilere, komplexe Eigenschaft $P(w)$, die Verteilungsfunktion des Gewichts von Teilchen mit verschiedenen Sinkgeschwindigkeiten w, zu verwenden (BERLJAND u. ONIKUL, 1971). Schwere Teilchen werden besser durch gewöhnliche, auf dem Trägheitsprinzip arbeitende Reinigungsanlagen aufgefangen. Infolgedessen verringert sich mit ansteigendem spezifischem Gewicht des Staubes die Maximalabmessung der Teilchen, die einen wesentlichen Beitrag zu dem Spektrum liefern; die Größe $P(w)$ verändert sich dabei schwach.

Nach Versuchsergebnissen beträgt bei einem Reinigungswirkungsgrad von mehr als 90% und bei Mittelwerten des spezifischen Teilchengewichts von 1–2,5 g/cm³ das Gewicht der Teilchen mit $w_i < 5$ cm/s 40–50% des Gesamtgewichts des Staubes, mit $w_i = 5 \ldots 25$ cm/s ungefähr 30–40% und mit $w_i > 25$ cm/s (gewöhnlich wird 50 cm/s nicht überschritten) ungefähr 20%.

Zur Bewertung der Größen χ und χ_m (siehe (2.18)) teilt man im allgemeinen Fall das typische Spektrum $P(w)$ in gleiche Intervalle ein (gewöhnlich sind 10 Intervalle ausreichend). Für jedes Intervall wird eine mittlere Sinkgeschwindigkeit w_i angenommen, und danach wird bei Festwerten von k_1x/u_1 χ bestimmt. Die Gesamtkonzentration $q_w = \sum_i q_i$ findet man nach der Gleichung

$$q_w = q \sum_i P(w_i)\, \chi\left(\frac{w_i}{k_1}\right). \qquad (2.21)$$

Nach den Rechnungen verschiebt die Polydispersität des Staubes die Lage der Konzentrationsmaxima in Windrichtung für einzelne Fraktionen und fördert deshalb eine Verringerung des Maximums der Gesamtkonzentration. Es zeigt sich auch, daß für das Maximum der Bodenkonzentration die Größe χ_m in diesem Fall wesentlich schwächer von der Quellhöhe H abhängt als im Fall der monodispersen Beimengung. Dennoch wächst χ_m mit Vergrößerung von H etwas an, besonders für $H > 300$ m.

2.4. Instationäre Diffusion. Quellen mit momentaner und endlicher Wirkungszeit

In der Praxis ist fast immer die Bedingung erfüllt, daß sich die Schadstoffkonzentration einer Quelle endlicher Wirkungszeit T_Q ihrem stationären Wert annähert (s. Abschn. 1.4). Dabei wird die zeitliche Änderung der Quellintensität und der atmosphärischen Größen als quasistationär angenommen und in Parameterform berücksichtigt. Nur in verhältnismäßig seltenen Fällen ist bei sehr geringer Beobachtungsdauer t_0, für $t_0 < (x/u)$, eine besondere Untersuchung des instationären Vorganges der Schadstoffdiffusion erforderlich.

Die Quellen von kurzer Wirkungsdauer kann man als „Momentanquellen“ bezeichnen. Dazu gehören einige „Havarie-“ oder „plötzliche“ Emissionen von Industriebetrieben, die in einer verhältnismäßig kurzen Zeit verwirklicht werden. Die Schadstoffemission bei verschiedenen Explosionen ist eine charakteristische Momentanquelle. So sondern sich bei Erdarbeiten durch Sprengungen Kohlenmonoxid und andere Gase ab. Infolge der Explosion steigen die Gaswolke und der Bodenstaub in eine bestimmte Höhe auf und werden weiterhin durch die turbulente Diffusion verteilt. Die Anfangshöhe der Überhöhung schätzt man nach den Beobachtungsergebnissen oder nach den Berechnungen ab. Manchmal kann sie sehr große Werte erreichen. Zum Beispiel stieg bei der Ausführung der bekannten Arbeiten zur Errichtung eines Staudammes von etwa 100 m Höhe in der Nähe von Alma-Ata die Detonationswolke in eine Höhe von einigen Kilometern.

Bei der Untersuchung der instationären Diffusion muß man in der Ausgangsgleichung (1.1) das Glied $\partial q/\partial t$ berücksichtigen, das die zeitliche Konzentrationsänderung beschreibt. Die Randbedingungen werden in diesem Fall in der Form (1.4) bis (1.8) und die Anfangsbedingung in der Form $uq = M\delta(x)\,\delta(y)\,\delta(z - H)$ bei $t = 0$ angegeben. Wenn es erforderlich ist, die Wirkungsdauer der Quelle T_Q zu berücksichtigen, muß man die erhaltene Lösung für die Konzentration einer Momentanquelle dem Anfangsmoment der Zeit ξ zurechnen und diese Lösung über ξ integrieren, wie das in Gleichung (1.11) ausgeführt wurde.

Bei einer instationären Aufgabe erlangt die Berücksichtigung des Gliedes in (1.1) wesentliche Bedeutung, das die Diffusion in x-Richtung beschreibt. Ihre analytische Lösung kann für schärfere Einschränkungen als bei stationären Bedingungen erhalten werden. Die Integration kann man insbesondere mit der Methode der Trennung der Veränderlichen bei konstanten Werten u, k_x und k_y ausführen, indem man nur k_z als Funktion von z annimmt.

Setzt man, ebenso wie in Abschnitt 1.6., für $v = 0$ $q = q'(t, z)\,P(t, y)\,Q(t, x)$ in (1.1) ein und ersetzt die Veränderliche x durch $x - ut$, dann stellt $q'(t, z)$ die weiter oben aufgefundene Lösung für eine Linienquelle dar, und $P(t, x)$ stimmt mit (1.32) überein, wenn man darin $(x/u) = t$ annimmt. Somit wird

$$q(t, x, y, z) = \frac{q'(t, z)}{4\pi t \sqrt{k_x k_y}} e^{-\frac{(x-ut)^2}{4k_x t} - \frac{y^2}{4k_y t}}. \tag{2.22}$$

Die Aufgabe läßt sich bei real auftretenden Windgeschwindigkeiten und Komponenten der Koeffizienten nur durch numerische Methoden lösen. Wenn alle Koeffizienten von (1.1), einschließlich k_z konstant sind, kann für leichte Substanzen geschrieben werden

$$q(t, x, y, z) = \frac{M}{8(\pi t)^{3/2} \sqrt{k_x k_y k_z}} e^{-\frac{(x-ut)^2}{4k_x t} - \frac{y^2}{4k_y t}} \left[e^{-\frac{(z-H)^2}{4k_z t}} \pm e^{-\frac{(z+H)^2}{4k_z t}} \right]. \tag{2.23}$$

In den eckigen Klammern entspricht das „+"-Zeichen einer Schadstoffverteilung über dem Festland, wenn die Randbedingung (1.7) erfüllt ist, und das „−"-Zeichen der Verteilung über Wasser, wenn den Bedingungen (1.6) genügt wird. Die Quellintensität M bestimmt die Gesamtmenge der Beimengungen, die bei $t = 0$ in die Atmosphäre emittiert wird. Man kann sich leicht davon überzeugen, daß man für eine beliebige Zeit t, wenn die Bedingung (1.7) gilt, für die Intensität erhält

$$\iiint_{V'} q \, \mathrm{d}x \, \mathrm{d}y \, \mathrm{d}z = \mathbf{M},$$

Die Integration wird hierbei über den gesamten Raum V' ausgeführt, in dem sich die Verunreinigung ausbreitet. Das ist eine logische Schlußfolgerung daraus, daß die Substanz vollständig in der Atmosphäre erhalten bleibt. Mit der Bedingung (1.6) folgt dann

$$\iiint_{V'} \int_0^\infty q \, \mathrm{d}x \, \mathrm{d}y \, \mathrm{d}z \, \mathrm{d}t = 0,$$

das heißt, bei genügend großer Zeit wird die gesamte Beimengung aus der Atmosphäre durch die Wasseroberfläche absorbiert.

Aus der erhaltenen Lösung ist ersichtlich, daß man im allgemeinen Fall die Diffusion im Vergleich zum konvektiven Transport durch den Wind nicht vernachlässigen darf. Bei einer Momentanquelle trägt der Wind die Wolke insgesamt fort, ihre Verbreiterung wird durch die Diffusion bewirkt.

Für eine Quelle endlicher Wirkungszeit T_Q bestimmt man die Konzentration durch Integration der Beziehung q einer Momentanquelle über t. Wird beispielsweise eine Bodenquelle betrachtet, so folgt aus (2.23) für $H = 0$ und $t < T_Q$

$$q = \frac{M \, e^{ux/2k_x}}{4\pi^{3/2} (k_x k_y k_z)^{1/2}} \int_0^t s^{-3/2} e^{-as - \frac{b}{s}} \, \mathrm{d}s, \tag{2.24}$$

wobei $a = (u^2/4k_x)$, $b = (x^2/4k_x) + (y^2/4k_y) + (z^2/4k_z)$ ist.

Die Zeit bis zum Einstellen des stationären Prozesses T_S schätzt man, wie weiter oben festgestellt wurde, näherungsweise mit x/u ab. Bei Windgeschwindigkeiten nahe der Windstille ($u \approx 0$) wächst jedoch die Größe T_S ins Unendliche. Unter diesen Bedingungen muß man noch zusätzlich die Einschwingdauer des Prozesses berücksichtigen, die mit der Wirkung der turbulenten Vermischung zusammenhängt. Wenn man in diesem Fall für den Austauschkoeffizienten als charakteristischen Wert k annimmt, folgt aus Dimensionsbetrachtungen für eine Entfernung x $T_S \approx (x^2/k)$.

Die Größe T_S bestimmt man auch unmittelbar aus den Beziehungen für q als die Zeit, nach deren Ablauf die instationäre Lösung das $(1 - \varepsilon)$-fache des entsprechenden stationären Wertes beträgt. So ergibt sich, indem man nach (2.24) bei $u = 0$

$$q = \frac{M}{2\pi(k_x k_y k_z)^{1/2}} \operatorname{erf} \sqrt{\frac{b}{t}} \tag{2.25}$$

annimmt,

$$T_S = \frac{b}{\lambda_0^2},$$

wobei λ_0 die Wurzel der Gleichung $\operatorname{erf} \lambda_0 = 1 - \varepsilon$ ist.

Nowikow (1958) erhielt eine analoge Lösung für die Konzentration einer Momentanquelle bei konstanten Werten der Komponenten des Austauschkoeffizienten k_x, k_y, k_z und bei linearem Anstieg von u mit der Höhe z. Einige Einzelfälle der instationären Diffusion wurden auch von Monin (1956) untersucht. Die Verteilung schwerer Beimengungen einer Momentanquelle betrachteten Pressman (1959), Petrowa u. a. (1966) für eine Reihe von Voraussetzungen.

2.5. Effekt der „Konzentrationsmittelung"

Der Schluß, daß im Verlauf der Zeit x/u der Prozeß der turbulenten Diffusion stationär wird (s. Abschn. 1.4.), folgt unter der Voraussetzung, daß die Koeffizienten der Ausgangsgleichung zeitlich konstant sind. Unter realen Bedingungen verändern sich die Koeffizienten verhältnismäßig langsam, und man kann diese Größen wenigstens in den Perioden als konstant annehmen, die mit der Zeit des Schadstofftransportes x/u vergleichbar sind. Dadurch ist es möglich, den instationären Charakter der Parameter zu berücksichtigen, daß heißt die Konzentration nur für einen Zeitabschnitt zu berechnen, in dem die meteorologischen Parameter u, k_y, k_z ungefähr konstant bleiben.

Der Einfluß der Zeitdauer, zu der die Konzentrationen gehören, die bei der Lösung der Diffusionsgleichung erhalten wurden, ist trotzdem bedeutungsvoll. Dieser Einfluß hängt mit der Notwendigkeit zusammen, die Abhängigkeit zwischen den numerischen und den tatsächlich beobachteten Konzentrationen zu untersuchen. Bei der experimentellen Bestimmung des Schadstoffgehaltes in der Luft sind die Konzentrationswerte von der Zeit der Probenahme abhängig. Die Ergebnisse der Wirkungen von Verschmutzungen der Atmosphäre auf die Umwelt (auf die lebenden Organismen, auf die Pflanzenwelt, auf verschiedene Bebauungen u. ä.) sind nicht nur durch die Schadstoffkonzentrationen, sondern auch durch die Einwirkungsdauer bestimmt. Abhängig von den Eigenschaften der Schadstoffe und ihrer Einwirkungsdauer werden die entsprechenden zulässigen maximalen Immissionskonzentrationen (MIK-Werte) festgelegt.

Man unterscheidet allgemein die Kurzzeitgrenzwerte der maximalen Immissionskonzentrationen (Kurzzeit-MIK-Werte oder MIK_K-Werte) für kurze Zeitintervalle und die über den Tag gemittelten maximalen Immissionskonzentrationen (Langzeit-MIK-Werte oder MIK_D-Werte), die praktisch einer unbegrenzten Zeitdauer (Dauergrenzwerte) zugeordnet sind (s. Abschn. 10.4.). Die Konzentrationen einer Reihe gefährlicher Schadstoffe, einschließlich Schwefelgas und Staub, werden im allgemeinen unter realen Bedingungen durch die Entnahme von Luftproben für 20—30 Minuten bestimmt. Deshalb rechnet man die Kurzzeit-MIK-Werte einem 20—30minutigen Zeitintervall zu. Die Forschungen zeigen, daß gegenwärtig die Kurzzeit-MIK-Werte die Gefährlichkeit der Verschmutzung in der Atmosphäre grundlegend charakterisieren. Die Anwendung der über den Tag gemittelten Langzeit-MIK-Werte unterliegt bestimmten Einschränkungen. Bei einem Vergleich von Rechenergebnissen mit Kurzzeit-MIK-Werten entsteht die Frage nach der Zeit, zu der die errechneten Konzentrationen gehören.

Im Zusammenhang mit den obigen Ausführungen ist es erforderlich, den Einfluß der Zeitdauer für die Mittelung des Konzentrationsfeldes, das durch die Ausgangsgleichung beschrieben wird, unter Berücksichtigung der Auswahl der Koeffizienten zu untersuchen. Diese Untersuchungen sind mit beträchtlichen Schwierigkeiten verbunden, die durch die notwendige Berücksichtigung des Einflusses eines für die atmosphärische Turbulenz charakteristischen breiten Spektrums von Wirbeln verursacht werden. Dazu entwickelten Berljand u. a. (1964a, 1965b) eine angenäherte Vorstellung zur Lösung dieser Fragestellung. Sie besteht darin, daß bei der Analyse der Prozesse der turbulenten Diffusion zuerst die Mittelungsperiode für die Komponenten des Austauschkoeffizienten und die Windgeschwindigkeit berücksichtigt wird. In den oben angeführten Lösungen wurde angenommen, daß k_y und k_z durch die Eulerschen charakteristischen Mikromaßstäbe der Struktur der meteorologischen Elemente und nicht direkt aus den Lagrangeschen Charakteristiken des Prozesses bestimmt werden.

In Abschnitt 1.5. nahm man für die Abschätzung von k_z an, daß oberhalb der bodennahen Schicht $(z > h)$ $k_y \approx k_z$ ist. Unter dieser Bedingung wird die charakteristische Einwirkungszeit τ' für diejenigen Wirbel, die die Werte k_y und k_z bestimmen, ungefähr durch die Werte der horizontalen und vertikalen Komponenten der Schwankungsgeschwindigkeiten des Windes u' und w' sowie auch durch den Mischungsweg der Wirbel l bestimmt, so daß man erhält

$$\tau' = \frac{l}{\sqrt{|\overline{u'w'}|}}\Bigg|_{z=h}.$$

Dabei entspricht die Größe l der Beziehung von Prandtl

$$l\frac{\mathrm{d}u}{\mathrm{d}z} = \sqrt{|\overline{u'w'}|}.$$

Damit ergibt sich

$$\tau' = \frac{1}{(\mathrm{d}u/\mathrm{d}z)|_{z=h}}.$$

Indem man die logarithmische Darstellung des vertikalen Windgeschwindigkeitsprofils nach (1.18) anwendet, erhält man

$$\tau' = \frac{h \ln \frac{z_1}{z_0}}{u}.$$

Die numerischen Auswertungen zeigen, daß τ' im allgemeinen 2—3 Minuten beträgt. Deshalb wird das durch die Ausgangsgleichung für die turbulente Diffusion

(1.2) mit den angegebenen Werten von k_y und k_z beschriebene Konzentrationsfeld q durch die Wirkung der Wirbel mit verhältnismäßig kleinem Maßstab mit τ' von ungefähr 2 bis 3 Minuten bestimmt. Die x-Achse muß in diesem Fall in der über der Periode τ' gemittelten Windrichtung orientiert sein. Weiter unten wird gezeigt, daß die erhaltene Genauigkeit für die Bestimmung von τ' praktisch ausreichend für die Lösung der betrachteten Aufgaben ist.

Die ausgeführten Abschätzungen gestatten die Annahme, daß die Rechnungen auf der Grundlage der oben angeführten Gleichungen mit den Experimenten in solchen Fällen übereinstimmen, wenn die Luftproben im Verlauf einiger Minuten und in verhältnismäßig geringen Entfernungen von der Quelle, das heißt für kurze Zeiten des Schadstofftransportes entnommen werden. Die erhaltenen Lösungen sind folglich im allgemeinen für die Berechnung der maximalen Konzentration von verhältnismäßig niedrigen Quellen in geringen Entfernungen brauchbar.

Bei höheren Quellen und für die Probenentnahme innerhalb eines 20—30minutigen Intervalls sind die Versuchswerte wesentlich niedriger als die berechneten Werte. Dabei ist die Streuung um so beträchtlicher, je größer die Entfernung von der Quelle ist. Wie in einer Reihe von Arbeiten festgestellt wurde, existiert diese Streuung auch beim Vergleich der Versuchsergebnisse mit den nach den angegebenen Gleichungen von SUTTON und ihren verschiedenen Modifizierungen berechneten Werten, die ungefähr zu einem Zeitintervall von drei Minuten gehören.

Die Verringerung der Konzentration mit Vergrößerung der Zeit der Probenentnahme ist eine bekannte experimentelle Tatsache, wie mehrmals in verschiedenen Arbeiten bemerkt wurde. Sie wird damit erklärt, daß sich mit der Zeit ständig die mittlere Windrichtung und somit auch die Achse der Rauchfahne des sich ausbreitenden Schadstoffes ändert. Deshalb ist es nicht möglich, den Punkt der Probennahme so auszuwählen, daß er sich die gesamte Zeit auf der Achse der Rauchfahne befindet. Zu irgendeinem Zeitabschnitt befindet sich der Punkt im Randgebiet der Rauchfahne, und die Konzentration in diesem Punkt verringert sich. Folglich wird auch die mittlere Konzentration in diesem Punkt geringer. Dieses Ergebnis kann man als „Effekt der Mittelung“ der Konzentrationen auffassen. Seine Bewertung hängt in erster Linie mit der Berücksichtigung von Besonderheiten der Schwankungen der Windrichtung zusammen. Sie werden insbesondere durch die Wirkungen der Wirbel mit unterschiedlichem Maßstab verursacht und aus über längere Zeiten kontinuierlich registrierten Analysedaten festgestellt.

Näherungsweise kann man Wirbel mit drei Maßstäben unterscheiden: kleine, mittlere und große Maßstäbe. Wirbel verhältnismäßig kleiner Abmessungen bestimmen die augenblicklichen Schwankungen der horizontalen und vertikalen Komponenten der Geschwindigkeiten der Luftbewegung (u' und w'). Darüber wurde weiter oben gesprochen. Ihr Gesamteinfluß in der Ausgangsgleichung für die turbulente Diffusion erscheint nach der REYNOLDSschen Mittelung und wird durch die Einführung von k_y und k_z berücksichtigt. Auf der Grundlage der oben durchgeführten Abschätzung bestimmen sie die Werte der Schadstoffkonzentration in dem auf einige Minuten berechneten Zeitintervall τ'.

Die Wirkung der Wirbel mit mittlerem Maßstab führt zu gleichmäßigen Schwankungen der Windrichtung. Diese Schwankungen rufen konstante Abweichungen der Rauchfahnenachse von einer gewissen mittleren Lage hervor und fördern die Verbreiterung der Rauchfahne. Die Wirbel mit großem Maßstab verursachen beträchtliche Änderungen der Windrichtung, die bei langer Beobachtung erscheinen. In diesem Fall hat es keinen Sinn, von einer Verbreiterung der Rauchfahne zu sprechen. Die Häufigkeit dieser Schwankungen der Windrichtungen für einen bestimmten Punkt wird durch Wetterverhältnisse und für lange Perioden durch klimatische Faktoren bestimmt. Die Häufigkeit charakterisiert man im allgemeinen durch eine Windrose.

Die typische Energieverteilung der turbulenten Bewegung in Abhängigkeit von ihrem Maßstab, die durch die bekannte Kurve von VAN DER HOVEN (LUMLEY u. PANOFSKY, 1966, u. a.) dargestellt ist, dient als Grundlage für die angegebene Klassifikation der Wirbel. Auf dieser Kurve ist besonders deutlich das Minimum (Lücke) im Bereich zwischen den Wirbeln mit mittlerem und großem Maßstab gekennzeichnet. Hieraus folgt, daß die gegenseitige Beeinflussung zwischen den Wirbeln dieser Maßstäbe verhältnismäßig gering ist und man ihre Wirkung getrennt untersuchen kann.

Nach der oben durchgeführten näherungsweisen Beurteilung der Wirkung kleiner Wirbel müssen die Werte für die in der Gleichung (1.2) enthaltenen Koeffizienten u, k_y und k_z, aber auch für die mittlere Windrichtung (Richtung der x-Achse) dem Zeitabschnitt τ' zugeordnet werden, der ungefähr 3 Minuten beträgt. In Fällen, wenn τ' kleiner als das Zeitintervall der Probenentnahme t_0 und die Zeit x/u ist, in welcher der Schadstofftransport von der Quelle bis zur Entfernung x verwirklicht wird (für u wird näherungsweise die Windgeschwindigkeit in der Höhe der Quelle angenommen), muß man die Mittelung der Konzentration in der Periode $T' > \tau'$ ausführen. Wenn dabei die vorigen Werte von u, k_y und k_z erhalten bleiben, so sind die in der Zeit τ' gemittelten Schwankungen der Windrichtung zu berücksichtigen. Nach den experimentellen Ergebnissen von GRATSCHEWA und LOSHKINA (1964) und anderen folgt die Wahrscheinlichkeit $\omega(\varphi)$ der über der Periode τ' gemittelten Winkelabweichungen φ von der in der Periode T' gemittelten Windrichtung ungefähr der GAUSSschen Verteilung, das heißt, es gilt

$$\omega(\varphi) = \frac{1}{\varphi_0 \sqrt{2\pi}} \, \mathrm{e}^{-\frac{\varphi^2}{2\varphi_0^2}}, \tag{2.24}$$

wobei φ_0 die Streuung in dem Zeitraum T' ist.

Berücksichtigt man die Veränderung der Konzentration senkrecht zur Windrichtung nach (1.33), dann wird die mittlere Konzentration $\bar{q}$ in der Zeit T' nach der Gleichung

$$\bar{q} = \int_{-\pi/2}^{\pi/2} q|_{y'=0} \, \mathrm{e}^{-\frac{y'^2}{4k_0 x}} \omega(\varphi) \, \mathrm{d}\varphi \tag{2.25}$$

bestimmt (BERLJAND u. a., 1964a, 1965a), wobei $x' = x \cos\varphi + y \sin\varphi$, $y' = y \cos\varphi - - x \sin\varphi$ und $q|_{y'=0}$ der Wert der Konzentration auf der x'-Achse ist, die in die über der Zeit τ' gemittelte Windrichtung orientiert ist. Diesen Wert findet man aus den Lösungen für die Gleichungen der atmosphärischen Diffusion, die in den Abschnitten 1.8. und 1.9. erhalten wurden. Die Integrationsgrenzen kann man hier verändern, wobei $\omega(\varphi)$ schnell mit Vergrößerung von φ abklingt und man praktisch annehmen kann, daß $\varphi < \psi$ ist, wobei ψ die Winkelabmessungen der Rauchfahne bestimmt. Die Größe ψ ist klein, und deshalb ist $\sin\varphi \approx \varphi$. Damit erhält man näherungsweise

$$\bar{q} = q|_{y=0} f(x, y), \tag{2.26}$$

wobei gilt

$$f(x, y) = \frac{1}{2\varphi_0 b' \sqrt{2}} e^{-\frac{y^2}{8k_0\varphi_0^2 b^2 x}} \left[\operatorname{erf}\left(\frac{y}{4k_0 bx} - b'\psi\right) + \operatorname{erf}\left(\frac{y}{4k_0 bx} + b'\psi\right)\right], \quad (2.27)$$

$$b' = \sqrt{\frac{1}{2}\left(\frac{x}{2k_0} + \frac{1}{\varphi_0^2}\right)}. \quad (2.28)$$

Nimmt man, wie allgemein üblich, an, daß die Breite der Rauchfahne aus der Bedingung bestimmt wird, nach der die Konzentration am Rand der Rauchfahne um eine Größenordnung geringer als auf ihrer Achse ist, kann man mit (2.26) und (2.27) zeigen, daß ψ um 1,5–2mal größer als φ_0 ist. Dann gilt für $y = 0$ genügend genau die Beziehung

$$f(x, 0) = \frac{1}{\sqrt{1 + x\varphi_0^2/2k_0}}.$$

Hieraus folgt, daß bei kleinen x die Mittelung den Wert für die Konzentration auf der Achse wenig ändert, wobei in diesem Fall $f(x, 0) \approx 1$ und $\bar{q} \approx q$ ist. Der wesentliche Einfluß der Mittelung erscheint bei großen Entfernungen von der Quelle. Allgemein ist $k_0 = (0{,}5 \ldots 1)$ m und $\varphi_0 < 0{,}15$, deshalb gilt für $x > (1 \ldots 2)$ km und kleine y

$$f(x, y) = \frac{1}{\varphi_0}\sqrt{\frac{2k_0}{x}}\, e^{-\frac{y^2}{2\varphi_0^2 x^2}}. \quad (2.29)$$

Der Effekt der „Mittelung" wirkt sich unterschiedlich auf die verschiedenen Größen des Konzentrationsfeldes aus. Die Konzentration $\bar{q}$ auf der Achse der Rauchfahne fällt mit Vergrößerung des Abstandes x schneller als q, da im Nenner der Formeln für q zusätzlich $\sqrt{x}$ erscheint. Der Nenner im Exponent der Exponentialfunktion, der das Abklingen von q mit y bestimmt, ist jetzt nicht wie früher proportional x, sondern proportional x^2. Deshalb ändert sich die Konzentration längs der y-Achse langsamer, und die Rauchfahne verbreitert sich. Mit Hilfe von (2.26) kann man direkt von den oben angeführten numerischen und analytischen Lösungen für q zu den mittleren Konzentrationen übergehen. Wenn der Austauschkoeffizient linear mit der Höhe ansteigt und die Windgeschwindigkeit sich nach dem Potenzgesetz ändert, so erhält man bei Benutzung von (2.2) für leichte Beimengungen ($w = 0$)

$$\bar{q} = \frac{M}{(1 + n)\, k_1 \varphi_0 x^2 \sqrt{2\pi}} e^{-\frac{u_1 H^{1+n}}{k_1(1+n)^2 x} - \frac{y^2}{2\varphi_0^2 x^2}}. \quad (2.30)$$

In dieser Formel ist der Koeffizient k_0 durch eine entsprechende Größe von φ_0 ersetzt worden. Entsprechend verändert sich derAusdruck für das Maximum der Konzentration $\bar{q}_m$ und den Abstand $\bar{x}_m$, bei dem es erreicht wird,

$$\bar{q}_m = \frac{0{,}216 k_1 (1 + n)^3 M}{\varphi_0 u_1^2 H^{2(1+n)}}; \qquad \bar{x}_m = \frac{u_1 H^{1+n}}{2k_1(1 + n)^2}. \quad (2.31)$$

Die Ausdrücke von (2.31) sind den Gleichungen (2.3) und (2.4) für q_m und x_m sehr ähnlich. Unter Berücksichtigung des Mittelungseffektes verringern sich jedoch die Werte für die maximale Konzentration und für den Abstand, wo sie erreicht wird, aber die Abhängigkeit der maximalen Konzentration von H erweist sich als wesentlich größer.

Auf der Grundlage der numerischen Lösung der Aufgabe (s. (2.11)) bestimmt man analoge Gleichungen für $\bar{q}_m$ und $\bar{x}_m$,

$$\bar{q}_m = C_3 \frac{MK}{u_1} \frac{1}{H^{\beta_3}}, \qquad \bar{x}_m = C_4 \frac{u_1}{k_1} H^{1+\beta_4}, \tag{2.32}$$

wobei gilt

$$K = \frac{k_1}{u_1 \varphi_0}, \qquad \beta_3 \approx \beta_1 + 0{,}5\,, \qquad \beta_4 \approx \beta_2\,, \tag{2.33}$$

C_i und β_i ($i = 3, 4$) sind Konstanten, die bei der Approximation der Ergebnisse der numerischen Lösung unter Berücksichtigung des Effektes der Mittelung bestimmt wurden. Die Werte betragen $C_3 \approx 0{,}3$, $C_4 \approx 0{,}4$ und $\beta_3 = 2{,}3 \ldots 2{,}5$.

Für die Bestimmung von $q|_{y=0}$ bei $x \neq x_m$ nutzt man die Tatsache aus, daß analog zu den in Tabelle 2.1 angeführten Rechenergebnissen, $\bar{q}|_{y=0}/\bar{q}_m$ näherungsweise nur von x/x_m abhängt.

Ähnlich erhält man die Gleichungen für schwere Beimengungen aus der Lösung für die turbulente Diffusionsgleichung bei $w \neq 0$ durch Mittelung. In diesem Fall kann man die Gleichungen für schwere und schwerelose Verunreinigungen miteinander in Beziehung setzen:

$$\bar{q}_{wm} = \bar{q}_m F' \quad \text{und} \quad \bar{x}_{wm} = \bar{x}_m \varkappa'\,. \tag{2.34}$$

Hier sind $\bar{x}_{wm}$ und x_m die Entfernungen, wo die entsprechenden Konzentrationen $\bar{q}_{wm}$ und $\bar{q}_m$ erreicht werden, F' und $\varkappa'$ sind dimensionslose Koeffizienten, wobei $F' > 1$ und $\varkappa' < 1$ sind.

Zur Berechnung der Schadstoffkonzentration ist es folglich notwendig, die Größe φ_0 zu kennen, die den in dem Zeitabschnitt τ' gemittelten Wert der Streuung der Windrichtung in der Zeit T' darstellt. φ_0 ist ein Strukturmerkmal des turbulenten Feldes im Eulerschen Sinne. Die Größe T' ist abhängig von der Zeitperiode t_0, in deren Verlauf die Entnahme einer Luftprobe für die Bestimmung von $\bar{q}$ geschieht, und von der Zeit x/u für den Schadstofftransport in die Entfernung x. Aus der Analyse dieses Zusammenhanges ergibt sich, daß man näherungsweise $T' = t_0 + (x/u)$ annehmen kann.

Die Änderung der Konzentration, abhängig von der dazugehörigen Zeit der Mittelung, wurde in einer Reihe von Arbeiten hauptsächlich auf der Grundlage qualitativer Überlegungen diskutiert. Zur Beseitigung der im Ergebnis dieser Abhängigkeit auftretenden Unterschiede zwischen den Rechen- und Versuchswerten werden manchmal empirische Koeffizienten eingeführt, die die errechneten Konzentrationen um ein Mehrfaches verringern. Zum Beispiel schlugen verschiedene Verfasser vor, zu den Konzentrationswerten, die nach der Methodik von Andrejew (1952) berechnet wurden, Korrekturfaktoren von 0,1 bis 0,4 einzuführen. Die erhaltenen Ergebnisse zeigen, daß dieses Verfahren der Einführung von empirischen Koeffizienten physikalisch nicht begründet ist. Tatsächlich verändert sich infolge der Mittelung der Charakter der Abhängigkeit der Konzentration von den bestimmenden Faktoren wesentlich, insbesondere von der Höhe H der Quelle. Das bedeutet, daß die Korrekturkoeffizienten, die für eine meteorologische Bedingung und eine bestimmte Höhe H aufgestellt wurden, nicht auf andere Fälle angewendet werden dürfen.

Das dargelegte Schema zur Berücksichtigung des Effektes der Konzentrationsmittelung gestattet, eine Reihe von Schlußfolgerungen zu ziehen, die sowohl in praktischer als auch in wissenschaftlicher Beziehung wesentlich sind. Die Genauigkeit dieses Schemas muß natürlich noch verbessert werden. Das bezieht sich insbesondere auf die Berücksichtigung der räumlichen Änderung der statistischen Gesetzmäßigkeiten für die Windrichtung, auf die Begrenzung der Entfernung, bis zu der dieses Schema anwendbar ist (letzteres ermöglicht, den Schadstofftransport über eine Zeit von einigen Stunden zu beurteilen, in deren Verlauf der Wind die stabile Richtung im oben aufgezeigten Sinne beibehält).

2.6. Abhängigkeit des horizontalen Diffusionskoeffizienten vom Maßstab der Wirbel

Der Widerspruch zwischen den experimentellen und den berechneten Konzentrationen in großen Entfernungen x wird manchmal in theoretischen Arbeiten zur turbulenten Diffusion beseitigt, indem ohne ausreichende Begründung die horizontale Komponente des Austauschkoeffizienten k_y abhängig von x eingeführt wird. Das erklärt man damit, daß auch mit Vergrößerung der Abmessungen der Rauchfahne mit dem Abstand zur Quelle der Maßstab der Wirbel ansteigt, die die Schadstoffausbreitung beeinflussen. Diese Einstellung rief wiederholt verständliche Einwände hervor. Aus den in Abschnitt 2.5. angegebenen Gleichungen folgt mit der Mittelung der Konzentrationen, daß ein ähnliches Herangehen nicht notwendig ist. Man kann aber diese Vorstellung formal benutzen und ihr eine verständlichere Erklärung geben. Es zeigt sich, daß der Effekt der Mittelung mit dem Ersatz von k_0 durch einen beliebigen effektiven Koeffizienten $k_0(x)$, abhängig von der Quellenentfernung, beschrieben wird (Berljand u. a., 1964a, 1965a). Die erhaltenen Beziehungen für $\bar{q}$ lassen sich insbesondere für hinreichend große x mit der direkten Lösung der Ausgangsgleichung der Diffusion (1.2) für $k_y = k_0(x)\, u$ vergleichen. Dazu substituiert man vorher die Veränderliche x durch $X = \int_0^x k_0(\xi)\, d\xi$. Dann erhält man analog (1.33)

$$\bar{q} = \frac{q'(X, z)}{2\sqrt{\pi X}} e^{-\frac{y^2}{4X}}, \tag{2.35}$$

wobei $q'(X, z)$ die entsprechende Lösung für eine Linienquelle ist.

Wenn $k_0(x) = k_0$ ist, dann stimmen $X = k_0 x$ und (2.35) mit (1.27) und (1.32) überein. Indem man (2.35) mit (2.26) bis (2.29) vergleicht und berücksichtigt, daß der Ausdruck in den eckigen Klammern in (2.27) ungefähr eins ist, kann man X bestimmen und festlegen, daß

$$k_0(x) \approx k_0 + x\varphi_0^2 \tag{2.36}$$

ist. Für große x gilt

$$k_0(x) \approx x\varphi_0^2 . \tag{2.37}$$

Für $k_y = k_0(x)\, u$ stimmt die Lösung der Ausgangsdiffusionsgleichung mit der Näherungsformel für den Mittelwert der Konzentration überein. Dabei erweist sich die Größe k_0 für die Berechnung der Konzentration für große x als unwesentlich, und der Einfluß des horizontalen Austausches wird dann durch den Parameter φ_0 erfaßt.

Im allgemeinen Fall hängen die Komponenten des Austauschkoeffizienten k_i ($i = 1, 2, 3$ entsprechen x, y, z) mit den Komponenten der Streuung für die Schadstoffausbreitung durch die bekannten Beziehungen zusammen:

$$k_i = \frac{1}{2}\frac{\mathrm{d}\sigma_i^2}{\mathrm{d}t} \quad \text{und} \quad \sigma_i^2 = 2\int_0^t k(t)\,\mathrm{d}t\,. \tag{2.38}$$

Für den Übergang von zeitlichen zu räumlichen Änderungen muß man die Hypothese der „eingefrorenen Turbulenz" anwenden, nach der die atmosphärischen Wirbel durch die Luftströmungen ohne Änderung mit der Geschwindigkeit u transportiert werden. Diese Hypothese gestattet, bei Annahme einer konstanten Geschwindigkeit u die Integration nicht über t, sondern über der Transportzeit x/u eines Schadstoffes in die Entfernung x auszuführen. Für die Streuung (Standardabweichung) $\sigma_i = \sigma_y$ in y-Richtung (für $k_y = k_0(x)\,u$) erhält man dann

$$\sigma_y^2 = \int_0^x k_0(x)\,\mathrm{d}x\,. \tag{2.39}$$

Aus (2.36) und (2.39) folgt, daß $\sigma_y^2 = 2k_0x + \varphi_0^2x^2$ gilt. Näherungsweise ist die Streuung für große x $\sigma_y^2 \approx \varphi_0^2x^2$. Ähnliche Beziehungen für σ_y^2 kann man auch auf anderem Wege erhalten, indem man berücksichtigt, daß die Formeln (2.35) sowie auch (2.26) bis (2.29) für große x die Konzentrationsverteilung durch eine Normalverteilung beschreiben. In den Arbeiten zur statistischen Theorie der turbulenten Diffusion wird diese Verteilung gewöhnlich auf der Grundlage der Versuchsergebnisse postuliert oder angenommen. Die Konzentrationsverteilung längs der y-Achse in (2.26) und (2.27) ist keine Gausssche Verteilung. Sie ist der Gaussschen Verteilung nur für hinreichend große x ähnlich, wenn (2.26) näherungsweise in den Ausdruck

$$\bar{q} = \frac{q|_{y=0}}{\sqrt{2\pi\sigma_y^2}}\,\mathrm{e}^{-\frac{y^2}{2\sigma_y^2}} \tag{2.40}$$

übergeht, wobei $\sigma_y^2 = \varphi_0^2x^2$ gilt.

Die Streuung der Konzentrationsverteilung σ_y^2 ist abhängig von der Streuung σ_v^2 und der Autokorrelationsfunktion $R(t)$ der Windgeschwindigkeit durch die bekannte Formel von Taylor in der Form von Campe de Feriet

$$\sigma_y^2 = 2\sigma_v^2\int_0^t (t-\xi)\,R(\xi)\,\mathrm{d}\xi\,. \tag{2.41}$$

Die theoretische Bestimmung von $R(t)$ ist sehr schwierig. Deshalb wird σ_y^2 oft auf empirischem Wege festgelegt.

Somit kann man den Parameter φ_0 mit den Größen σ_y^2, σ_v^2 und $R(t)$ in Beziehung bringen, die aus der statistischen Verarbeitung der Versuchsergebnisse bestimmt wurden. Analog hängt φ_0 mit dem Parameter C_y in der Formel von Sutton (s. Abschn. 1.1.) sowie auch mit anderen Parametern der horizontalen Diffusion zusammen, die in den Arbeiten von Wippermann (1961, 1973) und Frenkiel (1953), Pasquill (1973), Laichtman (1970), Bysowa (1974) und anderen angewendet wurden.

Die Konzentrationsverteilung entlang der z-Achse in geringen Entfernungen kann auch durch eine Gauss-Verteilung approximiert werden, solange die Symmetrie der Konzentration im Vergleich zur Höhe der Quelle erhalten bleibt. Diese Beziehung ist jedoch nicht anwendbar bei Entfernungen von der Quelle, wo das Maximum im vertikalen Konzentrationsprofil auf der Erdoberfläche erreicht wird (s. Abb. 2.1). Hier darf man nicht von irgendeiner Darstellung des gegebenen Profils durch die GAUSSsche Verteilung sprechen. Dieser Umstand wird in einer Reihe von Arbeiten nicht beachtet, insbesondere bei der Ableitung der Formel von SUTTON und ihrer Modifikationen. Das kann als einer der wichtigen Gründe der oben aufgezeigten Abweichung zwischen den Ergebnissen aus der Berechnung der Konzentration und den Beobachtungswerten, besonders in genügend großen Entfernungen von der Quelle, angesehen werden.

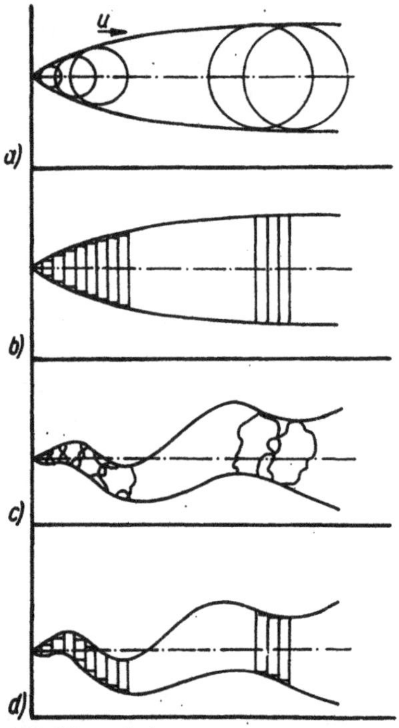

Abbildung 2.5.
Schema zur Ausbreitung einer Rauchfahne

Unter Berücksichtigung des Einflusses von atmosphärischen Wirbeln mit verschiedenem Maßstab auf die Konzentrationsänderung wurden einige allgemeine Eigenschaften des oben dargelegten Verfahrens für die Mittelung der Konzentration und für die von GIFFORD (1959, 1960) entwickelte Methode festgestellt. Nach dem Modell von GIFFORD (Abb. 2.5) kann man die Schadstoffkonzentration in der Rauchfahne als Überlagerung einer unendlichen Zahl augenblicklich emittierter Rauchpuffs betrachten, die mit dem Wind weggetragen werden und sich allmählich mit Entfernung von der Quelle verbreitern. Die Einhüllende dieser Rauchpuffs stellt die Grenze der Rauchfahne dar. Gewöhnlich vernachlässigt man die Schadstoffdiffusion in Windrichtung und betrachtet nur die Ausbreitung senkrecht zur Windrichtung. Deshalb haben die Rauchpuffs die Form von Scheiben. Die Abbildungen 2.5a und 2.5b entsprechen der stationären Übereinstimmung der mittleren Windrichtung mit der x-Achse, das heißt, Wirbel mit kleinem Maßstab verursachen die Diffusion. Unter realen Bedingungen hat die Rauchfahne infolge der Instabilität der Windrichtung eine gewundene Form (Abb. 2.5c). Die Ausbreitung einer Rauchfahne setzt sich im allgemeinen Fall aus der Ausbreitung einzelner Rauchpuffs und dem zufälligen Wandern der Schwerpunkte dieser Rauchpuffs im Vergleich zum Mittelwert des Windes zusammen. Wenn man die Ausbreitung des Schadstoffes entlang der x-Achse vernachlässigt, erhalten die Rauchpuffs erneut die Form von Scheiben (Abb. 2.5d). Das Wandern der Rauchpuffschwerpunkte führt zur Krümmung der Rauchfahne und wird durch die Wirkung von Wirbeln mit größerem Maßstab verursacht.

GIFFORD führte die Streuung einer Beimengung im Innern der Rauchpuffs $\overline{D^2}$ und die Streuung der Ausbreitung der Schwerpunkte der Rauchschwaden $\overline{Y^2}$ in die Betrachtungen ein. Weiterhin nahm er an, daß die gesamte Schadstoffausbreitung und die Ausbreitung der Rauchschwadenzentren in einer bestimmten Richtung der GAUSSschen Normalverteilung entspricht. Daraus folgt, daß auch die Konzentrationsverteilungen im Innern der Rauchschwaden durch eine GAUSSsche Verteilung approximiert werden. Die Summe der Streuungen ist in dieser Richtung durch die Summe $\overline{D^2} + \overline{Y^2}$ dargestellt.

Dieses Schema wendet man auch für den Zusammenhang zwischen der in verhältnismäßig kurzen Zeitperioden beobachteten maximalen Konzentration q_{m} auf der Achse der Rauchfahne und der mittleren Konzentration $\bar{q}$, die zu dem gleichen Punkt der Achse gehört, an. Da die Konzentration auf der Rauchfahnenachse umgekehrt proportional der Streuung ist, wird die Beziehung zwischen diesen Größen angenähert durch folgende Gleichung bestimmt:

$$\frac{q_{\mathrm{m}}}{\bar{q}} = \frac{\overline{D^2} + \overline{Y^2}}{\overline{Y^2}}. \tag{2.42}$$

Aus der Abhängigkeit der Streuungen der Gesamtverteilung der Konzentration und deren Verteilung im Innern der Rauchfahne von der Zeit t und der Transportzeit x/u sowie auch aus Ähnlichkeitsvergleichen zog GIFFORD gewisse Schlußfolgerungen über die Veränderung von $q_{\mathrm{m}}/\bar{q}$. Insbesondere erhielt er, daß sich für genügend große Zeitabschnitte t und x/u dieses Verhältnis mit der Vergrößerung von t und x/u verringert und einem konstanten Wert nähert. Die Arbeiten von GIFFORD wurden in den Untersuchungen von BYSOWA (1974) und CSANADY (1973) weiterentwickelt.

2.7. Streuung der Windrichtung und Abhängigkeit der Konzentration von der Zeit der Probenentnahme

Für den Übergang von den ungemittelten Konzentrationswerten q zu gemittelten Konzentrationen $\bar{q}$ nach den Gleichungen (2.26) bis (2.29) ist es erforderlich, die mittlere Streuung der Schwankungen der Windrichtung φ_0 zu kennen.

Die Probleme zur Bestimmung von φ_0 aus umfangreichem Material von Expeditionsbeobachtungen sind in den Arbeiten von GRATSCHEWA und LOSHKINA (1964,) GENICHOWITSCH und GRATSCHEWA (1965) dargelegt. Auf den Expeditionen des Geophysikalischen Hauptobservatoriums zur Untersuchung der Luftverschmutzung, die im Verlauf einer Reihe von Jahren in die Gebiete von Industriebetrieben durchgeführt wurden, registrierte man die Windrichtung mit Hilfe des Gerätes Anemorumbograf M-45 systematisch. Übereinstimmend mit den Ergebnissen des Abschnittes 2.5. führte man zwei Zeitintervalle zur Mittelung der Windrichtung ein: das äußere Intervall T' und das innere Intervall τ'. Die Dauer des inneren Intervalles wird mit etwa 2,5 Minuten angenommen, die des äußeren beträgt 20 Minuten und mehr. Die Streuung bestimmt sich nach der Gleichung

$$\sigma_0 = \sqrt{\frac{\sum_{i=1}^{n} (\varphi_i - \bar{\varphi})^2 n_i}{N}},$$

wobei φ_i und $\bar{\varphi}$ die mittleren Windrichtungen für das innere und äußere Intervall der Mittelung sind. n_i ist die Häufigkeit bestimmter Windrichtungen, und N ist die Gesamtzahl der betrachteten Fälle.

Eine der Schlußfolgerungen für die Bearbeitung von Daten (GRATSCHEWA u. LOSHKINA, 1964) wurde bereits im Abschnitt 2.5. angeführt. Sie besteht darin, daß die Wahrscheinlichkeit für die Abweichung der Windrichtung um den Winkel φ ungefähr dem Normalverteilungsgesetz entspricht. Mit dem experimentellen Material untersuchte man σ_0 abhängig von der Stabilität der Atmosphäre und der Windgeschwindigkeit u_1 in 1 m Höhe.

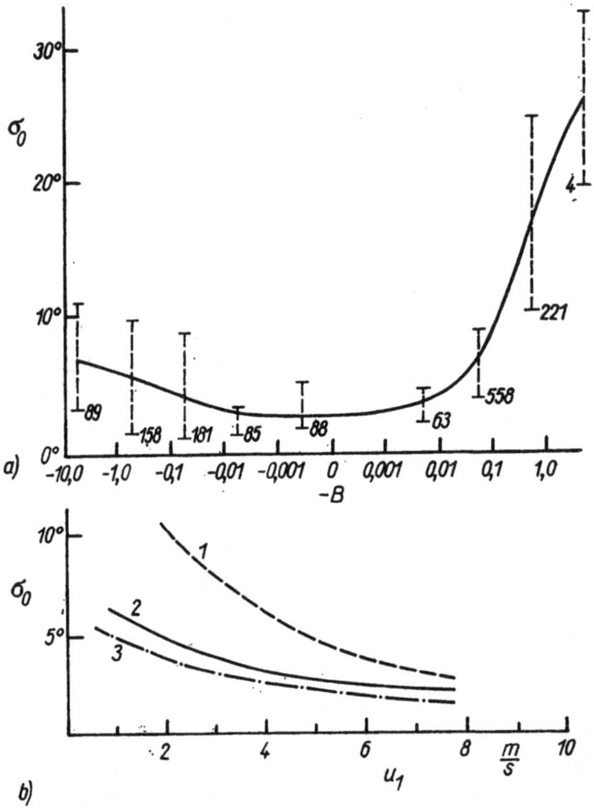

Abbildung 2.6.
Abhängigkeit der mittleren quadratischen Abweichung der Windrichtung σ_0 von der Stabilitätskennzahl B (a) sowie von der Windgeschwindigkeit u_1 (b) bei instabiler (1), Gleichgewichts- (2) und stabiler Schichtung (3)

Die vertikalen Strichlinien kennzeichnen die Abweichung vom Mittelwert, die Ziffern an diesen Linien geben die Anzahl der Fälle an.

In Abbildung 2.6 sind einige Ergebnisse für ein äußeres Intervall von 20 Minuten dargestellt. Als Kennzeichen der Stabilität wird der Parameter $B = \delta T / u_1^2$ angewendet, wobei δT der Temperaturunterschied zwischen den Höhen 2,0 und 0,5 m ist.

Bei instabiler Schichtung verringert sich nach Abbildung 2.6b der Wert von σ_0 mit Anwachsen der Windgeschwindigkeit von 2 auf 8 m/s ungefähr von 10° auf 4°.

Die Verarbeitung der Beobachtungsdaten gestattete es auch, den Zusammenhang zwischen σ_0 und den äußeren Intervallen für die Mittelung T' zu untersuchen, die 20, 40 und 60 Minuten betragen.

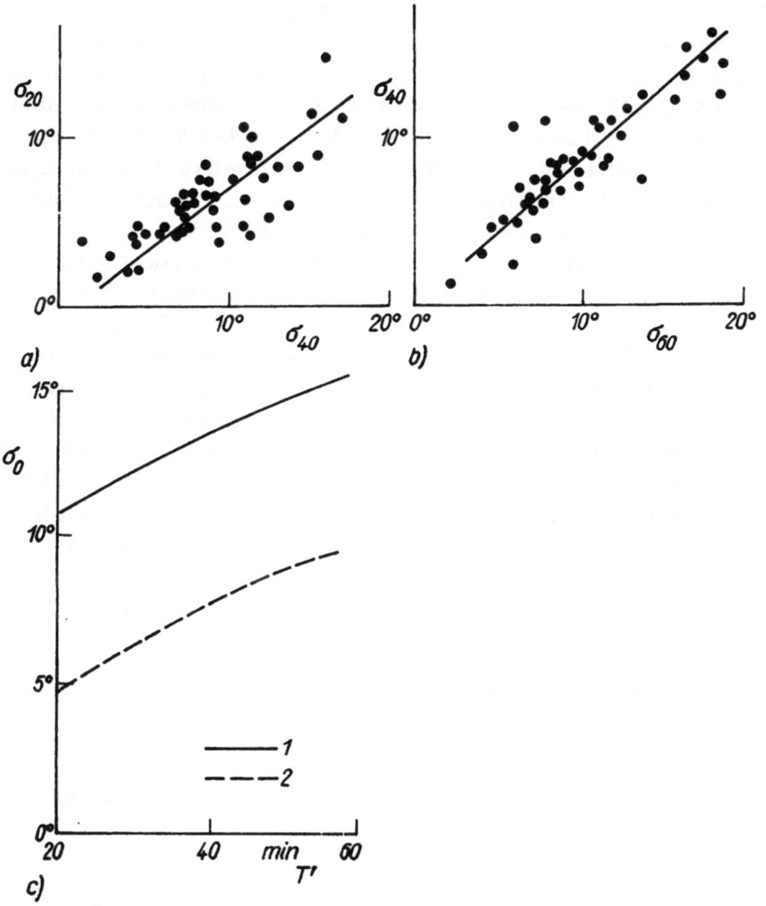

Abbildung 2.7.
Abhängigkeit der mittleren quadratischen Abweichung der Windrichtung von der Zeit der Mittelung
1 — instabiler Zustand, 2 — Gleichgewichtszustand

In Abbildung 2.7 sind die Korrelationsdiagramme der Abhängigkeit σ_0 für die Mittelungsintervalle von 20 und 40 Minuten (σ_{20} und σ_{40}) sowie von 40 und 60 Minuten (σ_{40} und σ_{60}) angegeben. Indem man die Gleichungen des Abschnitts 2.5. anwendet, kann man die Schadstoffkonzentration $\bar{q}$ abhängig von der Dauer der Mittelung für verschiedene meteorologische Bedingungen bestimmen. Daraus folgt insbesondere, daß $\bar{q}$ mit Verringerung von φ_0 anwächst. Deshalb fördert die Vergrößerung von φ_0

mit verstärkter Instabilität und abgeschwächter Windgeschwindigkeit die Verringerung der Konzentration. Mit wachsender Dauer der Mittelung T' verringert sich nach den Versuchsergebnissen auch die Konzentration, anfangs schneller, später langsamer.

Nach den Betrachtungen des Abschnitts 2.5. gilt $T' = t_0 + (x/u)$, wobei t_0 die Zeitdauer der Probenentnahme ist. Hieraus kann man folgern, daß mit Vergrößerung des Abstandes x, oder genauer von x/u, der Einfluß der Zeit der Probenentnahme schwächer wird. Diese Ergebnisse befinden sich in gewisser Übereinstimmung mit den in Abschnitt 2.6. betrachteten Ableitungen von GIFFORD.

Die Benutzung rein empirischer Zusammenhänge für die Analyse der Mittelung schränkt jedoch die Anwendung der erhaltenen Ergebnisse ein. Außerdem wurden diese Zusammenhänge nur für verhältnismäßig begrenzte Zeitperioden der Mittelung bestimmt. Deshalb ist es von Interesse, mit Hilfe theoretischer Methoden das Beobachtungsmaterial über die Streuung der Windrichtungsschwankungen abhängig vom inneren und äußeren Intervall der Mittelung zu untersuchen. PASQUILL (1962), HINO (1968), BYSOWA (1974) u. a. betrachteten teilweise dieses Problem.

Weiter unten wird auf die Ergebnisse von GENICHOWITSCH und GRATSCHEWA (1965) zur Verallgemeinerung der durchgeführten Untersuchungen eingegangen. In dieser Arbeit führten die Verfasser analog zu den Untersuchungen von SMITH (1962), HAY und PASQUILL (1962) zur Mittelung der durch kontinuierliche Registrierung erhaltenen Größen (in unserem Fall die Angaben über die Windrichtung) ein inneres kurzes Intervall τ' und ein äußeres langes Intervall T' ein. Weiterhin bestimmt man den Mittelwert $\varphi(t)$ für das innere Intervall $(t - (\tau'/2), t + (\tau'/2))$. Die als Funktion von t erhaltene Größe wird im äußeren Intervall $(s' - (T'/2), s' + (T'/2))$, gemittelt. Danach berechnet man das Verhältnis der im Intervall τ' zu der im Intervall T' gemittelten Streuung. Hiernach wird die Mittelung für alle $s'(-\infty < s' < \infty)$ ausgeführt, und man erhält die Streuung $\sigma^2_{T',\tau'}$ in Abhängigkeit von dem äußeren Intervall T' und dem inneren Intervall τ'. Die Streuung $\sigma^2_{T',\tau'}$ ist von der Streuung $\sigma^2_{\infty,0}$ und der Spektralfunktion $F(n)$ in folgender Weise abhängig:

$$\sigma^2_{T',\tau'} = \sigma^2_{\infty,0} \int_0^\infty F(n) \left[1 - \frac{\sin^2 n\pi T'}{(n\pi T')^2}\right] \frac{\sin^2 \pi b t'}{(\pi n t')^2} \, dn , \tag{2.43}$$

wobei $F(n)$ durch die Korrelationsfunktion $R(t)$ mit Hilfe der bekannten Beziehung

$$F(n) = \int_0^\infty R(t) \cos \pi n t \, dt \tag{2.44}$$

ausgedrückt wird. Aus (2.43) wird $\sigma^2_{T',0}$ bestimmt und mit (2.44) in der Form

$$\sigma^2_{T',0} = \sigma^2_{\infty,0} \left(1 - \frac{2}{T'^2}\right) \int_0^{T'} (T' - \xi) \, R(\xi) \, d\xi \tag{2.45}$$

geschrieben.

Gleichung (2.45) erhielt OGURA (1959). Sie ist der Beziehung (2.41) von TAYLOR ähnlich. Einen analogen Ausdruck kann man für $\sigma^2_{\tau',0}$ erhalten, wenn man in Gleichung (2.45) T' durch τ' ersetzt. Dann ergibt sich für (2.43)

$$\sigma^2_{T',\tau'} = \sigma^2_{T',0} - \sigma^2_{\tau',0} + \sigma^2_{\tau',T'} . \tag{2.46}$$

Aus physikalischen Überlegungen kann man ableiten, daß das Glied $\sigma^2_{T',\tau'}$ für $\tau' \ll T'$ klein ist. Für praktisch vorkommende Werte von τ' und T' muß eine quantitative Beurteilung dieses Gliedes durchgeführt werden. Dazu spaltet man die Gleichung (2.43) in Summanden auf und berechnet danach die entsprechenden Integrale. Dann läßt sich $\sigma^2_{t',T'}$ durch die Korrelationsfunktion $R(t)$ darstellen.

Aus dem Vergleich der Gleichung (2.46) mit dem Ausdruck (2.45) für $\sigma^2_{T',0}$ ergibt sich die Beziehung

$$\sigma^2_{\tau',T'} = \frac{\sigma^2_{\infty,0}}{3\tau'^2 T'^2} \int\limits_0^{\tau'} (\tau' - \xi)^3 \left[2R(\xi) - R(T' + \xi) - R(T' - \xi)\right] d\xi .$$

Unter Benutzung der oft angewendeten Abhängigkeit für $R(t)$

$$R(t) = e^{-\alpha|t|}$$

lassen sich die Integrale in den angeführten Gleichungen einfach berechnen:

$$\sigma^2_{T',0} = \sigma^2_{\infty,0}\psi(\alpha T') ,$$

$$\sigma^2_{\tau',0} = \sigma^2_{\infty,0}\psi(\alpha\tau') ,$$

$$\sigma^2_{\tau',T'} = \sigma^2_{\infty,0}\left[\frac{2\tau'}{3\alpha T'^2} - \frac{2}{\alpha^2\tau'^2}\psi(\alpha\tau') - \frac{2}{\alpha^2 T'^2}(1 - e^{-\alpha T'}) - \frac{8e^{-\alpha T'}}{\alpha^4\tau'^2 T'^2}\sinh^2\frac{\alpha\tau^{2'}}{2}\right],$$

$$\psi(\alpha T) = \frac{2}{T^2\alpha^2}(1 - \alpha T - e^{-\alpha T}) . \tag{2.47}$$

Die Beziehungen (2.47) geben an, bei welchen Werten der Parameter $\alpha T'$ und $\alpha\tau'$ der letzte Summand in Gleichung (2.46) zu berücksichtigen ist. Das mit (2.43) für verschiedene Argumente $\alpha T'$ und $\alpha\tau'$ berechnete Verhältnis der Streuungen $\delta =$ $= (\sigma^2_{\tau',T'}/\sigma^2_{T',\tau'})$ nimmt folgende Werte an:

$\alpha T'$	120	12	1	1
$\alpha\tau'$	18	1,8	0,1	0,01
$\delta\%$	25	7,9	7,7	2,4

Unter den Bedingungen einer instabilen Schichtung hat der Parameter α die Größenordnung $10^{-3}\,s^{-1}$, wie Untersuchungen von Ariel u. a. (Genichowitsch u. Gratschewa, 1965) zeigten. Somit beträgt der Anteil des dritten Summanden in (2.46) bei $\tau' = 2{,}5$ min und $T' = 20$ min, das heißt bei $\alpha\tau' = 0{,}15$ und $\alpha T' = 1{,}2$, ungefährt 8%. Deshalb kann man praktisch mit kleinem Fehler schreiben

$$\sigma^2_{T',\tau'} \approx \sigma^2_{\infty,0}[\psi(\alpha T') - \psi(\alpha\tau')] . \tag{2.48}$$

Wenn man das innere Intervall τ' festhält, indem man $\sigma^2_{\infty,0}$ aus (2.48) ausschließt, kann man die Streuungen für zwei äußere Intervalle T'_1 und T'_2 miteinander in Beziehung setzen,

$$\sigma^2_{T'_2,\tau'} = \sigma^2_{T'_1,\tau'}\frac{\psi(\alpha T'_2) - \psi(\alpha\tau')}{\psi(\alpha T'_1) - \psi(\alpha\tau')} . \tag{2.49}$$

Die Rechnungen wurden nach Gleichung (2.49) für $\tau' = 2{,}5$ min und für aus dem Meßmaterial erhaltene Werte von α in dem Bereich T' von 20 bis 60 min ausgeführt. Die Rechenergebnisse stimmen im allgemeinen mit den angeführten Versuchswerten, insbesondere mit Abbildung 2.7a, b, überein.

In Abbildung 2.7c ist σ_0 abhängig von dem äußeren Intervall T' der Mittelung bei einem inneren Intervall von $\tau' = 2{,}5$ min für den instabilen und stabilen Zustand der Atmosphäre dargestellt. Aus diesen Angaben folgt, daß mit Änderung der Periode für die Mittelung von 20 auf 40 min der Wert von σ_0 bei instabiler Schichtung um 20% und bei stabiler Schichtung um 35% anwächst. Die Vergrößerung der Periode der Mittelung von 40 auf 60 min führt zur Vergrößerung von σ_0 abhängig von der Stabilität der Atmosphäre um entsprechend 15 bzw. 25%.

Durch die Übereinstimmung der experimentellen und theoretischen Ergebnisse können die dargelegten Überlegungen auf große Zeitintervalle T' (bis 2 Stunden, aber manchmal auch mehr) und auf unterschiedliche meteorologische Bedingungen erweitert werden. Mit den Angaben über den Zusammenhang von σ_0 (oder φ_0), abhängig von T', und den Gleichungen (2.26) bis (2.29) für die gemittelte Konzentration $\bar{q}$ ist $\bar{q}$ auch unmittelbar von der Periode der Mittelung abhängig.

Hier wurde hauptsächlich der Wert $\tau' = 2{,}5$ min für das innere Intervall der Mittelung angewendet. In anderen Arbeiten verwendet man jedoch oft kleinere Werte für τ'. Die darin angeführten Angaben kann man benutzen, indem man die Werte von σ für verschiedene τ miteinander verknüpft. Eine dafür anwendbare Gleichung, ebenso wie auch (2.49), folgt aus (2.48) bei festgehaltenem T' und für verschiedene τ',

$$\sigma^2_{T',\tau_2'} = \sigma^2_{T',\tau_1'} \frac{\psi(\alpha T') - \psi(\alpha \tau_2')}{\psi(\alpha T') - \psi(\alpha \tau_1')}. \tag{2.50}$$

Gewöhnlich sind die Änderungen von σ^2 in Abhängigkeit von τ' für $\tau' < 2{,}5$ min verhältnismäßig klein, so daß man sich auf die oben angeführte Beurteilung der Rolle des inneren Zeitintervalles τ' beschränken kann. Für die Konzentrationen q_1 und q_2, die für ein Zeitintervall der Dauer t_1 und t_2 gemittelt wurden, wendet man oft die empirische Beziehung an

$$q_2/q_1 = (t_1/t_2)^{p_1}.$$

Turner (1969) nimmt auf der Grundlage der Angaben von Stewart u. a. für Zeitintervalle von 3 bis 60 Minuten $p_1 \approx 0{,}2$ an. Meade (1960) gibt $p_1 = 0{,}17$ an. Shirvaikar und Patek (1977) zeigten, daß die Ausdehnung dieser Abhängigkeit auf größere Zeitabschnitte zu großen Abweichungen von den experimentellen Werten führt. Gifford (1960) bemerkte, daß das Verhältnis zwischen den Konzentrationen für verschiedene Zeitintervalle der Mittelung in Wirklichkeit wesentlich größer als das nach dem Potenzgesetz bei $p_1 \approx 0{,}2$ erhaltene Verhältnis sein kann. Nach Hino (1968) ist $p_1 = 0{,}5$.

In den Abschnitten 9.1. und 9.6. werden Angaben einiger experimenteller Untersuchungen zur Abhängigkeit der Konzentration von der Zeit der Probenentnahme angeführt. Nach diesen Werten ändert sich p_1 von 0,2 bis 0,4. Man muß berücksichtigen, daß das Verhältnis q_2/q_1 nicht nur eine Funktion von t_1/t_2 ist, sondern auch von anderen betrachteten Parametern abhängt. Für dieses Verhältnis kann man die Potenzformel nur in einem verhältnismäßig engen Zeitintervall anwenden, das durch die im Abschnitt 2.5. angegebene Lücke im van der Hovenschen Spektrum bestimmt wird. Die Anwendung dieser Beziehung erfordert schon bei einer Mittelung über 24 Stunden, daß im Verlauf eines Tages die Schwankungen der Windrichtung mit einem verhältnismäßig kleinen Winkel verlaufen, möglichst kleiner als ein Kompaßstrich. Diesen Zustand beobachtet man jedoch äußerst selten.

2.8. Jahresdurchschnittsmittelung

In der Arbeit von Berljand und Onikul (1968) wurden auch lange Zeitperioden T_* untersucht, wenn die Wahrscheinlichkeit der Windrichtung $\Omega(\beta)$ mit einem Winkel β (β wird von der Nord-Süd-Richtung im Uhrzeigersinn gezählt) durch die Wirbel mit großem Maßstab bestimmt und gewohnheitsgemäß durch die Windrose charakterisiert wird. In der Periode T_* errechnet sich die Konzentration $\bar{\bar{q}}$ in einem ortsfesten Beobachtungspunkt aus der Beziehung

$$\bar{\bar{q}} = \int_{-\pi}^{\pi} \tilde{\bar{q}}\Omega(\beta)\,\mathrm{d}\beta\,, \tag{2.51}$$

wobei $\tilde{\bar{q}}$ die Konzentration bezeichnet, die nach (2.26) bis (2.29) berechnet und für verschiedene Windrichtungen über der Windgeschwindigkeit u und dem Austauschkoeffizienten k_1 gemittelt wurde. $\tilde{\bar{q}}$ ist in einem verhältnismäßig kleinen Winkelbereich verschieden von Null, in dessen Innerem man $\Omega(\beta) = \Omega_\beta = \text{const}$ annehmen kann. Dann gilt

$$\bar{\bar{q}} = \sqrt{2\pi}\varphi_0\Omega_\beta\tilde{\bar{q}}|_{y=0}\,, \tag{2.52}$$

wobei man unter φ_0 den Mittelwert dieses Parameters für die entsprechende Windrichtung versteht.

Wenn P die Häufigkeit der Winde für einen gegebenen Kompaßstrich (in Teilen einer Einheit) bei einer Gesamtzahl der Kompaßstriche n und $P_0 = 1/n$ die Häufigkeit des Windes je Kompaßstrich der vollen Windrose ist, dann gilt $\Omega_\beta = (P/P_0)$.

Ähnliche Prinzipien zur Konzentrationsmittelung wurden auch bei der Bestimmung der über das Jahr gemittelten Felder der Luftverunreinigung um einzelne Quellen benutzt, indem man von den in Kapitel 11 aufgezeigten Gaussschen Formeln ausgeht Sepeschi, 1971; Lehmann u. Kahl, 1975, u. a.).

Nach der Definition von $\tilde{\bar{q}}$ in (2.52) kann man schreiben

$$\tilde{\bar{q}}|_{y=0} = \int q(x, u_1, k_1)\, p(u_1, k_1)\,\mathrm{d}u_1\,\mathrm{d}k_1\,, \tag{2.53}$$

wobei $p(u_1, k_1)$ die Wahrscheinlichkeitsdichte der gemeinsamen Verteilung von u_1 und k_1 für ein Jahr, eine Saison oder eine andere Zeitdauer ist. Nach (2.26) und (2.29) hängt $q(x, u_1, k_1)$ mit der Konzentration einer Linienquelle $q(x, u_1, k_1)$ durch die Beziehung

$$q(x, u_1, k_1) = \frac{q'(x, u_1, k_1)}{\sqrt{2\pi}\,\varphi_0 x} \tag{2.54}$$

zusammen. Setzt man (2.54) unter Berücksichtigung von (2.52) in (2.53) ein, so erhält man

$$\bar{\bar{q}} = \frac{\Omega_\beta}{x}\int q'(x, u_1, k_1)\, p(u_1, k_1)\;\mathrm{d}u_1\,\mathrm{d}k_1\,. \tag{2.55}$$

Hieraus leitet sich die wichtige Schlußfolgerung ab, daß die mittlere Konzentration für eine längere Zeitdauer im Gegensatz zur einmaligen Konzentration nicht von dem Parameter φ_0 abhängt. Für die gesamte Windrose ist $\Omega_\beta = (1/2\pi)$. Deshalb stellt der Faktor bei Ω_β in (2.55) bis auf $1/2\pi$ genau die mittlere Konzentration über der gesamten Windrose dar.

Auf der Grundlage der Forschungsergebnisse, die in den folgenden Kapiteln betrachtet werden, verallgemeinert man die erhaltenen Gleichungen auch unmittelbar auf die Fälle der Berücksichtigung von Informationen über die Häufigkeit von freien Inversionen, windstillen Luftschichten, Nebel sowie auch über das Ausfällen von Niederschlag und ähnliches.

BERLJAND u. a. (1979a) führten die Untersuchung der Funktion $p(u_1, k_1)$ mit dem Ziel durch, die über das Jahr gemittelte Konzentration zu bestimmen. Dabei wurden die Ergebnisse von Gradientenbeobachtungen in der bodennahen Luftschicht von Stationen zur Bestimmung der Wärmebilanz benutzt, die in verschiedenen klimatischen Zonen der UdSSR lagen. Die Berechnung von k_1 erfolgte in Übereinstimmung mit den in Abschnitt 1.5. dargelegten Ergebnissen von BERLJAND und GENICHOWITSCH. Eine statistische Analyse der Versuchswerte ergab, daß der Korrelationskoeffizient von u_1 und k_1 oft 0,7—0,8 beträgt, obgleich er von u_1 und k_1/u_1 kleiner und ungefähr gleich 0,25 ist. Wird $p(u_1, k_1) = (1/u_1)\, p_1(u_1, (k_1/u_1))$ vorausgesetzt, so kann näherungsweise

$$p(u_1, k_1) = \frac{1}{u_1} p'(u_1)\, p''\left(\frac{k_1}{u_1}\right) \tag{2.56}$$

angenommen werden. Der Fehler dieser Approximation im Bereich des absoluten Maximums von $p(u_1, k_1)$ überschreitet in der Regel einige Prozente nicht. Große Fehler können an den Rändern der Verteilungsfunktion auftreten. Für die Bestimmung der mittleren Konzentration hat ihre Berücksichtigung aber keine wesentliche Bedeutung.

Meistens ist die Funktion $p''(k_1/u_1)$ nur in einem engen Intervall, in der Nähe eines modalen (äußerst wahrscheinlichen) Wertes von $(k_1/u_1) = \lambda$, wesentlich von Null verschieden. Man erhält deshalb nach Einsetzen von (2.56) in (2.55)

$$\bar{\bar{q}} = \frac{\Omega_\beta}{x} \int q'(x, u_1, \lambda u_1)\, p'(u_1)\, \mathrm{d}u_1 \,. \tag{2.57}$$

Somit läßt sich die Aufgabe auf die Berücksichtigung der Windgeschwindigkeitsverteilung $p'(u_1)$ zurückführen, die ausführlich in den Arbeiten zur angewandten Klimatologie untersucht wurde. Nach L. E. ANAPOLSKAJA und L. S. GANDIN kann man

$$p(u_1) = \frac{\gamma_1}{\beta_1}\left(\frac{u_1}{\beta_1}\right)^{\gamma_1 - 1} \mathrm{e}^{-\left(\frac{u_1}{\beta_1}\right)^{\gamma_1}} \tag{2.58}$$

annehmen, wobei β_1 und γ_1 durch die mittlere Windgeschwindigkeit $\bar{u}_1$ und den Variationskoeffizienten der Windgeschwindigkeit $\tilde{V}$ mit Hilfe der Beziehungen

$$\bar{u}_1 = \beta_1 \Gamma\left(1 + \frac{1}{\gamma_1}\right), \qquad \tilde{V} = \sqrt{\frac{\Gamma\left(1 + \frac{2}{\gamma_1}\right)}{\Gamma^2\left(1 + \frac{1}{\gamma_1}\right)} - 1} \tag{2.59}$$

bestimmt werden. Konkrete Berechnungsbeispiele für die über das Jahr gemittelten Konzentrationen im Umkreis von industriellen Quellen sind im Abschnitt 3.11. angeführt.

Für Näherungsabschätzungen kann man annehmen, daß $\tilde{\bar{q}} = \bar{q}$ ist. Dann erhält man für die ganze Rose, wenn $(P/P_0) = 1$ ist,

$$\bar{\bar{q}} = \frac{\varphi_0}{\sqrt{2\pi}} \bar{q}$$

oder bei $\varphi_0 = 0{,}1$ $(\bar{\bar{q}}/\bar{q}) \approx (1/25)$. Wenn man berücksichtigt, daß die kritischen Windgeschwindigkeiten und der intensive turbulente Austausch nicht während der gesamten Periode wirken, muß man die Mittelung nach den etwaigen Werten der Windgeschwindigkeit und des Austauschkoeffizienten durchführen. Das bedeutet, daß $\tilde{\bar{q}}$ immer kleiner als $\bar{q}$ und folglich $\bar{\bar{q}}/\bar{q}$ kleiner als 1/25 ist, was mit den Versuchswerten von CHAMBERLAIN (1953) und einer Reihe anderer Autoren übereinstimmt, wonach $(\bar{\bar{q}}/\bar{q}) \approx (1/40)$ ist.

3. Berechnung der Ausbreitung industrieller Emissionen in der Atmosphäre

3.1. Unterschiedliche Auffassungen zur Abschätzung der Schornsteinüberhöhung für Emissionen

Emissionen, die aus Schornsteinen, Entlüftungsrohren und Öffnungen austreten, besitzen immer eine Anfangsgeschwindigkeit und sind oft gegenüber der Umgebungsluft überhitzt. Es wurden viele Versuche zur Beschreibung dieses untersuchten Vorganges unternommen. Hauptsächlich hing es damit zusammen, daß man manchmal einen beträchtlichen Anstieg der Rauchfahne unmittelbar über dem Schornstein beobachtet, die sogenannte Schornsteinüberhöhung. Bei schwachem Wind ist deutlich sichtbar, daß sich der Rauch anfangs beinahe senkrecht nach oben ausbreitet, und von einer bestimmten Höhe an, wenn der Wind stärker wird, beginnt die horizontale Ausbreitung vorzuherrschen. Man erhält den Eindruck, als ob die Emissionsquelle etwas über dem Schornstein erhoben erscheint. Deshalb wurde vorgeschlagen, eine Überhöhung des Schadstoffes ΔH zu berücksichtigen und anstelle der realen Quelle in der Höhe H eine gedachte Quelle zu betrachten, die in einem etwas höheren Niveau ($H_e = H + \Delta H$) liegt, das man gewöhnlich als effektive Höhe bezeichnet.

Die Aufgabe besteht somit darin, ΔH abhängig von der Windgeschwindigkeit, der Überhitzung der Abgase und von anderen Faktoren zu bestimmen.

Einfachste Abschätzungen für ΔH beruhen auf der Anwendung einiger theoretischer Ergebnisse der Ausbreitung eines Strahles in einem ruhenden Fluid und auf dem Auffinden empirischer Zusammenhänge von ΔH mit den aufgezeigten Faktoren. Man nimmt an, daß der Anfangsbereich der Rauchfahne über dem Schornstein als sich nach oben ausbreitender Strahl betrachtet werden kann, bei dem infolge der Verbreiterung des Strahls mit der Höhe die Bewegungsgeschwindigkeit w allmählich abklingt. Die Größe ΔH findet man in der Höhe z (von der Quelle aufwärts gerechnet), in der der Wert der vertikalen Geschwindigkeit w klein im Verhältnis zur Windgeschwindigkeit u ist und sich der Schadstoff ungefähr horizontal ausbreitet, das heißt, es gilt $w(z) \approx \approx \varepsilon u (\varepsilon \ll 1)$. Nimmt man in dieser Beziehung $z = \Delta H$ an, dann kann man ΔH abhängig von u auffinden.

Für fehlende Temperaturunterschiede zwischen dem Strahl und dem umgebenden Fluid folgte schon aus den ersten Arbeiten zur Theorie der Freistrahlen von Tollmien sowie auch von Abramowitsch (1960), daß $w \sim w_0 z^{-1}$ ist, wobei w_0 die Geschwindigkeit zum Beginn der Überhöhung darstellt. In diesem Fall gilt $\Delta H \sim \sim (w_0/\varepsilon u)$. Diese Gleichung wurde ohne spezielle Begründung von Andrejew (1952) angewendet,

$$\Delta H = 3{,}8 \frac{R_0 w_0}{u}, \tag{3.1}$$

wobei R_0 der Radius des Schornsteins ist.

In „Meteorology and atomic energy“ (1971) werden experimentelle Daten von Rupp u. a. über die Überhöhung eines Ammoniumchlorid-Strahles im Windkanal angeführt. Auf der Grundlage dieser Ergebnisse wurde eine der Gleichung (3.1) analoge Formel abgeleitet,

$$\Delta H = 3{,}0 \frac{R_0 w_0}{u}.$$

Der offensichtliche Mangel dieser Gleichungen besteht darin, daß sie eine mögliche Erwärmung des Abgases nicht berücksichtigen.

Die reine thermische Überhöhung eines Abgases aus einer Punktquelle ohne Berücksichtigung der Wirkung dynamischer Faktoren untersuchten J. G. Seldowitsch, W. Schmidt und eine Reihe anderer Autoren. Dabei wurde bestimmt, daß w umgekehrt proportional $z^{1/3}$ abfällt. Hieraus kann man folgern, daß sich ΔH umgekehrt proportional mit u^3 verringert.

Sutton (1958) schlug vor, daß die Achse des erwärmten Strahles in der abdriftenden Strömung mit der Teilchenbahn übereinstimmt, deren vertikale Geschwindigkeitskomponente w bzw. deren horizontale Geschwindigkeitskomponente u ist. Er nahm weiterhin an, daß man z durch die Entfernung s_1 entlang der Strahlachse von der Quelle bis zu dieser Höhe ersetzt. Dann folgt aus den Ergebnissen von Schmidt $w = w_1 s_1^{1/3}$, wobei w_1 eine gewisse Konstante ist. Als Überhöhung ΔH wurde die Höhe z angenommen, wo der Neigungswinkel zum Horizont 10° beträgt.

Zur Bestimmung der effektiven Höhe wird oft die Fotografie von Rauchfahnen unter natürlichen und Laborbedingungen benutzt. Eine der ersten Gleichungen erhielt Holland bei der Auswertung von Aufnahmen der Rauchfahne aus drei Schornsteinen eines Kernreaktors in Oak-Ridge (USA). Er fügte der oben angeführten Beziehung von Rupp u. a. ein Glied hinzu, das die Wärmeleistung Q_w der Quelle berücksichtigt, und erhielt

$$\Delta H = 3{,}0 \frac{R_0 w_0}{u} + 0{,}96 \cdot 10^{-5} \frac{Q_w}{u},$$

wobei ΔH und R_0 in m, Q_W in W und u und w_0 in m/s einzusetzen sind. Aus den Materialien der ONI-Empfehlungen (1963) folgt, daß man $\triangle H$ mit Koeffizienten multiplizieren muß, die sich von 0,4 bis 2,1 ändern können, um eine Übereinstimmung der Gleichung von Holland mit den Beobachtungsergebnissen zu erzielen.

Bosanquet u. a. (1950) erhielten als eine der ersten experimentelle Daten über die Schornsteinüberhöhung in einer Entfernung von ungefähr 250 m vom Schornstein. Später entwickelten Bosanquet und seine Mitarbeiter ein ziemlich umfangreiches halbempirisches Schema zur Bestimmung von ΔH. Die Überprüfung dieses Schemas durch Versuche zeigte, daß es nur für kleine Entfernungen von der Quelle vorteilhaft ist. Für genügend große Entfernungen liefert dieses Schema zu niedrige Werte.

Zur Bestimmung der Schornsteinüberhöhung wurden im Gebiet von zwei kleinen englischen Elektrizitätswerken Versuche am Original durchgeführt. Zusammen mit den Emissionen aus den Schornsteinen, deren Höhen 80 und 130 m betrugen, emittierte man mit Wasserstoff gefüllte Ballons, die das gleiche Gewicht wie die Abgase hatten. Ihre Beobachtung führte man mit Hilfe von Entfernungsmessern bis zu Abständen von ungefähr 1–2 km durch. Bei der Verarbeitung der ermittelten Werte erhielten LUCAS u. a. (1963) die empirische Gleichung

$$\Delta H = \alpha_1 \frac{Q_W^{1/4}}{u} . \tag{3.2}$$

Der Koeffizient α_1 betrug für das eine Elektrizitätswerk 600 (m^2 $MW^{-1/4}$)/s und für das andere 760 (m^2 $MW^{-1/4}$)/s, wenn man Q_W in MW angibt. Eine Reihe von Autoren überprüften diese Gleichung und erhielten verschiedene Werte für α_1. RAUCH (1962) ermittelte $\alpha_1 = 250$, HAMILTON und MOORE (1973) $\alpha_1 = 540$. LUCAS (1967) schlug für die Bestimmung von α_1 die empirische Gleichung

$$\alpha_1 = 475 + k(H - 100)$$

vor, wobei k Werte von 2/3 bis 2 bei einer Änderung der Schornsteinhöhe H von 50 bis 150 m annimmt. HUMPHEREYS (1973) erhielt nach Ergebnissen der Theodolitenbeobachtungen von Rauchfahnen aus Wärmekraftwerksschornsteinen der Höhen 125 und 150 m bis zu Entfernungen von 2,5 km die Gleichung

$$\alpha_1 = 500 + 2(H - 100) .$$

Umfangreiches Beobachtungsmaterial von Rauchfahnen in Schweden ist in der Arbeit von BRINGFELT (1968) dargestellt. In 70 Serien der Beobachtungsdauer von einer halben bis zu einer Stunde wurden Rauchfahnen von mehr als 30 Schornsteinen fotografiert. Außerdem hielt man die Temperatur- und Windgeschwindigkeitsverteilungen abhängig von der Höhe fest. Diese Werte nutzten verschiedene Autoren für die Überprüfung der vorgeschlagenen Gleichungen aus.

Ein Überblick einer Reihe anderer Untersuchungen zur Bestimmung der Schornsteinüberhöhung ist in den Büchern von BRIGGS (1969) und CSANADY (1973) enthalten.

An der Schaffung einer Theorie zur Ausbreitung eines Strahles in der ruhenden Atmosphäre hatten PRIESTLEY und BALL (1956) wesentlichen Anteil. Zur Beschreibung der Geschwindigkeits- und Temperaturfelder im rotationssymmetrischen Strahl erhielten sie mit einer Reihe von Voraussetzungen die Lösung eines Systems von Gleichungen, in dem die Bewegungs-, die Kontinuitäts-, die Wärmestrom- und die Energiegleichung enthalten sind. Mit Hilfe dieser Lösung werden die Geschwindigkeit w_m und die Temperatur der Überhitzung ϑ_m auf der Strahlachse durch die Gleichungen

$$w_m = \left(\frac{A_1}{z} + \frac{B_1}{z^3}\right)^{1/3} ,$$

$$\vartheta_m = \frac{C_1}{z^2}\left(\frac{A_1}{z} + \frac{B_1}{z^3}\right)^{-1/3} \tag{3.3}$$

beschrieben, wobei A_1, B_1 und C_1 Konstanten sind, die man aus den physikalischen Eigenschaften des Strahls bestimmt.

Bei angenäherter Übereinstimmung mit den experimentellen Daten von RAUSE u. a. schlugen sie vor, daß die vertikale Geschwindigkeit w und die Überhitzung ϑ in einem Abstand r von der Strahlachse mit Hilfe der Beziehungen

$$w = w_m f(\eta) , \qquad \vartheta = \vartheta_m f(\eta) \tag{3.4}$$

ausgedrückt werden, wobei

$$f(\eta) = e^{-\frac{\eta^2}{2}}, \qquad \eta = \frac{r}{R}, \tag{3.5}$$

gilt und R der effektive Radius des Strahls ist.

Wenn man annimmt, daß der Strahl aus einem Schornstein vom Radius R_0 ausströmt und an der Mündung des Schornsteins eine Anfangsgeschwindigkeit des Austrages w_0 sowie eine Anfangsüberhitzung ΔT besitzt, dann kann man die Beziehung (Berljand u. a., 1964)

$$w_\mathrm{m}^3 = \frac{w_0^3 R_0^3}{C_1^3 c^3} + 3g \frac{Q_W}{2\pi C_1^2 T_\mathrm{a}} \left(\frac{1}{z} + \frac{R_0^3}{C_1^3 z^3}\right) \tag{3.6}$$

erhalten, wobei $Q_\mathrm{W} = \pi R_0^2 w_0 \,\Delta T$ gilt und T_a die absolute Lufttemperatur in Kelvin ist.

Bei der Verarbeitung von Rauchfahnenbeobachtungen fand Priestley, daß $C_1 \approx 1$ ist und sich etwas mit der Windgeschwindigkeit ändert. Aus (3.6) folgt für einen verhältnismäßig kalten Strahl $w_\mathrm{m} \sim z^{-1}$, aber für einen beträchtlich erhitzten Strahl $w_\mathrm{m} \sim z^{-1/3}$. Bei Vergrößerung von z fällt die Vertikalgeschwindigkeit w anfangs schnell ab, und danach ändert sie sich verhältnismäßig langsam. Das ist eine Folge der bei der Ableitung gemachten Voraussetzung, wonach im vertikalen Gasstrahl einer Quelle die Wärmemenge mit der Höhe konstant bleibt. Diese Voraussetzung ist praktisch nur für genügend kleine Höhen gerechtfertigt, wo w wesentlich größer als die Windgeschwindigkeit u ist. Mit Vergrößerung der Höhe wächst der Einfluß der horizontalen Abdrift des Strahls und der der atmosphärischen Turbulenz. Das führt zu einer Verringerung der Wärmemenge, die im Strahl transportiert wird, und zu einem beschleunigten Abfall von w. Im Zusammenhang damit führte Priestley in die Betrachtung zwei Entwicklungsstadien des Strahls ein. Er nahm an, daß im ersten Stadium die Beziehung (3.3) gilt und im zweiten Stadium die Beziehung, die zum exponentiellen Abfall von w mit der Höhe z und zu einem Endanstieg des Strahls führt. Mit dieser Voraussetzung und der Bedingung der Impulserhaltung folgt jedoch im Gegensatz zu den Beobachtungsdaten, daß auch der Radius des Strahls exponentiell mit der Höhe ansteigt.

Die Arbeiten von Priestley wurden im folgenden von Schmidt (1965) und einer Reihe anderer Autoren weiterentwickelt.

Morton (1959) benutzte für die Beschreibung der Veränderung der Masse des Strahls unter Berücksichtigung des Auftriebs einige andere Gleichungen als Priestley. Er nimmt an, daß

$$\frac{\mathrm{d}}{\mathrm{d}z}(\pi R^2 w_\mathrm{m}) = 2\pi\alpha R w_\mathrm{m},$$

$$\frac{\mathrm{d}}{\mathrm{d}z}(\pi R^2 w_\mathrm{m}\,\Delta\varrho) = 2\pi R w\,\Delta\varrho$$

gilt, wobei $\Delta\varrho$ der Dichteunterschied zwischen der Luft im Strahl und der Umgebungsluft und α eine empirische Konstante ist. Dabei setzt er ebenso wie Priestley voraus, daß $R = cz$ gilt, wobei c eine gewisse Konstante ist.

Fox (1970) untersuchte den Strahl bei instabiler Schichtung und nahm an, daß die Veränderungen der grundlegenden Parameter des Strahls ähnlichbleibend sind. Damit erhielt er, daß c keine Konstante ist und durch die Beziehung

$$c = \alpha_1 + \alpha_2 \, \mathrm{Fr}^{-2}$$

beschrieben wird, wobei α_1 und α_2 Konstanten sind und $\mathrm{Fr} = \left((w_0^2)/gR_0 \sqrt{\Delta T/T_a}\right)$ die FROUDE-Zahl.

CSANADY (1961) führte aus Dimensionsvergleichen die Größe $F_T = (g/T_a)\, w_0 R_0^2 \, \Delta T$, die den Einfluß der Anfangsgeschwindigkeit w_0 und der Überhitzung ΔT charakterisiert, sowie auch den Längenmaßstab $l_T = (F_T/u^3)$ ein. Auf der Grundlage der Verarbeitung von Versuchswerten erhielt er, daß $\Delta H = 250\,(F_T/u^3)$ ist und für die Höhe der Rauchfahne z in der Entfernung x die Beziehung $(z/l_T) = (x/l_T)^{2/3}$ gilt, die als „2/3-Gesetz“ bezeichnet wird.

ABRAMOWITSCH (1960) bemerkt in seinem Buch, daß der Strahl in der abdriftenden Strömung im Querschnitt hufeisenförmig wird, wobei sich an den Rändern des Hufeisens in einigen Fällen zwei Wirbel bilden (d. h., es vollzieht sich eine Gabelung des Strahls).

Für die Aufstellung eines Strahlmodelles in der abdriftenden Strömung benutzte EPSCHTEIN (1965) ein Schema, das von M. S. WOLYNSKI und G. N. ABRAMOWITSCH vorgeschlagen wurde. Es vergleicht die Umströmung des Strahls mit der Umströmung eines festen Körpers der gleichen Form. In der Arbeit von KATSCHURIN u. a. (1966) wurde für die Beschreibung des Transportes der Strahlelemente in der abdriftenden Strömung die Bewegungsgleichung eines Festkörpers mit veränderlicher Masse benutzt. Dabei untersuchte er die Veränderungen der Bewegungsgeschwindigkeit auf der Strahlachse nur in Abhängigkeit von der Höhe unter Vernachlässigung der Verteilung der Bewegungsgeschwindigkeit und der Temperatur in horizontaler Richtung.

In der Arbeit von BRIGGS (1969) sowie in „Meteorology and atomic energy“ wurden für die Bestimmung von ΔH aus Dimensionsvergleichen zwei Entwicklungsstadien des Strahls in Abhängigkeit von der Entfernung x zur Quelle untersucht. In dem ersten Stadium, das zu kleinen x gehört, nimmt man an, daß die Verbreiterung des Strahls hauptsächlich von der Windgeschwindigkeit und der Intensität der Wärmequelle abhängt. Im zweiten Stadium bestimmen die Bedingungen des turbulenten Austausches in der Atmosphäre das Verhalten des Strahls. Die Änderung des Strahlradius mit der Höhe beschreibt eine Beziehung mit zwei empirischen Konstanten, aus der folgt, daß der Anstieg des Strahls im Unendlichen begrenzt ist. Die letzte Größe nimmt man im Grunde genommen für ΔH an. Die Gleichung erhält dann die Form

$$\Delta H = 3 R_0 \frac{w_0}{u} + 400 \frac{F_T}{u^3}.$$

Diese Gleichung wurde genaugenommen durch Summation der angeführten Gleichungen von RUPP und CSANADY mit einigen Veränderungen der Koeffizienten erhalten. Dabei muß man hinzufügen, daß der Koeffizient 400 in dieser Gleichung ebenso wie der Koeffizient 250 in der Gleichung von CSANADY zu hoch festgelegt ist und nicht mit den weiter unten angeführten experimentellen Ergebnissen übereinstimmt.

Für das erste Stadium bestimmte BRIGGS die Abhängigkeit der Strahlüberhöhung $\Delta H'$ von der Entfernung x aus der Beziehung

$$\Delta H' = 2 F_T^{1/3} x^{2/3}. \tag{3.7}$$

Die gleiche Abhängigkeit in Form des „2/3-Gesetzes“ für die Strahlüberhöhung erhielten auch andere Autoren. Sie wurde durch eine Reihe von experimentellen Ergebnissen bestätigt, die in „Lectures on air pollution" (1975) in dem Artikel von JELISSEJEW (1976) u. a. dargestellt sind.

MURTNY (1970) fand, daß im Falle eines fehlenden Anfangsimpulses bei Benutzung des Potenzgesetzes für die Windgeschwindigkeit u (s. (1.52)) die Höhe der Strahlachse $z \sim x^{2/3(1+n)}$ ist. Der Anstieg von u mit z verringert folglich die Strahlüberhöhung.

BRIGGS benutzte den Ausdruck (3.7) auch zur Abschätzung der Überhöhung ΔH, indem er ohne ausreichende Begründung $\Delta H = \Delta H'|_{x=10H}$ annahm, wobei H die Quellhöhe ist. BRIGGS gibt auch eine Gleichung für die Bestimmung der Schornsteinüberhöhung ΔH im Fall der Temperaturinversion an, nach der bei vorhandenem Wind

$$\Delta H = 2{,}6 \left(\frac{F_{\mathrm{T}}}{u^3}\right)^{1/3}$$

gilt und bei Windstille

$$\Delta H = 5{,}1 F_{\mathrm{T}}^{1/4} \left(\frac{g}{T} \frac{\partial T}{\partial z}\right)^{-3/8}$$

3.2. Abhängigkeit der Schornsteinüberhöhung von Einflußfaktoren

In der Arbeit von BERLJAND (1966a) wurden einige Verallgemeinerungen der Ergebnisse von PRIESTLEY und BALL auf den Fall der realen Atmosphäre vorgenommen, die hauptsächlich mit der Berücksichtigung des Einflusses des turbulenten Austausches zusammenhingen. Dabei wendete man die mit Hilfe der Kontinuitätsgleichung umgeformten Bewegungsgleichungen und die Gleichung des Wärmestromes

$$\frac{\partial}{\partial r}(ruw) + \frac{\partial}{\partial z}(rw^2) = \frac{\partial}{\partial r}\left(rk \frac{\partial w}{\partial r}\right) + rg \frac{\vartheta}{T_{\mathrm{a}}},$$

$$\frac{\partial}{\partial r}(ru\vartheta) + \frac{\partial}{\partial z}[rw(\vartheta + T_{\mathrm{a}})] = \frac{\partial}{\partial r}\left(rk \frac{\partial \vartheta}{\partial r}\right) \tag{3.8}$$

sowie auch die Energiegleichung an, die direkt aus den Bewegungsgleichungen durch Multiplikation mit w folgt,

$$\frac{\partial}{\partial r}\left(\frac{ruw^2}{2}\right) + \frac{\partial}{\partial z}\left(\frac{rw^3}{2}\right) = w \frac{\partial}{\partial r}\left(rk \frac{\partial w}{\partial r}\right) + rgw \frac{\vartheta}{T_{\mathrm{a}}}. \tag{3.9}$$

Hier sind u und w die radiale und vertikale Geschwindigkeitskomponente der Bewegung, ϑ die Abweichung der Temperatur des Strahls von der Temperatur der umgebenden Atmosphäre T_{a}, r die Radialkoordinate und k der Koeffizient des turbulenten Austausches.

Entsprechend den Randbedingungen sind u, $\partial w/\partial r$ und $\partial \vartheta/\partial r$ auf der Strahlachse ($r = 0$) gleich Null, aber in großer Entfernung von der Achse ($r \to \infty$) gehen w und ϑ gegen Null. Am Austritt des Schornsteins ($z = 0$) nehmen die Größen w und ϑ die angegebenen Werte w_0 und ΔT an. Außerdem werden auch die Beziehungen (3.4) und (3.5) angewendet.

Indem (3.8) und (3.9) über r von 0 bis ∞ integriert werden, erhält man ein System gewöhnlicher Differentialgleichungen

$$\frac{\mathrm{d}}{\mathrm{d}z}(w_\mathrm{m}^2 R^2) = \frac{2g}{T_\mathrm{a}} \vartheta_\mathrm{m} R^2 , \tag{3.10}$$

$$\frac{\mathrm{d}}{\mathrm{d}z}(w_\mathrm{m} \vartheta_\mathrm{m} R^2) = 2 w_\mathrm{m} R^2 \frac{\mathrm{d}T_\mathrm{a}}{\mathrm{d}z} , \tag{3.11}$$

$$\frac{\mathrm{d}}{\mathrm{d}z}(w_\mathrm{m}^3 R^2) = \frac{3g}{T_\mathrm{a}} w_\mathrm{m} \vartheta_\mathrm{m} R^2 - 3k w_\mathrm{m}^2 . \tag{3.12}$$

Aus (3.10) und (3.11) folgt dann

$$\frac{\mathrm{d}}{\mathrm{d}z}(w_\mathrm{m} \vartheta_\mathrm{m} R^2)^2 + \frac{T_\mathrm{a}}{g} \frac{\mathrm{d}T_\mathrm{a}}{\mathrm{d}z} \frac{\mathrm{d}}{\mathrm{d}z}(w_\mathrm{m} R)^4 = 0 \tag{3.13}$$

oder bei einem konstanten Wert von $\mathrm{d}T_\mathrm{a}/\mathrm{d}z$

$$(w_\mathrm{m} \vartheta_\mathrm{m} R^2)^2 + \frac{T_\mathrm{a}}{g} \frac{\mathrm{d}T_\mathrm{a}}{\mathrm{d}z} (w_\mathrm{m} R)^4 = A_1^2 , \tag{3.14}$$

wobei A_1 eine Integrationskonstante ist.

ϑ_m aus (3.14) bestimmt und in (3.13) eingesetzt, ergibt

$$\frac{\mathrm{d}}{\mathrm{d}z}(w_\mathrm{m} R)^2 = \frac{2g A_1}{T_\mathrm{a} w_\mathrm{m}} (1 + B_1 w_\mathrm{m}^4 R^4)^{1/2} , \tag{3.15}$$

wobei $B_1 = (T_\mathrm{a}/g A_1^2)\,(\mathrm{d}T_\mathrm{a}/\mathrm{d}z)$ ist.

Aus (3.10) bis (3.12) folgt

$$\frac{\mathrm{d}R^2}{\mathrm{d}z} = \frac{6k}{w_\mathrm{m}} \tag{3.16}$$

und aus (3.15) und (3.16)

$$\frac{\mathrm{d}}{\mathrm{d}R^2}(w_\mathrm{m} R)^2 = \frac{g A_1}{3k T_\mathrm{a}} (1 - B_1 w^4 R^4)^{1/2} . \tag{3.17}$$

Ersetzt man die Veränderlichen, indem man

$$s = w_\mathrm{m} R B_1^{1/4} \tag{3.18}$$

einführt, und integriert (3.17), dann erhält man

$$\int\limits_0^s \frac{\mathrm{d}s^2}{\sqrt{1 - s^2}} = f_1 R^2 + E_1 , \tag{3.19}$$

wobei $f_1 = (g A_1 \sqrt{B_1}/3k T_\mathrm{a})$ und E_1 eine Integrationskonstante ist.

Bei der Integration von (3.19) muß man zwei Fälle abhängig vom Vorzeichen des Temperaturgradienten $\mathrm{d}T_\mathrm{a}/\mathrm{d}z$ unterscheiden. Im Fall eines positiven Gradienten $\mathrm{d}T_\mathrm{a}/\mathrm{d}z\,(B_1 > 0)$, das heißt bei Inversionsschichtung, wenn die Temperatur mit der Höhe ansteigt, führt man die Substitution der Veränderlichen $s^2 = \sin\varphi$ durch. Dann ist das Integral der linken Seite von (3.19) gleich φ. Folglich erhält man bei $(\mathrm{d}T_\mathrm{a}/\mathrm{d}z) > 0$

in Übereinstimmung mit (3.18) und (3.19)

$$w_m = \frac{1}{RB_1^{1/4}} \sin^{1/2} (f_1 R^2 + E_1) . \tag{3.20}$$

Aus (3.14) und (3.20) folgt ein Ausdruck für ϑ_m:

$$\vartheta_m = \frac{A_1 B_1^{1/4} \cos (f_1 R^2 + E_1)}{R \sin^{1/2} (f_1 R^2 + E_1)} . \tag{3.21}$$

Im folgenden soll jetzt der Austauschkoeffizient k betrachtet werden. Entsteht der Strahl in einem laminaren Fluid, wird er bei bestimmten Bedingungen turbulent. Für diese Bedingungen ist k der Koeffizient der Turbulenz im Strahl, wobei k mit der Entfernung von der Quelle oder mit Vergrößerung des Strahlradius, da in den Austausch die Wirbel mit großem Maßstab einbezogen werden, sowie auch mit Vergrößerung der Bewegungsgeschwindigkeit im Strahl anwächst.

Bei der Ausbreitung des Strahls im turbulenten Fluid sind die angeführten Vorstellungen über den Koeffizienten k nicht ausreichend. Offensichtlich müssen sich die Turbulenz im Strahl und die Turbulenz im umgebenden Fluid gegenseitig wesentlich beeinflussen. Bei ausreichend intensiver turbulenter Vermischung im Fluid wird diese gegenseitige Beeinflussung praktisch den Austausch im Strahl bestimmen, ausgenommen den Bereich, der sehr nah am Anfang des Strahls ist. Unter k kann man in diesem Fall den turbulenten Austauschkoeffizienten in der Atmosphäre verstehen.

Nach Einsetzen von (3.20) in (3.16) und Integration der erhaltenen Beziehung findet man

$$\int_{R_0}^{R} \sin^{1/2} (f_1 R^2 + E_1) \frac{dR^2}{R} = 3 B_1^{1/4} \int_0^z k \, dz . \tag{3.22}$$

Die Beziehungen (3.20) und (3.22) bestimmen die Abhängigkeit w_m von z. Analoge Ausdrücke erhält man für den Fall $dT_a/dz < 0$, indem man als Substitution der Veränderlichen $s^2 = \sinh \varphi$ benutzt,

$$w_m = \frac{1}{RB_1^{1/4}} \sinh^{1/2} (f_1 R^2 + E_1) ,$$

$$\int_{R_0}^{R} \sinh^{1/2} (f_1 R^2 + E_1) \frac{dR^2}{R} = 3 B_1^{1/4} \int_0^z k \, dz . \tag{3.23}$$

Im folgenden werden einige Sonderfälle behandelt. Zuerst betrachtet man die neutrale Schichtung $((dT_a/dz) = 0)$. Hier ist es einfacher, die Zwischenformeln (3.14) und (3.17) anzuwenden, aus denen folgt

$$w_m \vartheta_m R^2 = A_0 \quad \text{und} \quad \frac{d}{dR^2} (w_m R)^2 = \frac{g A_0}{3 k T_a} . \tag{3.24}$$

Hieraus erhält man

$$R^2 = \frac{M_1}{w_m^2 - D_1} , \tag{3.25}$$

wobei $D_1 = (gA_0/3kT_a)$ und M_1 eine Integrationskonstante ist.

Setzt man (3.25) in (3.24) ein und integriert die erhaltene Gleichung, so findet man eine Beziehung, die w_m abhängig von der Höhe z darstellt. Die Integrationskonstanten sowie auch A_0 folgen aus den Anfangsdaten zu $A_0 = w_0 \Delta T R_0^2$ und $M_1 = R_0^2(w_0^2 - D_1)$. Damit erhält die Berechnungsgleichung für die Bestimmung von w_m die Form

$$\frac{w_m}{w_m^2 - D_1} - \frac{w_0}{w_0^2 - D_1} - \frac{1}{2\sqrt{2}} \ln \left(\frac{w_m - \sqrt{D_1}}{w_m + \sqrt{D_1}} \frac{w_0 + \sqrt{D_1}}{w_0 - \sqrt{D_1}} \right) = \frac{6 \int_0^z k \, dz}{R_0^2(w_0^2 - D_1)} . \tag{3.26}$$

Bisher wurde die Größe k als Austauschkoeffizient in der Atmosphäre betrachtet mit Ausnahme des kleinen Anfangsabschnittes, der klein gegenüber dem Strahl ist, wo k von den Parametern des Strahls abhängen kann. Für diesen Abschnitt ist es zulässig, als einfachste Voraussetzung anzunehmen, daß k proportional der Bewegungsgeschwindigkeit w_m und dem Strahlradius R, der den Längenmaßstab charakterisiert, ansteigt,

$$k = \frac{1}{3} c_1 R w_m . \tag{3.27}$$

Hier ist c_1 ein Proportionalitätsfaktor, wobei die Konstante 1/3 zur Vereinfachung eingeführt wurde. Aus (3.16) und (3.27) folgt direkt

$$R = c_1 z + R_0 . \tag{3.28}$$

Wenn man ein Koordinatensystem so einführt, daß $R_0 = 0$ ist, dann stimmen in diesem Fall (3:28) und die Formeln für die Bestimmung von w_m und ϑ_m praktisch mit den Ergebnissen der Arbeit von Priestley und Ball (1956) überein. In Wirklichkeit wird in dieser Arbeit k nicht direkt eingeführt, sondern man setzt voraus, daß die Auswahl der Abhängigkeit des Austauschkoeffizienten analog der Form (3.27) erfolgt. Daraus ergibt sich das unbegrenzte Anwachsen von k mit der Höhe z.

Es ist interessant, die Gleichungen für die Berechnung von w_m bei konstantem und unbegrenzt anwachsendem k zu vergleichen. Auf einfache Weise erhält man dann, daß nach (3.26) im ersten Fall (k konstant) bei $z \to \infty$ die Vertikalgeschwindigkeit w_m bis zu einem bestimmten konstanten Wert absinkt. Im zweiten Fall ($k \to \infty$) geht bei $z \to \infty$ die Geschwindigkeit $w_m \to 0$ (in großen Höhen gilt $w_m \sim z^{-1/3}$). Aus der Abschätzung der Glieder der Energiegleichung (3.12) kann man unter Berücksichtigung der in diesem Fall konstant bleibenden Größe A_0, die dem Wärmestrom der Quelle proportional ist, aus der Erhaltung auf die Konstanz des Wertes $k w_m^2$ bei $z \to \infty$ schließen. Folglich bleibt für konstantes k bei $z \to \infty$ w_m konstant. Im Fall $k \to \infty$ geht $w_m \to 0$. Es ist offensichtlich, daß beide Schemata für große Werte von z nicht mit den realen Bedingungen übereinstimmen und in diesem Bereich nicht anwendbar sind. Für kleine z liefern beide Ansätze bei entsprechender Parameterauswahl übereinstimmende Ergebnisse.

Es ist zweckmäßig, noch den Sonderfall der Ausbreitung eines Strahls in geschichteter Atmosphäre zu behandeln, dessen Anfangstemperatur mit der Temperatur des umgebenden Fluids übereinstimmt. Für die Bedingungen des Gleichgewichtszustandes der Atmosphäre $(\mathrm{d}T_a/\mathrm{d}z = 0)$ vereinfacht sich die Lösung der Aufgabe sehr. Bei den Voraussetzungen über die Funktion $f(\eta)$ in der Form (3.5) erhält man als Sonderfall bei $A_0 = 0$ aus (3.24)

$$w_m R = \sqrt{M_1} \quad \text{und} \quad \sqrt{M_1} = w R_0 , \tag{3.29}$$

und aus (3.16) ergibt sich für (3.29)

$$R = \frac{3k}{w_0 R_0} z + R_0 \,. \tag{3.30}$$

Damit folgt für w_m

$$w_m = \frac{w_0}{1 + \frac{3k}{w_0 R_0^2} z} \,. \tag{3.31}$$

Geht man erneut zur Bestimmung der Schornsteinüberhöhung über, so muß man zu dem Problem der zwei Stadien der Strahlentwicklung zurückkehren, die in den bereits erwähnten Arbeiten von PRIESTLEY und einer Reihe anderer Autoren betrachtet wurden. Für eine angenäherte Bestimmung der Schornsteinüberhöhung wird die Aufteilung in diese beiden Stadien nicht als besonders notwendig angesehen.

In Wirklichkeit folgt aus der Analyse der erhaltenen Ergebnisse, daß sich im zweiten Stadium ein schnelles Absinken von w mit z vollzieht und die entsprechende Vergrößerung der Überhöhung ΔH verhältnismäßig klein ist.

Außerdem muß man bei der Betrachtung eines neuen Stadiums zusätzliche empirische Parameter (genaugenommen angepaßte) einführen, so daß sich die Möglichkeit der Verallgemeinerung der erhaltenen Gleichungen verringert. Deshalb ist es zweckmäßig, nur eine Beziehung in der Form von (3.6) für das erste Stadium anzuwenden, indem man nach den Versuchswerten die entsprechenden Werte von w/u auswählt, die ungefährt zu den Höhen $z \approx \Delta H$ gehören, oberhalb derer w schnell mit der Höhe z abfällt.

Berücksichtigt man, daß nach den Angaben von PRIESTLEY $c_1 \approx 1$ gilt, so muß man praktisch nur eine empirische Konstante bestimmen. Unter diesem Aspekt wurden in der Arbeit von BERLJAND u. a. (1964a) die Fotografien der Rauchfahne aus den Schornsteinen des Wasserkraftwerkes von Stschekinsk verwendet, die eine Expedition des Geophysikalischen Hauptobservatoriums im Jahre 1961 aufnahm und die im Abschnitt 10.1. beschrieben sind. Der Vergleich der Beobachtungsergebnisse mit den berechneten Werten gestattete, eine Formel für die Bestimmung der Schornsteinüberhöhung zu erhalten, die danach durch umfangreiches experimentelles Material bestätigt wurde. Bei den Berechnungen ging man zu den beiden Grenzfällen über, wobei $w \sim u^{-1}$ für kalte Emissionen und für stark überhitzte Emissionen $w \sim \Delta T u^{-3}$ gilt.

3.3. Eine allgemeine Methode zur Berechnung der Schornsteinüberhöhung im Prozeß der Schadstoffdiffusion

Zunächst muß man darauf verweisen, daß die oben angeführten Ergebnisse der theoretischen, halbempirischen und empirischen Betrachtungsweise nicht ausreichend für eine exakte Bestimmung der Schornsteinüberhöhung ΔH sind. Das hängt mit einigen prinzipiellen Schwierigkeiten bei der Auswahl der Kriterien für die Festlegung von ΔH zusammen.

Man wendet sich, wie bereits oben durchgeführt, den Gleichungen für das Abklingen der Vertikalgeschwindigkeit mit der Höhe zu. Nimmt man an, daß die Schornsteinüberhöhung ΔH mit der Höhe übereinstimmt, wo w klein im Vergleich zur Gasgeschwindigkeit w_0 an der Quelle ist, oder daß man ΔH aus gewissen Beziehungen zwischen w und der Windgeschwindigkeit u bestimmt, dann ist in beiden Fällen die Auswahl des Grenzwertes, der der kleinen Größe w/w_0 oder w/u entspricht, bestimmend. In gleichem Maße sind auch die Voraussetzungen von BRIGGS (1970) bestimmend, ΔH in einer Entfernung von $10H$ anzunehmen, oder von BOSANQUET u. a. (1950), die ΔH der Höhe gleichsetzten, in die der Strahl in 200 Sekunden aufsteigt.

Verwendet man die visuellen Beobachtungen der Rauchfahnen und bestimmt die effektive Höhe als diejenige Höhe, in der die Achse der Rauchfahne in die horizontale Lage übergeht, besteht die Schwierigkeit in der Wahl des Ortes der horizontalen Lage der Rauchfahne. Es existieren auch nicht immer ausreichend genaue Festlegungen für den gleichen Begriff der effektiven Höhe. Beispielsweise wird in einigen Arbeiten für diese Höhe eine größere Überhöhung der Rauchfahne angenommen, in anderen Arbeiten legt man die Überhöhung für den Punkt fest, wo die Konzentration ihren Maximalwert erreicht und ähnliches.

Außerdem ist der Ersatz der realen Bilder vom Aufstieg des Abgases durch eine bestimmte Vergrößerung der Höhe einer Punktquelle direkt über dem Schornstein nicht immer begründet. Aus Beobachtungen folgt, daß sich ziemlich häufig ein allmählicher Anstieg der Rauchfahne bis zu großen Entfernungen vollzieht. Deshalb kann der angeführte Ersatz zu einer Verfälschung des Schadstoffkonzentrationsfeldes, besonders in verhältnismäßig geringen Entfernungen von der Quelle, führen. In diesem Zusammenhang muß man beachten, daß sich um die Emissionsquelle ein Feld vertikaler Geschwindigkeiten aufbaut, das mit der Entfernung von der Quelle abklingt und den Schadstoffauftrieb nach oben fördert. Dieses Geschwindigkeitsfeld wird auf der Grundlage der Lösung des Systems von Bewegungsgleichungen und der Gleichung des Wärmestroms bestimmt, die die Ausbreitung des Strahls in der abfließenden Strömung beschreiben (BERLJAND u. a., 1965a; BERLJAND, 1972a, c):

$$u\frac{\partial w}{\partial x} + w\frac{\partial w}{\partial z} = \frac{\partial}{\partial z}\left(k_z\frac{\partial w}{\partial z}\right) + k_y\frac{\partial^2 w}{\partial y^2} + \alpha\vartheta\,, \tag{3.32}$$

$$u\frac{\partial \vartheta}{\partial x} + w\frac{\partial(\vartheta + T_a)}{\partial z} = \frac{\partial}{\partial z}\left(k_z\frac{\partial \vartheta}{\partial z}\right) + k_y\frac{\partial^2 \vartheta}{\partial y^2}\,. \tag{3.33}$$

Hier sind ebenso wie oben ϑ die Abweichung der Temperatur von der Temperatur T_a und $\alpha = g/T_a$.

Als Randbedingungen werden die Existenz einer Quelle mit Gasemissionen von einer bestimmten Anfangsgeschwindigkeit und einer dazugehörigen Erwärmung sowie auch das Verschwinden von w und ϑ auf der Bodenoberfläche und in unendlicher Entfernung von der Quelle verwendet. Der vom Autor und seinen Mitarbeitern vorgeschlagene Weg zur Durchführung der Aufgabe besteht in der gemeinsamen Lösung von (3.32) und (3.33) sowie der entsprechenden Gleichung (1.2) für die turbulente Diffusion einer Beimengung. Aus (3.32) und (3.33) bestimmt man durch numerische Integration mit Hilfe einer EDVA das Feld der vertikalen Geschwindigkeiten w. Danach setzt man diese Werte in die Gleichung zur Bestimmung der Schadstoffkonzentration ein. Dieses Herangehen unterscheidet sich prinzipiell von dem weiter oben angegebenen Verfahren, bei dem eine unbestimmte Größe, die effektive Quellhöhe, eingeführt wird.

Zur Vereinfachung der Lösung dieser Aufgabe formt man das vorliegende Gleichungssystem unter Berücksichtigung der Kontinuitätsgleichung um. Danach integriert man diese Gleichungen nach y von $-\infty$ bis $+\infty$, um diese Veränderliche zu eliminieren. Dabei wird angenommen, daß w, ϑ und q als Produkt von zwei Funktionen darstellbar sind, wobei die Argumente der einen Funktion x und z und die der anderen x und y sind. Das bedeutet also

$$q = \bar{q}(x, z)\, f(x, y)\,,$$

wobei in Übereinstimmung mit (2.29) $f(x, y) = \left(1/\sqrt{\pi\beta(x)}\right) \mathrm{e}^{-y^2/\beta(x)}$ und $\beta(x) = 4k_0x + 2\varphi_0^2x^2$ gelten. Für w und ϑ nimmt man analoge Beziehungen an, in die anstelle $\bar{q}(x, z)$ entsprechend $\bar{w}(x, z)$ und $\bar{\vartheta}(x, z)$ einzusetzen sind. Damit wird das Ausgangsgleichungssystem in die Form

$$\frac{\partial}{\partial x}(u\bar{w}) + \frac{1}{\sqrt{2\pi\beta(x)}}\frac{\partial \bar{w}^2}{\partial z} = \frac{\partial}{\partial z}\left(k_z\frac{\partial \bar{w}}{\partial z}\right) + \alpha\bar{\vartheta}\,, \tag{3.34}$$

$$\frac{\partial u\bar{\vartheta}}{\partial x} + \frac{1}{\sqrt{2\pi\beta(x)}}\frac{\partial \bar{\vartheta}\bar{w}}{\partial z} = \frac{\partial}{\partial z}\left(k_z\frac{\partial \bar{\vartheta}}{\partial z}\right) - w\frac{\partial T_a}{\partial z}\,, \tag{3.35}$$

$$\frac{\partial u\bar{q}}{\partial x} + \frac{1}{\sqrt{2\pi\beta(x)}}\frac{\partial \bar{w}\bar{q}}{\partial z} = \frac{\partial}{\partial z}\left(k_z\frac{\partial \bar{q}}{\partial z}\right) \tag{3.36}$$

umgewandelt. Die Randbedingungen formt man auf analoge Weise um.

Das Gleichungssystem (3.34) bis (3.36) kann bei konstantem u noch etwas vereinfacht werden, indem man die ersten beiden Gleichungen für $\bar{w}$ und $\bar{\vartheta}$ zu einer Gleichung für $\bar{w}$ vereinigt. In diesem Zusammenhang muß $\bar{\vartheta} = c(x)\,\bar{w}$ angenommen werden. Dabei muß $c(x)$ der Gleichung

$$u\frac{\mathrm{d}c}{\mathrm{d}x} = \frac{\mathrm{d}T_a}{\mathrm{d}z} - \alpha c^2$$

genügen. Für den Fall einer adiabaten Temperaturverteilung $\left((\mathrm{d}T_a/\mathrm{d}z) = 0\right)$ ergibt sich für $c(x)$ die einfache Beziehung

$$c(x) = \frac{1}{c_0 + \dfrac{\alpha x}{u}}\,,$$

wobei c_0 eine Integrationskonstante ist.

Hieraus kann man ersehen, daß mit der Entfernung x der Abfall der Temperatur ϑ wesentlich schneller vor sich geht als der der vertikalen Geschwindigkeit.

Die Gleichungen (3.34) bis (3.36) löst man nach der Differenzmethode mit Hilfe einer EDVA (Berljand u. a., 1965a).

In Abbildung 3.1 ist die Lage der Strahlachse bei unterschiedlichen Überhitzungen ΔT dargestellt. Aus dieser Abbildung folgt, daß der Anstieg der Rauchfahne auch noch in Entfernungen von einigen Kilometern zu beobachten ist. Deshalb ist der Begriff der effektiven Höhe als eine gewisse Schornsteinüberhöhung sehr unbestimmt. Im Zusammenhang damit kann man die Schornsteinüberhöhung unter bestimmten Bedingungen aus dem Vergleich der Bodenkonzentrationen einer Quelle mit festgesetzter Emissionshöhe mit den entsprechenden Berechnungen nach dem vollständigen

Schema einführen. Unter Berücksichtigung der durchgeführten Untersuchungen und übereinstimmend mit dem im Abschnitt 3.2. dargelegten Herangehen wurde in der Arbeit von BERLJAND u. a. (1964a) eine Näherungsformel für die Bestimmung der Schornsteinüberhöhung vorgeschlagen:

$$\Delta H = \frac{1{,}5 w_0 R_0}{u}\left(2{,}5 + \frac{3{,}3 g R_0\, \Delta T}{T_a u^2}\right). \tag{3.37}$$

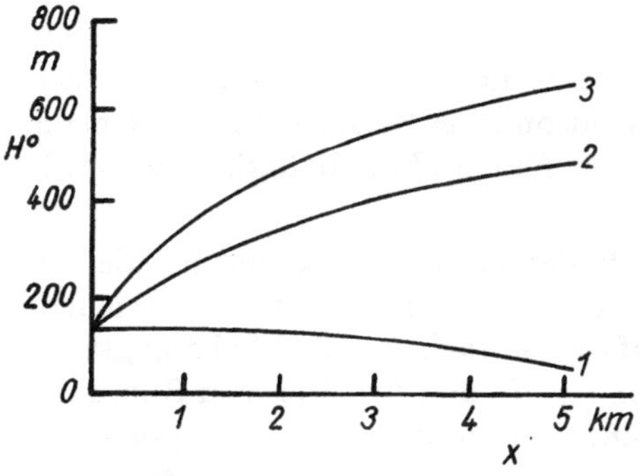

Abbildung 3.1.
Höhe der Strahlachse H^0 in Abhängigkeit von der Entfernung x und der Überhitzung ΔT

Kurve	1	2	3
ΔT/°C	0	50	150

Hierin sind u die Windgeschwindigkeit in Anemometerhöhe ($z_{10} = 10$ m), R_0 der Öffnungsradius des Schornsteins, w_0 und ΔT die Geschwindigkeit und die Überhitzung des austretenden Gases sowie T_a die absolute Temperatur der Umgebungsluft in Kelvin.

3.4. Grundlagen für die Berechnungsgleichungen

Bei der Projektierung von Industriebetrieben ist es wichtig, die größtmögliche Schadstoffkonzentration zu bestimmen, denn zur Gewährleistung hygienischer Forderungen darf gerade diese Größe die zulässigen Werte nicht überschreiten. Für das Auffinden dieser Größe wird die Gleichung (2.32) für $\bar{q}_m$ angewendet, in der für die Höhe der Quelle der Wert $H_e = H + \Delta H$ angenommen wird, wobei H die Höhe des Schornsteins ist und ΔH nach (3.37) bestimmt wird. Dabei berücksichtigt man, daß $\bar{q}_m$ wesentlich von den meteorologischen Bedingungen in Übereinstimmung mit den in (2.32) enthaltenen Parametern abhängt. Besondere Bedeutung hat die Abhängigkeit von der Windgeschwindigkeit u. Einerseits steigt bei konstantbleibender Quellhöhe die Größe $\bar{q}_m$ mit Verringerung von u an, andererseits wächst ΔH mit Verringerung von u. Außerdem hängt auch K von u ab (siehe (2.33)). Deshalb existiert eine gewisse „kritische" Windgeschwindigkeit u_m, bei der der Größtwert der Konzentration erreicht wird. Die Größe dieser Konzentration findet man aus der Bedingung

$$\frac{\partial \bar{q}_m}{\partial u} = 0\,. \tag{3.38}$$

Für die Bestimmung des Maximalwertes $\bar{q}_m$ in (2.32) muß man auch die größten Werte von K annehmen, indem man k_1/u_1 und φ_0 sowohl abhängig von der Windgeschwindigkeit als auch von der Temperaturschichtung berücksichtigt. Nach (1.14) ist k_1/u_1 von der Zahl $B = \delta T/u_1^2$ abhängig, die Größe φ_0 ebenfalls. Bei der instabilen Schichtung ($\delta T < 0$) vergrößern sich mit dem Ansteigen der Zahl $B(k_1/u_1)$ und φ_0. Bei stabiler Schichtung ($\delta T > 0$) verkleinert sich mit dem Ansteigen von B die Größe k_1/u_1, und φ_0 tendiert, beginnend bei einem bestimmten Wert von B, zur Vergrößerung. Der Wert φ_0 erreicht ein Minimum in der Nähe der Gleichgewichtsbedingung (Abb. 2.6). Die Werte von K verringern sich somit bei einer Inversionsschichtung mit verstärkter Stabilität und überschreiten im allgemeinen nicht die Werte bei instabiler Schichtung. Folglich ist das Maximum der Bodenkonzentration eines Schadstoffes für sonst gleiche Bedingungen (infolge ihrer Proportionalität zu K) bei überadiabatischem Gradienten größer als bei Inversionsgradienten.

Zur Bestimmung des Maximalwertes der Bodenkonzentration und für die Abschätzung der ihr entsprechenden kritischen Windgeschwindigkeit ist es ausreichend, wie aus dem bereits Ausgeführten folgt, sich auf die Betrachtung der Abhängigkeit K von u für die instabilen Bedingungen zu beschränken. In den Arbeiten von BERLJAND u. a. (1964a) sowie BERLJAND und ONIKUL (1968b) wurde der Umstand ausgenutzt, daß sich die Größe K für diese Bedingungen bei $u_1 > 2$ m/s verhältnismäßig schwach in Abhängigkeit von u_1 ändert. Im folgenden untersuchten BERLJAND und ONIKUL (1971) den allgemeinen Fall der Abhängigkeit K von u_1, in den sie den Bereich schwacher Winde einschlossen.

Aus Dimensionsbetrachtungen folgt, daß bei schwachen Winden und instabiler Schichtung die Bedingungen der freien Konvektion existieren, bei denen die vertikale und horizontale Komponente des turbulenten Diffusionskoeffizienten k_z und k_y praktisch nicht von der Windgeschwindigkeit abhängen und deshalb k_z und $k_y \sim \sqrt{\delta T}$ sind (MONIN u. JAGLOM, 1965).

Berücksichtigt man, daß aus (1.26) und (2.37) $k_y \approx \varphi_0^2 ux$ folgt, so erhält man $k_1/u_1 = \alpha/u_1$ und $\varphi_0 = \beta/\sqrt{u_1}$, wobei $\alpha \sim \delta T$ und $\beta \sim \sqrt{\delta T}$ sind (BERLJAND u. KURENBIN, 1969). Folglich gilt im Grenzfall eines schwachen Windes $K = a_1/\sqrt{u_1}$, wobei a_1 eine verhältnismäßig schwach von $\delta T (a_1 \sim \sqrt{\delta T})$ abhängende Größe ist.

Die Änderung von K abhängig von u_1 wurde im allgemeinen Fall nach den Ergebnissen getrennter Untersuchungen der Abhängigkeiten k_1/u_1 und φ_0 von u_1 betrachtet. Zur Bestimmung von k_1 und folglich auch von k_1/u_1 sind im Abschnitt 1.5 eine Reihe von Beziehungen und Formeln angegeben, die für den Fall der instabilen Schichtung größtenteils annehmbare Ergebnisse liefern. Die Unterschiede zwischen den Ergebnissen überschreiten gewöhnlich nicht 30%, so daß sie in den Grenzen der Genauigkeit für die Bestimmung von k_1 liegen.

Der Einfluß des Stabilitätsparameters B auf den turbulenten Diffusionskoeffizienten ist aus der Gleichung (1.14) von BUDYKO deutlich ersichtlich. Im Grenzfall der freien Konvektion (für $u \approx 0$) und $z_0 = 0{,}01$ m folgt daraus die Beziehung $k_1 \approx 0{,}15 \sqrt{\delta T}$, die mit den oben angeführten Ergebnissen für die freie Konvektion übereinstimmt. Sie ergaben sich aus den Überlegungen der Dimensionsanalyse unter Berücksichtigung der Versuchswerte. Für konstantes u_1 erreicht k_1 seinen größten Wert bei der maximalen Größe von $\delta T = \delta T_m$. Dabei muß man berücksichtigen, daß u_1 und δT_m miteinander korreliert sind.

In Abbildung 3.2 ist eine von GRATSCHEWA (1969) nach Beobachtungsdaten der Meteorologischen Station Rudnyi (Nordkasachstan) zusammengestellte Darstellung angegeben. Daraus ist ersichtlich, daß bei instabiler Schichtung δT_m die größten Werte bei einer Windgeschwindigkeit von 2—3 m/s erreicht, bei stabiler Schichtung jedoch bei Windstille.

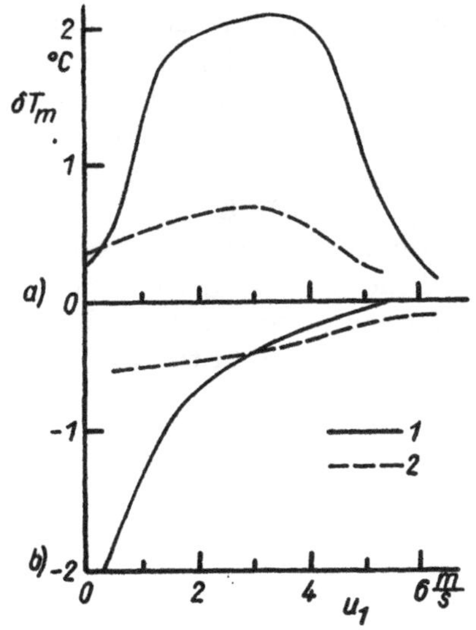

Abbildung 3.2.
Abhängigkeit des Temperaturunterschiedes δT_m von der Windgeschwindigkeit u_1 bei instabilem (a) sowie stabilem Zustand (b) im August (1) bzw. im Februar (2)

Aus den oben betrachteten Abhängigkeiten φ_0 von u_1 und δT folgt, daß bei instabiler Schichtung φ_0 für konstantes δT mit Vergrößerung von u_1 abfällt, aber bei gegebenem u_1 mit wachsendem δT etwas ansteigt. Als Ergebnis kann man feststellen, daß bei verhältnismäßig großen δT, wenn K und folglich auch die Schadstoffkonzentration die größten Werte erreichen, die Abhängigkeit K von u_1 durch die Funktionen

$$K = K_{u=u_{10}} \left(\frac{u_{10}}{u_1}\right)^{n_1}, \qquad n_1 = \frac{1}{2\left[1 + \left(\frac{2u_1}{u_{10}}\right)^2\right]} \tag{3.39}$$

angenähert werden, wobei $u_{10} = 2$ m/s ist.

Aus (3.39) folgt, daß für $u_1 > u_{10}$ K praktisch nicht von u_1 abhängt und bei kleinen Windgeschwindigkeiten $K \sim 1/\sqrt{u_1}$ ist.

3.5. Kritische Windgeschwindigkeit

Auf der Grundlage von (3.37) bis (3.39) wird der Wert der kritischen Windgeschwindigkeit u_M bei ungünstigen Bedingungen der Schichtung und die ihm entsprechende Größe der maximalen Konzentration bestimmt. Dabei ist es bequem, die Parameter

$$v_M = 0{,}65 \sqrt[3]{\frac{V_1 \Delta T}{H}}, \qquad f = 10^3 \frac{w_0^2 D}{H^2\, \Delta T} \tag{3.40}$$

einzuführen, wobei $V_1 = \pi R_0^2 w_0$ das emittierte Volumen und $D = 2R_0$ der Durchmesser sind. In diesem Zusammenhang ist es zweckmäßig, den möglichen Bereich ihrer Änderungen für real auftretende Quellen zu charakterisieren. Für hinreichend intensive Quellen erwärmter Emissionen (Wärmekraftwerke, Heizkraftwerke, Sinterfabriken, Zementwerke u. a.) gelten: $H = (50 \dots 250)$ m, $\Delta T = (50 \dots 200)$ K, $V_1 = (50$ bis $\dots 1200)$ m³/s. Berücksichtigt man die gegenseitige Abhängigkeit dieser Parameter, so sind die Werte v_M verhältnismäßig groß und verändern sich in den Grenzen von 2 bis 7 m/s. Die Größe f beträgt in der Regel 0,5—2 m/(s² · K), aber manchmal 5-6 m/(s² · K). Für schwach erwärmte Emissionen sowie auch im Fall kleiner Quellintensitäten, zum Beispiel für die Mehrzahl der Lüftungsemissionen, ändern sich die Werte von v_M für $H = (20 \dots 50)$ m, $\Delta T = (5 \dots 10)$ K, $V_1 = (1 \dots 10)$ m³/s gewöhnlich in den Grenzen von 0,5 bis 1 m/s, und f übersteigt 10 (m/s² · K).

Zwischen den Größen v_M und f existiert eine bestimmte Korrelation. Großen Werten von f entsprechen in der Regel kleine v_M, und kleinen f große v_M. Zur Bestimmung von ΔH ist es bequem, die Gleichung (3.37) umzuformen, indem man sie durch v_M, f und H ausdrückt. Dann folgt aus (3.38) für die Bestimmung der kritischen Geschwindigkeit[1]) $u_1 = u_{1M}$

$$\left(\frac{v_M}{u_{1M}}\right)^3 + 4\left(\frac{t-1{,}3}{t-5{,}9}\right)\sqrt[3]{f}\,\frac{v_M}{u_{1M}} + 20\,\frac{1+t}{t-5{,}9} = 0 \tag{3.41}$$

mit

$$t = n_1\left(\frac{u_{1M}}{u_{10}}\right) + u_{1M}\ln\frac{u_{1M}}{u_{10}}\,\frac{d}{du_1}\left[n_1\left(\frac{u_{1M}}{u_{10}}\right)\right]. \tag{3.42}$$

Als Ergebnis der Rechnungen bestimmt man das Verhältnis u_M/v_M abhängig von f für verschiedene Werte von v_M. Dabei unterscheidet man zwei Fälle: $v_M < u_{10}$ und $v_M > u_{10}$, wobei $u_{10} = 2$ m/s ist.

Näherungsweise kann man annehmen

$$u_M = v_M \quad \text{für} \quad v_M < 2\ \text{m/s}\,,$$
$$u_M = v_M(1 + 0{,}12\sqrt{f}) \quad \text{für} \quad v_M > 2\ \text{m/s}\,. \tag{3.43}$$

Aus den Rechnungen folgt, daß bei einer schweren Beimengung für q_m eine Gleichung des Typs (2.32) mit ungefähr dem gleichen Exponenten β_3 bei H wie auch für den leichten Schadstoff in (2.32) gültig ist. Deshalb kann man in erster Näherung als Mittelwert von β_1 für schwere polydisperse Beimengungen wie auch für Gase die gleiche Formel für die kritische Windgeschwindigkeit benutzen.

3.6. Berechnungsgleichungen für einzelne Quellen

Für die erhaltenen Werte von u_M kann man den Ausdruck für die maximale Konzentration q_M in Übereinstimmung mit (2.32) und (3.37) in folgender Form schreiben:

$$q_M = C_3' K|_{u_1=u_{10}}\,\frac{Mm}{H^2\sqrt[3]{v_1\,\Delta T}}\,E_1(v_M, f)\,, \tag{3.44}$$

[1]) Die Größe der kritischen Geschwindigkeit u_M in Anemometerhöhe z_A ist nach (1.18) direkt mit u_{1M} verbunden.

wobei die Beziehungen

$$E_1(v_M, f) = \frac{(u_{10}/u_{1M})^{n_1(u_{1M}/u_{10})}}{G_2(f)\left[1 + 0{,}2\,\frac{v_M\sqrt[3]{f}}{u_{1M}} + 0{,}05\left(\frac{v_M}{u_{1M}}\right)^3\right]^{2,3}}, \tag{3.45}$$

$$C_3' = C_3\,\frac{1{,}54\ln\frac{z_A}{z_0}G_2(f_0)}{\ln z_1/z_0}, \qquad m = \frac{G_2(f)}{G_2(f_0)} \tag{3.46}$$

gelten. Hierbei ist $f_0 = 0{,}42\ \mathrm{m/(s^2\cdot K)}$, was oft den in großen Industrie- und Energieobjekten auftretenden Kombinationen der Emissionsparameter H, w_0, D und ΔT entspricht (z. B. $H = 120$ m, $D = 6$ m, $w_0 = 10$ m/s, $\Delta T = 100$ K). Der Parameter G_2 nimmt abhängig von f folgende Werte an:

f_M, m/(s² · K)	0	0,42	1	5	10	50	100	1000
$G_2(f)$	0,70	0,47	0,41	0,35	0,27	0,18	0,14	0,07

Wie die Berechnungen zeigen, ist bei $v_m > 2$ m/s der Wert von $E_1 \approx 1$. Die Entfernung x_M, bei der der Wert q_M erreicht wird, bestimmt sich in Übereinstimmung mit (2.32) und (3.37) aus der Gleichung

$$x_M = C_4'\left(\frac{u_{1M}}{u_{10}}\right)^{n_1\left(\frac{u_{1M}}{u_{10}}\right)} H^{1,2}E_2 \tag{3.47}$$

mit

$$C_4' = 10C_4,\ E_2 = \left[1 + \frac{0{,}2v_M\sqrt[3]{f}}{u_{1M}} + 0{,}05\left(\frac{v_M}{u_{1M}}\right)^3\right]^{1,2}\sqrt{u_{1M}}\,.$$

Bei der Ableitung der Gleichung (3.47) für x_m wird das Verhältnis k_1/u_1 für die kritische Windgeschwindigkeit und für ungünstige meteorologische Bedingungen durch eine (3.39) analoge Funktion approximiert:

$$\frac{u_1}{k_1} = \left.\frac{u_1}{k_1}\right|_{u_1=u_{10}}\left(\frac{u_1}{u_{10}}\right)^{n_1\left(\frac{u}{u_{10}}\right)+\frac{1}{2}}.$$

Für den Fall $u \neq u_M$ sind Ausdrücke für die maximale Konzentration q_{Mu} bei dieser Windgeschwindigkeit und ungünstiger Schichtung sowie auch die ihr entsprechende Entfernung x_{Mu} auffindbar:

$$q_{Mu} = q_M E_3\,, \qquad x_{Mu} = x_M E_4\,, \tag{3.48}$$

$$E_3 = \frac{\left(\frac{u_{10}}{u_1}\right)^{n_1\left(\frac{u_1}{u_{10}}\right)} u_{1M}}{\left(\frac{u_{10}}{u_{1M}}\right)^{n_1\left(\frac{u_{1M}}{u_{10}}\right)} u_1}\left[\frac{1 + 0{,}2\,\frac{v_M}{u_{1M}}\sqrt[3]{f} + 0{,}05\left(\frac{v_M}{u_{1M}}\right)^3}{1 + 0{,}2\,\frac{v_M}{u_1}\sqrt[3]{f} + 0{,}05\left(\frac{v_M}{u_1}\right)^3}\right]^{2,3},$$

$$E_4 = \sqrt{\frac{u_1}{u_{1M}}}\,\frac{\left(\frac{u_1}{u_{10}}\right)^{n_1\left(\frac{u_1}{u_{10}}\right)}}{\left(\frac{u_{1M}}{u_{10}}\right)^{n_1\left(\frac{u_{1M}}{u_{10}}\right)}}\left[\frac{1 + 0{,}2\,\frac{v_M}{u_1}\sqrt[3]{f} + 0{,}05\left(\frac{v_M}{u_1}\right)^3}{1 + 0{,}2\,\frac{v_M}{u_{1M}}\sqrt[3]{f} + 0{,}05\left(\frac{v_M}{u_{1M}}\right)^3}\right]^{1,2}. \tag{3.49}$$

Weiterhin formt man die Berechnungsformeln in für die praktische Anwendung bequeme Formen um.

Ein Hauptmerkmal für den Grad der Luftverschmutzung in Industriebezirken ist der größte Wert der möglichen Konzentration c_M.[2])

In Übereinstimmung mit den hygienischen Forderungen darf gerade die Größe c_M die einmalige maximal zulässige Immissionskonzentration nicht übersteigen (s. Abschn. 10.4.). Die Beziehung für c_M findet man im Fall des leichten gasförmigen Schadstoffes aus der Formel (3.44) für q_M sowie für den schweren Schadstoff aus (2.34). Dann kann man die Berechnungsformel in folgender Form angeben:

$$c_M = \frac{AMFmn}{H^2 \sqrt[3]{v_1 \Delta T}}. \tag{3.50}$$

Hierbei ist

$$A = 1{,}54 C_3 \frac{\lg \frac{z_A}{z_0}}{\lg \frac{z_1}{z_0}} G_2(f_0)\, K|_{u_1=u_{10}} \tag{3.51}$$

oder $A = aK|_{u_1=u_{10}}$, wobei a eine Konstante ist. Der Wert von a ist etwas von der Rauhigkeit der Bodenoberfläche z_0 und von der Höhe der bodennahen Schicht h abhängig. Die Höhe h wird so angenommen, daß c_M die Höchstwerte erreicht. Bei einer mittleren Rauhigkeit ist die Konstante a unter den Bedingungen des gleichen Ortes gleich 0,3. In die Formel (3.50) wird der Koeffizient n eingeführt, der E_1 approximiert. Der Wert von K in (3.51) entspricht den Größtwerten von δT bei einer Windgeschwindigkeit $u_{10} = 2$ m/s und bei instablier Schichtung. Der Temperaturunterschied δT erreicht gewöhnlich bei $u_1 = u_{10}$ Werte, die ungefähr den Größtwerten von δT_m entsprechen, so daß er den Maximalwerten von k_1/u_1 entspricht. Der Wert δT_m, wie beispielsweise aus Abbildung 3.2 ersichtlich, ändert sich in Abhängigkeit von der Jahreszeit; er ist sowohl von den physikalisch-geographischen Bedingungen als auch von den landschaftlichen Zonen abhängig.

In der Arbeit von Gratschewa (1969) sind Angaben über den jährlichen Verlauf von δT_m für eine große Zahl von Stationen angeführt, die in verschiedenen landschaftlichen Zonen der UdSSR (Taiga, Waldsteppe, Steppe, Halbwüste u. a.) liegen. In der Regel steigt δT_m beim Übergang von der Taiga zur Steppe und von der Steppe zur Halbwüste an.

Unter Berücksichtigung dieser Tatsachen wurden die Werte von A für offenes ebenes Gelände in verschiedenen geographischen Gebieten bestimmt. Unter der Bedingung, daß man c_M in mg/m³, M in g/s, H in m, v_1 in m³/s und ΔT in K ausdrückt, ist für Mittelasien südlich von 40° geographischer Breite $A = 240$. Für andere Gebiete der UdSSR mit warmem Klima und Waldgebieten, die durch einen intensiven turbulenten Austausch charakterisiert sind, ist $A = 200$. Für das Zentrum des europäischen Territoriums der UdSSR, wo die Intensität der Turbulenz wesentlich geringer ist, ist $A = 120$. In Gebieten mit mittleren Bedingungen der turbulenten Vermischung wird $A = 160$ angenommen. Für Gebiete in anderen Ländern mit ähnlichen klimatischen

[2]) Der Ersatz der Bezeichnung q für die Konzentration durch c hängt damit zusammen, daß in praktischen Berechnungen für die Verunreinigung der Atmosphäre c häufiger verwendet wird.

Bedingungen kann man die gleichen Werte von A voraussetzen. Das Intervall für die Mittelung der Konzentration nimmt man hier mit 20 Minuten an. Das hängt einerseits damit zusammen, daß die maximale Immissionskonzentration (s. Abschn. 10.4.) ungefähr zu einem Zeitintervall von 20 Minuten gehört. Andererseits entspricht bei experimentellen Arbeiten zur Bestimmung der Konzentration diese Zeit für die Probennahme ungefähr dem optimalen Intervall. Bei der Probenentnahme in einer kürzeren Zeit wirken sich die Fluktuationen der Luftströmung aus, und bei längerer Probennahme vergrößert sich die Wahrscheinlichkeit einer sehr starken Abweichung der Rauchfahnenachse, was einen starken Abfall der Konzentration bewirkt.

Die Koeffizienten m und n werden durch folgende Interpolationsformeln ausgedrückt[3]):

$$m = (0{,}67 + 0{,}1 \sqrt{f} + 0{,}34 \sqrt[3]{f})^{-1}\,, \tag{3.52}$$

$$n = 3 - \sqrt{(v_M - 0{,}30)\,(4{,}36 - v_M)} \quad \text{für} \quad 0{,}3\ \text{m/s} \leqq v_M \leqq 2\ \text{m/s}\,,$$

$$n = 3 \quad \text{für} \quad v_M < 0{,}3\ \text{m/s} \quad \text{und} \quad n = 1 \quad \text{für} \quad v_M > 2\ \text{m/s}\,.$$

Der Koeffizient F hängt hauptsächlich von der Sinkgeschwindigkeit des Schadstoffes ab. Für leichte Schadstoffe ist $F = 1$. Man kann auch näherungsweise für Staub $F = 1$ annehmen, wenn die Sinkgeschwindigkeit der Teilchen 2—3 cm/s nicht überschreitet. Für das in Abschnitt 2.3. angegebene Spektrum der Staubdispersion, dem eine verhältnismäßig hocheffektive Entstaubung mit einem Wirkungsgrad von etwa 95% entspricht, ist die Größe F gleich 1,5—2,0. Es wurden auch andere Typen von Spektren $P(w_i)$ unter Berücksichtigung von Varianten betrachtet, die den höchsten Verschmutzungen der bodennahen Luftschicht entsprechen (Berljand u. Onikul, 1968). Mit Verschlechterung der Reinheit (Wirkungsgrade von 75—90%) muß der Koeffizient F ungefährt um 1,25mal vergrößert werden. Infolge der bekannten Vereinfachungen für die Berechnungen sind die erhaltenen Werte von F für praktische Zwecke ausreichend. Für Quellen, bei denen die Höhe 350—400 m bei kritischen Bedingungen unter Berücksichtigung der Schornsteinüberhöhung übersteigt, muß man in Übereinstimmung mit Abschnitt 2.3. die Vergrößerung von F mit anwachsendem H berücksichtigen. Für Quellhöhen von etwa 500 m steigt der Koeffizient F ungefähr um 10% an. Zur Vereinfachung der Berechnungen wird gegenwärtig in Übereinstimmung mit den dargelegten Ergebnissen empfohlen, bei einem Entstaubungswirkungsgrad $> 90\%$ $F = 2$, bei 75—90% $F = 2{,}5$ und bei $< 75\%$ oder fehlender Entstaubung $F = 3$ anzunehmen.

Die kritische Geschwindigkeit u_M ergibt sich nach (3.43), wobei die Fälle $v_M \leqq 2$ m/s und $v_M > 2$ m/s einzeln zu betrachten sind. Bei sehr kleinen Werten v_M($< 0{,}5$ m/s) hat die Berechnung von u_M nach (3.43) jedoch keine reale Bedeutung, weil diese kleinen Windgeschwindigkeiten praktisch nicht gemessen und verhältnismäßig selten bei instabiler Schichtung beobachtet werden. Deshalb nimmt man zweckmäßigerweise bei $v_M < 0{,}5$ m/s $u_M \approx 0{,}5$ m/s an.

Der durch Gleichung (3.50) bestimmte Wert von c_M gehört zu der Entfernung

$$x_M = \text{d}H\,, \tag{3.53}$$

[3]) Anstelle der in Abschnitt 3.6. angeführten Interpolationsbeziehungen für m und n sowie für die anderen Koeffizienten, die in den Berechnungsgleichungen enthalten sind, werden in Abschnitt 10.5. die entsprechenden Diagramme angegeben.

wobei d in Übereinstimmung mit (3.47) für die gleichen Bedingungen festgelegt wird, mit denen man auch c_M bestimmt. Der Koeffizient d hängt von v_M und f ab. Dabei kann man $H^{0,2}$ durch den Mittelwert von H ersetzen, der sich in einem weiten Bereich wenig ändert. Die Größe d bestimmt man mit Hilfe der folgenden Interpolationsformeln:

$$d = 4{,}95 v_M (1 + 0{,}28 \sqrt{f}) \quad \text{für} \quad v_M < 2 \text{ m/s},$$
$$d = 7 \sqrt{v_M} (1 + 0{,}28 \sqrt[3]{f}) \quad \text{für} \quad v_M > 2 \text{ m/s}. \tag{3.54}$$

Bei genügend großen v_M verändert sich d von 15 bis 25, das heißt, im Mittel wird die Beziehung $x_M = 20H$ erfüllt, die den in der „vorläufigen Methode" (BERLJAND, 1965) und in den „Hinweisen für die Berechnung" (BERLJAND u. KOSCHKIN, 1967) angeführten Ergebnissen entspricht. Bei $v_M > 2$ m/s und $f < 6$ m/(s² · K) ist $u_M \approx v_M$. Für Wärmekraftwerke und leistungsstarke metallurgische Werke ist $u_M = (3 \dots 5)$ m/s, für verhältnismäßig kalte Emissionen der chemischen Industrie gilt $u_M(1 \dots 2)$ m/s.

Die Maximalkonzentrationen c_M für schwere polydisperse Schadstoffe werden in Übereinstimmung mit (2.34) in der Entfernung

$$x_{MP} = x_M \varkappa \tag{3.55}$$

erreicht, wobei im Mittel $\varkappa = ((5 - F)/4)$ gilt. Bei $v_M > 2$ m/s ist $n \approx 1$, und die Beziehung für c_M geht über in die Gleichung

$$c_M = \frac{AMFm}{H^2 \sqrt[3]{v_1 \, \Delta T}}, \tag{3.56}$$

die den „Hinweisen für die Berechnung" (BERLJAND u. KOSCHKIN, 1967) für heiße Abgase zugrunde gelegt wurde.

Ähnlich wie bei $u = u_M$ die Beziehung (3.50) für den Wert von c_M nach (3.44) und für x_M die Gleichung (3.53) aus (3.47) erhalten wurden, kann man auf der Grundlage von (3.48) bei $u \neq u_M$ zu dem Größtwert der Konzentration c_{Mu} bei ungünstigen Bedingungen und der entsprechenden Entfernung x_{Mu} übergehen, indem man $c_{Mu} = c_M r$, $x_{Mu} = x_M p$ annimmt. Die Größen r und p hängen im allgemeinen von v_M, f und u ab Es ist deshalb bequem, als neues Argument u/u_M einzuführen. Im Fall schwacher Quellen mit kleinen Werten v_M sind verhältnismäßig große Werte u/u_M von praktischem Interesse; für starke Quellen mit großen v_M sind es kleine Werte von u/u_M. Wenn man auch noch in Betracht zieht, daß in Abhängigkeit von der Quellintensität eine bestimmte Korrelation zwischen v_M und f besteht, die ihrem Wesen nach ein und dieselben Parameter enthalten, dann können r und p näherungsweise auf die Interpolationsformeln eines Argumentes $\xi_1 = u/u_M$ zurückgeführt werden: $r = 0{,}67\xi_1 + 1{,}67\xi_1^2 - 1{,}34\xi_1^3$ für $\xi_1 \leqq 1$ und $r = 3\xi_1(2\xi_1^2 - \xi_1 + 2)^{-1}$ für $\xi_1 > 1$, $p = 3$ für $\xi_1 \leqq 0{,}25$, $p = 8{,}43(1 - \xi_1)^5 + 1$ für $0{,}25 < \xi_1 < 1$ und $p = 0{,}32\xi_1 + 0{,}68$ für $\xi_1 > 1$.

Die Abhängigkeit r von u/u_M verläuft entgegengesetzt zu der Abhängigkeit p von u/u_M. Für $u/u_M < 1$ wächst mit Vergrößerung von u/u_M die Größe c_{Mu} an und nähert sich c_M, die Größe x_{Mu} verringert sich dabei und nähert sich x_M an. Für die Bedingung $u/u_M > 1$ führt ihre Vergrößerung dazu, daß die Größe c_{Mu} abfällt, x_{Mu} sich aber vergrößert.

Analoge Resultate ergeben sich auch für die Staubkonzentration, nur mit dem Unterschied, daß man für die Entfernung x_{MuS}, in der bei der Windgeschwindigkeit

$u \neq u_M$ die maximale Staubkonzentration $c_{MuS} = Fc_{Mu}$ erreicht wird, schreiben kann $x_{MuS} = x_{Mu}((5 - F)/4)$.

Für die gleichen Bedingungen, bei denen man c_M und c_{Mu} bestimmt, kann man die Größtwerte der Konzentration c und c_u in den Entfernungen $x \neq x_M$ und $x \neq x_{Mu}$ für die mittlere Windrichtung bestimmen. Auf der Grundlage der durchgeführten Rechnungen führt man die Interpolationsfunktion s_1 ein, so daß $c = c_M s_1(x/x_M)$ für $u = u_M$ und $c = c_{Mu} s_1(x/x_{Mu})$ für $u \neq u_M$ gelten.

Diese Gleichungen sind auch für die Staubkonzentration gültig. Die Funktion s_1 ist abhängig von $\xi_2 = x/x_M$ oder (x/x_{Mu}) durch folgende Interpolationsformeln gegeben:

$$s_1(\xi_2) = 3\xi_2^4 - 4\xi_2^2 \quad \text{für} \quad \xi_2 < 1\,,$$

$$s_1(\xi_2) = 1{,}13(0{,}13\xi^2 + 1)^{-1} \quad \text{für} \quad 1 \leqq \xi_2 \leqq 8\,.$$

Im Fall $\xi_2 > 8$ gilt

$$s_1(\xi_2) = \xi_2(3{,}58\xi_2^2 - 35{,}2\xi_2 + 120)^{-1} \quad \text{für} \quad F = 1\,,$$

$$s_1(\xi_2) = (0{,}1\xi_2^2 + 2{,}47\xi_2 - 17{,}8)^{-1} \quad \text{für} \quad F \geqq 2\,.$$

Den Größtwert der Konzentration c_y entlang der y-Achse in der Entfernung x bestimmt man in Übereinstimmung mit (2.35) unter Berücksichtigung der Abhängigkeit φ_0 von u. Mit $c_y = cs_2(|y|/x)$ wird

$$s_2\left(\frac{|y|}{x}\right) = \left[1 + 8{,}4u\left(\frac{y}{x}\right)^2\right]\left[1 + 28{,}2u^2\left(\frac{y}{x}\right)^4\right]^{-1}$$

Hieraus folgt, daß die Abhängigkeit s_2 von u sehr wesentlich bei verhältnismäßig kleinem u und beträchtlich schwächer im Bereich großer Windgeschwindigkeiten ist.

3.7. Kalte Emissionen

Für praktische Berechnungen haben die Fälle kalter Emissionen bei kleinen Temperaturdifferenzen ΔT eine große Bedeutung. Hierzu gehören viele Formen von Emissionen bei direkter Belüftung von Produktionsräumen. Die erhaltenen Gleichungen (3.50) und (3.43) sind in einem weiten Bereich der Veränderung von u, v_M und f gültig. Danach kann man insbesondere auch für verhältnismäßig kalte Emissionen, wenn $v_M < 0{,}5$ m/s ist und f Werte von 100 m/(s² · K) und mehr erreicht, die Berechnungen ausführen. Im Zusammenhang damit ist es zweckmäßig, den Grenzfall der kalten Emissionen bei $\Delta T = 0$ zu betrachten, wenn $v_M = 0$, aber $f \to \infty$ strebt. Dafür ist es günstig, zur Gleichung (3.37) für ΔH zurückzukehren, indem man darin $\Delta T = 0$ annimmt. Dann gilt $\Delta H = (b_1 H/u)$, wobei $b_1 = 2{,}5(w_0 R_0/H)$ ist. Analog zur Ableitung von (3.41) läßt sich eine Gleichung für die kritische Windgeschwindigkeit $u_1 = u_{1M}$ auffinden,

$$\frac{\mathrm{d}}{\mathrm{d}u_1}\left[u_1\left(\frac{u_1}{u_{10}}\right)^{n_1\left(\frac{u_1}{u_{10}}\right)}\left(1 + \frac{b_1}{u_1}\right)^{2,3}\right] = 0\,,$$

die in die Form

$$u_{1M}\frac{1 + t}{1{,}3 - t} = b_1 \tag{3.57}$$

umgewandelt wird. Hier bestimmt man t aus (3.42). Dann erhält man

$$q_M = \frac{C_3 K|_{u_1=u_{10}} \left(\frac{u_{10}}{u_{1M}}\right)^{n_1\left(\frac{u_{1M}}{u_{10}}\right)} M}{u_{1M} H^{2,3} \left(1 + \frac{b}{u_{1M}}\right)^{2,3}},$$

$$x_M = C_4' \sqrt{u_{1M}} \left(\frac{u_{1M}}{u_{10}}\right)^{n_1\left(\frac{u_{1M}}{u_{10}}\right)} H^{1,2} \left(1 + \frac{b_1}{u_{1M}}\right)^{1,2}. \tag{3.58}$$

Die Gleichungen vereinfachen sich bei kleinen u_M, wenn $n_1 \approx 1/2$ ist, und für $u_{1M} > u_{10}$, wenn $n_1 \approx 0$ ist. In diesen Fällen gilt nach (3.42) entsprechend $t = 1/2$ und $t = 0$. Damit erhält man bei kleinen kritischen Windgeschwindigkeiten für u_M in Anemometerhöhe $u_M \approx 0{,}8b_1$ und für verhältnismäßig große kritische Windgeschwindigkeiten $u_M \approx 2{,}0b_1$.

Die entsprechenden Beziehungen für q_M und x_M bei kleinen kritischen Windgeschwindigkeiten nehmen dann folgende Form an:

$$q_M = \frac{C_5 \sqrt{u_{10}}\, K|_{u_1=u_{10}}\, M}{H^{0,8}(w_0 R_0)^{1,5}},$$

$$x_M = C_6 \frac{w_0 R_0}{\sqrt{u_{10}}} H^{0,2}, \tag{3.59}$$

wobei $C_5 = 0{,}086C_1$ und $C_6 = 48C_2$ sind. C_1 und C_2 werden aus (2.11) entnommen.

Für verhältnismäßig große kritische Windgeschwindigkeiten ($u_M > 3$ m/s), die gewöhnlich bei $v_M > 2$ m/s auftreten, gilt

$$q_M = \frac{C_7 K|_{u_1=u_{10}} M}{w_0 R_0 H^{1,3}}, \qquad x_M = C_8 H^{0,7} \sqrt{w_0 R_0}, \tag{3.60}$$

wobei $C_7 = 0{,}126C_1$ und $C_8 = 36C_2$ sind.

Beim Vergleich der angeführten Berechnungen von q_M und u_M nach allgemeinen Formeln für große f und nach den Formeln für kalte Emissionen ist es zweckmäßig, für ΔH als Eingangsparameter b_1 und f anstelle von v_M und f anzuwenden.

In der Abbildung 3.3 ist die Abhängigkeit u_M von $b_1 = b$ dargestellt.

Die Unterschiede für u_M zwischen warmen und kalten Emissionen bei $f = 100$ m/(s² · K) sind gering, und bei $f = 1000$ m/(s² · K) stimmen die kritischen Geschwindigkeiten in beiden Fällen praktisch überein. Die Rechnungen zeigten, daß die Unterschiede für die maximalen Konzentrationen q_M sowohl bei $f = 100$ m/(s² · K) als auch für kalte Emissionen im gesamten möglichen Variationsbereich des Parameters b_1 10–20% nicht übersteigen. Weiterhin ist noch zu bemerken, daß große Werte von f gewöhnlich den Bedingungen kleiner Größen von ΔT entsprechen, wenn die genaue Bestimmung letzterer praktisch nicht möglich ist. Als Beispiel sollen zwei Extremfälle betrachtet werden: große und kleine Quellintensitäten. Man nimmt für den ersten Fall $H = 150$ m, $D = 6$ m und $w_0 = 20$ m/s und für den zweiten Fall $H = 20$ m, $D = 1$ m und $w_0 = 5$ m/s an. Damit erhält man für Quellen hoher Intensität bei $f = 100$ m/(s² · K) $\Delta T = 1$ K, und bei $f = 1000$ m/(s · K) ist $\Delta T = 0{,}1$ °C. Für Quellen geringer Intensität ergeben sich für ΔT entsprechend die Werte 0,6 und 0,06 K. Die erhaltenen Unterschiede in den Gastemperaturen für beide Werte von f sind völlig unwesentlich und lassen sich praktisch nicht bestimmen. Diese Tatsache ermöglicht es, die allgemeinen Beziehungen auch auf kalte Emissionen ($\Delta T = 0$ K) auszudehnen. Für diesen Fall ist es praktisch ausreichend, die Berechnungsgleichungen umzuformen, indem man aus ihnen ΔT eliminiert. Dazu muß man in die Beziehung (3.50) für c_M

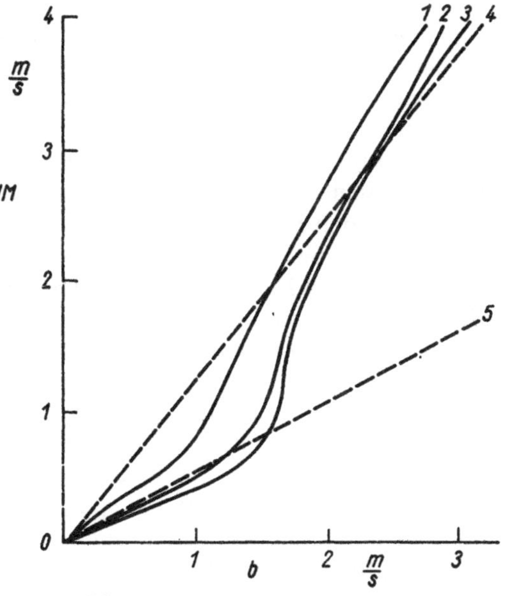

Abbildung 3.3.
Werte für die kritische Windgeschwindigkeit u_{1M}
1 — $f = 100$ m/(s² · °C), 2 — $f = 1000$ m/(s² · °C), 3 — nach Gleichung (3.57), 4 — $u_{1M} = 0{,}8\,b_1$, 5 — $u_{1M} = 2{,}0 b_1$

und in (3.40) für v_M den Wert $\Delta T = \Delta T_0$ einsetzen, der $f = 100$ m/(s² · K) entspricht. Das bedeutet, es gilt $\Delta T = 10 w_0^2 D/H^2$. Die Verwendung kleinerer Werte von ΔT zur Verbesserung der Genauigkeit für die Berechnungen hat praktisch keinen Sinn. Dann folgt aus (3.50)

$$c_M = \frac{AMFnl}{H^{4/3}}, \tag{3.61}$$

wobei

$$l = \frac{D}{8v_1} \quad \text{oder} \quad l = \frac{1}{7{,}1\sqrt{w_0 v_1}}$$

ist. Der Parameter n wird wie vorher mit Hilfe der Gleichung (3.52) mit dem Wert von v_M bestimmt, wobei die Beziehung für v_M in diesem Fall zu folgender Form umgewandelt wird:

$$v_M = 1{,}3\,\frac{w_0 D}{H}. \tag{3.62}$$

Die Größe A besitzt dabei die oben angeführten Werte, sie ändert jedoch ihre Dimension in $m^{1/3}$. Mit dem nach (3.62) bestimmten Wert von v_M findet man die Größe d mit Hilfe von (3.54) und bestimmt damit x_M. Für den Fall kalter Emissionen sind die

Werte von q_M größtenteils klein, weshalb nach (3.43) die Beziehung $\tilde{u}_M \approx v_M$ erhalten bleibt.

3.8. Linienquellen, Lüftungsschlitze

Neben punktförmigen Schadstoffquellen begegnet man bei unterschiedlichen Aufgaben der atmosphärischen Diffusion Linienquellen. Sie werden insbesondere zur Beurteilung der Effektivität von Methoden bei der Bekämpfung von Bodenfrösten mit Hilfe von Rauchschleiern (Berljand, 1956), von Methoden zur Auflösung von Nebeln und zum Besprühen von Pflanzen mit Schädlingsbekämpfungsmitteln benutzt. Die Emissionen aller Kraftwagen auf Straßen kann man auch als Linienquelle modellieren (Colder, 1973, u. a.). Bei Industriebelüftungen werden oft Entlüftungsschlitze verwendet, die auf den Dächern von Gebäuden eine große Ausdehnung besitzen. Die Länge solcher Schlitzöffnungen in Aluminiumwerken, zum Beispiel in Bratsk und Krasnojarsk, erreicht 600 m. Ähnliche Entlüftungsschlitze wendet man auch bei der Lüftung der Werkhallen von Elektroschmelzwerken, von Chemiebetrieben und von anderen Betrieben an.

In Abschnitt 1.6. sind allgemeine Gleichungen angeführt, die die Konzentrationen von einer Punkt- und einer Linienquelle miteinander verknüpfen. Diese Gleichungen erweitert man auch auf die Konzentration $\bar{q}$, die nach dem Schema in Abschnitt 2.5. gemittelt wurde. Beispielsweise benutzt man die Beziehung (2.30) für $q|_{z=0}$ in dem Fall, wenn sich der Austauschkoeffizient und die Windgeschwindigkeit entsprechend dem linearen und dem Potenzgesetz ändern. Dann folgt aus (1.34)

$$q_L = \frac{M}{(1+n)\, k_1 \varphi_0 \sqrt{2\pi}} \int_{L_1}^{L_2} e^{-\frac{\alpha'}{a'-\eta \sin\beta} - \frac{1}{2\varphi_0^2}\left(\frac{b'-\eta\cos\beta}{a'-\eta\sin\beta}\right)^2} \frac{d\eta}{(a'-\eta\sin\beta)^2}, \tag{3.63}$$

wobei β die Windrichtung, die von der x-Achse entgegen dem Uhrzeigersinn gezählt wird, $a' = x\cos\beta + y\sin\beta$, $b' = y\cos\beta - x\sin\beta$ (x, y sind die Koordinaten des Berechnungspunktes) und

$$\alpha' = \frac{u_1 H^{1+n}}{(1+n)^2 k_1}$$

sind.

Nach einer Reihe von Umformungen erhält man

$$q_L = \frac{1}{2} q_\infty e^{-\frac{\alpha'(1-\cos\beta)}{x} + \frac{\alpha'^2 \varphi_0^2 \sin^2\beta}{2x^2}} [\operatorname{erf} t_2 - \operatorname{erf} t_1], \tag{3.64}$$

wobei gilt

$$q_\infty = \frac{M}{k_1(1+n)\,x} e^{-\frac{\alpha'}{x}},$$

$$t_i = \frac{\alpha'\varphi_0 \sin\beta}{x\sqrt{2}} + \frac{x}{\varphi_0\sqrt{2}\sin\beta(a'-L_i\sin\beta)} - \frac{\cos\beta}{\varphi_0\sqrt{2}\sin\beta} \qquad (i = 1, 2).$$

Für die Berechnung der Ausbreitung von industriellen Emissionen aus einer Linienquelle muß man ebenfalls die Schornsteinüberhöhung ΔH berücksichtigen. Die in den

Abschnitten 3.6. und 3.7. angeführten Beziehungen gehören zu einer Punktquelle. Um für die Linienquelle analoge Ergebnisse zu erhalten, muß man bei strengem Herangehen die in Abschnitt 3.3. aufgezeigte allgemeine Methode zur Bestimmung von ΔH anwenden, nach der das System der Bewegungsgleichung, der Gleichungen für den Wärmestrom und die Schadstoffdiffusion für eine Linienquelle zu lösen ist. Die numerische Lösung erfordert jedoch die Anwendung von Interpolationsbeziehungen für die erhaltenen Ergebnisse. Infolgedessen können wesentliche Schwierigkeiten für die Übereinstimmung der zusammenfassenden Gleichungen entstehen, die für die praktischen Berechnungen bei einer Punkt- und einer Linienquelle bestimmt sind sowie beim Übergang von einem Fall zum anderen.

In diesem Zusammenhang entwickelten BERLJAND u. a. (1974b) eine andere Näherungsmethode. Sie basiert auf der Anwendung der experimentellen Ergebnisse von J. W. IWANOW in einem Windkanal (ABRAMOWITSCH, 1960). Diese Experimente ergaben, daß die Schornsteinüberhöhung für eine Quelle mit rechteckigem Querschnitt ($l \times d$) näherungsweise nach der Beziehung für einen runden Querschnitt mit dem effektiven Radius $R_e = ld/(l + d)$ unter der Bedingung bestimmt werden kann, daß die Aufwärtsgeschwindigkeiten w_0 in beiden Fällen gleich sind. Hieraus folgt insbesondere, daß für die Berechnung der Verteilung von Emissionen aus Lüftungsschächten, die rechteckige Öffnungen haben, die gleichen Beziehungen wie auch für ein rundes Rohr gelten, wobei der Radius R_0 durch R_e und v_1 durch $v_{1e} = \pi R_e^2 w_0$ zu ersetzen sind. Den Begriff des effektiven Radius kann man auch auf den Fall des Belüftungsschlitzes verallgemeinern, indem man $l \gg d$ annimmt. Damit ergibt sich $R_e = d$.

Für die angenäherte Bestimmung der Konzentration c_L einer Linienquelle kann man in Gleichung (1.34) die in Abschnitt 3.6. erhaltene Beziehung für die Konzentration c einer Punktquelle einsetzen, indem man R_e und v_{1e} benutzt. Man verwendet insbesondere die Beziehung $c = c_M s_1(x/x_M)\, s_2[u_M(y/x)^2]$ für den Fall $u = u_M$ und eine analoge Beziehung für $u \neq u_M$. Dann folgt für einen Belüftungsschlitz, der eine Linienquelle der Länge l mit den Koordinaten L_1 und L_2 auf der y-Achse darstellt, in Übereinstimmung mit (1.34)

$$c_L = \frac{1}{l} c'_M \int_{L_1}^{L_2} s_1\left(\frac{a' - \eta \sin \beta}{x'_M}\right) s_2\left[u'_M \left(\frac{b' - \eta \cos \beta}{a' - \eta \sin \beta}\right)^2\right] d\eta\,, \tag{3.65}$$

wobei c'_M, u'_M und x'_M die Größen c_M, u_M und x_M für die Punktquelle sind, die bei $R_0 = R_e$, $v_1 = v_{1e}$ und dem Wert M berechnet werden, der gleich der Gesamtemission des gesamten Belüftungsschlitzes ist.

Die Konzentration in Windrichtung klingt bedeutend langsamer als in andere Richtungen ab. Hieraus folgt, daß ihr Höchstwert erreicht wird, wenn die Windgeschwindigkeit entlang der Linie der Quelle gerichtet ist, das heißt bei $\beta = \pi/2$. Man erhält für diesen Fall auf einfache Weise, daß das Konzentrationsmaximum $c_{M,L}$, die ihm entsprechende Entfernung $x_{M,L}$ von der Mitte des Belüftungsschlitzes und die kritische Geschwindigkeit $u_{M,L}$ durch folgende Beziehungen bestimmt werden:

$$c_{M,L} = c'_M s_3\left(\frac{l}{x'_M}\right), \qquad x_{M,L} = x'_M s_4\left(\frac{l}{x'_M}\right) + \frac{1}{2}, \qquad u_{M,L} = u'_M\,. \tag{3.66}$$

Dabei gelten die Interpolationsbeziehungen

$$s_3(\xi) = \frac{1 + 0{,}45\xi}{1 + 0{,}45\xi + 0{,}1\xi^2}, \qquad s_4(\xi) = \frac{1}{1 + 0{,}6\xi}, \qquad \xi = \frac{l}{x'_{\mathrm{M}}}.$$

Bei einer senkrecht zur Linie der Quelle gerichteten Windgeschwindigkeit u_{M} ($\beta = 0$) ergibt sich die Konzentration im Punkt (x, y) nach der Gleichung

$$c_{\mathrm{L}} = \frac{1}{2} c'_{\mathrm{M}} s_1 \left(\frac{x}{x_{\mathrm{M}}}\right) \left[\left(1 + \frac{2y}{l}\right) s_6\left(\frac{x}{2y + l}, u_{\mathrm{M}}\right) + \left(1 - \frac{2y}{l}\right) s_6\left(\frac{x}{2y - l}, u_{\mathrm{M}}\right)\right]. \qquad (3.67)$$

Hierbei gelten für

$$\frac{\xi^2}{u_{\mathrm{M}}} < 0{,}5 \qquad s_6(\xi, u_{\mathrm{M}}) = 0{,}6 \frac{\xi}{\sqrt{u_{\mathrm{M}}}},$$

$$\frac{\xi^2}{u_{\mathrm{M}}} > 0{,}5 \qquad s_6(\xi, u_{\mathrm{M}}) = \frac{1}{1 + \dfrac{0{,}7 u_{\mathrm{M}}}{\xi^2}}.$$

Für genügend große x ist der Faktor in den eckigen Klammern von (3.67) praktisch gleich $2s_2(|y|/x)$. Dann stimmt c_{L} mit dem Ausdruck für die Konzentration c_y einer Punktquelle überein. Für $\beta = \pi/2$ unterscheiden sich bei $x \gg l$ die Werte von c_{L} und c_y wenig voneinander.

In Abbildung 3.4 sind die Rechenergebnisse für c_{L} bei $l = 500$ m und $u = 2$ m/s dargestellt. In dieser Abbildung sind die Linien gleicher Konzentration $c_{\mathrm{L}u}/c'_{\mathrm{M}u}$ für

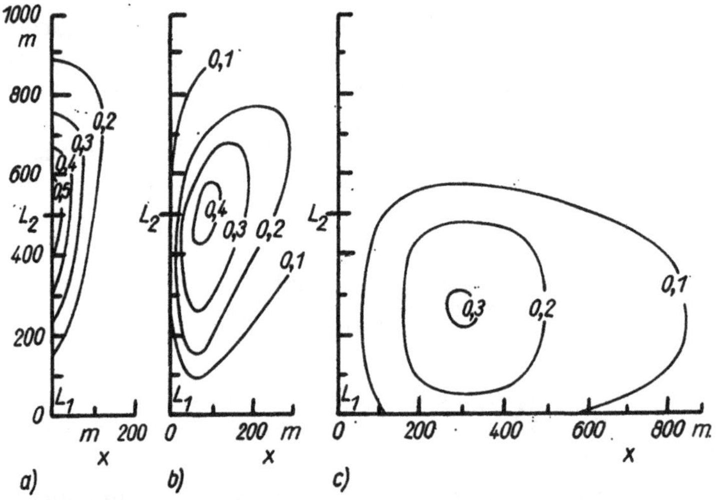

Abbildung 3.4.
Verteilung der Schadstoffkonzentration von Linienquellen (L_1, L_2) für verschiedene Windrichtungen β, $\beta = 90°$ (a), $\beta = 60°$ (b) und $\beta = 0°$ (c)

drei Windrichtungen wiedergegeben. Aus den Berechnungen folgt, daß für den Fall des entlang der Quelle gerichteten Windes die Konzentrationen bedeutend größer sind als bei anderen Windrichtungen. Je näher die Windrichtung zur Quellinie, um so näher liegt das Maximum der Konzentration zur windabgewandten Seite der Quelle und um so größer ist das Maximum selbst.

3.9. Bodenquelle. Berücksichtigung der instationären Diffusion

Für die Lösung einer Reihe praktischer Aufgaben ist es wesentlich, den Fall der Bodenquelle zu untersuchen, für die eine Anfangsüberhöhung der Beimengung fehlt. Solche Quellen entstehen bei Störungen an Rohrleitungen, die zum Beispiel für den Transport von Erdgas und Ammoniak eingesetzt werden. Dazu gehören auch verschüttete leichtverdampfende und flüchtige Flüssigkeiten (Ammoniak, Lösungsmittel u. ä.), Klärbecken, Emissionen des Autoverkehrs, einige Arten von unkontrollierten Emissionen in Industriegebieten oder bei der Förderung in Tagebauen.

In vielen Fällen kann die Beimengungskonzentration einer Bodenquelle aus den oben erhaltenen Formeln bestimmt werden, wenn man darin die Quellhöhe Null setzt. So erhält man aus der Lösung (1.54) bei den Potenzmodellen für die Windgeschwindigkeit und den Austauschkoeffizienten (1.52) für $H = 0$, daß für den stationären Zustand

$$q = \frac{M z_1^{1-2\mu} \, e^{-\frac{u_1 z_1^{m-n}}{k_1 (2+n-m)^2 x} z^{2+n-m} - \frac{y^2}{4 k_0 x}}}{2\sqrt{\pi k_0 x}\,(2+n-m)^{1-2\mu} u_1^{\mu} (k_1 x)^{1-\mu}} \tag{3.68}$$

gilt, wobei ebenso wie in (1.53) $\mu = (1 - m)/(2 + n - m)$ gesetzt wird.

Die Bodenquellen haben nach ihrer ursprünglichen Definition keine Anfangsüberhöhung, solange sie zu der mit der Bodenebene übereinstimmenden festgelegten Höhe $H = 0$ gehören. In diesem Fall wächst nach (3.68) sowie auch nach den im Kapitel 1 angegebenen Formeln von SUTTON u. a. die Konzentration q bei einer Verminderung der Windgeschwindigkeit und der Turbulenz auf Null ins Unendliche. Darin zeigt sich der wesentliche Unterschied zu den oben betrachteten industriellen Quellen, für die die Existenz einer Anfangsüberhöhung ΔH charakteristisch ist. Aus der Tatsache, daß bei $u \to 0$ die Größe $\Delta H \to \infty$ geht, ergibt sich für industrielle Quellen die Bedeutung der kritischen Windgeschwindigkeit, der das Maximum der Bodenkonzentration zugeordnet ist, und die eine Emissionsfestlegung ermöglicht (s. Kap. 10). Die angeführten Formeln für die Bodenquelle gestatten keine Festlegung von Grenzwerten, denn aus ihnen folgt, daß bei einer entsprechend sehr kleinen Quellintensität für Windstille und geringe Turbulenz die Konzentration größer als ein im voraus angegebener Wert sein kann. Das erklärt sich daraus, daß diese Formeln als Ergebnis der Lösung der Diffusionsgleichung für den stationären Zustand erhalten wurden.

In Wirklichkeit wächst bei kleinen Windgeschwindigkeiten und Turbulenzkoeffizienten die Zeitdauer der Übertragung der Beimengung von der Quelle bis zum Beobachtungspunkt stark an. Entsprechend Abschnitt 2.4. ist die Einstellzeit bis zum stationären Vorgang groß und erfordert die Lösung der instationären Diffusionsgleichung. Unter diesen Bedingungen darf man nicht annehmen, daß die Parameter der Aufgabe, die die meteorologischen Bedingungen und die Emissionen charakterisieren, während der sehr langen Zeit unveränderlich bleiben. Gewöhnlich dauern in der Bodenschicht eine völlige Windstille oder sehr tiefe Inversionen insgesamt nur einige Stunden. Die Wirkungszeit der Quelle ist oft ebenfalls begrenzt. Beispielsweise kann im Fall einer Havarie einer Gasleitung das Ausströmen von Gas nach 1 bis 2 Stunden unterbrochen werden.

In der weiter unten dargelegten Arbeit von BERLJAND u. a. (1977a) wird ein allgemeines Herangehen zur Berücksichtigung der instationären Schadstoffausbreitung aus einer Bodenquelle mit dem Ziel betrachtet, die ungünstigen meteorologischen Bedingungen zu bestimmen und Prinzipien zur Festlegung von Emissionsgrenzwerten auszuarbeiten.

Die Konzentrationen q für eine Punktquelle und q' für eine Linienquelle, die zu dem Punkt $z = 0$ und $y = 0$ gehören, schreiben sich in der Form

$$q = Mq_1(t, x, a_i)\,, \qquad q' = Mq_1'(t, x, a_i) \qquad (i = 1, 2, \ldots)\,, \tag{3.69}$$

wobei q_1 und q_1' Funktionen sind, die man als Ergebnis der Lösung der instationären Diffusionsgleichung erhält. Darin sind außer t und x die meteorologischen Parameter a_i hervorgehoben, wie die Windgeschwindigkeit u_1, die Höhe der Bodenschicht h und der Austauschkoeffizient k bei $z = h$ sowie auch die dimensionslosen Parameter der vertikalen Windgeschwindigkeitsprofile und der Diffusionskoeffizienten. Die Werte dieser Parameter, bei denen die Konzentration für vorgegebene t und x ein Maximum erreicht, werden aus den Bedingungen

$$\frac{\partial q_1}{\partial a_i} = 0\,, \qquad \frac{\partial q_1'}{\partial a_i} = 0 \qquad (i = 1, 2, \ldots) \tag{3.70}$$

bestimmt. Auf der Grundlage der gleichzeitigen Lösung des Gleichungssystems (3.70) läßt sich schreiben:

$$u_M = u_M(t, x)\,, \qquad k_M = k_M(t, x)\,, \qquad h_M = h_M(t, x)\,. \tag{3.71}$$

Für andere a_i ist analog $a_{iM} = a_{iM}(x, t)$. Aus Ähnlichkeitsbetrachtungen folgt

$$u_M = c_1 \frac{x}{t}\,, \qquad k_M = c_2 \frac{x^2}{t}\,, \qquad h_M = c_3 x\,, \tag{3.72}$$

wobei c_1, c_2, c_3 Konstanten sind.

Daraus werden für bestimmte Werte von t und x die Koeffizienten für ungünstige Witterungsverhältnisse bestimmt. So sind bei vorgegebenem t und kleinem x geringe Werte der Windgeschwindigkeit u_M und des Austauschkoeffizienten k_M gefährlich. Mit dem Anstieg der Entfernung x von der Quelle vergrößern sich die gefährlichen Werte von u_M und k_M. Es ist jedoch zu berücksichtigen, daß diese Vergrößerung durch die Grenzen der realen Veränderungen der betrachteten Parameter u_1, k und anderer beschränkt wird. Das führt dazu, daß die Anwendbarkeit der erhaltenen Resultate für eine gegebene Zeit t durch die Werte $x < x_*$ begrenzt wird, wobei x_* in Abhängigkeit von den Maximalwerten u_M, k_M, h_M bestimmt wird und mit Vergrößerung der Diffusionszeit t anwächst.

Durch Einsetzen von (3.72) in (3.69) und durch Ausführung analoger Operationen für eine Linienquelle findet man einen Ausdruck für die maximale Konzentration q_M einer Punktquelle und q_M' einer Linienquelle. Aus Dimensionsvergleichen folgt

$$q_M = \frac{A_1 M t}{x^3}\,, \qquad q_M' = \frac{A_2 M t}{x^2}\,, \tag{3.73}$$

wobei A_1 und A_2 Konstanten sind.

Die Abhängigkeit q_M und q_M' von x bestimmt bei konstantem t nach (3.73) eine Hüllkurve oder Majorante, unter der alle Konzentrationswerte der Bodenquelle liegen, die für willkürliche Wetterbedingungen berechnet wurden. Infolge des oben Gesagten über die Berücksichtigung real möglicher Änderungen der Windgeschwindigkeit und der Parameter des turbulenten Austauschkoeffizienten muß man die nach

(3.73) erhaltenen Werte für die Bodenkonzentration als ihre obere Abschätzung betrachten.

Im einfachsten Fall, bei Windstille und konstanten Werten der Turbulenzkoeffizienten, folgt aus (2.24), daß sich A_1 und A_2 in (3.73) und (3.72) nach den Gleichungen

$$A_1 = \frac{2\eta^2}{\pi} \operatorname{erf} \eta\,, \qquad C_2 = \frac{1}{4\eta^2}$$

bestimmen, wobei η die Wurzel der Gleichung $\sqrt{\pi}\, e^{\eta^2} \operatorname{erf} \eta = \eta$ ist. Nach Berechnungen ist $\eta = 0{,}84$. Daraus folgt $A_1 = 0{,}11$ und $C_2 = 0{,}35$. Für eine Linienquelle findet man auf analoge Weise $A_2 = 0{,}17$ und $C_2 = 0{,}257$. Aus der Beziehung (2.23) für q folgt bei einem geringen turbulenten Austausch und bei $u \neq 0$ $C_1 = 1$.

Im allgemeinen Fall wird die Lösung der instationären Diffusionsgleichung mit Koeffizienten, die nach (1.18) von der Höhe z abhängen, numerisch gefunden. Dabei ist das Teilschrittverfahren effektiv und ermöglicht es, die komplizierte Aufgabe der Lösung einer Gleichung mit vier Veränderlichen (Zeit und räumliche Koordinaten) auf ein System einfacherer Gleichungen mit zwei Veränderlichen zu überführen.

Nach den ausgeführten Berechnungen erhielt man für eine Linienquelle mit einer Wirkungsdauer $T_Q = 20$ s und bei $u_1 = 2$ m/s, $k_1 = 0{,}2$ m/s und $h = 50$ m, daß in der Abhängigkeit der Konzentration q'/M von t ein deutliches Maximum auftritt. Die ihm entsprechende Zeit t besitzt verschiedene Werte für unterschiedliche x. So wird das Maximum bei $x = 40$ m nach $t = 32$ s erreicht, bei $x = 20$ m und $x = 10$ m entsprechend bei $t = 23$ s und $t = 16$ s. Diese Größen des Maximums q'/M verringern sich mit größerem Abstand von der Quelle.

3.10. Schadstoffkonzentration einer Gruppe von Quellen. Abhängigkeit der kritischen Windgeschwindigkeit von der Entfernung

Die Konzentration für eine Gruppe von Quellen berechnet man auf der Grundlage der Überlagerung von Konzentrationsfeldern einzelner Quellen. Für nahe beieinander liegende Quellen kann man sie in einem Punkt vereinigen. Wenn dabei die Emission aus N Schornsteinen mit gleichen Parametern verwirklicht wird, bestimmt sich der Gesamtwert der Konzentration und die kritische Windgeschwindigkeit nach den Gleichungen einer einzelnen Quelle unter der Voraussetzung, daß M die Gesamtemission aus N Schornsteinen und

$$v_1 = \frac{V}{N} \tag{3.74}$$

ist, wobei $V = \pi R_0^2 w_0 N$ das Gesamtvolumen der emittierten Gase ist.

Wenn die Quellen nahe beieinanderliegen, aber verschiedene Parameter der Emissionen besitzen oder sich entlang einer gewissen Linie anordnen, findet man die Konzentrationsverteilung der Summe der Quellen auf einfache Weise durch graphische Addition. Zu diesem Zweck wird für jede Quelle die Konzentrationsverteilung über der Entfernung aufgezeichnet, die nach dem oben dargelegten Verfahren berechnet wurde. Alle Kurven trägt man in ein Diagramm ein. Danach werden die Ordinaten der Kurven für eine gegebene Entfernung x addiert, und somit findet man die Gesamtkonzentration.

Für Quellen mit verschiedenen kritischen Windgeschwindigkeiten entspricht die größte Konzentration ungefähr der für eine nach dem gewogenen Mittel gebildeten kritischen Windgeschwindigkeit $u_{M,G}$ berechneten (BERLJAND u. ONIKUL, 1968), die man aus der Beziehung

$$u_{M,G} = \frac{\sum_{i=1}^{N} c_{Mi} u_{Mi}}{\sum_{i=1}^{N} c_{Mi}} \tag{3.75}$$

bestimmt. Hierin sind c_{Mi} und u_{Mi} die Maximalkonzentration und die kritische Windgeschwindigkeit für die i-te Quelle.

Bei der Abschätzung der größten Konzentration von auf dem Territorium auseinanderliegenden Quellen begnet man beträchtlichen Schwierigkeiten. Dabei ist es notwendig, Konzentrationsfelder für verschiedene Windrichtungen zu betrachten, wenn sich die gegenseitige Lage der Quellen sowie auch die Ortslage und die Größe der maximalen Konzentration verändern. Das formale Herangehen an die Lösung dieser Aufgabe besteht darin, die Konzentrationsfelder in den Knotenpunkten eines genügend engen Gitternetzes zu berechnen. Die erforderliche Schrittweite des Netzes und die Häufigkeit der über der Norm liegenden Windrichtungen kann man auch bei Anwendung der EDV nur auf der Grundlage sehr schwieriger numerischer Berechnungen beurteilen.

Für die Lösung dieser Aufgabe gibt es ein anderes effektiveres Verfahren (BERLJAND u. ONIKUL, 1968). Aus der Analyse der Gleichungen für die Berechnung der Konzentration folgt, daß sie in Windrichtung bedeutend langsamer abfällt als in andere Richtungen. Deshalb wird bei einigen in der Nähe einer Geraden angeordneten Quellen die größte Konzentration erreicht, wenn der Wind entlang dieser Geraden gerichtet ist. Folglich ist es für das Auffinden der Maximalkonzentrationen zweckmäßig, die Berechnungen nur für Windrichtungen auszuführen, die mit den Linien übereinstimmen, die die Hauptquellen entsprechend der Intensität und die verhältnismäßig weit voneinander entfernten Quellen verbinden. Bei jeder Windrichtung wird die Lage aller Punkte bestimmt, die den maximalen Konzentrationen von jeder einzelnen Quelle entsprechen. Danach führt man für diese Punkte die Berechnung der Gesamtkonzentration bei einer nach dem gewogenen Mittel bestimmten kritischen Windgeschwindigkeit $u_{M,G}$ aus (s. (3.75)).

Zahlreiche Berechnungsbeispiele zeigen, daß das Gesamtmaximum praktisch in der Nähe eines dieser Punkte liegt. In einigen Fällen, wenn sich die kritische Windgeschwindigkeit für die einzelnen Quellen u_{Mi} beträchtlich von $u_{M,G}$ unterscheidet, sind die Berechnungen auch für die anderen Windgeschwindigkeiten auszuführen, die in der Regel gleich u_{Mi} sind. Das gestattet, die Genauigkeit der Rechnungen in der Umgebung der Quellen mit den Geschwindigkeiten u_{Mi} zu verbessern, die sich von $u_{M,G}$ unterscheiden. Somit ist es möglich, Berechnungen für eine unbestimmt große Zahl von Werten der Windgeschwindigkeiten zu vermeiden.

Für eine große Zahl dezentralisierter Quellen erlangt die Summation der Konzentrationen über verhältnismäßig große Entfernungen wesentliche Bedeutung. Dabei ist bekannt, daß es nicht ausreicht, die Berechnung für die nach dem gewogenen Mittel bestimmten Größen der kritischen Geschwindigkeit (3.75) auszuführen. Man muß berücksichtigen, daß zu jedem x eine entsprechende kritische Geschwindigkeit gehört, das heißt, es existiert in der Abhängigkeit der Konzentration von der Windgeschwindigkeit u ein Maximum mit entsprechendem Wert von u. Für große x kann sich dieser Wert wesentlich von dem für $x = x_M$ bestimmten u_M unterscheiden.

Diese Frage betrachteten Berljand u. a. (1977b) ausführlich. Danach bestimmt sich die kritische Geschwindigkeit u_M für ein gegebenes x aus der Bedingung für das Konzentrationsmaximum nach (3.38), indem die Ableitungen von den in Abschnitt 3.6. erhaltenen Beziehungen für die Konzentration $c = c_{MQ}s_1(x/x_{MQ})$ Null gesetzt werden, wobei $c_{MQ} = rc_M$ gilt und r eine Funktion von u/u_M ist. Die erhaltenen Werte für u_{Mx} und die ihnen entsprechenden Konzentrationsmaxima c_{Mx} sind mit u_M und c_M durch die Beziehungen

$$u_{Mx} = f_1 u_M\,, \qquad c_{Mx} = f_2 c_M$$

verbunden, wobei f_1 und f_2 von x/x_M abhängende Funktionen sind. Sie werden im Bereich der real möglichen Änderungen von u/u_M, gewöhnlich in den Grenzen von 0,25 bis 10 bestimmt.

Die Analyse der ausgeführten Berechnungen ergab, daß bei $x < x_M$ u_{Mx} praktisch mit u_M übereinstimmt, für $x > x_M$ steigt der Unterschied zwischen u_{Mx} und u_M mit Vergrößerung von x an und bleibt jedoch für $x < 8x_M$ unbedeutend. Für große x werden die Unterschiede in den kritischen Geschwindigkeiten und den zugehörigen Konzentrationen sehr groß. Beispielsweise ist c_{Mx} bei $x/x_M = 18$ für eine leichte Beimengung 1,8mal größer als $c(u = u_M)$ und bei $x/x_M = 25$ für eine schwere Beimengung 3mal größer.

Die Abhängigkeit c von u unterscheidet sich auch für verschiedene x/x_M. Bei verhältnismäßig kleinen Werten von x/x_M ist für diese Abhängigkeit die Existenz eines ausgeprägten Maximums charakteristisch. Mit ansteigendem x/x_M fällt diese Abhängigkeit ab, und bei genügend großen x/x_M wird sie bimodal. Teilt man die Änderungen von u/u_M in Bereiche ein, wo sich c von c_{Mx} bis zu 25% unterscheidet, dann existieren nach den Berechnungen für $x > 8x_M$ zwei solche Bereiche. Der erste davon (0,25 bis 0,5) ist verhältnismäßig schmal und gehört zu schwachen Winden, der andere Bereich ist wesentlich breiter (0,8 bis 10).

Bei der Betrachtung niedriger Quellen mit kleinem x_M kann der beschriebene Effekt schon in Entfernungen bis zu 1 km auftreten und ist bei der Existenz einer großen Zahl solcher Quellen auch geringer Intensität innerhalb einer Stadt oder innerhalb eines großen Industriegebietes wesentlich. Für Quellen mit Schornsteinhöhen $H > 200$ m und entsprechendem $x > 4$ km ist dieser Effekt nur für Entfernungen $x > 30$ km charakteristisch, wo die Bestimmung des Verschmutzungsgrades der Luft selten erforderlich ist.

Auf der Grundlage des Dargelegten kann man für den Fall einer großen Zahl von Quellen für eine vorgegebene Entfernung x analog (3.75) einen modifizierten Ausdruck für das gewogene Mittel der kritischen Windgeschwindigkeit einführen:

$$u_{Mxc} = \frac{\sum\limits_{i=1}^{N} u_{Mx} c_{Mx_i}}{\sum\limits_{i=1}^{N} c_{Mx_i}}. \tag{3.76}$$

Aus der Analyse der Struktur von (3.76) und den Berechnungen nach dieser Formel folgt, daß in geringen Entfernungen von den Quellen ungefähr die gleichen Ergebnisse erhalten werden wie bei Anwendung der Beziehung für u_{Mc} nach (3.75). Für große Entfernungen ergibt die Berechnung nach (3.76) das gleiche Feld der maximalen Konzentrationen wie bei sehr detaillierter Bestimmung der Windgeschwindigkeiten.

In Übereinstimmung mit den von Gratschewa u. a. (1969) und Saschichin u. a. (1975) dargelegten Prinzipien wurde ein EDV-Programm ausgearbeitet, das es gestattet, für einige hundert Quellen die Berechnung auszuführen. Die Anwendung dieses Programmes ermöglicht es, die Rechenzeit um mehr als eine Größenordnung im Vergleich zu den angeführten formalen Methoden üblicher Berechnungen zu verkürzen.

3.11. Jahresmittel der Konzentration von einzelnen Quellen und von Quellengruppen

Die Berechnung des über eine längere Periode gemittelten Konzentrationsfeldes um Industriequellen wurde nach (2.37) unter Berücksichtigung der Anfangsüberhöhung nach (3.37) und ihrer zeitlichen Änderung ausgeführt. Analog zu den Darlegungen weiter oben läßt sich die Konzentration q' in (2.57) näherungsweise in der Form

$$q' = q'_m \Phi\left(\frac{x}{x'_m}, \xi\right) \tag{3.77}$$

darstellen, wobei die Beziehungen

$$q'_m = \frac{M}{u_1 H} \Phi_1(\xi), \qquad x'_m = \frac{u_1 H}{k_1} \Phi_2(\xi), \qquad \xi = \frac{H}{h}$$

gelten. Hierin ist q'_m die maximale Konzentration, die in der Entfernung x'_m erreicht wird, h die Höhe der Bodenschicht, die in Abschnitt 1.5. durch k_1 und $f_0 = 2\omega_z$ bestimmt wird. Unter H wird die effektive Höhe $H_e = H + \Delta H$ verstanden. Setzt man (3.77) in (2.37) ein und drückt ΔH wie in Abschnitt 3.5. durch die Parameter v_M und f nach (3.40) aus, so erhält man die allgemeine Beziehung für eine Windrichtung unter dem Winkel β (siehe (2.52))

$$\bar{\bar{q}} = \frac{M\lambda}{v_M H^2} F\left(\frac{v_M}{\bar{u}_1}, \tilde{V}, f, \frac{f_0 H}{\lambda v_M}, \lambda \frac{x}{H}\right), \tag{3.78}$$

wobei F eine auf der Grundlage der numerischen Lösung der Aufgabe bestimmte gewisse Funktion, H die geometrische Höhe der Quelle, $\bar{u}_1$ und $\tilde{V}$ der Mittelwert und der Variationskoeffizient der Windgeschwindigkeit nach (2.59) sind. Aus (3.78) und der Bedingung $\partial\bar{\bar{q}}/\partial x = 0$ folgt, daß das Maximum der mittleren Konzentration $\bar{\bar{q}}_m$ und die dazugehörige Entfernung $\bar{x}_m$ durch die Beziehungen

$$\bar{\bar{q}}_m = \frac{M\lambda}{v_M H^2} F_1\left(\frac{v_M}{\bar{u}_1} \tilde{V}, f, \frac{f_0 H}{\lambda v_M}\right),$$

$$\bar{x}_m = \frac{H}{\lambda} F_2\left(\frac{v_M}{\bar{u}_1} \tilde{V}, f, \frac{f_0 H}{\lambda v_M}\right) \tag{3.79}$$

bestimmt werden.

Die konkrete Form der Funktionen (3.78), (3.79) und die Analyse der erhaltenen Lösung für einzelne Berechnungsbeispiele sind in der Arbeit von Berljand u. a. (1979a) angegeben. So zeigt sich für den Fall $H = 150$ m, $D = 8$ m, $w_0 = 10$ m/s und $\Delta T = 100$ K im Gebiet von Leningrad (hier ist $\lambda = 0{,}04$) das absolute Maximum des Jahresmittels der Konzentration in der Entfernung von $x_m = 5$ km in nordöstlicher Richtung von der Quelle. Das zweite lokale Maximum ist 1,8mal geringer als das absolute Maximum und wird ebenfalls bei $x = 5$ km beobachtet, jedoch in südwestlicher Richtung von der Quelle. Bei den gleichen Parametern, aber für kalte Emissionen ($\Delta T = 0$ K) ist $x_m = 4{,}5$ km, und der Wert des absoluten Maximums zweimal größer als für warme Emissionen.

Besonderes Interesse besitzt der Vergleich der Jahresmittel der Konzentrationen und der maximalen einmaligen Konzentrationen (bei ungünstigen meteorologischen Bedingungen). Ihr Verhältnis bestimmt man näherungsweise nach Abschnitt 2.8. Unter Berücksichtigung der Kurvenverläufe der Häufigkeit der Windgeschwindigkeit und der Turbulenz zeigen sich wesentliche Unterschiede zwischen den Feldern der Jahresmittel und der maximalen einmaligen Konzentrationen. Die Mittelwerte klingen mit der Entfernung langsamer ab als die Einzelwerte, und das Verhältnis zwischen diesen Werten ist in verschiedenen Punkten unterschiedlich. Nach den durchgeführten Berechnungen ist die Entfernung, in der das Konzentrationsmaximum erreicht wird, für das Jahresmittel der Konzentration $\bar{\bar{q}}_M$ größer als für den maximalen Einzelwert c_M. Das Verhältnis der Maximalwerte des Jahresmittels der Konzentration zur maximalen Einzelkonzentration bei ungünstigen Bedingungen hängt vom Charakter der Windrose sowie von den Ausbreitungsfunktionen u_1 und k_1 ab. Bei den oben angeführten Parametern für Leningrad ist $\bar{\bar{q}}_M/c_M = 0{,}033$ bei $\Delta T = 100$ K, aber für $\Delta T = 0$ K gleich 0,017. Insgesamt jedoch verändert sich das Verhältnis der Jahresmittel der Konzentrationen zu den Einzelkonzentrationen in einer Entfernung von 2—40 km für warme Emissionen von 0,02 bis 0,1, für kalte Emissionen beträgt dieses Verhältnis ungefähr die Hälfte.

Auf analoge Weise wurden in der angeführten Arbeit von Berljand u. a. (1979a) auch Berechnungen für eine Gruppe von Quellen unter Ausnutzung des Superpositionsprinzips für Konzentrationsfelder des Jahresmittels durchgeführt. Dazu wurde ein Rechenprogramm für eine EDVA auf der Grundlage der Berechnungsgleichungen des Abschnitts 3.10. aufgestellt. Bei dem durchgerechneten Beispiel für die Konzentrationsfelder der Stickstoffoxide in einer Stadt, in der 27 große Quellen (erdölverarbeitende Betriebe, Fernheizwerke und Großkraftwerke) mit Schornsteinhöhen von 12—100 m verteilt angeordnet sind, zeigte sich, daß die territoriale Verteilung des Jahresmittels der Konzentrationen und der Einzelkonzentrationen bei ungünstigen Bedingungen eine gewisse Ähnlichkeit insbesondere bezüglich der Lage der Orte der

Maximal- und Minimalwerte besitzt. Insgesamt gesehen verändert sich das Verhältnis $\overline{\overline{q}}$ zu c ziemlich stark über dem Territorium in Abhängigkeit von der Lage der Quellen und den meteorologischen Verhältnissen. Im angegebenen Beispiel ändert sich dieses Verhältnis fast um den Faktor 40, das Verhältnis der Maximalwerte der Jahresmittel der Konzentrationen und der Einzelkonzentrationen beträgt ungefähr 0,15.

In den betrachteten Beispielen wurden die Wind- und Turbulenzverhältnisse des Gebietes berücksichtigt, die eine grundlegende Bedeutung für die Ausbildung der Jahresmittel der Konzentrationen besitzen. Im gesamten Berechnungsverfahren des Jahresmittels besteht die Möglichkeit, auch die Häufigkeiten von freien Inversionen, Windstillen, Niederschlägen und Nebeln unter Beachtung der Ergebnisse von Arbeiten, die in den folgenden Kapiteln dargelegt sind, zu berücksichtigen.

4. Schadstoffausbreitung bei meteorologischen Anomalie-Bedingungen

Bei einzelnen anomalen Bedingungen existiert ein wesentlicher Unterschied in den von der Höhe abhängigen Verteilungen der Windgeschwindigkeit und des Austauschkoeffizienten von den Verteilungen nach (1.18). Ein charakteristisches Beispiel dafür ist die freie Temperaturinversion. In einer Reihe von Arbeiten (BLACKADAR, 1957, u. a.) findet man Hinweise auf das Vorhandensein eines gut ausgebildeten Maximums der Windgeschwindigkeit in einer Höhe von 100–200m, insbesondere an den Grenzen der Temperaturinversion. Diese Erscheinung bezeichnet man manchmal als Mesostrahlen oder als Strahlströmungen in der atmosphärischen Grenzschicht. Gut bekannt sind die Fälle von Windstille in den niederen Luftschichten bei ausreichend großen Windgeschwindigkeiten in größeren Höhen. Diese Verhältnisse trifft man sehr oft unter städtischen Bedingungen an (BERLJAND, 1970a, b), wo die Luftbewegung in der Gebäudezone abgebremst wird und Wind mit einer bestimmten Richtung ausgeprägt nur über den Häusern existiert.

4.1. Schichten mit Windstille

Die Abschwächung des Windes in der bodennahen Luftschicht bis zur Windstille beobachtet man mit großer Häufigkeit in vielen geographischen Gebieten. Diese Abschwächung ist besonders charakteristisch für Gebiete mit Kontinentalklima während Hochdruckwetterlagen. Die starke Abschwächung des Windes beobachtet man jedoch größtenteils nur bis zu Höhen von ungefähr 20 m, mit Ausnahme der Gebiete mit stark kontinentalem Klima, wie beispielsweise Sibirien und Mittelasien. Weiter oben ist eine verhältnismäßig markante Verstärkung des Windes zu beobachten. Diese Erscheinung ist oft sehr gut beim Betrachten der Konturen einer Schornsteinrauchfahne zu bemerken. Der Rauch steigt anfangs vertikal nach oben, und danach nimmt er in einiger Höhe beinahe eine horizontale Lage ein.

Die vertikale Ausdehnung der windstillen Schichten wurde sehr wenig erforscht. Das hängt damit zusammen, daß Beobachtungen des Gradienten der Windgeschwindigkeit nur wenig und bis in geringe Höhen durchgeführt werden. Die aerologischen Beobachtungen können in diesem Falle selten benutzt werden, weil Pilotballons und Radiosonden die niedrigen Luftschichten schnell durchstoßen, und infolge der Trägheit der Geräte erweisen sich diese Schichten als noch ungenügend aufgeklärt. Neue Möglichkeiten ergaben sich im Zusammenhang mit der Organisation von Beobachtungen auf speziellen Masten, Fernseh- und Radiotürmen sowie auch mit der Anwendung abgebremster Radiosonden.

Wdowin und Zarew (1969) untersuchten die Entwicklung der Windstillen in der atmosphärischen Grenzschicht nach Beobachtungswerten auf Fernsehtürmen in Leningrad bis zu einer Höhe von 269 m und in Nowosibirsk bis zu einer Höhe von 180 m sowie auch auf dem 300 m hohen meteorologischen Mast in Obninsk (s. Abschn. 9.6.). Die Verfasser analysierten nur jene Fälle, wo sie die Windgeschwindigkeit der Stärke 0–1 nach der Beaufort-Skala (d. h. $u < 1{,}5$ m/s) von einem niedrigen Niveau bis in einige Höhe beobachteten. Insgesamt wurden für Leningrad 703 Fälle, für Nowosibirsk 590 Fälle und für Obninsk 95 Fälle analysiert.

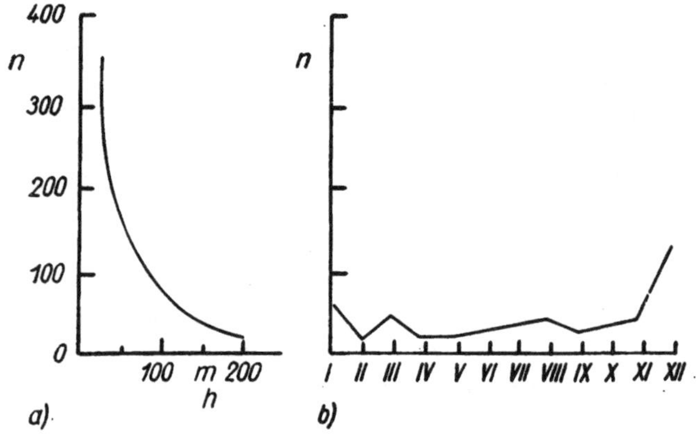

Abbildung 4.1.
Häufigkeit der Windstillen (Anzahl der Fälle n) in Abhängigkeit von ihrer Höhe (a) und von dem Monat des Jahres (b)

In Abbildung 4.1a sind die erhaltenen Häufigkeiten der Schichten mit Windstille für verschiedene Mächtigkeiten dargestellt.

Wdowin und Zarew gaben auch die Daten über die Anzahl der Fälle mit Windstille während eines Tages für Leningrad (Tab. 4.1) und für Nowosibirsk während eines

Tabelle 4.1.
Täglicher Verlauf für die Anzahl der Fälle mit indstillen Schichten

Höhe der windstillen Schicht in m	Tageszeit in Stunden							
	0	3	6	9	12	15	18	21
< 100	63	94	94	68	33	37	23	58
> 100	33	37	35	41	21	23	20	23

Jahres an (Abb. 4.1b). Im Verlaufe eines Tages beobachtet man das Maximum der Windstillen in den Morgenstunden, im Verlaufe eines Jahres im Winter bei Hochdruckwetterlagen. Die Windstillen entstehen beinahe zu allen Tageszeiten, darunter nicht selten am Tage, sowie auch in verschiedenen Jahreszeiten.

In Gebieten mit stark kontinentalem Klima (Sibirien, Mittelasien u. a.) ist die vertikale Ausdehnung der Gebiete mit Windstille sehr groß (einige hundert Meter und mehr). Sie sind auch deutlich nach den Angaben des aerologischen Beobachtungsnetzes zu verfolgen. Die Abschwächung des Windes wird manchmal nicht nur in der direkt an die Erdoberfläche angrenzenden Luftschicht beobachtet, sondern auch in höheren Schichten (unter- und oberhalb dieser Schichten beobachtet man verhältnismäßig große Windgeschwindigkeiten).

4.2. Berücksichtigung der Abweichung der Windgeschwindigkeit vom logarithmischen Geschwindigkeitsprofil

Die dargelegten Methoden der numerischen Untersuchung gestatten, den Charakter der Schadstoffausbreitung auch in den Fällen zu analysieren, wenn einzelne Luftschichten durch eine beträchtliche Verringerung oder Erhöhung der Windgeschwindigkeit u charakterisiert sind. In den Arbeiten von Berljand u. a. (1965a, b) sind Ergebnisse der numerischen Integration der Gleichung (1.2) bei verschiedenen Geschwindigkeitsprofilen angegeben, die sich wesentlich vom logarithmischen Geschwindigkeitsprofil unterscheiden. Dabei wurde nur der Charakter der Abhängigkeit u von z berücksichtigt.

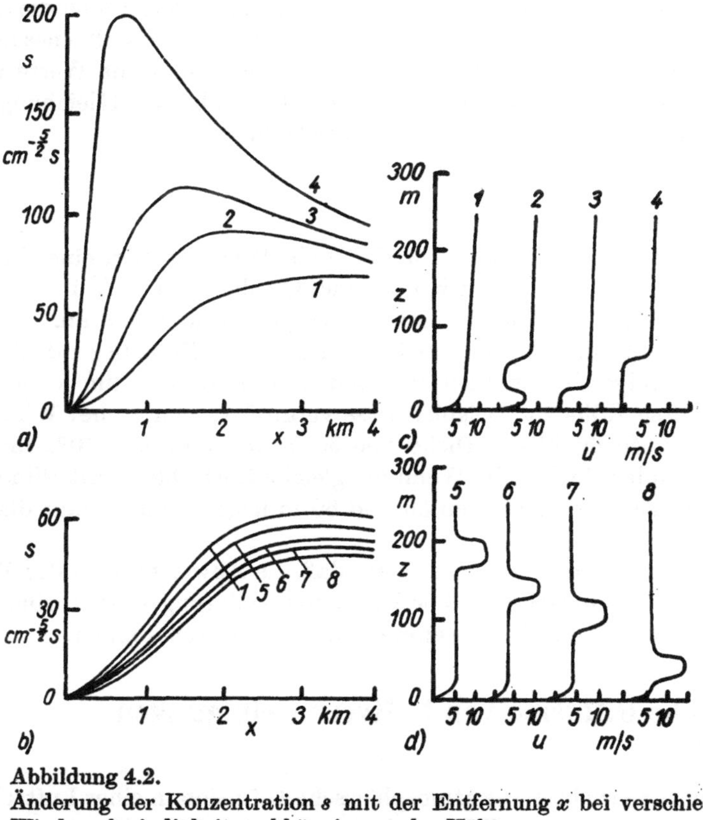

Abbildung 4.2.
Änderung der Konzentration s mit der Entfernung x bei verschiedenen Verteilungen der Windgeschwindigkeit u abhängig von der Höhe z

In Abbildung 4.2 b sind die Rechenwerte der Konzentration s (s. (2.1)) einer Quelle in 120 m Höhe für die Fälle einer starken Windgeschwindigkeitserhöhung in einzelnen Luftschichten dargestellt. Die angenommenen Windgeschwindigkeitsprofile sind in Abbildung 4.2 c und 4.2 d unter den entsprechenden Nummern eingezeichnet. In allen Fällen führt die Erhöhung der Windgeschwindigkeit in einer beliebigen Schicht zu einer Verringerung von s, wobei diese Verringerung um so größer ist, je niedriger diese Schicht liegt. Insgesamt jedoch zeigt eine Vergrößerung der Windgeschwindigkeit auf das Doppelte in einer Schicht der Dicke von 30 m keinen großen Einfluß.

Wesentlich größere Effekte treten bei Vorhandensein von Schichten mit Windstille auf. Das ist aus Abbildung 4.2 a ersichtlich, in der die analogen Verteilungen für die in Abbildung 4.2 c angegebenen Windgeschwindigkeitsprofile dargestellt sind.

Aus Abbildung 4.2 a folgt, daß bei einer am Erdboden gelegenen windstillen Luftschicht die Konzentration größer ist als bei einer gewöhnlichen Änderung der Windgeschwindigkeit nach dem logarithmischen Gesetz. Dieses Ergebnis läßt sich physikalisch einfach erklären. Aus der Ausgangsgleichung (1.2) folgt für $w = 0$, $\alpha = 0$ und die Randbedingung (1.7) bei $z = 0$, daß in einer windstillen Schicht ($u \approx 0$) $(\partial q'/\partial z) = 0$ gilt, das heißt $q' = \text{const}$. Folglich ist die Berücksichtigung dieser Schicht gleichbedeutend mit einer Verschiebung der unteren Grenze ($z = 0$) von der Erdoberfläche zur oberen Grenze der windstillen Zone ($z = l_1$) sowie einer Näherung der Quelle zur Erdoberfläche.

Für die angenäherte Interpretation des betrachteten Effektes kann man die analytische Lösung dieser Aufgabe zur Bestimmung der Konzentration im Fall eines fehlenden Windes in der bodennahen Luftschicht anwenden, indem man die Werte von u und k_z oberhalb dieser Schicht als konstant annimmt. Dann folgt aus Gleichung (1.2) unter der Bedingung der Reflexion an der Bodenoberfläche

$$q\big|_{z=0} = \frac{M}{2\pi x\sqrt{k_0 k_z u}}\, e^{-\frac{y^2}{4k_0 x}-\frac{(H-l_1)^2 u}{4k_z x}}\,. \tag{4.1}$$

Diese Beziehung stimmt mit der Lösung für die Bodenkonzentration einer Höhenquelle bei konstanten Werten von u und k_z und einer Quellhöhe $H - l_1$ überein. Der Einfluß der windstillen Luftschicht wächst mit der Vergrößerung von l_1 an.

Aus Abbildung 4.2 a folgt, daß sich für eine in einer gewissen Höhe liegende Schicht mit abgeschwächter Windgeschwindigkeit die Bodenkonzentration um so weniger verringert, je größer diese Höhe ist. Beispielsweise vergrößert sich s_m bei Windstille am Erdboden in einer Luftschicht der Dicke von 30 m ungefähr um 70% im Vergleich zu dem Fall fehlender Windstille. Wenn die gleiche Luftschicht mit Windstille und derselben Dicke zwischen den Ebenen 30 und 60 m liegt, dann beträgt die entsprechende Änderung von s_m nur 35%.

Im allgemeinen Fall muß man berücksichtigen, daß die Abweichungen des Windgeschwindigkeitsprofiles vom logarithmischen Profil von Änderungen des turbulenten Austausches begleitet werden, durch die weitere Effekte auftreten können.

4.3. Atmosphärische Diffusion von Luftverunreinigungen bei Windstille

In bestimmten Fällen ist es wichtig, die atmosphärische Diffusion in einer Luftschicht mit Windstille zu untersuchen, deren Höhe nicht begrenzt ist. Diese Untersuchungen sind besonders bedeutungsvoll, wenn die Emissionsquelle in verhältnismäßig niedrigen Höhen liegt. Das Interesse an diesem Fall wird vor allem dadurch hervorgerufen, daß nach (2.3) und (2.11) sowie auch nach den Berechnungsformeln von SUTTON u. a. die Bodenkonzentration umgekehrt proportional der Windgeschwindigkeit ist. Hieraus ergibt sich als Schlußfolgerung, die keine physikalische Bedeutung hat, daß bei $u \approx 0$ und bei feststehender Quellhöhe die Konzentration unbegrenzt anwächst. Wie schon in der Arbeit von BERLJAND (1966a) bemerkt wurde, kann dieser Umstand prinzipielle Schwierigkeiten bei der Festlegung von Normativen für die industriellen Emissionen in die Atmosphäre verursachen, denn er erlaubt nicht, die Bedingungen zu bestimmen, bei denen das Maximum der Konzentration einen zulässigen Grenzwert übersteigen würde. Gleichzeitig ist dieses Ergebnis eine Folge davon, daß in der Ausgangsgleichung (1.2) die turbulente Diffusion in x-Richtung unberücksichtigt bleibt. Diese Vernachlässigung ist nur gerechtfertigt bei vorhandener Windgeschwindigkeit, in deren Richtung der advektive Schadstofftransport wesentlich größer als der Diffusionsstrom ist.

FORTAK (1961) versuchte, die Formel von SUTTON auf den Fall fehlender Windgeschwindigkeit zu verallgemeinern, indem er den Zusammenhang zwischen den Komponenten des Austauschkoeffizienten und der Dispersion des Windes verwendete. Den Ausdruck für die sich einstellende Konzentration erhielt er in diesem Fall durch Integration der Lösung für die momentan wirkende Quelle. Dabei setzte er voraus, daß der Austauschkoeffizient und die Dispersion nur Funktionen der Zeit sind und nicht von den Koordinaten abhängen. Zur Abschätzung des Maximums der Bodenkonzentration einer angehobenen Quelle, das unmittelbar in der Nähe der Quelle beobachtet wird, führte FORTAK eine Näherungsformel ein. NESTER (1967) verglich für zwei Einzelfälle die Berechnungen der Maximalkonzentration nach den Beziehungen von FORTAK und SUTTON. Er erhielt jedoch keine physikalisch verständlichen Ergebnisse. Eine analoge Untersuchung führte JORDANOW (1967) durch, indem nur der Wert für die Vertikalkomponente des Austauschkoeffizienten vorgegeben wurde.

Bei vorhandener Bodeninversion der Temperatur mit einer Verringerung der Windgeschwindigkeit bis zur Windstille klingt auch der turbulente Austausch ab. In diesem Fall breitet sich der Schadstoff praktisch nach den bekannten Gesetzmäßigkeiten der molekularen Diffusion aus. Von hauptsächlichem Interesse sind aus diesem Grunde die Bedingungen für die Diffusion bei Windstille und bei entwickeltem turbulentem Austausch. Dabei ist es für die Festlegung von zulässigen Emissionswerten für die Atmosphäre wichtig, die Grenzwerte der Konzentration bei Windstille zu bestimmen. Die Arbeit von BERLJAND und KURENBIN (1969) beschäftigt sich mit der Ableitung und der Untersuchung der Gleichung für die atmosphärische Diffusion bei fehlendem Wind und unter Berücksichtigung der turbulenten Vermischung in alle Richtungen. Die Ausgangsgleichung dafür hat folgende Form:

$$\frac{\partial}{\partial z}\left(k_z \frac{\partial q}{\partial z}\right) + \frac{\partial}{\partial y}\left(k_y \frac{\partial q}{\partial y}\right) + \frac{\partial}{\partial x}\left(k_x \frac{\partial q}{\partial x}\right) + M\delta(x)\,\delta(y)\,\delta(z - H) = 0\,. \tag{4.2}$$

Der letzte Summand auf der linken Seite kennzeichnet das Vorhandensein einer Schadstoffquelle der Intensität M in der Höhe H.

Damit die Lösung von (4.2) die Grenzbeziehung für die Lösung der Gleichung (1.2) ist, wendet man bei $u \to 0$ die Abhängigkeiten der Komponenten des Austauschkoeffizienten von der Windgeschwindigkeit bei kleinen, aber von Null verschiedenen Werten von u an. Deshalb nimmt man ebenso wie früher an

$$k_z = k_1 f_1(z)\,, \qquad u = u_1 f_2(z)\,,$$
$$k_y = k_0 u\,,$$

wobei $f_1(z)$ und $f_2(z)$ gewisse Funktionen der Höhe sind.

Außerdem mittelt man q unter Berücksichtigung der Schwankungen der Windrichtung mit der Zeit, wie das in Abschnitt 2.5. ausgeführt wurde. Das gestattet, nach (2.37) anstelle von k_0 die Größe $k_0(x) \approx x\varphi_0^2$ anzunehmen. Die andere horizontale Komponente des Austauschkoeffizienten k_x wird gleich k_y angenommen, was infolge der horizontalen Isotropie des turbulenten Austausches bei fehlendem Wind gerechtfertigt ist.

Wie schon bemerkt wurde, setzt man bei der Konvektion im Fall fehlender Windgeschwindigkeit für k_x und k_y, ebenso wie auch für k_z, von Null verschiedene Werte an. Deshalb wird aus der Dimensionsanalyse vorausgesetzt, daß mit abfallender Windgeschwindigkeit die Größe $\beta^2 \approx \varphi_0 u^2$ einen bestimmten Wert behält. Folglich ändert sich bei kleinen Windgeschwindigkeiten φ_0 nach der Beziehung $\varphi_0 = \beta/\sqrt{u_1}$. Dann gilt $k_y = \beta^2 x f_2(z)$. Auf analoge Weise kann man $k_1 = (k_1/u_1)\, u_1$ schreiben und $k_1/u_1 = \alpha'/u_1$ bei kleinen Windgeschwindigkeiten annehmen, wobei α' eine Konstante ist.

Die Ausgangsgleichung (4.2) schreibt man in Zylinderkoordinaten

$$\frac{\partial}{\partial z}\left(k_z \frac{\partial q}{\partial z}\right) + \frac{1}{r}\frac{\partial}{\partial r}\left(r k_r \frac{\partial q}{\partial r}\right) + \frac{M}{2\pi r}\delta(r)\,\delta(z-H) = 0\,, \tag{4.3}$$

wobei $k_z = k_1 f_1(z)$ und $k_r = \beta^2 r f_2(z)$ gelten.

Als Randbedingungen werden wie üblich angenommen:

$$\text{für} \quad z = 0{:}\ k_z \frac{\partial q}{\partial z} = 0\,,$$
$$\text{für} \quad r^2 + z^2 \to \infty{:}\ q \to 0\,,$$
$$\text{für} \quad r = 0{:}\ k_r \frac{\partial q}{\partial r} = 0\,. \tag{4.4}$$

Die letzte Bedingung folgt aus der Symmetrie des horizontalen Konzentrationsfeldes.

Die Lösung dieser Aufgabenstellung kann man numerisch für die gleichen Beziehungen der Funktionen $f_1(z)$ und $f_2(z)$ durchführen, die im Kapitel 1 angenommen wurden. Zur Anschaulichkeit beschränken wir uns jedoch auf die analytische Lösung mit der Annahme, daß sich die Windgeschwindigkeit und der Austauschkoeffizient in der bodennahen Luftschicht abhängig von der Höhe näherungsweise durch Potenzfunktionen beschreiben lassen. Nach (1.52) gilt $f_1(z) = z^m$ und $f_2(z) = z^n$ für $m \approx 1$, $n \approx 0{,}1 \ldots 0{,}2$.

Der homogene Teil der Gleichung (4.3) gestattet, die Veränderlichen aufzuspalten. Deshalb wird ihre Lösung in der Form $q = q_1(r)\, q_2(z)$ dargestellt, wobei q_1 der Gleichung genügt:

$$\frac{\mathrm{d}}{\mathrm{d}r}\left(r^2 \frac{\mathrm{d}q_1}{\mathrm{d}r}\right) + \omega^2 r q_1 = 0\,.$$

Hieraus folgt

$$q_1(r) = \frac{1}{\sqrt{r}} J_1(2\omega \sqrt{r})\,. \tag{4.5}$$

Hierin ist ω eine gewisse Konstante und $J_1(2\omega\sqrt{r})$ die Bessel-Funktion.

Für die Lösung von (4.3) ist es vorteilhaft, die HANKELsche Integraltransformation anzuwenden,

$$\bar{q}(\omega, z) = \int_0^\infty q(r, z) \sqrt{r} J_1(2\omega \sqrt{r}) \, dr . \tag{4.6}$$

Die nach dieser Transformation erhaltenen Gleichungen für die Abbildungsfunktionen $\bar{q}(\omega, z)$ werden ebenso wie in Kapitel 1 mit Hilfe der GREENschen Funktion integriert:

$$\bar{q}(\omega, z) = \frac{M\omega}{\pi k_1(2 + n - m)} (zH)^{\frac{1-m}{2}} K_\mu(\omega\eta_H) I_\mu(\omega\eta) \quad \text{für} \quad z \leqq H \tag{4.7}$$

$$\bar{q}(\omega, z) = \frac{M\omega}{\pi k_1(2 + n - m)} (zH)^{\frac{1-m}{2}} K_{-\mu}(\omega\eta) I_{-\mu}(\omega\eta_H) \quad \text{für} \quad z \geqq H . \tag{4.8}$$

Hierbei gelten

$$\mu = \frac{1 - m}{2 + n - m}, \quad \eta = \frac{2\beta}{(2 + n - m)\sqrt{k_1}} z^{\frac{2+n-m}{2}}, \quad \eta_H = \eta|_{z=H} .$$

Die Rücktransformation von $\bar{q}(\omega, z)$ zur Funktion $q(r, z)$ wird nach einigen Berechnungen, die mit der Substitution der Veränderlichen zusammenhängen, und der Anwendung der Standardtransformation von HANKEL verwirklicht,

$$q(r, z) = \frac{2}{\sqrt{r}} \int_0^\infty J_1(2\omega \sqrt{r}) \, \omega\bar{q}(\omega, z) \, d\omega . \tag{4.9}$$

Indem man die Integration ausführt, erhält man für $z < H$

$$q(r, z) = \frac{M}{\pi} \frac{2^{3(1-\mu)}}{(2 + n - m)^{1-2\mu} k_1^{1-\mu} \beta^{2\mu}} \left[\frac{\tilde{D}^2}{\tilde{T}^3(\tilde{T} + \tilde{R})^{1-\mu}} + \frac{(1 - \mu)(\tilde{T} + \tilde{R})\mu}{\tilde{T}^2}\right] \tag{4.10}$$

mit

$$\tilde{D} = 2\eta\eta_H , \qquad \tilde{R} = \eta^2 + \eta_H^2 + 4r , \qquad \tilde{T} = \sqrt{\tilde{R}^2 - \tilde{D}^2} .$$

Im Fall eines linearen Ansteigens des Austauschkoeffizienten mit der Höhe, das heißt $m = 1$ (entspricht $\mu = 0$), folgt aus (4.10)

$$q(r, z) = \frac{M}{2\pi k_1(1 + n)} \frac{\dfrac{\beta^2}{(1 + n)^2 k_1}(H^{1+n} + z^{1+n}) + r}{\left[\dfrac{\beta^2}{(1 + n)^2 k_1}\left(H^{\frac{1+n}{2}} - z^{\frac{1+n}{2}}\right)^2 + r\right]^{3/2}} \times \frac{1}{\left[\dfrac{\beta^2}{(1 + n)^2 k_1}\left(H^{\frac{1+n}{2}} + z^{\frac{1+n}{2}}\right) + r\right]^{3/2}} \tag{4.11}$$

Für die Bodenkonzentration q_0 vereinfacht sich die Gleichung (4.10) zu

$$q_0 = \frac{M(1 - \mu)(2 + n - m)^{2\mu-1}}{2\pi k_1^{1-\mu} \beta^{2\mu} \left[\dfrac{\beta^2 H^{2+n-m}}{(2 + n - m)^2 k_1} + r\right]^{2-\mu}} . \tag{4.12}$$

Das Maximum der Bodenkonzentration q_m wird bei $r = 0$ erreicht, das heißt unter der Quelle. Aus (4.12) erhält man

$$q_m = \frac{M(1 + n)^3 k_1}{2\pi\beta^4 H^{2(1+n)}} . \tag{4.13}$$

Es ist interessant, die erhaltenen Ergebnisse mit der Lösung (2.31) der analogen Aufgabenstellung bei vorhandener Windgeschwindigkeit und unter Verwendung der gleichen Modelle für k_y und k_z zu vergleichen. Dann folgt aus (4.13) und (2.31) für $\gamma = (q_m|_{u\neq 0}/q_m|_{u=0})$

$$\gamma = \frac{0{,}432\pi\beta^4}{\varphi_0 u_1^2}. \tag{4.14}$$

Dabei setzt man voraus, daß (2.31) für verhältnismäßig kleine Geschwindigkeiten bestimmt wurde, so daß die Koeffizienten k_1 in (4.13) und (2.31) ungefähr gleich sind.

Die Größen β^2 und u_1 sind verbunden durch die Beziehung $\beta^2 = \varphi_0^2 u_1$, wenn man verhältnismäßig kleine u_1 betrachtet. In diesem Falle bleiben, wie schon bemerkt, mit Veränderung von u_1 die Größen β und k_1 und folglich auch ihr Quotient k_1/β ungefähr konstant. Aus der Verarbeitung der Beobachtungswerte, die in Abschnitt 3.4. betrachtet wurden, folgt $k_1/\beta = 0{,}5\ \mathrm{m}^{3/2}/\mathrm{s}^{1/2}$. Deshalb kann man näherungsweise annehmen, daß $\beta \approx 2k_1$ (im gleichen Maßsystem) gilt. Dann erhält man $\gamma \approx 11(k_1/\sqrt{u_1})^3$.

Bei einer Windgeschwindigkeit von $u_1 = 1$ m/s und einem Wert von $k_1 \approx 0{,}15$ m/s, die charakteristisch für die Bedingungen der Konvektion sind, ist $\gamma \approx 0{,}04$.

Die Konzentration ist also bei dieser Windgeschwindigkeit ungefähr 25mal kleiner als bei Windstille. Mit Verringerung der Windgeschwindigkeit steigt γ jedoch schnell an. Man kann eine bestimmte Windgeschwindigkeit $u_1 = u_{10}$ festlegen, bei der $\gamma = 1$ ist, das heißt den Grenzwert der maximalen Konzentration erreicht. Es ist offensichtlich, daß die Berechnung der Konzentration $q_m|_{u\neq 0}$ nach Gleichung (2.31) für Windgeschwindigkeiten $u_1 < u_{10}$ keine Bedeutung besitzt. Für die angegebenen Werte von k_1 erhält man $u_{10} \approx 0{,}1$ m/s.

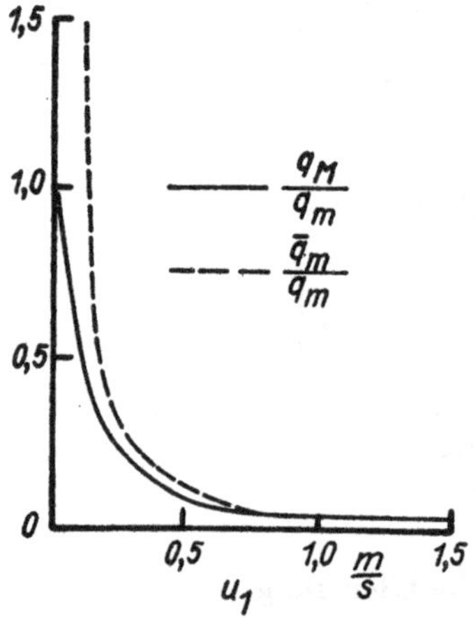

Abbildung 4.3.
Abhängigkeit von $\frac{q_M}{q_m}$ (1) und von $\frac{\bar{q}_m}{q_m}$ (2) von der Windgeschwindigkeit u_1

Aus den Gleichungen (4.13) und (2.31) erhält man für q_m bei Windstille und für $\bar{q}_m$ bei $u \neq 0$ die einfache Interpolationsformel

$$q_M = \frac{0{,}216 M k_1 (1+n)^3}{(1{,}36\beta^4 + \varphi_0 u_1^2)\, H^{2(1+n)}}. \tag{4.15}$$

In Abbildung 4.3 sind die Ergebnisse der Berechnungen nach den Gleichungen (4.15), (4.13) und (2.31) dargestellt. Nach Gleichung (4.15) kann man die maximale Bodenkonzentration sowohl bei vorhandener als auch bei fehlender Windgeschwindigkeit berechnen.

4.4. Freie Temperaturinversionen

Eine charakteristische Eigenschaft des täglichen Temperaturverlaufes ist der Temperaturabfall mit der Höhe während der Tageszeit. Als Folge der nächtlichen Abkühlung der Bodenoberfläche entstehen bei schwach bewölktem Wetter Bodeninversionsschichten, in denen die Temperatur mit der Höhe ansteigt. Oberhalb der Inversionsschicht fällt die Temperatur nachts mit der Entfernung von der Erdoberfläche ab. Bei der Erwärmung des Bodens und der angrenzenden Luftschicht am Morgen wird der Temperaturanstieg mit der Höhe in der Nähe der Bodenoberfläche allmählich durch einen Temperaturabfall abgelöst, und weiter oben bleibt die sich in der Nacht gebildete Inversion für eine bestimmte Zeit erhalten. Somit entsteht eine aufsteigende Inversionsschicht, deren untere Grenze sich mit der Zeit anhebt und der oberen Grenze

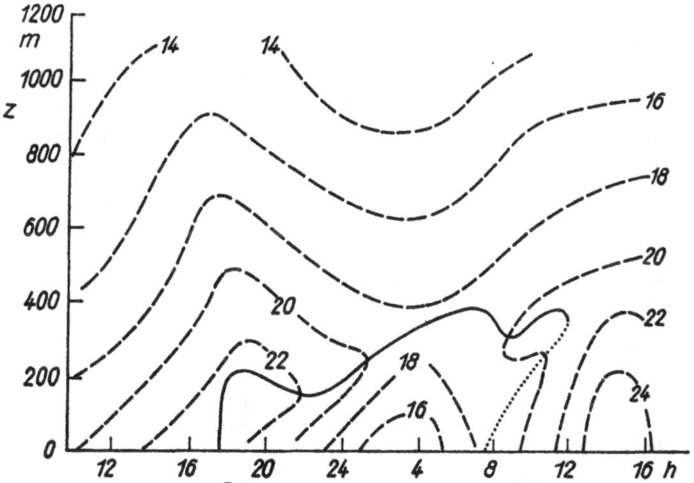

Abbildung 4.4.
Raum-Zeit-Verteilung der Temperatur in der atmosphärischen Grenzschicht
1 — Isothermen, 2 — obere Grenze der Bodeninversion, 3 — untere Grenze der freien Inversion

nähert, solange die Inversion nicht vollständig zerstört wird. Bei klarem Wetter mit schwachem Wind vollzieht sich die Zerstörung der Inversion gewöhnlich zwei bis drei Stunden nach Sonnenaufgang. Dieses Zeitintervall hängt wesentlich von der Jahreszeit und von der Dicke der Inversionsschicht ab, die sich während der Nachtstunden entwickelt hatte.

In Abbildung 4.4 ist die Änderung des vertikalen Temperaturprofiles an einem Tag nach Angaben von Wdowin u. a. (1971) dargestellt.

Der jährliche Temperaturverlauf der Grenzschicht besitzt eine Reihe allgemeiner Gesetzmäßigkeiten hinsichtlich der Temperaturschwankungen im Verlauf eines Tages, wobei er auch durch die Änderung des Strahlungsgleichgewichts der Bodenoberfläche von einem Minimum während des Winters bis zu einem Maximum im Sommer bestimmt wird. Dieser Effekt erscheint besonders stark in Kontinentalgebieten. Die Höhen, bis zu denen sich hierbei der Wärmeeinfluß der Erdoberfläche ausdehnt, sind infolge der Vergrößerung des Zeitmaßstabes im jährlichen Verlauf beträchtlich größer als im Tagesverlauf. So erreicht zum Beispiel die vertikale Dicke der Bodeninversion in Sibirien im Winter 1 km und manchmal auch mehr. Am Winterende, wenn sich die Sonneneinstrahlung merklich vergrößert und das Strahlungsgleichgewicht während der Tageszeit positiv wird, entsteht bei der Zerstörung der Bodeninversion eine freie Inversion.

Es existieren außer dem täglichen und jährlichen Temperaturverlauf auch eine Reihe anderer Gründe, in deren Folge die monotone Temperaturverteilung mit der Höhe gestört wird. So folgt aus allgemeinen physikalischen Vorstellungen, daß die freien Inversionen in Hochdruckgebieten (sogenannte Absinkinversionen), beim Durchgang atmosphärischer Fronten entstehen können. Die Theorie der Inversionsumbildung ist gegenwärtig noch nicht ausreichend ausgearbeitet. Momentan wird hauptsächlich Versuchsmaterial gesammelt und analysiert. In der Arbeit von Wassiltschenko (1965) ist nach den Beobachtungswerten in einer 500 m-Schicht eine Klassifikation der vertikalen Temperaturprofile angegeben. Er unterschied sechs Inversionstypen (Abb. 4.5). In Tabelle 4.2 sind die Häufigkeitswerte dieser Typen in Abhängigkeit von der Tageszeit im Frühjahr und im Sommer nach Beobachtungsmaterial im Gebiet des Wärmekraftwerkes von Stschekinsk in den Jahren 1962 und 1963 dargestellt.

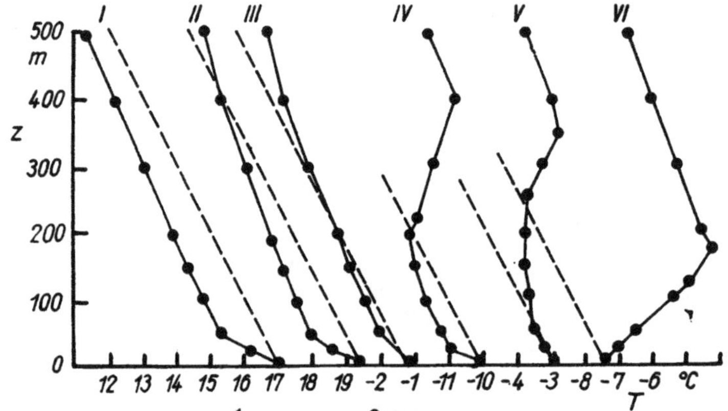

Abbildung 4.5.
Typen von vertikalen Temperaturprofilen in der atmosphärischen Grenzschicht
1 — Temperaturverteilung, 2 — trockene Adiabate

Sonkin und Matwejewa (1968) analysierten die Bedingungen für die Ausbildung des Temperaturprofiles in der unteren 500-m-Schicht für drei Städte: Leningrad (mehr als 1300 Fälle), Moskau (900 Fälle), Kuibyschew (500 Fälle), sowie auch für drei verschiedene Typen der Schichtung: freie Inversion, Bodeninversion und Zustand ohne Inversion. In den Tabellen 4.3 und 4.4 sind Werte über die Häufigkeit der

Tabelle 4.2.
Anzahl der Fälle für verschiedene Typen der Temperaturverteilung in der atmosphärischen Grenzschicht

Profiltyp	Tageszeit in Stunden								Häufigkeit in %
	6	8	10	12	14	16	18	20	
	Frühjahrsperiode								
I	—	0	0	0	2	3	0	—	7
II	—	0	0	1	0	0	0	—	2
III	—	0	2	8	7	9	3	—	43
IV	—	0	1	2	0	0	0	—	4
V	—	2	4	3	4	2	0	—	22
VI	—	3	8	2	0	0	2	—	22
	Sommerperiode								
I	0	0	8	10	6	0	3	0	49
II	0	0	5	2	1	0	0	0	14
III	0	0	1	0	1	2	1	0	9
IV	0	3	1	0	0	0	0	0	7
V	2	1	0	1	1	0	0	0	9
VI	3	1	0	0	0	0	0	2	12

Tabelle 4.3.
Häufigkeit (in %) von Typen der thermischen Schichtung in der unteren 500 m-Luftschicht

Typ der thermischen Schichtung	Tageszeit in Stunden					
	4			16		
	Leningrad	Moskau	Kuibyschew	Leningrad	Moskau	Kuibyschew
Zustand ohne Inversion	49	29	25	49	33	34
freie Inversion	22	33	18	26	34	26
Boden-Inversion	29	38	57	25	33	40

Tabelle 4.4.
Häufigeit (in %) für die Höhen der unteren und oberen Grenze der freien Inversion in Leningrad

Größe	Tageszeit in Stunden	Höhenintervalle in m					
		0—100	101—200	201—300	301—400	401—500	>500
obere Grenze der Bodeninversion	4	4	27	28	18	12	11
	16	4	39	21	16	14	6
untere Grenze der freien Inversion	4	1	21	28	35	14	
	16	2	7	29	51	21	

Schichtungstypen und die Höhe der unteren Grenze der freien Inversion sowie die Höhe der oberen Grenze der Bodeninversion angegeben. Es zeigte sich, daß im Winter die freien Inversionen in einer Höhe zwischen 200 und 400 m liegen und die Dicke der Bodeninversion in den Grenzen von 100 bis 300 m schwankt. Beim Übergang von der

Nacht zum Tag wird die untere Grenze der freien Inversionen angehoben, während sich die Höhe der Bodeninversion verringert. Aus der Analyse von Karten für Großwetterlagen folgt, daß die freien Inversionen im Zwischendruckfeld beobachtet werden.

Die Verteilung der Boden- und freien Inversionen über das Territorium der UdSSR, die Jahresmittelwerte ihrer Mächtigkeit und Intensität sowie auch ihre Häufigkeiten sind in der Arbeit von Besuglaja u. a. (1977) angegeben.

Auch eine Reihe anderer Arbeiten in der UdSSR und im Ausland widmen sich der Untersuchung freier Inversionen.

Auf der Grundlage der Lösung der Gleichungen, die die nächtliche Abkühlung der Luftgrenzschicht beschreiben, kann man ein Schema für die Voraussage der Bodeninversionen vorschlagen (Berljand, 1956, 1959). Als Anfangsbedingungen nimmt man die bekannte vertikale Temperaturverteilung nach den Werten der aerologischen Sondenmessung in den Abendstunden an. In der bodennahen Schicht ($z \leqq h$) ist die Anfangsverteilung der Temperatur eine logarithmische Funktion von z. Oberhalb dieser Schicht existiert eine lineare Abhängigkeit von z mit dem Temperaturgradienten γ_0. Die Höhe der Inversion H_I findet man aus der Bedingung, daß bei $z = H$

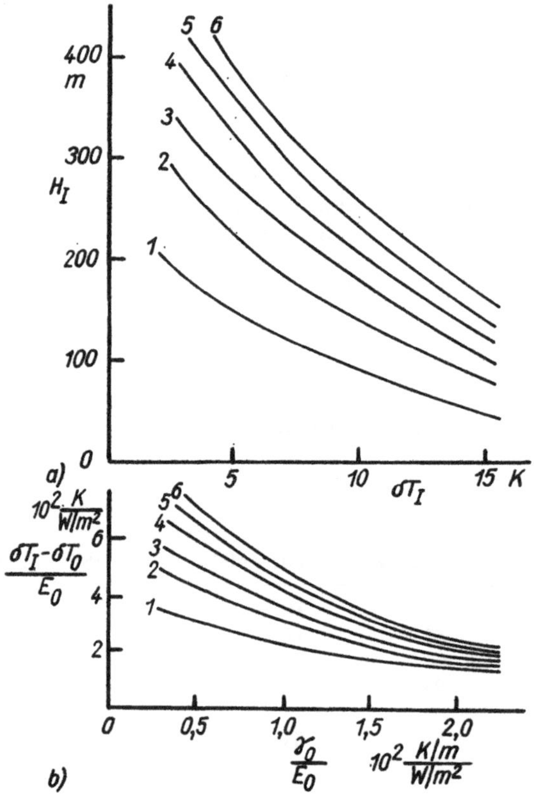

Abbildung 4.6.
Diagramme für die Vorhersage der Höhe H_I (a) und der Intensität δT_I (b) der Bodeninversion

Kurve	1	2	3	4	5	6
Zeit t/Stunden	2	4	6	8	10	12

$\partial T/\partial z = 0$ ist. Die Intensität der Inversion δT_I wird als Temperaturunterschied zwischen der Höhe H_I und der üblichen Anemometerhöhe (2 m) festgelegt. Weiterhin wurde eine Reihe von Diagrammen zur Berechnung von H_I und δT_I aufgestellt. Eines davon ist als Beispiel in Abbildung 4.6 angegeben. Es kennzeichnet den Fall eines trockenen Bodens bei einer Windgeschwindigkeit von 1—2 m/s. Auf der Abszisse ist δT_I und das Verhältnis von γ_0 in 10^{-2} K/m zur Größe der effektiven Abstrahlung E_0 in W/m² der Bodenoberfläche, auf der Ordinaten H_I und $(\delta T_\mathrm{I} - \delta T_0)/E_0$ dargestellt, wobei δT_0 der Temperaturunterschied zwischen Anemometer und Boden ist. Die verschiedenen Kurven charakterisieren die Vorhersagezeit t. Die erhaltenen Ergebnisse stimmen gut mit dem Beobachtungsmaterial überein, insbesondere mit den Angaben von Woronzow (1960a) u. a.

Die sich aus den durchgeführten Berechnungen ergebende Abhängigkeit der Höhe der Inversion von der Windgeschwindigkeit ist interessant. Auf den entsprechenden Kurven, die zu einer bestimmten Vorhersagezeit gehören, zeigt sich ein scharfes Maximum bei einer Windgeschwindigkeit von 2 m/s ... 3 m/s. Die Existenz dieses Maximums ist völlig verständlich. Mit Vergrößerung der Windgeschwindigkeit vergrößert sich zuerst die Höhe der Inversion, denn es wird die Dicke der Schicht größer in der die turbulente Vermischung zwischen der Atmosphäre und der Bodenoberfläche wesentlich wird. Im Bereich der Windgeschwindigkeit zwischen 2 und 3 m/s erfolgt eine Verstärkung des Windes, und folglich schwächt eine Vergrößerung des Austausches die Inversion ab und verringert ihre Höhe. Nach der Höhe H_I und dem Ende der Nacht kann die obere Grenze der freien Inversion beurteilt werden, die sich nach dem Sonnenaufgang ausbildet.

Einige Ergebnisse zur Theorie der Ausbildung der Boden- und der freien Inversion werden weiter unten im Zusammenhang mit den Fragen der Ausbildung von Nebel bei Ausstrahlung betrachtet.

4.5. Turbulenter Austausch in der Schicht einer freien Inversion

Aus Beobachtungen, insbesondere von Schwankungen der Windgeschwindigkeit, folgt, daß der turbulente Austausch in Inversionsschichten beträchtlich abgeschwächt wird (Woronzow, 1960a, u. a.). In Schichten mit stabiler Schichtung beobachtet man häufig bei ausreichend großen Temperaturinversionsgradienten, daß hochfrequente Schwingungen beinahe völlig verschwinden. Die Schriebe des Beschleunigungsgebers auf einem Flugzeug stellen in diesen Fällen eine gerade Linie mit seltenen langperiodischen Störungen dar, die durch die Makroturbulenz bedingt sind.

Die theoretischen Untersuchungen über die Abhängigkeit des Austauschkoeffizienten von dem Temperaturgradienten $\partial T/\partial z$ gehören hauptsächlich zu den Fällen der monotonen Temperaturänderung in der Luftgrenzschicht. Auf der Grundlage dieser Untersuchungen kann man auch auf eine beträchtliche Abschwächung der Turbulenz für die Lage der Inversion oberhalb der bodennahen Schicht ($z > h$) schließen. In diesem Fall darf man für Höhen $z > h$ die Größe k_z nicht als konstant annehmen, wie oben für normale Bedingungen vorausgesetzt wurde, sondern es ist k_z abhängig vom Temperaturgradienten zu berücksichtigen. Diese Abhängigkeit ist näherungsweise bestimmbar, indem man auch für die Schicht $z > h$ die Beziehung (1.13) von Budyko sowie auch die Ergebnisse von Monin und Obuchow (1954) anwendet, wonach gilt

$$k_z = k_{zG}(1 - \mathrm{Ri})^{\alpha_1}. \tag{4.16}$$

Hierin ist k_{zG} der Wert von k_z bei Gleichgewichtsbedingungen.

Der Exponent α_1 unterscheidet sich in einigen Arbeiten etwas, aber im allgemeinen ist er kleiner als Eins. Nach (1.13) und (4.16) ist die Abhängigkeit k_z von $\partial T/\partial z$ asymmetrisch. Bei Konvektionsbedingungen, wenn $\partial T/\partial z < 0$ ist, überschreitet sogar in Extremfällen ($|\mathrm{Ri}| \approx 1$) k_z die Werte von k_{zG} nicht mehr als um 40%. Bei stabiler Schichtung, wenn $\partial T/\partial z > 0$ und Ri ungefähr Eins ist, nimmt k_z sehr kleine Werte an, und die Turbulenz wird in der Inversionsschicht stark abgeschwächt.

Ein exakteres Modell der Änderungen von k_z in der freien Inversionsschicht schlugen Berljand und Genichowitsch (1972) vor. Die Autoren verwendeten die Bilanzgleichung der turbulenten Energie (1.19) gemeinsam mit der Beziehung $k_z = \tilde{\tau} b$, wobei die Größe $\tilde{\tau}$ proportional dem Lagrangeschen Zeitmaßstab der Turbulenz ist. Nach experimentellen Ergebnissen ändert sich die Größe $\tilde{\tau}$ innerhalb der Inversionsschicht wenig. Das gestattet, die Gleichung (1.19) in folgende Form umzuwandeln:

$$\frac{\mathrm{d}}{\mathrm{d}z}\left(b\,\frac{\mathrm{d}b}{\mathrm{d}z}\right) = \tilde{R}b \tag{4.17}$$

mit

$$\tilde{R} = \frac{1}{a_1\tilde{\tau}^2}\left\{c_1 + \tilde{\tau}^2\left[\frac{g}{T_a}\frac{\mathrm{d}T}{\mathrm{d}z} - \left(\frac{\mathrm{d}u}{\mathrm{d}z}\right)^2 - \left(\frac{\mathrm{d}v}{\mathrm{d}z}\right)^2\right]\right\}.$$

Für verhältnismäßig dünne Inversionsschichten kann man $\tilde{R}$ als konstant ansehen Dann folgt aus der Integration von (4.17)

$$\sqrt{b} = \sqrt{\frac{b_i\tilde{R}}{6}}\,(z - z_i)\,, \tag{4.18}$$

wobei durch den Index i die zu der unteren Grenze der Inversion gehörenden Größen bezeichnet werden. Aus der Beziehung $k_i = \tilde{\tau} b_i$ ergibt sich weiterhin

$$k_z = k_i\left(1 - \frac{z - z_i}{L_i}\right)^2 \tag{4.19}$$

mit

$$L_i = \sqrt{\frac{6b_i}{\tilde{R}}}\,.$$

Wenn man die Bezeichnung

$$A^* = \left[\left(\frac{\mathrm{d}u}{\mathrm{d}z}\right)^2 + \left(\frac{\mathrm{d}v}{\mathrm{d}z}\right)^2\right] - \frac{g}{T_a}\frac{\mathrm{d}T_a}{\mathrm{d}z} = \left[\left(\frac{\mathrm{d}u}{\mathrm{d}z}\right)^2 + \left(\frac{\mathrm{d}v}{\mathrm{d}z}\right)^2\right](1 - \mathrm{Ri})$$

einführt und für die unterhalb der Inversionsschicht liegende Schicht die Integralform der Bilanzgleichung für die turbulente Energie (1.19) anwendet, erhält die Beziehung für L_i folgende Form:

$$L_i = \sqrt{\frac{6a_1b_i}{A_i^* - A^*}}\,, \tag{4.20}$$

wobei A_i^* zur unterhalb der Inversion liegenden Schicht und A^* zur Inversionsschicht gehören.

Fehlt eine Information über die Größe der turbulenten Energie in der Nähe der unteren Grenze der Inversion für die Bestimmung von L_i, so kann man die folgende Näherungsbeziehung anwenden:

$$L_i = \sqrt{\frac{6a_1c_1^{-1/2}k_i\sqrt{A_i^*}}{A_i^* - A^*}}\,. \tag{4.21}$$

Wie aus (4.20) und (4.21) ersichtlich ist, nimmt die Größe L_i bei Vergrößerung von Ri in der Inversionsschicht ab, obwohl selbst bei Ri $= 1$ $L_i \neq 0$ ist. Bei Mittelwerten der Parameter in (4.20) ist die Größe $L_i = (100 \ldots 150)$ m.

Somit entsteht bei der Existenz von freien Inversionsschichten ein kompliziertes Profil für die Änderung des Austauschkoeffizienten mit der Höhe.

4.6. Berechnung der Konzentration bei Existenz einer freien Inversion

Die Lösung der Aufgabe für die Schadstoffausbreitung bei Existenz von freien Inversionen wird mit Hilfe numerischer Methoden ausgeführt. In den Arbeiten von Berljand u. a. (1963b, 1964b) sind die Berechnungsergebnisse der Bodenkonzentration für die Lage der Inversion in verschiedenen Ebenen oberhalb der bodennahen Schicht ($z < h$) angegeben. Die Schwierigkeiten bei der numerischen Lösung der Aufgabe, die mit der starken Abschwächung des Austausches in der Inversion zusammenhängen, lassen sich durch Einführen eines effektiven Austauschkoeffizienten beseitigen, wie das bereits oben für die bodennahe Schicht praktiziert wurde, wo sich k_z auch schnell mit der Höhe änderte. Die Berechnungen sind für einzelne charakteristische Profile von k_z, die in Abbildung 4.7 angegeben sind, und für eine Änderung der Windgeschwindigkeit nach dem logarithmischen Gesetz (1.18) durchgeführt.

In Tabelle 4.5 sind Werte der Konzentration s (siehe (2.1)), die der Bodenkonzentration proportional ist, und auch das Verhältnis R' der Bodenkonzentration bei Inversion zu der Konzentration ohne Inversion für $u_1 = 4$ m/s angeführt.

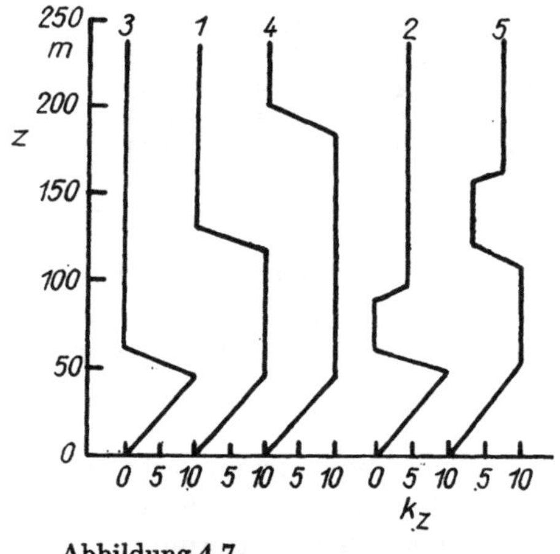

Abbildung 4.7.
Charakteristische Profile für die Änderung von k_z in Abhängigkeit von der Höhe z bei verschiedener Lage der Inversionsschichten der Luft

Tabelle 4.5.
Werte für die Konzentration s und für das Konzentrationsverhältnis R'

Profil	H/m		x/km							
			0,1	0,5	1,0	1,5	2,0	3,0		
3	50	s	151	591	647	566	489	382		
		R'	1,41	1,59	1,74	1,83	1,92	1,97		
			x/km							
			1	2	3	4	5	10	20	30
1	120	s	60	98	116	122	121	96	65	51
		R'	1,50	1,55	1,59	1,62	1,68	1,92	2,32	2,68

Eine charakteristische Besonderheit der Profile von k_z, die bei den Berechnungen für Tabelle 4.5 angewendet wurden, besteht darin, daß die hemmende Schicht mit stark abgeschwächter Turbulenz direkt über der Quelle liegt. Aus den angeführten Werten wird der Effekt der Vergrößerung der Bodenkonzentration bei vorhandener freier Inversion deutlich. Dieser Effekt verstärkt sich mit ansteigendem x. Die Vergrößerung der Konzentration ist in großen Entfernungen von der Quelle besonders stark. Die Größe des Maximums s_m steigt um ungefähr 50–70% an, während sich die entsprechende Entfernung x_m verhältnismäßig wenig ändert. Mit Verringerung der Quellhöhe wächst der Einfluß der darüberliegenden hemmenden Schicht an.

Die Rechenergebnisse von R' für die anderen drei Verteilungen von k_z, die in Abbildung 4.7 aufgeführt sind, enthält Tabelle 4.6.

Tabelle 4.6.
Werte für das Verhältnis der Bodenkonzentrationen bei vorhandener und fehlender Sperrschicht

Höhe	Profil	x/km							
		1	2	3	4	5	10	20	30
$z = 0$	4	1,02	1,03	1,03	1,04	1,06	1,22	1,53	1,78
	1	1,50	1,56	1,59	1,62	1,68	1,92	2,32	2,68
	5	1,33	1,38	1,50	1,42	1,44	1,54	1,68	1,72
$z = H$	4	1,02	1,03	1,10	1,16	1,18	1,41	1,68	1,89
	1	1,51	1,70	1,81	1,89	1,91	2,14	2,56	2,83
	5	1,37	1,48	1,52	1,55	1,55	1,61	1,76	1,78

Ebenso wie in den oben betrachteten Fällen wird der Einfluß der sperrenden Schicht mit der Entfernung stärker. Er ist um so kleiner, je höher die Schicht über der Quelle liegt. Bei ausreichend großer Überhöhung der unteren Grenze der Inversion von 100–200 m und mehr über der Quellhöhe erscheint der Effekt nur in großen Entfernungen.

Die Berechnungen zeigen, daß man sich auf die oben eingeführten, verhältnismäßig einfachen Modelle für die Verteilung von k_z beschränken kann, wonach sich die Änderung von k_z oberhalb der Sperrschicht nur in beträchtlichen Entfernungen von der Quelle wesentlich auswirkt. In geringen Entfernungen beeinflußt auch die Turbulenzintensität innerhalb der Inversionsschicht diesen Vorgang nicht sehr stark.

Der größte Einfluß der Schicht mit abgeschwächter Turbulenz tritt auf, wenn sie unmittelbar über der Quelle liegt. Unter diesen Bedingungen kann sich das Maximum der Konzentration eines leichten Schadstoffes mehr als verdoppeln. Gleichzeitig ergibt sich nach den erhaltenen Rechenwerten, daß es nicht zulässig ist, durch die Berücksichtigung einer starken Verringerung von k_z über der Quelle das Ansteigen des Maximums der Bodenkonzentration ungefähr um eine Größenordnung zu erklären, wie manchmal geschlußfolgert wird. Diese starke Vergrößerung der Verschmutzungsintensität der bodennahen Schicht durch industrielle Schornsteinemissionen hängt hauptsächlich mit der Begrenzung der Schornsteinüberhöhung zusammen, wie weiter unten gezeigt wird.

Da bei der Existenz von freien Inversionen der Abfall der Bodenkonzentration nach Erreichen ihres Maximums sehr langsam vor sich geht, kann sich die Gesamtkonzentration einer Gruppe punktförmig über ein Gebiet (z. B. in einer Stadt) verteilter Quellen beträchtlich vergrößern, auch wenn für jede Quelle die maximalen Konzentrationen klein sind. Wenn die hemmende Schicht unterhalb der Quellebene liegt, wird die Bodenkonzentration kleiner als bei Fehlen dieser Schicht. Die entsprechenden Größen sind in der Tabelle 4.7 für $H = 120$ m dargestellt.

In diesem Fall verringern sich die Schadstoffkonzentrationen bis zu sehr großen Entfernungen beträchtlich.

Tabelle 4.7.
Werte für das Verhältnis der Bodenkonzentrationen mit und ohne Sperrschicht unter der Quelle ($H = 120$ m)

Profil	x/km						
	1	2	4	6	8	10	12
3	0,03	0,06	0,16	0,33	0,51	0,68	0,86
2	0,06	0,12	0,28	0,44	0,58	0,68	0,80

Tabelle 4.8.
Werte für das Verhältnis der Konzentrationen in Quellhöhe und an der Bodenoberfläche

Profil	x/km						
	1	2	4	6	8	10	15
1	14	3,5	1,46	0,25	1,05	0,98	0,47
3	1100	156	21,5	7,7	4,3	2,8	1,7
ohne hemmende Schicht	14	3,15	1,26	0,97	0,90	0,88	0,85

In Tabelle 4.8 ist das Verhältnis der Konzentration in der Quellebene ($z = H$) zur Bodenkonzentration ($z = 0$) angegeben. Zum Vergleich sind in der unteren Zeile die Werte dieses Verhältnisses für den Fall ohne Sperrschicht angeführt.

Liegt die Quelle in der Schicht der abgeschwächten Turbulenz, so bleiben die beträchtlichen Unterschiede in den Konzentrationen an der Erdoberfläche und in der Höhe der Quelle bis zu sehr großen Entfernungen von x erhalten, im Unterschied zum oben betrachteten Fall, wo die hemmende Schicht über der Quelle liegt.

Die Probleme der Berechnung von Schadstoffkonzentrationen einer unter der Temperaturinversion liegenden Quelle wurden auch in der Arbeit von Bierly und Hew-

SON (1965) auf der Grundlage stark vereinfachter Vorstellungen über die gleichmäßige vertikale Schadstoffverteilung unterhalb der Inversionsschicht betrachtet.

Ein vereinfachtes Modell zur Untersuchung des Einflusses der freien Inversion auf die Schadstoffausbreitung arbeiteten HEINES und PETERS (1973) auf der Grundlage einer Lösung der Diffusionsgleichung mit konstanten Koeffizienten unter der Voraussetzung aus, daß der Schadstoffstrom an der unteren Grenze der Inversion $H_{\mathrm{I,u}}$ gleich Null ist. Aus der Analyse der Lösung folgt, daß bei einer Quellhöhe $H < 0{,}6 H_{\mathrm{I,u}}$ der Effekt der freien Inversion klein ist.

BERLJAND u. a. (1965c) untersuchten die Ausbreitung einer schweren Beimengung bei vorhandenen hemmenden Inversionsschichten ebenfalls rechnerisch. Insbesondere wurden die Größen der Verhältnisse

$$\chi = \frac{q_w|_{z=0}}{q|_{z=0}} \quad \text{und} \quad \chi' = \frac{q_w|_{z=H}}{q_w|_{z=0}}$$

berechnet, wobei q_w und q entsprechend die Konzentrationen des schweren und leichten Schadstoffes sind.

Tabelle 4.9.
Werte für χ und χ'

Verhältnis	Profil	x/km 1	2	4	6	8	10	15
χ	1	1,26	1,20	1,06	0,95	0,85	0,77	0,59
	2	3,50	3,50	2,80	2,35	1,92	1,68	1,45
	3	4,00	5,10	4,40	3,44	2,76	2,29	1,55
	4	1,34	1,50	1,14	1,05	0,98	0,92	0,88
χ'	1	7,00	1,96	0,95	0,80	0,80	0,79	0,78
	2	8,00	2,14	0,99	0,85	0,81	0,79	0,78
	3	2,36	2,50	1,50	1,43	0,87	0,67	0,42

In Tabelle 4.9 sind die Werte von χ und χ' für $H = 120$ m, $w = 5$ m/s und vier Profile der Änderung von k_z abhängig von der Höhe angeführt. Die ersten drei Profile sind in Abbildung 4.7 unter den entsprechenden Nummern angegeben, und das vierte Profil gehört zu den Normalbedingungen, wenn die Größe k_z oberhalb $h = 50$ m einen konstanten Wert behält. Die größten Unterschiede zwischen der schweren und der leichten Beimengung ergeben sich bei kleinen Werten von k_z unter der Quelle und bei nicht sehr großen χ. Wenn sich die Quelle in der Sperrschicht oder unter ihr befindet, dann klingt die Größe χ' mit der Entfernung ab und bleibt für große Entfernungen größer als Eins.

Die Konzentration einer schweren Substanz ist bei Inversionsschichtung ebenso wie für normale Bedingungen in großen Entfernungen von der Quelle kleiner als für die leichte Verunreinigung. Das hängt mit dem Ausfallen schwerer Teilchen in geringen Entfernungen zusammen.

Die größten Unterschiede in den Werten des Verhältnisses χ', das den Konzentrationsgradient in der unteren Luftschicht charakterisiert, liegen in geringen Entfernungen von der Quelle. Die Konzentration einer schweren Beimengung in Höhe der Quelle ist im allgemeinen wesentlich größer als auf der Erde. Diese Unterschiede sind jedoch etwas geringer als für einen leichten Schadstoff bei gleichen meteorologischen Bedingungen.

4.7. Einfluß einer Inversion auf die Schornsteinüberhöhung

Die gefährlichen Bedingungen, bei denen in der bodennahen Luftschicht die größten Konzentrationen der schädlichen Stoffe beobachtet werden, sind oft mit dem Vorhandensein einer freien Temperaturinversionsschicht verbunden. Dabei nimmt man an, daß diese Schicht den Schadstofftransport in größere Höhen verhindert, so daß dadurch die gesamte Schadstoffmasse unter der Inversionsschicht an der Erdoberfläche konzentriert ist. Bisher ist wenig experimentelles Material über die Vergrößerung der Konzentration unter den angegebenen Bedingungen veröffentlicht worden. Nach Lowry (Meteorology and atomic energy, 1959) vergrößern sich entsprechend den Beobachtungsergebnissen bei über der Quelle liegenden Inversionen die Konzentrationen ungefähr um 20mal. Nach der existierenden Klassifikation der Formen von Rauchfahnen gehören diese Fälle zu den Bedingungen der „Verrauchung“ (fumigation) der bodennahen Luftschicht (s. Abschn. 7.5.).

In den Arbeiten von Berljand u. a. (1963b, 1964b), die in dem vorangehenden Kapitel dargelegt sind, wurde erstmals nachgewiesen, daß es bei einer Sperrschicht mit abgeschwächter Turbulenz über vereinzelten Quellen zu einer wesentlichen Erhöhung der Bodenkonzentration (um 1,5—2mal) kommt. Sie ist aber nicht so groß, wie man in vorangegangenen Untersuchungen für diese Bedingungen gezeigt hatte. In der Tat können die freien Inversionen eine beträchtlich größere Verschmutzung der bodennahen Luftschicht hervorrufen (Berljand, 1966a), wenn man zusätzlich den Charakter der Veränderung der Schornsteinüberhöhung ΔH berücksichtigt. Es zeigt sich, daß die Größe ΔH bei einer Inversion nicht unbegrenzt mit Verringerung von u anwachsen kann, wie das aus (3.37) für Gleichgewichtsbedingungen folgt. Die Erhöhung der Lufttemperatur mit der Höhe führt dazu, daß manchmal die Emissionen aus einem Schornstein nicht über ein bestimmtes Niveau, die „Höchstgrenze“, aufsteigen können.

In diesem Zusammenhang besteht bei der Abschätzung der kritischen Bedingungen Interesse dafür, den gemeinsamen Einfluß der von der Höhe abhängigen Temperaturverteilung der Luft, insbesondere bei freien Inversionen, und der Windgeschwindigkeit zu bestimmen.

Deshalb ist es zunächst erforderlich, den Einfluß des Temperaturgradienten auf die Schornsteinüberhöhung festzustellen. In Abschnitt 3.3. ist die allgemeine Aufgabenstellung für Querströmung angegeben. In einigen Fällen ist es ausreichend, die Lösung zur Berücksichtigung des angegebenen Effektes durch einfacheres Herangehen zu erhalten, wie das in der Arbeit von Berljand (1966a) durchgeführt wurde. Im Abschnitt 3.2. sind die Näherungsformeln (3.20) und (3.23) für die Beurteilung des Abklingens der vertikalen Strahlgeschwindigkeit mit der Entfernung von der Quelle bei verschiedenen Schichtungen angegeben. Bei der Betrachtung dieser Beziehungen ist unschwer zu erkennen, daß diese Gleichungen für die unterschiedlichen Vorzeichen des Temperaturgradienten $\mathrm{d}T/\mathrm{d}z$ zwar in der äußeren Form übereinstimmen, sich aber im Charakter für die Abhängigkeit der Strahlparameter von $\mathrm{d}T/\mathrm{d}z$ in beiden Fällen wesentlich voneinander unterscheiden. Der Hauptunterschied besteht darin, daß bei $\mathrm{d}T/\mathrm{d}z > 0$ in der Höhe $z = z_G$, wenn $f_1 R^2 + E_1 = \pi$ ist, nach (3.20) $w_m = 0$ gilt. In diesem Fall wird die Strahlüberhöhung begrenzt, indem sie eine gewisse Höchstgrenze erreicht. Aus der Lösung der Gleichungen, die im Abschnitt 3.3. betrachtet wurden, folgt auch, daß bei einer Temperaturinversion ein wellenförmiger Strahlanstieg auftreten kann. Das ist ein verhältnismäßig schwacher Effekt, wobei die Schwingungsamplitude mit der Strahlbreite vergleichbar ist. Er wurde von BRINGFELT (1969) unter natürlichen Bedingungen beobachtet.

Den entsprechenden Wert von $R = R_G$ bestimmt man aus der Gleichung $R_G^2 = 1/f_1(\pi - E_1)$. Setzt man diesen Wert von R_G in (3.22) ein, so ergibt sich für konstantes k

$$z_G = I_E \sqrt{\frac{A_1}{k \frac{\mathrm{d}T}{\mathrm{d}z}}} \tag{4.22}$$

mit

$$I_E = \frac{1}{2\sqrt{3}} \int_{\varphi_1}^{\pi} \sqrt{\frac{\sin t}{t - E_1}}\, \mathrm{d}t\,, \qquad \varphi_1 = E_1 + f_1 R^2\,. \tag{4.23}$$

Die Werte für I_E für unterschiedliche E_1, die praktisch in den Grenzen von $-0{,}01$ bis $+0{,}1$ liegen, verändern sich verhältnismäßig wenig, und es ist $I_E \approx 0{,}6$.

Bei der Bestimmung der Höhe z_G treten Fehler auf, denn beim Abklingen der Geschwindigkeit auf Null fällt die Strahltemperatur unbeschränkt ab. Das hängt offensichtlich damit zusammen, daß bei der Aufgabenstellung der vertikale Austausch und einige andere Faktoren nicht berücksichtigt wurden, deren Einfluß sich an den Grenzen der Strahlausbreitung auswirkt. Folglich existieren Anwendungsgrenzen der ausgewählten Beziehungen für $f(\eta)$ (s. (3.5)) usw. Deshalb muß man die Schlußfolgerung über die Existenz einer Höchstgrenze als Näherung betrachten.

Analoge Schlußfolgerungen sind auch in den Arbeiten MORTON (1959), PRIESTLEY und BALL (1956) u. a. enthalten, wobei darin vorgeschlagen wurde, noch die Höhe z_T zu bestimmen, in der $\vartheta_m = 0$ ist. Aus der Beziehung (3.21) für ϑ_m ist unschwer zu erkennen, daß z_T der Beziehung $f_1R^2 + E_1 = \pi/2$ entspricht. Im allgemeinen Fall gilt $z_T < z_G$. Nach PRIESTLEY und BALL ergibt sich $z_T \approx 0{,}7 z_G$.

Für $\mathrm{d}T/\mathrm{d}z < 0$ existiert diese Höchstgrenze nicht, wie aus (3.23) folgt.

Weiterhin ergibt sich entsprechend (4.22) $z_G \approx (\mathrm{d}T/\mathrm{d}z)^{-1/2}$. BRIGGS (1969) erhielt ähnliche Ergebnisse für den maximalen Anstieg z_G bei einer Inversion: $z_G \approx (\mathrm{d}T/\mathrm{d}z)^{-3/8}$. Somit geht die Geschwindigkeit w_m in der Höhe z_G für Inversionsbedingungen gegen Null. Unter diesen Bedingungen darf die effektive Höhe verständlicherweise nicht größer als z_G sein. Der Unterschied zwischen z_G und ΔH ist wesentlich von der Windgeschwindigkeit u abhängig. In jenen Fällen jedoch, wenn die Größe z_G klein, aber die Schornsteinhöhe genügend groß ist, sollten die absoluten Unterschiede zwischen z_G und ΔH keine bedeutende Rolle bei der Abschätzung der Bodenkonzentration einer Höhenquelle spielen. Deshalb besteht Interesse, die Fälle für kleine z_G zu untersuchen. Offensichtlich haben dafür die Unterschiede zwischen den Höhen z_G und z_T, die entsprechend dem Abklingen der Vertikalgeschwindigkeit w_m und des Temperaturunterschiedes ϑ_m auf Null bestimmt werden, keine Bedeutung. Um jene Bedingungen festzustellen, für die z_G klein ist, sind die Rechenergebnisse für zwei charakteristische Beispiele angegeben, wobei für beide Fälle die Größe des Inversionsgradienten $\mathrm{d}T/\mathrm{d}z = 10^{-2}$ K/m und $k = (1 \dots 5)$ m²/s ist. Im ersten Beispiel betrachtet man eine starke Wärmequelle von der Art des Schornsteines eines Wärmekraftwerkes, wobei man für $w_0 = (10 \dots 20)$ m/s, $R_0 = (2 \dots 3)$ m und für $\Delta T = 100$ K annimmt. Zum zweiten Beispiel gehören die für eine Reihe von Chemiebetrieben charakteristischen Bedingungen $w_0 \approx 10$ m/s, $R_0 = 0{,}5$ m und $\Delta T = 20$ K.

Unschwer erkennt man, daß sich in beiden Fällen der Ausdruck (3.14) für A_1 zu

$$A_1 = \sqrt{(w_0\, \Delta T R_0^2)^2 + \frac{T_a}{g} \frac{\mathrm{d}T_a}{\mathrm{d}z} (w_0 R_0)^4} \approx w_0\, \Delta T R_0^2 \tag{4.24}$$

vereinfacht, und auf der Grundlage von (4.22) und (4.23) ergibt sich

$$z_G \approx 0{,}61 \sqrt{\frac{w_0\, \Delta T R_0^2}{\mathrm{k} \dfrac{\mathrm{d}T}{\mathrm{d}z}}}\,. \tag{4.25}$$

Für leistungsstarke Wärmequellen ist $z_G = (200 \ldots 800)$ m. Bei verhältnismäßig kalten Emissionen aus Schornsteinen von geringem Durchmesser ergibt sich $z_G = (20 \ldots 40)$ m. Offensichtlich spielt bei Schornsteinen einer Höhe von mehr als 50—100 m die Verbesserung der Genauigkeit infolge des Einflusses der Windgeschwindigkeit keine wesentliche Rolle. Näherungsweise kann man die effektive Überhöhung aus z_G bestimmen. Aus Gleichung (4.25) folgt, daß die Höhe z_G um so kleiner ist, je geringer die Leistung der Wärmequelle, das heißt, je geringer die Wärmemenge im Luftvolumen ist, die aus dem Schornstein austritt (diese Menge ist proportional $w_0\, \Delta T R_0^2$). Der Wert von z_G verringert sich auch mit der Vergrößerung des Inversionstemperaturgradienten $\mathrm{d}T/\mathrm{d}z$. Die Abhängigkeit z_G von $\mathrm{d}T/\mathrm{d}z$ ist kompliziert, denn von $\mathrm{d}T/\mathrm{d}z$ ist auch der Austauschkoeffizient k abhängig. Man kann annehmen, daß bei einer gegebenen Wärmeleistung der Quelle z_G einen Minimalwert bei gewissen nicht sehr ausgeprägten Inversionen erreicht, wenn $k(\mathrm{d}T/\mathrm{d}z)$ nicht sehr klein ist (in Schichten mit isotroper Turbulenz ist $k(\mathrm{d}T/\mathrm{d}z)$ proportional dem turbulenten Wärmestrom).

Auf der Grundlage des oben Gesagten müssen die erhaltenen Ergebnisse für z_G als Näherungswerte betrachtet werden. Gleichzeitig folgt für kleine z_G auch bei beträchtlichen Fehlern in der Bestimmung von z_G überzeugend die grundsätzliche Schlußfolgerung, daß die Schornsteinüberhöhung für einen Schadstoff unabhängig von der Größe der Windgeschwindigkeit durch geringe Höhen begrenzt wird.

Bei instabiler Atmosphäre wird nach den erhaltenen Gleichungen der Einfluß des Temperaturgradienten auf die vertikale Bewegungsgeschwindigkeit und hieraus auch auf die Schornsteinüberhöhung hauptsächlich durch die Größe A_1 bestimmt. Auf der Grundlage der oben durchgeführten Berechnungen, die einen breiten Bereich praktisch interessierender Bedingungen einschließen, ist der Wert von A_1 im Grunde genommen schwach von $|\mathrm{d}T/\mathrm{d}z|$ abhängig. Hieraus kann man schlußfolgern, daß die Änderung der Geschwindigkeit der vertikalen Bewegung und die Schornsteinüberhöhung für den instabilen Zustand der Atmosphäre ebenfalls schwach von der Größe des Temperaturgradienten abhängen.

Weiterhin ist zu bemerken, daß Gleichung (3.37) für die Bedingungen der Gleichgewichtsschichtung und der instabilen Schichtung aufgestellt wurden, bei denen man die größten Bodenkonzentrationen erwarten kann.

Aus den eben abgeleiteten Schlußfolgerungen ergibt sich, daß der Einfluß des Temperaturgradienten gering ist. Das ermöglicht, die Gleichung (3.37) in größerem Umfange anzuwenden.

4.8. Freie Inversion mit Windstille

Die der kritischen Windgeschwindigkeit u_M entsprechende maximale Konzentration c_M ist umgekehrt proportional u_M. Die größte Konzentration wird jedoch gewöhnlich nicht bei sehr kleinen Windgeschwindigkeiten erreicht, bei denen sich die effektive Quellhöhe stark vergrößert. Nach den gegenwärtig angewendeten Gleichungen zur Bestimmung von ΔH, insbesondere der Gleichung (3.37), wächst ΔH unbeschränkt mit der Verringerung von u auf Null an. Gleichzeitig folgt aus den im Abschnitt 4.8. erhaltenen Ergebnissen, daß bei Inversionsbedingungen eine gewisse Höchstgrenze für die Schornsteinüberhöhung eines Schadstoffes existieren kann. Wenn die Höchstgrenze verhältnismäßig niedrig über dem Schornstein liegt, müssen bei schwachen Winden die Schadstoffkonzentrationen, selbst unter Berücksichtigung der Ergebnisse des Abschnitts 4.3. zur Begrenzung dieses Anstiegs, anwachsen. Folglich können bei vorhandener Inversion über dem Schornstein und starker Windabschwächung in der bodennahen Schicht sehr gefährliche Bedingungen entstehen, womit die Fälle besonders großer Konzentrationen zu erklären sind. Diese Fälle muß man bei der Analyse der Bedingungen der atmosphärischen Luftverschmutzung durch Industrieemissionen sehr sorgfältig untersuchen.

5. Umwandlung von Beimengungen in der Atmosphäre. Nebel und Smog

5.1. Besonderheiten der Ausbreitung instabiler Substanzen

Am Prozeß der atmosphärischen Diffusion können auch Substanzen beteiligt sein, die zeitlich nicht stabil sind. So reagieren einige Produkte industrieller Emissionen chemisch miteinander oder mit in der Luft enthaltenen Gasen. Folglich werden diese Stoffe in andere umgewandelt, und nur ein Teil davon bleibt in unveränderter Form erhalten.

Die Erforschung der turbulenten Diffusion radioaktiver Stoffe, für die ein konstanter radioaktiver Zerfall charakteristisch ist, besitzt große Bedeutung. Dabei unterscheidet man langlebige und kurzlebige Isotope.

Die Konzentrationsänderung einer Beimengung q während ihres Zerfalls ist meist der Konzentration selbst proportional. Wenn der Schadstoff im Raum gleichmäßig verteilt ist, wird die Abhängigkeit q von der Zeit durch die einfache Differentialgleichung

$$\frac{\mathrm{d}q}{\mathrm{d}t} = -\alpha q$$

oder nach ihrer Integration durch die Gleichung $q = q_0\,\mathrm{e}^{-\alpha t}$ beschrieben. Hier charakterisiert der Proportionalitätsfaktor α die Intensität des radioaktiven Zerfalls des Schadstoffes. Neben dem Parameter α führt man noch die Halbwertszeit T^* ein, in der die Konzentration q um die Hälfte ihres Anfangswertes q_0 abgenommen hat. α und T^* sind durch $\alpha = \ln 2/T^*$ miteinander verknüpft.

Die chemische Umsetzung der Schadstoffe während der atmosphärischen Diffusion, wenn sie ungleichmäßig verteilt sind, berücksichtigt man mit Hilfe des Gliedes αq in der Ausgangsgleichung (1.2).

Bei der Untersuchung des Transportes langlebiger Produkte mit großen Halbwertszeiten T^* und kleinem α kann man meist annehmen, daß dieser Transport gleich der Ausbreitung unveränderlicher Schadstoffe ist. Dies ermöglicht, in Gleichung (1.2) das Glied αq zu vernachlässigen und die weiter oben erhaltenen Lösungen für diese Aufgabe anzuwenden.

Die Emissionen kurzlebiger radioaktiver Stoffe mit kleinem T^* können in der Nähe der Quelle oft für die Bevölkerung eine große Gefahr darstellen. Meist ergreift man spezielle Maßnahmen zur Verzögerung des Austritts dieser Stoffe in die Atmosphäre und gewährleistet damit ein „Altern“ dieser Stoffe. Deshalb kommen die Fälle mit kleinem T^* selten vor (Meteorology and atomic energy, 1959). Praktisches Interesse besteht für Schadstoffe mit Halbwertszeiten, die vergleichbar mit ihrer Transportzeit von der Quelle sind.

Die Existenz des Gliedes αq im rechten Teil von (1.2) kompliziert wesentlich die Bestimmung einer analytischen Lösung sogar in den verhältnismäßig einfachen Fällen, die weiter oben betrachtet wurden. Nur unter der Voraussetzung einer mit der Höhe konstanten Geschwindigkeit u erhält man die Lösung

$$q_\alpha = q(x, y, z)\, e^{-\alpha(x/u)}\,, \tag{5.1}$$

wobei q_α und q die Lösungen für $\alpha \neq 0$ und $\alpha = 0$ sind.

Für reale Bedingungen, bei denen sich die Windgeschwindigkeit immer mit der Höhe ändert, kann die Lösung von (1.2) nur auf numerischem Wege erhalten werden. Dabei muß man mit Hilfe (1.26), (1.27) und (1.32) von der Lösung q_α für eine Punktquelle zur Lösung q_α' für eine Linienquelle

$$u\frac{\partial q_\alpha'}{\partial x} + w\frac{\partial q_\alpha'}{\partial z} = \frac{\partial}{\partial z}\left(k_z\frac{\partial q_\alpha'}{\partial z}\right) - \alpha q_\alpha' \tag{5.2}$$

übergehen.

In den Arbeiten von BERLJAND u. a. (1965a, b) sind numerische Untersuchungen nach dem Modell (1.18) für u und k_z ausgeführt. Dabei waren $T^* = (300 \dots 1800)$ s, $H = (100 \dots 300)$ m und $w = (0 \dots 0{,}25)$ m/s. Es zeigte sich, daß man zwischen q_α und q eine einfache Beziehung vom Typ der Gleichung (5.1) aufstellen kann. Tatsächlich war nach den Rechenergebnissen die Abhängigkeit der Größe $\ln q_\alpha/q$ vom Abstand zur Quelle x ungefähr eine lineare Funktion. Damit kann man die Beziehung (5.1) näherungsweise auch für den Fall einer mit der Höhe veränderlichen Windgeschwindigkeit benutzen, indem man für u den Wert der Windgeschwindigkeit u_H in der Quellebene annimmt. Diese Lösung liefert jedoch etwas größere Ergebnisse. Beispielsweise ist die mit Hilfe von (5.1) berechnete Konzentration q_α für $H = 300$ m, $T^* = 600$ s und $w = 0{,}25$ m/s ungefähr um 100% größer. Für eine strengere Analyse des Diffusionsprozesses zerfallender Stoffe muß die Gleichung (5.2) für $\alpha \neq 0$ numerisch gelöst werden.

Analog den Ausführungen in den vorangehenden Kapiteln kann man aus der Bedingung $\partial q_\alpha/\partial x = 0$ das Konzentrationsmaximum $q_{m\alpha}$ und die Entfernung $x_{m\alpha}$, in der es erreicht wird, bestimmen. Nach (5.1) ist in der Entfernung $x_{m\alpha}$ die Größe $\partial q/\partial x = \alpha q_\alpha/u$, das heißt $\partial q/\partial x > 0$. Für stabile Schadstoffe erreicht die Konzentration ihren Maximalwert in einer größeren Entfernung x_m, wo $\partial q/\partial x = 0$ ist. Somit verringert sich beim Zerfall eines Schadstoffes nicht nur die Konzentration, sondern auch die Entfernung, wo ihr Maximum erreicht wird.

Bei der Untersuchung der Diffusion reagierender Substanzen muß man manchmal auch berücksichtigen, daß sich ihre Menge M mit der Zeit ändern kann. Zum Beispiel wird in „Meteorology and atomic energy" (1959) darauf verwiesen, daß man die Quellintensität M für kurzlebige Stoffgemische in der sogenannten Anfahrzeit des Kernreaktors mit dem Koeffizienten $(t_1/t)^{0,5}$, aber für Gemische von verhältnismäßig langlebigen Stoffen, die charakteristisch für Emissionen eines im Dauerbetrieb arbeitenden Reaktors sind, mit $(t_1/t)^{0,2}$ multiplizieren muß. Hierin ist t die Zeit, die seit der Kernreaktion, die die Ursache der Umwandlung dieses Gemisches darstellt, bis zum Moment des Transports des Schadstoffes in den Punkt, wo die Konzentration bestimmt wird, vergangen ist. $t = x/u$ gilt für einen Punkt in der Entfernung x bei gegebener Windgeschwindigkeit u in der Quellhöhe. t_1 ist die Zeit, die vom Moment der Reaktion bis zum Moment der Bestimmung der Quellintensität M vergeht. Die aufgezeigten Abhängigkeiten der Emission von der Zeit kann man bei der Betrachtung des turbulenten Diffusionsprozesses als quasistationären Prozeß mit der Zeit als Parameter betrachten.

5.2. Wechselwirkung von Luftverunreinigungen mit Wassertropfen

Atmosphärische Beimengungen wandeln sich während ihrer Wechselwirkung mit Wassertropfen von Nebeln, Wolken und Niederschlägen um. Nebel, besonders von großer Intensität und Dauer, gehören zu anomalen Wetterbedingungen, die eine gefährliche Luftverunreinigung hervorrufen. Der Charakter der Sehadstoffdiffusion bei Nebel ist wenig erforscht. Das vorhandene nicht sehr umfangreiche Versuchsmaterial wurde bisher unzureichend systematisiert und analysiert, was teilweise durch Schwierigkeiten der Auswahl für den Vergleich der Fälle mit und ohne Nebel bei anderen analogen Wetterbedingungen bedingt ist.

Der Einfluß von Nebeln auf den Gehalt von Schadstoffen in der Luft hat komplizierten Charakter. Bei Nebel beobachtet man oft spezifische Bedingungen für die Ausbreitung der meteorologischen Einflußgrößen, die die Vergrößerung der Schadstoffkonzentration am Boden fördern. Schadstoffe werden teilweise durch Wassertröpfchen absorbiert, bei der Auflösung bilden sich manchmal neue, schädlichere Stoffe. Bei erhöhtem Gehalt von hygroskopischen Teilchen verschlechtert sich die Sicht sehr, wobei die Kondensation von Feuchtigkeit bereits bei einer relativen Luftfeuchtigkeit von weniger als 100% beginnt, und es verändern sich auch die mikrophysikalischen Eigenschaften des Nebels (es vergrößert sich die Tropfenzahl infolge der Verkleinerung ihrer Abmessungen). Der Feuchtigkeitsniederschlag auf Aerosolen vergrößert ihre Abmessungen und die Fallgeschwindigkeit zur Erdoberfläche. In den letzten Jahren zeichnet sich in Städten bei niedrigen Temperaturen die Möglichkeit der Bildung sogenannter kalter Nebel infolge von Emissionen der Automobile ab (SINGER, 1970).

In Anbetracht der Kompliziertheit der ablaufenden Prozesse gewinnt die Entwicklung der Theorie zur atmosphärischen Verschmutzung bei Nebeln besondere Wichtigkeit.

Die atmosphärische Diffusion bei Nebel untersucht man auf der Grundlage der numerischen Integration von Gleichung (1.2) unter Berücksichtigung des Gliedes αq, das den Abfluß eines Schadstoffes infolge seiner Absorption durch Nebeltropfen charakterisiert (außerhalb des Nebels wird $\alpha = 0$ angenommen). Dieses Glied kann in allgemeiner Form aus der Beziehung

$$\alpha q = \int_0^\infty P(r)\, N(r)\, \mathrm{d}r \tag{5.3}$$

bestimmt werden, wobei $P(r)$ die Schadstoffmenge ist, die durch Nebeltropfen vom Radius r in der Zeit absorbiert wird, und $N(r)$ ist eine Verteilungsfunktion für die Tropfengröße.

Nach CHRGIAN und MASIN (1962) ist

$$N(r) = \bar{a} r^2\, \mathrm{e}^{-\bar{b} r}, \qquad \bar{a} = \frac{\left(\frac{5}{2}\right)^5 \Delta}{\pi \varrho_\mathrm{W} r_\mathrm{m}^2}, \qquad \bar{b} = \frac{5}{r_\mathrm{m}}.$$

Hierbei sind Δ der Wassergehalt des Nebels, r_m der Tropfenradius, der dem Maximum der Verteilungsfunktion entspricht, und $\varrho_\mathrm{w} = 1\ \mathrm{g/cm^3}$ die Dichte des Wassers.

Indem man annimmt, daß gasförmige Schadstoffe vollständig an der Oberfläche des Tropfens absorbiert werden und man den Einfluß der Tropfenbewegung vernachlässigt, ergibt sich

$$P(r) = 4\pi Dqr \quad \text{und} \quad \alpha = 0{,}6D \frac{\Delta}{\varrho_\mathrm{w} r_\mathrm{m}^2}, \tag{5.4}$$

wobei D der molekulare Diffusionskoeffizient für Luft ist.

Die Berücksichtigung der Tropfenbewegung hat keinen wesentlichen Einfluß, wie KLINGO und ONIKUL (1968) zeigten. Die Bedeutung des Koeffizienten α für Nebeltropfen untersuchten SIMIN (1961), GISSINA (1964) u. a.

Zur zahlenmäßigen Abschätzung des Einflusses von Nebel ist es folglich notwendig, den Tropfenradius r_m und den Wassergehalt sowie auch die räumliche Verteilung dieser Größen zu kennen. Außerdem bilden sich im Nebel meist die Profile der Temperatur und des Austauschkoeffizienten um. Diese Charakteristiken wurden bisher auf der Grundlage von Beobachtungswerten wenig erforscht. Für ihre Bestimmung ist die Entwicklung der Theorie der Nebelbildung erforderlich. Diese Theorie wurde für Flußnebel, die oft in der kalten Jahreszeit in Gebieten von nichtgefrorenen Flüssen und Wasserreservoiren auftreten, und für die äußerst oft anzutreffenden Strahlungsnebel entwickelt.

5.3. Flußnebel

BERLJAND und ONIKUL (1968) arbeiteten auf der Grundlage der numerischen Lösung des Gleichungssystems für den Wärme- und Feuchtigkeitstransport im stationären Luftstrom eine Theorie für Flußwolken aus, die sich über einem Fluß oder Wasserreservoir und ihren Ufern bewegen. Dabei dringt kalte, ungesättigte feuchte Luft über die wärmere ungefrorene Oberfläche des Flusses vor und strömt danach über die mit Schnee bedeckte Oberfläche des leeseitigen Ufers.

Die horizontalen Entfernungen, die in dieser Aufgabe betrachtet werden, sind so, daß die notwendige Zeit für ihr Passieren durch den Luftstrom meist wesentlich kleiner als die Zeit der Entwicklung und der Existenz von Flußnebeln ist. Deshalb kann man sich in Übereinstimmung mit den Ergebnissen von BERLJAND (1956) auf die Betrachtung des stationären Vorganges der Umwandlung von Eigenschaften der Luftmasse beschränken und die Zeit als Parameter, in Abhängigkeit von Veränderungen der Anfangswerte der Temperatur und der Feuchtigkeit auf der Luvseite des Ufers, berücksichtigen. Dann schreibt sich das System der Ausgangsgleichungen und Randbedingungen in folgender Form:

über dem Fluß ($x' > 0$)

$$u \frac{\partial T'}{\partial x'} = \frac{\partial}{\partial z}\left(k_z' \frac{\partial T'}{\partial z}\right), \qquad u \frac{\partial Q'}{\partial x'} = \frac{\partial}{\partial z}\left(k_z' \frac{\partial Q'}{\partial z}\right), \tag{5.5}$$

$$T' = T^0, \qquad Q' = Q^0 \quad \text{für} \quad x' = 0,$$

$$T' = T_0' = \text{const}, \qquad Q' = Q_\mathrm{m}(T_0') \quad \text{für} \quad z = 0;$$

über der Leeseite des Ufers ($x > 0$)

$$u\frac{\partial T}{\partial x} = \frac{\partial}{\partial z}\left(k_z\frac{\partial T}{\partial z}\right), \qquad u\frac{\partial Q}{\partial x} = \frac{\partial}{\partial z}\left(k_z\frac{\partial Q}{\partial z}\right),$$

$$T = T', \qquad Q = Q' \quad \text{für} \quad x = 0,$$

$$-\varrho c_p k_z \frac{\partial T}{\partial z} - L'\varrho k_z \frac{\partial Q}{\partial z} = R, \qquad Q = Q_{mE}(T) \quad \text{für} \quad z = 0.$$

Außerdem beschränkt man die gesuchten Funktionen im Unendlichen.

Hier ist T die Lufttemperatur, Q die spezifische Luftfeuchtigkeit und k_z der turbulente Austauschkoeffizient. Die Indizes (′) und (^{0}) kennzeichnen, daß die Temperatur, die spezifische Feuchtigkeit und der Austauschkoeffizient über dem Fluß bzw. am Rand des luvseitigen Ufers betrachtet werden. Die analogen Größen ohne Index gehören zum leeseitigen Ufer. u ist die Windgeschwindigkeit, $Q_m(T'_0)$ bzw. $Q_{mE}(T_0)$ sind die Sättigungsfeuchtigkeit bei der Temperatur der Wasseroberfläche T'_0 bzw. die Sättigungsfeuchtigkeit bezüglich der glatten Eisoberfläche bei der Temperatur der Schneeoberfläche am leeseitigen Ufer T_0, ϱ ist die Luftdichte, c_p die Wärmekapazität der Luft, L' die spezifische Verdampfungswärme des Schnees und R das Strahlungsgleichgewicht der Oberfläche des leeseitigen Ufers. Am luvseitigen Ufer sind die turbulenten Austauschkoeffizienten meist klein. Über einem Fluß bilden sich sehr große überadiabate Temperaturgradienten, infolge dessen die Intensität des turbulenten Austausches ansteigt. Eine solche Verstärkung der Turbulenz wird nur in einer gewissen Schicht in der Nähe der Bodenoberfläche beobachtet, weiter oberhalb entspricht der Wert des turbulenten Austauschkoeffizienten ungefähr der Größe des Austauschkoeffizienten über dem Ufer in der gleichen Höhe.

Bei der Lösung dieser Aufgabe nimmt man an, daß für die Windgeschwindigkeit und den Austauschkoeffizienten am luvseitigen Ufer die Beziehung (1.18) erfüllt wird. Für die Berücksichtigung der Änderung der Schichtung über dem Fluß berechnet man die Abhängigkeit des turbulenten Austauschkoeffizienten von der RICHARDSON-Zahl Ri. Es läßt sich zeigen, daß Ri anfangs ansteigt, ein Maximum in einer gewissen Höhe erreicht und weiterhin bis zu Werten abfällt, die charakteristisch für diese Zahl in der Zuströmung sind. Es wird vorausgesetzt, daß in der Nähe der Wasseroberfläche der Austauschkoeffizient k'_z proportional Ri ansteigt. Wie ausgeführte Abschätzungen zeigten, entspricht das praktisch einem linearen Anstieg von k'_z mit z. Den Stabilitätseinfluß auf den turbulenten Austauschkoeffizienten k'_z berücksichtigt man mit Hilfe der Beziehung (1.13), in der Ri der Mittelwert der RICHARDSON-Zahl in der Störungsschicht ist. Dabei steigt k'_z mit der Höhe ungefähr bis zu einer Höhe an, wo die RICHARDSON-Zahl ein Maximum erreicht, und darüber fällt der Austauschkoeffizient auf den Wert k^0_z der Zuströmung ab. Näherungsweise nimmt man an, daß die Geschwindigkeit dieser Abnahme proportional der Abklinggeschwindigkeit der RICHARDSON-Zahl ist. Nach den erhaltenen Werten der Temperatur T und der Feuchtigkeit Q über dem Fluß und dem leeseitigen Ufer wird der Bereich bestimmt, den der Nebel einnimmt, in dem der Sättigungswert der Feuchtigkeit im Verhältnis größer als der Sättigungswert der Feuchtigkeit des Eises bei der Temperatur T ist, das heißt $Q > Q_{mE}(T)$. Der Wassergehalt des Nebels Δ in diesem Bereich wird als Differenz von Q und $Q_{mE}(T)$ berechnet.

Die Lösung der Aufgabe wird, analog wie in Abschnitt 1.9., mit Hilfe der Faktorisierungsmethode berechnet. Für einen weiten Bereich möglicher Witterungsbedingungen führte man Berechnungen durch. Sie zeigten, daß die Intensität von Flußnebeln wesentlich von der Flußbreite, der Entfernung vom Rand des leeseitigen Ufers, der Windgeschwindigkeit, dem Temperaturunterschied zwischen der Zuströmung und der Wasseroberfläche, der relativen Feuchtigkeit und der Temperatur der Zuströmung sowie einigen anderen Faktoren abhängt.

Abbildung 5.1a, b enthält die Rechenergebnisse für den Austauschkoeffizienten über dem Fluß und den Wassergehalt des Nebels bei einer Flußbreite von 700 m, einer Temperatur der Wasseroberfläche von 0 °C, einer neutralen Schichtung der auf den Fluß zuströmenden Luft, deren Temperatur und relative Feuchtigkeit gleich − 20 °C bzw. 90% sind. Die Windgeschwindigkeit in 1 m Höhe beträgt $u_1 = 0{,}5$ m/s. Der Austauschkoeffizient k_z^0 am luvseitigen Ufer wird nach (1.18) für $h = 30$ m und $k_1 = 0{,}2$ m/s

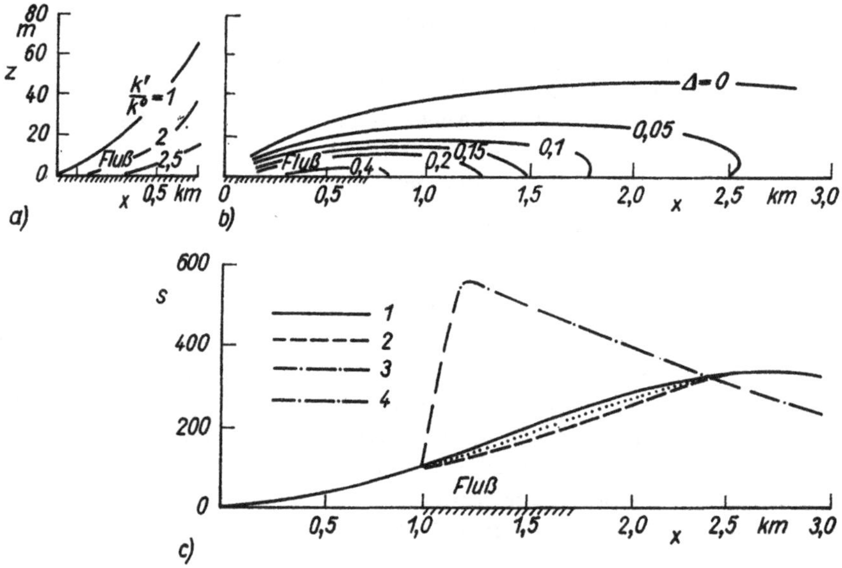

Abbildung 5.1.
Verteilung des Austauschkoeffizienten k (a), des Wassergehaltes Δ (b) und der Konzentration s (c) im Flußnebel

bestimmt. In Abbildung 5.1a sind Kurven für das Verhältnis des Austauschkoeffizienten über dem Fluß k_z' zu dem Koeffizienten k_z^0 in gleicher Höhe angegeben. Daraus ist ersichtlich, daß der Austauschkoeffizient über dem Fluß in einer bestimmten Grenzschicht stark ansteigt. In Abbildung 5.1b sind Isolinien für den Wassergehalt des Nebels in g/m³ abhängig von x und z dargestellt.

5.4. Schadstoffausbreitung bei Anwesenheit von Flußnebeln

Die erhaltenen Abhängigkeiten für den Flußnebel wurden für die numerische Lösung der turbulenten Diffusionsgleichung entsprechend dem oben dargelegten Schema (Berljand u. a., 1968a) angewendet. Die Berechnungen erfolgten für verschiedene Quellhöhen und Witterungsbedingungen. Nach dem Unterschied in der Schadstoffkonzentrationsverteilung im Nebel und ohne Nebel beurteilte man den Effekt der Absorption von Schadstoff durch Tropfen. Man untersuchte ebenfalls die Wirkung einer Verstärkung des turbulenten Austausches über dem Fluß, der Absorption von Schadstoffen durch die Wasseroberfläche des Flusses und anderes.

Die für Flußnebel charakteristische Absorption eines wesentlichen Teils des Schadstoffes durch Nebeltropfen über dem Fluß und in der Nähe des Ufers, wo man die Größtwerte des Wassergehaltes des Nebels beobachtet, wurde aufgeklärt. In allen Höhen in der Nebelschicht gibt es beinahe keinen Schadstoff im ungelösten Zustand. Am luvseitigen Ufer verringert sich mit dem Abstand vom Ufer und mit Verkleinerung des Wassergehaltes dieser Effekt. Dabei beobachtet man, daß sich die Konzentration nicht nur im Innern des Nebels, sondern auch darüber verringert, wenn die Schadstoffquelle oberhalb der Nebelschicht liegt. Das kann damit erklärt werden, daß infolge einer intensiven Absorption von Schadstoff durch Nebeltropfen in den unteren Schichten die Intensität des von oben nach unten gerichteten diffundierenden Schadstoffstromes verstärkt wird.

In Tabelle 5.1 sind die Rechenergebnisse angeführt für die Konzentration eines gasförmigen Schadstoffes aus einer Quelle von 80 m Höhe, die auf dem luvseitigen Ufer in 1 km Entfernung von dem Fluß lag, für Bedingungen eines Flußnebels mit einer

Tabelle 5.1.
Werte für die Schadstoffkonzentration im Flußnebel (obere Reihe; $\alpha = 0$, untere Reihe: $\alpha \neq 0$)

Höhe in m	Entfernung vom luvseitigen Ufer in m		Entfernung vom leeseitigen Ufer in m	
	200	700	500	1000
2	140	230	300	330
	$7 \cdot 10^{-2}$	10^{-8}	3,4	11
50	790	640	550	480
	56	53	51	51
80	1200	840	650	530
	630	180	110	80

Verteilung des Wassergehaltes und des Austauschkoeffizienten entsprechend der Abbildung 5.1. Die Größe des Tropfenradius r_m, die dem entsprechenden Maximum der Verteilungsfunktion entspricht, nahm man mit 2 μm an. In dieser Tabelle sind die Werte von s angegeben, die nach (2.1) in den Höhen 2, 50 und 80 m über dem Fluß in den Entfernungen 200 und 700 m vom Rand des luvseitigen Ufers und auf dem leeseitigen Ufer in Entfernungen von 500 und 1000 m vom Rand berechnet wurden. Für jede Höhe sind in der oberen Zeile die Werte von s angeführt, die ohne Berücksichtigung der Absorption des Schadstoffes durch Nebeltropfen ($\alpha = 0$) berechnet wurden, in der unseren Zeile mit Berücksichtigung dieses Faktors ($\alpha \neq 0$).

Im Nebel sinkt die Konzentration des Schadstoffes in der Luft stark infolge seiner Absorption in den Tropfen. Obwohl die Höhen 50 und 80 m über dem Nebel liegen, wie aus Abbildung 5.1 ersichtlich, fällt auch in diesen Höhen die Konzentration stark ab. Folglich führt die Existenz eines Nebels dazu, daß sich in seinen Tropfen nicht nur jene Schadstoffe konzentrieren, die sich in der Nähe der Bodenoberfläche bei nicht vorhandenem Nebel befinden würden, sondern auch ein beträchtlicher Teil der Schadstoffe aus den höherliegenden und in diesem Fall mehr verunreinigten Schichten. Auf diese Weise sammeln die Nebeltropfen den Schadstoff aus sehr entfernten Schichten an, was die Gesamtverschmutzung der Luft in der Nähe der Oberfläche wesentlich vergrößert.

Im Zusammenhang damit ist es bequem, für die Nebelschicht den Begriff der Gesamtkonzentration $q_G = q + q_N$ zu benutzen, wobei q_N die Schadstoffkonzentration in den Nebeltropfen ist, die auf das Luftvolumen umgerechnet wurde. Aus den oben angeführten Angaben folgt, daß im Nebel die Gesamtschadstoffkonzentration größer als jene ist, die hier bei fehlendem Nebel und den gleichen anderen Bedingungen vorhanden wäre. Über dem Nebel ist umgekehrt die Gesamtkonzentration, die gleich der Schadstoffkonzentration in der Luft ist, kleiner als die Konzentration, die hier bei nicht vorhandenem Nebel festgestellt würde.

Einige theoretische Abschätzungen zu diesem Sachverhalt führte GISSINA (1964) aus. Sie betreffen hauptsächlich die Verschmutzung der bodennahen Luftschicht unter bestimmten Bedingungen der vertikalen Verteilung der Intensität des turbulenten Austausches.

Zur Untersuchung des Einflusses einzelner Faktoren sind in Abbildung 5.1c auch Kurven für die Abhängigkeit der Konzentration s in 2 m Höhe über dem Boden von der Entfernung für unterschiedliche Berechnungsvarianten bei $\alpha = 0$ angegeben. Die erste Variante (Kurve 1) setzt voraus, daß über dem Fluß die Turbulenz nicht verstärkt und der Schadstoff durch die darunterliegende Bodenfläche nicht absorbiert wird. Die zweite Variante (Kurve 2) unterscheidet sich von der ersten nur dadurch, daß man die Absorption des Schadstoffes durch die Wasseroberfläche des Flusses berücksichtigt. Aus dem Vergleich dieser beiden Kurven folgt, daß die Absorption des Schadstoffes durch die Wasseroberfläche die Schadstoffkonzentration über dem Fluß etwas verringert, wenn über dem Fluß und dem Ufer die gleiche Intensität des turbulenten Austausches vorhanden ist. Sogar in der Nähe der Wasseroberfläche ist dieser Effekt gering, und der Abfall überschreitet nicht 30%. Jenseits des Flusses nähern sich die Kurven 1 und 2 schnell an. Die Kurve 3 wurde unter Berücksichtigung eines ansteigenden Austauschkoeffizienten über dem Fluß, aber unter Vernachlässigung der Absorption von Schadstoff durch Nebeltropfen und durch die Flußoberfläche berechnet. Der Vergleich der Kurven 3 und 1 zeigt, daß sich die maximale Schadstoffkonzentration ungefähr zweimal vergrößern und die Entfernung, in der die maximale Konzentration auftritt, sich der Quelle nähern würde, wenn die gleiche Verstärkung des Austauschkoeffizienten über dem Festland wie über einem Fluß beobachtet würde. Bei der Berechnung unter zusätzlicher Berücksichtigung des Einflusses der Absorption von Schadstoff durch die Flußoberfläche beobachtet man diesen Effekt jedoch nicht, wie die Kurve 4 ausweist, weil die Verstärkung des turbulenten Austausches durch die sich vergrößernde Absorption von Schadstoff an der Bodenoberfläche kompensiert wird.

5.5. Strahlungsnebel

Die theoretische Erforschung von Strahlungsnebeln begann ungefähr vor 20 bis 30 Jahren hauptsächlich im Zusammenhang mit der Ausarbeitung von Vorhersagen für diesen Nebel.

Diese Nebel treten praktisch bei Bedingungen auf, wenn die Temperatur der bodennahen Luftschicht bis zum Taupunkt absinkt, das heißt bei einer relativen Luftfeuchtigkeit von 100%. Die Prognose des Strahlungsnebels führte deshalb in einer Reihe von Arbeiten zur Voraussage eines nächtlichen Abfalles der Lufttemperatur unter der Voraussetzung, daß sich die spezifische Feuchtigkeit und folglich auch der Taupunkt während der Nacht verhältnismäßig wenig ändern. Ein solches Herangehen schränkt die Möglichkeit ein, einige Besonderheiten der Entwicklung des Nebels, vor allem die Umordnung des Feldes der langwelligen Strahlung und der damit zusammenhängenden Veränderung der Temperaturschichtung nach der Bildung des Nebels, aufzuklären.

Die Abschätzungen der Strahlungseigenschaften von Wolken zeigten, daß Wolkenschichten von ungefähr 100 m Dicke die Wärmestrahlung beinahe vollständig absorbieren und näherungsweise als schwarzer Körper betrachtet werden können. Offensichtlich kann diese Schlußfolgerung auch ausreichend dichten Nebeln zugeschrieben werden, die nicht selten Höhen von mehr als 100 m erreichen und oft durch Werte des Wassergehaltes charakterisiert werden, die infolge der großen Lufttemperaturen in der Bodenschicht größer als in Wolken sind. Folglich verringert sich die effektive Emission der Bodenoberfläche bei vorhandenem Nebel. In der letzten Zeit betrachteten Berljand und Kantschan (1973) dieses Problem im Zusammenhang mit der Untersuchung des Einflusses des Nebels auf die atmosphärische Diffusion. Die Ausgangsgleichungen für diese Aufgabe schreiben sich in folgender Form:

$$\frac{\partial T}{\partial t} = \frac{\partial}{\partial z}\left(k_z \frac{\partial T}{\partial z}\right) + \varepsilon_S + \varepsilon_K\,, \tag{5.6}$$

$$\frac{\partial Q'}{\partial t} = \frac{\partial}{\partial z}\left(k_z \frac{\partial Q'}{\partial z}\right), \tag{5.7}$$

$$\frac{\partial T_B}{\partial t} = k_B \frac{\partial^2 T_B}{\partial z^2}\,. \tag{5.8}$$

Hierin sind T die Lufttemperatur, $Q' = Q + \Delta$ der gesamte Feuchtigkeitsgehalt, Q die spezifische Luftfeuchtigkeit, T_B die Temperatur am Boden, k_B der Koeffizient der Temperaturleitfähigkeit des Bodens und ε_S und ε_K die Wärmeströme infolge Strahlungsabsorption bzw. Kondensation des Wasserdampfes. Die vertikale Verteilung von k_z bestimmt man nach (1.18).

Bis zur Entstehung eines Nebels ist $Q' = Q$. Der Nebel bildet sich unter der Bedingung, daß der Wasserdampf in der Luft die Sättigungsgrenze erreicht, das heißt $Q' = Q_m(T)$ ist. Übereinstimmend mit der Beziehung von Magnus gilt

$$Q_m(T) = \tilde{a}\, e^{DT}\,. \tag{5.9}$$

Hierin sind $D = (17/(235 + T))$ und $\tilde{a} = 4{,}58\ \text{g/m}^3$, wenn man Q in g/m^3 bestimmt.

Nach Beginn der Kondensation ist $Q' = Q_m(T) + \Delta$, deshalb ist $\Delta = Q' - Q_m(T)$, $\varepsilon_K = L'(\partial\Delta/\partial t)/c_p\varrho$, wobei L' die Kondensationswärme ist.

Als Randbedingungen nimmt man an, daß die Temperatur der Luft und des Bodens an der Bodenoberfläche gleich sind sowie auch die Bedingung der Wärmebilanz erfüllt wird, das heißt, bei $z = 0$ gilt

$$T = T_B\,,$$

$$-\lambda \frac{\partial T}{\partial z} + \lambda_B \frac{\partial T_B}{\partial z} - \frac{L'\lambda}{c_p\varrho}\frac{\partial Q}{\partial z} = E_0\,,$$

wobei λ und λ_B die Koeffizienten der molekularen Wärmeleitfähigkeit der Luft und des Bodens sind und E_0 die effektive Emission der Bodenoberfläche.

Als Randbedingung auf der Bodenoberfläche nimmt man auch an, daß sich während der Nebelbildung die Größe Q' nicht mit der Zeit ändert. Diese Bedingung kann leichter anhand des Versuchsmaterials überprüft werden (MORATSCHEWSKI u. a., 1971) als die Hypothese von ZDUNKOWSKI und NIELSEN (1969), nach der die Größe Q' mit der Zeit in der gesamten Schicht der Atmosphäre konstant bleibt. Außerdem wird vorausgesetzt, daß sich die Feuchtigkeit und die Temperatur in großer Höhe und die Bodentemperatur in sehr großer Tiefe praktisch mit der Zeit nicht ändern. Für den Anfangsmoment der Zeit ($t = 0$) gibt man die vertikale Verteilung der Temperatur T, T_B und der Luftfeuchtigkeit Q vor. Nach KONDRATEW (1965) kann man das gesamte Spektrum der langwelligen Strahlung so in n Gruppen aufteilen, daß für jede Gruppe der Wert des Absorptionskoeffizienten α_A näherungsweise konstant angenommen werden kann. Die Strahlung in der i-ten Gruppe entspricht dem p_i-ten Teil der absoluten Emission des schwarzen Körpers $U = \sigma(273 + T)^4$, wobei σ die STEFAN-BOLTZMANNsche Konstante ist. Dabei gilt $\sum_{i=1}^{n} p_i = 1$. Die Größe ε_S in (5.6) bestimmt man aus der Beziehung

$$\varepsilon_S = \frac{\partial}{\partial z} \sum_{i=1}^{n} (B_i - A_i) , \tag{5.10}$$

wobei A_i und B_i die Ströme der langwelligen Strahlung im i-ten spektralen Intervall sind, die entsprechend von oben nach unten bzw. von unten nach oben gerichtet sind und den Transportgleichungen der Strahlung in der Atmosphäre genügen:

$$\frac{dA_i}{dz} = \alpha_i \varrho'(p_i U - A_i) ; \qquad \frac{dB_i}{dz} = \alpha_i \varrho'(B_i - p_i U) . \tag{5.11}$$

Hierin ist α_i der Absorptionskoeffizient im i-ten Intervall des Spektrums und ϱ' die Dichte der absorbierenden Substanzen. Dabei stellt man folgende Randbedingungen auf. Für $z = 0$ ist $B_i = \delta^* p_i U - (1 - \delta^*) A_i$, und für $z = \infty$ wird $A_i = 0$. Die Größe δ^* charakterisiert den Unterschied der Emission der Bodenoberfläche zur Emission des absolut schwarzen Körpers („Emissionsverhältnis").

Die effektive Strahlungsenergie der Bodenoberfläche E_0 bestimmt man aus der Beziehung

$$E_0 = \sum_{i=1}^{n} (B_i - A_i)|_{z=0} .$$

Die Aufgabe vereinfacht sich wesentlich durch Anwendung des in den Arbeiten von BERLJAND (1952, 1956) entwickelten Modells zur Berechnung der Verringerung der effektiven Strahlung unter einem Rauchschleier, das den selektiven Charakter der Absorption langwelliger Strahlung bei wolkenlosem Himmel berücksichtigt. Für diese Strahlung ist ein verhältnismäßig enges Spektralintervall praktisch „durchlässig" (ungefähr 8—12 µm), im übrigen Teil des Spektrums ist die Absorption sehr stark. Man muß berücksichtigen, daß der Strahlungsschutz der Atmosphäre durch die Verteilung des Wasserdampfes und des CO_2 in der ganzen Luftschicht bestimmt wird. In den „undurchlässigen" Bereichen des Spektrums wird die Strahlung beinahe vollständig in der Atmosphäre absorbiert. Deshalb kann der Zusatz von Wasserdampf oder anderer Stoffe in die Bodenschicht, die die Strahlung in diesen Intervallen des Spektrums gut absorbieren, die Größe der effektiven Emission E_0 nicht wesentlich verändern. Die Zugabe atmosphärischer Schadstoffe, insbesondere von Wassertropfen, mit einem großen Abschwächungs-Koeffizienten für die Strahlung im „durchlässigen" Intervall kann E_0 bedeutend verringern. Folglich kann man die Betrachtung der Abschwächung von langwelliger Strahlung durch Wassertropfen auf ein Intervall begrenzen, für das die Atmosphäre ohne Nebel durchlässig ist.

Aus diesem Grunde nimmt man unter bestimmten Bedingungen an, daß die effektive Bodenemission das Ergebnis der Emission nur in diesem durchlässigen Teil des Spektrums ist, während in anderen Wellenbereichen die Strahlung gleich Null ist. Für dieses durchlässige Intervall findet man den oben eingeführten Koeffizienten $p_t = \tilde{p}$ aus der Beziehung $\tilde{p} = E_0/U$. Zur Bestimmung von E_0 ist es ausreichend, die schon bekannten Formeln von M. Berljand und T. Berljand (1952) anzuwenden, die bei der Lösung des Gleichungssystems für den Strahlungstransport (5.11) ohne Nebel erhalten wurden und ihre Bestätigung durch Versuchsmaterial fanden. Damit ist $\tilde{p} = 0{,}39 - 0{,}05\sqrt{Q'}$, wobei man Q' in g/cm³ angibt. Die Strahlungsströme $A_t = A$ und $B_t = B$ muß man bei der Bestimmung von E_0 auch dem vereinbarten durchlässigen Intervall des Spektrums zuordnen. Außerdem kann man die Randbedingung für A bei $z = \infty$ an der oberen Grenze des Nebels angeben. In (5.11) versteht man unter α_t den Absorptionskoeffizienten für flüssiges Wasser. Dabei berücksichtigt man, daß nach vorhandenen Abschätzungen der Effekt der Strahlungsabsorption den Einfluß der Streuung der Strahlung durch Wassertropfen für das betrachtete Intervall des Spektrums übertrifft. Den Wärmestrom infolge Strahlung ε_S bestimmt man in Übereinstimmung mit (5.10) aus der Beziehung

$$\varepsilon_S = \alpha\Delta(A + B - 2pU)\,.$$

Die in den rechten Teil der Gleichung (5.6) eingehenden Wärmeströme infolge Strahlung ε_S und infolge Kondensation ε_K haben unterschiedliche Vorzeichen. Berljand (1956) zeigte, daß man in erster Näherung die Summe dieser Summanden vernachlässigen und die gleichen Differentialgleichungen zur Beschreibung der Prozesse anwenden kann, die sowohl bis zur Nebelbildung als auch nach ihrer Entstehung ablaufen. Folglich muß man, wenn die Ausgangsgleichungen (5.6) bis (5.8) dieses Glied nicht berücksichtigen, das den Wärmetransport infolge Strahlung beschreibt, auch die Kondensationswärme vernachlässigen. Nur einen einzelnen Wärmestrom darf man nicht betrachten.

Die Größe $\varepsilon_K = L'(\partial\Delta/\partial t)/c_p\varrho$ kann man direkt aus Gleichung (5.6) bestimmen, indem man berücksichtigt, daß $Q' = Q + \Delta$ und im Nebel $Q = Q_m(T)$ gelten. Wenn man weiterhin von $\partial Q_m/\partial t$ und $\partial Q_m/\partial z$ zu $(\partial Q_m/\partial T)$ $(\partial T/\partial t)$ und $(\partial Q_m/\partial T)$ $(\partial T/\partial z)$ übergeht, dann ergibt sich mit (5.6)

$$\varepsilon_K = \frac{-\varepsilon_S \dfrac{\partial Q_m}{\partial T} + k_z \dfrac{\partial^2 Q_m}{\partial T^2}\left(\dfrac{\partial T}{\partial z}\right)^2}{\dfrac{c_p\varrho}{L'} + \dfrac{\partial Q_m}{\partial T}}\,. \tag{5.12}$$

Das zweite Glied im Zähler von (5.12) ist klein, und somit ist $\varepsilon_K \approx \varepsilon_S$. Abschätzungen zeigen, daß $\varepsilon_K \approx -1/2\,\varepsilon_S$ ist. Hieraus kann man auch folgern, daß man bei Existenz des Gliedes ε_S in (5.6) notwendigerweise auch das Glied ε_K berücksichtigen muß. Ähnliche Auffassungen zur Ausarbeitung einer Theorie der Strahlungsnebel wurden in den Arbeiten von Luschew und Matwejew (1967) und Zdunkowski und Nielsen (1969) entwickelt.

5.6. Berechnung des Wassergehaltes, der Temperatur und der Schadstoffverteilung im Strahlungsnebel

Die Lösung der formulierten Aufgabenstellung erfolgt numerisch mit Hilfe der Faktorisierungsmethode, die in bezug auf das zweischichtige Medium Atmosphäre – Boden modifiziert wurde.

In Abbildung 5.2 ist ein Berechnungsbeispiel für eine wolkenlose Nacht im Oktober dargestellt. Die Berechnung wurde für eine geographische Breite von $\varphi = 60°$ ausgeführt. Weiterhin nahm man folgende Werte an: $T_0^0 = 10$ °C, $k_1 = 0{,}05$ m/s, $h = 30$ m,

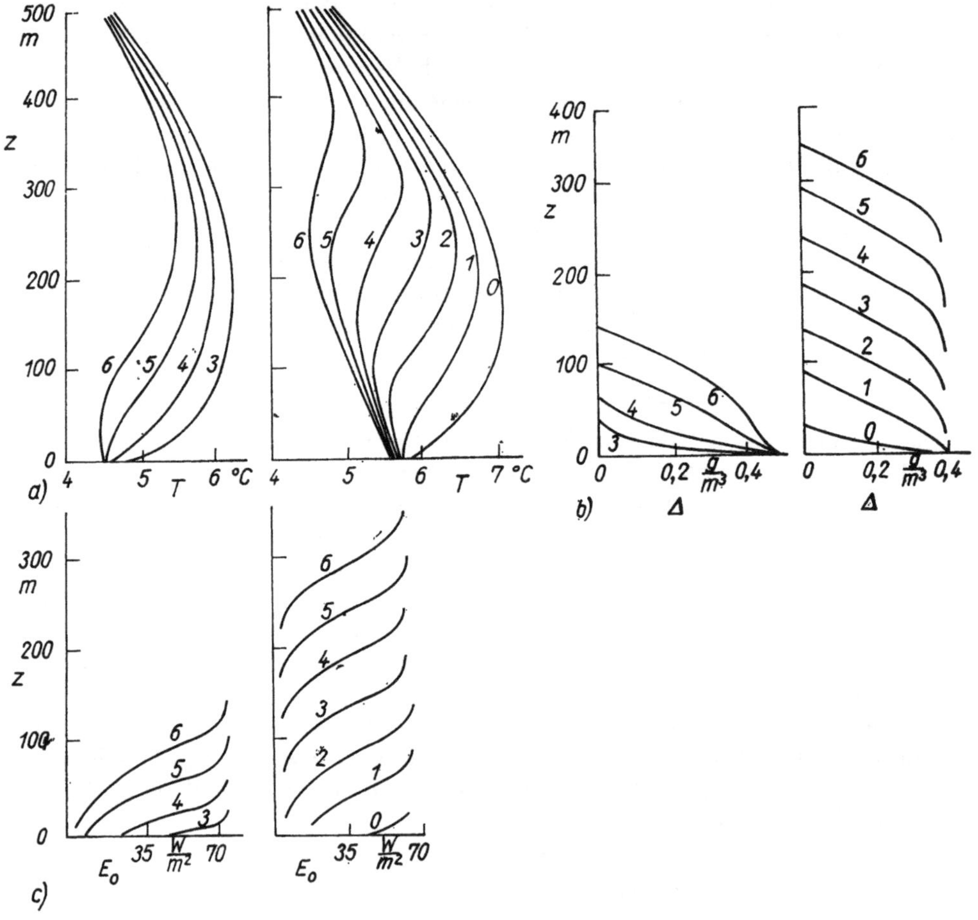

Abbildung 5.2.
Zeitliche Änderung der vertikalen Profile der Lufttemperatur T (a), des Wassergehaltes Δ (b) und des Unterschiedes der Strahlungsemissionen E_0 (c) in einem Strahlungsnebel
Die Ziffern an den Kurven bezeichnen die Zeit in Stunden.

$k_B = 0{,}5 \cdot 10^{-6}$ m²/s. Zwei Varianten für den Anfangswert der relativen Luftfeuchtigkeit φ_0 mit 85 bzw. 92% wurden betrachtet. Man legte fest, daß $\alpha = 0{,}1$ m²/g (siehe beispielsweise Berljand, 1956) beträgt. Als Anfangszeit ($t = 0$) setzte man 18 Uhr fest. Für $\varphi^0 = 85\%$ (linke Teile der Abb. 5.2 a, b, c) beginnt sich nach ca. zwei Stunden

Nebel zu bilden, wobei sich die Lufttemperatur in 2 m Höhe zu diesem Zeitpunkt auf 4,7 °C erniedrigte und den Taupunkt erreichte. Zu dieser Zeit breitete sich die Inversionsschicht ungefähr bis zu einer Höhe von 120 m aus. In den ersten Stunden der Nebelbildung beginnt sich die Intensität und die Höhe der Inversionen zu vergrößern, aber schwächer als vorher. Allmählich vollzieht sich eine Umbildung des vertikalen Temperaturprofils, und gegen 24 Uhr, das heißt, nach etwa sechs Stunden beobachtet man in einer Schicht von ungefähr 60–250 m eine freie Inversion, darunter aber praktisch eine isotherme Schichtung. Für $\varphi^0 = 92\%$ (rechte Teile der Abb. 5.2) entsteht der Nebel beinahe sofort, und nach zwei Stunden beträgt seine vertikale Ausdehnung 80 m bei einem Wassergehalt von 0,42 g/m³. Mit der Höhe verringert sich der Wassergehalt schnell. Nach ungefähr sechs Stunden bleibt der Wert von Δ ungefähr bis zu 60 m konstant, und nur oberhalb davon verringert er sich verhältnismäßig stark. Dabei muß man darauf verweisen, daß sich der Maximalwert des Wassergehaltes am Boden praktisch wenig mit der Zeit verändert. Zu Beginn der Nebelbildung ändert sich die Emission E fast nicht mit der Höhe und ist gleich dem Wert von E_0. Nach einiger Zeit sinkt der Wert von E_0 stark ab und wird vernachlässigbar klein. Der Maximalwert von E (etwas kleiner als E_0) verschiebt sich in größere Höhen.

In den rechten Teilen von Abbildung 5.2 sind die analogen Rechenergebnisse für den zweiten Fall dargestellt, wenn die spezifische und relative Luftfeuchtigkeit bei $t = 0$ größer als im ersten Fall sind. Auch hier wird die Temperaturinversion in der Bodenschicht der Luft nach der Nebelbildung durch eine isotherme Schichtung abgelöst, danach aber auch durch einen gewissen Temperaturabfall mit der Höhe. Im entwickelten Nebel tendiert die vertikale Verteilung des Wassergehaltes und der Emission E deutlich zur Konstanz mit der Höhe in höheren Ebenen.

Die Rechenergebnisse stimmen mit den Beobachtungsergebnissen gut überein. So belaufen sich die Meßwerte des Wassergehaltes für Strahlungsnebel in der Bodenschicht gewöhnlich auf nicht mehr als 0,5–0,8 g/m³. Die vorhandenen Messungen gestatten die Schlußfolgerung, daß sich die effektive Bodenemission bei Nebelhöhen von mehr als 50–100 m sehr verringert. Die Rechenwerte für die Höhe der unteren Grenze der freien Inversion und der Nebelschicht stimmen mit den Beobachtungsmaterialien überein (Proch, 1966; Woronzow, 1960a, u. a.).

Analoge Berechnungen wurden für die Fälle durchgeführt, daß in dem oben angeführten Schema die Wärmeströme ε_S und ε_K unberücksichtigt blieben. Es zeigte sich, daß bei $\varepsilon_S + \varepsilon_K = 0$, das heißt wie bei der Berechnung des Nebels in früheren Arbeiten, die Nebelhöhe wesentlich niedriger als unter Berücksichtigung von $\varepsilon_S + \varepsilon_K$ ist. Die Einbeziehung von ε_S in das Schema bei $\varepsilon_K = 0$ führt zu einer übermäßigen Überhöhung der Nebelhöhe. Letzteres kann dadurch erklärt werden, daß ε_S und ε_K unterschiedliche Vorzeichen haben. Die Existenz des Gliedes mit ε_S in Gleichung (5.6) bringt die Abkühlung der Nebelschicht zum Ausdruck, infolge der sich die nächtliche Erniedrigung der Lufttemperatur auf größere Höhen ausdehnen wird, als wenn man nur die Bodenemission in Betracht zieht. Wenn man in der Ausgangsgleichung außer ε_S auch ε_K berücksichtigt, fällt die Nebelhöhe infolge der Abgabe von Kondensationswärme ab, die die nächtliche Abkühlung entsprechend den Rechenwerten abschwächt.

Unter Berücksichtigung der aufgefundenen Eigenschaften des Strahlungsnebels wurde die Integration der turbulenten Diffusionsgleichung ausgeführt.

Aus den Berechnungen folgt, daß schon in Entfernungen von 0,5 km von einer Quelle der Höhe 100 m praktisch der gesamte gasförmige Schadstoff in den Tropfen gelöst war.

Die Absorption von Schadstoff vollzieht sich hauptsächlich in der oberen Schicht des Nebels. In der Nähe des Bodens ist die Konzentration des gasförmigen Schadstoffes ungefähr Null. Eine analoge Untersuchung nach einem vereinfachten Schema wurde in einer früheren Arbeit von Berljand u. a. (1968a) durchgeführt. Die Berechnungen zeigten, daß man in dem betrachteten Fall die Verringerung der Schadstoffkonzentration in allen Höhen beobachtet. Dabei wird auch die Schicht der freien Inversion gesäubert, in der sich ein Teil des Schadstoffes in großen Entfernungen von der Quelle bei nichtvorhandenem Nebel konzentriert, wie bereits angeführt wurde. Das bestätigt die in Abschnitt 5.3. für die Flußnebel gezogene Schlußfolgerung über die „Akkumulation" von Schadstoff aus den höherliegenden Schichten durch den Nebel. Infolge dieses Effektes steigt die Gesamtkonzentration in der Luft und in den Tropfen in Ebenen an, die im Nebel liegen, darüber schwächt sich die Konzentration des gasförmigen Schadstoffes ab. Die Existenz von Nebel unter einer Inversion führt dazu, daß Schadstoff sogar in großen Entfernungen von der Quelle nicht in die Inversionsschicht eindringt und praktisch alles in die Wassertropfen übergeht, in denen der Schadstoff in eine Lösung schädlicher Stoffe umgewandelt wird. Berljand u. a. (1968a) beschreiben die Rechenergebnisse für den Fall einer Quelle von 150 m Höhe, die in einer Inversionsschicht in 50 m Entfernung von ihrer unteren Grenze liegt. Zum Boden dringt nur eine geringe Menge Schadstoff vor, ihre Konzentrationen sind gering und erreichen ein Maximum in großen Entfernungen von der Quelle. Die Existenz einer Schicht schwacher Turbulenz zwischen der Quelle und dem Nebel verhindert eine merkliche Schadstoffakkumulation aus den höherliegenden Schichten, obwohl, wie auch in den weiter oben betrachteten Fällen, ein großer Teil des in diese Schicht gelangenden Schadstoffes in den Tropfen dieser Schicht gelöst wird.

5.7. Smog

Die schädliche Wirkung von Rauch- und Gasbeimengungen tritt bei Nebel stärker zutage als bei anderen Wetterbedingungen. So verschlechtert zum Beispiel die Existenz von Schadstoffen im Nebel zusätzlich die Sicht. Man bemerkt auch den umgekehrten Effekt, wenn vorhandener Rauch die Kondensation atmosphärischer Feuchtigkeit fördert. Somit wird eine gegenseitig verstärkende Wirkung von Rauch und Nebel beobachtet. Zur Charakterisierung des Rauch-Nebel-Zustandes erreichte der spezielle Begriff „Smog" eine weite Verbreitung, der aus dem Anfang und dem Ende der zwei englischen Wörter smoke (Rauch) und fog (Nebel) besteht. Dieser Begriff erschien zu Beginn des 20. Jahrhunderts, aber die Erscheinung des Smogs selbst wurde noch früher erwähnt und ist ungefähr 100 Jahre bekannt. Mit der Existenz von Nebel und seiner Abart, des Smogs, verbindet man eine Reihe von Zeitabschnitten mit Auftreten von massierten Erkrankungen und einer erhöhten Sterblichkeit, die zuerst in London und danach in einer Reihe von Großstädten und Industriebezirken Großbritanniens, der USA, Belgiens, Japans und anderer Länder beobachtet wurden (s. Abschn. 11.7.).

Als Smog bezeichnet man auch manchmal die Fälle sehr starker Luftverschmutzung, die nicht von Nebeln begleitet sind. Die Bodenschicht der Luft wird oft durch verschiedene Gase intensiv verunreinigt, insbesondere durch die Auspuffgase von Autos, die im Ergebnis photochemischer Prozesse unter dem Einfluß von Sonnenstrahlen in Aerosole umgewandelt werden. Dabei vermindern die Aerosole die Sicht auch in bestimmtem Grade. Erstmals beobachtete man diese Erscheinung in den dreißiger Jahren des 20. Jahrhunderts in Los Angeles. So unterscheidet man zwei Typen des Smogs — den Londoner Smog und den Smog von Los Angeles (oder photochemischen Smog).

McCormick (1970) führte vergleichbare Eigenschaften der Witterungsbedingungen bei beiden Typen des Smogs an. Den Smog in London beobachtet man größtenteils im Dezember bis Januar in den Morgenstunden bei Windstille, einer Lufttemperatur von -1 bis $+4$ °C und einer relativen Luftfeuchtigkeit von mehr als 85%. Er wird durch eine geringe Sichtweite charakterisiert, die manchmal 30 m und weniger erreicht. Für den Smog in Los Angeles, der oft im August bis September in Tagesmitte auftritt, sind eine Windgeschwindigkeit von weniger als 3 m/s, eine Lufttemperatur von 24—32 °C, eine relative Luftfeuchtigkeit von weniger als 70% und eine Sichtweite von 1,5—8 km charakteristisch. Hauptquellen der Luftverschmutzung sind im ersten Fall die Verbrennung von Kohle und Heizöl, im zweiten Fall die Emissionen von Autos. Im Londoner Smog findet hauptsächlich der oben beschriebene Prozeß der Wechselwirkung von Nebel mit verschiedenen Schadstoffen (SO_2, CO, Rauch) statt. Hierbei tritt die Schadstoffabsorption durch Wassertropfen besonders hervor.

Die Erforschung des Einflusses von Nebel auf die Diffusion von Schwefeldioxid (SO_2), das zu den am meisten verbreiteten schädlichen Beimengungen in der Atmosphäre gehört, ist von großem Interesse. Wie oben gezeigt wurde, steigt die Verschmutzung im Nebel im Verhältnis zu den Fällen ohne Nebel an, wenn man die Gesamtverschmutzung in der Luft und in den Wassertropfen betrachtet. Dabei geht ein großer Teil des Schadstoffes in die Wassertropfen des Nebels über. Die Lösung von Schwefeldioxid in den Nebeltropfen führt zur Bildung von Aerosol der schwefligen Säure (H_2SO_3). Sie ist im Verhältnis zum Schwefeldioxid stärker giftig. Bei ihrer Existenz in der Atmosphäre verstärkt sich unter anderem wesentlich die Korrosion metallischer Gegenstände.

Außerdem oxydiert das in den Nebeltropfen gelöste Schwefeldioxid bedeutend schneller zu Schwefeltrioxid als Schwefeldioxid im gasförmigen Zustand. Das wird dadurch verursacht, daß in den Nebeltropfen gewöhnlich gewisse Spurenelemente enthalten sind, die Eigenschaften eines Katalysators besitzen und bei deren Anwesenheit die Oxydation intensiver vor sich geht. In Anbetracht dessen, daß sich Schwefeltrioxid unter Einwirkung von Wasser zu Schwefelsäure umwandelt, kann man vereinfachend von der teilweisen Oxydation von Schwefeldioxid zur Schwefelsäure in der Atmosphäre sprechen. Auf Grund dieses Mechanismus ist das Auftreten von Schwefelsäure in den Nebeltropfen für den Smog charakteristisch, der in Großbritannien und in anderen Ländern beobachtet wird. Diesen Smog nennt man auch manchmal Schwefelsäure-Sulfat-Smog.

Zu beachten ist der Anstieg der Massenkonzentration schädlicher Beimengungen beim Zusammenwirken von schwefliger Säure und Schwefelsäure. So bildet sich zum Beispiel bei der Oxydation von 1 g Schwefeldioxid (Molekulargewicht 64) ungefähr 1,5 g Schwefelsäure (Molekulargewicht 98).

Bei der Verschmutzung der Bodenschicht der Luft kann die Ablagerung großer Nebeltropfen, bei der gelöster Schadstoff aus den höherliegenden und oft mehr verschmutzten Schichten auf die Bodenoberfläche übertragen wird, eine bestimmte Rolle spielen. So bemerkte man beispielsweise, daß in London bei starkem Nebel auf die

Bodenoberfläche feiner Regen niedergeht, dessen Tropfen eine merkliche Konzentration an Schwefelsäure enthalten. Diese Erscheinung bezeichnete man als „Säureregen“.

Einer der Gründe, der das Wesen der Entstehung des Smogs in Los Angeles aufklären half, ist die beobachtete Einwirkung des Smogs auf Gummierzeugnisse. Es zeigte sich, daß bei Smog im Gummi eine große Zahl Risse auftritt. Der gleiche Effekt wurde früher bei Laborbedingungen unter Einwirkung von Ozon (O_3) festgestellt, wobei mit Vergrößerung der Ozonkonzentration auch die Anzahl der Risse anstieg. Diese Eigenschaft des Gummis nutzt man jetzt sogar zur qualitativen Abschätzung des Ozongehaltes aus. An der freien Luft legt man Gummistreifen ungefähr 24 Stunden aus. Danach betrachtet man sie unter dem Mikroskop und beurteilt die Ozonkonzentration nach dem Grad der Rißbildung.

Nach Beobachtungen von auftretendem Smog in Städten wurden tatsächlich starke O_3-Konzentrationen (ungefähr 1 mg/m^3) festgestellt, die die charakteristischen Werte für andere Städte und ländliche Gebiete um viele Male übersteigen. In bedeutendem Maße hängt auch mit der Erhöhung der Ozonkonzentrationen ihre schädliche Einwirkung auf lebende Organismen und die Vegetation zusammen. Dabei ist die Stärke der direkten Ozonwirkung gegenwärtig noch nicht völlig klar. Es gibt praktisch keine maximale Immissionskonzentration für Ozon. In einer Reihe von Arbeiten wird O_3 für ein äußerst giftiges Gas gehalten, und schon eine Konzentration von 0,1 mg/m^3 kann eine schädliche Einwirkung auf die Umwelt hervorrufen. Ebenso können sehr kleine O_3-Dosen einen umgekehrten, gesundheitsfördernden Einfluß auf den Menschen bewirken. Ärzte empfehlen für Kurorte und Erholungsgebiete einen etwas höheren Ozongehalt als für die natürliche Umgebung. In einer Reihe von Arbeiten wird festgestellt, daß sogar verhältnismäßig erhöhte Ozonkonzentrationen an und für sich nicht sehr gefährlich sind. In hohem Grade schädliche Wirkung verursachen die Verbindungen von Ozon mit einigen organischen Stoffen.

Mit der Entwicklung des Autoverkehrs kann man den photochemischen Smog auch in Städten beobachten, wo sich vorher überwiegend nur Smog des Londoner Typs bildete.

5.8. Photochemische Reaktionen bei Smog und ihre quantitative Beschreibung

Die Analyse zeigte, daß Ozon nicht direkt in den atmosphärischen Emissionen enthalten ist. Er bildet sich bei der Umwandlung anderer Gase. Hauptursache dafür sind die photochemischen Reaktionen, in deren Ergebnis sich auch intensiv Aerosole bilden, wie oben erwähnt wurde. Man stellte fest, daß im Verlauf der photochemischen Reaktionen auch andere, wesentlich giftigere Stoffe auftreten, als die in den Emissionen enthaltenen Schadstoffe, welche in den Luftraum von Städten gelangen.

Für den Smog unterteilt man einige Hauptgruppen photochemischer Reaktionen, bei denen Stickstoffoxide, freie Radikale, die aus Kohlenwasserstoffen und anderen organischen Stoffen entstehen, und Schwefeldioxid die Hauptausgangsprodukte sind. Diese Reaktionen laufen alle unter Einwirkung der ultravioletten Sonnenstrahlung ab, wenn die Größe der Gesamtsonnenstrahlung, die den Erdboden erreicht, eine bestimmte Grenze überschreitet. Sie wurde von einigen Autoren mit ungefähr 350 W/m² abgeschätzt.

Eine führende Rolle bei der Ozonbildung spricht man gewöhnlich den Stickoxiden zu. Es ist bekannt, daß unter natürlichen Bedingungen Stickstoff äußerst träge ist und nicht mit Sauerstoff reagiert. Das gewährleistet konstante Verhältnisse zwischen diesen Gasen in der Atmosphäre. Dieser Zustand verändert sich bei hohen Temperaturen. Bei der Verbrennung fester, flüssiger und gasförmiger Brennstoffe bildet sich eine sehr große Menge von Stickoxiden. Besonders viel davon enthalten die Emissionen von Kraftfahrzeugen. Zuerst sondert sich hauptsächlich Stickstoffmonoxid (NO) ab. Danach oxydiert es ziemlich schnell in der Atmosphäre zu Stickstoffdioxid (NO_2). Eine der Hauptgruppen der photochemischen Reaktionen ist folgende:

$$NO_2 + h\nu \rightarrow NO + O\,, \qquad O + O_2 + M \rightarrow O_3 + M\,,$$

$$NO + O_3 \rightarrow NO_2 + O_2\,.$$

Hierin gibt die Größe $h\nu$ an, daß die Reaktion unter Absorption der Sonnenstrahlung abläuft. Die Größe M verweist auf die Existenz eines nicht an der Reaktion beteiligten dritten Stoffes, der für die Übertragung der sich entwickelnden Energie an diesen Stoff erforderlich ist.

In der ersten Reaktion bildet sich atomarer Sauerstoff, der äußerst aktiv ist. Er existiert sehr kurz (seine Lebenszeit ist in der Größenordnung von 10^{-5} s), weil er sich mit molekularem Sauerstoff verbindet und Ozon bildet.

Die dritte Reaktion führt zur Verringerung der Ozonmenge und zum Übergang von NO zu NO_2. Bisher wurde nicht festgestellt, welche Menge Ozon sich bei stabilem Verlauf aller drei Reaktionen bildet.

Die zweite Gruppe von Reaktionen hängt mit der ersten zusammen. Ein Teil des sich bildenden atomaren Sauerstoffes kann mit Kohlenwasserstoffen und anderen organischen Stoffen zusammenwirken, die in den Auspuffgasen von Kraftfahrzeugen enthalten sind. Im Ergebnis bilden sich freie Radikale R, die sehr aktiv zu reagieren beginnen und in der Atmosphäre kurze Zeit existieren, sowie auch andere reaktionsfähige organische Verbindungen. Diese Gruppe schreibt man in folgender Form:

$$RH + O \rightarrow R + OH\,,$$

$$R + O_2 + M \rightarrow RO_2 + M\,,$$

$$RO_2 + O_2 \rightarrow RO + O_3\,.$$

Im Resultat dieser Reaktionen bildet sich auch Ozon.

Einige organische Verbindungen bilden beim Zusammenwirken mit Stickoxiden Nitrate, die einen niedrigeren Dampfdruck und folglich auch eine geringere Flüchtigkeit im Vergleich zu den Ausgangsstoffen besitzen. Deshalb kondensieren sie teilweise in der Atmosphäre, und es bilden sich organische Aerosole. Bei solchen Reaktionen entstehen sehr giftige Beimengungen, die starke Augenentzündung, Schädigung der Vegetation und andere ungünstige Effekte verursachen. Einer dieser schädlichen Stoffe ist das Peroxiazetylnitrat (PAN), das sich in der Reaktion $RO_2 + NO_2 \rightarrow PAN$ bildet.

Die dritte Gruppe von Reaktionen betrifft Schwefeldioxid. Bei Anwesenheit von atomarem Sauerstoff laufen folgende Reaktionen ab:

$$SO_2 + O + M \rightarrow SO_3 + M\,,$$

$$2SO_2 + O_2 + h\nu \rightarrow 2SO_3\,,$$

$$SO_3 + H_2O \rightarrow H_2SO_4\,,$$

Da Schwefelsäure einen sehr niedrigen Sättigungsdampfdruck hat, bildet sie flüssiges Aerosol.

Es gibt auch andere Schadstoffe in der Atmosphäre, die unter Beteiligung von Schwefeldioxid und Stickoxiden zur Entstehung eines Aerosols führen. So kann bei der Oxydation von SO_2 und seiner Lösung in den Wassertropfen ein Zusammenwirken mit NaCl vor sich gehen. In den Fällen, wenn die Molekülzahl von NaCl größer als die von H_2SO_4 ist, bilden sich bei der Verdunstung von Wasser feste Teilchen, die chlorhaltiges Natrium und Natriumsulfat enthalten. Bei der Wechselwirkung von SO_2 und SO_3 mit Ammoniak NH_3 bildet sich ein fester Stoff, das Ammoniumsulfat. Auf analoge Weise entstehen bei der Verbindung von Ammoniak mit Salpetersäure als Endprodukt der Oxydation Stickoxide, die ein festes Aerosol, das Ammoniumnitrat, bilden. Die Nitrate können neben den Sulfaten auch in Ascheteilchen enthalten sein.

Somit gibt es verschiedene Reaktionen, die zum Auftreten von Aerosolteilchen bei Smog führen können. Diese Teilchen sind gewöhnlich hochdispers. Wahrscheinlich hat ein beträchtlicher Teil etwa die Abmessungen der Wellenlänge des sichtbaren Lichtes, wenn das Maximum seiner Streuung erreicht wird, und infolgedessen tritt eine starke Verringerung der Sicht ein. Das Problem des intensiven Auftretens von Aerosolen bei Smog wurde jedoch insgesamt noch wenig erforscht. Es handelt sich darum, daß sich bei den aufgezeigten Reaktionen, insbesondere der Kohlenwasserstoffe mit Nitraten unter dem Einfluß von Licht und anderem, gewöhnlich eine geringe Teilchenkonzentration bildet. Nach Laborversuchen steigt die Tropfenzahl des sich bildenden Aerosols der Schwefelsäure stark an, wenn man SO_2 zu dem Gemisch von Kohlenwasserstoffen mit NO und NO_2 hinzufügt. In einer Reihe von Arbeiten (Stephens, 1969, u. a.) wird auf die wesentliche Beteiligung von SO_2 an der Bildung des Aerosoldunstes bei Smog hingewiesen. Cadle (1969) stellte jedoch fest, daß in Los Angeles der Anteil der Schwefelsäure an der Verschmutzung durch Smog verhältnismäßig klein ist und zieht die Schlußfolgerung, daß SO_2 eine unbedeutende Rolle spielt.

Die betrachteten photochemischen Reaktionen laufen nicht nur beim Smog, sondern auch unter anderen Bedingungen ab, wenn auch nicht so ausgeprägt. Die erhöhten Konzentrationen von Ozon und anderen oxydierenden Stoffen stellt man jetzt in allen Gebieten mit starkem Autoverkehr fest. Nach Angaben von Dmitriew u. a. (1971) beobachtet man im Sommer in Moskau einzelne Fälle mit O_3-Konzentrationen bis zu 0,4 mg/m^3, im Winter aber nur bis zu 0,2 mg/m^3. Bei Sonnenwetter sind die Ozonkonzentrationen ungefähr doppelt so hoch wie bei trübem Wetter.

Das Problem der fotochemischen Reaktionen bei der Bildung von Smog wurde ausführlich von Demerjian u. a. (1974), Graedel u. a. (1976) und anderen betrachtet.

Die mathematische Beschreibung der atmosphärischen Diffusion von gasförmigen Beimengungen unter Berücksichtigung ihrer Umwandlung im Prozeß der photochemischen Reaktion erfolgt analog den Darlegungen in Abschnitt 5.1. Dazu muß man eine Gleichung der Form (1.2) oder (5.2) anwenden, in denen der Zerfall und die Schadstoffbildung mit Hilfe der Summanden $\alpha_i q_i$ berücksichtigt werden. Hierbei ist q_i die Konzentration des i-ten Bestandteils, da die Geschwindigkeit der Konzentrationsänderung der Größe der Konzentration selbst proportional ist. Die Koeffizienten α_i sind von den Konstanten der Reaktionsgeschwindigkeiten und von den Konzentrationen anderer Schadstoffe abhängig, die an der Reaktion beteiligt sind. Wenn man beispielsweise die Umwandlung von NO_2 in NO in Betracht zieht, dann kann man auf der Grundlage der erhaltenen Konzentrationsangaben von q_{NO} und q_{NO_2} die Ozonkonzentration q_{O_3} berechnen, die sich in einer dieser Reaktionen bildet. Dafür verwendet man die Beziehung

$$q_{O_3} = k' \frac{q_{NO_2}}{q_{NO}}.$$

Der Wert von k' ist hierin von der Intensität der ultravioletten Strahlung abhängig. Stephens (1969) führte Ergebnisse von Leighton an, wonach $k' = 10^{-2}$ ppm ist. Auf analoge Weise berechnet man die Konzentrationsänderung von SO_2 infolge seiner Umwandlung in SO_3. Dafür kann man zum Beispiel die Versuchswerte anwenden, wonach sich an einem Sonnentag in einer Stunde im Mittel 0,1 —0,2% SO_2 in SO_3 umwandeln. Bei Vorhandensein einer Reihe Oxide und einiger anderer Stoffe in der Luft verläuft diese Reaktion schneller ab. In quantitativer Hinsicht sind die photochemischen Prozesse und ihre Reaktionsgesehwindigkeiten ausführlicher unter Laborbedingungen untersucht worden. An dem Problem der Übertragung der erhaltenen Ergebnisse auf die natürlichen Prozesse muß noch weiter gearbeitet werden. Nach Beobachtungen in Los Angeles wurden die Konstanten einiger Reaktionsgeschwindigkeiten bestimmt. Sie sind jedoch noch nicht verallgemeinerungsfähig und sind konkreten Tagen zugeordnet. Einige Probleme der Beschreibung der atmosphärischen Diffusion von Schadstoffen bei photochemischem Smog wurden von Eschenroeder und Martinez (1971), Reynolds u. a. (1973), Hanna (1972), Peterson und Demerjian (1976), Peters und Richards (1977) und anderen betrachtet.

5.9. Zusammenwirken von Wolken und Niederschlägen mit atmosphärischen Beimengungen

Die Schlußfolgerungen bezüglich der Gesetzmäßigkeiten der atmosphärischen Diffusion bei Nebel können auch für die Abschätzung des Einflusses von Wolken auf die Schadstoffausbreitung angewendet werden. Bei Vorhandensein von Wolken und Niederschlägen muß man auch die Wirkung von Schadstoff auf Wassertropfen untersuchen. Dabei beschreibt man den Diffusionsprozeß durch die Gleichungen (1.2) oder (5.2), die ein Glied mit α enthalten. Den Koeffizienten α bestimmt man dabei nach Gleichung (5.4). Ebenso wie für Nebel vergrößert sich α mit steigendem Wassergehalt und mit sinkender mittlerer Tropfenabmessung. In diesem Fall kann man die Schlußfolgerung über die sehr starke Absorption von Schadstoff durch die Wassertropfen benutzen. Wenn die Bewölkung über der Schadstoffquelle liegt, ist es näherungsweise ausreichend, zur Lösung der Diffusionsgleichung anzunehmen, daß an der unteren Wolkengrenze Schadstoff absorbiert wird. Aus dem oben Gesagten folgt, daß der Einfluß der Bewölkung auf die Bodenkonzentration nur bei geringem Niveauunterschied zwischen Quelle und Wolken zu berücksichtigen ist. Schon bei Unterschieden von einigen hundert Metern ist der Einfluß unbedeutend.

Die Schadstoffausbreitung bei Regen wird auch durch die Gleichung (1.2) mit dem Glied αq beschrieben, wobei α das Zusammenwirken von Schadstoff mit den Tropfen charakterisiert. Der Unterschied der Diffusion bei Niederschlägen im Vergleich mit Nebel und Wolken wird hauptsächlich durch die große Abmessung der Tropfen und ihren schnellen Fall verursacht. Der absorbierte Schadstoff fällt mit den Niederschlägen auf die Erde. Deshalb bezeichnet man α als Auswaschkoeffizient.

Einige der Schlußfolgerungen, die im Abschnitt 5.1. für einen chemisch reagierenden Schadstoff erhalten wurden, wendet man auch auf diese Fälle an. Insbesondere kann man bei Vorhandensein einer Höhenquelle näherungsweise die Beziehung (5.1) $q_\alpha = q\,\mathrm{e}^{-\alpha x/u}$ anwenden, indem man in diesem Falle für q die Konzentration bei fehlendem Niederschlag und für u die Windgeschwindigkeit in Quellhöhe u_H annimmt. Hieraus folgt, daß das Maximum der Bodenkonzentration bei Niederschlägen näher zur Quelle liegen wird. Wenn die Schadstoffquelle nicht genau festgelegt ist und sie über eine großes Volumen verhältnismäßig gleichmäßig verteilt ist, dann gilt in Übereinstimmung mit Abschnitt 5.1. $q_\alpha = q\,\mathrm{e}^{-\alpha t}$. Diese Beziehung ist für die Berechnung der Konzentrationsänderung von radioaktiven Substanzen nach Kernexplosionen sehr wichtig. Die Auswaschung radioaktiver Substanzen durch Niederschläge ist einer der Hauptfaktoren für die Reinigung der Atmosphäre. Deshalb widmete man dieser Frage eine große Aufmerksamkeit bei der Erforschung der radioaktiven Verunreinigung der Atmosphäre. Es wurden sowohl theoretische als auch experimentelle Arbeiten zur Beurteilung des Effektes der Mitnahme von Aerosolen und Gasen durch Niederschläge und Wolken durchgeführt.

Eine sehr große Zahl von Arbeiten wurde veröffentlicht, deren Resultate von Engelmann in „Meteorology and atomic energy" (1971), in der Monographie von Styro (1968) und in den Materialien des Symposiums zu Problemen des Teilchenaustauschs zwischen der Atmosphäre und absorbierenden Oberflächen (Engelmann u. Sehmel, 1976) dargelegt sind.

Einer der Hauptfaktoren ist die Niederschlagsintensität I'. Engelmann führte Werte an, nach denen sich α ungefähr von $2 \cdot 10^{-4}$ bis $8 \cdot 10^{-3}\,\mathrm{s}^{-1}$ bei einer Änderung von I' von 0,1 bis 10 mm/h ändert, das heißt, es ist näherungsweise $\alpha \sim I^{0,8}$. Diese Beziehung berücksichtigt in erster Näherung die Korrelation zwischen der Intensität und der Mikrostruktur der Niederschläge. Unter realen Bedingungen ist der Wert von α in bestimmtem Maße von der Mikrostruktur der Niederschläge und Wolken, dem Vorhandensein von elektrischen Ladungen und anderem abhängig. Auf der Grundlage von empirischen Angaben untersuchte man den Koeffizienten α auch für Schneefall. Infolge der großen Oberfläche der Schneeflocken und ihrer kleinen Sinkgeschwindigkeit vollzieht sich die Mitnahme von Aerosolen effektiver.

Burzew und Malachow (1969) bestimmten den Koeffizienten der Auswaschung von Spaltprodukten aus der Schicht unter den Wolken als Verhältnis der Radioaktivität, die pro Zeiteinheit aus der Luftsäule zwischen zwei Ebenen (der Abstand entsprach der Verteilung von Stationen im Kaukasus) entfernt wurde, zur Gesamtmenge dieser Zerfallsprodukte. Die Autoren fanden, daß dieser Koeffizient für Schnee gleich $9 \cdot 10^{-5}\,\mathrm{s}^{-1}$ und für Regen $3 \cdot 10^{-5}\,\mathrm{s}^{-1}$ ist.

Messungen zeigten, daß im Schnee bei der gleichen Niederschlagsintensität Sulfate und Nitrate um einige Male mehr als im Regenwasser enthalten sind. In bezug auf die Ausbreitung von gasförmigen Beimengungen drückt sich der Einfluß von Schnee schwächer aus, da ihre Absorption durch Eiskristalle weniger intensiv als durch Wassertropfen ist.

Eine große Bedeutung hat auch die Erforschung der Rolle von anthropogenen Aerosolen als Kondensations- und Sublimationskerne bei der Bildung von Wolken und Niederschlägen. Gegenwärtig existieren keine ausreichend genauen Vorstellungen über die Wechselbeziehungen zwischen den Kondensationskernen unterschiedlichen Ursprungs. Mason (1961) führte Ergebnisse der Analyse von Angaben aus Elektronenmikrophotographien an, die für Wolken und Nebel in Japan angefertigt wurden, wonach die Verbrennungsprodukte ungefähr zu 30–50% in den Kondensationskernen enthalten sind.

Berljand und Selesnewa (1973) nehmen auf der Grundlage einer allgemeinen Abschätzung der Verhältnisse zwischen den Aerosolen anthropogenen und natürlichen Ursprungs (s. Abschn. 13.4.) an, daß der Anteil der anthropogenen Kondensationskerne ungefähr gleich 15% der Gesamtmenge beträgt. Bei den heutigen Analysemethoden ist es vorläufig noch schwierig, ihre Bedeutung bei der Bildung von Wolken und Niederschlägen aufzuklären. Diese Bedeutung soll sich noch deutlicher in der Umgebung von Städten zeigen. In Abhängigkeit von der Art der Bewölkung können die Aerosole in der Stadt entweder die Niederschläge verstärken oder nur zur Umverteilung des Spektrums der Wolkentropfen bezüglich ihrer Abmessungen führen.

Fitzgerald und Spyers-Duran (1973) fanden, daß in den Wolken auf der Leeseite einer Stadt die Zahl der kleinen Tropfen wesentlich geringer als an der Luvseite ist. Weykmann (1972) beschrieb Beobachtungsfälle vom 25. November 1968, als die Ausbildung von Schnellfall in der Nähe der Großen Seen (USA) an Orten bemerkt wurde, wo bei Messungen eine sehr große Zahl eisbildender Kerne zu beobachten war, die das Ergebnis der Emissionen der benachbarten Industriebetriebe waren. Nach Beobachtungen in St. Louis und seiner Umgebung fielen von 1941 bis 1968 auf der Leeseite 10% mehr Niederschläge an Werktagen und 4% mehr an arbeitsfreien Tagen (Huff u. Changnon, 1972). Selvan u. a. (1976) bemerkten eine beträchtliche Verstärkung der Niederschläge in unmittelbarer Nähe von Wärmekraftwerken in Indien.

5.10. Ausbreitung industrieller Feuchtigkeit und ihr Einfluß auf die Verteilung von Beimengungen

Aus vielen Industrieobjekten treten beträchtliche Mengen von Feuchtigkeit in die Atmosphäre. Dabei liegen die Quellen der Feuchtigkeit und der Beimengungen entweder nicht weit voneinander entfernt, oder sie stimmen miteinander überein.

Aus hygienischer Sicht ist industrielle Feuchtigkeit im allgemeinen ungefährlich. Bei ihrer Kondensation bilden sich jedoch künstliche Wolken und Nebel, die unerwünschte Folgeerscheinungen hervorrufen können. In Alaska und in anderen Polargebieten führt die Absonderung von Wasserdampf bei der Verbrennung von Brennstoffen in Kraftwerken im Winterhalbjahr oft zum Auftreten von Eisnebeln, die die Arbeit auf den nahegelegenen Flugplätzen erschweren. Die Kondensation einer großen

Menge Feuchtigkeit führt zu Glatteis und zur Vereisung der Kabel, zur Verringerung der Sicht und zur Verminderung der Einwirkungsdauer des Sonnenlichtes.

Die Wassertropfen, die sich während der Kondensation bilden und in industriellen Emissionen enthalten sind, nehmen Beimengungen auf und verändern somit den Charakter ihrer Ausbreitung. Dadurch breiten sich leichte Beimengungen wie schwere aus, für die das Absetzen auf der Erde charakteristisch ist.

Der Einfluß von sehr großen Feuchtigkeitsemissionen aus Kühltürmen auf die Umwelt gewinnt besondere Aufmerksamkeit. Kühltürme sind für die Abkühlung des heißen Wassers bestimmt, das beim Betrieb der Turbogeneratoren in Wärmekraftwerken benutzt wird, und stellen hohle Türme mit einer Höhe bis zu 50 m und mehr sowie mit einem Mündungsdurchmesser von 20—30 m und mehr dar.

In den Kühltürmen wird durch natürliche oder Zwangslüftung eine von unten nach oben gerichtete Luftströmung erzeugt. In diese Luftströmung tritt heißes Wasser ein, das zersprüht wird. Es wird über ein System von Rieselflächen geleitet, verdunstet intensiv und kühlt sich dadurch schnell ab. Der sich bildende Wasserdampf und die Wassertropfen werden im Ergebnis dieses Vorganges in die Atmosphäre weggetragen. Der wesentliche Teil der Tropfen, hauptsächlich die allergrößten, fällt in das unmittelbar unter dem Turm gelegene Bassin, dessen Wasser erneut zur Abkühlung der Turbogeneratoren benutzt wird.

Ein ähnliches Verfahren zur Abkühlung von Wasser in Kraftwerken gewann in den letzten Jahren wesentlich an Bedeutung. Es wird als vorteilhafter eingeschätzt als die Schaffung spezieller Wasserbassins für diesen Zweck, die einen unrationellen Aufwand von großen Bodenflächen erfordern. Außerdem wirkt sich das Einleiten von heißem Wasser in künstliche oder natürliche Wasserbassins ungünstig auf ihre Flora und Fauna aus.

Unter den Industrieobjekten sind die Kühltürme die stärksten Feuchtigkeitsquellen. Nach den Angaben verschiedener Forscher (Hanna u. Gifford, 1975; Fortak, 1975, 1976, u. a.) führt ihre Anwendung zur Bildung ausgedehnter Zonen, die Wassertropfen enthalten, und somit zur Stimulierung und Verstärkung von Wolken und Nebeln. Die Ausbildung von ausgedehnten Zonen ruft auch eine ungünstige Einwirkung auf die Ausbreitung von Beimengungen von benachbarten Quellen und ähnliches hervor.

Für eine Beurteilung der aufgezeigten Effekte ist es erforderlich, die Gesetzmäßigkeiten der Ausbreitung von Feuchtigkeit in der Atmosphäre zu untersuchen. Dabei ist es wichtig, nicht nur die Bereiche ihrer Kondensation, sondern auch die Mikrostruktur der Wassertropfen unter Berücksichtigung ihrer Koagulation und Sedimentation zu beurteilen.

In den letzten Jahren wurde der Lösung dieser Probleme eine sehr große Aufmerksamkeit gewidmet. Dazu fand in den USA ein spezielles Symposium statt (Hanna u. Pell, 1974).

Ein neues Herangehen bei der Entwicklung einer Theorie der Ausbreitung industrieller Feuchtigkeit in der Atmosphäre wurde in den weiter unten dargelegten Arbeiten von Berljand und Kisseljew (1975a, b) vorgeschlagen. Es basiert auf der Lösung eines Systems von Gleichungen, die die voneinander abhängigen Änderungen der Lufttemperatur und der emittierten Feuchtigkeit unter Berücksichtigung ihrer Kondensation und der Struktur der sich bildenden Wassertropfen beschreibt. Dabei benutzt man zur Charakterisierung des betrachteten Prozesses neben der Lufttemperatur T

und der Feuchtigkeit Q die Größe des Wassergehaltes Δ_{T}, das heißt der Massenkonzentration der Wassertropfen, und ihre rechnerische Konzentration N_{T}. Um die Strukturänderungen einer Tropfenwolke auf Grund ihrer Sedimentation zu berücksichtigen, führt man die Größen der Gravitationsströme S_Δ und S_{N} ein, die zu den entsprechenden Werten von Δ_{T} und Δ_{N} gehören. Infolge der Koagulation ergibt sich die entsprechende Änderungsgeschwindigkeit der Tropfenzahl P_{T}. Außerdem beträgt die Bildungsgeschwindigkeit neuer Tropfen J_{T} sowie die Kondensationsgeschwindigkeit m. Dann schreibt sich das System der Ausgangsgleichungen in folgender Form:

$$\left.\begin{aligned} u\frac{\partial T}{\partial x} &= \frac{\partial}{\partial z}k_z\frac{\partial T}{\partial z} + k_y\frac{\partial^2 T}{\partial y^2} + \frac{L}{c_p\varrho}m\,,\\ u\frac{\partial Q}{\partial x} &= \frac{\partial}{\partial z}k_z\frac{\partial Q}{\partial z} + k_y\frac{\partial^2 Q}{\partial y^2} - m\,,\\ u\frac{\partial \Delta_{\mathrm{T}}}{\partial x} - \frac{\partial S_\Delta}{\partial z} &= \frac{\partial}{\partial z}k_z\frac{\partial \Delta_{\mathrm{T}}}{\partial z} + k_y\frac{\partial^2 \Delta_{\mathrm{T}}}{\partial y^2} + m\,,\\ u\frac{\partial N_{\mathrm{T}}}{\partial x} - \frac{\partial S_{\mathrm{N}}}{\partial z} &= \frac{\partial}{\partial z}k_z\frac{\partial N_{\mathrm{T}}}{\partial z} + k_y\frac{\partial^2 N_{\mathrm{T}}}{\partial y^2} - P_{\mathrm{T}} + J_{\mathrm{T}}\,. \end{aligned}\right\} \qquad (5.13)$$

Die Größen S_Δ und S_{N} werden aus den Beziehungen

$$S_\Delta = \int_0^\infty \Delta_{\mathrm{T}} w(r)\, N(r)\, \mathrm{d}r \quad \text{und} \quad S_{\mathrm{N}} = \int_0^\infty w(r)\, N(r)\, \mathrm{d}r$$

bestimmt. Hierbei gilt

$$\Delta_{\mathrm{T}} = \tfrac{3}{4}\pi r^3 \varrho_{\mathrm{W}}\,, \qquad N_{\mathrm{T}} = \int_0^\infty N(r)\, \mathrm{d}r\,.$$

$w(r)$ ist die Sinkgeschwindigkeit der Tropfen, $N(r)$ die Verteilungsfunktion der Tropfen über den Radius r, für die man einen Ausdruck nach CHRGIAN und MASIN ebenso wie in Abschnitt 5.2. annimmt.

Die Kondensationsgeschwindigkeit m bestimmt man aus der Formel

$$m = \int_0^\infty P'(r)\, N(r)\, \mathrm{d}r\,,$$

wobei $P'(r)$ der Dampfstrom zum Tropfen ist, den man ebenso wie auch $P(r)$ im Abschnitt 5.2. findet.

Drückt man die in Abschnitt 5.2. angegebenen Parameter $\bar{a}$ und $\bar{b}$ in $N(r)$ durch Δ_{T} und N_{T} aus, so erhält man

$$\left.\begin{aligned} S_\Delta &= \frac{7g\varrho_{\mathrm{W}}}{3\eta(10\pi\varrho_{\mathrm{W}})^{2/3}}\, \Delta_{\mathrm{T}}^{5/3}\, N_{\mathrm{T}}^{-2/3}\,,\\ S_{\mathrm{N}} &= \frac{2g\varrho_{\mathrm{W}}}{3\eta(10\pi\varrho_{\mathrm{W}})^{2/3}}\, \Delta_{\mathrm{T}}^{2/3}\, N_{\mathrm{T}}^{1/3}\,,\\ m &= \frac{6\pi D\Delta}{(10\pi\varrho_{\mathrm{W}})^{1/3}}\, \Delta_{\mathrm{T}}^{1/3}\, N_{\mathrm{T}}^{2/3}, \end{aligned}\right\} \qquad (5.14)$$

wobei η die dynamische Zähigkeit der Luft, D der molekulare Diffusionskoeffizient des Wasserdampfes und $\Delta = Q - Q_{\mathrm{m}}(T)$ die Übersättigung des Wasserdampfes ist.

Die Werte von P_T und J_T bestimmt man auf analoge Weise wie in den Arbeiten von SEDUNOW (1972) u. a. Die Größe P_T kann als Wahrscheinlichkeit des Zusammenstoßes der Tropfen angesehen werden. Sie ist proportional dem Volumen, das durch den Tropfen in einer Zeiteinheit eingenommen wird und gleich der Ableitung der Querschnittsfläche des Tropfens nach seiner Sedimentationsgeschwindigkeit ist. Wenn man einen Ausdruck für den Querschnitt der Koagulation einführt, der seinerseits proportional der effektiven Mitnahme der Tropfen E ist (E ändert sich von 0 bis 1), so ergibt sich

$$P_T = \frac{105\pi g \varrho_W E}{16\eta(10\pi\varrho_W)^{4/3}} \Delta_T^{2/3} N_T^{4/3} . \tag{5.15}$$

Bei der Bestimmung von J_T wird berücksichtigt, daß neue Tropfen bei $\Delta > 0$ infolge der Existenz von Kondensationskernen auftreten. Man kann annehmen, daß bei Vergrößerung der Übersättigung um $d\Delta$ $dN = F(\Delta)\, d\Delta$ Kondensationskerne aktiviert werden, das heißt, es bildet sich eine entsprechende Menge von Wassertropfen. Hierbei ist $F(\Delta)$ die Verteilungsfunktion der Kondensationskerne über die kritischen Sättigungen. Für sie ist die Näherungsbeziehung $F(\Delta) = G\Delta^n$ bekannt, wobei G und n Konstanten sind. Dann gilt

$$J_T = F(\Delta)\, u \frac{\partial \Delta}{\partial x} \Theta\left(\frac{\partial \Delta}{\partial x}\right), \tag{5.16}$$

wobei Θ eine Einheitsfunktion ist. Sie ist Null für $\partial\Delta/\partial x < 0$.

Als Randbedingungen gibt man an, daß auf der Bodenfläche die Temperatur T gleich einem vorgegebenem Wert ist, der Feuchtigkeitsstrom Q verschwindet, der Wassergehalt Δ_T und die Tropfenzahl N_T gleich Null sind und in unendlicher Entfernung von der Quelle die gesuchten Funktionen gegen Null gehen. Entsprechend der Anfangsbedingung haben die gesuchten Funktionen innerhalb der Quelle konstante Werte, und außerhalb davon sind sie Null.

Für die Untersuchung der Ausbreitung einer Beimengung wird in (5.13) die turbulente Diffusionsgleichung mit einem zusätzlichen Glied versehen, das die Wechselwirkung der Beimengung mit den Wassertropfen beschreibt (in der gleichen Weise wie in (5.3)). Betrachtet man eine industrielle Quelle mit Feuchtigkeitsbeimengungen, so muß man im allgemeinen Fall die Änderung der Überhöhung ΔH infolge Abgabe von latenter Wärme bei der Kondensation der Feuchtigkeit berücksichtigen. Aus den theoretischen Untersuchungen von G. BRIGGS (Lectures on air pollution, 1975) folgt jedoch, daß die Vergrößerung der Schornsteinüberhöhung eines feuchtigkeitenthaltenden Strahls, die durch die Abgabe latenter Kondensationswärme verursacht wird, bei einer Feuchtigkeit der Umgebungsluft in Sättigungsnähe 10% ... 20% beträgt. Unter normalen Bedingungen ist dieser Effekt von noch geringerer Bedeutung.

Nach den Abschätzungen von WIGLEY und SLAWSON (1971), MOORE (1974) u. a. ist der Einfluß der Feuchtigkeit auf ΔH bei normalen meteorologischen Bedingungen auch verhältnismäßig schwach und näherungsweise vernachlässigbar.

Das Zusammenwirken der Wassertropfen mit der Beimengung im Strahl wird in Übereinstimmung mit dem in Abschnitt 5.2 dargelegten Schema beschrieben. Man nimmt an, daß die Quellen der Beimengung und der Feuchtigkeit praktisch miteinander übereinstimmen (wenn der Abstand zwischen ihnen genügend groß ist, führt man die Lösung der Aufgabe analog aus). Dann wird die Bodenkonzentration einer

Beimengung q, die in den Wassertropfen enthalten ist, analog dem in Abschnitt 5.2. Dargelegten mit Hilfe der Beziehung

$$q = \frac{q_0}{M} \int_0^\infty M(r)\, \chi(r)\, \mathrm{d}r \tag{5.17}$$

bestimmt. Hierin ist q_0 die Konzentration einer leichten Beimengung von einer Quelle der Intensität M ohne Berücksichtigung des Zusammenwirkens der Beimengung mit den Wassertropfen. $\chi(r)$ ist ein Korrekturfaktor für die Bodenkonzentration der Beimengung nach (2.19), der ihre Sedimentation mit der Geschwindigkeit w charakterisiert. Letztere hängt nach der Formel von Stokes (2.12) von r ab. $M(r)$ ist die Menge der Teilchen, die in den Tropfen vom Radius r absorbiert werden, wobei $M = \int_0^\infty M(r)\, \mathrm{d}r$ und $M(r) \sim rN(r)$ gilt.

Die hier formulierte Aufgabe löst man auf analoge Weise wie in Abschnitt 3.3., indem die gesuchten Größen T, Q, J_T, N_T und q in Form von Produkten der entsprechenden Funktionen T', Q', J'_T, N'_T und q' von den Veränderlichen x, z nach der gleichen Funktion

$$f(x, y) = \frac{1}{\sqrt{\pi\beta(x)}}\, \mathrm{e}^{-\frac{y^2}{\beta(x)}} \quad \text{mit} \quad \beta(x) = 4k_0x + 2\varphi_0^2x^2$$

dargestellt werden. Damit führt man die Aufgabe auf die Lösung eines zweidimensionalen Gleichungssystems zurück, das numerisch mit Hilfe eines impliziten Differenzenschemas gelöst wird. Da die Gleichungen nichtlinear sind, werden sie durch Integration nach x nach jedem Schritt gelöst. Zuerst sucht man eine Lösung ohne Berücksichtigung der Glieder in den Gleichungen, die die Kondensation und die Koagulation beschreiben. Weiterhin legt man die Grenzen der Kondensationszonen fest, wo entweder $Q > Q_\mathrm{M}$ oder $\Delta_\mathrm{T} > 0$ ist. Danach bestimmt man innerhalb dieser Zonen eine vollständige Lösung der Aufgabe unter Berücksichtigung der Kondensation und Koagulation. Außerhalb dieser Zonen wird vorausgesetzt, daß die gleiche Lösung wie auch bei nicht vorhandenem Phasenübergang gilt.

Die Verteilung der Windgeschwindigkeit u und des Austauschkoeffizienten k_z in Abhängigkeit von der Höhe z wird nach (1.18) angegeben.

Die Berechnungen wurden für unterschiedliche Werte der Eingangsparameter ausgeführt. Aus den erhaltenen Ergebnissen folgt, daß die Verteilung des Wassergehaltes in einem Feuchtigkeit enthaltenden Strahl und einer Beimengung in einer Flamme einander ähnlich sind. Gleichzeitig existieren auch bestimmte Unterschiede. Letztere werden im Anfangsbereich des Strahls durch die Bildung von Tropfen bei der Kondensation in Abhängigkeit von der Temperaturverteilung verursacht. In genügend großen Entfernungen bedingen die Unterschiede ein schnelleres Abklingen der Tropfenabmessungen durch ihre Verdunstung mit Vergrößerung von x.

In den Fällen, in denen der Wassergehalt in der Anfangsemission klein oder gleich Null ist, bilden sich im Querschnitt des Strahls in der Nähe der Quelle zwei Maxima von Δ_T aus, die an den Rändern des Querschnitts liegen, wo die Temperatur niedriger als im Innern des Strahles ist und der Kondensationsprozeß früher beginnt. Dabei besitzt der Wassergehalt im Zentrum des Querschnitts auf der Strahlachse aus diesem Grunde einen minimalen Wert. In genügender Entfernung von der Quelle wird eine

Übersättigung auch auf der Strahlachse erreicht, und über den Querschnitt bildet sich nur ein Maximum aus, das in der Mitte liegt. Infolgedessen steigt mit Vergrößerung der Entfernung x längs der Strahlachse der Wassergehalt Δ_T zuerst an und verringert sich dann allmählich. Je größer die Anfangsüberhitzung der Feuchtigkeit ist, um so größer ist die Entfernung, in der das Maximum von Δ_T erreicht wird. Bei der Existenz von Feuchtigkeit mit einem großen Anteil der flüssigen Phase in der Anfangsemission beobachtet man schon direkt an der Quelle im Strahlquerschnitt nur ein Maximum, dessen Größe sich mit Vergrößerung von x infolge der Verbreiterung des Strahles und der Verdunstung der Tropfen verringert.

Aus den Berechnungen folgt insbesondere, daß bei einem Anfangswassergehalt $\Delta_0 = 0$, einer Quellhöhe $H = 100$ m, einer Temperatur $T_e = 0$ °C und relativen Feuchtigkeit $\varphi = 80\%$ der Umgebungsluft sowie einer Emissionstemperatur $T_0 = 50$ °C zwei ausgeprägte Maxima von Δ_T in einer Entfernung von $x = 20$ m existieren. In einem Abstand $x = 100$ m ist nur ein Maximum vorhanden. Für die gleichen Parameter, aber bei $\Delta_0 = 0{,}7$ g/m^3 liegt für alle x das Maximum von Δ_T auf der Strahlachse und klingt mit Vergrößerung von x allmählich ab.

Die für die gleichen Fälle ausgeführten Berechnungen des mittleren Radius der Wassertropfen zeigen, daß sich r in der unmittelbaren Nähe der Quelle, bei $x = 2$ m, schwach ändert, wobei man im Strahlquerschnitt zwei Maxima von r beobachtet (ein Maximum oberhalb, das andere unterhalb der Quellhöhe H). Bei $x = 8$ m ändert sich r etwas mehr und besitzt nur ein Maximum, das zur Höhe H gehört. Mit Vergrößerung von x, das tritt schon für $x = 40$ m deutlich auf, verlagern sich die großen Tropfen nach unten, und es bildet sich ein Maximum der mittleren Tropfenabmessungen im unteren Teil des Strahls aus.

Der Einfluß der relativen Feuchtigkeit φ der Umgebungsluft besitzt zwiespältigen Charakter. Einerseits führt die Vergrößerung von φ zu einer Verringerung der Tropfenverdunstung, und infolgedessen vergrößert sich die Ausdehnung der Zone, in der die flüssige Feuchtigkeit konzentriert ist. Andererseits fördert der Anstieg von φ den Kondensationsprozeß, was zu einer Vergrößerung des Wassergehaltes und der Länge dieser Zone führt, wobei die Verdunstung einer großen Tropfenanzahl eine große Zeit erfordert. Nach Berechnungen für die oben angegebenen Parameter und für einen Anstieg von φ von 40 auf 80% verdreifacht sich die Länge dieser Zone, die praktisch den sichtbaren Teil des sich ausbildenden Strahls darstellt, und erreicht fast 200 m. Diese Ergebnisse entsprechen den experimentellen Werten, die in Arbeiten von HANNA (1974) angegeben sind. Mit der Erhöhung der Lufttemperatur T_e verkleinert sich die Länge dieser Zone. Weil durch die Entlüftungsrohre gemeinsam mit Schwefelwasserstoff und Schwefelkohlenstoff Wasserdampf emittiert wird, beobachtet man in Kunstfaserbetrieben im Winter eine deutlich sichtbare Rauchfahne der Länge von 50—100 m, die im Sommer praktisch nicht bemerkt wird.

Eines der wichtigsten Ergebnisse der durchgeführten Berechnungen bezieht sich auf die Abschätzung der Veränderungen des Verteilungscharakters einer Beimengung aus einer Quelle infolge ihrer Wechselwirkung mit den Wassertropfen, das heißt die Bestimmung des Verhältnisses q/q_0 nach (5.17). Die Berechnungen zeigen, daß sich das Konzentrationsmaximum q_m und die dazugehörige Entfernung x_m dabei wesentlich verändern. Für Feuchtigkeit enthaltende Strahlen steigt der Wert von q_m um 2—2,5mal bei einem mittleren Tropfenradius r von 20—25 µm und erreicht den dreifachen Wert bei $r = 30$ µm, entsprechend wird x_m geringer. Dieser Anstieg von q_m

verringert sich mit größer werdender Windgeschwindigkeit u und hängt relativ schwach von der Änderung der Quellhöhe ab.

Die erhaltenen Ergebnisse bezüglich der Verteilung der Wassertropfen über die Entfernung befinden sich in Übereinstimmung mit den experimentellen Untersuchungen des Ausfallens von Flüssigkeitstropfen-Feuchtigkeit von Rieselkühltürmen, die MARQUARDT und IHLE (1977) in der DDR ausführten. Die Versuche wurden im Winterhalbjahr an 48 Tagen in der Nähe von vier nebeneinander stehenden Rieselkühltürmen von 113 m Höhe durchgeführt. Die Ströme der Tropfenfeuchtigkeit wurden bis zu einer Entfernung von 2 km von den Kühltürmen gemessen. Als Ergebnis bestimmte man Karten für die mittlere Verteilung der Niederschläge um den Kühlturm. Daraus folgt, daß die Lage des Maximums der Niederschläge im Mittel zu Abständen gehört, die zwei- bis viermal der Kühlturmhöhe entsprechen, und von der Windgeschwindigkeit abhängt. Diese Werte stimmen auch mit den theoretischen Abschätzungen von T. OVERKAMP und D. HOLT überein.

Die erhaltenen Ergebnisse können praktisch bei der Festlegung des Standortes von Kühltürmen benutzt werden, um den Einfluß ihrer Feuchtigkeitsemissionen auf nahegelegene Hochspannungsleitungen, Straßen und den Grad der Luftverschmutzung zu verringern.

6. Ausbreitung von Verunreinigungen über unebenem Gelände

Oft liegen die Quellen schädlicher Beimengungen und die um sie verteilten Wohnkomplexe in einem von Tälern und Hügeln durchzogenen Gelände. Wärmekraftwerke, metallurgische und andere Betriebe wurden gewöhnlich in tiefergelegenen Gebieten in der Nähe von Wasserreservoiren oder in vom Hochwasser der Flüsse angeschwemmtem Gelände errichtet. Wohngebiete liegen dabei oft auf erhöhtem Gelände. Bei Wind entstehen hierbei durch Betriebe beträchtliche Konzentrationen schädlicher Stoffe. In niedrigeren Gebieten des Reliefs bleibt die Luft öfter ohne Bewegung, was die Gefahr der Verunreinigung auch in diesen Gebieten verstärkt. Unter dem Einfluß des ungleichmäßigen Geländes verändert sich ebenfalls der Charakter der Bewegung und des Turbulenzzustandes der Luftströmungen, wodurch eine wesentliche Veränderung der Konzentrationsverteilung aus den Quellen entsteht.

Der überwiegende Teil der Untersuchungen zur atmosphärischen Diffusion, einschließlich auch der oben dargelegten, beschäftigt sich mit einem verhältnismäßig ebenen, homogenen Gelände. Der Einfluß des Reliefs wurde wesentlich weniger untersucht. In Projekten beschränkt man sich manchmal auf einfache Korrekturen zur Quellhöhe infolge der ungleichmäßigen Bodenoberfläche. So fügt man dem Wert der Schornsteinhöhe, die nach den Formeln für ebenes Gelände bestimmt wurde, den Höhenunterschied zwischen dem Schornsteinfundament und der Kote der bewohnten Orte hinzu, die in dem Gebiet des erwarteten Maximums der Konzentration liegen. In einigen Fällen empfiehlt man, die Emissionsquellen an höher gelegene Orte zu legen. Dann entsteht von neuem die Frage, um wieviel sich die Höhen der Schornsteine von den entsprechenden Werten für die Bedingungen eines ebenen Geländes unterscheiden müssen. Manchmal benutzt man für die Berechnung des Reliefeinflusses einfache Modelle vom Typ eines „Kastens" (Hewson u. a., 1961; Gotaas, 1972).

Analytische Methoden, die für die Untersuchung der turbulenten Diffusion über ebenem Gelände angewendet wurden, erweisen sich hier praktisch als unvorteilhaft. Ihre Anwendung erfordert eine beträchtliche Vereinfachung der Aufgabenstellung. Neue Voraussetzungen für die Lösung dieser Fragen wurden im Zusammenhang mit der Entwicklung der numerischen Methoden für Untersuchungen und mit der Anwendung der EDV, aber auch im Ergebnis der Vervollkommnung der experimentellen Forschungen zur Struktur der Luftströmung unter der Bedingung eines unebenen Geländes erhalten.

Hier beschäftigen wir uns vor allem mit den Ergebnissen der empirischen Untersuchungen der Struktur der Luftströmung und danach mit der Modellierung von Prozessen mit Hilfe moderner theoretischer und experimenteller Methoden.

6.1. Mikrometeorologische Beobachtungen in hügeligem Gelände und in Tagebauen

Zur Untersuchung der Struktur der Bodenschicht über unebenem Gelände unter natürlichen Bedingungen benutzt man seit langem mikroklimatische Beobachtungen. Die grundlegenden Ergebnisse der durchgeführten Forschungen sind in den Monographien von R. Geiger und S. A. Saposchnikowa sowie in dem Buch unter Redaktion von Golzberg (1967) und in anderen Werken dargelegt. Eine Reihe von Schlußfolgerungen von hauptsächlich qualitativem Charakter über die Berücksichtigung mikroklimatischer Besonderheiten in den Aufgaben zur Untersuchung der Verunreinigung der Atmosphäre sind in den Büchern von Munn (1966, 1970b) und anderen dargestellt.

Die Versuchsergebnisse verschiedener Autoren bestätigten den schon am Ende des vergangenen Jahrhunderts festgestellten Zustand, den man manchmal als Gesetz von A. I. Wojejkow bezeichnet. Danach sind für konkave Reliefformen verhältnismäßig starke zeitliche und räumliche Veränderungen der meteorologischen Einflußgrößen charakteristisch. Für konvexe Formen ist umgekehrt ein klimatischer Zustand mit weniger deutlichen Schwankungen der meteorologischen Größen charakteristisch. So sind an niedriger gelegenen Orten, insbesondere in Tälern, die täglichen Temperaturschwankungen wesentlich größer als an höher gelegenen Stellen. Dabei stellt man nachts ein niedrigeres Minimum der Lufttemperatur und am Tage ein höheres Maximum im Vergleich mit den höher liegenden Orten fest. In den niederen Lagen bilden sich in den Nachtstunden schneller aufeinanderfolgende und stärkere Inversionen, am Tage aber überadiabatische Gradienten mit starkem Temperaturabfall. In diesen Reliefformen schwächt sich der Wind besonders nachts merklich ab. Oft verharren in den niedriger gelegenen Gebieten die beinahe unbeweglichen, abgekühlten Luftmassen („Kaltluftseen"). Die angeführte Wind- und Temperaturverteilung während der Nacht fördert die Abschwächung der turbulenten Vermischung an der Bodenoberfläche, die ihrerseits die intensive Abkühlung der Luft und des Bodens, aber auch die Bildung ausgeprägter Inversionen begünstigt.

Bei komplizierten Reliefformen bildet sich eine örtliche Zirkulation, die absteigende und aufsteigende Luftströmungen bewirkt. Oft beobachtet man in der Nacht eine Strömung von kalten Luftmassen entlang der Talabhänge nach unten mit Windgeschwindigkeiten bis zu 2—3 m/s. Durch mikroklimatische Beobachtungen wurde auch eine wesentliche Änderung der Windrichtung unter Reliefeinfluß festgestellt, vor allem bei der Umströmung von Unebenheiten der Bodenoberfläche. In einem Tal ist bei einem beliebigen Druckgradient der Wind beinahe immer entlang der Talachse gerichtet, obgleich die Windrichtung über dem Tal willkürlich sein kann.

Die angegebenen Gesetzmäßigkeiten treten am klarsten bei Hochdruckwetterlagen und klarem Himmel sowie schwachem Wind und stabiler Schichtung hervor. Deshalb sind nachts die Unterschiede zwischen den Verteilungen der meteorologischen Einflußgrößen auf Anhöhen und in tiefer gelegenen Punkten größer als am Tage. Entsprechend ist der Unterschied im Sommer geringer als im Winter. Bei Verstärkung der Windgeschwindigkeit schwächen sich diese Unterschiede ab.

In den letzten 15 bis 20 Jahren wurden viele mikroklimatische Beobachtungen in der unteren, zwei Meter dicken Luftschicht in einer Reihe von Expeditionen des GGO (Golzberg u. a., 1967) durchgeführt. Hauptsächlich waren diese Untersuchungen für die Ausarbeitung von Methoden zur Aufteilung landwirtschaftlicher Kulturen auf bestimmte Gebiete nach klimatischen Gesichtspunkten bestimmt, jedoch wurden auch einige Empfehlungen zur Durchführung mikroklimatischer Beobachtungen während der Projektierungsphase gegeben. In diesen Arbeiten widmete man das Hauptaugenmerk den Überwachungen der Lufttemperatur und -feuchtigkeit, der Windgeschwindigkeit und in einer Reihe von Fällen auch den Komponenten der Wärmebilanz für charakteristische Formen des unebenen Reliefs. Die Beobachtungen erfolgten in unterschiedlichen geographischen Zonen der UdSSR, größtenteils in Gebieten mit einem Höhenunterschied bis zu 200 m und einem Hanggefälle bis zu 10° sowie bei Windgeschwindigkeiten bis zu 10 m/s. Sie wurden entweder gleichzeitig an einigen Punkten des Gebietes oder durch Messungen auf einer Route in einer Zeitdauer bis zu zwei bis drei Stunden durchgeführt, in deren Verlauf sich das Wetter wenig veränderte. Die Aussagen der Routenpunkte und der Festpunkte, die auf einer verhältnismäßig ebenen Bodenoberfläche lagen, wurden miteinander verglichen.

Man stellte fest, daß die Vergrößerung der Windgeschwindigkeit auf den luvseitigen Abhängen und Gipfeln der hoch gelegenen Hügelgegend 10—40% erreicht. Die Verringerung der Geschwindigkeit in niedriger gelegenen Orten des Reliefs beträgt 20 bis 50%. Besonders klar erscheint sie in schlecht durchwehten Tälern. Mit Vergrößerung der Windgeschwindigkeit wird auch der Einfluß des Reliefs am Tage abgeschwächt.

Die mikroklimatischen Arbeiten gingen in das Programm einer Reihe von Expeditionen zur Untersuchung der Schadstoffausbreitung ein (s. Kap. 9) (Solomatina, 1964, 1965). Darin wurden Gradientenmessungen der Windgeschwindigkeit, der Temperatur und der Luftfeuchtigkeit bis zu einer Höhe von 4 m gleichzeitig in einigen Punkten für charakteristische Reliefformen ausgeführt. Im Fall eines einzelnen Hügels führte man auf seinem Gipfel und an seinem Fuße Gradientenmessungen bis zu einer Höhe von 17 m aus. Als Ergebnis wurde festgestellt, daß die vertikale Verteilung der Windgeschwindigkeit in der Bodenschicht im Mittel ungefähr der logarithmischen Verteilung entspricht. Die erhaltenen Verhältnisse der Windgeschwindigkeiten in einer Höhe von 1—2 m für eine bestimmte Reliefform und an einer offenen ebenen Stelle stimmen im allgemeinen mit den weiter oben festgestellten Größen überein. Sie stehen auch mit den Schlußfolgerungen im Einklang, die als Ergebnis der Versuche zur Modellierung in einem Windkanal erhalten wurden (s. Abschn. 6.10.).

In den letzten Jahren entstand Interesse an der Untersuchung der mikrometeorologischen Bedingungen von Tagebauen, wobei sich die Verfahren zur Übertagegewinnung der Bodenschätze immer umfangreicher entwickeln. Die Tagebauflächen erreichen viele Quadratkilometer, und ihre Tiefe beträgt schon jetzt in einer Reihe von Fällen einige hundert Meter. In solchen Talkesseln bleibt die Luft lange ohne Bewegung stehen, und es vergrößert sich die Häufigkeit von Tiefeninversionen und Nebeln. Im Verlaufe des Abbaus bildet sich beim Bergbau eine große Menge schädlicher Beimengungen, die bei den angeführten Witterungsbedingungen zu einer gefährlichen Luftverschmutzung führen können. In diesem Zusammenhang ist die Untersuchung der meteorologischen Verhältnisse von Tagebauen für die Aufklärung von Bedingungen der Schadstoffverteilung in ihnen, aber auch für die Vorhersage dieser Bedingungen und die Auslegung einer künstlichen Belüftung wesentlich. In dieser Richtung wurden Arbeiten von N. S. Bitkolow, P. A. Woronzow, L. A. Kasakow und anderen durchgeführt, die in den Sammelbänden von Artikeln unter Redaktion von Woronzow (1971, 1972) veröffentlicht wurden.

In den Arbeiten der angeführten Autoren herrscht vorläufig noch das experimentelle Herangehen vor. Die Beobachtungen sind auf die untere Luftschicht mit einer Dicke von einigen Metern beschränkt, welche die Probleme der Luftverunreinigung unzureichend beschreibt. Die weiter unten dargelegten Ergebnisse (s. Abschn. 6.4., 6.5., 6.10., 9.8. u. a.) können auch für die Untersuchung der Struktur der Luftströme in Tagebauen angewendet werden.

6.2. Umströmung von Unebenheiten des Reliefs

Die Beschreibung der turbulenten Schadstoffdiffusion bei hügeligem Gelände erfolgt mit Hilfe der Gleichung (1.2), die für einen Bereich mit krummliniger Begrenzung aufgestellt wird. Dabei sind die Koeffizienten dieser Gleichung komplizierte Funktionen der Koordinaten. Die Aufgabe vereinfacht sich unter der Voraussetzung, daß in Richtung der y-Achse (senkrecht zur Windrichtung) die Bodenoberfläche homogen ist. Das ermöglicht, die Beziehung (1.26) zwischen k_y und u anzuwenden und zur Gleichung (1.30) für die Konzentration einer Linienquelle überzugehen. Weiterhin führt man zur Vereinfachung die Substitution der Veränderlichen ein (BERLJAND u. a., 1965a, 1968b):

$$z' = z - h(x), \quad x' = x \,, \tag{6.1}$$

wobei $z = h(x)$ die Grenze der Bodenoberfläche beschreibt. Dann geht (1.30) für $\alpha = 0$ über in

$$u \frac{\partial q'}{\partial x'} + \left(w - u \frac{\mathrm{d}h}{\mathrm{d}x}\right) \frac{\partial q'}{\partial z'} = \frac{\partial}{\partial z'} \left(k_z \frac{\partial q'}{\partial z'}\right). \tag{6.2}$$

Die Komponenten der Bewegungsgeschwindigkeiten u und w stehen miteinander in Beziehung durch die Kontinuitätsgleichung

$$\frac{\partial u}{\partial x} + \frac{\partial w}{\partial z} = 0 \,. \tag{6.3}$$

Die Form der Gleichung (6.2) sowie auch die Randbedingungen sind nach der Transformation (6.1) die gleichen wie im Fall einer ebenen Bodenfläche. Das gestattet, die gleichen Lösungsmethoden wie auch bei ebenem Gelände für dieses Problem anzuwenden.

Im Fall eines mäßig abfallenden Reliefs, wenn die Neigungswinkel der Abhänge klein sind, umströmt der Luftstrom praktisch vollständig die Unebenheiten des Geländes. Dabei sind u und k_z nur Funktionen der Höhe über der Bodenoberfläche: $u = u[z - h(x)]$, $k_z = k[z - h(x)]$. Auf der Grundlage von (6.3) folgt, daß $w = u \,\mathrm{d}h(x)/dx$ gilt. Dann führt (6.2) zur Diffusionsgleichung für eine ebene Fläche bei fehlenden vertikalen Bewegungsgeschwindigkeiten. Das bedeutet, daß das mäßig abfallende Relief keinen wesentlichen Einfluß auf die Schadstoffausbreitung hervorruft. Diese Schlußfolgerung, die zuerst in der Arbeit von BERLJAND u. a. (1965a) gezogen wurde, hat große praktische Bedeutung, weil in Projektierungsrechnungen manchmal bei der Bestimmung der Schornsteinhöhen unbegründet eine Korrektur für den Höhenunterschied zwischen dem Schornsteinfundament und den Wohnkomplexen unabhängig von der Neigung des Geländes eingeführt wird. Hieraus folgt auch, daß eine Änderung des Konzentrationsfeldes unter Einfluß von Unebenheiten des Geländes nur in jenen Fällen entsteht, wenn u und k_z nicht nur von $z - h(x)$, sondern auch von x abhängen. Leider wurden diese Abhängigkeiten sowohl theoretisch als auch experimentell äußerst wenig untersucht.

Zum gegenwärtigen Zeitpunkt ist eine Reihe von bedeutenden Forschungen über durch orographische Störungen verursachte Luftströmungen durchgeführt worden (DORODNIZIN, 1938; GUTMAN, 1969, u. a.). Diese Untersuchungen beschäftigen sich hauptsächlich mit Prozessen von verhältnismäßig großem Maßstab und können nicht direkt zur Lösung der hier betrachteten Probleme angewendet werden. Deshalb muß man die Lösung der Gleichung (6.2) gleichzeitig mit der Bestimmung der Koeffizienten, die darin enthalten sind, das heißt mit der Untersuchung der Struktur der atmosphärischen Grenzschicht durchführen.

6.3. Berücksichtigung der mikroklimatischen Windverteilung

Infolge der Kompliziertheit des Problems entwickelte man für seine Lösung eine Reihe von Näherungsverfahren. Eines der verhältnismäßig einfachsten Verfahren, das von BERLJAND u. a. (1965a, 1968b) entwickelt wurde, besteht im Aufbau von

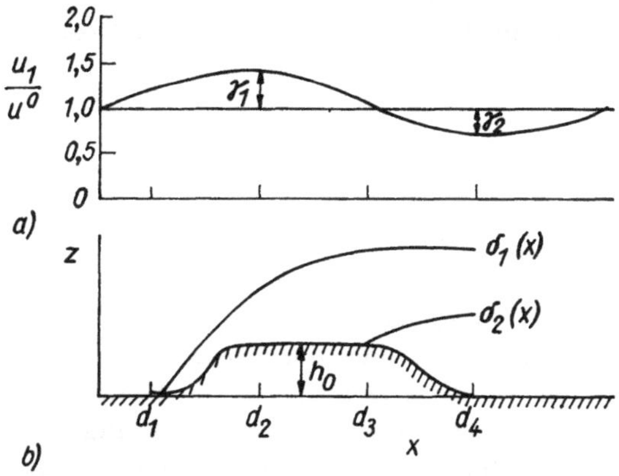

Abbildung 6.1.
Änderung des Windes in der Grenzschicht über einem Hügel

Interpolationsmodellen für u und k_z. Dafür wendete man die Ergebnisse von mikroklimatischen Beobachtungen (s. Abschn. 6.1.) über die Änderungen der Windgeschwindigkeit in einer bestimmten Höhe, aber auch jenen Umstand an, daß unter den Bedingungen von flachen Reliefformen die Verteilung der Windgeschwindigkeit abhängig von der Höhe in der bodennahen Luftschicht ähnlich der logarithmischen Verteilung ist.

Geht man von diesen Zuständen aus und betrachtet einen Hügel (Abb. 6.1), dessen Höhe über dem umgebenden Gelände durch die Funktionen $h(x)$ beschrieben wird, so gilt

$$h(x) = 0 \quad \text{für } x < d_1 \quad \text{und } x \geqq d_4\,,$$

$$h(x) = h_0 \quad \text{für} \quad d_2 \leqq x \leqq d_3$$

sowie

$$h(x) = \begin{cases} h_0\left[1 - \left(\dfrac{x - d_2}{d_2 - d_1}\right)^2\right]^2 & \text{für} \quad d_1 \leqq x < d_2\,, \\ h_0\left[1 - \left(\dfrac{x - d_3}{d_4 - d_3}\right)^2\right]^2 & \text{für} \quad d_3 \leqq x < d_4\,. \end{cases}$$

Es wird angenommen, daß die Windgeschwindigkeit in der Zuströmung der Bedingung (1.18) genügt und daß die Rauhigkeit z_0 in allen Punkten des Reliefs gleich ist. Man setzt weiterhin voraus, daß die Gleichung (1.18) die Windgeschwindigkeit über einem Hügel für $z > \delta_1(x)$ bestimmt (Abb. 6.1 b). Für $z < \delta_1(x)$ auf dem luvseitigen Abhang und für $z < \delta_2(x)$ auf dem leeseitigen Abhang gibt man die Änderung der Windgeschwindigkeit durch die Formel

$$u = u_1(x) \frac{\ln \dfrac{z - h(x)}{z_0}}{\ln \dfrac{z_1}{z_0}} \tag{6.4}$$

an. Hierin ist $u_1(x)$ die Windgeschwindigkeit in der Höhe $z = z_1$. Für den luvseitigen Abhang stimmt die Windgeschwindigkeit für $\delta_2(x) < z < \delta_1(x)$ mit der Geschwindigkeit der Zuströmung überein,

$$u = \tilde{u}_1(x) \frac{\ln \dfrac{z - h(x)}{z_0}}{\ln \dfrac{z_1}{z_0}}\,. \tag{6.5}$$

Hierbei kann man $\tilde{u}_1(x)$ nach den Angaben über das Abklingen der Störung in der Luftströmung bestimmen, indem man annimmt, daß die Entfernung der oberen Hochebene genügend groß ist (praktisch ist $\tilde{u}_1(x) \approx u_1|_{x=d_1}$). Die Gleichungen zur Bestimmung von $\delta_1(x)$ und $\delta_2(x)$ findet man aus der Kontinuitätsbedingung der Windgeschwindigkeit in diesen Ebenen. Als Ergebnis bestimmt man δ_1 und δ_2 durch das Verhältnis der Funktion $u_1(x)$ zu ihrem Wert in der Zuströmung u_1^0. Gewöhnlich bestimmt man auf der Grundlage von mikroklimatischen Untersuchungen die Größen dieses Verhältnisses für 1 m Höhe in einigen charakteristischen Punkten des Reliefs. Im oberen Teil des luvseitigen Abhangs kann man $u_1(x) = u_1^0(1 + \gamma_1)$ annehmen und für die Leeseite am Fuße des Berges $u_1(x) = u_1^0(1 - \gamma_2)$ (Abb. 6.1 a). In Übereinstimmung mit den in Abschnitt 6.1. dargelegten Ergebnissen ist $\gamma_1 = 0{,}2 \ldots 0{,}3$ und $\gamma_2 = 0{,}2 \ldots 0{,}5$. Die Werte von $u_1(x)$ in den anderen Punkten des Reliefs interpoliert man dann mit Hilfe eines Polynoms dritter Ordnung. Zur vollständigen Charakterisierung der Windgeschwindigkeiten in einem hügeligen Gelände kann man die Arbeiten zur Modellierung der Luftströmungen in einem Windkanal (s. Abschn. 6.10.) benutzen. Als Beziehung für den Austauschkoeffizienten k_z in der Zuströmung nimmt man wie oben das Modell mit „Knick" (1.18) an. Mit der Änderung der Windgeschwindigkeit unter den Bedingungen eines hügeligen Reliefs ändert sich auch k_z. Näherungsweise nimmt man an, daß k_z unter diesen Bedingungen proportional der Windgeschwindigkeit und der Höhe über der Bodenoberfläche ansteigt,

$$k_z = \nu + \alpha_1 u_1(x) \, [z - h(x)] \, . \tag{6.6}$$

Hierin ist $\alpha_1 = k_1^0/u_1^0$, wobei k_1^0 dem Wert von k_1 über ebenem Gelände entspricht.

Da der Austauschkoeffizient in genügend großer Höhe nicht vom Relief abhängen darf, setzt man voraus, daß (6.6) für Höhen z erfüllt wird, in denen $k_z < k_h$ ist, für größere Höhen ist $k_z = k_h$. Die Aufgabe wurde numerisch gelöst.

In Abbildung 6.2 sind Berechnungsbeispiele für die Konzentration s (s. (2.1)) unter den Bedingungen eines hügligen Geländes wiedergegeben, dessen Konturen in Abbildung 6.1 dargestellt sind. Für die Berechnungen wurde $h_0 = 50$ m, $d_{i+1} - d_i = 500$ m $(i = 1, 2, 3)$, $\gamma_1 = \gamma_2 = 0{,}2$, $u_1^0 = 2$ m/s und $k_1^0 = 0{,}1$ m/s angenommen. Es sind die Konzentrationsverteilungen bei verschiedenen Lagen der Quelle im Gelände und Quellenhöhen H angegeben. Aus den Berechnungen folgt, daß das Relief einen wesentlichen Einfluß auf das Konzentrationsfeld ausübt. Der Unterschied zwischen den Werten für die maximale Konzentration in Abhängigkeit von der Lage der Quelle im Gelände erreicht bei $H = 50$ m 50%. Er verringert sich mit ansteigender Quellhöhe und beträgt bei $H = 200$ m ungefähr 30%. Die Verringerung des Reliefeinflusses mit dem Anwachsen der Quellhöhen ist physikalisch sinnvoll und kann somit als eine gewisse Bestätigung des beschriebenen Rechenschemas dienen. Je höher die Quelle zum luvseitigen Abhang liegt, um so geringer ist die maximale Konzentration. Andererseits sind die maximalen Konzentrationen um so größer, je näher die Quelle auf der Hochebene zum leeseitigen Abhang oder je niedriger sie am leeseitigen Abhang liegt. Die Asymmetrie des Einflusses des lee- und luvseitigen Berghanges wird dadurch verursacht, daß der Wind am luvseitigen Hang verstärkt wird und aufsteigende Strömungen entstehen, die den Schadstofftransport nach oben fördern. Am leeseitigen Abhang wird der Wind dagegen abgeschwächt, und es treten abwärtsgerichtete Ströme auf, die Schadstoff von der Quelle nach unten tragen. Das Konzentrationsmaximum bei einer am leeseitigen Abhang gelegenen Quelle ist für eine Schornsteinhöhe von $H = 50$ m ungefähr um 30% und für $H = 200$ m ungefähr um 20% größer als an einer ebenen Stelle. Da die Windrichtung veränderlich ist und der luvseitige Hang zum leeseitigen Berghang werden kann und umgekehrt, muß man schlußfolgern, daß die möglichen Konzentrationsmaxima einer Quelle konstanter Höhe in der Regel im hügeligen Gelände größer als in der Ebene sind.

Die dargestellten Beispiele beziehen sich auf ein verhältnismäßig schwach unebenes Gelände mit einem Höhenunterschied von 50 m. Mit Vergrößerung dieses Höhenunterschiedes und mit vergrößerter Neigung des Abhangs wird der Effekt des Reliefeinflusses natürlich verstärkt.

Als anderes charakteristisches Beispiel eines unebenen Geländes wird eine Abstufung betrachtet. In diesem Fall kann man von einem leeseitigen (luvseitigen) Hang sprechen. In einer Entfernung von 1,5–2 km vom Abhang ist sein Einfluß gering, so daß dieser Fall als Sonderfall des vorherigen Beispiels betrachtet werden kann, indem beispielsweise die Länge $d_2 d_3$ genügend groß genommen wird (Abb. 6.1).

Im allgemeinen Fall kann man die Formeln für die Änderung von u (6.4) und k_z (6.6) in folgender Form schreiben:

$$u = u_1(x) \, \hat{u}[z - h(x)] \, , \qquad k_z = k_1(x) \, \hat{k}[z - h(x)] \, . \tag{6.7}$$

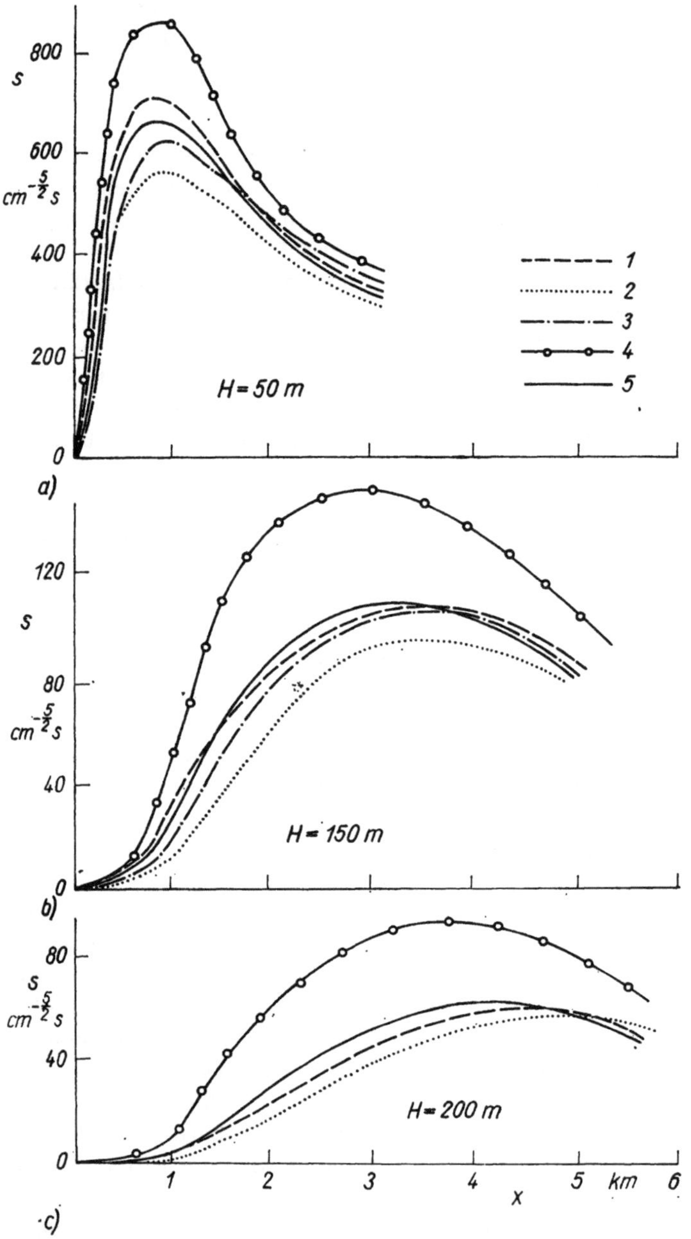

Abbildung 6.2.
Verteilung der Schadstoffkonzentration s in hügeligem Gelände für die Quellhöhen $H =$ $= 50$ m (a), $H = 150$ m (b) und $H = 200$ m (c)

Kurve	1	2	3	4	5
Lage der Quelle im Punkt der Abb. 6.1.	d_1	d_2	d_3	d_4	ebenes Gelände

Dieses Modell für u und k_z ist natürlich nicht genau genug. Es führt dazu, daß der Einfluß der Bodenoberfläche sich unbegrenzt nach oben ausbreitet und in großen Höhen seine Anwendung wesentliche Abweichungen der Windgeschwindigkeit von der realen Größe hervorrufen kann. Verständlicherweise muß aber mit der Höhe der Einfluß des Reliefs abklingen, und oberhalb einer gewissen Grenzschicht darf er praktisch nicht mehr zu bemerken sein. Außerdem muß man für Ebenen oberhalb von 200—300 m notwendigerweise auch den Einfluß der Coriolis-Kraft berücksichtigen. Die auf der Grundlage von (6.7) erhaltenen Ergebnisse beziehen sich auf verhältnismäßig niedrige Quellen.

Die Beispiele der auf der Grundlage der numerischen Integration der turbulenten Diffusionsgleichung durchgeführten Berechnungen für die Schadstoffverteilung einer Quelle unter den Bedingungen eines komplizierten Reliefs sind in der Arbeit von Hino (1968b) dargestellt, der auch die Ergebnisse der Berechnungen mit den Messungen im Windkanal verglich.

Hunt und Jackson (1974) betrachteten einige Besonderheiten der turbulenten Diffusion bei zweidimensionalen Hindernissen. B. Igan gab in „Lectures on air pollution (1975)" einen Überblick über eine Reihe von Arbeiten zur experimentellen und theoretischen Untersuchung des Reliefeinflusses auf die Verteilung von Beimengungen.

6.4. Methode der Potentialströmungen

Zum Aufbau eines allgemeineren Diffusionsmodells für kompliziertere Reliefs existieren verschiedene Möglichkeiten. Eine davon, die wesentliche Vereinfachungen bedingt, aber vollkommener und universeller als die oben dargelegten ist, besteht in der Behandlung der realen Luftströmung über einem komplizierten Relief als Potentialströmung. Bekanntlich äußert sich der Einfluß der Zähigkeit auf die Strömung des Fluids hauptsächlich in der Grenzschicht, die einen dünnen Bereich in Nähe der Oberflächengrenze darstellt. Im übrigen Teil des Raumes ist die Bewegung eines zähen Fluids ähnlich einer reibungsfreien Potentialströmung. Außerdem kommt es bei der Berechnung der Schadstoffausbreitung von einer Quelle besonders darauf an, die Koeffizienten der turbulenten Diffusionsgleichung in jenem Bereich richtig anzugeben, wo die Konzentrationsgradienten groß sind. Bei der Benutzung von Potentialströmungen für die betrachtete Aufgabe kann sich die Vernachlässigung des Grenzschichteinflusses auf die Lösung des Problems nur im Bereich verhältnismäßig großer Bodenkonzentrationen auswirken. Gewöhnlich nimmt man jedoch an der unteren Grenze ein Fehlen des Schadstoffstromes an. Folglich sind für genügend hohe Quellen die Konzentrationsgradienten in diesem Bereich klein. Deshalb kann man voraussetzen, daß sich die Fehler bei der Angabe des Windgeschwindigkeitsfeldes in dem Bereich, wo die Bodenkonzentrationen in der Nähe des Maximums liegen, auf die Größe dieses Maximums wenig auswirken.

Die Methode besteht darin, in einem Bereich mit krummlinigen Grenzen eine Potentialströmung mit Hilfe einer konformen Abbildung aufzubauen, die diesen Bereich in eine Halbebene überführt.

Ein Versuch, Potentialströmungen zur Lösung von Aufgaben der atmosphärischen Diffusion anzuwenden, wurde von Stümke (1964, 1966) unternommen. Er betrachtete die Lösung der turbulenten Diffusionsgleichung für konstante Koeffizienten in einem Bereich mit stückweiser linearer Grenze (vom Typ einer Stufe), die er mit Hilfe des Integrals von CHRISTOFFEL-SCHWARZ auf die Halbebene abbildete. STÜMKE erhielt eine Reihe interessanter Ergebnisse. Die Anwendung der Formel von CHRISTOFFEL-SCHWARZ, das heißt der konformen Abbildung mit unstetigen Grenzwerten der Ableitung, führte den Autor jedoch zu einigen physikalisch nicht begründeten Schlußfolgerungen (zum Beispiel über das Auftreten unendlich großer Konzentrationen).

Das weiter unten dargelegte, von BERLJAND u. a. (1968b) entwickelte Lösungsverfahren für die vorliegende Aufgabe gestattet, die angeführten Mängel zu beseitigen. Dabei handelt es sich um Untersuchungen der atmosphärischen Diffusiongleichung mit Berücksichtigung der räumlichen Abhängigkeit der Koeffizienten. Die konforme Abbildung wird durch Funktionen verwirklicht, die keine Unstetigkeiten der Geschwindigkeiten in der Strömung ergeben. Dazu führt man eine analytische Funktion $\tau(t) = \varphi(x, z) + i\,\psi(x, z)$ des komplexen Argumentes $t = x + iz$ ein, die die konforme Abbildung des untersuchten Bereiches (mit krummliniger Grenze) auf eine Halbebene verwirklicht. Diese Funktion nennt man gewöhnlich komplexes Potential. Ihr Realteil φ ist das Geschwindigkeitspotential, der Imaginärteil ψ die Stromfunktion. Die horizontale und vertikale Komponente der Geschwindigkeit der Potentialströmung werden in dem betrachteten Bereich durch folgende Formeln ausgedrückt:

$$u_{\mathrm{P}} = \frac{\partial \varphi}{\partial x} = \frac{\partial \psi}{\partial z}, \qquad w_{\mathrm{P}} = \frac{\partial \varphi}{\partial z} = -\frac{\partial \psi}{\partial x}.$$

Die Kurven $\psi(x, z) = \text{const}$ stellen Stromlinien der untersuchten Strömung dar. Insbesondere ist die Stromlinie $\psi(x, z) = 0$ die Grenze des Bereiches. So enthält die Umkehrfunktion $t(\tau) = x(\varphi, \psi) + iz(\varphi'\,\psi)$, die durch die konforme Abbildung der Halbebene auf den physikalischen Strömungsbereich entsteht, die vollständige Information über die Potentialströmung. Weiterhin geht man in der Diffusionsgleichung von den Veränderlichen x und z zu den „Stromlinienkoordinaten“ φ und ψ über. In den so erhaltenen Gleichungen vernachlässigt man die Glieder, die den Diffusionsstrom in Strömungsrichtung beschreiben, wobei dieser klein im Verhältnis zum konvektiven Transport ist (man setzt auch $k_x = k_z$ voraus). Dann erhält die turbulente Diffusionsgleichung (1.2) für $\alpha = 0$ folgende Form:

$$\frac{\partial q'}{\partial \varphi} = \frac{\partial}{\partial \psi}\left(k_\psi \frac{\partial q'}{\partial \psi}\right). \tag{6.8}$$

Für die Anfangs- und Randbedingungen ergeben sich

$$\begin{aligned} q' &= M\delta(\psi - \psi_H) && \text{für} \quad \varphi = \varphi_H\,, \\ k_\psi \frac{\partial q'}{\partial \psi} &= 0 && \text{für} \quad \psi = 0\,, \\ q' &\to 0 && \text{für} \quad \psi \to \infty\,. \end{aligned} \tag{6.9}$$

Hier sind φ_H und ψ_H die Stromlinienkoordinaten der Quelle, die sich in dem Punkt $x = x_0$, $z = H + h(x_0)$ befindet. $\psi = 0$ ist die Gerade, in die die Grenze $z = h(x)$ bei der Abbildung überging.

Die erhaltene Gleichung und die Randbedingungen stimmen in der Form mit den bei der atmosphärischen Diffusion über einer in der Horizontalen homogenen Oberfläche verwendeten überein. Dabei entspricht die Koordinate ψ der Höhe z. Auf dieser Grundlage wird angenommen, daß der Austauschkoeffizient $k_z = k_z(\psi)$ ist, das heißt, er ist nur eine Funktion der Stromfunktion. Das führt folglich zu einer natürlichen Verallgemeinerung des gewöhnlich angewendeten Modells für $k_z(z)$. Deshalb kann man die Lösung von (6.8) und (6.9) in der Form schreiben:

$$q' = q'(\varphi - \varphi_H, \psi, \psi_H)\,. \tag{6.10}$$

Den Punkt φ_{m}, wo das Maximum der Bodenkonzentration erreicht wird, bestimmt man aus der Bedingung $\partial q'/\partial \varphi = 0$ für $\psi = 0$. Damit folgt aus (6.10), daß $\varphi_{\mathrm{m}} - \varphi_H = f(\psi_H)$ und $q'_{\mathrm{m}} = q'_{\mathrm{m}}(\psi_H)$ ist. Das bedeutet, für die auf gleichen Stromlinien gelegenen Quellen sind die maximalen Bodenkonzentrationen gleich. Diese Schlußfolgerung ist auch für die maximale Bodenkonzentration von Punktquellen richtig.

Als Beispiel wird die konforme Abbildung der Halbebene auf einen Bereich mit der in Abbildung 6.1 gezeigten Grenze durchgeführt. Dabei benutzt man die Funktion von SHUKOWSKI $t = \frac{1}{2}(s - a^2/s)$, die eine Abbildung auf die Halbebene des Bereiches verwirklicht, dessen Grenze aus der reellen Achse und dem Halbkreis vom Radius a mit dem Zentrum im Koordinatenursprung besteht. Die Halbellipse, deren kleine Halbachse mit der Strecke $(-a, a)$ der reellen Achse übereinstimmt, geht dann in der Ebene in eine Kurve über, deren Schnittwinkel mit der reellen Achse 0° beträgt). Kombiniert man die Abbildungsfunktion von SHUKOWSKI mit der Abbildung $s = \sigma + m_1\sqrt{\sigma^2 - a^2}$, die die Halbebene in den Bereich überführt, der durch die reelle Achse und die Halbellipse mit den Halbachsen a und $m_1 a$ begrenzt wird, so findet man die gesuchte Abbildung in folgender Form:

$$t = \tfrac{1}{2}\left[\sigma + m_1\sqrt{\sigma^2 + a^2} + a^2(\sigma + m_1\sqrt{\sigma^2 - a^2})^{-1}\right]. \tag{6.11}$$

Hierin ist

$$t = x + iz, \quad \sigma = \xi + i\zeta, \quad m_1 = \frac{h_0}{a} + \sqrt{\left(\frac{h_0}{a}\right)^2 + 1}\,,$$

wobei h_0 die Höhe und a die halbe Breite des Hügels sind. Ein Zweig der Wurzel ist durch die Bedingung $Im\sqrt{\sigma^2 - a^2} \geqq 0$ für $\operatorname{Im}\sigma > 0$ festgelegt. Die Beziehung (6.11) gestattet die Konstruktion einer Potentialströmung, deren komplexes Potential durch die Funktion $t = \bar{A}\sigma$ gegeben ist. Die Konstante $\bar{A}$ bestimmt man aus der Forderung, daß in unendlicher Entfernung von dem umströmten Hindernis die Geschwindigkeit der Potentialströmung gleich der angegebenen Größe v ist, das heißt $\bar{A} = \frac{1}{2}v(1 + m_1)$.

Als Ergebnis der Aufspaltung der Gleichung (6.11) in einen Real- und einem Imaginärteil ergibt sich eine Parametergleichung für die Grenze des Bereiches bei $\zeta = 0$:

$$x = \frac{1}{2}\xi\left[+\frac{a^2}{\xi^2 + m_1^2\,(a_1^2 - \xi^2)}\right],$$

$$z = \frac{1}{2}m_1\sqrt{a^2 - \xi^2}\left[1 - \frac{a^2}{\xi^2 + m_1^2(a^2 - \xi^2)}\right] \qquad \text{für } \xi \leqq a\,;$$

$$x = \frac{\operatorname{sgn}\xi}{2}\left[|\xi| + m_1\sqrt{\xi^2 - a^2} + a^2(|\xi| + m_1\sqrt{\xi^2 - a^2})^{-1}\right],$$

$$z = 0 \qquad \text{für} \quad |\xi| > a\,. \tag{6.12}$$

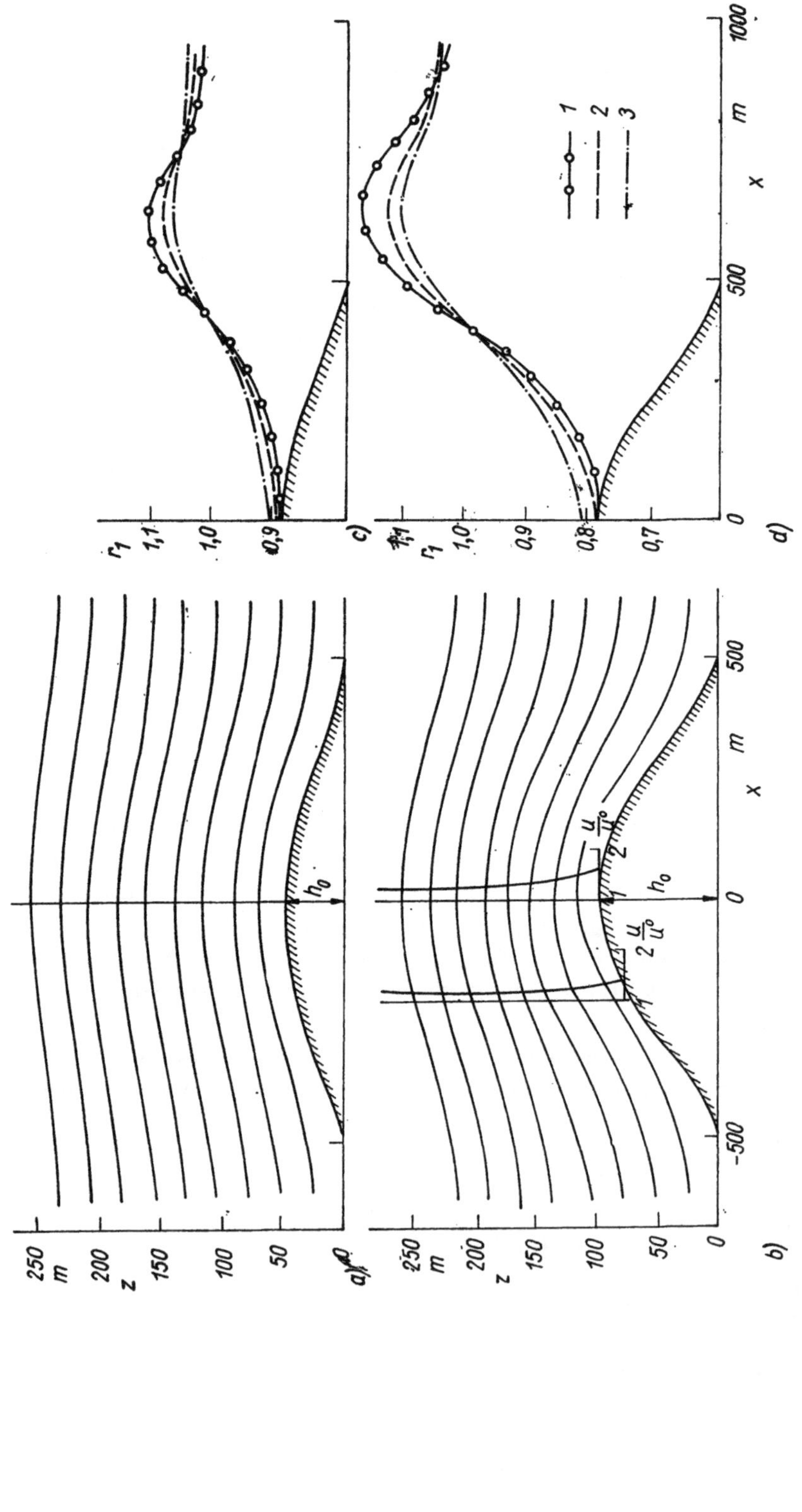

Abbildung 6.3.
Stromlinien der Potentialströmung über Hügel der Höhe $h_0 = 50$ m (a) und $h_0 = 100$ m (b) (halbe Breite $a = 500$ m) und zugehörige Korrekturkoeffizienten (c) und (d) für verschiedene Quellhöhen

$H_0 = 50$ m (1), $H_0 = 100$ m (2), $H_0 = 200$ m (3)

Die aus (6.12) bestimmte Funktion $z = h(x)$ hat eine stetige erste Ableitung, so daß die Grenze des Strömungsbereiches ausreichend glatt ist.

In den Abbildungen 6.3a, b sind die auf einer EDVA berechneten Stromlinien über einem Hügel dargestellt. Die Strömungsgeschwindigkeit vergrößert sich (Stromlinien verdichten sich) in der Nähe des Hügelgipfels und verringert sich (Stromlinien gehen auseinander) am Fuß des Hügels. Für zwei Punkte des Reliefs sind auch die vertikalen Profile der auf die Geschwindigkeit der Zuströmung u^0 bezogenen Horizontalkomponente der Strömungsgeschwindigkeit u angegeben.

Aus den erhaltenen Ergebnissen folgen einige praktische Empfehlungen. Die minimale Höhe der Quelle oder die ihr entsprechende Schornsteinhöhe bestimmt man gewöhnlich aus der Bedingung, daß das Maximum der Bodenkonzentration kleiner als die zulässige Immissionskonzentration ist. Wenn für ein horizontales homogenes Gelände die Höhe dieser Ebene gleich H_0 ist, dann wird im Fall einer krummlinigen Grenze der Bodenoberfläche die entsprechende Bedingung streng eingehalten bei einer Lage der Quelle auf einer Stromlinie, die sich in der Zuströmung in einer Entfernung H_0 von der unteren Grenze befindet. Die Quellhöhe für $\varphi = \varphi_H$ bestimmt man aus der Entfernung $z(\varphi_H, \varphi_{H_0})$ von der Stromlinie $\psi = \psi_{H_0}$ bis zur Ebene der Bodenoberfläche. Der entsprechende Korrekturfaktor r_1 zur Quellhöhe H_0 bestimmt sich aus der Beziehung

$$r_1 = \frac{1}{H_0} [z(\varphi_H, \psi_{H_0}) - z(\varphi_H, 0)] . \tag{6.13}$$

Die erhaltenen Ergebnisse sind in den Abbildungen 6.3c, d für Quellen dargestellt, die in unterschiedlichen Punkten der in den Abbildungen 6.3a, b angegebenen leeseitigen Abhänge liegen. Insbesondere bei einer Lage der Quelle auf der Hügelspitze, wo sich die Stromlinien verdichten, ist $r_1 < 1$, das heißt, die Quellhöhe kann kleiner sein als an einer ebenen Stelle. Wenn die Quelle am Fuß des Hügels liegt, ist $r_1 > 1$. Berücksichigt man, daß für warme Emissionen die maximale Bodenkonzentration umgekehrt proportional zum Quadrat der Quellhöhe ist, dann erhält man die größten Änderungen der maximalen Bodenkonzentration für $H_0 = 50$ m zu 25–50% und entsprechend für $H_0 = 100$ m mit 20–40%.

Die Analyse der Abbildung 6.3 zeigt, daß sich mit Vergrößerung der Hügelhöhe h_0 oder der Hangneigung h_0/a die Korrektur durch das Relief vergrößert. So ist zum Beispiel für $H_0 = 50$ m der maximale Korrekturfaktor bei $h_0 = 100$ m gleich 1,16 und erreicht bei $h_0 = 50$ m einen Wert von 1,1. Die angeführten Ergebnisse sind ähnlich denen, die aus den Modellen (6.4) bis (6.6) (siehe Abb. 6.2) gewonnen wurden.

Die Symmetrie der Strömung auf dem luvseitigen und leeseitigen Hang ist ein gewisser Mangel des angewendeten Verfahrens der Potentialströmung. Berücksichtigt man jedoch, daß sich beim Wechsel der Windrichtung auch die relative Lage der Hänge ändert, dann kann man die erhaltenen Ergebnisse für die gesamte Beurteilung des Reliefeinflusses anwenden, indem nicht in einen luv- und leeseitigen Hang unterteilt wird.

Die konforme Abbildung (6.11) kann nach der Substitution von h_0 durch $-h_0$ zum Aufbau einer Potentialströmung über einer Vertiefung angewendet werden, deren halbe Breite gleich a und deren Tiefe h_0 beträgt. In den Abbildungen 6.4a, b sind die Stromlinien dieser Potentialströmung und der Korrekturfaktor r_1 angeführt. Wie aus der Abbildung ersichtlich ist, beträgt im Fall einer Vertiefung für $H = 50$ m der

Maximalwert $r_1 = 1{,}32$, während für einen Hügel der gleichen Breite und Höhe h_0 der Maximalwert gleich $r_1 = 1{,}16$ war.

In der Abbildung 6.4c sind die Werte von r_1 für das kompliziertere Relief einer unsymmetrischen Vertiefung angegeben (die konforme Abbildung der Halbebene auf den Strömungsbereich wurde in diesem Falle numerisch vorgenommen).

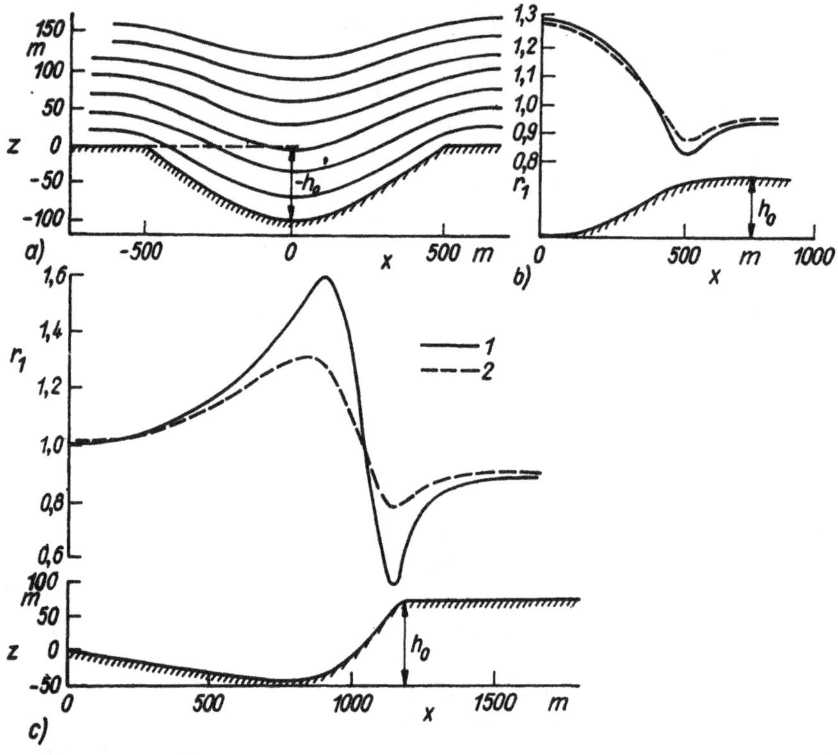

Abbildung 6.4.
Stromlinien und Koeffizient r_1 für die Quellhöhe über einem symmetrischen Einschnitt (a, b) (halbe Breite $a = 500$ m, Tiefe $h_0 = 100$ m) und über einem unsymmetrischen Einschnitt (c) für $H_0 = 50$ m (1) und $H_0 = 100$ m (2)

Allgemeine Fälle mit willkürlich geformten Grenzen werden mit Hilfe der durch ein Integral vom Cauchyschen Typ gegebenen Abbildung gelöst,

$$t = \tau + \frac{1}{\pi} \int_{-\infty}^{\infty} \frac{l(s)\,\mathrm{d}s}{s - \tau}.$$

Die Art der Funktion $l(s)$ wird durch eine Gleichung für die Grenze des physikalischen Strömungsbereiches bestimmt. Insbesondere kann man so einen Ausdruck für die Potentialströmung über vielen nebeneinander stehenden Hügeln erhalten.

Aus den durchgeführten Berechnungen folgt, daß die nahegelegenen Haupthindernisse den größten Einfluß auf die maximale Konzentration ausüben. Insbesondere wenn die Quelle inmitten einer ausgedehnten Hügelkette liegt, ist die maximale Konzentration ungefähr gleich groß wie bei einer Lage in einer einzelnen Senke. Für einzelne Relieftypen — Senken und Hügel — wird eine Reliefkorrektur hauptsächlich durch die mittlere Neigung der Bodenoberfläche und durch das Verhältnis der Quellhöhe zum charakteristischen Höhengefälle im Gelände bestimmt. Diese Korrektur hängt in geringem Maße von der Form dieser Vertiefung oder Erhöhung des Geländes, von ihrer Krümmung und ähnlichen ab.

6.5. Allgemeines Verfahren zur Beurteilung des Reliefeinflusses

Berljand und Genichowitsch (1971) entwickelten eine Theorie für die Grenzschicht in einem Bereich mit krummliniger Grenze (siehe auch Berljand u. a. (1979b)). Gewöhnlich ist für die Zurückführung der Bewegungsgleichungen auf die Grenzschichtgleichungen erforderlich, daß eine der Koordinatenachsen mit der Richtung der vorherrschenden Bewegung übereinstimmt. Diese Übereinstimmung wird bei einer krummlinigen Grenze bei Anwendung eines kartesischen Koordinatensystems nicht erfüllt. Deshalb wendet man Stromlinienvariable an, bei denen der Strömungsbereich in eine Halbebene überführt wird.

Die Ausgangsgleichungen für die Bewegung werden in folgender Form angenommen:

$$u\frac{\partial u}{\partial x} + w\frac{\partial u}{\partial z} = \frac{\partial}{\partial x}\left(k_x\frac{\partial u}{\partial x}\right) + \frac{\partial}{\partial z}\left(k_z\frac{\partial u}{\partial z}\right) - \frac{1}{\varrho}\frac{\partial p}{\partial x} + F', \tag{6.14}$$

$$u\frac{\partial w}{\partial x} + w\frac{\partial w}{\partial z} = \frac{\partial}{\partial x}\left(k_x\frac{\partial w}{\partial x}\right) + \frac{\partial}{\partial z}\left(k_z\frac{\partial w}{\partial z}\right) - \frac{1}{\varrho}\frac{\partial p}{\partial z}, \tag{6.15}$$

wobei p der Druck und F' die Projektion der Coriolis-Kraft ist. Hier berücksichtigt man zusammen mit der vertikalen Komponente k_z des Austauschkoeffizienten auch seine Längskomponente k_x, da die Strömung in einem unebenen Gelände nicht horizontal ist. Der Einfluß der turbulenten Vermischung ist jedoch in Strömungsrichtung wesentlich schwächer als der advektive Transport. Werden nicht sehr steil verlaufende Unebenheiten betrachtet, so kann man $k_x \approx k_z = k$ annehmen. Diese Voraussetzung vereinfacht wesentlich die Lösung der Aufgabe und wird bei den weiteren Umformungen angewendet. Die Gleichung für die turbulente Energie b schreibt sich in Übereinstimmung mit (1.19) und unter Berücksichtigung ihrer advektiven Änderung in folgender Form:

$$u\frac{\partial b}{\partial x} + w\frac{\partial b}{\partial z} = k_z\left[4\left(\frac{\partial u}{\partial x}\right)^2 + \left(\frac{\partial u}{\partial z} + \frac{\partial w}{\partial x}\right)^2\right] + a_1\frac{\partial}{\partial z}\left(k_z\frac{\partial b}{\partial z}\right) - \frac{c_1 b^2}{k}. \tag{6.16}$$

Die Anwendung von (6.16) ermöglicht, nicht nur den Einfluß des Reliefs auf das Geschwindigkeitsfeld abzuschätzen, sondern auch auf den Turbulenzzustand. Für den Übergang von b zum Austauschkoeffizienten k benutzt man die Beziehung (1.20) für $\Phi = 1$. Der Übergang zu den Stromlinienkoordinaten $\varphi = \varphi(x, z)$ und $\psi = \psi(x, z)$ wird mit Hilfe der entsprechenden Beziehungen für die Potentialströmung verwirklicht. Dabei zieht man die bekannten Beziehungen

$$\frac{\partial}{\partial x} = u_P\frac{\partial}{\partial \varphi} + w_P\frac{\partial}{\partial \psi}\,; \qquad \frac{\partial}{\partial z} = u_P\frac{\partial}{\partial \varphi} + w_P\frac{\partial}{\partial \psi} \tag{6.17}$$

hinzu, wobei $u_P = \partial\varphi/\partial x = \partial\psi/\partial z$, und $w_P = \partial\varphi/\partial z = -\partial\psi/\partial x$ ist. Dann ergibt sich für (6.14), (6.15) und (6.3) nach dem Übergang zu den Stromlinienkoordinaten, und indem man den Druck p eliminiert sowie kleine Summanden vernachlässigt, die folgende Form:

$$u_1 \frac{\partial u_1}{\partial \varphi} + u_2 \frac{\partial u_1}{\partial \psi} = \frac{\partial}{\partial \psi}\left(k \frac{\partial u_1}{\partial \psi}\right) + \frac{(1 - u_1^2)}{V} \frac{\partial V}{\partial \psi} + \frac{F' u_P}{V^4} . \tag{6.18}$$

Die Kontinuitätsgleichung ergibt sich dann zu

$$\frac{\partial u_1}{\partial \varphi} + \frac{\partial u_2}{\partial \psi} = 0 . \tag{6.19}$$

Hier sind

$$u_1 = \frac{u u_P + w w_P}{V^2} ; \quad u_2 = \frac{w u_P - u w_P}{V^2} ; \quad V^2 = u_P^2 + w_P^2 . \tag{6.20}$$

Die Gleichungen (6.16) und (1.20) formt man auf analoge Weise um zu

$$u_1 \frac{\partial b}{\partial \varphi} + u_2 \frac{\partial b}{\partial \psi} = a_1 \frac{\partial}{\partial \psi}\left(k \frac{\partial b}{\partial \psi}\right) + k V^2 \left[\left(\frac{\partial u_1}{\partial \psi}\right)^2 + \frac{4 u_1}{V} \frac{\partial V}{\partial \psi} \frac{\partial u_1}{\partial \varphi}\right] - \frac{c_1 b^2}{V^2 k} , \tag{6.21}$$

$$\frac{\partial k}{\partial \psi} - \frac{k}{b} \frac{\mathrm{d} b}{\mathrm{d} \psi} = \frac{x c_1^{1/4}}{V} b^{1/2} . \tag{6.22}$$

In der Zuströmung entwickelt sich über dem Hindernis eine innere Grenzschicht. In genügend großer Entfernung von der Bodenoberfläche klingt ihr Einfluß ab, und die Bewegungsgeschwindigkeiten in der inneren Grenzschicht gehen direkt in die Geschwindigkeiten der Zuströmung über. Dem entsprechen folgende Randbedingungen: $u_1 = u^0(\psi)$, $u_2 = 0$ für $\varphi \to \infty$ und $u_1 = 1$ für $\psi \to \infty$. Hierbei stellt $u^0(\psi)$ das vertikale Geschwindigkeitsprofil in der Zuströmung dar, das mit der Windgeschwindigkeit V für $\psi \to \infty$ normiert wurde. Außerdem nimmt man als Randbedingungen $u_1 = u_2 = 0$ für $\psi = 0$ an. Das Verhältnis der Geschwindigkeiten u_1 und u_2 ist von den realen Geschwindigkeiten u und w entlang der Achsen x und z abhängig: $u(x, z) = u_1 u_P - u_2 w_P$ und $w(x, z) = u_1 w_P - u_2 u_P$. Außerhalb der Grenzschicht sind $u_1 = 1$ und $u_2 = 0$. Dann gilt $u = u_P$ und $w = w_P$. Das bedeutet, die Bewegungsgeschwindigkeit an der oberen Grenze der Grenzschicht geht direkt in die Geschwindigkeit der Potentialströmung über.

Der letzte Summand in (6.18) gewährleistet die Übereinstimmung der Windgeschwindigkeit an der Grenze der inneren Grenzschicht mit der Geschwindigkeit der Zuströmung in der gleichen Ebene und garantiert die Brauchbarkeit der erhaltenen Lösung zur Beschreibung der Windgeschwindigkeit abhängig von der Höhe über der horizontalen homogenen Erdoberfläche. Gleichzeitig verursacht die Berücksichtigung dieses Gliedes gewisse Komplikationen, die von der Änderung der Windrichtung mit der Höhe unter Einwirkung der Coriolis-Kraft abhängig sind. Es zeigt sich, daß zur Bestimmung von Änderungen der Geschwindigkeitskomponente u entlang der x-Achse die Gleichung für die Geschwindigkeitskomponente v entlang der y-Achse gelöst werden muß. Für mäßig geneigte Hindernisse gelingt es jedoch, die Aufgabe zu vereinfachen, wenn man berücksichtigt, daß in diesem Fall die Geschwindigkeitskomponente v mit dem Wert von v^0 der Zuströmung übereinstimmt. Letzteres kann mit Hilfe der Beziehung

$$\frac{\mathrm{d}}{\mathrm{d}z}\left(k^0 \frac{\mathrm{d}u^0}{\mathrm{d}z}\right) = 2\omega_z (v^0 - v_g) \tag{6.23}$$

ausgeschlossen werden. Hierin sind k^0 der Austauschkoeffizient in der Zuströmung, ω_z die vertikale Komponente der Winkelgeschwindigkeit der Erddrehung und v_g die Komponente des geostrophischen Windes entlang der y-Achse.

Für nicht sehr steile Abhänge ist $u_P \approx V$. Dann schreibt sich das letzte Glied in (6.18) mit (6.23) in folgender Form:

$$\frac{F' u_P}{V^4} \approx \frac{1}{V^3} \frac{\mathrm{d}}{\mathrm{d}z}\left(k^0 \frac{\mathrm{d}u^0}{\mathrm{d}z}\right). \tag{6.24}$$

Die Windgeschwindigkeit u^0 in der Bodenschicht der Atmosphäre (für $\psi \leqq \psi_h$) ist näherungsweise mit Hilfe der logarithmischen Funktion

$$u^0 = \frac{\ln \dfrac{\psi + \psi_0}{\psi_0}}{\ln \dfrac{\psi_h + \psi_0}{\psi_0}} \quad \text{und} \quad \text{für } \psi \geqq \psi_h \quad u^0 = 1\,, \tag{6.25}$$

wobei ψ_0 die Oberflächenrauhigkeit und ψ_h die Höhe der Bodenschicht in Stromlinienkoordinaten ist.

Der Unterschied von (6.21) zu der entsprechenden Energiegleichung für die Bedingungen einer horizontalen homogenen Oberfläche besteht in der Existenz des zusätzlichen Summanden $4k_z V u_1 (\partial V/\partial\psi)(\partial u_1/\partial\varphi)$ im transformierten Glied der Gleichung für die turbulente Energie. Man kann zeigen, daß in der Nähe der Bodenoberfläche mit R_G als Grenzkrümmungsradius $\partial V/\partial\psi = 1/R_G$ gilt. Folglich beschreibt dieser Summand über konvexen Abschnitten der Oberfläche ($R_G < 0$) eine Verringerung der Produktion von turbulenter Energie, über konkaven Abschnitten der Grenze ($R_G > 0$) aber eine zusätzliche Umwandlung von Energie der mittleren Bewegung in Turbulenzenergie.

Als Randbedingungen für (6.21) kann das Abklingen der turbulenten Energie b auf Null für $\psi \to \infty$ angenommen werden, da sich ihre Produktion unter dem Einfluß der Bodenfläche vollzieht. Weiterhin sind die Werte des transformierten Gliedes und der Energiedissipation an der unteren Grenze (bei $\psi = 0$) gleich. Die Aufgabe wird mit Hilfe der EDV gelöst.

In Abbildung 6.5a sind die vertikalen Profile der Windgeschwindigkeit angegeben, die für verschiedene Bereiche der Luftströmung über einem Hügel der Höhe $h_0 = 50$ m berechnet wurden.

Die Existenz eines Maximums der Windgeschwindigkeit in einer gewissen Höhe ist abhängig von dem entgegengesetzten Einfluß der turbulenten Scheinspannung und des mittleren Druckgradienten. Das Vorhandensein und die Lage dieses Maximums stimmt mit den Angaben der Experimente zur Modellierung der Umströmung eines Hügels in einem Windkanal überein (siehe Abschnitt 6.10.).

Die Abbildung 6.5b zeigt die Änderung der Verhältnisse der Windgeschwindigkeit u und des Austauschkoeffizienten k_z, die auf die entsprechenden Größen u^0 und k_z^0 der Zuströmung bezogen wurden, bei zwei Höhen über der Bodenoberfläche (1 und 10 m) für den gleichen Hügel. Die erhaltenen Ergebnisse stimmen mit den Meßwerten unter natürlichen Bedingungen (siehe Abschnitt 6.1.) sowie auch mit denen im Windkanal (s. Abschn. 6.10.) überein. Bei den Berechnungen tritt auch eine Reihe kaum bemerkbarer Effekte auf, die gegenwärtig mit experimentellen Methoden schwierig festzustellen sind. Das bezieht sich insbesondere auf den verschiedenartigen Charakter der Näherung für die Windgeschwindigkeit und den Austauschkoeffizienten abhängig von der Höhe im Verhältnis zu den Werten, die für ebenes Gelände charakteristisch sind. Wie aus Abbildung 6.5b ersichtlich ist, nähert sich der Austauschkoeffizient über einem Hügel merklich schneller seinem Wert über ebenem Gelände als die Windgeschwindigkeit.

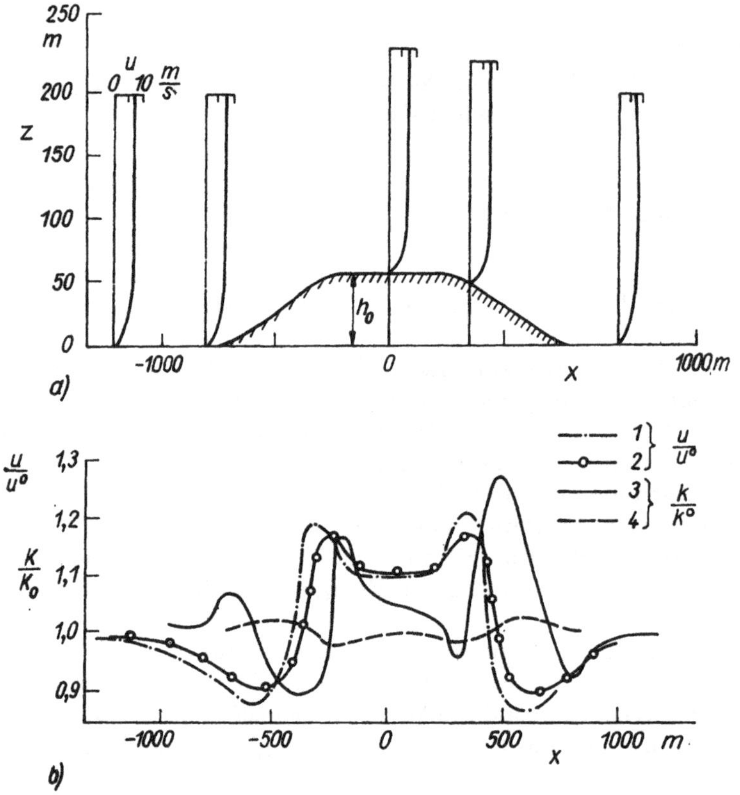

Abbildung 6.5.
Vertikale Profile der Windgeschwindigkeit u (a) und Verhältnisse u und k, bezogen auf die entsprechenden Werte der Zuströmung u^0 und k^0 (b) in den Höhen 1 m und 10 m
1 — u_1/u_1^0, 2 — u_{10}/u_{10}^0, 3 — k_1/k_1^0, 4 — k_{10}/k_{10}^0

Die ermittelten Werte für die horizontale und vertikale Komponente der Windgeschwindigkeit sowie auch für den Austauschkoeffizienten benutzt man zur nummerischen Lösung der Diffusionsgleichung (1.2) im Fall einer Höhenquelle, die in verschiedenen Teilen des hügeligen Geländes liegt. Die Rechenergebnisse präzisieren quantitativ die Schlußfolgerungen, die auf der Grundlage der Näherungsverfahren für diese Untersuchung erhalten wurden (s. Abschn. 6.3. u. 6.4.). Gleichzeitig ermöglichen sie, die Grenzen für die Anwendbarkeit der Methode der Potentialströmungen abzuschätzen. So folgt aus den Rechnungen mit Berücksichtigung der Produktion von turbulenter Energie in der inneren Grenzschicht, daß sich bei der Verschiebung der Quelle entlang einer Stromlinie der Potentialströmung das Maximum der Bodenkonzentration ändert und nicht konstant bleibt, wie das bei Anwendung der Methode der Potentialströmungen folgte. Für eine Quelle in 100 m Höhe und einem Hügel von 50 m Höhe erreicht diese Änderung beinahe 30% vom Mittelwert.

6.6. Berücksichtigung der Abhängigkeit der Schornsteinüberhöhung von den Reliefbedingungen

Die durchgeführte Analyse über den Einfluß von Unebenheiten des Reliefs auf die Schadstoffausbreitung bezieht sich auf Quellen mit einer festgelegten Höhe. Sie berücksichtigt nicht die Schornsteinüberhöhung, die für reale Emission von Schadstoffen in die Atmosphäre charakteristisch ist und wesentlich von der Windgeschwindigkeit in der Nähe der Quellebene abhängt (s. Abschn. 3.3.).

Bei der Verteilung gleichartiger Schornsteine in verschiedenen Punkten des unebenen Geländes ist die Windgeschwindigkeit in der Ebene der Austrittsöffnung nicht gleich, und in diesem Zusammenhang ändert sich auch die Schornsteinüberhöhung. Das kann zu bedeutenden Änderungen der maximalen Konzentration c_M, der kritischen Windgeschwindigkeit u_M und im allgemeinen zu anderen Abhängigkeiten des Konzentrationsfeldes von den bestimmenden Parametern führen. Die Probleme des Einflusses der Schornsteinüberhöhung auf die Schadstoffausbreitung unter den Bedingungen eines unebenen Geländes betrachteten Berljand und Kisselew (1972). Dabei benutzten sie zur Bestimmung des Feldes der Windgeschwindigkeit die Methode der konformen Abbildung. Die Gleichung für die Grenze des in Abbildung 6.1. dargestellten Hügels in Parameterform schrieben die Autoren in der Form von (6.12). Das komplexe Potential wurde durch die Beziehung (6.11) angegeben und die Stromlinienkoordinaten φ und ψ eingeführt. Für den Austauschkoeffizienten wurde $k_z = k(\psi)$ festgelegt, was die Anwendung der Beziehung (6.10.) sowie auch der sich daraus ergebenden Schlußfolgerung ermöglichte, wonach gilt

$$q'_m = q'_m(\psi_H) \,. \tag{6.26}$$

Weiterhin wendete man zur Berechnung des Maximums der Bodenkonzentration q_m einer Punktquelle festgelegter Höhe H die Formel (2.11) an, die in Stromlinienkoordinaten die folgende Form besitzt:

$$q_m = \frac{CM}{u_{1\varphi}\psi_H^{\beta}} \,. \tag{6.27}$$

Wird die Schornsteinüberhöhung ΔH berücksichtigt, dann muß anstelle von H der Effektivwert $H_e = H + \Delta H$ eingesetzt werden. In (6.27) geht dann anstelle von ψ_H die H_e entsprechende Größe ψ_{H_e} ein.

Die Überhöhung ΔH bestimmt sich aus der Formel (3.37), in die die Windgeschwindigkeit u_A in der Anemometerhöhe eingeht, die gewöhnlich 10 m beträgt. Zweckmäßigerweise geht man in (3.37) von u_A zur Windgeschwindigkeit u_H in der Höhe der Quelle H über, indem man den Ansatz (1.18) benutzt, wonach $u_H = u_A (\ln H/z_0)/(\ln z_A/z_0)$ ist.

Das ermöglicht, den bei Benutzung der Geschwindigkeit der Potentialströmung in der Höhe z_A in der Gleichung (3.37) entstehenden Fehler auszuschließen.

Unter komplizierten Reliefbedingungen muß auch eine kritische Windgeschwindigkeit u_M, bestimmbar aus der Bedingung $\partial q_M/\partial u = 0$, sowie das entsprechende Konzentrationsmaximum c_M existieren.

Für eine Reihe von Varianten wurden numerische Berechnungen mit Hilfe der EDV verwirklicht. Die Rechnungen führte man für eine dem Maximum von s (siehe (2.1)) proportionale Größe, das heißt für s_{1m} durch. Bei den Berechnungen einzelner Fälle wurde die Windgeschwindigkeit in der Zuströmung konstant gelassen und die maximale Konzentration q_m der Quelle bestimmt, die nacheinander an verschiedenen Stellen des untersuchten Reliefs lag. Danach führte man analoge Berechnungen für andere Windgeschwindigkeiten aus und bestimmte die kritische Windgeschwindigkeit und die ihr entsprechende maximale Konzentration s_{1m} für einzelne Verteilungen der Quelle im Gelände.

Die Rechenergebnisse sind für eine Reihe charakteristischer Parameter von (3.37) in Abbildung 6.6 und Tabelle 6.1 angegeben.

In Abbildung 6.6a sind die Werte für die Größe s_{1m} in Abhängigkeit von der Lage der Quelle auf dem in Abbildung 6.1 veranschaulichten Hügel dargestellt. Da bei dieser Art des Herangehens die Lösung symmetrisch in bezug auf den Hügelgipfel ist,

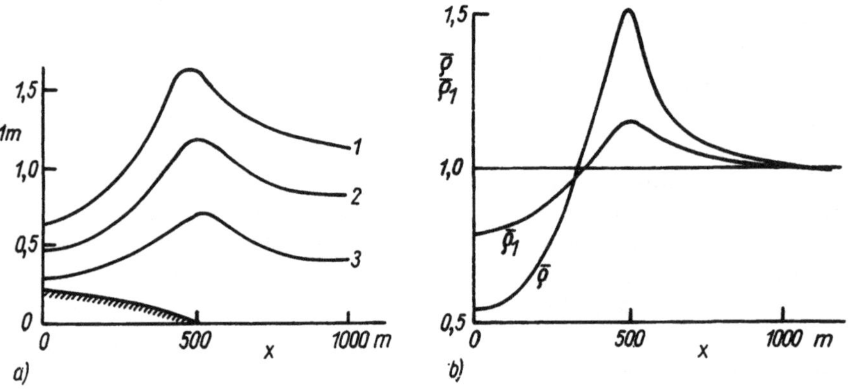

Abbildung 6.6.
Maximale Konzentration s_{1m} (a) und Korrekturkoeffizienten für die maximale Konzentration $\bar{\varrho}$ und für die kritische Geschwindigkeit $\bar{\varrho}_1$ (b) in Abhängigkeit von der Lage der Quelle in hügeligem Gelände

Kurve	1	2	3
w_0/ms^{-1}	10	10	20
ΔT/°C	100	200	100

sind die Werte nur für den leeseitigen Abhang angegeben (Abb. 6.6a). In diesem Beispiel wurde die Quellhöhe mit $H_0 = 50$ m, die Höhe des Hügels mit $h_0 = 100$ m, seine Ausdehnung mit $2a = 1000$ m und $R_0 = 2{,}5$ m angenommen. Aus der Darstellung ist ersichtlich, daß die maximale Konzentration allmählich mit der Entfernung der Quelle vom Hügelgipfel ansteigt und den größten Wert erreicht, wenn sich die Quelle am Fuß des Hügels befindet. Danach fällt die maximale Konzentration langsam ab.

In Tabelle 6.1 sind für den gleichen Fall die Werte für die kritische Geschwindigkeit u_M, die entsprechenden Werte für die Überhöhung ΔH, die Verhältnisse u_M/u_{M0} und $\bar{\varrho} = c_M/c_{M0}$ (der Index 0 kennzeichnet die Werte für ebenes Gelände) in Abhängigkeit von der Entfernung x der Quelle vom Hügelgipfel angegeben. s_{1m} ändert sich auf die gleiche Weise wie auch in Abbildung 6.6a. Die Größe der kritischen Geschwindigkeit u_M ist von der Lage der Quelle abhängig. Sie ist ungefähr konstant für Entfernungen von 800 bis 1000 m. Mit Annäherung der Quelle an den Hügel steigt u_M allmählich an und erreicht ein Maximum, wenn die Quelle am Fuß des Hügels liegt. Danach fällt u_M stark ab und wird für eine auf dem Gipfel liegende Quelle bedeutend geringer als für eine Quelle über ebenem Gelände.

Tabelle 6.1.
Werte für die Schornsteinüberhöhung ΔH und die kritische Geschwindigkeit u_M

Parameter der Quelle		x/m 0	200	400	600	800	1000
$w_0 = 10$ m/s	ΔH	54	47	37	37	39	41
$R_0 = 2{,}5$ m	u_M	3,8	4,2	5,2	5,2	5,0	4,8
$\Delta T = 100$ °C	u_M/u_{M0}	0,79	0,88	1,08	1,08	1,04	1,00
	$\bar{\varrho}$	0,54	0,70	1,22	1,17	1,04	1,00
$w_0 = 10$ m/s	ΔH	48	43	32	32	36	36
$R_0 = 2{,}5$ m	u_M	4,8	5,2	6,6	6,6	6,2	6,2
$\Delta T = 200$ °C	u_M/u_{M0}	0,77	0,84	1,06	1,06	1,00	1,00
	$\bar{\varrho}$	0,54	0,69	1,21	1,16	1,04	1,00
$w_0 = 20$ m/s	ΔH	72	61	47	47	52	53
$R_0 = 2{,}5$ m	u_M	4,8	5,4	6,8	6,8	6,4	6,2
$\Delta T = 100$ °C	u_M/u_{M0}	0,78	0,87	1,10	1,10	1,03	1,00
	$\bar{\varrho}$	0,54	0,69	1,19	1,15	1,04	1,00
$w_0 = 5$ m/s	ΔH	54	40	31	31	34	34
$R_0 = 2{,}5$ m	u_M	3,0	3,2	4,0	4,0	3,8	3,8
$\Delta T = 100$ °C	u_M/u_{M0}	0,79	0,84	1,05	1,05	1,00	1,00
	$\bar{\varrho}$	0,54	0,69	1,21	1,17	1,04	1,00
$w_0 = 10$ m/s	ΔH	50	43	34	34	38	38
$R_0 = 2{,}5$ m	u_M	4,4	4,8	6,0	6,0	5,6	5,6
$\Delta T = 100$ °C	u_M/u_{M0}	0,79	0,86	1,07	1,07	1,00	1,00
	$\bar{\varrho}$	0,54	0,70	1,22	1,08	1,02	1,00
$w_0 = 10$ m/s	ΔH	50	43	32	32	36	36
$R_0 = 1$ m	u_M	2,0	2,2	2,8	2,8	2,6	2,6
$\Delta T = 100$ °C	u_M/u_{M0}	0,77	0,85	0,92	1,15	1,00	1,00
	$\bar{\varrho}$	0,54	0,69	1,21	1,17	1,04	1,00

In allen betrachteten Fällen ändert sich die maximale Konzentration s_{1m} ungefähr auf gleiche Weise. Das ermöglicht es, sie in der Form $s_{1m} = c_{M0}\,\bar{\varrho}$ darzustellen, wobei $\bar{\varrho}$ ein Korrekturfaktor ist.

Wie aus Tabelle 6.1 ersichtlich, ist $\bar{\varrho}$ schwach von den Parametern w_0, R_0 und ΔT in einem weiten Bereich ihrer Änderungen abhängig. In Abbildung 6.6b wurde der Mittelwert $\bar{\varrho}$ abhängig von der Entfernung der Quelle zum Hügelgipfel x dargestellt. Außerdem hängt $\bar{\varrho}$ von der Quellhöhe und den Parametern des Hügels ab.

Analog zu s_{1m} kann man für die kritische Windgeschwindigkeit $u_M = u_{M0}\bar{\varrho}_1$ schreiben, wobei u_{M0} die kritische Windgeschwindigkeit für eine über ebenem Gelände gelegene Quelle ist. Der Korrekturfaktor $\bar{\varrho}_1$ ist von den Parametern der Emission stärker abhängig als $\bar{\varrho}$. Der Mittelwert $\bar{\varrho}_1$ ist als Funktion von x auch in Abbildung 6.6b angeführt. Ähnliche Berechnungen können auch für andere Reliefformen ausgeführt werden.

6.7. Änderung der Luftströmung über einer Wasserfläche und deren Einfluß auf die Schadstoffausbreitung

Am Beginn dieses Kapitels wurde festgestellt, daß Wärmekraftwerke und große Industrieobjekte oft in der Nähe von Flüssen oder besonders geschaffener künstlicher Wasserreservoire liegen. Über diesen Wasserreservoiren werden die Luftströmungen infolge der unterschiedlichen Temperatur und ihrer Oberflächenunebenheit sowie infolge der Ufer beeinflußt. Außerdem stehen die Wasseroberflächen und das Festland auf verschiedene Weise mit dem Schadstoff in Wechselwirkung. Berljand und Genichowitsch (1971) schätzten den Einfluß von warmen Wasserreservoiren auf die Umwandlung der Luftmassen und die Schadstoffausbreitung theoretisch ab.

Die Aufgabe wurde in zwei Etappen gelöst. Zuerst untersuchte man die Änderung der Felder der Windgeschwindigkeit und des Austauschkoeffizienten über dem Wasserreservoir. Danach wurde die Schadstoffkonzentration einer Höhenquelle durch Lösung der turbulenten Diffusionsgleichung mit den in der ersten Etappe erhaltenen Koeffizienten bestimmt. Die charakteristischen Größen der Luftströmung finden sich aus der numerischen Lösung des folgenden Gleichungssystems: der Bewegungsgleichung (6.28), der Wärmetransportgleichung (6.29), der Gleichung der Aerostatik (6.30), der Gleichung für die Energiebilanz der Turbulenz (6.31) und der Diffusionsgleichung (1.2),

$$u\frac{\partial u}{\partial x} + w\frac{\partial v}{\partial z} = \frac{\partial}{\partial z}\left(k_z\frac{\partial u}{\partial z}\right) - \frac{1}{\varrho}\frac{\partial p}{\partial x}, \tag{6.28}$$

$$u\frac{\partial \vartheta}{\partial x} + w\frac{\partial \vartheta}{\partial z} = \frac{\partial}{\partial z}\left(k_z\frac{\partial \vartheta}{\partial z}\right), \tag{6.29}$$

$$\frac{1}{\varrho}\frac{\partial p}{\partial z} = -\frac{g\vartheta}{T_a}, \tag{6.30}$$

$$u\frac{\partial b}{\partial x} + w\frac{\partial b}{\partial z} = a_1\frac{\partial}{\partial z}\left(k_z\frac{\partial b}{\partial z}\right) + k_z\left|\frac{\mathrm{d}u}{\mathrm{d}z}\right|^2 - \frac{gk_z}{T_a}\frac{\partial \vartheta}{\partial z} - \frac{c_1 b^2}{k_z}, \tag{6.31}$$

sowie auch der Kontinuitätsgleichung (6.3) unter Berücksichtigung der Beziehung (1.20) (siehe Abschnitt 1.5.), die k_z mit b und dem Mischungsweg l in Beziehung setzt.

Hierin ist ϑ die Abweichung der Temperatur vom Wert der Zuströmung. Für den Mischungsweg l verwendet man die einfache Beziehung $l = \varkappa(z + z_0)$, wobei angenommen wird, daß die Rauhigkeit z_0 am Ufer und über dem Wasserreservoir verschiedene Werte hat.

Als Randbedingung für die Größe ϑ setzt man voraus, daß sie an der Bodenoberfläche ($z = 0$) beim Übergang vom Festland zum Wasser einen Sprung ϑ_0 erfährt. Zur Vereinfachung wird in der Zuströmung (für $x = 0$) die Temperaturschichtung indifferent angenommen und die Änderung der Windgeschwindigkeit u_0 mit der Höhe durch den logarithmischen Ansatz

$$u^0 = \frac{v_*}{\varkappa}\ln\frac{z + z_0}{z_0}$$

beschrieben, worin v_* die dynamische Geschwindigkeit (Schubspannungsgeschwindigkeit) ist. Durch die Lösung dieser Aufgabe ist es möglich, ein Modell für die Umwandlung der Luftmassen über einem Wasserreservoir aufzubauen. Das Modell berücksichtigt thermische Faktoren, die vom Temperaturunterschied zwischen Ufer und Wasser abhängig sind, und dynamische Ursachen, die durch den Sprung der Unebenheiten beim Übergang vom Festland zur Wasseroberfläche bedingt sind.

Es ist zweckmäßig, die Abweichungen des Windes u' und der turbulenten Energie $b' = b^0 r$ von den entsprechenden Anfangswerten u^0 und $b^0 = v_*^2/c_1$ am Ufer einzuführen, das heißt, es gilt $u = u^0 + u'$, und $b = b^0(1 + r)$. Die Beziehung für den Austauschkoeffizienten ergibt sich dabei in der Form $k_z = v_* l \sqrt{1 + r}$. Die Gleichungen (6.28) und (6.30) schreibt man nach Elimination des Druckes p und einer Reihe von Umformungen in folgender Weise:

$$(u^0 + u')\frac{\partial u'}{\partial x} + w\frac{\partial u'}{\partial z} = \frac{\partial}{\partial z} k_z \frac{\partial u'}{\partial z} + \frac{v_*^2}{2\sqrt{1+r}}\frac{\partial r}{\partial z} - \frac{v_* w}{l} + \frac{g}{T_a}\int_0^\infty \frac{\partial \vartheta}{\partial x}\, dz\,, \qquad (6.32)$$

$$(u^0 + u')\frac{\partial r}{\partial x} + w\frac{\partial r}{\partial z} = a_1 \frac{\partial}{\partial z} k_z \frac{\partial r}{\partial z} + \frac{c_1 k_z}{v_*}\left[\frac{\partial u'}{\partial z}\left(\frac{2v_*}{l} + \frac{\partial u'}{\partial z}\right)\right] - \frac{g}{T_a}\frac{\partial \vartheta}{\partial z}. \qquad (6.33)$$

Die Ergebnisse der mit Hilfe der EDV von I. G. Gratschewa ausgeführten Berechnungen zeigen, daß die erhaltenen Lösungen näherungsweise ähnlich sind, weil die Abweichungen für die charakteristischen Größen der Luftströmung von ihren Werten am luvseitigen Ufer angegeben werden können in der Form

$$u' = u'_m(x)\, f_1\left(\frac{z}{x}\right), \quad \vartheta = \vartheta_0 f_2\left(\frac{z}{x}\right), \quad r = r_m(x)\, f_3\left(\frac{z}{x}\right).$$

Beispielsweise folgt das aus Abbildung 6.7, in der die Werte von u'/u'_m in Abhängigkeit von z/x für verschiedene x und bei $\vartheta_0 = 5$ °C sowie $v_* = 0{,}3$ m/s angegeben sind.

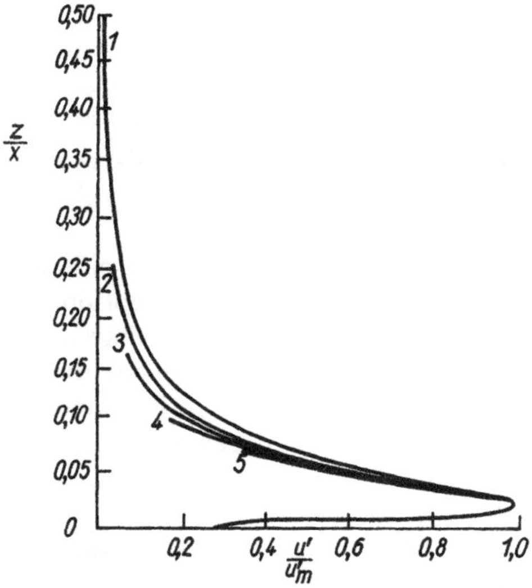

Abbildung 6.7.
Verteilung der Windgeschwindigkeit über einer Wasserfläche

Kurve	1	2	3	4	5
x/m	100	200	300	400	500

Eine Analyse des Ausgangsgleichungssystems zeigt, daß in Ufernähe die Wechselwirkung des Auftriebs mit der Geschwindigkeit der Zuströmung im Änderungsprozeß die Hauptrolle spielt. Die Lösung wird hier durch die Größe $v_*^2 T_a / g\vartheta_0 x$ bestimmt. Für die Maximalwerte u_m' und r_m gilt $u_m'(x) \sim g\vartheta_0 x / v_* T_a$ und $r(x) \sim g\vartheta_0 x / v_*$. In größeren Entfernungen hängt die Entwicklung des Prozesses von der durch Produktion von Turbulenz über dem Wasserreservoir bedingten Änderung von k_z ab. Die Hauptbedeutung bekommt der Parameter ϑ_0 / T_a wobei gilt:

$$u_m' \sim \sqrt{\frac{g\vartheta_0 x}{T_a}} \quad \text{und} \quad r \sim \frac{g\vartheta_0 x}{T_a}.$$

Aus den Berechnungen der Abhängigkeit u_m' von x folgt, daß man auf der x-Achse zwei Bereiche für die Änderung der Strömung unterscheiden kann. Im ersten Bereich gilt $u_m' \sim x$ und im zweiten $u_m' \sim \sqrt{x}$. Näherungsweise ist $u_m' = -0{,}07 \lg (0{,}014 x + 1)$ für $x < 600$ m.

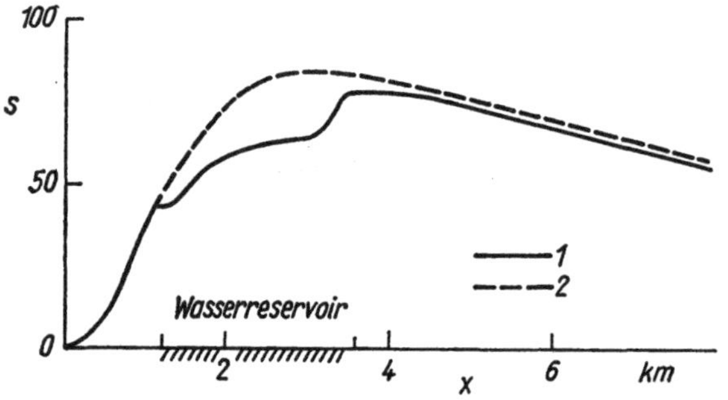

Abbildung 6.8.
Verteilung der Schadstoffkonzentration s in einer Höhe von 2 m mit (1) und ohne Stausee (2)

In der Arbeit von Berljand (1967 c) werden Berechnungsbeispiele für die Konzentrationsänderung 2 m über der Oberfläche nur infolge des Effektes der Schadstoffabsorption auf der Wasseroberfläche für eine Quelle bei Luftströmung über dem Wasserreservoir angeführt. Es wird vorausgesetzt, daß der Wind senkrecht zum Wasserreservoir gerichtet ist und daß auf seiner Oberfläche ($L_1 \leqq x \leqq L_2$) $q|_{z=0} = 0$ ist. Für alle anderen x gilt $k_z(\partial q/\partial z)|_{z=0} = 0$.

In Abbildung 6.8 ist die Berechnung der Konzentration in 2 m Höhe für eine Quellhöhe von $H = 120$ m dargestellt. Infolge der ständigen Schadstoffabsorption durch die Wasseroberfläche verringert sich die Konzentration in ihrer unmittelbaren Nähe. Auf dem leeseitigen Ufer steigt die Konzentration schnell an und erreicht ungefähr die in einer entsprechenden Entfernung für den Fall einer homogenen Festlandsoberfläche gültigen Werte. Weil man jedoch über Wasserflächen gewöhnlich abwärts gerichtete Strömungen beobachtet, verändert sich auch die Turbulenz merklich. Dann können hier größere Konzentrationen beobachtet werden als über einem horizontalen, homogenen Gelände. Teilweise wurden Effekte, die mit der Umwandlung von Luftmassen und der Schadstoffabsorption durch die Wasseroberfläche zusammenhingen, auch im Abschnitt 5.3. bei der Betrachtung der Schadstoffausbreitung bei Flußnebel abgeschätzt. Das Problem der Umwandlung von Luftmassen über einer Wasseroberfläche ist auch von eigenem Interesse für die Lösung wissenschaftlicher und technischer Fragen. Einzelne Aspekte davon betrachteten TAYLOR, L. S. GANDIN, A. S. SAJZEW, E. N. NADESHINA und andere.

6.8. Modellierung in Windkanälen

Neben den theoretischen Untersuchungen der Struktur der Luftströmung über einer unebenen Bodenoberfläche wurden auch Experimente zu ihrer Modellierung in Windkanälen durchgeführt. Diese Arbeiten sind für die Untersuchung einer Reihe meteorologischer Prozesse interessant. Ihre Durchführung ist wesentlich einfacher als komplizierte Versuche in der realen Atmosphäre. Sie gestatten insbesondere, die Schadstoffübertragung unter selten anzutreffenden Bedingungen zu untersuchen und den Einfluß einer großen Zahl von Faktoren abzuschätzen, die die Verteilung der Emissionen bestimmen.

Gleichzeitig erfordert aber die Durchführung von Laborexperimenten Untersuchungen über die Möglichkeit, die Ergebnisse auf natürliche Prozesse zu übertragen. Das heißt, es ist erforderlich, Ähnlichkeitskriterien aufzustellen, die bei der Modellierung eingehalten werden müssen. Die dabei auftretenden Hauptschwierigkeiten hängen mit dem Vorhandensein mehrerer Maßstäbe bei der atmosphärischen Turbulenz zusammen, die die Verwirklichung der realen Bewegungen an Modellen in beträchtlichem Maße erschwert. Eine Reihe von Autoren analysierte einzelne Fälle dieser Aufgabe. Insgesamt jedoch wurde für sie noch keine ausreichend vollständige Lösung erhalten. Häufig beschränkt man sich in den Arbeiten zur Modellierung nur auf ein empirisches Herangehen ohne entsprechende theoretische Verallgemeinerungen und ohne Ähnlichkeitsanalyse der erhaltenen Ergebnisse für die untersuchten atmosphärischen Prozesse.

Die ersten Arbeiten zur Modellierung von Luftströmungen über unebenen Erdoberflächen wurden ungefähr 1930 durchgeführt. So untersuchte M. ABE in Japan die Luftströmung über einem Modell des Fuji-Yama, der eine einzelne kegelige Erhebung darstellt, was die Analyse seiner Umströmung erleichterte.

In England wurden Luftströmungen über dem Felsen von Gibraltar modelliert. Zur Charakterisierung der Windgeschwindigkeitsverteilung unter natürlichen Bedingungen wurden in diesem Gebiet Beobachtungen mit Fesselballons durchgeführt.

Es zeigt sich, daß die im Modell erhaltene Strömung einen ähnlichen Charakter besitzt wie die Strömung unter realen Verhältnissen, jedoch treten bei den Geschwindigkeiten und Richtungen der Luftströmungen beträchtliche Abweichungen auf.

Im letzten Jahrzehnt erfuhren die Arbeiten zur Modellierung der atmosphärischen Prozesse eine entscheidende Entwicklung. Umfangreiche Untersuchungen wurden in den USA von CERMAK und Mitarbeitern (1971) zu dieser Problematik durchgeführt. Sie benutzten einen großen Windkanal, der speziell für meteorologische Untersuchungen entwickelt wurde. Der Querschnitt des Kanales beträgt 1,8 m × 1,8 m, die Meßstreckenlänge ungefähr 30 m. Im Kanal kann eine Geschwindigkeit von 0,5 bis 40 m/s mit einem Turbulenzgrad am Kanalanfang von 0,1% erzeugt werden. In einem Bereich von 12 m Länge können die Temperatur der unteren Wand und der eintretenden Luftströmung reguliert und damit in einem genügend großem Bereich sowohl negative als auch positive Temperaturgradienten erzeugt werden. Die Meßapparatur ermöglicht, die Schwankungen und die Mittelwerte der Windgeschwindigkeit, der Temperatur und der Schadstoffkonzentration zu bestimmen. Zusätzlich zum Hauptkanal existieren einige kürzere Kanäle. Zur Untersuchung von Aufgaben der Luftverschmutzung benutzt man insbesondere einen Kanal von 17 m Länge, 4 m Breite und einer veränderlichen Höhe von 2 bis 3 m. Die große Breite des Kanals ermöglicht zum Beispiel die Modellierung der dreidimensionalen Struktur der Grenzschicht der Luftströmungen in Stadtbebauungen. In diesen Kanälen wurde eine Vielzahl verschiedener Experimente durchgeführt, in denen es gelang, eine Reihe von Besonderheiten des Turbulenzzustandes der atmosphärischen Grenzschicht und der Umströmung eines Reliefs nachzubilden.

Es wurde auch die Gasdiffusion aus Quellen an einem Modell des Maßstabes 1:12000 eines unebenen Geländes in Kalifornien experimentell untersucht. Die erhaltenen Resultate wurden mit Ergebnissen von Tracerbeobachtungen unter natürlichen Bedingungen verglichen. Dabei ließ sich eine gewisse Übereinstimmung zwischen dem Charakter der Strömungen über den Modellen und ihren Prototypen in der Atmosphäre feststellen. Bezüglich der Verteilung der Schadstoffkonzentrationen durch turbulente Diffusion wurde nur eine qualitative Ähnlichkeit erhalten.

Weiterhin untersuchte man auch den Turbulenzzustand und die Windgeschwindigkeitsverteilung über den Modellen von Bepflanzungen. Dabei widmete man den Modellierungskriterien besondere Aufmerksamkeit.

Große Windkanäle wurden auch in Kanada (A. Davenport u. M. Isjumow), in Frankreich und in anderen Ländern für die Durchführung von Arbeiten zur Modellierung atmosphärischer Prozesse benutzt. Eine Reihe von Arbeiten zur Untersuchung der atmosphärischen Prozesse im Laboratorium und zur Analyse der Ähnlichkeitsbedingungen unter Berücksichtigung der Turbulenz führte man in Japan (S. Nemoto; E. Inoue), in Dänemark (M. Jenesen u. N. Franck) sowie auch in anderen Ländern durch.

Die Methoden der Modellierung fanden auch Anwendung zur Untersuchung der Umströmung und Ablösegebiete bei Gebäuden in Industriegebieten und Wohnkomplexen (Snyder u. Lawson, 1976; Halitsky, 1976; Kennedy u. Kent, 1977).

Einige praktische Schlußfolgerungen aus den Arbeiten in dieser Richtung von G. Strom, I. Halitsky und anderen wurden von Turner (1969) angegeben. Zum Beispiel wird empfohlen, um zu vermeiden, daß Emissionen in das Totwasser eines Gebäudes gelangen, die Anfangswerte der vertikalen Aufwärtsgeschwindigkeit von Rauchgasen 1,5mal so groß wie die Windgeschwindigkeit in Quellhöhe zu wählen. Huder und Snyder (1976) modellierten die Ausbreitung einer Beimengung von Quellen verschiedener Höhe hinter einem Gebäude, dessen Breite seiner Höhe entsprach und dessen Länge (in Strömungsrichtung) doppelt so groß war. Durch Sichtbarmachung der Strömung bestimmten sie die Grenze des Totwassergebietes. Nach den Meß- und Rechenwerten wurde die Schlußfolgerung gezogen, daß die Konzentration hinter dem Gebäude in Entfernungen, die größer als 10 Höhen sind, nach Gleichungen für das offene Gelände bestimmt wird, wenn man eine effektive Verschiebung der Quelle entgegen der Strömungsrichtung einführt, die ungefähr 8 Höhen beträgt.

Die Modellierung benutzte man auch, um bei Rauchgasen die Überhöhung von Fabrikschornsteinen zu bestimmen. So wurden die ersten Formeln zur Abschätzung der effektiven Überhöhung der Rauchfahne von Davidson auf der Grundlage von

Experimenten in einem Windkanal erhalten, die L. BRYANT durchführte. Zu diesem Problem erschien auch eine Reihe von Arbeiten in den USA und in Großbritannien.

Einige Bearbeiter, insbesondere FACY (1971) in Frankreich, unternahmen Versuche. für die Modellierung der Umströmung von Hindernissen der Erdoberfläche und der Prozesse der Luftverunreinigung auch Wasserkanäle und Fließrinnen anzuwenden. FACY untersuchte in Fließrinnen die Umströmung von mit speziellen Mitteln bearbeiteten Modellen unebenen Geländes. Das modellierte unebene Gelände nimmt in Abhängigkeit von der Konzentration der von den Quellen erzeugten Emissionen verschiedene Farben an. Zur Feststellung des Zusammenhanges zwischen der Oberflächenfarbe und der entsprechenden Konzentration wurde eine spezielle Eichung durchgeführt, bei der man die Konzentration nach der Formel von SUTTON für adiabatische Bedingungen bestimmte. Auf diese Weise untersuchte man beispielsweise den Ausbreitungscharakter von Schwefelgasemissionen des im Seinetal projektierten Petrolchemischen Kombinates.

Den Fragen der Modellierung atmosphärischer Prozesse widmete man auch in den sowjetischen Arbeiten große Aufmerksamkeit. Die ersten Ergebnisse in dieser Forschungsrichtung beziehen sich auf die Lösung einzelner praktischer Aufgaben. In dem Buch von SCHELEICHOWSKI (1949) wurden einige Fragen der Laboruntersuchungen von Luftverschmutzungen in Städten behandelt. Bei der Analyse der entsprechenden Ähnlichkeitskriterien verweist er auf die Notwendigkeit, den Zusammenhang der Parameter der atmosphärischen Diffusion und der Windböen zu berücksichtigen. Außerdem wird auf die Unabhängigkeit des Charakters der turbulenten Umströmung von Hindernissen von der REYNOLDS-Zahl hingewiesen.

RETTER (1959) verglich die unter Labor- und natürlichen Bedingungen erhaltenen Versuchswerte für die charakteristischen aerodynamischen Größen von Produktionsgebäuden und stellte ihre angenäherte Übereinstimung fest. DJUNIN kam bei der Lösung von Aufgaben zur Modellierung von Schneestürmen und aerodynamischen Untersuchungen an Schutzbauten gegen Schneestürme zu einer Reihe von Schlußfolgerungen, die auch für die Analyse von Prozessen bei der Umströmung von Hindernissen in der Atmosphäre interessant sind.

ELTERMAN (1967) führte Experimente zur Schadstoffausbreitung an Modellen von Industriebetrieben in einem Windkanal mit verhältnismäßig kleinen Abmessungen durch. Auf diese Weise wurden insbesondere die Luftverschmutzung in einem Gebiet mit großen chemischen Kombinaten sowie mit Werken zur Produktion von Plasten und Aluminium untersucht.

Einige städtebauliche Aufgaben, die mit dem Charakter der Luftströmungen zwischen Gebäuden zusammenhängen, lösten F. L. SEREBROWSKI u. a. mit Hilfe von Versuchen im Windkanal. W. I. PIWKINA und W. A. CHOCHLOW zeigten auf der Grundlage der aerodynamischen Modellierung, daß sich der Grad der Windabschwächung inmitten von vier verschiedenen Bebauungstypen bei vorhandenen und fehlenden Grünpflanzungen von 0,3 bis 0,9 verändert. Dabei stellte man fest, daß ein Grünstreifen inmitten der Bebauung eine größere Windabschwächung bewirkt als vor der Bebauung.

Unlängst benutzten RICHTER u. a. (1973) die Modellierung des Temperaturfeldes von heißen Strahlen zur Abschätzung von Faktoren der Schornsteinüberhöhung ΔH einzelner und mehrerer Essen. Die Versuchsergebnisse bestätigen im wesentlichen die von uns erhaltene Formel (3.37) für ΔH, insbesondere den Charakter der Abhängigkeit

ΔH von u. Es wurde auch eine gewisse Verringerung der Schornsteinüberhöhung mit Verstärkung der Turbulenz der Umgebungsluft beobachtet.

6.9. Bedingungen für die Übertragung von Modellergebnissen auf natürliche Prozesse

Bei der Modellierung von Prozessen der atmosphärischen Verschmutzung ist es, abgesehen von den gezeigten Schwierigkeiten bei der Verwirklichung des Turbulenzzustandes der Luftströmungen, gleichzeitig erforderlich, sowohl den Typ der Quellen als auch ihre Überhöhung zu modellieren. Die Berücksichtigung eines solch großen Komplexes von Kennzahlen des Prozesses erfolgte praktisch selten. Deshalb ermöglichten die Versuche zur Modellierung der Schadstoffausbreitung bisher nur die Bestimmung einiger Grundzüge, die selbstverständlich unzureichend für die Lösung der Mehrzahl praktischer Aufgaben sind.

In den Untersuchungen der atmosphärischen Diffusion der Abteilung des GGO (siehe S. 261) und des Institutes für Mechanik der Moskauer Universität (Srashewski u. a., 1968; Gorlin u. Srashewski, 1968, 1969; Berljand, 1967c; Berljand u. a., 1970) wurde ein neues Verfahren für die Modellierung der Strömungsprozesse über unebenen Bodenoberflächen für Aufgaben der Schadstoffausbreitung entwickelt. Die hauptsächlichen Besonderheiten dieser Methode bestehen vor allem darin, daß für Untersuchungen der Luftverschmutzung nicht die Prozesse der Schadstoffausbreitung, sondern Wind- und Turbulenzzustände der Luftströmungen über den Unebenheiten des Geländes modelliert werden. Aus den Ergebnissen der Modellierung bestimmt man die Windgeschwindigkeit und den Austauschkoeffizienten, die als Koeffizienten in der Gleichung für die atmosphärische Diffusion (1.2) auftreten. Danach findet man zu den ermittelten Koeffizienten eine numerische Lösung dieser Gleichung. Für diesen Zweck wurde ein spezielles Programm zur Verarbeitung der Versuchswerte auf einer EDVA benutzt.

Außerdem besteht einer der Unterschiede der hier beschriebenen Versuche zu den weiter oben betrachteten darin, daß bei den hier beschriebenen Verfahren aus verschiedenen Teilen zusammengesetzte Elemente der Unebenheit der Bodenoberfläche mit unterschiedlichen Neigungswinkeln und Höhen, zum Beispiel von Hügeln oder Vertiefungen, benutzt werden. Das ermöglicht es, verallgemeinerungsfähige Ergebnisse zur Anwendung in einem weiten Änderungsbereich der charakteristischen Größen des Reliefs zu erhalten.

Große Bedeutung hat die Erforschung von Verfahren zur Übertragung der Ergebnisse der Modellierung auf die Prozesse in der realen Atmosphäre. In den im vorherigen Abschnitt betrachteten Untersuchungen bestimmte man die Ähnlichkeitszahlen gewöhnlich nur aus den Bewegungsgleichungen und aus der Kontinuitätsgleichung, die für die Beschreibung der Prozesse in der turbulenten Atmosphäre kein abgeschlossenes System darstellen. Außerdem berücksichtigte man bei der Analyse der Ähnlichkeitssätze oft nicht die Randbedingungen. Die dynamische Ähnlichkeit wird bei laminaren Strömungen gewöhnlich durch die Reynolds-Zahl Re bestimmt, die das Verhältnis der Trägheitskraft zur Zähigkeitskraft charakterisiert. Für eine reale Atmosphäre wird die dynamische Ähnlichkeit aber durch die sogenannte turbulente Reynolds-Zahl Re_T bestimmt, die man aus Re durch Ersetzen des Koeffizienten der molekularen Zähigkeit ν durch den Austauschkoeffizienten k_z erhält. Für geschichtete Strömungen wird als zusätzliches Kriterium auch die FROUDE-Zahl Fr empfohlen, die das Verhältnis der Trägheitskraft zur Auftriebskraft darstellt. Für die Atmosphäre existiert ein direkter Zusammenhang zwischen Fr und der RICHARDSON-Zahl Ri. Bei genügend starken Winden und bei einer dem Gleichgewichtszustand nahen Schichtung kann man die FROUDE-Zahl vernachlässigen. Außerdem wurden auch noch einige andere Ähnlichkeitszahlen aufgestellt, die bei der Modellierung in einzelnen Sonderfällen streng eingehalten werden müssen (CERMAK u. ARYA, 1971; SNYDER, 1972, u. a.). Für die Modellierung der turbulenten Diffusionsprozesse von Beimengungen unter Gleichgewichtsbedingungen schlägt IHLENFELD (1977) als Ähnlichkeitskriterien vor, außer der turbulenten REYNOLDS-Zahl und den geometrischen Ähnlichkeitsbedingungen noch die turbulente SCHMIDT-Zahl zu verwenden, die als Verhältnis des Zähigkeitskoeffizienten zum Diffusionskoeffizienten definiert ist. Für die reale Atmosphäre ist jedoch der Unterschied dieser Koeffizienten gegenwärtig ungenügend untersucht worden. Größtenteils nimmt man beide Koeffizienten als gleich an. SRASHEWSKI und KLINGO (1971) benutzten bei der Untersuchung der dynamischen Ähnlichkeit ein abgeschlossenes Gleichungssystem und Randbedingungen, die die turbulente Strömung beschreiben. Zu diesem Zweck wendeten sie ein Gleichungssystem in der von B. I. DAWYDOW vorgeschlagenen Form an. Dieses System von Differentialgleichungen enthält neben den Bewegungsgleichungen und der Kontinuitätsgleichung ebenfalls Gleichungen der Momente zweiter und dritter Ordnung für die Geschwindigkeitsschwankungen sowie auch eine Gleichung für die Dissipation der turbulenten Energie.

Weiterhin wählte man in Übereinstimmung mit den Methoden der Ähnlichkeitstheorie die entsprechenden Maßstäbe aus. Danach schreibt man das Ausgangsgleichungssystem in dimensionsloser Form und bestimmt einen Komplex von dimensionslosen Ähnlichkeitszahlen. Um die Zahl der Ähnlichkeitszahlen zu verringern, wird vereinfachend Isotropie der Turbulenz angenommen.

Für die Grenzschicht einer umströmten Oberfläche, in der sich die Unterschicht durch eine logarithmische Änderung der Windgeschwindigkeit mit der Höhe (analog der Bodenschicht der Atmosphäre) auszeichnet, gibt man folgende Ähnlichkeitszahlen an:

$\frac{z_0}{L^0}$ u. a. — Kennzahlen der geometrischen Ähnlichkeit,

$\mathrm{Re} = \frac{u^0 L^0}{\nu}$ — REYNOLDS-Zahl für laminare Strömung,

$\mathrm{Re_T} = \frac{u^0 L^0}{k^0}$ — REYNOLDS-Zahl für turbulente Strömung,

$\mathrm{Ka} = \frac{R^0}{u^{02}}$ — KÁRMÁN-Zahl.

Hierbei sind L^0, u^0, R^0 und k^0 entsprechende Maßstäbe für die Länge, die mittlere Bewegungsgeschwindigkeit, die turbulente Energie und für den Austauschkoeffizienten. z_0 ist die Rauhigkeit der Bodenoberfläche und ν die molekulare kinematische Zähigkeit der Luft.

Die gleichen Kennzahlen ergeben sich aus dem abgeschlossenen System, das oben für die theoretische Beschreibung von Strömungen über einer inhomogenen Bodenoberfläche benutzt wurde. Dieses System umfaßt die Bewegungsgleichungen (6.14), (6.15), die Kontinuitätsgleichung (6.3), die Bilanz der turbulenten Energie (6.16) und eine Gleichung für die Bestimmung des Austauschkoeffizienten (6.22).

Die Kennzahl Ka $= R^0/u^{02}$, die das Verhältnis der Energie der Pulsationen zur Energie der mittleren Bewegung beschreibt, hängt direkt mit dem Turbulenzgrad $\varepsilon = \sqrt{\overline{u'^2}}/u^0$ (u' ist die Pulsation der Windgeschwindigkeit) zusammen. Nimmt man aus dem Dimensionsvergleich an, daß $k^0 \sim R_0^2/Q^0$ ist — wobei Q_0 ein Maßstab der Dissipationsgeschwindigkeit der turbulenten Energie ist und $R^0 \sim u^{02}$ gilt —, dann folgt aus den Kennzahlen ε und Re_T direkt die Kennzahl Q^0L^0/R^0u^0.

Diese Ähnlichkeitskennzahl kann man als Verhältnis der Dissipationsenergie zur turbulenten Energie interpretieren.

Die turbulente Reynolds-Zahl Re_T wird in vielen Arbeiten verbreitet angewendet. Dabei entstehen jedoch, insbesondere in der Grenzschicht, wo sich k stark mit der Höhe ändert, wesentliche Schwierigkeiten bei der Bestimmung von k^0. Für k^0 empfiehlt man, den Wert von k_z an der oberen Grenze der Bodenschicht der Atmosphäre (bzw. der logarithmischen Unterschicht im Windkanal) anzugeben.

Bekanntlich wird der Übergang von der laminaren zur turbulenten Strömung nach der Ähnlichkeitskennzahl Re bestimmt. Für die Atmosphäre sind große Reynolds-Zahlen (von 10^6 bis 10^9) charakteristisch. In diesem Bereich beobachtet man gewöhnlich einen entwickelten turbulenten Austausch. Unter diesen Bedingungen sind die charakteristischen Größen der Turbulenz praktisch unabhängig von der Reynolds-Zahl Re, das heißt, man beobachtet ähnliche Zustände.

6.10. Anwendung von Modellmessungen zur Untersuchung der Struktur der Luftströmung

In Übereinstimmung mit der in Abschnitt 6.9. dargelegten Situation wurden die angegebenen Experimente durch das GGO (siehe S. 261) und die Moskauer Staatliche Universität (MGU) im Windkanal der MGU durchgeführt. Die geometrischen Daten der Meßstrecke des Kanals lauten: 4 m Länge, elliptischer Querschnitt mit den Achsen 4 und 2,4 m. Die Anströmgeschwindigkeit ist von 0,5 bis 40 m/s regulierbar. In dem Kanal existiert eine spezielle Einrichtung zur Erzeugung eines bestimmten Turbulenzzustandes der Luft, die es ermöglicht, den Turbulenzgrad ε von einem Anfangswert von 0,2% bis zu Größen, die mit dem Turbulenzgrad der Atmosphäre vergleichbar sind, zu verändern. Die Modelle wurden zur Verringerung der Oberflächenrauhigkeit aus poliertem Holz hergestellt und auf einer ebenen Platte im entwickelten Grenzschichtbereich angebracht. Die Strömungsgeschwindigkeit wurde in verschiedenen Ebenen einer Reihe vertikaler Schnitte über dem untersuchten Modell gemessen. Zur Bestimmung der mittleren Geschwindigkeiten verwendete man das Sondensystem des ZAGI, und zur Messung der Horizontal- und Vertikalkomponenten der Schwankungsgeschwindigkeiten benutzte man DISA-Anemometer. Für die Bestimmung der Strömungsgeschwindigkeit in unmittelbarer Nähe der Bodenoberfläche wurde ein spezieller Kamm mit 30 Pitot-Rohren verwendet.

Die Versuche führte man bei genügend großen Reynolds-Zahlen Re durch, wobei die Strömungsform schwach von Re abhängig ist. Man untersuchte Modelle der charakteristischsten Reliefformen, wie Hügel und Vertiefungen. Dabei wurde der Einfluß der Anströmgeschwindigkeit, der Turbulenz und der Oberflächenrauhigkeit untersucht. Die aufgezeigte Versuchsmethodik ermöglichte es, die erhaltenen Ergebnisse auf die atmosphärischen Prozesse zu übertragen. Das Hügelmodell hat im Längsschnitt eine Trapezform, wie sie in Abbildung 6.1 gezeigt wurde. Quer zur Strömung hatte das Modell genügende Ausdehnungen. Auf diese Weise wurde eine

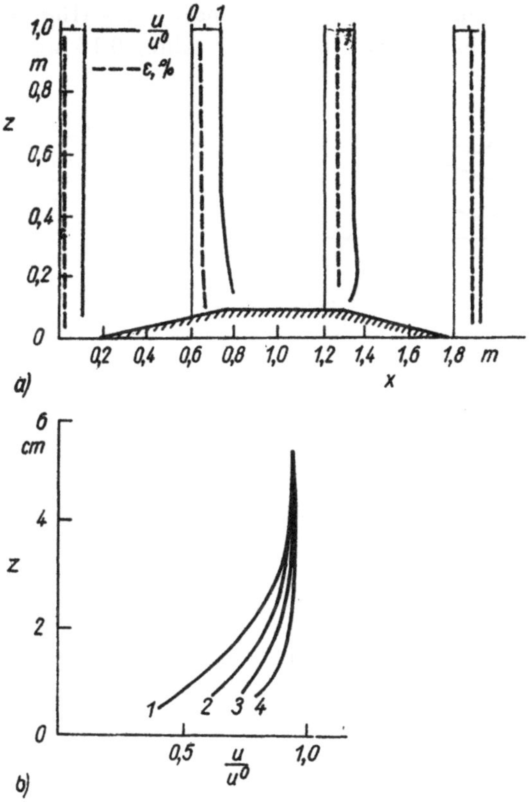

Abbildung 6.9.
Verteilung des Verhältnisses der Strömungsgeschwindigkeiten u/u^0 und des Turbulenzgrades ε über einem Hügelmodell (a). Verteilung von u/u^0 (b) vor dem Hügel (1), am vorderen Hang (2), hinter dem Hügel (3) und am hinteren Hang (4)

zweidimensionale Strömung über einem „ebenen“ Hügel untersucht. Das zusammengesetzte Modell bestand aus drei Teilen: dem vorderen und hinteren Abhang und dem mittleren Teil des Hügels. So können Modelle mit verschiedenen Höhen und verschiedenen Hangneigungswinkeln untersucht werden.

In Abbildung 6.9a sind die gemessenen Verteilungen des Verhältnisses der Windgeschwindigkeit u zur Anströmgeschwindigkeit u^0 sowie des Turbulenzgrades ε bei verschiedenen Anströmgeschwindigkeiten dargestellt. Die Abmessungen des Hügels sind folgende: Grundlinie des Trapezes 1,5 m, Höhe 0,1 m. Die Versuchswerte der Windgeschwindigkeitsverteilung, abhängig von der Höhe, stimmen im allgemeinen mit den Ergebnissen der Theorie (s. z. B. Abb. 6.5) überein. Insbesondere weisen sie auf die Existenz eines Geschwindigkeitsmaximums in einer gewissen Höhe hin. Der Wert dieses Maximums hängt von den Abmessungen des Hügels und den Koordinaten des untersuchten Schnittes ab. In Abbildung 6.9b sind die vertikalen Profile des Verhältnisses von Geschwindigkeiten in verschiedenen Schnitten und in unmittelbarer Nähe der Bodenoberfläche dargestellt. Der Verlauf dieser Geschwindigkeitsprofile stimmt mit den angeführten theoretischen Schlußfolgerungen überein.

Die Änderung der Geschwindigkeit u/u^0 in einer bestimmten Höhe entlang der Strömung in Abhängigkeit von dem Neigungswinkel der Abhänge des Hügels sowie die vertikalen Geschwindigkeitsprofile für $\alpha = 12°$ sind in Abbildung 6.10 angegeben

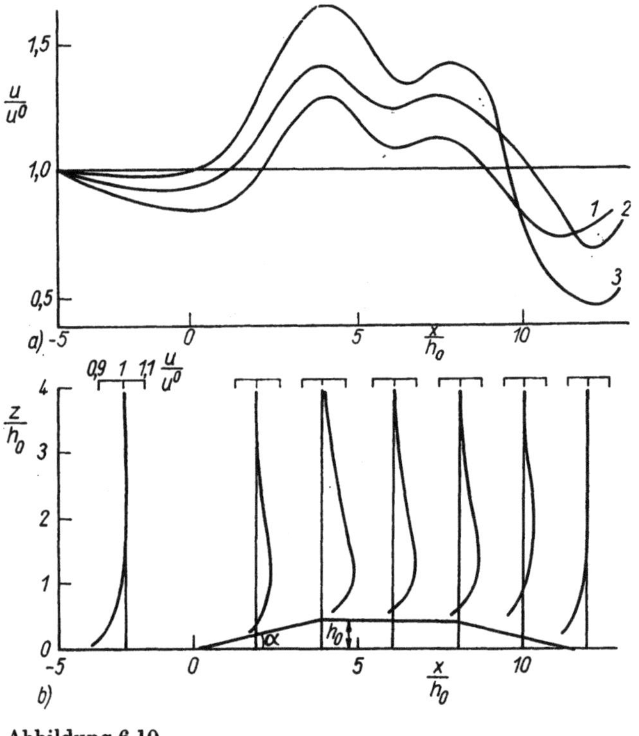

Abbildung 6.10.
Änderung der Windgeschwindigkeit am Boden (a) über einem Hügel nach Ergebnissen des Modellversuchs für $\alpha = 12°$ (1), $\alpha = 15°$ (2) und $\alpha = 18°$ (3) sowie des vertikalen Profils der Windgeschwindigkeit (b)

In Tabelle 6.2 wurden einige zusammengefaßte Werte der im Abschnitt 6.1. betrachteten Größe η angegeben als Verhältnis der Windgeschwindigkeiten über einem ungleichmäßigen Relief und einem ebenen Gelände nach mikroklimatischen Beobachtungsangaben sowie auch aus der Modellierung der Umströmung des Hügels. Man bemerkt eine bestimmte Übereinstimmung für niedrige Reliefformen. In diesem Fall ist der Vergleich jedoch infolge der Notwendigkeit einer detaillierten Berücksichtigung der Windrichtung der Anströmung erschwert.

Analoge Versuche wurden auch für das Modell eines dreidimensionalen Hügels durchgeführt, der einen stumpfen Kegel mit einer Höhe $h_0 = 0{,}06$ m darstellt. Der horizontale Schnitt hat eine elliptische Form mit den Achsen von 1,34 und 1,08 m auf der Grundfläche sowie von 0,88 und 0,66 m auf dem oberen Teil.

Tabelle 6.2.
Verhältnis der Windgeschwindigkeit über verschiedenen Punkten des Reliefs zur Windgeschwindigkeit an einer ebenen Stelle

Reliefform	Böschungswinkel in Grad	Mikroklimatische Beobachtungen η	Böschungswinkel im Grad	Experimente im Windkanal η
Gipfel von freien	>10	1,4—1,5	15	1,30
Höhen			18	1,55
Gipfel von kleinen, mäßig abfallenden Erhöhungen	<10	1,1—1,2	6	1,10
mittlere Teile von luvseitigen freien Abhängen	>10	1,0—1,1	15	1,10
leeseitige Abhänge von Erhöhungen	>10			
oberer Teil		1,0—0,9	15	1,05
unterer Teil		0,6	18	0,50
			15	0,65
			12	0,75
leeseitige Abhänge von Erhöhungen	<10	0,6—0,7	6	0,80

In Abbildung 6.11 ist die Verteilung des Turbulenzgrades ε entlang der Hügelmitte in den Höhen von $0{,}3\ h_0$ und $0{,}8\ h_0$ für verschiedene Turbulenzgrade der Anströmung dargestellt. Die erhaltenen Ergebnisse erwiesen sich ähnlich den Werten der analogen Messungen über einem ebenen Hügel. Außerdem muß man auch darauf hinweisen, daß eine Übereinstimmung im Charakter der Änderung der Turbulenz und der Geschwindigkeiten der Strömung mit den oben in Abbildung 6.5 angegebenen Berechnungen existiert. Diese Übereinstimmung ist um so wesentlicher, da eine solche Untersuchung der räumlichen Verteilung der Turbulenz und der Bewegungsgeschwindigkeiten für eine atmosphärische Grenzschicht erstmals sowohl auf theoretische als auch auf experimentelle Weise durchgeführt wurde.

Auch an Modellen mit rechtwinkligen Abstufungen und verschiedener Einschnittform unternahm man Experimente.

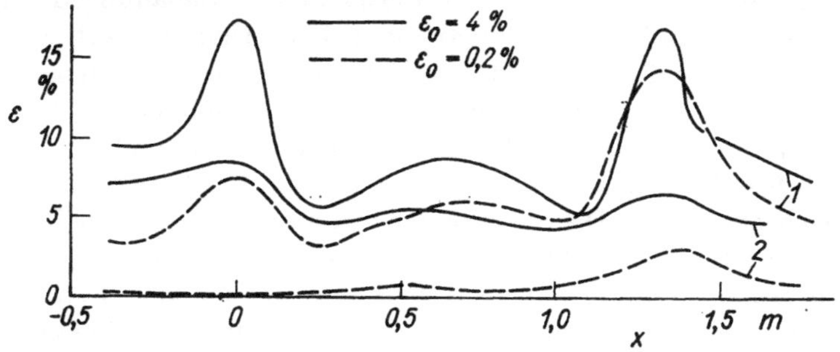

Abbildung 6.11.
Verteilung des Turbulenzgrades ε über einem Hügelmodell für verschiedene Turbulenzgrade der Zuströmung
$1 - \zeta = 0{,}3\ h_0$, $2 - \zeta = 0{,}8\ h_0$

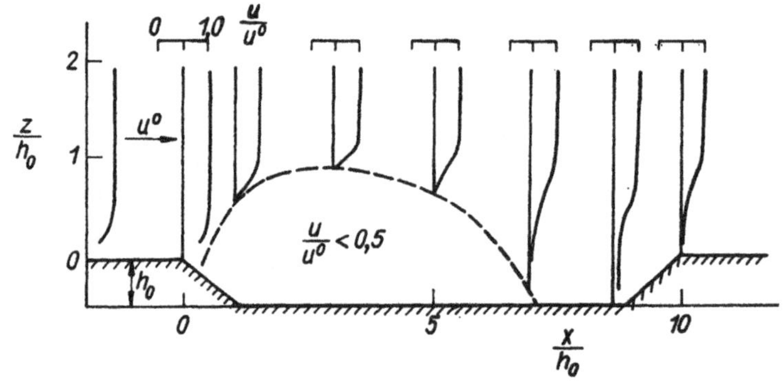

Abbildung 6.12.
Verteilung der dimensionslosen Strömungsgeschwindigkeit u/u^0 über dem Modell eines Einschnittes

In Abbildung 6.12 ist die Verteilung der dimensionslosen Geschwindigkeiten über einem Einschnitt dargestellt, dessen Form und Abmessungen in der darunterliegenden Zeichnung gezeigt sind.

Bei den Versuchen wurde auch die räumliche Verteilung der vertikalen Geschwindigkeit gemessen. Auf diese Weise ermöglichten die Messungen, die Werte der erforderlichen Koeffizienten für die turbulenten Diffusionsgleichung zu bestimmen. Indem diese Gleichung mit den erhaltenen Koeffizientenwerten numerisch integriert wird (wie weiter oben aufgezeigt wurde), kann man das Feld der Schadstoffkonzentration über den untersuchten Unebenheiten des Geländes berechnen. Diese Verfahrensweise erfordert jedoch eine gewisse zusätzliche Verarbeitung der Werte der Modellmessung. Sie betrifft insbesondere die Übereinstimmung der gemessenen vertikalen Geschwindigkeiten und ihrer nach der Kontinuitätsgleichung aus den horizontalen Geschwindigkeitskomponenten berechneten Werte. Es ist auch notwendig, den Zusammenhang zwischen dem Turbulenzgrad ε und dem Austauschkoeffizienten k zu bestimmen. Gegenwärtig wird am GGO ein Schema zur Verwendung von Versuchswerten aus Modellmessungen zur theoretischen Bestimmung des gesuchten Feldes der Schadstoffkonzentration unter dem Einfluß einer Unebenheit im Gelände vorbereitet.

Für die Modellierung der Strömung über städtischen Bebauungen wurde eine Versuchsreihe durchgeführt. Man untersuchte Beispiele von Bebauungen mit verschiedenetagigen Gebäuden und fast unzugängigen Hinterhöfen (nach dem Typ der alten Häuserblöcke in Leningrad) und Beispiele neuer verschiedenetagiger Bebauungen mit sehr großen Zwischenräumen zwischen den Gebäuden (Abb. 6.13). Es zeigte sich, daß bei den Modellen der Bebauung nach dem „alten" Muster (Abb. 6.13a) unbedeutende Geschwindigkeitsverzögerungen und Änderungen des Turbulenzzustandes beobachtet wurden. Die Störung der Strömung trat in verhältnismäßig kleinen Grenzschichten auf. Für das Modell der „modernen" Bebauung war die Geschwindigkeitsverzögerung wesentlich größer, und der Bereich der Turbulenz erstreckte sich merklich auf das gesamte Modell. Die erhaltenen Ergebnisse sind in Abbildung 6.13b dargestellt.

In den Versuchen wurde auch die horizontale Strömung zwischen den Gebäuden in Abhängigkeit von der Windrichtung und der Windgeschwindigkeit der Zuströmung untersucht (Abb. 6.13c). Es zeigte sich, daß der Charakter der Verteilung der Wind-

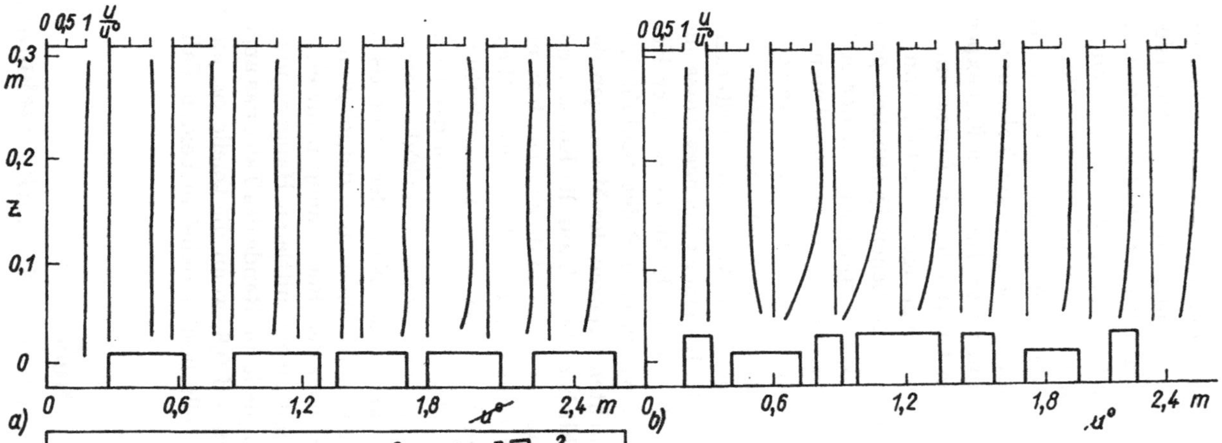

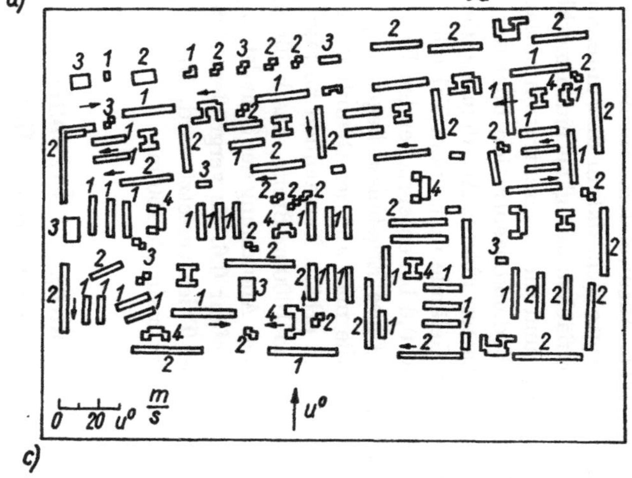

Abbildung 6.13.
Ergebnisse der Modellmessung für die Windgeschwindigkeit über einer Stadtbebauung (a und b) und im Innern dieser (c)
Höhe der Gebäude im Modell: 3,4 cm (1), 5 cm (2), 8 cm (3) und 20 cm (4)

geschwindigkeiten zwischen und über den Gebäuden auch wesentlich vom Turbulenzgrad der Anströmung abhängt. Verständlicherweise sind diese Experimente in einem Windkanal wesentlich einfacher durchzuführen als entsprechende Windmessungen für die Bedingungen einer Stadt.

Während der Entwicklung der aufgezeigten Arbeiten führte IHLENFELD (1977) in der DDR eine Serie von Experimenten zur Modellierung turbulenter Diffusionsprozesse im Windkanal durch. In den Versuchen wurden spezielle Einrichtungen, einschließlich eines Winkelturbulenzgenerators, zur Erzeugung einer ausreichend dicken Grenzschicht verwendet. Als zu beobachtende Beimengung, die aus einer Punktquelle ausströmte, diente Kohlendioxid (CO_2). Es wurde die Ausbreitung der Beimengung über einer ebenen Platte und über dem Modell eines trapezförmigen Tales untersucht, das quer zur Strömungsrichtung der Luft angeordnet war. Im ersten Fall experimentierte man an einer glatten und an einer rauhen Oberfläche der Platte, im zweiten Fall an den Talmodellen mit zwei verschiedenen Hangneigungswinkeln von 10° und 15°. Die CO_2-Konzentration wurde bei zwei verschiedenen Quellhöhen gemessen. Außerdem bestimmte man jeweils einzeln die Konzentrationen auf der Achse der sich bildenden Gasfahne und die Bodenkonzentrationen in verschiedenen Entfernungen von der Quelle in Richtung der Luftströmung. Die in zwei verschiedenen Windkanälen durchgeführten Experimente ergaben ähnliche Ergebnisse. Bei den Versuchen wurden die in Abschnitt 6.9. angegebenen Ähnlichkeitskriterien eingehalten. Damit hält es der Autor für möglich, die bei einer Gleichgewichtsschichtung gewonnenen Ergebnisse auf die atmosphärische Grenzschicht bis zu einer Höhe von ungefähr 100 m anzuwenden. In der Arbeit wurde eine Reihe Schlußfolgerungen gezogen. So zeigte sich, daß in den untersuchten Grenzen der Messungen der Parameter der Oberflächenrauhigkeit einen merklichen Einfluß auf die Konzentration am Boden besitzt und die Konzentration entlang der Rauchfahnenachse fast nicht beeinflußt. Die Bodenkonzentration über der rauhen Oberfläche ist wesentlich größer als über der glatten Fläche. Aus dem Vergleich der maximalen Konzentrationen über einem ebenen Gelände und einem Tal folgt, daß die Abweichungen der Konzentrationen 0,8 bzw. 0,6 bei entsprechenden Hangneigungswinkeln des Tales von 10° bzw. 15° betragen. Diese Ergebnisse liegen ungefähr in der Nähe der theoretischen Abschätzungen, die man auf der Grundlage der in Abschnitt 6.5. dargelegten Berechnungsmethoden erhält. Tatsächlich beträgt nach den Berechnungen für ein Tal mit 200 m Tiefe und 1000 m Breite, das heißt mit einem mittleren Hangneigungswinkel von 11°, bei einer Anordnung der Schadstoffquelle am Rande des Tales das angeführte Verhältnis ungefähr 0,6. Es vergrößert sich auf 0,8, wenn die Quelle ca. um 100 m vom Rand des Tales versetzt wird. Die Quelle besitzt dabei in beiden Fällen eine Höhe von nicht mehr als 150 m.

6.11. Anwendung der Ergebnisse der Modellierung von Luftströmungen für die Berechnung der Luftverschmutzung

Die Anwendung von Windkanälen für die Modellierung nicht nur der Struktur der Luftströmung sondern auch der Prozesse der atmosphärischen Diffusion ist mit großen zusätzlichen Schwierigkeiten verbunden. In bedeutendem Grade sind sie durch die Notwendigkeit begründet, die Verbreitung eines Schadstoffes in der Nähe der Quelle zu modellieren, wo die Überhöhung der Gasfahne durch die charakteristischen Größen der Emissionen aus Schornsteinen oder aus anderen realen Quellen bestimmt wird. Deshalb muß man eine Reihe neuer Kriterien einführen, deren Einhaltung äußerst kompliziert ist. In dieser Beziehung ist die Verbindung von Strömungsuntersuchungen im Windkanal und der mathematischen Modellierung der atmosphärischen Diffusion einer Beimengung von unterschiedlichen Quelltypen zukunftsweisend. Das Wesen dieses in Abschnitt 6.9. angeführten Herangehens besteht darin, daß im Ergebnis des Experimentes nur die Geschwindigkeits- und Turbulenzverteilungen bestimmt werden müssen. Sie werden danach als Koeffizienten in die Gleichung für die atmosphärische Diffusion eingesetzt, die anschließend integriert wird. Verfahren zur praktischen Realisierung dieses Herangehens sind in der weiter unten dargelegten Arbeit von Berljand u. a. (1975) entwickelt worden. Darin stellten die Verfasser die Übereinstimmung für die Windgeschwindigkeit und die Turbulenz im Windkanal und unter natürlichen Bedingungen fest.

Als Ausgangskenngröße für den turbulenten Austausch im Windkanal benutzt man den in Abschnitt 6.9. angeführten Turbulenzgrad $\varepsilon = \sqrt{\overline{u'^2}}/u$, der aus den Beobachtungsergebnissen für die Geschwindigkeitsschwankungen u' bestimmt wird. Danach findet man mit Hilfe der im Abschnitt 1.5. betrachteten Differentialgleichung für k_z (Berljand u. Genichowitsch, 1973) eine von ε abhängige Beziehung für den Austauschkoeffizienten im Windkanal

$$k_{z\mathrm{WK}} = \varkappa c^{1/4}\, \varepsilon^2 u^2 \int\limits_{h(x)}^{z} \frac{\mathrm{d}z}{\varepsilon u},$$

wobei $h(x)$ ebenso wie in den vorhergehenden Betrachtungen die Unebenheit der Bodenoberfläche ist. Dabei nimmt man an, daß im Experiment eine genügend ausgebildete Grenzschicht erzeugt wird. Dann sind die durch das Relief bedingten Änderungen für die Austauschkoeffizienten $k_z(x, z)$ in der Atmosphäre und $k_{z\mathrm{WK}}(x, z)$ im Windkanal einander ähnlich, so daß insbesondere gilt

$$k_z(x, z) = k_{z\mathrm{WK}}(x, z)\,\frac{k_z^0(z)}{k_{z\mathrm{WK}}^0(z)},$$

wobei sich der Index 0 auf die entsprechenden Werte des Austauschkoeffizienten in der Zuströmung bezieht.

Bei der Übertragung der Meßwerte für die Komponenten der mittleren Geschwindigkeit auf die reale Atmosphäre gewinnt der Umstand, daß die Geschwindigkeiten im Windkanal in einem verhältnismäßig engen Punktenetz und mit einem gewissen Fehler erhalten wurden, eine wesentliche Bedeutung. Deshalb ist die Auswahl einer bestimmten Interpolation der Werte zwischen den Punkten erforderlich. Insbesondere die willkürliche lineare Interpolation mit Berücksichtigung möglicher Meßungenauigkeiten kann dazu führen, daß die erhaltenen gemittelten Geschwindigkeiten nicht in allen Punkten des Strömungsfeldes der Kontinuitätsgleichung genügen. Die Benutzung so ermittelter Geschwindigkeiten garantiert nicht die Einhaltung des Beimengungsstromes bei der Lösung der turbulenten Diffusionsgleichung, was gleichbedeutend mit der Existenz von Quellen oder Senken der Beimengung in einzelnen Punkten ist. Somit muß eine Solenoidalapproximation des Vektorfeldes der Geschwindigkeiten aufgebaut werden, deren Komponenten der Kontinuitätsgleichung genügen.

In allgemeiner Form formuliert man diese Aufgabe so, daß im Bereich $\Omega = \{0 \leqq x' \leqq L, 0 \leqq z' \leqq H'\}$, der als Ergebnis der Transformation des Ausgangsbereiches der Strömung mit krummlinigen Grenzen erhalten wird, die Funktionen $a(x', z')$ und $b(x,' z')$ gegeben sind. Beispielsweise sind das die Horizontal- und Vertikalkomponente der Geschwindigkeit oder direkt mit ihnen zusammenhängende Größen, die aus gemessenen Geschwindigkeitskomponenten bestimmt wurden. Diese Funktionen müssen durch die anderen Funktionen $\hat{u}(x', z')$ und $\hat{w}(x', z')$ approximiert werden, die die Kontinuitätsgleichung erfüllen. Für die Lösung der Aufgabe führt man die Stromfunktion $\psi(x', z')$ ein, so daß $\hat{u}$ und $\hat{w}$ wie üblich durch die Ableitungen nach z' und x' bestimmt werden. Danach wird zur Gewährleistung der besten Approximation im Sinne der mittleren quadratischen Abweichung das Funktional

$$I(\psi) = \iint \mathrm{d}x' \, \mathrm{d}z' \left[\left(\frac{\partial \psi}{\partial z'} - a\right)^2 + G^2 \left(\frac{\partial \psi}{\partial x'} + b\right)^2\right] \tag{6.34}$$

minimiert. Die Einführung der Größe G^2 in diese Gleichung ist zur Berücksichtigung eines möglichen Genauigkeitsunterschiedes bei der Ermittlung der Geschwindigkeitskomponenten u und w bestimmt. Für den Sonderfall, daß nur u approximiert wird, nimmt man $G = 0$ an, für w setzt man $G \to \infty$ voraus. Da a und b in den Knotenpunkten eines diskreten Punktesystems vorgegeben werden, minimiert man anstelle von (6.34) das Funktional

$$J(\psi) = \sum_{p,q} \left\{\left[\frac{\partial \psi(x'_{pq}, z'_{pq})}{\partial z'} - a_{pq}\right]^2 + G^2 \left[\frac{\partial \psi(x'_{pq}, z'_{pq})}{\partial x'} + b_{pq}\right]^2\right\},$$

wobei man die Summation über alle Punkte mit den Koordinaten x'_{pq}, z'_{pq} ausführt, in denen gemessen wurde. a_{pq} und b_{pq} sind die in den Punkten erhaltenen Werte für die Funktionen $a(x', z')$ und $b(x', z')$. Diese Variationsaufgabe für das Minimum löst man mit dem Ritzschen Verfahren. Ein anderer Lösungsweg besteht im Übergang von der Minimierung des Funktionals (6.34) zur Lösung der Eulerschen Gleichung

$$G^2 \frac{\partial^2 \psi^*}{\partial x'^2} + \frac{\partial^2 \psi^*}{\partial z'^2} = \frac{\partial a}{\partial z'} - G^2 \frac{\partial b}{\partial x'},$$

die numerisch mit Hilfe der Gitternetzmethode unter Ausnutzung von Informationen über die gemessenen Werte der Drehung gelöst wird. Auf diese Weise findet man die Funktion ψ, die das Minimum von $J(x)$ garantiert.

Konkrete Berechnungen wurden auf der Grundlage der erhaltenen Lösung mit Hilfe von im Windkanal bestimmten experimentellen Werten für ein ebenes Hügelmodell von trapezförmiger Form, wie in den Abbildungen 6.9 und 6.10 gezeigt, ausgeführt. Voraussetzungsgemäß sollte das Modell unter natürlichen Bedingungen einem Hügel der Höhe $h_0 = 50$ m entsprechen, wobei die untere Grundlinie des Trapezes 550 m und die obere Grundlinie 250 m beträgt. In Tabelle 6.3 sind die berechneten Verhältnisse λ' der maximalen Bodenkonzentration einer in verschiedenen Punkten x entlang des Hügels liegenden Quelle der Höhe $H = 50$ m zur maximalen Bodenkonzentration einer Quelle mit gleicher Höhe in ebenem Gelände angeführt. Dabei nimmt man an, daß der Koordinatenursprung $x = 0$ in einer Entfernung $2{,}5\, h_0$ zum Fuß des luvseitigen Abhanges liegt.

Tabelle 6.3.
Werte für das Verhältnis λ' der maximalen Bodenkonzentrationen aus Quellen an verschiedenen Punkten des in Abbildung 6.9 gezeigten Hügels ($h_0 = 50$ m)

x/h_0	3,5	5,5	7,5	9,5	11,5	13,5
λ'	1,02	0,88	0,85	0,77	1,34	1,17

Die für λ' erhaltenen Werte stimmen gut mit den weiter oben angeführten Rechenergebnissen nach anderen Verfahren überein.

Die dargelegte Methode zur Verwendung von Ergebnissen aus der Modellierung der Struktur der Luftströmung kann effektiv auch für die Fälle angewendet werden, bei denen die theoretische Lösung der Umströmung von Unebenheiten der Bodenoberfläche äußerst schwierig zu erhalten ist. So gibt es keine prinzipiellen Schwierigkeiten bei der Verallgemeinerung dieser Methode auch auf dreidimensionale Aufgaben, obwohl dabei der Rechenumfang wesentlich ansteigt und die Anwendung leistungsfähiger EDVA mit ausreichend hoher Rechengeschwindigkeit erforderlich wird.

7. Methoden und Geräte zur Beobachtung der Luftverunreinigung[4)]

Die Auswahl der Methoden und Geräte für die Bestimmung der Schadstoffkonzentration in der Luft und der meteorologischen Parameter, die die atmosphärische Diffusion beeinflussen, hängt von der konkreten Aufgabe ab, die bei diesen Beobachtungen gestellt wird. Gewöhnlich unterscheidet man Messungen, die als Feldmessungen durchgeführt werden und spezielle Messungen nach einem besonderen Beobachtungsplan in einem stationärem Beobachtungsnetz in Städten und Industriezentren. Im ersten Fall kann das Arbeitsprogramm verhältnismäßig eng begrenzt sein, dafür aber mehr Detailuntersuchungen enthalten. Die Meßwerte aus den Beobachtungsnetzen sind für gezielte Informationen, zum Beipiel Prognosen, erforderlich. In diesem Abschnitt werden Methoden und Geräte behandelt, die für die Beobachtungen in beiden Komplexen erforderlich sind. Über die Nutzung der Meßergebnisse wird in den nächsten Abschnitten berichtet.

7.1. Analysenmethoden für die Luftzusammensetzung

Die Bestimmung der Schadstoffkonzentrationen in der Atmosphäre der Städte wird in den meisten Fällen mittels nichtautomatischer chemischer Methoden durchgeführt. Für die breite Nutzanwendung ist von Vorteil, daß die einfachen Geräte von Personal mittlerer Qualifizierung bedient werden können. Diese Methoden sind automatischen Verfahren hinsichtlich des Datenanfalls und der Datenverarbeitung weit unterlegen. Sie erfordern einen hohen Arbeitsaufwand, sind jedoch für eine große Zahl von Schadstoffen ausgearbeitet. Es ist daher zu erwarten, daß diese Methoden für die Bestimmung des Verschmutzungsgrades der Atmosphäre noch lange genutzt werden.

Die chemischen Analysenmethoden wurden in letzter Zeit durch die Benutzung empfindlicherer und spezifischer chemischer Reaktionen, die Abschätzung und Vermeidung störender Einflüsse von Beimengungen und die Verbesserung der Geräte für die Luftprobennahme vervollkommnet. Die Grundlagen dieser Methoden, die in der UdSSR eingesetzt werden, sind in den Publikationen „Methodische Unterweisungen" (Berljand u. Wolberg, 1971) und „Instruktiv-methodische Unterweisungen" (Goldberg u. a., 1963) beschrieben.

Die Luftverunreinigungen werden quantitativ analysiert, indem man sie in Absorbern anreichert, das heißt die Luft mittels elektrischer Aspiratoren durch den Absorber saugt. Staub und Ruß werden in speziellen Filterpatronen abgeschieden,

---

4) Der Herausgeber der Übersetzung dankt den Herren Dr. habil. W. Warmbt und Dr. Mrose vom Meteorologischen Observatorium Wahnsdorf für die Unterstützung bei der redaktionellen Bearbeitung dieses Kapitels.

Gase und Dämpfe werden in Absorbern, die mit entsprechenden Reagenzlösungen gefüllt sind, chemisch umgesetzt. Das U-förmige Absorptionsgefäß mit Glasfritteneinsatz und der Absorber von RICHTER sind am weitesten verbreitet. Beide Gerätetypen ermöglichen eine effektive Reaktion des zu messenden Stoffes in einem verhältnismäßig geringen Lösungsvolumen von 6 ml. Für die meisten Schadstoffe ist das Gerät von RICHTER bequemer. Das angesaugte Luftvolumen beträgt 5–6 l/min. Der hydraulische Druckverlust ist gering. Bei der Absorption von Schwefeldioxid arbeitet das Gerät mit Glasfritte allerdings effektiver.

Aspiratoren verschiedener Hersteller ermöglichen über vier Ansaugtrakte die gleichzeitige Entnahme unterschiedlicher Proben. Das beste Gerät dieser Art produziert das Leningrader Werk „Rotgardist". Durch je zwei Kanäle strömt Luft mit einem Durchsatz von je 20 und 1 l/min. Die Genauigkeit der Konzentrationsmessung hängt entscheidend von der Präzision der Messung des Luftvolumens ab, das durch die Absorber strömt. Dieses Volumen erhält man aus dem Produkt von Meßzeit und Volumenstrom. Der Volumenstrom wird mit einem in dem Absaugegerät eingebauten Rotameter gemessen. Unter Expeditionsbedingungen benutzt man gelegentlich tragbare Probenahmegeräte, die aus einem Wasseraspirator zum Ansaugen der Luft bestehen, oder die modernere Konstruktion des batteriegetriebenen Probenahmegerätes von KATSCHOR. Die Bestimmung des Aschegehaltes erfordert ein verhältnismäßig großes Luftvolumen. Man verwendet dafür Aspiratoren, die von der Lichtmaschine eines Automobils gespeist werden.

In neuerer Zeit werden gleichzeitig zu den Beobachtungen auf der Erdoberfläche Konzentrationsmessungen der Beimengungen vom Hubschrauber und vom Flugzeug aus durchgeführt. Hierfür benutzt man Lüfter, die vom Bordnetz gespeist werden (GOROSCHKO u. a., 1968). Um die optimale Stelle der Probenahme zu finden, wurden methodische Untersuchungen durchgeführt. Als günstigster Ort erwies sich das Bugteil des Hubschraubers neben den Meßsonden (siehe Abschnitt 7.9.).

Während der Probenahme ist die Luftansauggeschwindigkeit unbedingt konstant zu halten. Es muß besonders beachtet werden, daß sich die Meßbedingungen bei der Eichung im Werk und am Einsatzort des Rotameters erheblich unterscheiden können. Außerdem ist es möglich, daß der Rotameterschwebekegel während des Ansaugens verschmutzt. Auch das führt zu einer Vergrößerung des Anzeigefehlers. Deshalb werden diese Geräte im Netz des Hydrometeorologischen Dienstes monatlich mit Flügelradzählern geeicht. In die Beruhigungsstrecke vor dem Rotameter können Wasserspritzer eindringen. Es empfiehlt sich, dagegen Filterpatronen mit Watte und Silikagel einzusetzen.

Zur Entnahme der mittleren Tagesproben werden Membranpumpen in Verbindung mit Gasuhren oder Vakuumpumpen, zum Beispiel Wasserstrahlpumpen, zusammen mit einer kritischen Düse eingesetzt, die einen konstanten Durchsatz gewährleistet. Die letztere Art ist in den USA weit verbreitet. Die hauptsächlichen Angaben über die Methoden der Probenahme im Netz des Hydrometeorologischen Dienstes der UdSSR zeigt Tabelle 7.1.

Der untere Grenzwert des Meßbereiches für die Konzentrationsmessung bestimmt die Empfindlichkeit der Meßmethode.

Die Analyseverfahren für die Beimischungen sind sehr verschiedenartig, aber sie lassen sich nach ihren Aufgaben in verschiedene Gruppen einteilen. Die Konzentrationen von gasförmigen Beimischungen der Atmosphäre werden in den meisten Fällen

Tabelle 7.1.
Kennzeichnung der Methoden der Luftprobenahme und der Analyse ihrer chemischen Bestandteile

zu bestimmender Stoff	Lösungsmittel	Ansauggeschwindigkeit l/min	Bereich der Konzentrationsbestimmung mg/m³	Vorrichtung für die Bestimmung	Reagenz
Schwefeldioxid	4%ige Kaliumchloratlösung	2	0,1–2,5	U-förmiger Absorber	Bariumchlorid
Schwefelwasserstoff	0,2%ige Natriumarsenitlösung	2	0,01–0,12	U-förmiger Absorber	Silbersulfat
		4	0,006–0,06	RICHTER-Absorber	
Schwefelkohlenstoff	1,5%ige Diäthylaminlösung	0,5	0,03–0,7	U-förmiger Absorber	Kupferazetat
Stickstoffdioxid	8%ige Kaliumjodidlösung	0,25	0,02–0,4	U-förmiger Absorber	Sulfanilsäure + α-Naphthylamin
Phenol	0,8%ige Kohlensaure Natriumlösung	1	0,01–0,5	U-förmiger Absorber	Paranitroanelin
Fluorwasserstoff	Destilliertes Wasser	3	0,002–0,16	RICHTER-Absorber	
Chlor	Lösung von Methylorange	1	0,012–0,14	U-förmiger Absorber	
Kohlenoxid	Bariumhydroxid 0,01 normal (nach der Verbrennung von CO zu CO_2)	0,25	3–400	Gaspipette, Gummi	Salzsäure
Asche	Membranfilter Nr. 6	1	0,02–1,0	Patrone	
Staub	Gewebe FPP-15	250	0,1–50	Filterhalter	

mit fotometrischen Verfahren bestimmt. Dazu werden die interessierenden Ingredienzen der abgesaugten Luftprobe vorher durch chemische Reaktionen in Farbverbindungen überführt. In einem schmalen Spektralbereich wird danach die optische Durchlässigkeit der Lösungen, die sich in Küvetten befinden, in Spektrometern oder Fotokolorimetern gemessen.

Aus Eichkurven, die mit einer Serie von Standardlösungen aufgenommen wurden, bestimmt man, entsprechend der optischen Durchlässigkeit, die Konzentration der Beimengung.

Betrachten wir nunmehr die Bestimmungsmethoden für die am häufigsten vorkommenden Ingredienzen. Beim Schwefeldioxid muß man unbedingt die schnelle Oxydation der Sulfitionen, die bei der Lösung des SO_2 in Wasser entstehen, mit dem Luftsauerstoff beachten. Deshalb ist gegenwärtig die von West und Gaeke (1956) vorgeschlagene Methode weit verbreitet, bei der das SO_2 in einer Natriumtetrachloromerkurat-Lösung absorbiert wird. Das sich bildende Zwischenprodukt Disulfitmerkurat ist beständig gegen Oxydation und behindert nicht die weitere Bestimmung der SO_2-Konzentration. Scaringelli u. a. schlugen für die Analyse der atmosphärischen Luft eine Variante dieser Methode vor (1970). Die weitere Bestimmung führt über die Farbreaktion mit einer Lösung, die Parafuchsin und Formaldehyd enthält. Die Methode ist hochempfindlich und besitzt eine gute Reproduzierbarkeit. Allerdings werden in den Arbeiten einiger Autoren eine Vielzahl von Faktoren genannt, die diese Genauigkeit verringern. In einer der letzten Arbeiten (Blacker u. a., 1973), die sich speziell mit der Genauigkeit dieser Methode beschäftigt, wird gezeigt, daß man mit der üblichen Eichung über Standardlösungen um 35% niedrigere Werte erhält. Die hohe Toxizität der Absorptionslösung, die einen hohen Anteil an Quecksilber-(II)-Chlorid enthält, stellt einen wesentlichen Mangel dieses Verfahrens dar.

Von diesem Gesichtspunkt aus eignet sich besser die folgende für Reihenuntersuchungen in der Sowjetunion weit verbreitete Methode. Das SO_2 der Luft wird dabei in einer Kaliumchloratlösung oder in einer Wasserstoffperoxidlösung absorbiert. Das Dioxid des Schwefels oxydiert dabei zu Schwefelsäure. Die Konzentration der Sulfationen bestimmt man über die Trübung, die durch Hinzufügen von Bariumchlorid einsetzt. Diese Methode kann sowohl für die Bestimmung von SO_2 als auch zur Bestimmung des Gesamtanteils an Schwefelgasen und Sulfaten benutzt werden. Das ist ein wesentlicher Vorteil des Verfahrens, da in der verunreinigten Luft von Industriestädten Schwefeldioxid schnell zu Schwefelsäure oxydiert und die Bestimmung von SO_2 allein keine richtige Einschätzung der Luftverunreinigung durch Schwefelverbindungen gibt. Die Luft wird unmittelbar durch ein Absorbergerät mit 6 ml Oxydationslösung gesaugt und so der Gesamtgehalt an Schwefeloxiden bestimmt. Will man die reine SO_2-Konzentration der Luft erhalten, so wird diese vorher durch ein Polyvinylchlorid-Faser-Filter (Gewebe FPP-15) gesaugt. Die Analyse ist einfach und erfordert keine hohe Qualifikation des Chemielaboranten. Die Genauigkeit und Empfindlichkeit der SO_2-Bestimmung mit der Trübungsmethode befriedigt noch nicht, so daß auf diesem Gebiet noch weiter gearbeitet werden muß.

Für die Bestimmung des Stickstoffdioxids (NO_2) sind die Methoden am weitesten verbreitet, die in schwachsauren Diazoverbindungen Stickstoffionen bilden, die nachfolgend mit Aminen Azofarbstoffe erzeugen. In einer ersten Gruppe erfolgt die NO_2-Absorption in Reaktionslösungen, die die Farbstoffe sofort bei der Probenahme bilden)Griess-Saltzman-Methode). Diese Methode (Saltzman, 1954) basiert auf der

Reaktion von NO_2 mit Sulfanilsäure und (I-Naphthyl)-Ethylendiamin in Verbindung mit Essigsäure. Dabei gehen 72% NO_2 in Nitritionen über. In einigen Arbeiten werden auch andere Werte für diesen sogenannten SALTZMAN-Koeffizienten angegeben, zum Beispiel 50—100%. Die Streuung der Ergebnisse hat ihre Ursache in den Schwierigkeiten, die bei der Herstellung einer genau definierten NO_2-Konzentration auftreten. Die Methode von GRIESS-SALTZMAN kann dann angewendet werden, wenn zwischen Probenahme und Farbmessung nur wenige Stunden liegen. Deshalb ist eine Zweistufen-Analysemethode angenehmer, die eine längere Aufbewahrung der Proben erlaubt. Das Verfahren von JACOBS und HOCHHEISER (1958) sieht die Absorption des NO_2 in 50 ml 0,4%iger Ätznatronlösung in einem Gerät mit poröser Membran vor. Bei der Reaktion mit der basischen Lösung bildet das NO_2 Nitrat- und Nitritionen.

Die nachfolgende Bestimmung der Nitritionen in der Lösung erfolgt nach Hinzufügen von Wasserstoffperoxid, das die störenden Sulfitionen oxydiert, durch Ansäuern mit dem gleichen GRISS-SALTZMAN-Reagens. Anstelle der Sulfanilsäure benutzt man Sulfanilamid. Diese Methode war in den USA als Standard-Methode üblich. In den letzten Jahren ist sie allerdings erheblicher Kritik ausgesetzt. HUYGEN und STEERMAN (1971) modifizierten diese Methode, indem sie der basischen Lösung zur Verbesserung der Absorptionsfähigkeit *R*-Salz (0,2 g/l) und Triethanolamin (1 g/l) hinzufügten. Nach ihren Angaben steigt dadurch der Absorptionsgrad für NO_2 von 35 auf 90%. Bisher ist nicht bekannt, ob sich diese Methode durchsetzen wird.

In der Sowjetunion verwendet man für die Bestimmung von NO_2 in der Atmosphäre die Methode von POLESHAJEW und GIRINA (1949). Zum Auffangen des NO_2 benutzt man bei dieser Methode eine 8%ige Lösung von Kaliumjodid. Die Nitritionen der so erhaltenen Lösung werden mit dem GRISS-ILOSVAY-Reagens (Sulfanilsäure und α-Naphthylamin) erfaßt. Die Kaliumjodidlösung ist ein wesentlich effektiveres Absorbens für NO_2 als eine basische Lösung. Ein Volumen von 6 ml läßt bei einem Durchsatz von 0,25 l/min Luft durch das Absorbergerät mit Glasfritte nicht mehr als 2% NO_2 hindurch.

Die chemischen Methoden zur Kohlenmonoxidbestimmung (CO) beruhen entweder auf der Verbrennung des CO mit nachfolgender azidimetrischer Bestimmung des gebildeten Anhydrits der Kohlensäure oder auf der reduzierenden Wirkung des CO. Vor einigen Jahren wurde auch die Gaschromatographie bekannt. CO wird zu Methan reduziert und dieses in einem Flammenionisationsdetektor bestimmt. Ein besonders häufig benutztes chemisches Verfahren zum CO-Nachweis ist die Verbrennung zu CO_2. Diese in ihren Grundlagen von D. P. SENDERICHIN vorgeschlagene Methode ist in der UdSSR in Form des titrometrischen Gasanalysators TG-5 weit verbreitet. In diesem Gerät wird das CO an einer Platinspirale verbrannt, die durch einen elektrischen Strom aus einem Transformator auf 800 °C geheizt wird. Das sich bildende CO_2 leitet man in ein Absorbergerät mit 0,01normaler Lösung von Bariumhydroxid. Die überschüssige Baritlauge wird mit 0,01normaler Salzsäure unter Zusatz von Phenolphthalein neutralisiert. Die im Gerät eingesetzten Kapillarbüretten gewährleisten eine höhere Genauigkeit der Titration als in anderen Gasanalysatoren und begründen die Güte des Gerätes.

Die unzureichende Empfindlichkeit des titrometrischen CO-Nachweises von ungefähr 2 μg CO je Probe und die sehr lange Meßzeit (ca. 45 Minuten) sind die wesentlichsten Unzulänglichkeiten des Gerätes TG-5 bei seiner Anwendung zur Analyse der Atmosphäre. Außerdem ist die Methode nicht spezifisch, da an der Platinspirale neben CO auch in den Proben enthaltene Kohlenwasserstoffe, wie Methan (teilweise), Ethan, Propan, verbrennen. Deshalb ist infolge des großen Meßfehlers bei der CO-Bestimmung in der Atmophäre durch die titrometrische Messung (der Fehler kann in einigen Fällen die maximale Immissionskonzentration mehrfach übersteigen) diese Methode nur für grobe Orientierungsmessungen geeignet.

Die Reduktion des Kohlenmonoxids durch Jodsäureanhydrit, J_2O_5, bei der sich elementarer Joddampf bildet, wird hauptsächlich bei der kontinuierlich arbeitenden coulometrischen Methode zur Bestimmung von Mikrokonzentrationen des CO angewandt. Dieses Verfahren wurde von WOLBERG und POTSCHINA (1974) ausgearbeitet. Die Selektivität der Reaktion führt zu einer kontinuierlichen spezifischen Messung, wenn in dem Gerät leistungsfähige Reinigungssysteme (Filter) angewendet werden. Die Empfindlichkeit der Analyse beträgt 0,05 mg/m³ CO_2.

Die Reaktion des CO mit Quecksilberoxid, die zur Quecksilberdampfbildung führt, wird bei der kontinuierlichen spektrofotometrischen Bestimmung von CO genutzt. Die Empfindlichkeit ist sehr hoch — 0,005 mg/m³ (ROBINSON u. a., 1968). Die erwähnte chromatographische Methode zur CO-Bestimmung ist sehr empfindlich und besitzt eine hohe Selektivität. Allein die Größe und Kompliziertheit der erforderlichen Apparatur hat bisher die Nutzungssphäre fühlbar eingeschränkt. Augenscheinlich sind die automatisch arbeitenden nicht dispersen Ultrarot-Gasanalysatoren (s. Abschn. 7.2.) für den netzmäßigen Einsatz zur CO-Bestimmung am geeignetsten.

Für die Bestimmung von Fluorwasserstoff (HF) haben in den letzten Jahren die fotometrischen Methoden vorzugsweise Verbreitung gefunden. Sie nutzen die Zersetzung des Farbkomplexes des Zirkons mit verschiedenen Indikatoren, besonders mit Xylolorange (BERLJAND u. WOLBERG, 1971). Im Vergleich zu üblichen Methoden, die die Farbänderung des Titan-Chrom-Komplexes nutzen, haben die vorhergenannten Methoden eine bedeutend höhere Empfindlichkeit. Besonders wertvoll ist, daß sie gegenüber störenden Einflüssen von Begleitbeimengungen, zum Beispiel gegenüber den Ionen des Aluminiums, weniger anfällig sind. Das unterscheidet sie auch vorteilhaft von den in letzter Zeit sehr populär gewordenen Methoden, die den Lantan-Alizarin-Komplex verwenden.

Zur Bestimmung von Schwefelwasserstoff (H_2S) benutzt man eine der empfindlichsten Methoden, die auf der Lösung des Schwefelwasserstoffs in einer Suspension von Kadmiumhydroxid und der kolorimetrischen Bestimmung des Methylenblaus beruht, welches sich mit p-Aminodimethylanilin in Anwesenheit von Eisenchloriden bildet (JACOBS u. BRAVERMAN, 1957; PAWLENKO u. KUSMINA, 1968). Die Empfindlichkeit beträgt 0,25 µg H_2S je Probe. Praktisch die gleiche Empfindlichkeit besitzt die Methode, die auf der Reduktion von Ammoniummolybdat mit Schwefelwasserstoff unter Bildung von Molybdänblau beruht. Eine der Unzulänglichkeiten dieser Methoden liegt darin, daß es für die Aufstellung der Eichkurve unumgänglich ist, eine nicht beständige Lösung des H_2S zu benutzen. Das verringert die Genauigkeit der Analyse im ganzen. In der Sowjetunion fand daher die Methode von N. G. POLESHAJEW die größte Verbreitung, da die Thiosalze, die bei der Absorption des H_2S in einer arsenigsauren Lösung des Natriums entstehen, gegenüber der Oxydation beständig sind. Sie bilden mit den Salzen des Silbers in saurer Umgebung eine gelb-braun gefärbte kolloide Silbersulfidlösung. Der größte Vorteil dieser Methode liegt in der Eichung. Sie wird in einer Natriumthiosulfat-Lösung durchgeführt, die beständig ist und Silbersulfid durch die Reaktion mit Silbersalzlösungen bildet. Allerdings ist die Empfindlichkeit dieser Methode viermal geringer als die der oben besprochenen. Aus diesem Grund sind Bemühungen, die Methode zur H_2S-Bestimmung zu vervollkommnen, besonders aktuell.

Für die Bestimmung des Schwefelkohlenstoffs (CS_2) wird dieser aus der Luft in eine Alkohollösung des Diethylamins gebunden. Nach der Zugabe von Kupfer-(II)-azetat bildet sich bei vorhandenem Sehwefelkohlenstoff eine gelb-braune Färbung, die ihre Ursache in der Entstehung des Kupferdiethyl(II)-karbonats hat. Die Methode besitzt eine Empfindlichkeit von 0,5 µg Schwefelkohlenstoff je Probe. Um den die Messung störenden Schwefelwasserstoff zu beseitigen, wird die zu analysierende Luft vor der Absorption durch Natron geleitet, welches eine Sorbens auf der Grundlage von Kupfersulfat enthält (Pawlenko u. Kusmin, 1968).

Für die Bestimmung des freien Chlors in der Atmosphäre liefert eine Methode, welche die Reaktion mit Methylorange und die damit verbundene Entfärbung der Lösung nutzt, die besten Ergebnisse (Berljand u. Wolberg, 1971). Die Beständigkeit der Färbung, die einfache Durchführung der Einstufenreaktion und die hohe Empfindlichkeit sind Vorzüge dieser Methode gegenüber den Verfahren, die die Reaktion mit o-Tolidin, p-Aminodimethylanilin und Pyridin-Barbituraten nutzen. Der störende Einfluß von Oxydationsmitteln, wie Ozon, das immer in der Atmosphäre vorhanden ist, sind verhältnismäßig gering (10% bei gleichen Konzentrationen). Schwefeldioxid verschlechtert die Ergebnisse beträchtlich. Die für die Absorption von SO_2 empfohlenen Filter aus Chromtrioxid sind wegen ihrer Empfindlichkeit gegenüber der Luftfeuchtigkeit unzureichend. Deshalb bleibt die Frage nach der Verminderung des störenden Einflusses der verschiedenen Beimengungen bestehen.

Phenol (C_5H_6OH) bildet über die Reaktion mit diazotierendem Paranitroanilin eine gelbe Färbung. Nach G. P. Jefremowa (1951) beträgt die Empfindlichkeit 0,2 µg je Probe. Schwefelwasserstoff ruft eine ähnliche Färbung hervor und stört daher die Analyse.

Zur Bestimmung des atmosphärischen Staubgehaltes wird die Luft 20 Minuten lang durch ein vorher gewogenes Gewebefilter FPP-15 gesaugt. Der Durchsatz beträgt dabei 250 l/min. Nach dem Abschluß der Probenahme wird das Filter wieder im Labor gewogen. Aus dem Gewichtsunterschied vor und nach der Probenahme — gewöhnlich mit einer Genauigkeit von 0,1 mg ermittelt — wird die Staub- und Aschekonzentration der Luft bestimmt. Dabei sind eine Reihe von Bedingungen zu beachten, die den Einfluß der Feuchteabsorption und anderer Faktoren auf die Gewichtsänderung des Filters ausschließen. Filter, mit denen bei relativ hoher Luftfeuchte gemessen wurde, werden für zwei Stunden in einem Exsikkator mit Calciumchlorid oder eine halbe Stunde zum Beispiel in einem Thermostaten bei einer Temperatur von 50 °C gelagert. Danach bewahrt man sie ungefähr eine Stunde in dem Raum auf, in dem die Wägung erfolgt.

Der Rußgehalt wird über den Schwärzungsgrad des Filters, durch das die zu untersuchende Luft gesaugt wurde, mit einer Standardskala bestimmt. Die Skala wird durch bei der Verbrennung von Benzin entstehenden reinen Ruß erzeugt, der auf dem gleichen Filtermaterial angelagert ist, das bei der Probenahme benutzt wird. Je nach Rußgehalt hat die Gradation der Skala unterschiedliche Schwärzegrade. Die Bewertung erfolgt visuell oder mit einem Universalfotometer, in den meisten Fällen mit dem Fotometer FM-56. Im letzteren Fall fertigt man drei bis fünf Standardskalen und mißt ihre optische Dichte im Vergleich zum sauberen Filter. Aus den Mittelwerten ergibt sich eine Eichkurve, in welcher die Abhängigkeit der optischen Dichte vom Rußgehalt des Filters dargestellt ist.

Neben der Ausarbeitung genauer Mengenanalysemethoden werden verhältnismäßig einfache qualitative Abschätzungen der Luftverschmutzung, für die keine speziellen Apparaturen erforderlich sind, erforscht. So werden für die Bestimmung eines komplexen Maßes der Verschmutzung der Atmosphäre einige biologische Indikatoren vorgeschlagen, die auf den Grad der Schädigung der Pflanzen durch die verschiedenen Beimengungen aufbauen. Von Oshima (1974) wurde der Zusammenhang zwischen der Konzentration von Ozon und anderen Oxydanten und der Farbe von Bohnenblättern erwähnt. Es wird auf die hohe Empfindlichkeit von Flechten gegenüber der Luftverschmutzung hingewiesen, durch die praktisch ihre Ausrottung in der Stadtlandschaft bedingt ist (Sundström u. Hällgren, 1973). Nach der Einschätzung des Zustandes der Eichen in mehr als 100 Städten Südenglands stellte man eine Karte über den Grad der Luftverschmutzung in diesem Landesteil auf.

Die Konzentration einiger Beimengungen ist auch mit Korrosionseffekten verbunden. Man untersucht die Möglichkeit, die Verschmutzung der Luft über Werte aus Korrosionsversuchen an Stahl oder an anderen Metallplatten kleiner Abmessungen abzuschätzen, die in verschiedenen Stadtteilen in gleicher Höhe und mit gleicher Orientierung angebracht wurden (Luiga u. a., 1972).

7.2. Automatische Gasanalysatoren

Die Entwicklung der experimentellen Arbeiten zur Kontrolle der Luftreinheit ist eng mit der Verfügbarkeit von automatischen Gasanalysatoren verbunden. Ihr Einsatz ermöglicht es, ständig die Änderung des Zustands der Luftverschmutzung zu verfolgen. Außerdem ermöglichen sie es, Fälle maximaler Konzentration aufzuzeigen, die bei einzelnen Probenahmen übersehen werden können. Berücksichtigt man noch die Registrierung der Windrichtung, so kann man auf diese Weise diejenigen Quellen bestimmen, von welchen die Immissionen am Beobachtungspunkt gemessen werden. Effektiv ist die Anwendung von Gasanalysatoren auf Kraftfahrzeugen und Hubschraubern zur Bestimmung der Verteilungscharakteristik der Beimengungen. In erster Linie sind jene Geräte von Interesse, die netzmäßig eingesetzt werden können. Gefordert werden Geräte mit einer hohen Empfindlichkeit, Verfügbarkeit, Einfachheit in der Bedienung, geringen Kosten, geringem Volumen usw. Nicht alle kommerziellen Geräte genügen diesen Anforderungen. Funktionsprinzipien der automatischen Gasanalysatoren und einiger hergestellter Modelle sind in den Veröffentlichungen von Wolberg u. a. (1971) und Alperin u. a. (1968) beschrieben. Nachfolgend werden Auszüge aus diesen Arbeiten gegeben. Außerdem wurde ein Teil der Angaben aus Katalogen ausländischer Firmen und Originalarbeiten entnommen.

Offenbar sind jene Geräte am vielseitigsten einsetzbar, die auf dem fotokolorimetrischen Prinzip beruhen und die Farbreaktion zwischen dem zu bestimmenden Stoff und einem Reagens, das entweder in einer Lösung oder auf einem Papier- oder Textilband enthalten ist, für die Messung nutzen. Zu den naßchemischen Geräten gehört beispielsweise der automatische Gasanalysator Imcometer, mit dem Ozon, Schwefeldioxid, Stickstoffoxide, Chlor und Fluorwasserstoff gemessen werden können (Fuhr-

MANN u. WINTER, 1964). Das Gerät arbeitet zyklisch mit aufeinanderfolgenden Operationen. Der Aufbau des Gerätes ist demzufolge kompliziert. Seine Bedienung erfordert eine hohe Qualifikation des Versuchstechnikers. Der Meßfehler dieser Art von Geräten liegt in der Größenordnung von einigen Prozenten.

Viel einfacher und zuverlässiger sind die Bandfotometer. Zu ihnen gehört beispielsweise das Gerät FL 5501, das zum Nachweis verschiedener Gase benutzt wird. (PAWLENKO, 1965) Allerdings ist der Fehler des Bandfotometers wesentlich höher als der des Flüssigkeitsfotometers, er erreicht 20%. Insgesamt sind die fotokolorimetrischen Gasanalysatoren bei ihrem Einsatz in der Atmosphäre sehr träge, was in der unzureichenden Empfindlichkeit der Methode begründet ist, die die Anreicherung der Stoffe aus einem großen Luftvolumen erfordert.

Wesentlich höhere Empfindlichkeit besitzen die Geräte, die nach dem elektrochemischen Prinzip arbeiten, insbesondere die Leitfähigkeitsmeßgeräte. Ihr Funktionsprinzip besteht darin, die Änderung der elektrischen Leitfähigkeit der Lösung nach Absorption des zu bestimmenden Gases zu messen. Zu diesen Gasanalysatoren gehört beispielsweise auch das Gerät Picoflux (BRD), mit dem man die Konzentration von Schwefeldioxid, Ammoniak und Chlorwasserstoff bestimmen kann. Der große Einfluß der Temperatur auf die elektrische Leitfähigkeit erfordert eine genaue Thermostatisierung der Meßzelle. Gewicht und Abmessungen dieser Geräte werden dadurch erheblich vergrößert. Der Gasanalysator Picoflux wiegt ohne Registriergeräte 35 kg. Zu weiteren Unzulänglichkeiten der konduktometrisch arbeitenden Gasanalysatoren gehört die geringe Spezifität der Analyse, die ihre Ursache darin hat, daß die elektrische Leitfähigkeit noch von anderen in der Lösung enthaltenen Ionen und nicht nur von den Ionen des zu bestimmenden Stoffes abhängt.

Die fotokolorimetrisch und konduktometrisch arbeitenden Gasanalysatoren werden in den kommenden Jahren von Geräten mit besseren Meßeigenschaften abgelöst werden.

Von den nach dem elektrochemischen Meßprinzip arbeitenden Gasanalysatoren zeichnen sich die coulometrischen Geräte durch hohe Empfindlichkeit und Genauigkeit aus. Mit ihnen mißt man den elektrischen Strom, der bei der Reaktion (Reduktion oder Oxydation) durch die Substanz oder ein Reaktionsprodukt an den Elektroden entsteht. In vielen Fällen verläuft die Reaktion in Übereinstimmung mit dem FARADAYschen Gesetz, was die Bestimmung der Stoffkonzentration ohne vorherige Eichung des Gerätes ermöglicht. Diese Analysatoren haben eine sehr hohe Empfindlichkeit und gestatten, Konzentrationen von der Größe der MIK-Werte auch ohne Verstärker zu bestimmen. Außerdem benötigen sie keine Thermostatisierung. Aus diesem Grund unterscheiden sich die coulometrisch arbeitenden Gasanalysatoren von den anderen elektrochemischen Geräten durch eine einfache Konstruktion, ein relativ geringes Gewicht und Volumen.

Die Unzulänglichkeiten dieser Geräte besteht in dem erforderlichen Wechsel der Reaktanzen und in einigen Fällen in der geringen Selektivität, die man allerdings durch vorherige Lösung der störenden Beimengungen mit Hilfe entsprechender Sorbentien auf das erforderliche Niveau bringen kann.

Diese Eigenschaften wurden bei der Entwicklung der ersten Generation der einheimischen Gasanalysatoren berücksichtigt. Der erste automatische Gasanalysator der UdSSR für Schwefeldioxid GKP-1 arbeitet nach diesem Prinzip (ALPERIN u. a., 1968) (s. Abb. 7.1 a). Bei diesem Gerät wird nach einem Verfahren von NOVÁK (1965) die SO_2-haltige Luft mit einer verdünnten, iodhaltigen Schwefelsäure in Kontakt gebracht. Dabei entsteht entsprechend dem umgesetzten Jod eine dem SO_2-Gehalt äquivalente Menge Iodid. Die zu analysierende Luft wird stetig durch die Analysezelle gesaugt, die ein galvanisches Element darstellt. Der in der Zelle erzeugte Strom ist der in der Luft enthaltenen SO_2-Menge proportional und wird von einem Kompensationsbandschreiber fortlaufend registriert. Der Gasanalysator hat vier Meßbereiche:

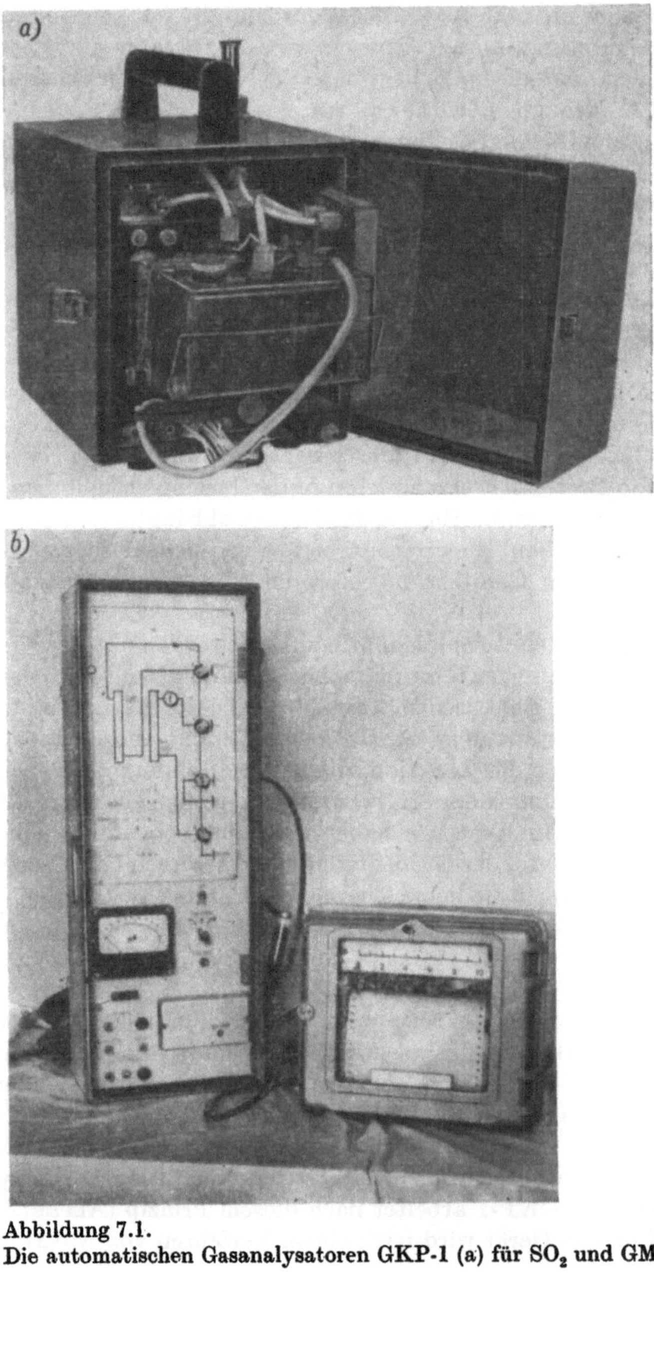

Abbildung 7.1.
Die automatischen Gasanalysatoren GKP-1 (a) für SO_2 und GMK-3 (b) für CO

0 bis 1, 0 bis 2, 0 bis 5 und 0 bis 10 mg/m³. Durch eine Reihe von Verbesserungen konnten die Konstrukteure des GKP-1 das Gewicht und die Abmessungen im Vergleich zu ausländischen Geräten verringern. Gleichzeitig wurde seine Zuverlässigkeit erhöht. Das Gewicht des Gasanalysators beträgt 7 kg. Das Gerät ist hauptsächlich für einen stationären Betrieb vorgesehen und erfordert alle zwei Wochen einen Lösungswechsel.

1970 führte man in Leningrad einen internationalen Vergleich automatischer Gasanalysatoren für SO_2 durch. Die Geräte stammten aus den Einsatzländern UdSSR, ČSSR, DDR und Bulgarien. Der Vergleich wurde im Labor und unter natürlichen Bedingungen auf einem der Plätze Leningrads durchgeführt (WOLBERG u. a., 1973). Die sowjetischen Gasanalysatoren zeichneten sich durch einen großen Meßbereich der zu messenden Konzentration und durch eine hohe Ansprechempfindlichkeit bezüglich der Änderungen des atmosphärischen SO_2-Gehalts aus. Auf der Leipziger Messe erhielt der GKP-1 für seine hervorragenden meßtechnischen Eigenschaften eine Goldmedaille. Gegenwärtig werden entsprechende Varianten zur Konzentrationsbestimmung außer für Schwefeldioxid auch für Ozon, Schwefelwasserstoff und Chlor entwickelt. Man arbeitet auch an Gasanalysatoren nach dem coulometrischen Prinzip für andere Ingredienzen.

Von den ausländischen Geräten dieser Art kann man den Analysator PW 9700 für Schwefeldioxid der holländischen Firma Philips, der mit einer automatischen Nullpunkteinstellung und Anzeigekorrektur ausgerüstet ist, hervorheben. Interessant ist ferner das tragbare Gerät PICOS (BRD), mit dem man Schwefelwasserstoff, Chlor und Stickoxide messen kann.

Zu den Unzulänglichkeiten der coulometrischen Gasanalysatoren gehört die geringe Spezifität der Meßmethoden, die eine vorherige Reinigung der zu analysierenden Luft von störenden Beimengungen erforderlich macht (WOLBERG, 1969), und der unumgängliche periodische Austausch der Reaktionsmittel.

Für die Bestimmung von häufig auftretenden Verunreinigungen sind Gasanalysatoren spezifischer und empfindlicher, die die Chemilumineszenz ausnutzen. Eine besondere Perspektive besitzt dieses Meßprinzip bei der Bestimmung von Ozon (auf Grund der Leuchtintensität bei der Reaktion von Ozon mit Ethylen), von Stickoxiden (auf Grund der Leuchtintensität bei der Oxydation des Stickoxids mit Ozon) und schwefelhaltigen Verbindungen (auf Grund der Leuchtintensität der Wasserstoffflamme im Bereich 394 nm) (STEVENS u. O'KEEFE, 1970).

Zur Bestimmung von Kohlenwasserstoffen in der Luft sind die Gasanalysatoren am effektivsten, die nach dem Flammenionisationsprinzip arbeiten. Sie erlauben die Bestimmung des Kohlenwasserstoffgehalts mit einer Empfindlichkeit bis zu 10^{-2} µg pro m³. Geräte dieser Art stellen zum Beispiel die amerikanischen Firmen Bendix und Beckmann sowie einige europäische Firmen her. Leider erlaubt der größte Teil von ihnen nur, die Summe der Kohlenwasserstoffe zu bestimmen, während es für die Bewertung der Verschmutzung der Atmosphäre wichtig ist, den Anteil der Kohlenwasserstoffe nach Abzug des Methananteils zu bestimmen. Dieser wird bei der fotochemischen Umwandlung nicht gesondert ausgewiesen. Die Kohlenwasserstoffe spielen bekanntlich bei der Smogbildung eine wichtige Rolle.

Ausführlichere Angaben über die Zusammensetzung der verschiedenen Kohlenstoffverbindungen in der Luft (CO, CH_4, C_2H_4, C_2H_2 usw.) erhält man mittels automatischer

Gaschromatographen, die in den letzten Jahren von einigen amerikanischen Firmen (Bendix, Beckmann u. a.) herausgebracht wurden.

Für noch detailliertere Bestimmungen der Zusammensetzung der organischen Komponente der Luftverschmutzung, der bekanntlich ein immer größeres Interesse zukommt, benutzt man normale Laborchromatographen. Allerdings tritt dabei erschwerend auf, daß das chromatographische Spektrum, welches peaks einer großen Anzahl verschiedener Stoffe enthält, die zur Verschmutzung der Atmosphäre beitragen, nicht einfach auszuwerten ist. Für die Erhöhung der Zuverlässigkeit und zur Erleichterung der Bearbeitung der Ergebnisse hat die Kombination von Chromatographen und Massenspektrometern mit speziellen Rechnern eine große Perspektive (Nicotra u. a., 1973). Infolge der Kompliziertheit der Analyse und der Geräte werden die chromatographischen Methoden hauptsächlich für wissenschaftliche Untersuchungen, aber nicht für Routinemessungen genutzt.

Analysatoren, die nach rein physikalischen Prinzipien arbeiten und keinerlei Reagenzien verbrauchen, sind besonders gefragt. Dazu zählt man in erster Linie Apparaturen, die die spektrale Lichtenergieabsorption der zu bestimmenden Stoffe ausnutzen. Mit der Ultrarotspektroskopie arbeitende Gasanalysatoren, die dem Nachweis des atmosphärischen CO_2 dienen, sind am weitesten verbreitet. Sie messen durch ein Selektionsfotometer die vom Analysegas absorbierte Infrarotstrahlung. Nach diesem Prinzip arbeitet der in der Sowjetunion gefertigte Gasanalysator GMK-3 für atmosphärisches CO_2. Er verfügt über 3 Meßbereiche: 0 bis 40, 0 bis 80 und 0 bis 400 mg/m³. Der Analysator mit Registriergerät ist in Abbildung 7.1 b zu sehen. In den Gasanalysator wurde eine Dosiereinrichtung eingebaut, welche seine Überprüfung während des Arbeitsprozesses wesentlich erleichtet (Pewsner u. Saizew, 1971). Der Wert der Ultrarotgeräte liegt in der geringen Trägheit und dem geringen Volumendurchsatz. Eine erhöhte Empfindlichkeit wäre zur Bestimmung der CO_2-Konzentration im MIK-Bereich wünschenswert.

Bei der Ausarbeitung und der Auslegung von Gasanalysatoren wird in letzter Zeit der metrologischen Sicherstellung der Messungen und dem Einbau eines Systems zur Kontrolle ihrer einwandfreien Funktion große Aufmerksamkeit gewidmet. Im Gasanalysator GMK-3 beispielsweise brachte man dafür in die gasführenden Leitungen des Gerätes ein spezielles Regelventil an, mit dem reines Kohlenmonoxid aus einem Ballon dosiert und eine bekannte CO-Konzentration erzeugt wird. Für coulometrische Geräte ist diese Maßnahme nicht anwendbar. Für sie sind Standardgasgemische aus Ballons oder Musterdosiereinrichtungen erforderlich. Man gewährleistet das durch die Schaffung von Leitungsnetzen, an die man tragbare Gräte für die konstante Dosierung von Beimengungen und Prüfgeräte anschließt. Nach diesem Schema wurden schon einige Dosiereinrichtungen gefertigt.

Unter der Voraussetzung einer höheren Meßgenauigkeit, die man beispielsweise durch die Anwendung der Überlagerungsmethode in den nächsten Jahren erwartet, werden die Ultrarot-Gasanalysatoren für die Bestimmung von CO, SO_2, NO, NO_2, H_2S und einiger anderer Gase, eine um einige Größenordnungen höhere Empfindlichkeit besitzen als gegenwärtig (J. Dimeff u. a., 1971).

Die Prinzipien, auf denen die Arbeit der derzeitigen Gasanalysatoren begründet sind, sowie ihre technische Verwirklichung sind sehr verschieden und unterscheiden sich in den meisten Fällen von denen bei nichtautomatischen Methoden zur Analyse der Luftverschmutzung. In diesem Zusammenhang gewinnt der Vergleich der Anzeige unterschiedlicher Geräte unter identischen Bedingungen wesentliche Bedeutung.

Der oben angeführte Vergleich der in den sozialistischen Ländern eingesetzten Gasanalysatoren für SO_2, den man in Leningrad durchführte, wurde 1973 in Prag fortgesetzt. Dabei untersuchte man eingehend den Einfluß des in der Luft enthaltenen Anteils an H_2S, NH_3, NO_2 und Cl_2 auf die Anzeige der Geräte (PRUSIK u. a., 1976). 1974 führte man in Leningrad einen Vergleich von sowjetischen und amerikanischen Geräten für SO_2 und CO durch (BURENIN u. a. 1975). Dabei untersuchte man auch den Einfluß von verschiedenen in der Atmosphäre anwesenden Beimischungen (außer den zu messenden). Es zeigte sich, daß ihr Einfluß verhältnismäßig gering war. Die erhaltenen Ergebnisse bezeugten, daß die vorgestellten Geräte völlig übereinstimmende Anzeigen liefern. Wesentlich ist auch, daß die für die Eichung der Geräte erforderlichen Dosiersysteme, welche in der UdSSR und in den USA benutzt werden, sehr dicht beieinanderliegende Resultate liefern.

Die Lumineszenzmethoden zur Bestimmung von SO_2 und NO_2 erwecken großes Interesse. Dabei wird die Strahlungsenergie der Moleküle gemessen, die durch Lichtstrahlung angeregt wurden (GELBWACHS u. a. 1972; HIDEO u. a., 1973). Die Empfindlichkeit bei der Bestimmung von NO_2 beträgt 10^{-3} $\mu g/m^3$. Der Einfluß von NO, SO_2 und Wasserdampf ist hierbei unbedeutend. Die Empfindlichkeit der SO_2-Bestimmung liegt bei 10^{-2} g/m^3. Die Anwesenheit von O_3, H_2S, NO_2, CO und CO_2 stört die Messung nicht. Die Luftfeuchte wirkt sich auf die Anzeige aus, deshalb ist eine diesbezügliche Korrektur erforderlich.

Einige neue Bestimmungsmethoden für die chemische Zusammensetzung der Luft, die auf Chemoluminiszenz und Halbleiterdetektoren beruhen, sowie einige Auslegungsprinzipien von Gasanalysatoren der nächsten Generation werden von HERRMANN (1977) behandelt. Auch Gasanalysatoren mit Benutzung von Lasern werden gebaut.

Große Bedeutung kommt der Information über die Konzentration von giftigen Metallverbindungen zu, die gewöhnlich nur in Spuren in der Atmosphäre vorkommen (Blei, Vanadium, Nickel, Cadmium, Quecksilber u. a.). Gegenwärtig werden für ihre Bestimmung hauptsächlich Methoden der Emissionsspektralanalyse eingesetzt (ALEXANDROW u. a., 1968; SHIGALOWSKAJA u. a., 1974). Man kann dafür handelsübliche Seriengeräte verwenden und in einer Probe den Anteil einer ganzen Reihe von Elementen bestimmen. SHIGALOWSKAJA wies nach, daß sich die Empfindlichkeit des spektralen Nachweises von Schwermetallen erheblich steigern läßt, wenn man der Probe vor der Einführung in den Lichtbogen geringe Mengen NaCl zusetzt. Hohe Empfindlichkeit und Genauigkeit weisen verschiedene Methoden der Atom-Absorptionsspektrometrie auf, allerdings ist die Möglichkeit, mehrere Elemente in einer Probe nachzuweisen, sehr begrenzt. Es besteht großes Interesse, die angeführten Methoden zur Bestimmung der Konzentration von Metallen für eine kontinuierliche Messung zu nutzen.

Besondere Empfindlichkeit zeigen verschiedene dosimetrische Methoden (WAINERDI u. a., 1971), die es erlauben, nur in geringen Mengen in der Luft enthaltene Stoffe zu bestimmen. Die erforderlichen Geräte sind kompliziert, so daß ihre breite Anwendung beschränkt ist. In dieser Hinsicht haben einige Varianten der Röntgen-Fluoreszenz-Methode größere Perspektiven. Zu ihren Vorteilen zählen die hohe

Empfindlichkeit (bis 10^{-12} μg), die Möglichkeit einer automatischen Analyse und das Fehlen der sonst notwendigen Probenvorbereitung. Großes Interesse besteht für jene Methoden, bei denen die Fluoreszenz durch radioaktive Teilchen, zum Beispiel Protonen, ausgelöst wird (GORDON u. KRANER, 1972).

Zur Staubbestimmung nutzt man gegenwärtig verschiedene Analysatoren, bei denen ein Teil des Filters, durch welches die Luft gesaugt wurde, fotometrisch ausgewertet wird (KONKOW, 1968). Ihre Unzulänglichkeit insgesamt wird offenbar, da keine feste Korrelation zwischen der Schwärzung des Filters und der gravimetrisch bestimmten Konzentration des Staubes besteht. Geräte, welche die Absorption der β-Strahlung durch den auf dem Filter angesammelten Staub für die Messung nutzen, haben sich in der Praxis bewährt (ALEXANDROW u. GUNIJA, 1969).

7.3. Zentralisierung des Kontrollsystems

Durch den Einsatz von automatischen Gasanalysatoren besteht die Möglichkeit, die Kontrolle für die Luftverunreinigung in Städten und in Industriezentren zu zentralisieren. In einigen Ländern hat die Anwendung solcher Systeme schon eine bestimmte Entwicklung erreicht. So wurde in den Industriegebieten der Niederlande (CLARENBURG u. a., 1972) ein automatisches Kontrollnetz zur Bestimmung von Schwefeldioxidkonzentrationen in der Luft geschaffen. 1972 bestand dieses Netz aus 31 Meßstellen, 1973 wurde es auf 250 Registrierstellen erweitert. Alle Meßdaten werden an eine Zentralstelle übertragen, von der aus bei einem starken Ansteigen der Luftverschmutzung Warnungen erfolgen können. Solche Warnsysteme mit automatischer Information arbeiten auch in einigen Städten der USA (MILFORD u. a., 1971), der BRD und anderer Länder.

Ein zentralisiertes Kontrollsystem für die Luftverschmutzung wird gegenwärtig auch in der UdSSR aufgebaut (BERLJAND u. a., 1974; STSCHERBAN u. a., 1972). Registriert werden gleichzeitig die Konzentrationen verschiedener Beimengungen sowie die meteorologischen Elemente. Es werden automatisch arbeitende Gasanalysatoren eingesetzt, die an verschiedenen Punkten in der Stadt oder in der Umgebung von großen Industriegebieten aufgestellt sind. Die Meßdaten werden über das Telefonnetz an eine zentrale Stelle übertragen und automatisch verarbeitet. Die Zentrale gibt auch die erforderlichen Informationen aus (Abb. 7.2). Im Blockschaltbild sind eine Reihe von Kontrollmeßstationen (KMS) mit solchen Gebern wie dem Gasanalysator GKP-1 für SO_2 und GMK-3 für CO (s. Abb. 7.2), Universalwindmeßgerät, Thermograph und andere enthalten. Die Stationen sind in standardisierten Kabinen untergebracht (s. Abschn. 11.1.). Über das Telefonnetz (TN) gelangen die Daten in den zentralen Informationsspeicher (ZIS), der ausgangsseitig mit einem Locher, einer elektrischen Schreibmaschine und einer Anzeigetafel ausgerüstet ist. Für den ZIS ist eine weitere Informationsbearbeitung mit Hilfe eines Rechners vorgesehen. Die Abfrage der Geber erfolgt alle zwei Minuten, die Mittelung über 20 Minuten. Danach wird die Information im numerischen Code auf Abruf an das Zentrum übergeben.

Auf einem Pult ist eine Karte der Stadt mit Lichtmarkierungen vorgesehen, die die Kontrollpunkte kennzeichnen, in denen Meßapparaturen aufgestellt sind. Für den Fall, daß in einzelnen Punkten eine erhöhte Schadstoffkonzentration registriert wird, kann über die meteorologischen Parameter, insbesondere über die Windgeschwindigkeit, festgestellt werden, wodurch diese Erhöhung hervorgerufen wurde und aus welcher Quelle die Schadstoffe stammen. Danach werden den entsprechenden Verursachern Weisungen über die erforderliche Verringerung der Schadstoffemission erteilt.

Außer den Größen, die mit automatischen Gebern gemessen werden, kann man dem System Meßwerte zuführen, die man mit Handmessungen an einigen ortsfesten

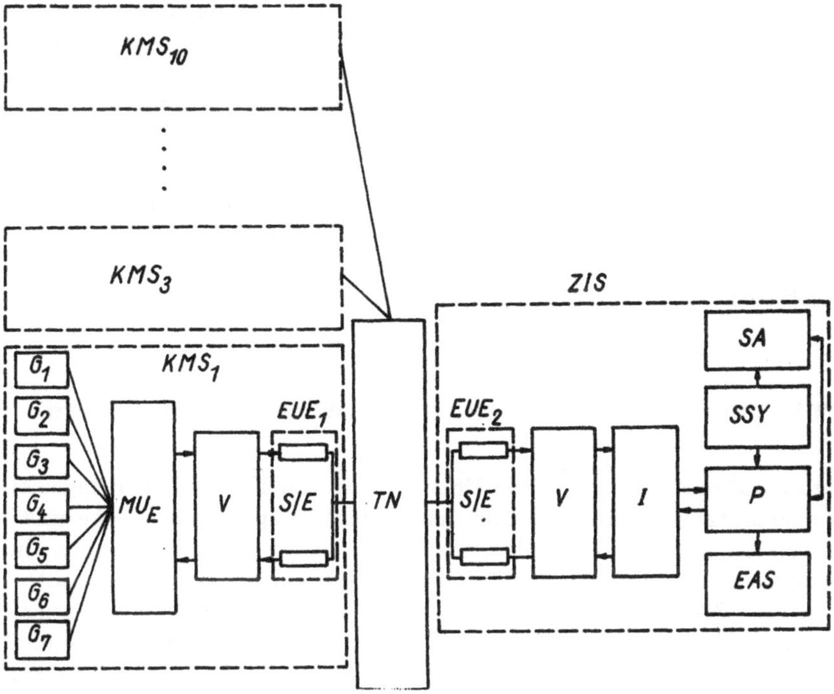

Abbildung 7.2.
Blockdarstellung des automatischen Systems der zentralen Datenerfassung für die Messung der Luftverschmutzung

G_i (i = 1, 2, ..., 7)-Geber, MU_E-Meßwertumformer, V-Verstärker, S, E — Sender und Empfänger des Übertragungskanals, I — erhaltene Informationen, EUE — Empfangsübertragungseinrichtung, SSY — Steuersystem, EAS — Ein- und Ausgangssystem, SA — äußerer Speicher, P — Prozessor (EDV-Anlage)

Punkten und mit mobilen KFZ-Laboratorien erhalten hat. Diese mit einer zeitlichen Verspätung anfallenden Informationen sind für die Auswertung nützlich (Berljand u. Saižew, 1977). Effektiv ist dieses System auch für die Kontrolle der Luftverschmutzung in der Umgebung von großen Industrieobjekten oder Kraftwerken. Bei Störungen der normalen Schadstoffemission oder ungünstigen Wetterlagen, die in der bodennahen Schicht zu hohen Schadstoffkonzentrationen führen können, werden die Informationen des automatischen Systems genutzt, um die notwendigen Maßnahmen einzuleiten.

Gegenwärtig wird ein solches System in Leningrad und um das Nowo-Lipezker Metallwerk installiert.

Für eine breite Entwicklung des Beobachtungsnetzes hat die Ausarbeitung von zentralen Systemen für die Luftprobenanalyse wesentliehe Bedeutung (Berljand, 1976a). In der UdSSR und in anderen Staaten errichtet man in jeder Stadt, in der Luftproben genommen werden, für ihre Analyse Chemielaboratorien. Man begründet das damit, daß Proben, die in den in Stationen des Meßnetzes üblicherweise verwendeten flüssigen Lösungsmitteln absorbiert wurden, nicht lange aufbewahrt werden dürfen und sich nicht zum Versand in andere Städte eignen. Das hat zur Folge, daß man nur die Konzentration der am meisten verbreiteten Ingredienzen messen kann. Unter realen Bedingungen trifft man auf eine viel größere Zahl verschiedener Beimengungen in relativ niedriger Konzentration. Für ihre Messung werden die oben angeführten empfindlichen Methoden der Mehrkanalanalyse mit hochgenauen Geräten erforderlich, die für den Einsatz in den Labors des Meßnetzes unerschwinglich sind. Deswegen erarbeitet man neue Probenahmemethoden, bei denen feste Sorbentien benutzt werden, die für eine längere Aufbewahrung der Luftproben während des Zeitraums ihres Versandes geeignet sind (Wolberg u. Scharikowa, 1975). Das ermöglicht es, im Land einige Zentrallabors zu schaffen, die mit modernen chromatographischen, spektroskopischen und anderen Geräten für eine genaue Bestimmung der Konzentrationen verschiedener Ingredienzen ausgerüstet sind.

7.4. Fernbeobachtungsmethoden. Die Anwendung von Lasern

In den letzten Jahren vollzog sich die Entwicklung von Fernbeobachtungsmethoden der Luftverschmutzung, bei denen man hauptsächlich spektrometrische und Lasergeräte verwendet. Zu diesen Problemen wurden einige große Symposien durchgeführt und umfangreiche Literatur veröffentlicht (Nasarow u. a., 1977, u. a.).

Das Wesen der Methode der Absorptionsspektroskopie besteht im Ausmessen der Orte der einzelnen Spektrallinien oder der Spektralliniengruppen des Sonnenlichtes nach dem Durchdringen der atmosphärischen Schicht. Die Lage der Spektrallinien wird vorher über Spektren von Lösungen unter Laborbedingungen geeicht. Diese Methode wird für die Bestimmung des Gesamtanteils an CO (Shaw, 1958; Jurganow u. Dianow-Klokow, 1972), CO_2 (Brounschtein u. a., 1973) und auch von CH_4, O_3 und einigen anderen Beimengungen in der atmosphärischen Luftsäule benutzt. Die Arbeit von Dianow-Klokow u. a. (1978) enthält eine Zusammenstellung des beobachteten CO-Anteils nach Messungen in verschiedenen Städten und deren Umgebung in der UdSSR. Es wurde auch von Schiffen aus der CO-Anteil über den Ozeanen bestimmt.

Noch bessere meßtechnische Eigenschaften haben Korrelationsspektrometer, in denen man den Absorptionseffekt in einigen Bereichen des Spektrums nutzt (Sandroni u. Cerutti, 1977). Sie werden erfolgreich zur Bestimmung des Gesamtanteils von Schwefeldioxid und Stickstoffdioxid in der atmosphärischen Luftsäule und auch für die Fernmessung der Schwefeldioxidkonzentration in den Rauchfahnen von Betrieben benutzt.

Besondere Aufmerksamkeit kommt der Entwicklung und der Verwendung von Lasern für die Fernanalyse der Verschmutzung der Atmosphäre zu (Nowizki, 1969; Sujew, 1973; Hinkley, 1976; Sacharow u. Kostko, 1977; Nasarow u. Fridman

1978). Es gibt viele Laseranalysatoren, die sich durch die im Lichtgenerator verwendeten Wellenlängen, die Unrüstmöglichkeit auf andere Wellenlängen und andere Eigenschaften unterscheiden.

Man teilt die Lasergeräte und -systeme in zwei Klassen ein. Die eine Klasse von Geräten vereint Laser und Peiler im sogenannten Lidar. Sie registrieren die Rückstrahlung der Atmosphäre vom Laserstrahl. Durch Schwenken des Laserstrahls kann man die räumliche Verteilung der Beimengungen in der Luft untersuchen. Im anderen Meßsystem wird der Laserstrahler und der Empfänger getrennt an dem einen Ende der Trasse oder Basis und der Spiegel an dem anderen Ende angeordnet.

Lasergeräte werden für die Untersuchung des Anteils von Aerosolen und Gasbeimengungen in der Luft sowohl in den Städten als auch in ihrer Umgebung vorgesehen. Sie beinhalten die Untersuchung einer großen Schichtdicke der Atmosphäre, der optischen Eigenschaften der Aerosole usw.

Systeme von Lasergeräten stellt man stationär auf, ordnet sie in Kraftfahrzeugen und Flugzeugen an und führt auch Arbeiten mit ihrer Hilfe auf Satelliten aus.

In der Arbeit von Menzies (1971) wird die Möglichkeit erwähnt, CO- oder CO_2-Laser großer Energie und Stabilität für die Fernmessung der Konzentration von Stickoxiden, Kohlensäure, Ozon, Schwefelgasen, Kohlenwasserstoffen und anderer Stoffe zu nutzen. Rote u. a. (1974) entwarfen nach Auswertung der Abtastung der horizontalen Ebene im Umkreis mehrerer Kilometer um ein Chemiewerk mit einem Laserstrahl eine Karte der NO_2-Konzentrationsverteilung. In der Arbeit von Artemow u. a. (1977) wird eine Methode zur Ammoniakkonzentrationsmessung mit Hilfe eines CO_2-Lasers auf einer horizontalen Trasse von mehreren 100 Metern Länge beschrieben. Solche Methoden kann man wegen der Schwierigkeit, eine genügend geeignete und ungefährliche Trasse auszuwählen, in Städten und Siedlungen nicht immer anwenden. Die Autoren benutzten sie erfolgreich für regelmäßige Beobachtungen in einer Waldzone, die von den Ammoniakemissionen eines Chemiekombinates in einer Entfernung von mehreren Kilometern beeinflußt wurde.

Die Zahl der Arbeiten auf diesem Gebiet hat sich schnell erhöht. Die erzielten Resultate zeigen die umfangreichen Möglichkeiten der Fernmeßmethoden. In Zukunft wird es möglich sein, die genaue Raum-Zeit-Struktur der Luftverschmutzung zu erfassen. Sehr verlockend scheint die Verwendung der Laser für die Bestimmung des Gehaltes von Beimengungen in Rauch- und Gasfahnen von Betrieben und auf diese Weise als Methode der Fernkontrolle von Emissionsquellen. Allerdings befindet sich der Einsatz von Fernmeßmethoden noch im Versuchstadium. In erster Linie bezieht sich das auf die Bestimmung der chemischen Zusammensetzung von Aerosolen und gasförmigen Beimengungen in der Atmosphäre. Man muß dabei berücksichtigen, daß verschiedene Modifikationen von Geräten und Methoden als Folge der Zusammensetzung der zu bestimmenden Beimengungen, ihrer Konzentration, der Meßbedingungen, der geforderten Meßgenauigkeit usw. erforderlich sind. Für die praktische Anwendung wurden hauptsächlich solche Lasergeräte gefertigt, mit denen man die räumliche Verteilung und manchmal auch die disperse Zusammensetzung der Aerosole in der Atmosphäre bestimmen kann. So untersucht man beispielsweise die Struktur der städtischen „Dunstglocke" (s. Abschn. 11.6.). Allerdings ist dafür eine spezielle Eichung und der Vergleich der Ergebnisse mit denen anderer Meßmethoden erforderlich.

7.5. Bestimmung des atmosphärischen Ausfalls und des Gesamtanteils an Beimengungen in der Atmosphäre

Zur Charakterisierung der Luftverschmutzung benutzt man neben den Messungen der Schadstoffkonzentration an verschiedenen Punkten ebenfalls Beobachtungen über den Ausfall von Staub und Niederschlägen und führt damit eine Abschätzung des Gesamtgehalts an Schadstoffen in der Atmosphäre durch.

Für die Bestimmung des ausfallenden Staubes benutzt man häufig Auffanggeräte in Form sogenannter Planchetten mit klebriger oder wässriger Oberfläche. In der UdSSR werden gazebedeckte Planchetten verwendet, deren Gaze täglich ausgewechselt wird (Alexandrow, 1966; Berljand, 1966). Diese Planchetten sind quadratische Küvetten mit einer Fläche von 0,3 m^2 und einer Kantenhöhe von 8 cm. Ihre Aufstellhöhe beträgt 1 m. Den Feuchtigkeitseinfluß auf die Anzeige beseitigt man durch das Trocknen der Gaze in Spezialöfen unter Laborbedingungen. Das Trocknen wird solange durchgeführt, bis das Gewicht konstant bleibt. Danach erhält man das Gewicht des ausgefallenen Staubes aus der Gewichtsdifferenz der Gaze vor und nach der Exposition. Bei einer einfacheren Methode zur Beseitigung des Feuchtegehaltseinflusses der Gaze nutzt man den Zusammenhang zwischen Gazegewicht und relativer Luftfeuchtigkeit aus. Durch Veraschen der Gaze und Wägen der Rückstände wird der Anteil organischer und anorganischer Bestandteile des Staubes bestimmt.

Für das Sammeln und die Analyse der Bestandteile der atmosphärischen Niederschläge benutzt man in einigen Ländern Methoden, die hauptsächlich während des geophysikalischen Jahres erarbeitet wurden (Drosdowa u. a., 1964; Erikson, 1970 u. a.). In letzter Zeit wurden sie in einigen Punkten verbessert, um entfernt von Industriezentren die Grundbelastung der Luftverschmutzung (Background) beobachten zu können (s. Abschn. 13.10.).

In der Sowjetunion werden Regenproben in Gefäßen gesammelt, die mit einem Trichter versehen sind, dessen äußere Eintrittsfläche 0,07 m^2 beträgt, Schneeproben dagegen in Küvetten mit einer Fläche von 0,12 m^2. Die Wasserproben schickt man zur Analyse ins Labor. Fotometrisch bestimmt man den Gehalt an SO_4- NO_3- und NH_4-Ionen, durch Titrieren den Anteil der Ionen von Cl, HCO_3 sowie Mg und mit einem Flammenfotometer die Na- K- und Ca-Ionen. Man mißt auch den pH-Wert und die spezifische elektrische Leitfähigkeit, um näherungsweise den Gesamtgehalt an Mineralien in der Wasserprobe beurteilen zu können. Inwieweit die ausfallenden Niederschläge die Luft auswaschen, läßt sich an der insgesamt ausgefallenen Menge an Schadstoffen beurteilen.

Für die Bestimmung des Gehalts an gasförmigen Ingredienzen in der atmosphärischen Luftsäule benutzt man die in 7.4. betrachteten spektrometrischen und Laserverfahren.

Zur Bestimmung des Gesamtverschmutzungsgrades der Luft durch Staub werden auch Meßergebnisse der direkten Sonnenstrahlung mittels eines Aktinometers und anderer optischer Verfahren genutzt (Kondratjew, 1965). Aus der Transmission der Strahlung kann man den Trübungsfaktor bestimmen und den Trübungszustand der Atmosphäre klassifizieren. Allerdings läßt sich mit diesen Methoden nicht der Einfluß der wichtigsten Substanzen, die die Strahlung vermindern, wie Aerosole, Wasserdampf, Ozon und andere Stoffe, ermitteln. Für Aerosole ist eine starke Streuung der Strahlung charakteristisch, für Wasserdampf und Gasbeimischungen eine starke

Absorption in bestimmten Spektralbereichen. Insofern die Stoffe verschiedene Absorptionslinien oder -banden im Spektrum der Sonnenstrahlung aufweisen, empfiehlt es sich, für die Beobachtung der Verstaubung der Atmosphäre die Geräte zur Messung des Spektrums der direkten Sonnenstrahlung weit entfernt von Industriegebieten (Empfehlung der Meteorologischen Weltorganisation (WMO)) aufzustellen. Für solche Messungen wird das Pyrheliometer von Angström mit einem Filtersatz von Schott oder das Sonnenfotometer nach Volz benutzt. Mit letzterem wird die direkte Strahlung der Sonne mit Wellenlängen von 0,38 und 0,5 μm bestimmt. Danach ermittelt man gewöhnlich den Schueppschen Koeffizienten, der die Aerosolkomponente der optischen Masse der Atmosphäre bei $\lambda = 0{,}5$ μm charakterisiert. Das Pyrheliometer nach Angström ist ein nur in sehr wenigen Exemplaren vorhandenes Eichgerät und daher für netzmäßige Beobachtungen ungeeignet. Das Fotometer nach Volz ist ein Seriengerät, das nur in den USA gefertigt wird.

In der UdSSR benutzt man zur Beobachtung der atmosphärischen Trübung das thermoelektrische Aktinometer AT-50, eine Konstruktion von J. D. Janischewski, mit verschiedenen Filtern, mit denen das Spektrum in fünf Bereiche unterteilt wird. Das Gerät ist kein Absolutinstrument, wird aber relativ zum Pyrheliometer nach Angström geeicht. Seine Empfindlichkeit ist geringer als die des Pyrheliometers oder des Fotometers, daher ist es ungeeignet für die Beobachtungen in schmalen Bereichen des Spektrums.

Effektiver ist die Methode, aus der Gesamtheit der Meßwerte aller Spektralbereiche über einen Rechner durch die Lösung eines linearen Gleichungssystems die optische Masse der Atmosphäre zu bestimmen (Genichowitsch u. Russina, 1973).

Zur Charakterisierung des Staubgehaltes der Luft benutzt man auch Beobachtungen über die Streustrahlung, die häufig aus der Differenz der Anzeige des Pyranometers, das die Gesamtstrahlung mißt, und des Aktinometers, das die direkte Strahlung bestimmt, ermittelt wird. Aus diesen Beobachtungen ist es allerdings nicht möglich, den Einfluß der Luftverunreinigungen auf die Streuung und die Absorption der Strahlung in der Atmosphäre zu klären. Um diese Aufgabe zu lösen, wurde eine neue Methode vorgeschlagen, die auf der gleichzeitigen Messung der direkten und der gestreuten Strahlung beruht, verbunden mit der dazu benötigten Entwicklung einer theoretischen Analyse der Strahlungsübertragung, wie sie Abschnitt 8.4. enthält (Berljand u. a., 1974b).

7.6. Bewertung der Lichtdurchlässigkeit von Rauchfahnen — Form der Rauchfahne

Hinsichtlich der Rauchfahnen sind nicht nur die Umrisse, sondern auch der Grad der Lichtdurchlässigkeit (Transparenz), nach der man näherungsweise die Menge der Schadstoffe in der Luft abschätzen kann, von Interesse. In diesem Zusammenhang benutzt man in einigen Ländern die bereits 1898 vorgeschlagene Skala von Ringelmann. Diese Skala (Abb. 7.3) besteht aus fünf Quadraten. Der ungeschwärzte Anteil in den Quadraten beträgt (von oben nach unten gezählt) 80, 60, 40, 20, 0%. Hält man die Skala vor das Auge, so entsteht der Eindruck, daß alle Quadrate, ausnommen letzteres, unterschiedlich grau gefärbt sind. Wenn die Färbung der Rauchfahne mit der eines Quadrats der Skala übereinstimmt, kann man anhand der Skala den Schwär-

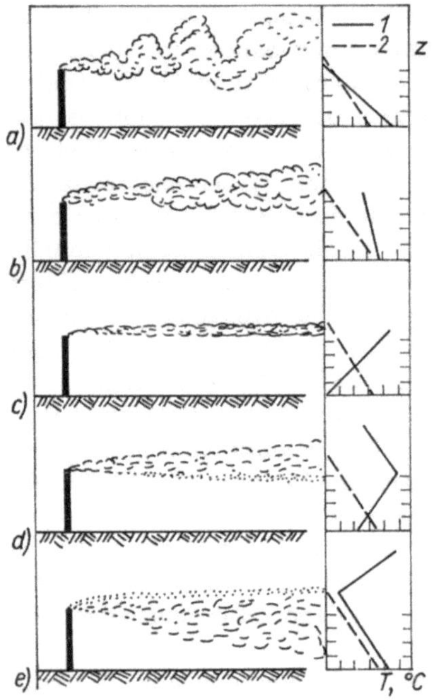

Abbildung 7.4.
Formen von Rauchfahnen für unterschiedliche Lufttemperaturverteilung
1 — Lufttemperaturprofil, 2 — Trockenadiabate

Abbildung 7.3.
RINGELMANN-Skala

zungsgrad oder die Lichtdurchlässigkeit der Rauchfahne bestimmen. Den Zahlen 1 bis 5 entspricht eine Lichtdurchlässigkeit der Rauchfahne von 20, 40, 60, 80 oder 100%. In einigen Ländern wird bei der praktischen Anwendung der RINGELMANN-Skala Bußgeld erhoben, wenn bei Inspektionen die Rauchemission einen erhöhten Schwärzungsgrad, beispielsweise über Stufe 2, erreicht. Zudem werden Maßnahmen zur Verringerung der Emission eingeleitet. Für eine objektivere Bewertung des Grades der Rauchtransparenz wurden verschiedene Geräte entwickelt, die auf dem fotometrischen Prinzip beruhen. Diese Geräte haben sich aber bisher noch nicht in der Praxis durchgesetzt. Es wurden einige theoretisch begründete Schemata zur Begründung entsprechender Skalen vorgelegt. PILAT und ENSOR (1970) bewerteten die Lichtdurchlässigkeit der Rauchfahne bezüglich der Größe der Rauchteilchen. HALOW und ZEEK (1973) bestimmten in ähnlicher Weise den Kontrast zwischen schwarzem und weißem Rauch auf dem Hintergrund des wolkenlosen und des bewölkten Himmels und verglichen die erhaltenen Daten mit den Zahlen der RINGELMANN-Skala. Diese Berechnungen erfordern Kenntnisse über die spektrale Verteilung der Rauchteilchen und über ihre optischen Eigenschaften. Die RINGELMANN-Skala war vielfacher Kritik ausgesetzt, am häufigsten wegen der unzureichenden Bewertung von Rauchfahnen mit geringer Schwärzung.

Die Form der Rauchfahnen hängt von den meteorologischen Bedingungen ab. Einige allgemeine Aussagen über die Umrisse von Rauchfahnen ergeben sich aus den Untersuchungen von Bedingungen der Schadstoffausbreitung bei verschiedenen Schichtungen. In Abbildung 7.4 sind fünf Formen von Rauchfahnen in Abhängigkeit von der Temperaturverteilung mit der Höhe dargestellt: a) die wellenförmige, bei starker Konvektion (looping); b) die konusförmige, bei geringer Konvektion (coning); c) die fächerförmige, wenn die Quelle beispielsweise in der Inversionsschicht liegt (fanning); d) die aufwärts gerichtete, wenn die Quelle an der oberen Grenze der Inversion liegt (lofting) und e) die Rauchfahne unter einer Inversion (fumigation), sie führt zur starken Trübung und Verschmutzung der bodennahen Luftschicht (Meteorology and atomic energy, 1959). Es ist offensichtlich, daß bei der Bewertung der Form der Rauchfahne die Windgeschwindigkeit zu berücksichtigen ist. Bei schwachem Wind steigt der Rauch fast senkrecht auf, aber bei starkem Wind breitet er sich horizontal entlang der Erdoberfläche aus (s. Abb. 9.5). In der Arbeit von BELJASCHOWA u. a. (1965) untersuchte man die Rauchfahnenformen in Abhängigkeit von den in Abschnitt 4.4. aufgeführten Stabilitätsklassen unter Berücksichtigung sowohl des Temperaturprofils als auch der Windgeschwindigkeit. In der UdSSR werden an einigen Orten, in denen Beobachtungen über die Luftverunreinigung erfolgen, auch die Formen der Rauchfahnen der nächstgelegenen Schornsteine registriert.

7.7. Meteorologische Beobachtungen in der erdnahen Schicht und ihre Nutzung zur Bestimmung des Austauschkoeffizienten und der Klassifizierung der Stabilität

Bei der Messung der Schadstoffkonzentration führt man auch Beobachtungen der Windgeschwindigkeit, der Windrichtung, der Lufttemperatur und anderer Elemente durch, die den Transport der Beimengungen beeinflussen. Man mißt in verschiedenen Höhen, um den Austauschkoeffizienten und den Stabilitätsgrad der Atmosphäre bestimmen zu können.

Für solche Beobachtungen in der erdnahen Schicht, die auch Gradientenmessungen genannt werden, benutzt man unter Expeditionsbedingungen bequemerweise transportable, ausziehbare Maste (Teleskopmaste) von 15 bis 20 m Höhe. Sie werden auf einem offenen, ebenen Platz aufgestellt. Beginnend in einer Höhe von 0,25 m, sind in verschiedenen Ebenen des Mastes mit annähernd gleichmäßigem logarithmischen

Abstand Ausleger von 0,8 bis 1 m Länge angebracht. An den Auslegern sind die Geräte zur Messung der Windgeschwindigkeit, der Temperatur und der Luftfeuchtigkeit befestigt. Das Gesamtaussehen eines Meßplatzes mit Gradientenmasten vermittelt Abbildung 7.5.

Die Windgeschwindigkeit bestimmt man mit Kontaktanemometern, deren Anzeigen durch elektromagnetische Zähler ferngemessen und über verschiedene (beispielsweise 20minütige oder stündliche) Zeitintervalle gemittelt werden. Für die Registrierung

Abbildung 7.5.
Meteorologischer Meßplatz der Expedition

der Richtung und der Geschwindigkeit des Windes benutzt man verschiedene Universalwindschreiber der Typen M-12, M-45 oder M-63 (Sternsat, 1968) und für die Bestimmung der pulsierenden Größen verschiedene Thermo- und akustische Anemometer (Afinogenow u. a., 1977). Die Temperatur und die Luftfeuchtigkeit bestimmt man mit einem Widerstandsthermometerpaar (trocken und feucht), welches im Gehäuse eines Assmann-Psychrometers angeordnet ist, das die notwendige Ventilation und den Strahlungsschutz garantiert. Über die Verstimmung einer Wheatstone-Brücke infolge der Widerstandsänderung erfolgt die Anzeige dieser Thermometer.

Die Teleskopmaste sind für den Transport zweckmäßig. Sie geben aber auch die Möglichkeit, die Geräte periodisch herunterzulassen, um sie zu kontrollieren und die Behälter an den Psychrometern, die der automatischen Befeuchtung eines der Thermometer dienen, mit destilliertem Wasser zu füllen.

Zur Kontrolle und Präzisierung der erhaltenen Größen und auch für eine vollkommenere Charakterisierung der Wetterbedingungen empfiehlt es sich, außerdem Beobachtungen über die sich ergebende Wärmebilanz der darunter befindlichen Oberflächen durchzuführen. Dafür werden die Temperatur der oberen Bodenschicht, die Strahlungscharakteristik und die Verdunstung am Boden gemessen.

Die Bodentemperaturen mißt man gewöhnlich in vier Ebenen bis zu einer Tiefe von 20 cm mit Widerstandsthermometern oder mit speziellen Bodenthermometern. Mit Hilfe eines Aktinometers, eines Pyranometers und durch die Bestimmung der Bilanz werden die Komponenten der Strahlungsbilanz — die direkte, die indirekte und die Gesamtstrahlung, das Reflexionsvermögen der Bodenfläche und die effektive Ausstrahlung — gemessen. Die Verdunstung der Bodenfläche wird mit Bodenverdampfern gemessen. Bei unebenem Gelände führt man außer den Messungen an dem meteorologischen Hauptplatz auch mikroklimatische Beobachtungen in einigen charakteristischen Punkten des Geländes durch (s. 6.1.).

Im Programm der meteorologischen ortsfesten Beobachtungen in einer Stadt (s. Kap. 11) sind auch einfache Gradientenmessungen enthalten. Sie bestehen in der Messung der Temperatur und der Luftfeuchtigkeit in 0,5 und 2,0 m Höhe. Außerdem werden die Windgeschwindigkeit und die Windrichtung in 1 m Höhe gemessen. In einigen Städten führt man die meteorologischen Messungen mit Geräten durch, welche in verschiedenen Höhen eines Fernsehturms oder an anderen Einrichtungen befestigt sind (Nutzung langsamer Radiosonden, Beobachtungen aus Luftballons, Einsatz von Fesselballons, Flugzeug- und Hubschraubermessungen usw.). Die meteorologischen Beobachtungen sehen auch eine allgemeine Bewertung des bestehenden Wetters einschließlich der visuellen Charakterisierung der Bewölkung vor.

Für die Bearbeitung der Daten aus den Gradientenbeobachtungen und die daraus mögliche Bestimmung des Austauschkoeffizienten in der bodennahen Luftschicht existieren einige Verfahren (s. Abschn. 1.5.). Zur operativen Berechnung nutzt man das Handbuch über die Gradientenbeobachtung (Broido, 1964). Gewöhnlich bestimmt man nach einem vorgeschriebenen Schema den Austauschkoeffizienten k_1 in 1 m Höhe aus dem Temperaturunterschied in zwei verschiedenen Höhen (häufig in 0,5 und 2 m) und der Windgeschwindigkeit u_1 in einer Höhe.

Mit einem solchen System erhält man bei Benutzung von Teleskopmasten einen großen Umfang an Informationen aus den Beobachtungen in verschiedenen Höhen. Die Verwendung der Meßdaten aus allen Höhen führt zur erheblichen Verringerung des Einflusses zufälliger Faktoren und Meßfehler, erschwert aber merkbar die Berechnung. Deshalb wurde eine Methode zur Bearbeitung von Gradientenbeobachtungen mit Hilfe elektronischer Rechner erarbeitet (Rastorgujewa u. Tschalikow, 1966). Sie gibt die Möglichkeit, die Daten kritisch zu kontrollieren, die Profile zu glätten, die Unebenheiten des Untergrundes zu berücksichtigen und den Austauschkoeffizienten zu berechnen sowie auch die Mittelwerte für verschiedene Zeitabschnitte zu bestimmen.

Sobald die Windgeschwindigkeit und die Lufttemperatur mit der Höhe dem logarithmischen Gesetz folgen, werden die konkreten Profile mit den Regressionsgleichungen vom Typ

$$u = a_1 \ln z + b_1\,, \quad T = a_2 \ln z + b_2 \tag{7.1}$$

approximiert.

Die Regressionskoeffizienten a_1 und b_1 für die Windgeschwindigkeit ergeben sich aus den Formeln

$$a_1 = \frac{\overline{u \ln z} - \bar{u}\,\overline{\ln z}}{\overline{\ln^2 z} - (\overline{\ln z})^2}\,, \quad b_1 = \bar{u} - a_1 \overline{\ln z}\,, \tag{7.2}$$

wobei die Überstreichung die Mittelung über die Höhe bedeutet. a_2 und b_2 bestimmen sich aus analogen Formeln, in denen u durch T ersetzt wird.

Weichen einige Beobachtungen erheblich von der Regressionsgeraden ab, werden sie vernachlässigt. Übersteigt die Menge dieser Daten eine Vorgabe, so wird das gesamte Profil verworfen. Die Bedingungen für die Aussortierung sind relativ scharf. So wird für die Windgeschwindigkeit gefordert, daß das Verhältnis von Instrumentenfehlern $\delta_1 u$ zu u den Wert 0,05 bis 0,1 nicht überschreitet. Die geglätteten Profile u (in m/s) und T (in K) werden für die Berechnung des Austauschkoeffizienten k_1 benutzt. Beispielsweise kann nach dem Schema Budikos (s. Abschn. 1.5.) k_1 in folgender Form geschrieben werden:

$$k_1 = \varkappa^2 a_1 \left(1 - \frac{a_2}{a_1^2}\right), \tag{7.3}$$

dabei ist $\varkappa$ die Kármánsche Konstante.

Eine unabhängige Meßmethode zur Bestimmung des Austauschkoeffizienten nutzt die Gleichungen der Wärmebilanz des Untergrundes. Aus diesen Gleichungen erhält man unter Berücksichtigung der Strahlungsbilanz, die sich aus den Werten des Aktionometers und dem Wärmestrom des Bodens Q_B ergibt, der wiederum aus der Bodenfeuchte und der Temperaturverteilung im Boden berechnet wird, die Summe des turbulenten Wärmestroms P_t und die für die Verdunstung erforderliche Wärmemenge $L'E$. Wird die Größe E nicht unmittelbar gemessen, so nutzt man die Ähnlichkeit des vertikalen Profils der Temperatur und der Feuchte in den bodennahen Schichten (Verhältnis von Boujen). Mit der Berücksichtigung dieses Verhältnisses folgt unter der Voraussetzung $k_z = k_1 z$,

$$k_1 = 0{,}74 \frac{R - Q_\mathrm{B}}{\delta T + 1{,}56 \delta Q}. \tag{7.4}$$

Hier bedeuten δT und δQ die entsprechenden Differenzen der Temperatur und der Feuchtigkeit in der Schicht 0,5 bis 2,0 m. Die Methode der Wärmebilanz ist in den Fällen anwendbar, wenn der Wert von $|R - Q_\mathrm{B}| \geqq 70\ \mathrm{W/m^2}$ und die Differenzen δT und δQ genügend groß sind.

Zum Zweck der qualitativen Bewertung der Stabilität der erdnahen Schicht sind einige Klassifikationen nach den visuellen Beobachtungen im Meßnetz bekannt. Nach Pasquill (1962) unterscheidet man sechs Stabilitätsgrade der erdnahen Luftschicht: Grad 1, 2 und 3 entsprechen der stark, mäßig und schwach instabilen, 4 der neutralen, 5 und 6 der schwach und mäßig stabilen Schichtung. Jedem Stabilitätsgrad läßt sich eine bestimmte Windgeschwindigkeit u, ein Einstrahlungsfaktor und eine Tageszeit zuordnen.

Diese Klassifizierung wurde durch Turner (1961), Uhlig (1965) und Bysowa (1974) präzisiert, indem der Sonnenstand (h_0), die niedrige, die hohe und die gesamte Bewölkung (n_n, n_h, n_g) berücksichtigt und auch die Schneebedeckung des Grundes und anderes hinzugefügt wurden. Außerdem führte man einen 7. Grad, die sehr starke Stabilität, ein. Die Tabelle 7.2 zeigt eine etwas modifizierte Klassifikation.

Der Zusammenhang zwischen dem Stabilitätsgrad der Atmosphäre nach Pasquill und dem Maßstab nach Monin-Obuchow L_+ wird in der Arbeit von Hino (1968a) angegeben. Bysowa (1974) verbindet die genannten Stabilitätsgrade mit den charakteristischen Temperaturprofilen der Luft und der Windgeschwindigkeit nach den Meßergebnissen an einem 300 m hohen Mast (s. Abschn. 9.6.).

Tabelle 7.2.
Stabilitätsklassen der erdnahen Luftschicht für verschiedene meteorologische Bedingungen

u m/s	Tag $h_\odot > 60°$	$h_\odot = 15$ bis $60°$	$h_\odot < 15°$	Tag, Nacht bei $n_n = 8$ bis 10	Nacht $n_g = 5$ bis 8 oder $n_n = 8$ bis 10	$n_g \leqq 4$
<2	1	1–2	2–3	4	5–6	6–7
2–3	1–2	2	3	4	5	6
3–4	2	2–3	3	4	4	5
5–6	3	3–4	4	4	4	4
>6	3	4	4	4	4	4

7.8. Aerologische Beobachtungen

Für die Beobachtung in etwas höheren Schichten der Atmosphäre finden aerologische Methoden Anwendung. Unter Expeditionsbedingungen verwendet man bis zu Höhen von 500 bis 600 m zweckmäßigerweise Fesselballons mit einem Volumen von 50 bis 100 m³. Gewöhnlich werden die Fesselballons mit Wasserstoff gefüllt, bei den Beobachtungen in Städten aber mit Helium. In Abbildung 7.6 ist ein Fesselballon MAS-1 mit 110 m³ Rauminhalt zu sehen, der bei Expeditionen im Geophysikalischen Jahr benutzt wurde. Am Fesselballon ist ein Meteorograph befestigt, der die Messung der Temperatur und der Feuchte der Luft, der Windgeschwindigkeit und des Luftdruckes erlaubt, sowie auch Geräte zur Registrierung der Horizontal- und Vertikalkomponenten

Abbildung 7.6.
Fesselballon in der Nähe eines Wärmekraftwerkes

der Geschwindigkeitsschwankungen des Windes zur Untersuchung der Turbulenz der Luft. Unter Expeditionsbedingungen empfiehlt es sich, den Ballon mit je 5minütigem Halt auf die Höhen 25, 50, 100, 150, 200, 300, 400, 500, 600 m steigen zu lassen. Vor und nach dem Aufstieg des Ballons werden Messungen auf der Erde in einer Höhe von 2 m durchgeführt. Die Ballonmessungen zur Luftprobenahme haben ein Intervall von ungefähr zwei Stunden. Zur gegenseitigen Kontrolle der Daten der Ballon- und der Gradientenmessung kann man sie gegenüberstellen und vergleichen.

In der Grenzschicht der Atmosphäre benutzt man zur Messung auch Radiosonden der Systeme A-58, A-22-IV und A-22-VII, deren Steiggeschwindigkeit 200 m/min nicht überschreitet. Die Verwendung von Radiosonden ist hauptsächlich für die Untersuchung der Bedingungen zur Entstehung und Auflösung der freien Inversionen vorgesehen. Deshalb werden Radiosondenmessungen häufig in den Morgen- und Abendstunden durchgeführt.

Woloschin (1968) und Wdowin (1969) untersuchten in methodischen Arbeiten die Zuverlässigkeit dieser Methoden, die für die Garantie der Genauigkeit der Beobachtungen erforderlich sind. Ihre Untersuchungen zeigten, daß die Radiosonden die Temperaturverteilung über der Höhe genügend genau erfassen und die verhältnismäßig dünne Schicht (Dicke bis zu 25 m) mit merkbarer Abweichung der Temperatur vom mittleren Profil — in dieser Form also die Grenzen und die Intensität der freien Inversion — erkennen lassen.

7.9. Nutzung von Hubschraubern und Flugzeugen

Zur Untersuchung der Grenzschicht der Atmosphäre verwendet man leichte Flugzeuge vom Typ JAK-12 und Hubschrauber vom Typ MI-1, KA-18 und andere.

Während des Fluges werden mit mechanischen und elektrischen Meteorographen die Temperatur und die relative Feuchte der Luft sowie der Druck zur Bestimmung der Flughöhe registriert. Außerdem wird mit dem Beschleunigungsschreiber die Belastung des Flugzeuges, die die Turbulenz der Atmosphäre kennzeichnet, festgehalten.

Auf Hubschraubern verfälscht die Drehung der Tragschraube stark die Struktur des Luftstroms. Daher kommt der Wahl des Flugzustandes und der Befestigungsstelle der Meßgeräte große Bedeutung zu.

Bei den Untersuchungen von Woronzow (1960b) und Goroschko u. a. (1968a) wurde festgestellt, daß im Schwebezustand des Hubschraubers die Schraube die Luftschicht am gesamten Rumpf und in einem beträchtlichen Abstand vor und hinter der Kabine verwirbelt. Daraus kann man schließen, daß die Verwendung des Hubschraubers zur Messung an einem festen Punkt praktisch nicht möglich ist. Die Schwierigkeiten, die hier auftraten, können ausgeschlossen werden, wenn man berücksichtigt, daß im Horizontalflug der turbulente Nachlaufstrom um einen bestimmten Winkel geneigt ist, der von der vertikalen und horizontalen Geschwindigkeit und von dem Anstellwinkel des Hubschraubers abhängt. Bei geringen Fluggeschwindigkeiten kann der Neigungswinkel des Nachlaufs 60° erreichen.

Analoge Ergebnisse wurden in den USA von Randal gefunden, der das Vorhandensein ungestörter Zonen feststellte, die in Abhängigkeit von den Ebenen des Rotors und der Fluggeschwindigkeit unterschiedlich gelegen sind. Die Steigerung der Fluggeschwindigkeit führt zur Vergrößerung der ungestörten Zonen vor und unter dem Rumpf. Das geschieht allerdings nur bei verhältnismäßig niedrigen Fluggeschwindigkeiten. Bei einer weiteren Erhöhung der Fluggeschwindigkeit erreicht man keinen weiteren Gewinn für die Meßbedingungen. Die durchgeführten Untersuchungen haben gezeigt, daß auf Hubschraubern vom Typ MI-1 die Geber der Meßgeräte im Abstand von einem Meter vor dem Rumpf angeordnet sein müssen, da dort keine turbulente Störung von der arbeitenden Schraube bemerkbar ist. Dabei erreicht man optimale Meßbedingungen bei einer Fluggeschwindigkeit von 50—70 km/h.

Eine besondere Bedeutung hat die Belastungsmessung des Flugzeuges, deren Methode und damit erzielte Ergebnisse in den Arbeiten von DUBOW (1959) und WORONZOW u. a. (1964) dargelegt wurden.

Die Beschleunigungsgeber mit Schreiber ordnet man im Schwerpunkt des Flugzeugs JAK-12 an. Über die aerodynamische Charakteristik des Flugzeugs bestimmt man die Übertragungsfunktion zwischen der vertikalen Windbö und der Beschleunigung des Flugzeugschwerpunktes. Das ermöglicht, aus den Werten der Beschleunigung die Größen der Vertikalkomponente der Windgeschwindigkeitsschwankungen zu bestimmen und den Austauschkoeffizienten k_z zu berechnen. Aus strukturkinematischen Überlegungen erhielt LAPIN (1948), daß

$$k_z = \frac{w'^2 \bar{u} t_w}{2u'} \tag{7.5}$$

ist; dabei bedeuten u' die Schwankung der horizontalen Windgeschwindigkeiten, t_w die Zeit, in der w' das Vorzeichen nicht wechselt und $\bar{u}$ die mittlere Geschwindigkeit des Luftstroms relativ zur Meßeinrichtung.

Die Formel (7.5) kann auch zur Bestimmung von w' aus verschiedenen Methoden der Registrierung von vertikalen Pulsationen, und nicht nur mit dem Flugzeug, benutzt werden. Insbesondere wird sie auch für die Bestimmung von k_z aus den Daten von Böenmeßgeräten benutzt, die an der Trosse von Fesselballons befestigt sind (WORONZOW, 1960b, 1964). DUBOW (1959) verallgemeinerte diese Beziehung für den Fall der Nutzung von Daten aus Belastungsmessungen an Flugzeugen. w' ist entsprechend der erhaltenen Übertragungsfunktion $b(\omega)$ abhängig von der Beschleunigung des Flugzeugschwerpunktes δH in der Form

$$w' = b(\omega)\, \delta H\,. \tag{7.6}$$

Der Koeffizient $b(\omega)$ wird aus dem Maßstab der Störung mit der Frequenz ω gebildet. Leicht ergibt sich $b(\omega) = b_\infty/\eta_0(\omega)$, wobei b_∞ der Wert von $b(\omega)$ für $\omega \to \infty$ ist. Damit folgt aus (7.5) und (7.6) unter der Voraussetzung, daß in der Flughöhe $u' \sim w'$ ist

$$k_z = \frac{b_\infty}{2\eta_0} \bar{u}\, \delta H t_w\,, \tag{7.7}$$

wobei $\bar{u}$ die Fluggeschwindigkeit ist.

7.10. Erfassung und Kontrolle der Emissionen

In das Arbeitsprogramm zur Kontrolle der Luftverschmutzung muß neben der Analyse der Beimischungen und der meteorologischen Beobachtungen auch die Bestimmung der Parameter der einzelnen Emissionsquellen aufgenommen werden, von denen die

Konzentration der Beimengungen abhängt (s. Kap. 3). Das bezeichnet man häufig als Emissionskataster. Dabei sind die Art der Quelle, ihre geometrischen Abmessungen, speziell bei Schornsteinen die Höhe und der Durchmesser der Mündung zu bestimmen. Zu den Parametern der Emission zählen auch die Menge der Beimengungen, die je Zeiteinheit in die Atmosphäre strömen, das Rauchgasvolumen und die Rauchgastemperatur.

Die Menge der in die Atmosphäre ausgeworfenen Substanzen kann häufig über den Brenn- oder Rohstoffverbrauch durch eine Bilanzrechnung bestimmt werden. Beispiele der Berechnung von Parametern der Emissionen von Wärmekraftwerken, metallurgischen, ölverarbeitenden und anderen Betrieben wurden in die „Empfehlungen für die Berechnung" (Berljand u. Koschkin, 1967) und in die „Vorläufige Methodik der Berechnung" (Berljand, 1965) aufgenommen. Solche Rechnungen benutzt man systematisch für die Projektierung von Werken. Die Projektierungsbüros erarbeiten entsprechende Methoden, die auch zur Bewertung der Emissionen in Betrieb befindlicher Werke nutzbar sind.

Unabhängig vom Typ der Quelle stellt die Bestimmung der emittierten Stoffe, die sich bei der Verbrennung von Brennstoffen bilden, die Grundlage dar. Die ausgeschiedene SO_2-Menge (in kg/h) berechnet sich nach der Formel

$$M_{SO_2} = 20 B S^p \,. \tag{7.8}$$

Darin bedeuten: B der Brennstoffverbrauch (in t/h), S^p der prozentuale Gehalt an Schwefel im Brennstoff (Berljand, 1977).

Die Ascheemission bei der Verbrennung von festen Brennstoffen berechnet sich zu

$$M_A = 100 B\,(1 - \eta_E \cdot 10^{-2})\,(10^{-2} A^p + q_u)\,\alpha_y \,. \tag{7.9}$$

Dabei ist A^p der Aschegehalt des Brennstoffs und η_E der Abscheidegrad des Elektrofilters in Prozent, q_u der Wärmeverlust infolge unvollkommener Verbrennung, α_y der Ascheanteil, der in den Rauchkanal gelangt. Die Größen q_u und α_y findet man in entsprechenden wärmetechnischen Handbüchern.

Bei der Verbrennung von Erdgas bildet sich weder SO_2 noch Asche und bei der Verbrennung flüssiger Brennstoffe keine Asche. Für die Hauptbrennstoffarten, die in der UdSSR genutzt werden, sind folgende Mittelwerte für A^p und S^p charakteristisch: Für die Kemerowo- und die Karaganda-Kohle $A^p \approx 15\%$, $S^p \approx (0{,}5 \ldots 0{,}8)\%$, für die Donezk-Kohle (Antrazitstaub) $A^p = 17\%$, $S^p = 1{,}7\%$, für die Irtyschsk-Kohle (Ekibastus) $A^p = 36\%$, $S^p = 0{,}8\%$, für Torf $A^p = 6\%$, $S^p = (0{,}1 \ldots 0{,}2)\%$, für schwefelarmes Heizöl $A^p = 0{,}3\%$, $S^p = 0{,}5\%$, für stark schwefelhaltiges Heizöl $A^p = 0{,}3\%$, $S^p = 3{,}0\%$.

In letzter Zeit wurde die Bewertung der Bildung von Stickoxiden bei der Verbrennung von festem, flüssigem und gasförmigem Brennstoff eingeführt. Allerdings ist die Erarbeitung der Berechnungsmethode bisher noch nicht abgeschlossen. Nach den Ergebnissen des Allunionsinstituts für Wärmetechnik kann man die Emission von Stickoxiden, umgerechnet auf NO_2 (kg/h), im Fall typischer Dampferzeuger für Kraftwerke näherungsweise nach der Formel

$$M_{NO_2} = 26 B' A_k \tag{7.10}$$

berechnen, wobei $A_k = D_k/(1000 + D_k)$ für Dampferzeuger, $A_k = Q_k/(500 + Q_k)$ für Heißwassererzeuger, D_k und Q_k die Kesselleistung in Tonnen Dampf je Stunde und

Gcal/h, B' der stündliche Brennstoffverbrauch in Tonnen Normbrennstoff (Heizwert ca. 7000 kcal/kg (30000 kJ/kg)) ist.

In Wärmekraftwerken und in vergleichbaren großen Dampferzeugern findet praktisch eine vollkommene Verbrennung statt. Der im Brennstoff enthaltene Kohlenstoff geht vollständig in Kohlendioxid (CO_2) über. Dabei ist $M_{CO_2} = 3{,}67\ A^v$ mit A^v als Menge des verbrannten Kohlenstoffs. Bei ungenügender Luftzuführung findet eine unvollkommene Verbrennung statt und außer CO_2 entsteht noch Kohlenmonoxid (CO). Die Emission von CO ist abhängig vom Verbrauch und der Sorte des Brennstoffs, von der Konstruktion des Dampferzeugers und anderem. Bei der Verbrennung brennbarer Substanzen entstehen noch andere Schadstoffe, allerdings in bedeutend geringeren Mengen.

Detrie (1973) gibt an, daß aus Müllverbrennungskammern 10—25 kg/t Kohlenwasserstoffe 3—30 kg/t Aldehyde (aus Mehrstufen-Müllverbrennungskammern nur 0,5—0,15) sowie 1,4 kg/t Ammoniak und 0,3 kg/t organische Säuren entweichen.

Für einige Produkte ist der Gehalt der einzelnen Substanzen in den verarbeiteten Rohstoffen und in den Fertigprodukten bekannt. Das ermöglicht, auf Grund der einzelnen Stoffbilanzen und unter Berücksichtigung der Technologie sowie des Charakters der Quelle, die Emission zu berechnen. Als Beispiel kann man auf die Bestimmung der Emissionen von Kunstfaserwerken hinweisen. Solche Untersuchungen wurden in Vorbereitung und während der Durchführung der Expeditionen des GGO in Balakow durchgeführt (s. Abschn. 9.4.). Ein Ausgangsprodukt in solchen Betrieben ist Schwefelkohlenstoff (CS_2), der zur Erzeugung von Viskose benötigt wird, wovon ein Teil in Schwefelwasserstoff (H_2S) übergeht. Annähernd 60% des bei der Viskoseproduktion benötigten CS_2 und 85% des anfallenden H_2S werden durch die Reinigungsanlagen erfaßt und durch hohe Schornsteine fortgeleitet. Nicht weniger als 12—15% des Schwefelwasserstoffes entfallen auf niedrige Quellen und annähernd 10% des CS_2 und H_2S gelangen in das Abwasser. In einzelnen Fällen können sich die angegebenen Werte in Abhängigkeit von der Dichtheit der Geräte und anderen Faktoren ändern (Wdowin u. a., 1971).

Für viele Industriezweige ist es möglich, über die Stoffbilanzrechnung einen statistischen Mittelwert für die Emission des einzelnen Schadstoffs, bezogen auf die Produktionseinheit, zu erhalten. In den USA wurde ein Handbuch der einzelnen Emissionen (1972) herausgegeben, durch das man einen Überblick über eine große Zahl von Verschmutzungsquellen der Atmosphäre erhält. Beispielsweise fallen bei der Verarbeitung von 1 t Kohle zu Koks annähernd 0,3 kg Staub und Kohlenmonoxid, 0,75 kg Schwefeldioxid, bis zu 0,03 kg Kohlenwasserstoffe und Ammoniak an. In Kupferhütten entstehen in Abhängigkeit von der Fertigungstechnologie 5—30 kg/t Staub, 30—400 kg/t SO_2, bei Fehlen von Reinigungsanlagen im Mittel 70—600 kg/t. Ausführliche Angaben über verschiedene Erzeugnisse der Schwarzmetallurgie der Sowjetunion machte Schaprizki (1965). Entsprechend den von ihm erzielten Ergebnissen werden beim Erschmelzen von 10^6 t Stahl bei wirksamen Maßnahmen zur Emissionsverringerung je Tag 25 t Staub, 65 t SO_2, 320 t CO emittiert. Ergreift man keine Maßnahmen zur Emissionsverringerung, so betragen die Werte 350, 200 und 400 t pro Tag. Detrie (1973) wies nach, daß in Betrieben der Schwarzmetallurgie der USA (mit Hochöfen, Siemens-Martin-Öfen, Sinteranlagen und anderem) nach Reinigung der Rauchgase mit einem Wirkungsgrad von 90% im Mittel 0,1—0,5 kg/t Staub anfallen. Die Staubkonzentration der Abgase beträgt je nach Art der Quelle 10—100 mg pro m^3.

In Schweden (LINDNER u. NYBERG, 1973) werden bei der Herstellung von Schwefelsäure 5—25 kg/t SO_2, 0,7—1 kg/t Salzsäure und 20—25 kg/t Ammoniak, in Aluminiumwerken 2 kg Fluoride auf 1 t Aluminium emittiert.

Es werden verschiedene Arten der unmittelbaren Messung der Emissionsmenge benutzt. Eine der Hauptaufgaben solcher Messungen besteht in der Emissionskontrolle der produzierenden Werke. Dabei kontrolliert man die Einhaltung der im Projekt vorgesehenen Maßnahmen. Man mißt die Konzentrationen der Beimengungen am Austritt aus der Quelle c_T, ihre Austrittsgeschwindigkeit w_0 und die Temperatur T_g. Aus den Abmessungen des Querschnitts der Austrittsöffnung und der Ausblasgeschwindigkeit w_0 erhält man unmittelbar den Volumenstrom v_1 des ausströmenden Gases. Die Menge der emittierten Substanzen ergibt sich zu $M = c_T v_1$. Wurde c_T vor dem Gasreiniger mit einem Abscheidegrad η bestimmt, so ist $M = c_T v_1(1 - \eta)$.

Für die Ermittlung von w_0 im Abgaskanal benutzt man Mikromanometer, Anemometer und anderes. Die Konzentration c_T mißt man mit verschiedenen Methoden. Für einige Fälle eignen sich die im Abschnitt 7.1. und 7.2. aufgezeigten Methoden und Geräte. Allerdings ist die Konzentration in Schornsteinen und Gaskanälen bedeutend höher als die in der Umgebungsatmosphäre. Daher sind für Emissionsmessungen einfachere und weniger genaue Messungen ausreichend. Die Meßbedingungen können sich wegen der Temperatur- und Geschwindigkeit der Gase von den Messungen in der Atmosphäre beträchtlich unterscheiden.

Emissionsparameter werden gegenwärtig nur an einer geringen Zahl von Luftverschmutzungsquellen gemessen. Dabei erfolgt die Probenahme häufig aus den Gaskanälen, und man verwendet kolorimetrische und andere Methoden zu ihrer Analyse. Manchmal wird der tragbare Gasanalysator ZG-2 eingesetzt, der für die Messung von 14 Ingredienzen (SO_2, CO, H_2S, NO_2, Cl_2 u. a.) geeignet ist. Die Staubkonzentration bestimmt man meistens durch Absaugen der Rauchgase über verschiedene Filter, deren Auswahl von der Rauchgastemperatur und den physikalisch-chemischen Eigenschaften des Staubes abhängt. Man beginnt, auch optische Staubmeßgeräte zu verwenden. In einzelnen Fällen werden Staubproben zur Analyse der Korngrößenverteilung entnommen.

Je nach Emissionsquelle sind zur Kontrolle der Abgase ganz unterschiedliche Methoden in Benutzung. Dabei sind einige allgemeine Forderungen zu beachten. Bei der Messung muß man die Geschwindigkeits- und Konzentrationsverteilung des ausströmenden Gases berücksichtigen. Es empfiehlt sich, die Messungen gleichzeitig an einigen Punkten des Kanalquerschnittes durchzuführen. Bei größeren Geschwindigkeiten ist die Bedingung der isokinetischen Probenahme zu beachten, nach der die Absauggeschwindigkeit mit der Gasgeschwindigkeit übereinstimmen muß. Weiter ist daran zu denken, daß bei hohen Staubkonzentrationen und gleichzeitiger Anwesenheit von verschiedenen aggressiven Beimengungen im Rauchgas besonders bei hohen Temperaturen die benutzten Geräte schnell beschädigt werden können. Eine ausreichende Wartungszeit für solche Geräte ist vorzusehen.

Um eine wirksame Kontrolle der Emission zu realisieren, müssen automatisch registrierende Geräte eingesetzt werden. Selbstverständlich sind bei der Installation von Gasreinigungsanlagen zur Bestimmung der Schadstoffkonzentration der Abgase vor und nach der Reinigungsanlage Meßgeräte anzuordnen. Das ermöglicht, ständig die Wirksamkeit der Reinigungsanlage zu kontrollieren.

In einigen Fällen, in denen sich die Emission M nur schwer mit den aufgezeigten Methoden ermitteln läßt, ist es möglich, dafür die Bestimmung der Verteilung der Schadstoffkonzentration q in der Rauch- oder Abgasfahne der Quelle zu benutzen.

In Übereinstimmung mit den Ergebnissen aus den Kapiteln 1 und 2 gilt für eine punktförmige Quelle

$$M = u_H \int_0^\infty q' \, dz \,, \tag{7.11}$$

wobei $q' = \int_{-\infty}^{+\infty} q \, dy$ und u_h die Windgeschwindigkeit in Quellhöhe ist.

Mit Hubschraubern oder Flugzeugen läßt sich auf Grund der Konzentrationsmessung im Horizontalflug in einer bestimmten Höhe und rechtwinklig zur Rauchfahnenachse der Gehalt an Beimengungen q' bestimmen. Summiert man die Werte von q', die man aus den Messungen einiger Flüge in unterschiedlichen Höhen ermittelt hat, so erhält man näherungsweise M. Durch Messung von q' auf der Erde ($z = 0$) in verschiedenen Abständen von der Quelle läßt sich der Maximalwert q'_m feststellen. Indem q' äquivalent der Konzentration aus einer Linienquelle ist, gilt entsprechend (2.6)

$$M = 2{,}5 \, u_H H q'_m \,. \tag{7.12}$$

Hier ist H die Quellhöhe.

Diese Methode wurde von Berljand und Schilin (1971) zur Bestimmung der Emission aus Vulkanen vorgeschlagen (ein charakteristisches Beispiel, bei dem es nicht möglich ist, direkt die Auswürfe zu messen, s. Abschn. 13.2.).

Die Emissionen aus dem Verkehr werden gewöhnlich über den Verbrauch und die Eigenschaften des Kraftstoffs sowie über die Art und die Arbeitsweise der Motoren bestimmt. Man unterscheidet zwei Grundtypen von Motoren. Zu der einen zählen die Verbrennungsmotoren mit Vergaser, die mit leichten Kraftstoffen arbeiten, hauptsächlich mit Benzin. Sie werden auch Benzin- oder Vergasermotoren genannt. Zu der anderen zählen die Dieselmotoren, die mit schwerem Treibstoff (Dieselkraftstoff) arbeiten. Es gibt Gasanalysatoren zur Bestimmung von CO, NO_2 und anderen Schadstoffen, die in den Auspuffgasen der Kraftfahrzeugmotoren enthalten sind. Gegenwärtig wird der zulässige Schwankungsbereich und Mittelwert dieser Konzentrationen festgelegt. Die aufgestellten und verabschiedeten Standards und Normen verlangen eine periodische Überprüfung der Zusammensetzung der Auspuffgase.

Detrie (1973) gibt Werte über die mittlere Zusammensetzung der Auspuffgase von Kraftfahrzeugmotoren der europäischen Produktion an. Für Benzin- und Dieselmotoren sind 9% CO_2 charakteristisch und entsprechend 0,06 oder 0,04% Stickoxid, 0,05 oder 0,02% Kohlenwasserstoffe sowie 4 oder 0,1% CO. Die Emissionen bei niedrigen Fahrzeuggeschwindigkeiten und beim Bremsen sind um 3—5mal höher als bei relativ großen Fahrgeschwindigkeiten. Deshalb ist die Luftverschmutzung in Städten merklich von der Breite der Straßen, Zahl der Kreuzungen, Anlage unterirdischer Übergänge usw. abhängig. Um das Mehrfache steigen auch die Emissionen bei falsch eingestellten Motoren. In diesem Zusammenhang kommt der Kontrolle der Motoren der Kraftfahrzeuge, die den Fuhrpark verlassen oder sich auf Verkehrsrouten befinden, große Bedeutung zu. Da im Mittel 1 kg Brennstoff im Motor mit 16 kg Luft verbrannt wird, kann man über die Werte des Luftvolumens und des prozentualen Gehalts an Ingredienzen die Emission in die Atmosphäre berechnen. Manchmal bezieht man den zulässigen Auswurf auf einen Fahrkilometer. So sind nach den Standards der USA von 1974 bei Stadtfahrt Emissionen eines Fahrzeugs von 74 g/km CO, 4,5 g/km Kohlenwasserstoff (CH) und 3,5 g/km Stickoxide (NO_x) zulässig.

Es muß festgestellt werden, daß bisher insgesamt Probleme der Erfassung und Kontrolle der Schadstoffemissionen wesentlich weniger bearbeitet wurden als Fragen der Luftverschmutzung außerhalb der Quellen. Dieser Zustand existiert schon seit langem. Daher sind vielen Betrieben nicht nur die Parameter ihrer Emissionen unbekannt, sondern häufig auch die Zusammensetzung der emittierten Stoffe. Gegenwärtig ändert sich die Einstellung zu diesen Fragen stark. Neben der Erfassung der einzelnen Emissionen beginnt man auch, einen Plan zur stufenweisen Reduzierung der Schadstoffemissionen aufzustellen. In den Projekten für den Bau neuer Objekte sind folglich auch die Aufstellung von Kontrollgeräten und Systemen zur Überwachung der Einhaltung der Emissionsnorm vorgesehen.

8. Theoretische Grundlagen für die Kontrolle der Ausbreitung von Beimischungen

8.1. Allgemeine Situation

Für die effektive Anwendung einer Reihe von Kontrollmethoden für die Verschmutzung der Atmosphäre, die in den vorangegangenen Abschnitten betrachtet wurden, sind ergänzende theoretische Ausarbeitungen erforderlich. In erster Linie betrifft das die Kontrollmethoden für Aerosole. So wie bei der Probenahme von Staub in Schornsteinen sind bei den Messungen von Aerosolen von Hubschraubern und Flugzeugen aus die isokinetischen Bedingungen zu beachten. Der Begründung und Berechnung der aerodynamischen Bedingungen, die bei solchen Messungen zu berücksichtigen sind, widmen sich die Arbeiten von LEWIN (1961), WOLOTSCHUK (1971) und anderen.

Eine wichtige Bedeutung kommt der Bestimmung des atmosphärischen Fallouts mit Hilfe von Planchetten oder anderen Aerosolsammlern und der Analyse von Strahlungsmessungen zur Bestimmung des Aerosolgehalts in der Luftsäule zu. Die Benutzung von Resultaten aus der Theorie der atmosphärischen Diffusion ermöglicht es, visuelle Rauchbeobachtungsmethoden zur Bestimmung der turbulenten Eigenschaften der Atmosphäre zu verwenden.

Einige Fragen, wie zum Beispiel die Begründung der Auswahl repräsentativer Kontrollpunkte und der Frequenz der Messungen, die sowohl für die Gasbeimischungen als auch für die Aerosole gelten, werden in den Kapiteln 9 und 11 genauer betrachtet.

In diesem Kapitel gehen wir auf einige Probleme ein, die sich auf die Theorie der Kontrolle von Aerosolen beziehen.

8.2. Die Bestimmung des Aerosolstroms auf eine horizontale Meßplatte und die Theorie der Plattenumströmung

Die Bestimmung der ausfallenden Staubmenge mit Meßplatten (sogenannte Planchetten) oder wassergefüllten Küvetten ist gewöhnlich viel einfacher als deren Konzentrationsbestimmung mit speziellen Geräten, meistens mit Gebläsen, die vom elektrischen Netz oder von Batterien gespeist werden. Deshalb finden Planchetten und Küvetten eine breite Verwendung zur Untersuchung der Luftverschmutzung. In einigen Ländern benutzt man sie bei Kontrollen zur Bestimmung der Grundstaubbelastung der Atmosphäre weit entfernt von Industriezentren, aber auch nahe bei Industriequellen. Manchmal werden die auf die Erdoberfläche ausfallenden Aerosoie aus Schneeprobenanalysen bestimmt. Die Kenntnis der Zusammenhänge zwischen Fallout und Konzentration der Aerosole ermöglicht es, die Anwendung des Versuchsmaterials für die räumlich-zeitliche Analyse der Schadstoffverteilung beträchtlich zu erweitern. Über den MIK-Wert (s. Abschn. 10.4.) kann man im allgemeinen mit dem gegebenen Zusammenhang auch den zulässigen Grenzwert des auf die Erdoberfläche ausfallenden Staubes bestimmen, der bis jetzt gewöhnlich noch nicht begrenzt wird. Von wesentlicher Bedeutung ist auch, den Einfluß der Aufstellungshöhe der Planchetten zu berücksichtigen. Um den Einfluß des anfallenden Bodenstaubs auf das Meßergebnis zu verringern, werden die Planchetten oder Küvetten in einer Höhe von einem bis zu einigen Metern angebracht.

Diese Fragen wurden von BERLJAND u. a. (1966) auf Grund der Lösung der atmosphärischen Diffusionsgleichung theoretisch untersucht. Planchetten mit einer speziell aufgetragenen Klebeschicht und wassergefüllte Küvetten binden praktisch vollkommen die auf sie auftreffenden Teilchen. Deshalb ergibt sich als Randbedingung an der Oberfläche der Planchetten $q = 0$ (s. (1.6.)). Im Fall teilweise klebriger Oberflächen der Planchetten, wenn sie beispielsweise mit Mull bedeckt sind (ALEXANDROW u. a., 1964), berechnet sich der Aerosolstrom durch Multiplikation des gemessenen Stromes mit einem Einfangkoeffizienten. Dieser stellt das Verhältnis der experimentel bestimmten abgelagerten Schadstoffe für den gegebenen Fall und für absolut klebrige Planchetten bei gleichen Bedingungen dar. Als Anfangsbedingung auf dem luvseitigem Rand der Platte (bei $x = 0$) ergibt sich, daß die Konzentration q der Konzentration q_0 des Aerosols in der Atmosphäre gleich ist. Sind die Abmessungen der Platte gering, so ist auch die Grenzschichtdicke auf ihr klein. Außerdem kann man in erster Näherung in der Gleichung der turbulenten Diffusion nicht nur das Glied, das die Diffusion längs der x-Achse beschreibt, vernachlässigen, sondern auch das in y-Richtung, wenn man annimmt, daß die Konzentration der Staubverteilung längs der y-Achse konstant ist.

Die Platte hat sowohl auf das Konzentrationsfeld als auch auf den Luftstrom einen störenden Einfluß. Es muß berücksichtigt werden, daß infolge der Umströmung der Platte in ihrer Grenzschicht eine vertikale Geschwindigkeitskomponente der Luft entsteht und der Austauschkoeffizient k_z sich merkbar von der entsprechenden Größe der umgebenden Atmosphäre unterscheidet. Deshalb ist für die Untersuchung der Diffusion die Gleichung (1.2) durch ein System von Gleichungen für die Randbedingungen, die die Umströmung der Platte durch den Luftstrom beschreiben, zu ergänzen. In der betrachteten Aufgabe ist es ganz wesentlich, den turbulenten Austausch in der Atmosphäre zu berücksichtigen, besonders bei der Bestimmung des turbulenten Aerosolstroms auf die Platte. Außerdem ist zu beachten, daß die Größen k_z in der Grenzschicht über der Platte und in dem sie umgebenden Fluid gänzlich unterschiedlich sind. Der Austauschkoeffizient k_z ändert sich von der Größe der molekularen Zähigkeit an der Oberfläche der Platte bis auf einen verhältnismäßig großen Wert, der charakteristisch für die Atmosphäre in Höhe der Platte ($z = 1$ m) außerhalb der Grenzschicht ist. Für die Beschreibung der Umströmung der Platte durch den Luftstrom benutzt man die Bewegungs- und Kontinuitätsgleichungen

$$u\frac{\partial u}{\partial x} + w\frac{\partial u}{\partial z} = \frac{\partial}{\partial z}\left(k_z\frac{\partial u}{\partial z}\right), \tag{8.1}$$

$$\frac{\partial u}{\partial x} + \frac{\partial w}{\partial z} = 0 \tag{8.2}$$

mit den Randbedingungen an der Oberfläche der Platte $u = 0$ und $w = 0$ für $z = 0$.

Es wird angenommen, daß in genügend großer Entfernung über der Platte u mit der Windgeschwindigkeit u^0 übereinstimmt und der turbulente Teil der Bewegungsgröße verschwindet. Man kann eine Grenzschichtdicke δ einführen, so daß $u = u^0$ bei $z = \delta$ wird. Berücksichtigt man die geringe Grenzschichtdicke, die durch die geringen Abmessungen der Platte bedingt ist, so können die Größen u^0 und k^0 als konstant über der Höhe angesehen werden.

Aus (8.1) und (8.2) folgt die Gleichung

$$\frac{\partial}{\partial x}[u(u^0 - u)] + \frac{\partial}{\partial z}[w(u^0 - u)] = \frac{\partial}{\partial z}\left(k_z \frac{\partial u}{\partial z}\right). \tag{8.2a}$$

Integriert man diese Gleichung über z von 0 bis δ unter Berücksichtigung der Randbedingungen, so erhält man die Integralgleichung für den Impuls

$$\frac{\partial}{\partial x}\int_0^\delta u(u^0 - u)\,\mathrm{d}z = k_z \frac{\partial u}{\partial z}\bigg|_{z=0}. \tag{8.3}$$

Weiter multiplizieren wir die Gleichung (8.1) mit u und eliminieren w mit (8.2). Nach der Integration über z von 0 bis δ erhält man die Integralgleichung für die Energie

$$\frac{\partial}{\partial x}\int_0^\delta u(u^{0^2} - u^2)\,\mathrm{d}z = 2\int_0^\delta k_z\left(\frac{\partial u}{\partial z}\right)^2 \mathrm{d}z\,. \tag{8.4}$$

Sie enthält zwei unbekannte Größen: u und k_z. Aus allgemeinen Betrachtungen kann man schlußfolgern, daß an der Oberfläche der Platte der Koeffizient k_z den Wert der molekularen Zähigkeit ν erreichen muß und in einiger Entfernung δ_1 über der Platte praktisch den Wert des turbulenten Austauschkoeffizienten der Anströmung k^0 annimmt. Die Ebene δ_1 muß nicht mit der Grenzschichtdicke δ für die Geschwindigkeit u zusammenfallen, das heißt $\delta/\delta_1 = r_1$.

Sobald bekannt ist, daß in der Grenzschicht die Geschwindigkeit mit der Höhe annähernd logarithmisch und der Austauschkoeffizient linear anwachsen, kann man eine Lösung der Aufgabe in der Form suchen, die auch den Randbedingungen genügt:

$$u = u^0 \ln\frac{\eta}{\nu}\bigg/\ln\frac{\eta_1}{\nu} \quad \text{für} \quad z<\delta \quad \text{und} \quad u = u^0 \quad \text{für} \quad z>\delta,\ k_z = \eta \quad \text{für} \quad z<\delta_1 = \frac{\delta}{r_1}$$
$$\text{und}\ k_z = k^0 \quad \text{für} \quad z \geqq \delta_1, \quad \text{wobei} \quad \eta = \nu + (k^0 - \nu)\frac{r_1 z}{\delta} \quad \text{und} \quad \eta_1 = \eta|_{r_1=1} \ \text{gilt}. \tag{8.5}$$

Setzt man die Ausdrücke für u und k_z in (8.3) ein, so erhält man

$$\frac{u^0}{r_1(k^0 - \nu)\ln\eta_1/\nu}\left(\eta_1 + \nu - 2\frac{\eta_1 - \nu}{\ln\frac{\eta_1}{\nu}}\right)\frac{\mathrm{d}\delta}{\mathrm{d}x} = \frac{\eta_1 - \nu}{\delta\ln\frac{\eta_1}{\nu}}. \tag{8.6}$$

Ein analoger Ausdruck folgt aus (8.4).

Eliminieren wir weiterhin δ_1, so erhalten wir eine Gleichung, aus der sich r_1 bestimmen läßt. Durch Integration der Gleichung (8.6) erhält man

$$\delta = \sqrt{\frac{2(k^0 - \nu)^2 r_1^2 x}{u^0\left(\eta_1 + \nu - 2\frac{\eta_1 - \nu}{\ln\eta_1/\nu}\right)}}. \tag{8.7}$$

Die Gleichung für r_1 wurde mit Hilfe elektronischer Rechner gelöst. Die durchgeführten Rechnungen zeigten, daß die Größe r_1 sich in Abhängigkeit der Werte von u^0 und k^0 nur verhältnismäßig gering ändert und daß der Mittelwert von r_1 näherungsweise 5,5 beträgt, das heißt, die Grenzschicht für den Übertragungskoeffizienten ist beispielsweise 5,5mal dünner als die Geschwindigkeitsgrenzschicht. Über δ und r_1 erhält man u und k_z. Danach findet man w als Ergebnis der Integration der Kontinuitätsgleichung über u.

8.3. Zusammenhang zwischen der Aerosolkonzentration und dem Aerosolstrom auf die Meßplatte

Führt man die dimensionslose Konzentration $q_1 = (q_0 - q)/q_0$ ein, so kann man die Diffusionsgleichung in der Form

$$u \frac{\partial q_1}{\partial x} + (w - w_0) \frac{\partial q_1}{\partial z} = \frac{\partial}{\partial z}\left(k_z \frac{\partial q_1}{\partial z}\right) \tag{8.8a}$$

schreiben mit den Randbedingungen $q_1 = 0$ für $x = 0$, $q_1 = 1$ für $z = 0$ und $q_1 \to 0$ für $z \to \infty$. Dabei ist w_0 die Sinkgeschwindigkeit der ausfallenden Aerosole. In dieser Gleichung sind auch die weiter oben errechneten Größen u, w und k_z enthalten. Den Strom der Beimengungen auf die Platte im Punkt x bestimmt man nach der Formel

$$P_x = q_0 \left(k_z \frac{\partial q_1}{\partial z} + w_0\right). \tag{8.8b}$$

Den gesamten Stoffstrom P' auf die Platte der Länge L und der Einheitsbreite findet man aus der Beziehung

$$P' = \int_0^L P_x \, \mathrm{d}x . \tag{8.8c}$$

Zweckmäßigerweise wird der turbulente Stoffstrom gesondert definiert:

$$P_\mathrm{T} = q_0 \int_0^L k_z \frac{\partial q_1}{\partial z} \, \mathrm{d}x . \tag{8.8d}$$

Damit ist

$$P' = P_\mathrm{T} + w_0 q_0 L .$$

Aus den Berechnungen, die mit verschiedenen Werten der Eingangsparameter durchgeführt wurden, geht hervor, daß der turbulente Aerosolstrom auf die Platte nur verhältnismäßig gering von der Änderung der Sinkgeschwindigkeit w_0 der Aerosole im Bereich von 0 bis 0,1 m/s abhängt. Es gilt näherungsweise

$$P_\mathrm{T} \approx 0{,}215 q_0 (k^0)^{0,1} (u^0)^{0,5} L^{0,6} , \tag{8.8}$$

dabei werden k^0, u^0 und L in m²/s, m/s und m gemessen.

Wachsen u_0 und k_0 mit der Höhe, so erhöht sich auch der turbulente Aerosolstrom dementsprechend mit der Aufstellungshöhe der Platte. Beachtet man die Änderung von u^0 und k^0 mit der Höhe, so kann man die Abhängigkeit des Verhältnisses von P_T/q_0 von der Aufstellungshöhe H^* der Platte bestimmen. Diese Abhängigkeit ist allerdings nur für ein genügend großes H^* (gewöhnlich 1 m und mehr) brauchbar, wo – wie gezeigt wurde – die Annahmen über die Konstanten u^0 und k^0 im Bereich der Grenzschicht über der Platte richtig sind.

Es ist interessant, die erhaltenen Ergebnisse mit der Lösung der Gleichung der turbulenten Diffusion für den einfachsten Fall zu vergleichen, bei dem die Umströmung der Platte vernachlässigt wird und die Windgeschwindigkeit u_z und der Austauschkoeffizient k_z über der Höhe konstant sind (d. h., sie entsprechen u^0 und k^0) und bei dem die Geschwindigkeit w mit der Sinkgeschwindigkeit w_0 übereinstimmt. Bei kleinem w_0 (bis zu 0,1 – 0,2 m/s) gilt

$$-k_z \left.\frac{\partial q_1}{\partial z}\right|_{z=0} = \sqrt{\frac{u^0 k^0}{\pi x}} .$$

Daraus ergibt sich der gesamte turbulente Stoffstrom auf die Platte zu

$$P_{\mathrm{T}} = \frac{2q_0}{\sqrt{\pi}} \sqrt{u^0 k^0 L} . \tag{8.9}$$

Die Beziehung (8.9) ist der Formel (8.8) ähnlich. Allerdings unterscheiden sich die Faktoren vor den Exponentialgliedern um das Vierfache. Merklich unterscheiden sich auch die turbulenten Ströme in beiden Fällen bei verschiedenen Abständen x. Die vorhandenen experimentellen Werte bestätigen die erhaltenen Beziehungen. Einige Fragen, die das Auffangen der Aerosole auf klebrigen Platten betreffen, werden auch in der Arbeit von Bjekorjukow und Karol (1962) behandelt. Bekannt sind auch andere Formeln für die Bewertung des Fallouts von Industriestäuben (Howkins u. Nonhebel, 1955, u. a.).

8.4. Theorie der Strahlungsübertragung in staubiger Atmosphäre

Im Abschnitt 7.4. wurde bemerkt, daß es erforderlich ist, die Ergebnisse der Theorie der Streuung und Absorption von Strahlung in staubiger Atmosphäre zu nutzen, um Untersuchungen zum Aerosolgehalt in der Luftsäule ausgehend von aktinometrischen Beobachtungswerten durchführen zu können. Die Grundlage dieser Untersuchungen (Berljand u. a., 1974) bildet die Übertragungsgleichung für die Sonnenstrahlung in der Atmosphäre für eine flächenparallele Luftschicht, die man in folgender Form schreibt:

$$\cos\vartheta \,\frac{\mathrm{d}I(\vartheta,\varphi,\tau)}{\mathrm{d}\tau} = I(\vartheta,\varphi,\tau) + \frac{\lambda}{4\pi}\int\limits_0^{2\pi} \mathrm{d}\varphi' \int\limits_0^{\pi} I(\vartheta,\varphi',\tau)\,\chi(\gamma)\sin\vartheta'\,\mathrm{d}\vartheta' . \tag{8.10}$$

Hierbei ist τ die optische Dichte der Atmosphäre, die mit dem Trübungsfaktor der Strahlung $\varkappa(z)$ durch folgende Beziehung verknüpft ist:

$$\tau = \int\limits_0^z \varkappa(z)\,\mathrm{d}z$$

Dabei sind I die Intensität der Strahlung, ϑ der Winkel zwischen der Ausbreitung und der z-Achse, φ der Azimutwinkel, ϑ', φ' entsprechen den Veränderlichen der Integration, $\chi(\gamma)$ ist die Indikatrix der Streuung unter dem Winkel γ.

Wir führen die Größen τ_A und $\tau_S(\tau = \tau_A + \tau_S)$ ein, die der Absorption und Streuung der Strahlung entsprechen.
Dabei ist

$$\lambda = \frac{\tau_S}{\tau_S + \tau_A}. \tag{8.11}$$

Ähnlich wie es sich bei der Aktinometrie ergibt, hat $I(\vartheta, \varphi, z)$ die Form einer Summe aus zwei Komponenten: der Intensität der direkten Strahlung I_d und der Streustrahlung I_s. Die Bestimmung der Intensität I_d kann man mit Hilfe der δ-Funktion in folgender Form ausdrücken:

$$I_d = I(\tau)\,\delta(\vartheta - \vartheta_\odot)\,\delta(\varphi - \varphi_\odot)\,, \tag{8.12}$$

Dabei entsprechen $\vartheta_\odot$ und $\varphi_\odot$ dem Zenit- bzw. dem Azimutalwinkel der Sonne. Wird in (8.10) $I = I_d + I_s$ gesetzt, so erhalten wir zwei Gleichungen. Aus der Integration der ersten von ihnen ergibt sich für I_d unter der Annahme, daß an der oberen Grenze der Atmosphäre $\tau = \tau^*$ gilt,

$$\tau^* = \int_0^\infty \varkappa(z)\,\mathrm{d}z\,, \tag{8.13a}$$

und die Intensität der Strahlung gleich der Solarkonstanten S_0 ist, das bekannte Gesetz von BUGE

$$S_\odot = S_0\,\mathrm{e}^{-\tau \sec \vartheta_\odot}\,, \tag{8.13}$$

worin $S_\odot = I_d(0)$ die direkte Sonnenstrahlung ist, die die Erdoberfläche erreicht.

Für die Intensität der Streustrahlung I_s folgt aus (8.10) die Gleichung

$$\cos\vartheta\,\frac{\mathrm{d}I_s}{\mathrm{d}\tau} = -I_s + \frac{\lambda}{4\pi}\,I(\tau)\,\chi(\gamma_\odot) + \frac{\lambda}{4\pi}\int_0^{2\pi}\mathrm{d}\varphi'\int_0^{\pi} I_s\,\chi(\gamma)\sin\vartheta'\,\mathrm{d}\vartheta'\,, \tag{8.14}$$

wobei gilt:

$$\gamma_\odot = \gamma|_{\vartheta=\vartheta_\odot} \quad \text{und} \quad \gamma_\odot = \arccos\left[\cos\vartheta\cos\vartheta_\odot + \sin\vartheta\sin\vartheta_\odot\cos(\varphi - \varphi_\odot)\right].$$

Bei genauerer Betrachtung der Gleichungen läßt sich die Intensität der Streustrahlung in I_1 und I_2 zerlegen. I_1 und I_2 sind richtungsbezogen und kennzeichnen die Strahlung von oben oder von unten. ϑ wird für die aufwärts gerichtete Strahlung mit Θ und für die nach unten gerichtete mit $\pi - \Theta$ bezeichnet. Wenn sich ϑ im Bereich von 0 bis π ändert, so ändert sich Θ von 0 bis $\pi/2$. Außerdem führt man zwei Indizes beim Winkel γ ein. Der erste kennzeichnet die Halbkugel, von der die Strahlung einfällt, der zweite die Richtung der Streustrahlung, wobei sich der Index 1 auf die obere Halbkugel und der Index 2 auf die untere Halbkugel bezieht. Für die direkte Strahlung verwendet man als ersten Index die 3. Somit ergibt sich für I_1 die Gleichung

$$\cos\Theta\,\frac{\mathrm{d}I_1}{\mathrm{d}\tau} = -I_1 + \frac{\lambda}{4\pi}\,I(\tau)\,\chi(\gamma_{31}) + \frac{\lambda}{4\pi}\int_0^{2\pi}\mathrm{d}\lambda'\int_0^{\pi}\left[I_1\chi(\gamma_{11}) + I_2\chi(\gamma_{21})\right]\sin\Theta'\,\mathrm{d}\Theta'.$$

Die analoge Beziehung für I_2 unterscheidet sich von der letzten nur durch das negative Vorzeichen auf der linken Seite und dadurch, daß man γ_{31} durch γ_{32}, γ_{11} durch γ_{12} und γ_{21} durch γ_{22} ersetzt.

Bei der Lösung der Gleichungen nimmt man an, daß an der oberen Grenze die nach unten gerichtete indirekte Strahlung gleich Null ist und daß auf dem Untergrund mit der Albedo a die Reflexion der direkten und der indirekten Strahlung isotrop nach dem LAMBERTschen Gesetz erfolgt.

Eine der effektivsten Methoden zur Lösung des erhaltenen Gleichungssystems besteht in der Entwicklung der gesuchten Funktion in eine Potenzreihe der Form

$$I_i = \sum_{n=1}^{\infty} \lambda^n I_i^n \quad (i = 1, 2) .$$

Hier ist I_i^n die Lösung, die der Streuung n-ter Ordnung entspricht. Die Darstellung der realen Indikatrix der Strahlung erfolgt zweckmäßig durch eine Entwicklung in ein Polynom nach LEGENDRE in folgender Form:

$$\chi(\gamma) = \sum_{k=0}^{\infty} C_k P_k (\cos \gamma) \quad \text{und } P_k(\cos \gamma) = \sum_{s=0}^{k} P_k^s(\cos \gamma)^s .$$

Die Lösung bei beliebiger Indikatrix ergibt die Ausdrücke

$$I_1' = \frac{I_0}{\pi} \cos \vartheta_\odot \, \mathrm{e}^{-\tau^* \sec \vartheta_\odot - \tau \sec \theta} \left\{ \frac{a}{\lambda} - \frac{\chi(\gamma_\odot) \left[1 - \mathrm{e}^{\tau(\sec \vartheta_\odot + \sec \theta)}\right]}{4(\cos \vartheta_\odot + \cos \Theta)} \right\} \tag{8.15}$$

und

$$I_2' = \frac{I_0}{4\pi} \chi(\gamma_\odot) \frac{\cos \vartheta_\odot}{\cos \Theta - \cos \vartheta_\odot} \left[\mathrm{e}^{-(\tau^* - \tau) \sec \theta} - \mathrm{e}^{-(\tau^* - \tau) \sec \vartheta_\odot}\right] . \tag{8.16}$$

Der Gesamtstrom der indirekten Strahlung, der die Erdoberfläche erreicht, wird durch die mit gewöhnlichen Aktinometergeräten gemessene indirekte Strahlung $D_\odot$ dargestellt:

$$D_\odot = \int_0^{2\pi} \int_0^{\pi/2} I_2(\Theta', \varphi', 0) \sin \Theta' \cos \Theta' \, \mathrm{d}\Theta' \, \mathrm{d}\varphi' . \tag{8.17}$$

Auf Grund der gefundenen Lösung mit Berücksichtigung der Streuung erster Ordnung wird

$$D_\odot = \frac{I_0 \lambda}{2} \sum_{k=0}^{\infty} C_k f_k(\tau^*, \vartheta_\odot) , \tag{8.18}$$

wobei gilt

$$\begin{aligned} f_k(\tau^*, \vartheta) = {} & P_k(-\cos \vartheta_\odot) \cos^2 \vartheta_\odot \\ & \times \Bigg\{ P_k (\cos \vartheta_\odot) \, \mathrm{e}^{-\tau^* \sec \vartheta_\odot} E_1 (\tau^* - \tau^* \sec \vartheta_\odot) - \sum_{s=0}^{k} \cos^s \vartheta_\odot \, P_k^s E_1(\tau^*) \\ & + \cos^3 \vartheta_\odot \sum_{s=0}^{k} \cos^s \vartheta_\odot \, P_k^s \sum_{i=2}^{s+2} \sec^i \vartheta_\odot \left[\frac{1}{i-1} \mathrm{e}^{-\tau^* \sec \vartheta_\odot} - E_i(\tau^*) \right] \\ & + P_k(\cos \vartheta_\odot) \ln (\sec \vartheta_\odot - 1) \, \mathrm{e}^{-\tau^* \sec \vartheta_\odot} \Bigg\} \end{aligned} \tag{8.19}$$

mit $E_i(x)$ als Exponentialfunktion i-ter Ordnung.

Ist die Funktion $f_k(\tau^*, \vartheta_\odot)$ für verschiedene k, τ^* und $\vartheta_\odot$ tabuliert, so kann man die Rechnung mit beliebig entwickelter Indikatrix durchführen.

Ein anderer Lösungsweg der formulierten Aufgabe besteht in der Vereinfachung des Ausgangsgleichungssystems. Zu diesem Zweck führt man für die Streustrahlung zwei entgegengesetzt gerichtete vertikale Integralströme $F_i(\tau)$ $(i = 1, 2)$ ein, so daß

$$F_i(\tau) = \int_0^{2\pi} d\varphi' \int_0^{\pi/2} I_i \cos\Theta' \sin\Theta' \, d\Theta' . \tag{8.20}$$

Somit folgt in Übereinstimmung mit den oben erhaltenen Gleichungen für I_i (bei $i = 1, 2$)

$$\frac{dF_1}{d\tau} = -P_1[1 - (\lambda - \Gamma_1)] F_1 + P_2\lambda\Gamma_2F_2 + \lambda\Gamma_2 I(\tau) ,$$

$$\frac{dF_2}{d\tau} = -P_1\lambda\Gamma_1F_2 + P_2[1 - \lambda(1 - \Gamma_2)] F_2 - \lambda(1 - \Gamma_2) I(\tau) \tag{8.21}$$

mit

$$P_i = \frac{\int_0^{2\pi} d\varphi' \int_0^{\pi/2} I_i \sin\Theta' \, d\Theta'}{\int_0^{2\pi} d\varphi' \int_0^{\pi/2} I_i \sin\Theta' \cos\Theta' \, d\Theta'} , \quad \Gamma_i = \frac{\int_0^{2\pi} d\varphi' \int_0^{\pi/2} I_i\beta_i \sin\Theta' \, d\Theta'}{\int_0^{2\pi} d\varphi' \int_0^{\pi/2} I_i \sin\Theta' \, d\Theta'} . \tag{8.22}$$

Hier ist $i = 1, 2$ und

$$\beta_1 = \frac{1}{4\pi} \int_0^{2\pi} d\varphi' \int_0^{\pi/2} \chi(\gamma_{12}) \sin\Theta' \, d\Theta' , \ \beta_2 = \beta_1|_{\gamma_{12}=\gamma_{21}} . \tag{8.23}$$

Für die Randbedingungen nimmt man an, daß an der oberen Grenze der Atmosphäre $F_2 = 0$ und an der Erdoberfläche $F_1 = a[F_2 + S_\odot(0)]$ ist.

Bei der Beschreibung der Strahlungsausbreitung in Form zweier Integralströme kann ihre Schwächung mit der Streuung nur rückwärts verknüpft werden. Sobald die reale Indikatrix stark vorwärts orientiert ist, kann der geringe zurückgestreute Teil der Energie genügend genau durch die Halbkugelindikatrix berücksichtigt werden. Die Möglichkeit zur Aufstellung einer solchen Indikatrix bei der Lösung analoger Gleichungen wurden in den Arbeiten von Berljand (1952, 1956) dargelegt. Der Vergleich mit genaueren Lösungen bestätigte die Richtigkeit dieses Lösungsweges. Nimmt man für die Indikatrix der Streuung die Kugelform an, $\chi(\gamma) = 1$, so erhält man, daß $\beta_i = 1/2$ und entsprechend $\Gamma_i = 1/2$ ist bei $i = 1, 2$. Die Größe P_i stellt physikalisch einige Mittelwerte des $\sec\Theta$ dar, der gewöhnlich zur Vereinfachung der Aufgabe als konstant angenommen wird, so daß $P_i = P$ $(i = 1, 2)$ ist mit $P = \overline{\sec\Theta}$. Rechnungen für die indirekte Strahlung zeigen, daß es genügt, $P = 2$ zu setzen.

Die Lösung der Gleichung (8.21) ergibt mit den angeführten Randbedingungen

$$F_1 = A_1 I(\tau) + C_1 e^{\beta\tau} + C_2 e^{-\beta\tau} ,$$

$$F_2 = A_2 I(\tau) + \frac{C_1}{\lambda}(1 + \sqrt{1 - \lambda})^2 e^{\beta\tau} + \frac{C_2}{\lambda}(1 - \sqrt{1 - \lambda})^2 e^{-\beta\tau} , \tag{8.24}$$

wobei

$$A_1 = \frac{\lambda}{2} \frac{P - \sec \vartheta_\odot}{\sec^2 \vartheta_\odot - P^2(1 - \lambda)},$$

$$C_1 = A_2[\lambda - a(1 - \sqrt{1 - \lambda})^2] - [A_1 - aA_2 - aS_0 \cos \vartheta_\odot]$$

$$\times \frac{(1 - \sqrt{1 - \lambda})^2 \, e^{-\tau^*(\sec \vartheta_\odot + \beta)}}{[(1 + \sqrt{1 - \lambda})^2 - a\lambda] \, e^{\beta\tau^*} - [(1 - \sqrt{1 - \lambda})^2 - a\lambda] \, e^{-\beta\tau^*}}, \quad \beta = P\sqrt{1 - \lambda}. \tag{8.25}$$

ist.

A_2 bestimmt man aus A_1, wenn man in der Rechnung vor $\sec \vartheta_\odot$ das Vorzeichen „$-$" in „$+$" ändert und C_2 aus C_1, wenn man in der Rechnung für C_1 den Ausdruck $(1 - \sqrt{1 - \lambda})$ durch $(1 + \sqrt{1 - \lambda})$ ersetzt.

Analog zu (8.17) bestimmt sich die indirekte Strahlung nach der Gleichung $D_\odot = F_2|_{\tau=0}$:

$$D_\odot = A_2 S_\odot + \frac{1}{\lambda} [C_1(1 + \sqrt{1 - \lambda})^2 + C_2(1 - \sqrt{1 - \lambda})^2], \tag{8.26}$$

wobei $S_\odot$ die direkte Sonneneinstrahlung nach (8.13) ist.

Über $F_1|_{\tau=\tau^*}$ bestimmt man die Albedo a_∞ des Systems Erde-Atmosphäre, und den Strom der Sonneneinstrahlung in die Atmosphäre ε findet man aus der Beziehung

$$\varepsilon = (\mathrm{d}/\mathrm{d}\tau)\,(F_1 - F_2)\,.$$

Die erhaltenen Gleichungen für die indirekte Strahlung $D_\odot$ und für die direkte Strahlung $S_\odot$ sind auf den Fall des nicht bewölkten Himmels bezogen, da sich für Bewölkung in den Gleichungen die Charakteristiken der Abschwächung beträchtlich unterscheiden. Bei vorhandener Bewölkung ist es zweckmäßiger, die Wolkenschicht einzeln zu betrachten und anzunehmen, daß an ihrer oberen Grenze die Sonnenstrahlung mit dem Wert bei klarem Himmel übereinstimmt.

8.5. Bewertung des Streuungs- und Absorptionseffektes der Strahlung durch Aktinometermeßwerte

Gewöhnlich benutzt man zur Analyse der Beobachtungen der direkten Strahlung die Gleichung von Buge (8.13), die es erlaubt, die summarische optische Dichte der Atmosphäre τ^* abzuschätzen. Über die direkte Strahlung bestimmt man auch die anderen mit τ^* verknüpften Größen, beispielsweise den Streuungsfaktor R oder den Trübungsfaktor. Wie im Abschnitt 7.4. gezeigt wurde, sind die Angaben über die direkte Strahlung nicht ausreichend, um die abschwächenden Einflüsse von Aerosolen und anderen Komponenten der Atmosphäre, in erster Linie Wasserdampf, unterscheiden zu können. Manchmal nimmt man an, daß man sobald die Staubteilchen hauptsächlich die Eigenschaften der Streustrahlung bestimmen, über die Aktinometerwerte der Streustrahlung den Aerosolgehalt in der Atmosphäre ermitteln kann. Spezifischere Analysen zeigen, daß auch in diesem Fall nur ein Integralparameter bestimmbar ist, der sowohl von dem Gehalt der streuenden als auch der absorbierenden Substanzen abhängt. Unsere Idee besteht darin, gleichzeitig die Meßwerte des Aktinometers für die direkte Strahlung $S_\odot$ und für die Streustrahlung $D_\odot$ zu analysieren und dabei die Formeln des Abschnitts 8.4. zu verwenden.

Wir vermerken, daß augenscheinlich die Werte der Größen $D_\odot$ und $S_\odot$ bei gegebener Albedo a und sec $\vartheta_\odot$ nur von zwei Parametern abhängen: der optischen Dicke τ^* und der Größe λ. Zusammen mit diesen Parametern kann man auf der Grundlage von (8.11) die Komponenten der optischen Dicke der Atmosphäre τ_A^* und τ_S^* erhalten, die durch die entsprechenden Effekte der Absorption und Streuung hervorgerufen werden. Folglich findet man über die Meßgrößen $D_\odot$ und $S_\odot$ τ_S^* und τ_A^* oder τ^* und λ, indem man die umgekehrte Aufgabe löst.

Die Rechnungen nach Formel (8.25) zeigen, daß bei festgehaltenem Wert von τ_A^* mit der Verringerung von τ_S^* die Streustrahlung $D_\odot$ schnell abnimmt.

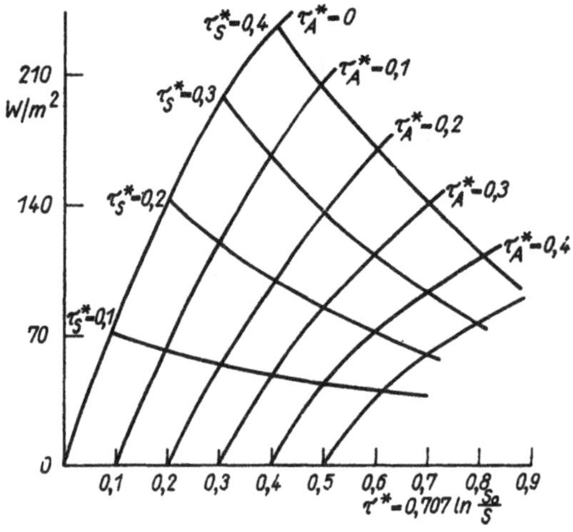

Abbildung 8.1.
Nomogramm zur Bestimmung der Komponenten der optischen Dicke τ_A^* und τ_S^* der direkten Strahlung $S_\odot$ und der diffusen Strahlung $D_\odot$

Abbildung 8.1 zeigt eine Grafik zur Bestimmung der Komponenten der optischen Massen τ_A^* und τ_S^* über die Werte der direkten Strahlung $S_\odot$ und der Streuung $D_\odot$ bei $\vartheta_\odot = 45°$ und einer Albedo der Erdoberfläche von $a = 0{,}2$. Solche Grafiken können auch für andere Werte von $\vartheta_\odot$ und a aufgestellt werden.

Die Berechnungen nach Formel (8.19) geben beispielsweise solche Ergebnisse. Da τ_S^* in erster Linie mit dem Gehalt an Aerosolen verknüpft ist, kann man über die Vergrößerung von $D_\odot$ bei gegebenem τ^* Aussagen über das Anwachsen der Verstaubung der Atmosphäre machen.

Für die Abschätzung der Aerosolkomponente der optischen Masse der Atmosphäre benutzt man auch Meßwerte der direkten Strahlung in verschiedenen Spektralbereichen. Der Ausgangspunkt dafür ist das BUGEsche Gesetz, das für den i-ten Anteil des Spektrums die Form

$$I_i = S_{0i}\, e^{-\tau_i \sec \vartheta_\odot}$$

hat. Die Größe τ_i stellt man häufig als Summe von Komponenten dar, die den Hauptfaktoren der Schwächung der Sonnenstrahlung entsprechen,

$$\tau_i = \tau_R + \tau_{Oz} + \tau_a \,.$$

Hier stellen τ_R, τ_{Oz} und τ_a die entsprechenden Einflüsse der Reliefstreuung, der Absorption durch Ozon und durch die atmosphärischen Aerosole dar. Nach A. ÅNGSTRÖM ist $\tau_a = \beta \lambda_i^{-\alpha}$, dabei stellt λ_i die mittlere Wellenlänge des i-ten Intervalls dar. Der Parameter α hängt hauptsächlich von der Streuung der Aerosole ab und beträgt im Mittel 1,3. Für die Bestimmung von β stellt man sich einen Schwächungskoeffizienten der Strahlung für die Wellenlänge $\lambda = 1$ µm vor. Man nennt β oft den ÅNGSTRÖMschen Trübungskoeffizienten. Bei Werten $\beta < 0,1$ spricht man von einer äußerst reinen Atmosphäre, bei Werten von $\beta > 0,2$ dagegen von einer erheblichen Trübung. Aus der angeführten Formel folgt

$$\beta = \frac{\ln \dfrac{S_{0i}}{I_i} - (\tau_R + \tau_{Oz}) \sec \vartheta_\odot}{\lambda_i^{-\alpha} \sec \vartheta_\odot}.$$

Analog benutzt man den Trübungsfaktor nach SCHUEPP B, der die Größe τ_a für $\lambda = 0,5$ µm festlegt.

Für die Bestimmung von α und β oder B empfiehlt die Weltorganisation für Meteorologie (WMO-Empfehlung, 1974, s. Abschn. 13.9.) Meßwerte von Pyrheliometern nach ÅNGSTRÖM mit drei SCHOTT-Filtern, die Strahlen der Wellenlänge größer 0,53, 0,63 und 0,7 µm durchlassen oder von Sonnenfotometern mit zwei Interferenzfiltern, die es ermöglichen, die Strahlung in einem festen Bereich des Spektrums zu bestimmen.

In der UdSSR verwendet man zu diesem Zweck ein thermoelektrisches Aktinometer mit fünf Glasfiltern (BERLJAND u. RUSSINA, 1977). Für die netzmäßigen Messungen ist es viel einfacher als das Pyrheliometer, was gewöhnlich nur als Einzelgerät vorhanden ist und als Eichgerät genutzt wird. Die Glasfilter sind allerdings breitbandig und entsprechen den Spektralbereichen 0,38—0,47, 0,47—0,53 und 0,53—0,72 µm. Führt man für diese Bereiche mittlere optische Eigenschaften ein, wie das oben für schmale Bereiche üblich war, so führt das hier zu großen Fehlern. Zudem sind für die Bestimmung von β nach der oben aufgeführten Formel, die die Abhängigkeit von der Breite des Spektrums enthält, noch Meßwerte des Gerätes für zwei Farbfilter erforderlich. β selbst findet man aus einer geringen Differenz verhältnismäßig hoher Strahlungswerte. Das macht die Berechnung von β sehr empfindlich gegenüber zufälligen Fehlern. Um diese Schwierigkeiten zu beheben, wurde von GENICHOWITSCH und RUSSINA (1975) vorgeschlagen, β aus Meßwerten in verschiedenen Bereichen des Spektrums durch die Methode der Bestimmung des kleinsten Quadrates des Systems der linearen Gleichungen der Form

$$\sum_{k=1}^{n} a_{ik} x_k = I_i$$

zu bestimmen. x_k bedeutet dabei $x_k = e^{-m\beta\lambda_k^{-\alpha}}$.

Die Verminderung des Einflusses zufälliger Fehler und eine erhöhte Zuverlässigkeit bei der Bestimmung von β erreicht man dabei durch die Benutzung eines überbestimmten Systems von m Gleichungen (mit $m > n$) und der Glättungsmethode von A. N. TICHONOW.

8.6. Bestimmung der charakteristischen Größen der turbulenten Diffusion aus der Schwärzung des Rauchgasstrahls und der Konzentrationsverteilung

Neben den betrachteten grundlegenden Methoden zur Bestimmung der Parameter der atmosphärischen Turbulenz und der Struktur der Luftströmungen sind einfache Arten ihrer Ermittlung nützlich. Insbesondere lassen sich die Parameter der atmosphärischen Diffusion aus der sichtbaren Schwärzung der Rauchfahnen und Schwaden, ausgehend von der Bestimmungsgleichung für die Verteilung von Beimischungen, bestimmen.

Einer der ersten Versuche in dieser Richtung wurde im Zusammenhang mit der Bestimmung des mittleren Koeffizienten der horizontalen Diffusion über der Höhe (Berljand, 1944) unternommen. In der Folgezeit wurde die Theorie zu diesem Problem im Zusammenhang mit der Integration der Gleichung für die atmosphärische Diffusion (1.2) für konstante Bedingungen weiterentwickelt, da die Beobachtungszeit nach dem Beginn der Eintrübung größer ist als die Zeit x/u, die für den Durchlauf bis zum Beobachtungspunkt erforderlich wird, wenn die mittlere Geschwindigkeit über die Höhe $\bar{u}$ beträgt (Berljand, 1961). Weiter nutzt man die Zusammenhänge (1.26) bis (1.33). Aus der Integration von (1.33) über z von 0 bis ∞ bei gegebenen Rand- und Anfangsbedingungen entsprechend Abschnitt 1.10. folgt

$$\int_0^\infty uq \,\mathrm{d}z = MPu_H \,, \tag{8.27}$$

wobei P nach (1.32) bestimmt wird, M der Durchsatz an Beimengungen ist und u_H die Windgeschwindigkeit in der Höhe der Quelle H bedeutet.

Wenn der Mittelwert über die Höhe von $\bar{u}$ unter dem Integral konstant ist, so gilt

$$\int_0^\infty q \,\mathrm{d}z = \frac{MPu_H}{\bar{u}} \,. \tag{8.28}$$

Die Größe $V' = \int_0^\infty q \,\mathrm{d}z$ stellt den Massendurchsatz des Rauches in einem Querschnitt dar. Berechnet man den Einfluß der Rauchteilchen auf die Abschwächung des Lichtes, so muß man berücksichtigen, wie schon Roberts 1923 vorschlug, daß diese Größe auch die Schwärzung der Rauchwolke bestimmt. Bei $V' > N'$ ist die Rauchwolke undurchsichtig, bei $V' < N'$ ist sie durchsichtig, an dem Rand der Rauchwolke ist $V' = N'$. Die Größe N' hängt von der optischen Eigenschaft des Rauches, den Lichtverhältnissen und anderem ab. Folglich bestimmt sich die Kontur des von oberhalb oder unterhalb der Quelle beobachteten Rauchs mit Berücksichtigung von (1.32) nach der Beziehung

$$\frac{M}{2\bar{u}\sqrt{\pi k_0 x}}\, \mathrm{e}^{-\frac{y^2}{4k_0 x}} = N' \,. \tag{8.29}$$

Die Größe $x = L'$, die der Gleichung (8.29) bei $y = 0$ genügt, stellt die sichtbare Länge der Rauchwolke dar. Damit ergibt sich aus (8.29)

$$\frac{M}{2\bar{u}\sqrt{\pi k_0 L'}} = N' \,. \tag{8.30}$$

Für andere x genügt die Breite des horizontalen Querschnitts der Wolke $d' = 2y$ der Beziehung

$$\frac{M}{2\bar{u}\sqrt{\pi k_0 x}} e^{-\frac{d'^2}{16 k_0 x}} = N'. \tag{8.31}$$

Aus (8.30) und (8.31) erhält man

$$k_0 = \frac{d'^2}{8x \ln \frac{L'}{x}}. \tag{8.32}$$

Folglich ist k_0 aus nur zwei Parametern der Rauchwolkenkontur bestimmbar, aus ihrer Gesamtlänge L' und der halben Breite d' in einem gegebenem Abstand x von der Quelle.

Aus der Formel für k_0 folgt, daß für ihre Anwendung die Bestimmung von M, N' und $\bar{u}$ nicht erforderlich ist. Ändern sich die Lichtverhältnisse oder die Quellstärke, so ändern sich bei den gleichen meteorologischen Bedingungen L' und d' entsprechend so daß k_0 nicht beeinflußt wird. Gewöhnlich ist für die Messung von L' und d' nur eine verhältnismäßig kurze Zeit erforderlich, in der nur die schwersten Rauchteilchen aus der Rauchfahne ausfallen. Das vollzieht sich offensichtlich in unmittelbarer Umgebung der Quelle und kann in der Rechnung in Form einer Verringerung der Quellstärke M berücksichtigt werden. Da in der Formel (8.32) M fehlt, kann bei der Bestimmung von k_0 der Fallout der schweren Teilchen nur geringen Einfluß haben. Es ist leicht zu erkennen, daß die Formel (8.32) für Bedingungen hergeleitet wurde, bei denen $k_x = k_0 u$ ist, also unabhängig davon, ob k_0 konstant oder funktionell von x abhängig ist. Deshalb kann man die erhaltenen Ergebnisse auch auf die mittlere Konzentration $\bar{q}$ mit Berücksichtigung der Dispersion der Windrichtungsschwankungen übertragen (s. Abschn. 2.5.).

Da bei genügend großen x der Übergang zu mittleren Konzentrationen näherungsweise dem Austausch von k_0 und $x\varphi_0^2$ entspricht, gilt die Beziehung

$$\varphi_0 = \frac{d'}{2x\sqrt{2 \ln \frac{L'}{x}}}. \tag{8.33}$$

Für die Bestimmung von φ_0 kann man auch die Gleichungen benutzen, die man aus den paarweisen Werten von Rauchfahnendurchmessern d_1' und d_2' erhält, die den Entfernungen x_1 und x_2 entsprechen. Damit kann man aus der Gleichung (8.33) die Größe L' eliminieren, und man bekommt

$$\varphi_0 = \frac{d_1'}{2x_1\sqrt{2}\sqrt{\frac{d_1'^2 x_2^2 \ln x_2/x_1}{d_1'^2 x_2^2 - d_2'^2 x_1^2}}}. \tag{8.34}$$

Die gleichzeitige Anwendung der Formeln (8.33) und (8.34) gibt die Möglichkeit, den erhaltenen Wert von φ_0 zu kontrollieren.

Bei der Bestimmung der vertikalen Komponente des Austausch-Koeffizienten k_z nutzen wir die Kenntnis, daß die vertikale Kontur der Rauchwolke durch die Gleichung

$$\int_{-\infty}^{\infty} q \, \mathrm{d}y = N' \tag{8.35}$$

beschrieben wird. Sobald das Integral $\int_{-\infty}^{+\infty} q \, \mathrm{d}y$ der Konzentration einer Linienquelle entspricht, so kann man für ihre Bestimmung die im Abschnitt 1.8. abgeleiteten Lösungen für $k = k_1 z^m$ und $u = u_1 z^n$ benutzen. Zu diesem Zweck setzen wir in (8.35) näherungsweise $z = H$ für $x = L''$, wobei L'' die Gesamtlänge des Rauchgasstrahls ist, und $z = H + h'/2$ für $x < L''$; h' stellt die vertikale Ausdehnung des Rauchstrahls im Abstand x bei seitlicher Beobachtung dar. Ersetzt man N' und M, so erhalten wir eine Gleichung für k_1/u_1, die in Parameterform L'', h' und x enthält und graphisch leicht lösbar ist. Für kleine Höhen, wo man $H = 0$ setzen kann, hat sie die Form

$$\frac{k_1}{u_1} = \frac{h'^{1+n}}{2^{1+n}(1+n)^2 \, x \ln \dfrac{L''}{x}}. \tag{8.36}$$

Wenn H genügend groß ist, kann man den asymptotischen Ausdruck für die Bessel-Funktion in (1.54) nutzen, und man erhält für $m = 0$

$$\frac{k_1}{u_1} = 2 \frac{\left[\left(H + \dfrac{h'}{2}\right)^{\frac{1+n}{2}} - H^{\frac{1+n}{2}}\right]^2}{(1+n)^2 \, x \ln \left[\dfrac{L''}{x} \left(\dfrac{2H}{2H + h'}\right)^{\frac{1+n}{2}}\right]}. \tag{8.37}$$

Zur Bestimmung der Größe k_1/u_1 ist auch eine Formel anwendbar, die aus (8.37) folgt, wenn man die Länge der Rauchfahne L'' ersetzt,

$$\frac{k_1}{u_1} = \frac{8\left[\left(H + \dfrac{h'}{2}\right)^{\frac{1+n}{2}} - H^{\frac{1+n}{2}}\right]^2 (d_1'^2 x_2^2 - d_2'^2 x_1^2)}{(1+n)^3 (x_1 + x_2) \left[d_1'^2 x_2^2 \ln \dfrac{x_2}{x_1}\left(\dfrac{2H}{2H + \Delta_1}\right) - x_1^2 d_2'^2 \ln \left(\dfrac{2H}{2H + \Delta}\right)\right]}. \tag{8.38}$$

Dabei bedeuten d_1 und d_2 die Breiten der Fahne in den Abständen x_1 und x_2 und Δ die Dicke des Rauchstrahls in der Entfernung x_1 von der Quelle. Bei der Ableitung dieser Beziehung wurde angenommen, daß die Länge der von oben und von der Seite sichtbaren Rauchfahne annähernd gleich ist.

Die erhaltenen Formeln sind sehr einfach und lassen sich bequem handhaben. Zu ihrer Erprobung wurde der Rauch aus einem 25 m hohen Schornstein im Abstand mehrerer zehn Meter in Windrichtung beobachtet (Berljand, 1961). Mit aerologischen Theodoliten wurden von unten die horizontale Ausdehnung L'' und die Breite d_1 der Rauchwolken in Abhängigkeit vom Abstand x bestimmt. Gleichzeitig wurden die meteorologischen Bedingungen festgehalten. Insgesamt erfolgten mehr als 30 Serien von Messungen bei annähernd isothermen Schichtungsbedingungen und bei Windgeschwindigkeiten zwischen 3 und 8 m/s. Die erhaltenen Werte $k_0 \approx 0{,}5$ m liegen nahe denen, die bei anderen Abschätzungen von k_0 in Quellnähe ermittelt wurden. Es ergab sich eine geringfügige Verringerung von k_0 mit zunehmender Windgeschwindigkeit.

Jelissejew (1965, 1966) entwickelte ein Schema zur Bestimmung der Parameter der turbulenten Diffusion für verhältnismäßig große Entfernungen vom Schornstein auf Grund von Meßergebnissen aus Flugzeugen über die Breite und Länge von Rauchfahnen sowie auf Grund von Fotoaufnahmen der Rauchfahnen. Dieses Verfahren wendete er bei Expeditionen im Gebiet des Tschenkinsker und des Tcherepetzker Wärmekraftwerkes an (s. Abschn. 9.3.). Die Breite der Rauchfahne bestimmte er in Abständen von 0,5; 1; 3; 5; 7 und 10 km und für die Fälle, in denen die Länge der Rauchfahne L'' größer war, noch alle weiteren 5 km.

Es wurden die Beobachtungen von 20 Flügen ausgewertet. Daraus konnte festgestellt werden, daß sich die Größe φ_0 nur verhältnismäßig geringfügig mit der Entfernung bis zu 30—40 km vom Schornstein ändert. Die Größe φ_0 wächst mit dem Übergang vom stabilen zum konvektiven Zustand der Atmosphäre beispielsweise im gleichen Verhältnis, wie es für φ_0 weiter oben aus Meßergebnissen über die Windrichtungsschwankungen mittels Universalwindschreibern erhalten wurde. Die Werte φ_0 aus den Flugzeugbeobachtungen waren etwas größer.

Aus Fotos der Rauchfahnen von Wärmekraftwerken bestimmte man in der vertikalen Ebene die Dicke des Rauchstrahls h' in verschiedenen Entfernungen. Dabei wurde der Teil nahe der Quelle ausgelassen, in dem sich der anfängliche Auftrieb stark bemerkbar macht. Von den gemachten Aufnahmen wurden nur die klarsten Bilder ausgewählt. Auf einigen Bildern war der Schornstein mit den auf ihm befindlichen Ringen, deren Abstand als Maßstab diente, zu sehen.

Die Bearbeitung des Materials zeigte, daß an Tagen mit konvektiven Wetterbedingungen der Wert von $k_z = k_1 H$ in Quellhöhe und im Abstand von $x \approx 1$ km ca. 80—130 m^2/s betrug, bei stabilen Zuständen dagegen 4—8 m^2/s. Dabei wurde auch eine Vergrößerung von k_z mit der Entfernung von der Quelle bemerkt. Daraus kann auf einen gewissen vergrößernden Einfluß der großen Wirbel mit zunehmender Entfernung nicht nur auf die Charakteristiken der horizontalen, sondern auch der vertikalen Diffusion geschlossen werden.

In der Arbeit von Jelissejew (1968) wird auch auf eine Reihe von Untersuchungen in England, Japan und anderen Ländern hingewiesen, in denen aus den sichtbaren Umrissen von Rauchstrahlen auch verschiedene turbulente Charakteristiken bestimmt wurden.

Die dargelegten Ergebnisse machen die Effektivität der Bestimmung von Turbulenzparametern aus den Umrissen der Rauchstrahlen offensichtlich. Wichtig ist dabei auch, daß man bei Anwendung dieser Methode ohne schwierige Experimente auskommt und nur die Rauchfahne aus dem Schornstein als Beobachtungsobjekt benutzt wird.

9. Experimentelle Untersuchung der atmospärischen Diffusion

9.1. Stand der experimentellen Untersuchungen

Es werden umfangreiche Experimente durchgeführt, um die Gesetzmäßigkeiten der Schadstoffausbreitung zu erforschen, die Beziehungen für die atmosphärische Diffusion zu berichtigen und zu präzisieren sowie die in den Gleichungen enthaltenen meteorologischen Parameter zu bestimmen. Eine Übersicht der 20 größten Versuche, die in den letzten 10 bis 20 Jahren in den USA und Großbritannien (z. B. die Arbeiten von Islitzer, Cramer, Stewart, Pasquill, Smith, Hay u. a.) sowie auch in der Schweiz (Hogstrom, 1964) durchgeführt wurden, ist im Handbuch „Meteorology and atomic energy" (1971) enthalten. Einige dieser Untersuchungen sind durch einen hohen technischen Ausrüstungsgrad, durch die Komplexität der Beobachtungen und erhebliche Versuchsdauer gekennzeichnet. Sie enthalten viele arbeitsintensive und kostspielige Versuche mit auf dem Erdboden oder in der Höhe stationär oder quasimomentan wirkenden Quellen. So wurde im Projekt „Green Glow" im Staate Washington eine Zinksulfitquelle auf der Erdoberfläche angebracht. Die Probenahme erfolgte an 833 Punkten, die auf konzentrischen Bögen um die Quelle angeordnet waren. Auf den ersten vier Bögen wurden je fünf Maste bis zu einer Höhe von 60 m zu diesem Zweck errichtet. Während des Projektes „Dry Gulch" in Kalifornien wurden mehr als 100 Versuchsserien ausgeführt. Das Bruckley-National-Laboratorium in New York führt schon lange periodische Beobachtungen unter Benutzung eines 130-m-Mastes durch. Umfangreiche Experimente erfolgten in den USA mittels Tetrons-Plastikballons konstanten Niveaus (die Bezeichnung Tetron ergibt sich aus dem Anfang und dem Ende der Worte „tetraederförmiger Ballon"). Indem sich die Tetrons der Luftbewegung anpassen, spielen sie die Rolle von Markierungselementen, die über die Beobachtung ihrer Flugbahnen eine Beurteilung der Intensität der turbulenten Vermischung gestatten (Angell u. a., 1972). Hay und Jesperson (1976) geben Ergebnisse von Versuchen mit Tetrons an, bei denen die Radiopeilung zu ihrer Ortsbestimmung genutzt wurde. Das System bestand aus einem Strahlungssender, der an dem Tetron befestigt war, und aus mehreren genügend weit voneinander entfernten Empfangsstationen. Bei der Bewegung der Tetrons bestimmte man aus der Frequenzänderung durch Doppler-Effekt die Windgeschwindigkeitskomponenten u', v' und w' sehr genau. Aus ihnen errechnete man den Wert des Austauschkoeffizienten über die Formeln $k_x = \overline{u'^2}\,\overline{L}_x$, $k_y = \overline{v'^2}\,\overline{L}_y$ und $k_z = \overline{w'^2}\,\overline{L}_z$, wobei $\overline{L}_x$, $\overline{L}_y$ und $\overline{L}_z$ Lagrangesche Zeitmaßstäbe sind. Für die Überprüfung des berechneten Wertes k_z benutzt man auch den Zusammenhang

$$k_z = -\frac{\overline{u'w'}}{\overline{\dfrac{\partial u}{\partial z}}}.$$

In den Arbeiten SUTTONS und einiger anderer Forscher, auf die im Abschnitt 1.1. und 2.6. eingegangen wurde, wird auf der Grundlage von empirisch-statistischen Überlegungen oft angenommen, daß die Konzentration der Schadstoffe über dem Erdreich der Beziehung

$$q|_{z=0} = \frac{M}{\pi \sigma_y \sigma_z u} e^{-\frac{y^2}{2\sigma_y^2} - \frac{H^2}{2\sigma_z^2}} \tag{9.1}$$

genügt.

In einigen Arbeiten wird anstelle von σ_y und σ_z (PASQUILL, 1962; MID, 1960) die Breite der Wolke $2d'$ und ihre Höhe h' eingeführt, die aus der rechnerischen Verringerung der Konzentration auf 1/10 des Wertes im Zentrum bestimmt werden. So ist d' entsprechend (9.1) mit σ_y folgendermaßen verknüpft:

$$\exp\left(-\frac{d'^2}{2\sigma_y^2}\right) = 0{,}1, \quad \text{das heißt} \quad d' = 2{,}15\,\sigma_y\,.$$

Führt man für $2\,d'$ den Ausbreitungswinkel der Rauchfahne $2\Theta'$ ein, so erhalten wir für kleine Winkel, mit $\Theta' \approx d'/x$, $\Theta' = 2{,}15\,\sigma_y/x$. Zwischen h' und δ_z besteht ein analoger Zusammenhang: $h' = 2{,}15\,\sigma_z$.

Bei vielen der aufgeführten Experimente wurde nicht nur Augenmerk auf die Verbesserung der Beziehung (9.1) gelegt, sondern es wurde eingehend untersucht, welchen Einfluß die Parameter (σ_y, σ_z oder d', h' und Θ'), die die Gleichung (9.1) enthält, auf die Ausbreitung der Beimengungen haben. Durch die Bearbeitung des Beobachtungsmaterials von PASQUILL und MID hat GIFFORD in dem Buch „Meteorology and atomic energy" (1971) für die im Abschnitt 7.6. eingeführten Stabilitätsklassen die Werte für σ_y und σ_z angegeben. Sie sind in Abbildung 9.1 dargestellt.

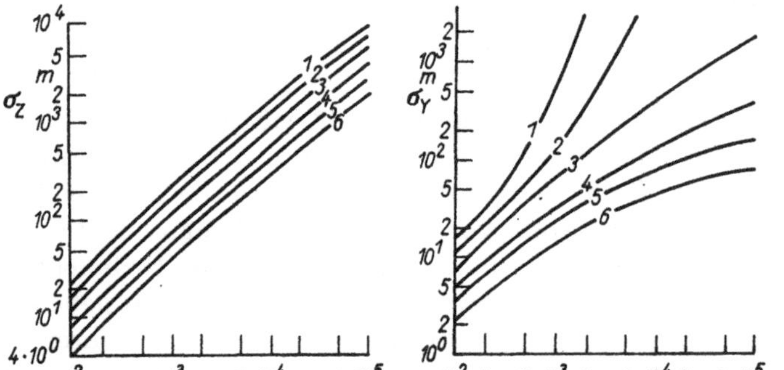

Abbildung 9.1.
Koeffizienten der horizontalen (σ_z) und vertikalen (σ_y) Dispersion
1–6 – Bezeichnung der Stabilitätsklassen

In der Arbeit von GIFFORD (1976) werden analoge Angaben für städtische Bedingungen gemacht.

Mit der Verallgemeinerung der erhaltenen Werte von σ_z und σ_y sowie einem Klassifizierungsschema von Stabilitätszuständen zur einheitlichen Darstellung beschäftigte sich eine Spezialistengruppe der Amerikanischen Meteorologischen Gesellschaft, deren Ergebnisse in der Arbeit von HANNA u. a. (1977) dargelegt werden.

Es wurde festgestellt, daß außer der Abhängigkeit von der Stabilität der Atmosphäre die horizontale Dispersion der Schadstoffe beispielsweise proportional zum Abstand von der Schadstoffquelle wächst. Es zeigte sich auch, daß bei stabiler Schichtung der Atmosphäre in einigem Abstand von der Quelle die Schadstoff-Fahne in vertikaler Richtung nicht mehr wächst. In einigen Arbeiten wird angenommen, daß $\sigma_y \sim x^{\alpha_1}$ und $\sigma_z \sim x^{\beta_1}$ ist, wobei α_1 und β_1 empirische Konstanten sind (WIPPERMANN u. KLUG 1960; REUTER, 1964, u. a.). In Versuchen, die in England durchgeführt wurden, konnte man feststellen, daß sich die Konzentration bei der Probenahme im Zeitraum von 3 bis 60 Minuten proportional zur Zeit mit dem Exponenten 1/5 verringert. Bei Beobachtungen von Tetrons im Abstand von 5 bis 30 km von der Quelle war die Querdispersion bei einer Versuchszeit von 24 Stunden 1,4mal größer als bei 6stündigem Betrieb. Daraus kann man schließen, daß sich die Querdispersion proportional zur Zeit mit dem Exponenten 1/5 vergrößert und daß auch eine bestimmte Abhängigkeit der Konzentration von der Zeit besteht.

Interessant ist auch die Abschätzung des Verhältnisses vom maximalen zum mittleren Wert der Konzentration für einen bestimmten Zeitabschnitt, wie sie von GIFFORD (1960) durch Auswertung der vorhandenen Experimente und seine theoretischen Untersuchungen durchgeführt wurden (s. Abschn. 2.6.). Dieses Verhältnis liegt zwischen 1 und 5, wenn die Quellhöhe und die Höhe der Probenahme übereinstimmen. Für die Bodenkonzentration kann es 50 bis 100 und mehr erreichen, wenn die Quellhöhe 50 bis 100 m beträgt. Mit der Vergrößerung des Abstandes von der Quelle strebt dieses Verhältnis gegen 1.

Die Autoren der Übersichtsarbeit „Meteorology and atomic energy“ zogen den Schluß, daß die Ergebnisse der durchgeführten Experimente mit einigen existierenden Verfahren der statistischen Theorie der Diffusion übereinstimmen, jedoch kann man keinem dieser Verfahren den Vorzug geben. Sie wiesen auch auf die vorhandene Begrenztheit der durchgeführten Versuche hin, unabhängig von der Größe ihres Umfangs. Das bezieht sich vor allem auf die Beobachtung der vertikalen Verteilung der Beimischungen, was mit den großen Schwierigkeiten bei der Durchführung dieser Experimente zusammenhängt. Die Verteilung von schweren Beimischungen erweist sich als wenig untersucht. Nicht untersucht wurden ebenfalls die real anzutreffenden Ausbreitungsbedingungen für die Beimischungen, insbesondere über nichtebenem Geländerelief. Dazu ist weiter hinzuzufügen, daß in den meisten Fällen die betrachteten Versuche mit künstlich aus den Quellen dosierten Beimischungen durchgeführt wurden. Dadurch ist es nicht möglich, einige wichtige Faktoren, die die atmosphärische Verteilung der Schadstoffe beeinflussen, insbesondere den anfänglichen Auftrieb der Beimischungen, zu untersuchen.

Von 20 angeführten Versuchen bezieht sich nur eine geringe Zahl (insgesamt sechs) auf die praktisch am meisten interessierenden hohen Quellen, wobei nur in zwei, in den 50er Jahren durchgeführten Fällen die Ausbreitung von Beimischungen aus realen Quellen untersucht wurden. Die erste bezieht sich auf die Beobachtung der radioaktiven Emission von ^{41}Ar aus einem 68 m hohen Schornstein des Atomreaktors Harwell (England), bei dem die Abgastemperatur annähernd 50 °C betrug. Die zweite Untersuchung besteht in der Messung der SO_2-Konzentration mit dem Flugzeug in der Umgebung eines Wärmekraftwerks im Tal Tennessee (USA). Die Schornsteinhöhe beträgt 100 m, die Abgastemperatur annähernd 150 °C. Außerdem wurde im Tal

Tennessee die SO_2-Konzentration von drei Betrieben mit Schornsteinhöhen von 76, 92 und 153 m gemessen.

In den letzten Jahren sind in England und in den USA umfangreiche über einige Jahre ausgedehnte experimentelle Untersuchungen über die Gesetzmäßigkeiten der Ausbreitung von Schwefelgasen in der Nähe von Wärmekraftwerken durchgeführt worden. Die Materialien der englischen Arbeiten (MARTIN u. BARBER, 1967, 1973) beziehen sich auf zwei Wärmekraftwerke, auf High Marnham (HM) und West Burton (WB). Die Leistung des ersten beträgt 1000 MW, die des zweiten 2000 MW. Beide verfügen über je zwei Schornsteine von 137 und 183 m Höhe. Die Emission von Schwefelgas M_{SO_2} erreichte bei Vollast 3,4 und 7 kg/s. Die Anfangsgeschwindigkeit w_0 betrug 16 bzw. 24 m/s. Die Schwefeldioxidkonzentration in der Umgebung der Kraftwerke wurde mit Gasanalysatoren, die nach dem Prinzip der Leitfähigkeitsmessung arbeiteten, fortlaufend registriert.

Die erste Etappe der Arbeiten bezieht sich auf die Jahre 1963 bis 1967, in denen nur HM arbeitete. Über die Meßwerte der einzelnen Jahre und Zeitabschnitte wurden die mittleren Konzentrationen ausgerechnet. Für die Bearbeitung der Meßwerte zur Bestimmung der Maximalkonzentration benutzten MARTIN und BARBER beispielsweise die gleichen Methoden, die schon früher vorgeschlagen und in der Arbeit von ONIKUL u. a. (1965) dargestellt sind (s. Abschn. 9.3.). Sie bestehen darin, daß man für die einzelnen Abstände von der Quelle bei bestimmten Stabilitätszuständen der Atmosphäre die Höhe der Konzentration in Abhängigkeit von der Windgeschwindigkeit, bei der sie beobachtet wurde, grafisch aufträgt. Daraus bestimmt man das Maximum der Konzentration und die ihm entsprechende kritische Windgeschwindigkeit. Man erhielt das Ergebnis, daß bei instabiler Schichtung die Konzentration $c_M = 2{,}5$ mg/m³ (bei einer Windgeschwindigkeit in Höhe der Schornsteinmündung von $u = 6$ m/s) erreichte. Im Fall des Gleichgewichtszustandes beobachtete man die größte Konzentration in einer Entfernung von 0,8 und 5,5 km. Sie erreichte den Wert 1,9 mg/m³ bei $u = (6 \ldots 9)$ m/s. Bei inversem Temperatuverlauf waren die Konzentrationen immer erheblich niedriger und überschritten bis zu einer Entfernung von 28 km nicht den Wert 0,1 mg/m³. Nach Errichtung von WB im Jahr 1967 betrug seine Anfahrleistung 700 MW, sie stieg im Winter 1968/69 auf die projektierte Leistung von 2000 MW und verringerte sich im Sommer 1969 erneut auf 700 MW. Dadurch konnten die Beobachtungen bei verschiedenen SO_2-Emissionen durchgeführt werden.

Die Beobachtungen der SO_2-Konzentration in der Umgebung von WB wurden an 24 ortsfesten Punkten, die auf drei umschließenden Radien von 5,5; 9 und 13 km lagen, durchgeführt. Nahe dem Kraftwerk WB war ein 46 m hoher meteorologischer Mast aufgestellt worden. In zwei Ebenen des Mastes (6 und 46 m) wurden die Lufttemperaturen gemessen. Außerdem wurden die Angaben der örtlichen aerologischen Station genutzt. Die maximale SO_2-Konzentration war im Winter 1968/69 im Gebiet WB etwas geringer als bei HM, obwohl das erste Kraftwerk die doppelte Leistung des zweiten bringt. Das kann dadurch erklärt werden, daß die Schornsteinhöhe bei WB wesentlich größer als bei HM ist.

Die Autoren geben auch die mittleren Konzentrationen, die auf unterschiedliche Zeitabschnitte der Probenahmen bezogen sind (drei Minuten, eine Stunde, ein Tag, ein Monat), an. Für Entfernungen zwischen 2 und 13 km von der Quelle ergab sich, daß die Mittelwerte für drei Minuten 2—4mal größer sind als der Stundenwert, daß die Stundenmittelwerte 7—8mal den Tageswert und die Tageswerte 9—10mal den Monatswert überschreiten. Mit der Entfernung von der Quelle verringert sich dieses Verhältnis.

In den zwei Ebenen des meteorologischen Mastes (6 und 42 m) sind auch Konzentrationsmessungen durchgeführt worden. Wesentliche Unterschiede der Meßwerte wurden nur bei Temperaturinversionen offensichtlich. Die Experimente schlossen auch Beobachtungen über die Rauchfahnenhöhe sowie ihre horizontale und vertikale Ausbreitung mit Hilfe eines Lidars ein.

Auch in England wurde ein umfangreicher Zyklus zur Untersuchung der Verteilung der mittleren täglichen Schwefeldioxidkonzentration und ihrer zeitlichen Änderung von sechs Wärmekraftwerken mit 2000 MW Leistung über die Zeit von zwei und mehr Jahren durchgeführt (Klark u. Spurr, 1976).

In den USA verwirklichte man seit Herbst 1967 ein fünfjähriges Programm zur Untersuchung der Verschmutzung der Atmosphäre durch Schwefeldioxid aus großen Wärmekraftwerken. Die Arbeiten wurden unweit von Pittsburgh durchgeführt, wo entlang einer Geraden im Abstand von 40 km drei Wärmekraftwerke liegen (Keystone, Homer City und Conemaugh), deren Leistungen 1800, 1200 und 900 MW betragen. Die Schornsteine der ersten zwei Wärmekraftwerke haben eine Höhe von 244 m, die des dritten beträgt 305 m. Die Beobachtungen führte man in Monatsserien, zum Beispiel zwei Serien im Jahr, durch. Während einer Serie wurde stündlich gemessen. Für die grundlegenden Messungen der SO_2-Konzentration benutzte man auf Hubschraubern installierte Geräte. Dabei wurde die Konzentration nicht an einzelnen Punkten auf der Erde bestimmt, sondern in 30 bis 60 m Höhe in Querschnitten durch die Rauchfahne. Der Hubschrauber flog dabei in verschiedenen Abständen von der Quelle, bis zu einer Entfernung von 16 km. Außerdem wurde nach der Methode von West und Gaeke (s. Abschn. 7.1.) die über 30 Minuten gemittelte bodennahe Konzentration mit Hilfe von zehn tragbaren Geräten gemessen. Detailliert wurden die Schwefelgasemissionen und andere Emissionsparameter untersucht. Eine detaillierte Analyse des Beobachtungsmaterials in der Nähe der Wärmekraftwerke Keystone und Homer City wurde in der Arbeit von Berljand und Onikul (1977) vorgenommen. Nachfolgend werden einige Ergebnisse aus dieser Arbeit angeführt.

Das Kraftwerk Keystone hat zwei Schornsteine mit einer Höhe von 244 m und einem Mündungsdurchmesser von 8,3 m. Jeder der Schornsteine gehört zu einem Kraftwerksblock. In den meisten Fällen arbeitete nur ein Block, und daher erfolgte die Emission nur aus einem Schornstein. Die Minimal- und Maximallast des Kraftwerks betrug bei dem Betrieb eines Blockes 450 bzw. 950 MW und beim Betrieb von zwei Blöcken 850 bzw. 1850 MW. Im Kraftwerk wurde Kohle mit einem Schwefelgehalt S^P von 2,1 bis 2,4% verbrannt.

Infolge der geringen Schwankung des Schwefelgehalts S^P erhielt man einen sehr genauen Zusammenhang zwischen der Emission von Schwefeldioxid M_{SO_2} in g/s und der Kraftwerksleistung E in MW. In den aufgeführten Grenzen der Änderung von E bei einem Block von 450 bis 950 MW wird das durch den linearen Zusammenhang $M_{SO_2} \approx 4E$ ausgedrückt. Ebenso genau ist die Korrelation zwischen der Leistung E und den Abgasen V_1, die durch die Sauerstoffmenge, welche für die Verbrennung erforderlich ist, bestimmt wird. Wenn man V_1 unmittelbar aus den Mündungsdurchmesser des Schornsteins D und der Austrittsgeschwindigkeit der Gase w_0 (in m/s) bestimmt, so zeigt sich, daß $w_0 = 0{,}021\ E$ ist. Mit geringerer, aber dennoch ausreichender Korrelation zwischen E und der Überhitzung der Rauchgase gegenüber der Umgebungsluft ΔT (in K) erhält man $\Delta T \approx 0{,}07\ E + 60$.

Da das Wärmekraftwerk in einem Industriebezirk liegt, ist bei der Analyse der Meßwerte die Grundkonzentration der Luftverschmutzung C_g zu berücksichtigen, besonders bei Wind aus Richtung des großen metallurgischen Zentrums der 80 km entfernten Stadt Pittsburgh. Zu diesem Zweck wurden spezielle Auswertungen der Meßergebnisse durchgeführt. Sie bestanden in der Aufteilung aller erhaltenen SO_2-Konzentrationswerte in sechs Intervalle sowie der Bestimmung von Häufigkeiten der Windrichtung für jeden Bereich (die Unterteilung der Windrose betrug 45°). Weiterhin wurde nach Art der Windrose die „Verschmutzungsrose der Atmosphäre" aufgestellt, die durch die Eintragung der Konzentrationsänderung mit der Windrichtung im gegebenen Intervall charakterisiert ist. Aus der Analyse der erhaltenen Ergebnisse sieht man, daß die größte Konzentration in den Fällen auftrat, wenn der Wind von Pittsburgh her wehte. Dabei wurde eine Grundkonzentration C_g von 0,3 mg pro m^3 bestimmt. Das Maximum der Konzentration unter der Rauchfahne des Kraftwerks bei ungünstigen Wetterbedingungen betrug nach Elimination der Grundkonzentration 0,55 mg/m^3.

Analoge Analysen wurden für das Kraftwerk Homer City durchgeführt, dessen Emissionen aus einem 244 m hohen Schornstein mit einem Mündungsdurchmesser von $D = 7{,}3$ m austraten.

Parallel zu den Konzentrationsmessungen führte man meteorologische und aerologische Beobachtungen durch. Zeitweilig beobachtete man die Form der Rauchfahne. Das Programm war speziell zur Ermittlung des Zustandes vorgesehen, der sich infolge des Anwachsens der Zahl von Wärmekraftwerken in diesem Bezirk ergab.

Die Meßergebnisse wurden von Schiermier und Niemeyer (1971, 1974) veröffentlicht. Einige erste Analysenergebnisse des erhaltenen Materials sind im Artikel von Pooler und Niemeyer (1971) dargelegt. Darin wird insbesondere bemerkt, daß von den Kraftwerken Homer City und Conemaugh aus in den Richtungen, in denen das Gelände 60 bis 100 m abfällt, die Konzentration größer war als in den anderen Richtungen. In der Umgebung des Wärmekraftwerks Keystone, das in einem ebeneren Gelände liegt, wurde kein Einfluß der Topographie auf die Verteilung der SO_2-Konzentration festgestellt.

Von 1966 bis 1969 erfolgten auch ortsfeste Messungen des SO_2-Gehalts im Gebiet des Wärmekraftwerks Cardinal (USA) mit einer Leistung von 1200 MW. Die SO_2-Konzentrationen wurden durch Gasanalysatoren an sechs Punkten, die im Abstand von 3 bis 16 km verteilt waren, registriert. Gleichzeitig führte man Beobachtungen der Windgeschwindigkeit und der Lufttemperatur am Mast durch. Die erzielten Ergebnisse enthält die Arbeit von Frankenberg u. a. (1971).

In den Jahren 1968 bis 1970 wurden die SO_2-Konzentration und meteorologische Elemente im Gebiet des Wärmekraftwerks Sioux (USA) systematisch untersucht. Die Leistung des Kraftwerks beträgt 1050 MW. Es besitzt zwei Schornsteine von 183 m Höhe, deren mittlere SO_2-Emission 24 t/h beträgt. (McLaughlin u. a., 1971). Die Konzentrationsmessung erfolgte an fünf Punkten in der Umgebung des Wärmekraftwerks im Abstand von 4 bis 12 km. Die maximale Konzentration betrug beispielsweise 1,1 mg/m^3 bei einer Windgeschwindigkeit von ca. 2 m/s.

Eine Reihe von Experimenten in den USA wurden unter den Bedingungen eines komplizierten Reliefs durchgeführt. Im Dezember 1975 untersuchte man die Ausbreitung von SO_2-Gasen eines Wärmekraftwerkes im Staate Nevada. Es liegt in einem 5 km breiten Tal von 15 km Länge; die Hanghöhen betragen 400 bis 700 m (ROFFMAN u. a., 1976). Das Kraftwerk besitzt drei Schornsteine, zwei davon haben eine Höhe von 61 m, einer ist 91 m hoch. Ihre SO_2-Emissionen betrugen jeweils 76, 110 und 142 g/s. Die Konzentrationsmessungen führte man mit mobilen Gasanalysatoren auf der Erdoberfläche und auf einem leichten Flugzeug durch. Es wurden auch aerologische Beobachtungen gemacht. Der Vergleich der gemessenen Konzentrationen mit den Rechenergebnissen nach dem GAUSSschen Modell zeigten, daß letztere im Mittel 8,7mal höhere Werte ergeben.

Experimente über die Ausbreitung von Tracern in Cañons mit Steilhängen wurden im Staate Utah der USA durchgeführt (START u. a., 1976). Als Tracer benutzte man Schwefel-6-Fluorid (SF_6). Es wurde über eine Zeit von 60 Minuten aus dem 120 m hohen Schornstein einer Gießerei (Schmelzwerk) emittiert. An den Hängen der Cañons nahm man an 40 Punkten im Verlauf von 120 bis 180 Minuten Luftproben. Außerdem führte man Messungen mit einem Hubschrauber durch. Es wurde festgestellt, daß die Rauchfahne grundsätzlich der Form des Reliefs folgt. Ihre Breite war annähernd doppelt so groß wie über ebenem Gelände. Die Autoren erklärten dieses Zerfließen der Rauchfahne durch das Auftreffen auf die Steilhänge und erhöhte Turbulenz.

Auch in anderen Ländern führte man Versuche verhältnismäßig geringen Umfangs zur Erforschung der Verschmutzung der Atmosphäre in der Umgebung von Wärmekraftwerken durch. In der Tschechoslowakei (NEMEC, 1971) wurde in den Jahren 1964 und 1965 während drei- und zweiwöchiger Perioden in der Umgebung von zwei Wärmekraftwerken gemessen. Eins der Wärmekraftwerke mit 300 MW Leistung und zwei Schornsteinen von 120 m Höhe liegt in einem Tal, das andere Wärmekraftwerk mit 600 MW Leistung und einem Schornstein von 200 m Höhe liegt am Fuße eines Bergrückens. In den Arbeitsperioden während der Tageszeit bestimmte man die SO_2-Emission, die Rauchgastemperatur und die Bodenkonzentration an SO_2 im Zeitraum von sechs bis acht Stunden pro Tag. Dazu benutzte man tragbare, batteriegespeiste Geräte, die nach dem fotokolorimetrischen Prinzip arbeiten. Die Geräte wurden vor Arbeitsbeginn morgens auf Grund der Windrichtungsprognose aufgestellt. Sie waren auf zwei konzentrischen Bögen auf der Leeseite in drei Abständen vom Schornstein (von 1,5 bis 4 km) beim ersten Wärmekraftwerk und in vier Abständen (von 3 bis 13 km) beim zweiten Wärmekraftwerk angeordnet. Im Abstand von ca. 400 m fotografierte man die Rauchfahne, um die Schornsteinüberhöhung zu bestimmen. Während der Untersuchungen wurden die Windgeschwindigkeit und die Windrichtung in der Ebene der Schornsteinmündung gemessen. Die Stabilität der Atmosphäre wurde nur nach den allgemeinen Wetterbedingungen bewertet. Den Beobachtungsergebnissen nach änderte sich die Windgeschwindigkeit von 4 bis 14 m/s. Die Menge des emittierten Schwefeldioxids schwankte zwischen 1,4 und 2,4 kg/s beim ersten und zwischen 4,3 und 6,3 kg/s beim zweiten Kraftwerk. Hinsichtlich der erhaltenen Werte der Schwefeldioxidkonzentration sagt NEMEC nur, daß das Konzentrationsmaximum an der Erdoberfläche von 0,15 bis 0,65 mg/m³ schwankte. Bei der Analyse der Arbeitsergebnisse verglich man die gemessenen maximalen Konzentrationen mit denen nach der SUTTON-Formel. Dabei bemerkte man systematische Abweichungen der Werte und führte entsprechende Berichtigungen der Rechenergebnisse durch. Der Korrekturfaktor betrug im Mittel 0,4.

Die Ergebnisse aus der Bearbeitung der Rauchfahnenfotografien sind im Artikel von Bem (1971) dargestellt. Für die Austrittsüberhöhung ΔH wurden zwei empirische Formeln benutzt. Eine von ihnen (Typ (3.2)) entspricht der Beziehung

$$\Delta H = \alpha_1 \frac{Q_W^{1/4}}{u},$$

worin Q_W die Wärmeleistung der Quelle im MW, u die Windgeschwindigkeit in Quellhöhe und α_1 ein Koeffizient sind. Für das erste Kraftwerk betrug $\alpha_1 = 130$ und für das zweite $\alpha_1 = 250$. In Übereinstimmung mit anderen Formeln bestimmte sich die Schornsteinüberhöhung bei geringen Windgeschwindigkeiten zu $\Delta H = 43\, Q_W u^{-2,7}$.

Partschewski (1971) führt Ergebnisse von Feldmessungen zur Luftverschmutzung im Gebiet des Kraftwerkes Skawino (Polen) an, die von Mai bis Dezember 1961 durchgeführt wurden. Sie umfassen sechs Meßserien von Schwefeldioxidkonzentrationen mit nach dem fotokolorimetrischen Prinzip arbeitenden Gasanalysatoren, die auf zwei Kraftwagen installiert waren. Die Messungen erfolgten unter der Rauchfahne in verschiedenen Abständen von der Quelle. Man führte erdnahe meteorologische und Fesselballonbeobachtungen bis zu einer Höhe von 500 m durch. Bei instabilem Zustand der Atmosphäre schwankte die Schwefeldioxidkonzentration erheblich mit der Zeit. Ihr Maximum erreichte 0,3—0,8 mg/m³. Bei stabiler Schichtung der erdnahen Schicht waren diese Schwankungen verhältnismäßig gering, dabei betrug bei einer Windgeschwindigkeit bis 4 m/s in der Höhe der Schornsteinmündung die mittlere Konzentration 0,13 mg/m³. Bei größeren Windgeschwindigkeiten verringerte sich die Konzentration bis auf 0,07 mg/m³.

Analoge Schwefeldioxidkonzentrationsmessungen über kurze Zeitabschnitte wurden in Polen in der Umgebung des Kraftwerks Turoschowo durchgeführt. Auch hier bemerkte man, daß bei stabilem Zustand der Atmosphäre die Schwankungen der erdnahen Konzentration verhältnismäßig gering waren, dagegen schwankten in den Morgen- und Tagesstunden, in denen ein konvektiver Zustand der Atmosphäre vorlag, die Konzentrationswerte stark. Ihr Maximum erreichte 0,3—0,4 mg/m³ morgens und 0,7 mg/m³ am Ende der täglichen Beobachtungsperiode.

In den vergangenen Jahren führte man komplexe Experimente zur Erforschung der Ausbreitung von Beimengungen unter den Bedingungen eines komplizierten Reliefs durch (Berljand, 1976). Die erste Etappe der Messungen lag im August bis September 1973 in Bulgarien, die zweite im September 1975 in der ČSSR.

In der Zeit des komplexen Experimentes in Bulgarien untersuchte man die Verteilung der Emissionen aus den 150 m hohen Schornsteinen des Wärmekraftwerkes in Varna, das in einem zerklüfteten Gelände am Ufer des Schwarzen Meeres liegt. Die Arbeiten wurden gleichzeitig von Spezialisten der VRB, der UdSSR, der VRP und der ČSSR (Gildenskiold u. a., 1976) nach einem Programm durchgeführt, welches annähernd dem der im Abschnitt 9.2. aufgeführten experimentellen Untersuchungen in der UdSSR entsprach. Es schloß die Bestimmung der Emissionsmenge von Schwefeldioxid und Stickoxiden, der Geschwindigkeiten und Temperaturen der Gase an den Schornsteinmündungen ein. Die Konzentrationsmessungen des Schwefeldioxids führte man in Richtung der Rauchfahne an 15 Punkten durch, die in fünf verschiedenen Abständen bis zu einer Entfernung von 6 km vom Schornstein angeordnet waren. Insgesamt wurden 1500 Proben gezogen. Gleichzeitig führte man Gradientenbeobachtungen der Windgeschwindigkeit und der Temperatur in der erdnahen Luftschicht,

Ballon- und Radiosondenmessungen sowie mikrometeorologische Beobachtungen an einigen charakteristischen Orten des Reliefs durch.

In der zweiten Etappe des komplexen Experimentes führte man die Arbeiten im Gebiet des Wärmekraftwerkes Tissowa (im Westen der ČSSR) durch. Das Kraftwerk hat vier je 100 m hohe Schornsteine und liegt in einer Hügellandschaft mit einer Neigung von 0,06 bis 0,07. Die an dem Versuch beteiligten Spezialisten der ČSSR, der UdSSR, der VRB, der DDR und der VRP benutzten weitgehend automatische Geräte für die Bestimmung der Schwefeldioxidkonzentration anstelle von Handmeßgeräten, wie sie in der ersten Etappe in der VRB benutzt wurden. Die Probenahmen für SO_2 erfolgte in einem Abstand von 1 bis 7 km. Die erzielten Ergebnisse des Experiments sowie Vergleiche mit den Rechenergebnissen sind in Abschnitt 10.1. dargestellt.

9.2. Organisierung der expeditionsmäßigen Untersuchungen in der UdSSR

In den Arbeiten, die in den letzten Jahren in der UdSSR durchgeführt wurden, schuf man ein neues Verfahren zur experimentellen Erforschung der atmosphärischen Diffusion. Für die Erprobung der Theorie und die Gewinnung der erforderlichen Parameter führte das geophysikalische Hauptobservatorium (GGO) „A. I. Wojeikow" komplexe Expeditionen in Gebiete mit großen industriellen Luftverschmutzungsquellen durch. An ihnen nahmen das Wissenschaftliche Forschungsinstitut für Hygiene, Moskau (Moskauer NII für Hygiene), das Allunionsinstitut für Wärmetechnik, das Allunionsinstitut für Aluminium und Magnesium sowie andere Hygiene- und technische Organisationen teil.

Der Komplex der Untersuchungen umfaßte die Bestimmung der Emissionsparameter, die Messung des Konzentrationsfeldes der Beimengungen um die Quelle, die Beobachtung der Rauchfahne, die Gradientenmessung der meteorologischen Elemente nahe dem Erdboden und die aerologischen Beobachtungen in einer Schicht von 1 bis 1,5 km, in der sich die Hauptausbreitung der Beimischungen vollzog.

Die Expeditionen arbeiteten in Gebieten mit verschiedenen Typen von Verschmutzungsquellen, darunter in Industriegebieten mit warmen und kalten Emissionen aus Schornsteinen unterschiedlicher Höhe, in Gebieten mit Einzelquellen punktförmigen oder linienförmigen Typs und ihrer Gruppierung. Die Dauer der einzelnen Expeditionen betrug gewöhnlich ca. $1^1/_2$ Monate. Sie wurden zu verschiedenen Jahreszeiten in unterschiedlichen Klimazonen des Landes durchgeführt. Um den Einfluß eines größeren Spektrums von Bedingungen der Stabilität und des turbulenten Zustandes der atmosphärischen Grenzschicht zu erfassen, erfolgten die Beobachtungen zu verschiedenen Tageszeiten.

Die Expeditionen hatten nicht nur die Aufgabe, die theoretisch abgeleiteten Formeln für die Berechnung der Beimischungskonzentration zu erproben und zu verbessern, sondern auch die Richtigkeit der bei der Projektierung von Industrieprojekten verwendeten Emissionsparameter zu überprüfen. Die Hauptdaten der Expeditionen sind in der Tabelle 9.1 zusammenfassend dargestellt.

In ihrer Komplexität sind diese Arbeiten hinsichtlich der umfangreichen Untersuchungen über die Verteilung von Beimengungen aus realen Quellen einzigartig auf der Welt.

Tabelle 9.1.
Angaben der Expeditionen des GGO

Bezeichnung des Objektes, Typ und Höhe H der Quelle, Charakteristik des Geländes	Beobachtungsperiode	Lufttemperatur T/°C	Übertemperatur der Emissionen ΔT/°C	Untersuchte Stoffe	Zahl der Luftproben	Zahl der meteorologischen Beobachtungsserien in der bodennahen Schicht (bis 15 m)	Zahl der aerologischen Messungen (bis 1 km)
Kraftwerk Stschekino	IX –X 1961	0–10	135–165	SO_2, Asche	300, 120	28	—
Schornsteine $H = 120$ m	III –IV 1962	–15–5	140–170	SO_2, Asche	2300, 600	65	71
hügliges Gelände mit Niveauabfall von 50–70 m	VII –IX 1962	5–25	120–140	SO_2, Asche	2400, 200	30	140
	II –III 1963	–27–0	150–190	SO_2, Asche	6400, 800	40	102
	VII –IX 1963	5–30	115–135	SO_2, Asche	2600, 200	17	140
	III –IV 1965	–16–4	145–165	SO_2, Asche	2200, 400	24	69
Kraftwerk Tscherepet Schornsteine $H = 120$ m ebenes waldiges Gelände	X 1964	10–30	120–150	SO_2, Asche	2700, 300	50	50
Newaer Chemiewerk Schornsteine $H = 100$ m ebenes Gelände in der Stadt am Flußufer	VIII 1964	10–20	15–25	Stickstoffdioxid	500	17	30
Moldauisches Kraftwerk Schornsteine $H = 180$ m Steppe	IX 1965	20–40	20–40	SO_2, Asche	2700, 500	26	162
Kunstfaserwerk in Tscherkassy Lüftungsschächte, Ablufthauben, $H = 15–25$ m Schornsteine $H = 120$ m ebenes Gelände nahe einem ausgedehnten Stausee	VII –VIII 1966	10–30	10–30	CS_2, H_2S	2400, 1000	32	55
Kunstfaserwerk in Krasnojarsk Lüftungsschächte, Ablaufhauben, $H = 15–25$ m Schornsteine $H = 120$ m hügeliges Gelände, Flußtal	II –III 1967	–18–8	30–40	CS_2, H_2S	700, 400	28	52

Kunstfaserkombinat in Balakowo	VII–IX	1967	10–35	10–20	CS_2, H_2S	2600, 900	25	95
Lüftungsschächte, Abluft-hauben, $H = 20$–30 m Schornsteine, $H = 125$ m Steppe	VIII–IX	1968	5–35	15–25	CS_2, H_2S	2500, 500	28	66
Tonerdekombinat in Pikalewo Schornsteine, $H = 25$–80 m Zementproduktion Schornsteine $H = 40$–80 m Heizkraftwerk Schornstein $H = 100$ m ebenes waldiges Gelände	VII–VIII	1969	10–30	20–60 130	SO_2, Asche, CO	2000, 800, 300	50	100
Wärmekraftwerk Kriwoi Rog Schornsteine $H = 250$ und 180 m Steppe	VI–VII	1970	20–35	100–130	SO_2, Asche, Stickstoffdioxid CO	1100, 550, 900, 900	25	30
Bratsker Aluminiumwerk Dachlaternen von 600 m Länge, $H = 25$m	VIII–IX	1970	8–20	20	HF, feste Fluoride	3900, 3900	24	30
Schornsteine $H = 80$ m ebenes waldiges Gelände	VII–VIII	1974	5–35	10	HF, feste Fluoride	2200, 2200	21	40
Wolchower Aluminiumwerk Dachlaternen von 100–150 m Länge, $H = 15$–25 m Schornsteine $H = 50$–120 m ebenes waldiges Gelände	VII–VIII	1971	10–20	10–50	HF, feste Fluoride	4700, 4700	60	30
Stadt Saporoshje hügeliges Gelände am Flußufer	VIII–IX	1972	15–35	0–300	HF, feste Fluoride, Asche, SO_2, CO, NO_2, Phenol	3200, 3200, 1800, 2500, 1900, 2500, 2100	30	45
Stadt Nowokusnezk hügeliges Gelände	VII–VIII	1973	10–35	0–250	HF, feste Fluoride, Asche SO_2, H_2S, NO_2	4300, 4300, 700, 50, 100, 150	21	70
Tadshikisches Aluminiumwerk Dachaufbauten von 680 m Länge $H = 25$ m Schornsteine $H = 120$ m hügeliges Gelände	VIII	1976	20–35	10	feste Fluoride, HF	2800 2800	30	80
Saporoshje, Wärmekraftwerk Schornsteine $H = 320$ m	VI–VII	1976	15–30	100–120	SO_2, NO_2, Asche, SO_2	1300, 1200, 100, 1200	12	80
ebenes Gelände	VI–VII	1977	15–30	100–120	NO_2, Asche	1200, 200	30	100

9.3. Beobachtung der Ausbreitung von warmen Emissionen

Die Erforschung der Ausbreitung von warmen Emissionen erfolgte hauptsächlich in der Nähe von sehr großen Wärmekraftwerken, zum Beispiel den GRES (staatliche (G), Gebiets- (R) Elektrokraftwerke (ES)) bei Stschekino und Tscherepet (Onikul u. a., 1965), beim moldauischen Kraftwerk (Gildenskiold u. a., 1968) und dem bei Kriwoi Rog (Belugina u. a., 1971).

In allen Wärmekraftwerken werden nur die Ascheemissionen durch Elektrofilter gereinigt. Im Moldauischen Wärmekraftwerk wird die Asche durch Naßabscheider entfernt, infolgedessen sind die Rauchgastemperaturen in diesem Kraftwerk spürbar niedriger als in den anderen.

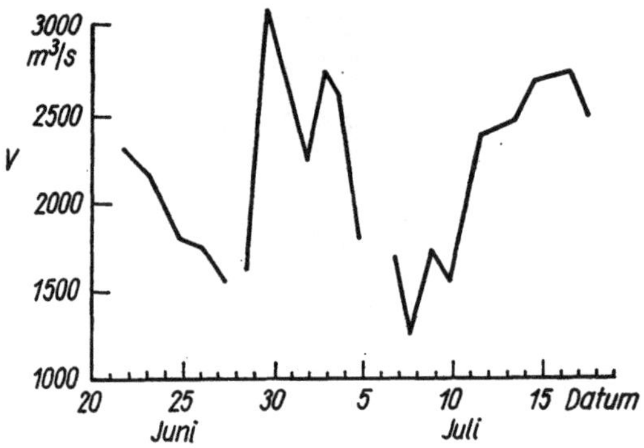

Abbildung 9.2.
Gesamter Abgasvolumenstrom V für alle Schornsteine eines Wärmekraftwerkes

Die während der Arbeit der Expedition nahe dem Wärmekraftwerk bestimmten Emissionsmengen an Schwefeldioxid und Asche sind zusammen mit den entsprechenden Methoden im Abschnitt 7.9. dargestellt worden (Goroschko, 1968). Im Wärmekraftwerk bei Kriwoi Rog bestimmte man auch auf Grund von Konzentrationsmessungen in den Rauchkanälen die Emissionen von Stickstoffoxiden.

Bei den Expeditionen wurde die bekannte Veränderlichkeit der Emission, wie sie für Wärmekraftwerke charakteristisch ist, bestätigt. Sie wird durch die Tages- und Jahreszeit, durch die Zusammensetzung des Brennstoffs und anderes bedingt. Als Beispiel sind in Abbildung 9.2 die Werte für die Änderung der Rauchgasmenge aller Schornsteine des Wärmekraftwerkes bei Kriwoi Rog zusammen dargestellt (Belugina u. a., 1971). An einigen Tagen, am häufigsten an Sonntagen, verringerte sich die Belastung hin und wieder. Die einzelnen Beobachtungen in diesen Fällen erlaubten, den Einfluß der Emissionsmenge auf die Schadstoffkonzentration abzuschätzen.

In der Nähe des Kraftwerks wurden in verschiedenen Abständen bis zu 10 km, manchmal bis 15 oder 20 km vom Schornstein entfernt, unter der Rauchfahne die bodennahen Schadstoffkonzentrationen gemessen (in 1,5 m Höhe). Am ausführlichsten untersuchte man die Verteilung von Schwefeldioxid. In jeder Entfernung wurden an mehreren Stellen Luftproben entnommen, und im Gesamtergebnis wurden gleichzeitig an 15 bis 20 Punkten die SO_2-Konzentrationen gemessen. Das gestattete, den Charakter ihrer Änderung längs der Achse der Rauchfahne und in Querrichtung zu klären sowie das Maximum und die Entfernung zu bestimmen, in der es erreicht wurde. Die Dauer der Luftprobenahme betrug 20 Minuten. 20minütige Perioden zur Bestimmung wurden auch für die in Kapitel 3 abgeleiteten Werte der berechneten Konzentration und auch für verschiedene Werte der maximalen Emissionskonzentration angewendet.

Die Probenahme erfolgte durch Aspirationsgeräte, die das Durchsaugen der erforderlichen Luftmenge durch das Absorptionsmittel gewährleisten. Die Schwefeldioxidproben wurden mit tragbaren Aspiratoren genommen. Für die Analyse der entnommenen Proben benutzte man hauptsächlich fotokolorimetrische Methoden.

Zur Bestimmung der Staubkonzentration ist der Durchsatz verhältnismäßig großer Luftvolumina erforderlich. Dafür benutzte man Aspiratoren, die aus Kraftfahrzeugbatterien mit Elektroenergie versorgt wurden und mit Gewebefiltern FPP-15 (Richter u. a., 1964) versehen waren. Erfolgte die Ascheprobenahme mit Hilfe von Kraftfahrzeugen, so wurden gleichzeitig die Konzentrationen nur in einigen Punkten mit verschiedenen Abständen vom Schornstein gemessen.

Während aller Expeditionen erfolgten die Beobachtungen in täglichen Serien von fünf bis sechs Stunden. Dabei wurde in verschiedenen Serien der Abstand vom Schornstein, in dem die Konzentration gemessen wurde, in solcher Folge geändert, daß die Besonderheiten ihrer Verteilung mit dem Abstand von der Quelle, vor allem der Bereich, in dem das Maximum erreicht wurde, klar hervortraten. Die kürzesten Entfernungen betrugen 0,2; 0,5 und 1 km. Die weitesten wurden durch den Abstand bestimmt, in dem noch merkbare Konzentrationen an Beimengungen feststellbar waren. Die Serien wechselten miteinander (morgendliche, Tagesserien und abendliche) und wurden für verschiedene Wetterbedingungen angesetzt (für klaren oder bewölkten Himmel, für verschiedene Abstufungen der Windgeschwindigkeit usw.). Der Abstand zum Schornstein wurde mit Hilfe eines Stereoentfernungsmessers, mit einem Neigungsmesser auf ebenem Gelände oder mit dem Tachometer des Kfz bestimmt. Bei der Auswertung der Konzentrationsmeßwerte erfolgte die Bestimmung ihres Maximums in Abhängigkeit von der Windgeschwindigkeit und von der Stabilität der Atmosphäre mit besonderer Aufmerksamkeit. Zu diesem Zweck benutzte man eine uns schon bekannte Methode, wonach die Beobachtungswerte gruppiert werden, beispielsweise nach gleichen Bedingungen der Stabilität oder der Emission. Danach zeichnete man ein Diagramm für die Abhängigkeit der Schadstoffkonzentration von der Windgeschwindigkeit in Anemometerhöhe für den jeweiligen Abstand. Die Stelle der Probenahme fällt nicht immer mit der Achse der Windfahne zusammen. Das erklärt die Streuung der Punkte in den Diagrammen. Die niedrigeren Konzentrationswerte haben ihre Ursache im Abweichen der Rauchfahne infolge Änderung der Windrichtung, in ungenauer Positionierung der Probenahmestelle auf Grund der visuellen Bestimmung der Rauchfahnenachse, in der Veränderlichkeit der Emission aus dem Schornstein, der turbulenten Pulsation, größeren Unterschieden in der Windrichtung mit der Höhe und anderem. In den Diagrammen ergibt sich eine einhüllende Linie, über der nur einzelne Punkte liegen können. In dieser Form bestimmt man für jeden Abstand die maximale Konzentration c und die ihr entsprechende Windgeschwindigkeit u. Anschließend erhält man daraus die größte Konzentration c_M, den ihr entsprechenden Abstand x_M und die kritische Windgeschwindigkeit u_M.

Die Veröffentlichung von Onikul u. a. (1965) enthält die Analyse des Materials der ersten Expedition ins Gebiet des Kraftwerks Stschekino. Dort sind charakteristische Diagramme für die Verteilung der Schwefeldioxidkonzentrationen in Abhängigkeit von der Windgeschwindigkeit für Abstände von 3, 4, 6 und 10 km enthalten und ebensolche Diagramme für die Aschekonzentration in Abständen von 1 und 3 km (Abb. 9.3). Die Einhüllende in diesen Diagrammen begrenzt die Hauptmenge der einzelnen Konzentrationen für die Gesamtperiode der Untersuchungen in verschiedenen Abständen vom Wärmekraftwerk. Danach kann man klar den Maximalwert der Konzentrationen für die ungünstigsten Bedingungen der Schichtung im Beobachtungszeitraum und die Windgeschwindigkeit, bei der sie erreicht wird, be-

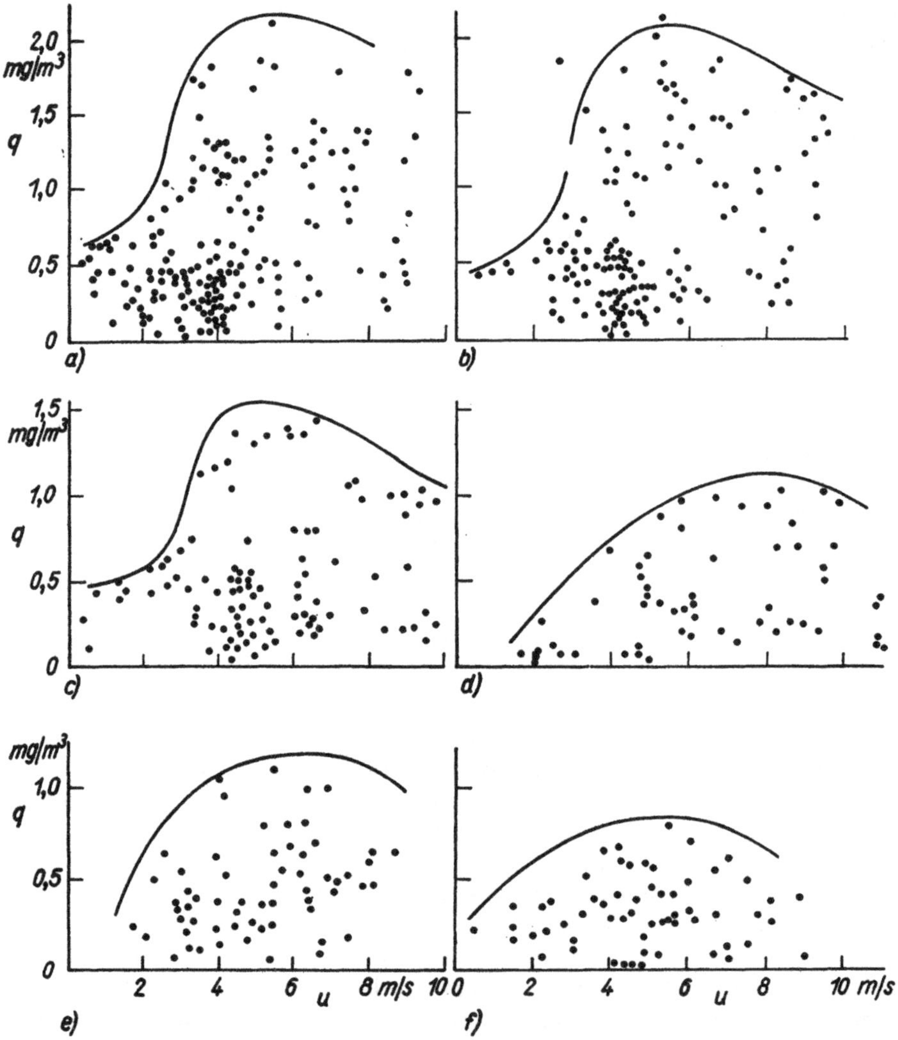

Abbildung 9.3.
Verteilung der Konzentrationen von Schwefeldioxid (a—d) und Asche (e, f) als Funktion der Windgeschwindigkeit u

Kurve	a	b	c	d	e	f
Entfernung vom Schornstein x in km	3	4	6	10	1	3

stimmen. Analoge Diagramme für die Konzentration von SO_2 nach Meßwerten im Gebiet des Wärmekraftwerks 2 bei Kriwoi Rog für die Abstände von 1, 3, 5 und 8 km (BELUGINA u. a., 1971) sind in Abbildung 9.4 dargestellt.

Tabelle 9.2 enthält Werte von Schwefeldioxidkonzentrationen c in mg/m³, die das Ergebnis ähnlicher Bearbeitungen des Materials der Expedition in das Gebiet des moldauischen Wärmekraftwerks (GILDENSKIOLD u. a., 1968) darstellen.

Eine Reihe anderer Ergebnisse von Konzentrationsmessungen, die von Expeditionen stammen, werden weiter unten, beim Vergleich der berechneten und der experimentellen Werte, vorgestellt.

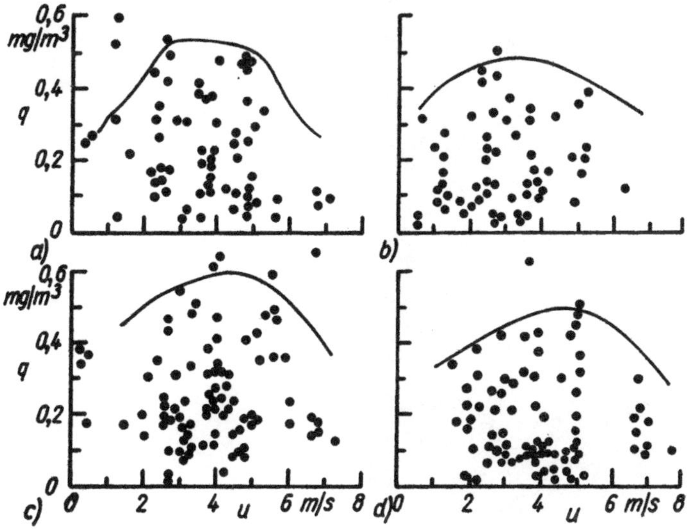

Abbildung 9.4.
Die Konzentration von Schwefeldioxid als Funktion der Windgeschwindigkeit u

Kurve	a	b	c	d
Entfernung vom Schornstein x in km	1	3	5	8

Tabelle 9.2.
Konzentrationswerte von SO_2 in verschiedenen Entfernungen vom Wärmekraftwerk

x/km	Zahl der untersuchten Fälle	u in m/s 2	3	4	6
1	44	0,08	0,09	0,09	0,07
2	48	0,18	0,18	0,18	0,16
3	73	0,23	0,22	0,20	0,16
4	25	0,22	0,27	0,20	0,10
5 u. 6	105	0,17	0,20	0,15	0,11
8 u. 9	56	0,08	0,08	0,07	0,06

Einige Besonderheiten der Verteilung von Beimengungen in der Umgebung von Wärmekraftwerken betrachtet GOROSCHKO (1968a) in seiner Arbeit. Darin führt er eine Analyse der Konzentrationsverteilung über den Abstand von der Quelle an in

Abbildung 9.5.
Rauchfahne eines Wärmekraftwerkes bei schwachem (a) und starkem (b) Wind

Abhängigkeit von der Tageszeit bei verschiedenen synoptischen Situationen, Windgeschwindigkeiten und Schichtungen der Atmosphäre, die durch den Temperaturunterschied in der bodennahen Luftschicht und durch das vertikale Temperaturprofil bis zu einer Höhe von 500 m charakterisiert werden. Es zeigte sich, daß die Konzentration an Schwefeldioxid und an Staub bei entwickelter Konvektion bedeutend höher war als bei einer inversen Temperaturverteilung in der bodennahen Schicht, bei der sich der turbulente Transport von Beimengungen vom Schornstein nach unten verringert. Nach diesem Beispiel ist die Luftverschmutzung in der Umgebung von Wärmekraftwerken tagsüber größer als in den Morgen- und Abendstunden und im Sommer größer als im Winter.

Während der Expeditionen wurden die Rauchfahnen des Wärmekraftwerks systematisch fotografiert. Die Aufnahmen erfolgten aus einer Entfernung von ca. 1 km senkrecht zur Achse der Rauchfahne. Man fotografierte in der hellen Tageszeit alle 15 Minuten und in den Augenblicken, in denen sich die Form der Rauchfahne plötzlich änderte.

Abbildung 9.5 zeigt charakteristische Formen der Rauchfahne bei verschiedenen Windgeschwindigkeiten. Aus den erhaltenen Fotos bestimmte man die Schornsteinüberhöhung ΔH und untersuchte ihre Abhängigkeit von der Windgeschwindigkeit unter Berücksichtigung der Temperatur und der Austrittsgeschwindigkeit der Rauchgase aus dem Schornstein. Die so erhaltenen Ergebnisse werden in Kapitel 10 bei der Gegenüberstellung der theoretischen und experimentellen Ergebnisse dargelegt.

Nach einem ähnlichen Programm wurden Untersuchungen über die Ausbreitung warmer Emissionen bei einer Expedition in dem Gebiet des Tonerdekombinats in Pikalewo (Wdowin u. a., 1973) durchgeführt. Die erzielten Ergebnisse werden ebenfalls in Kapitel 10 vorgestellt.

9.4. Ausbreitung kalter Emissionen

Erste Untersuchungen über die Ausbreitung kalter Emissionen in der Atmosphäre wurden in der Umgebung des Newaer Chemiewerkes im Jahr 1964 durchgeführt (Goroschko u. a., 1966). Dabei untersuchte man die Ausbreitung von Stickstoffoxiden. Die Temperatur der austretenden Gase lag insgesamt 10 bis 20 K über der Temperatur der Umgebungsluft.

Die Untersuchungen wurden nach einem Programm mit geringerem Umfang durchgeführt, als beispielsweise im vorangegangenem Abschnitt dargelegt. Die Konzentrationsmessungen des Stickstoffoxids erfolgten gleichzeitig in zehn Punkten in verschiedenen Entfernungen von der Quelle, genauere Messungen führte man in den Abständen von 0,5; 1; 2 und 3 km durch. Die Luftproben entnahm man in U-förmigen Absorbern nach der Methode von Poleshajew und Girina (1949). Nach einer anderen Methode (Alexejewa, 1963) nahm man gleichzeitig während 20 Minuten drei Momentan-Luftproben in evakuierte Flaschen von 0,5 l Fassungsvermögen oder in Gaspipetten auf. Beide Methoden gaben ähnliche Resultate.

Um die Schornsteinüberhöhung zu untersuchen, wurde in der Arbeitsperiode alle 10—15 Minuten aus einer Entfernung von ungefähr 1 km die Rauchfahne fotografiert. Der Rauch hatte gewöhnlich eine orange Färbung, die für Emissionen von Stickstoffoxiden charakteristisch ist.

Grundlegende Arbeiten zur Erforschung der Ausbreitung von kalten Emissionen in der Atmosphäre wurden in vier Expeditionen in der Nähe von Chemiefaserwerken (Viskosefasern) in Tscherkassy, Balakowo (zweimal) und Krasnojarsk durchgeführt. Die Veröffentlichungen von WDOWIN u. a. (1971) und BAJKOW u. a. (1971) beschreiben diese Arbeiten und die erreichten Ergebnisse.

Die Hauptverunreinigungsquellen für die Luft in der Umgebung von Viskosefaserwerken sind die Abluftemissionen von Schwefelkohlenstoff, der ein Ausgangsprodukt in dieser Industrie ist.

Bei diesen Expeditionen stellte man ein Verfahren für die einzelnen Bilanzen von CS_2 und H_2S auf (s. Abschn. 7.9.). Außerdem bestimmte man das emittierte Gesamtluftvolumen und die Konzentrationen der in ihr enthaltenen Beimengungen an CS_2 und H_2S. Das ermöglichte es, die Emissionsmenge unabhängig zu bestimmen und sie mit den Werten aus den einzelnen Bilanzrechnungen zu vergleichen. Es erwies sich, daß die erzielten Resultate grundsätzlich übereinstimmten.

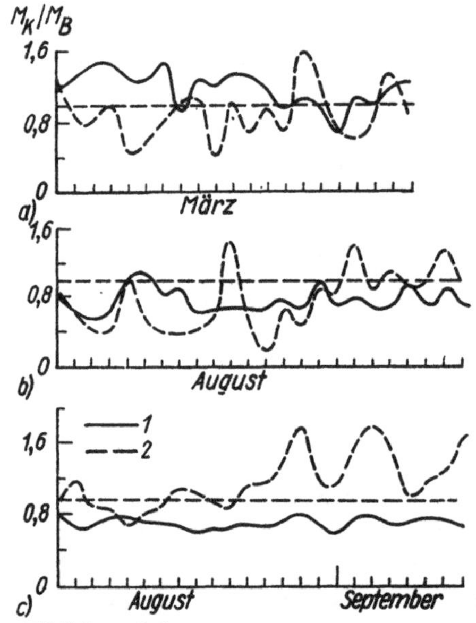

Abbildung 9.6.
CS_2- (1) und H_2S- (2) Emissionswerte von Kunstseidenwerken
a) Krasnojarsk, b) Balakowo 1967, c) Balakowo 1968

Abbildung 9.6 zeigt das Verhältnis von M_K/M_B. Dabei bedeuten M_K und M_B die insgesamt durch die Produktion emittierte Schadstoffmenge, die entsprechend aus den Konzentrationen der Beimengungen und aus den einzelnen Bilanzen berechnet wurden. Die Reinigungsanlage für Schwefelwasserstoff arbeitete stabil, ihr Wirkungsgrad betrug 80–85%. Gleichzeitig wurde durch sie die Schwefelkohlenstoffemission um 10–20% vermindert. Die Schwefelkohlenstoffabscheidung arbeitete bei weitem nicht so stabil, nicht jeden Tag und mit geringer Effektivität. Der Wirkungsgrad der Gasreinigung wurde aus den Meßwerten der CS_2- und der H_2S-Konzentration vor und hinter der Reinigung bestimmt.

Die Abluftemissionen unterschieden sich in der Temperatur nur gering von der Luft in den Produktionsräumen (20 bis 40 K). Deshalb war in der Sommerperiode ihre

Überhitzung ΔT im Vergleich zur Außenluft gering und näherte sich am Tage manchmal dem Wert Null. In der Winterzeit betrug die Überhitzung ΔT 40 bis 50 K.

Die Charakteristiken niedriger Emissionsquellen wurden nur bei zwei Expeditionen in Balakowo bestimmt. In diesen Arbeiten wurden auf Grund von drei Revisionen die Emissionen von fast 300 Quellen erfaßt und für sie auch die Austrittsgeschwindigkeiten und die Temperaturen der Abgase ermittelt. Die erhaltenen Meßergebnisse stimmen in den meisten Fällen mit den Rechenergebnissen aus den Einzelbilanzen überein. Die Höhe H der niedrigsten Quellen betrug 8 bis 20 m bei Durchmessern der Austrittsöffnung zwischen 0,2 und 2,2 m, die Gastemperaturen lagen zwischen 20 und 40 °C, die Gasaustrittsgeschwindigkeiten zwischen 3 und 20 m/s. Der Mittelwert dieser Parameter betrug bei einer Wichtung der Einzelwerte im Verhältnis zur Gesamtemission $H = 15$ m, $D = 1$ m, $T_G = 25$ °C, $w_0 = 5$ m/s. Für die Untersuchung des Einflusses der emittierten Schadstoffmenge auf die Bodenkonzentration wurde während der Expedition in Balakowo an einzelnen Tagen die Reinigungsanlagen ausgeschaltet.

Die Art der Probenahme war gleich der bei den Expeditionen in der Umgebung von Wärmekraftwerken. Die Proben wurden in einer Höhe von 1,5 m im Zeitraum von fünf bis sieben Stunden abwechselnd zu verschiedenen Tageszeiten (beispielsweise von 6 bis 21 Uhr) genommen. Die Zeitdauer der Probenahme betrug für einzelne Proben 20 bis 30 Minuten. Die Fahnen aus den Schornsteinen waren in Krasnojarsk nur im Winter durch die Kondensation der in ihnen enthaltenen Wassermenge bis zu einer Entfernung von einigen hundert Metern sichtbar. Im warmen Halbjahr waren keine Abgasfahnen zu sehen, die Anordnung der Punkte der Probenahme erfolgte nach dem Geruch, der für die zu untersuchenden Gase sehr charakteristisch ist oder auch nach der Windrichtung und den Rauchgasfahnen aus den nächstliegenden Schornsteinen.

Gleichzeitige Probenahmen erfolgten 43mal, in einigen Punkten jedesmal. In Krasnojarsk wurden wegen schwieriger Bedingungen in der Winterzeit gleichzeitige Messungen nur in zwei Abständen durchgeführt. Ein Teil der Proben wurden durch Elektroaspiratoren des Typs LK-1 entnommen, die auf Kraftfahrzeugen installiert waren. Dabei wurden gleichzeitig zwei Proben genommen, die eine für die Bestimmung von Schwefelkohlenstoff, die andere für Schwefelwasserstoff. Einen Teil der Luftproben entnahm man mit Hilfe von Wassertanks, wie sie auch für die Probenahme zur Schwefeldioxidbestimmung in der Umgebung von Wärmekraftwerken eingesetzt wurden. Die Kraftfahrzeuge setzte man in der angenommenen Richtung der Abgasfahnenachse ein, die Entnahmebehälter auf Senkrechten beidseitig zur Achse im Abstand von 20 bis 200 m. Der Abstand zwischen den Punkten der Probenahme vergrößerte sich gewöhnlich mit der Entfernung in dem Maß wie sich der Gradient der Konzentration verringerte.

Für den Schwefelkohlenstoff benutzte man bei den ersten drei Expeditionen Diethylamin als Absorptionslösung. Die Konzentration wurde nach der Intensität der Färbung der sich bildenden Verbindung mit einer Empfindlichkeit von 0,03 mg/m^3 bestimmt. Die Reaktion ist in Anwesenheit von Schwefelwasserstoff unspezifisch, deshalb wurde vor den Absorptionsbehältern eine Vorrichtung zur Abscheidung des Schwefelwasserstoffs angeordnet. Während der zweiten Expedition in Balakowo schlugen Pawlenko und Kusmina (1968) eine bessere Methode der Probenahme vor. Im Abschnitt 7.1. ist dieses Verfahren, das für die Bestimmung von Schwefelwasserstoffkonzentrationen benutzt wird, kurz beschrieben. Die größte Zahl der Proben wurde bei instabiler Schichtung, Windgeschwindigkeiten bis zu 6 m/s und Lufttemperaturen zwischen 15 und 30 °C genommen. Die Materialien beider Expeditionen in Balakowo erwiesen sich sowohl hinsichtlich der meteorologischen Bedingungen als auch hinsichtlich des Verhaltens der Schadstoffemissionen als genügend gleichartig.

Zum Vergleich der Konzentrationswerte an Beimengungen, die man bei verschiedenen Expeditionen erhielt, wurden diese mit der Bruttoemission normiert, um den Einfluß der unterschiedlichen Betriebsgröße und Technologie zu beseitigen.

Die Bearbeitung der Beobachtungsdaten vollzog sich genau nach dem gleichen Schema wie bei den Wärmekraftwerken. Man stellte Diagramme auf, in denen die Konzentrationen von CS_2 und H_2S für die einzelnen Abstände in Abhängigkeit von der Windgeschwindigkeit in Anemometerhöhe aufgetragen wurden. Daraus erhielt man Kurven, die die Hauptmenge der Punkte, ausgenommen einige Fehlmessungen und einige Fälle, die sich auf selten vorkommende Wetterbedingungen beziehen, einhüllten. Der Größenwert dieser Diagramme entsprach dem Konzentrationsmaximum in der gegebenen Entfernung. Danach findet man das absolute Konzentrationsmaximum c_M, den dazugehörigen Abstand x_M und die Windgeschwindigkeit u_M.

Außerhalb der Grenzen der Werksgelände verringerte sich die Konzentration an CS_2 und H_2S deutlich mit dem Abstand. In einer Entfernung von 5–6 km waren sie 4–5mal geringer als in einer Distanz von 1–2 km. Die größten Konzentrationen an Beimengungen wurden hauptsächlich im Sommer bei konvektiven Wetterbedingungen beobachtet. Die Untersuchungsergebnisse werden weiter unten beim Vergleich der Rechenergebnisse mit den Beobachtungswerten angegeben. Eine gewisse Menge CS_2 und H_2S gelangt zusammen mit dem Industrieabwasser durch die Kanalisation in Wasserbecken, die für eine langfristige Speicherung des Wassers vor seiner Ableitung in die Flüsse vorgesehen sind. Die Schadstoffe fallen dabei teilweise aus, teilweise werden sie durch chemische Methoden neutralisiert. Allerdings zeigten die nahe den Teichen durchgeführten Messungen, daß eine merkliche Menge CS_2 und H_2S in die Atmosphäre verdunstet. In einer Zone von 1 bis 3 km Entfernung von diesen Teichen wächst die Konzentration an CS_2 und H_2S erheblich an. Das ist für die praktischen Verhältnisse wichtig. Es ist offensichtlich, daß weitere ergänzende Untersuchungen und technologische Ausarbeitungen notwendig sind, um in optimaler Weise sowohl die Flüsse als auch den Luftraum zu schützen.

In den Jahren 1970 bis 1974 wurden solche Expeditionen zur Untersuchung der Ausbreitung von Fluoridverbindungen und anderen Emissionen aus den Aluminiumwerken in Bratsk, Wolchow, Saporoshje und Nowokusnezk durchgeführt. Dabei erhielt man ergänzendes Material über die Verteilung von erwärmten und kalten Beimischungen aus Quellen verschiedener Typen. Neben der Emission aus sehr hohen Schornsteinen untersuchte man die Ausbreitung von Schadstoffen aus Dachlaternen in Form von Linienquellen. Die Länge der Lüftungsdachlaternen in den Dächern der Hallen des Bratsker Aluminiumwerkes betrug ca. 600 m.

9.5. Bestimmung der meteorologischen Bedingungen während der Expeditionen

Das Programm der meteorologischen Beobachtungen und das Schema zur Bearbeitung der erhaltenen Meßwerte behandelten die Abschnitte 7.7. bis 7.9. Es wurden

Gradientenmessungen der Temperatur, der Feuchtigkeit und der Windgeschwindigkeit mit Hilfe von Teleskopmasten von 17 m Höhe, aerologische Beobachtungen in der Grenzschicht der Atmosphäre mit Fesselballons, Radiosonden, Flugzeugen, bemannten Ballons und anderes durchgeführt. Man erfaßte auch die Wärme- und Strahlungsbilanz des Erdbodens und registrierte die Pulsation der Windrichtung. Die Messungen wurden in stündlichen Serien während der Zeit der Luftprobenahmen und in größeren Zeitintervallen über den ganzen Tag durchgeführt.

Die Beobachtungsergebnisse dienten der Ermittlung der meteorologischen Verhältnisse, die die Ausbreitung der Beimischungen bestimmten. Auf der Grundlage der Meßergebnisse untersuchte man die vertikale Verteilung der Windgeschwindigkeiten und der Lufttemperaturen, die Dispersion der Schwankungen der Windrichtung, und man berechnete die Größe des Austauschkoeffizienten in der erdnahen Luftschicht. Es wurden Besonderheiten ihrer Änderungen im Tagesverlauf und in Abhängigkeit von der Jahreszeit untersucht. Bei fast allen Expeditionen stellte man ein weites Spektrum an Änderungen der angeführten Größen fest.

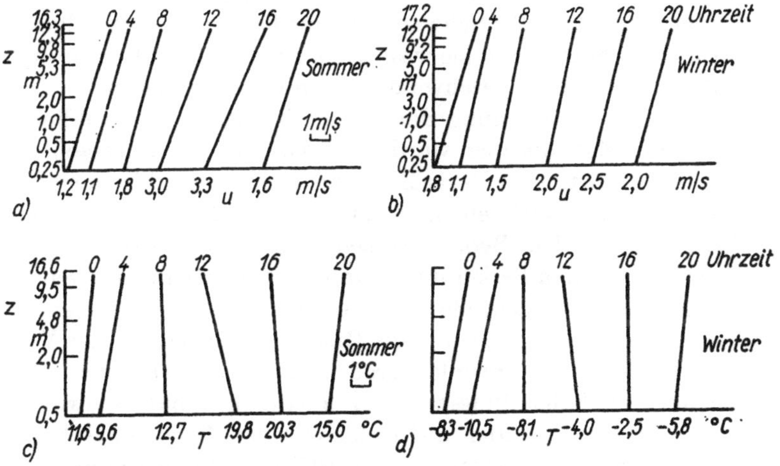

Abbildung 9.7.
Vertikale Verteilung der Windgeschwindigkeit (a, b) und der Lufttemperatur (c, d) in der bodennahen Luftschicht im Sommer (a, c) und im Winter (b, d) zu verschiedenen Tageszeiten

Während der Expedition im Gebiet des Kraftwerks Stschekino registrierte man nach Angaben von Rastorgujewa (1965) deutlich den Tagesgang der Windgeschwindigkeit mit einem Maximum in der Tages- und einem Minimum in der Nachtzeit. Die Amplitude bei schwach bewölktem Wetter betrug 2—2,5 m/s in 1 m Meßhöhe. Die Temperatur in 2 m Höhe erreichte ihr Maximum zwischen 15 und 17 Uhr im Sommer und zwischen 14 und 15 Uhr im Winter, die Minima stellten sich entsprechend um 4 und 6 Uhr nachts ein. Ihre Amplitude in 2 m Höhe betrug im Sommer 10—12 und im Winter 7—8 °C. Sie nahm mit zunehmender Höhe ab. In 17 m war sie um 1,5—2,5 °C niedriger. Die Verteilung der Windgeschwindigkeit u und der Temperatur T über der Höhe entsprach während der verschiedenen Tages- und Jahreszeiten gut dem logarithmischen Gesetz. Das kann man für die Bedingungen bei schwach bewölktem Wetter aus Abbildung 9.7 entnehmen. In den Abbildungen ist unterhalb jeder Geraden für u und T der Meßwert in der niedrigsten Meßhöhe und oberhalb der Geraden die Uhrzeit angeschrieben.

Bei trübem Wetter, wenn die Schichtung nahe dem Gleichgewicht war, machte sich die logarithmische Verteilung der Temperatur und der Windgeschwindigkeit mit der Höhe noch deutlicher bemerkbar.

Der überadiabatische Gradient der Temperatur am Tage änderte sich nachts in eine Temperaturinversion. Der Temperaturunterschied δT zwischen 0,5 und 2 m Höhe betrug bei schwach bewölktem Wetter im Tagesmittel 1,5—1,8 K und überstieg in einzelnen Fällen 2 K. Nachts betrug er 0,5—0,8 K und erreichte hin und wieder 1,5 bis 2 K. Im Winter, bei Schneebedeckung, war der Wert δT während des gesamten Tages gering und schwankte im Mittel in den Grenzen $\pm 0{,}2$, selten $\pm 0{,}5$ K.

Aus den Materialien aller Expeditionen wurden die Austauschkoeffizienten bestimmt. Tabelle 9.3 enthält die berechneten Werte des Austauschkoeffizienten k_1. Die Berechnung erfolgte aus dem Gradientenbeobachtungsmaterial aller vier Expeditionen in das Gebiet des Kraftwerks Stschekino. Aus der Tabelle ist zu ersehen, daß sich k_1 innerhalb von 24 Stunden deutlich ändert und von der Windgeschwindigkeit abhängt. Im Winter ist die tägliche Schwankung nur bei geringen Windgeschwindigkeiten von Bedeutung. Im Sommer ist sie wesentlich größer als im Winter und tritt auch bei verhältnismäßig hohen Windgeschwindigkeiten deutlich hervor.

Die Arbeitsergebnisse über die Streuung der Windrichtung und mikroklimatische Beobachtungsergebnisse der Expeditionen wurden im Abschnitt 2.7. betrachtet.

Bei einigen Expeditionen führte man Basis-Ballonbeobachtungen bis zu einer Höhe von 3 km aus. Im Gelände kennzeichnete man zwei zueinander senkrechte Grundlinien der Länge 200 bis 400 m. Die Beobachtungen führte man während der Zeit der Probenahme in zweistündlichen Serien durch, in denen aufeinanderfolgend ungefähr zehn Pilotballons gestartet wurden. Die Basisbeobachtungen gestatteten, für die verschiedenen Höhen die Geschwindigkeit und die Richtung des Windes, die Vertikalkomponenten des Windes und den Turbulenzgrad ε (das Verhältnis der mittleren quadratischen Größe der vertikalen Pulsation zur mittleren Windgeschwindigkeit) zu berechnen. Die Berechnungen wurden auf elektronischen Rechenmaschinen mit speziellen Programmen durchgeführt. Saizew (1969, 1971) bearbeitete in dieser Weise die Ergebnisse der aerologischen Untersuchungen in der Grenzschicht für die Expeditionen nach Balakowo.

Die Tabelle 9.4 enthält für verschiedene Zeitabschnitte über eine Schicht von 250 m errechnete Turbulenzgrade ε. Saizew wertete auch die Streuung der Windrichtungsschwankungen aus. Es zeigte sich, daß morgens und abends im Mittel über die Grenzschicht die Streuung 8—10° betrug und sich geringfügig mit der Höhe änderte. Tagsüber war ein gewisses Anwachsen der Streuung zu bemerken.

Seit 1967 führt man in Expeditionen spezielle Untersuchungen der Grenzschicht mit Hilfe langsamer Radiosonden durch, die sich als sehr effektiv bei der Untersuchung von Strukturen der Temperaturinversionen erwiesen.

Nach den Messungen der Radiosonden beginnt in Balakowo die Bildung der Temperaturinversion beispielsweise mit dem Sonnenuntergang. Im Laufe der Nacht steigt ihre Höhe im Mittel um 30 m je Stunde. Nach Sonnenaufgang beginnt plötzlich die Zerstörung der Inversion, anfangs mit einer Geschwindigkeit von 20—30 m/h, danach bedeutend schneller. Die Geschwindigkeit der Änderung der Grenze der aufgelösten Inversion beträgt im Mittel um 80 m/h.

Tabelle 9.3.
Mittlere Werte von k_1 (m²/s) im Gebiet des Kraftwerks Stschekino

Beobachtungs-zeitraum	Wind-geschwindig-keit in m/s	Uhrzeit										
		0	4	6	8	10	12	14	16	18	20	22
III 1962	0,5—3,5	0,08	0,07	0,10	0,10	0,17	0,15	0,14	0,12	0,05	0,07	0,06
	3,6—20	0,15	0,16	0,14	0,15	0,14	0,14	0,14	0,13	0,15	0,17	0,14
II—III 1963	0,5—3,5	0,08	0,06	0,05	0,06	0,11	0,14	0,14	0,09	0,04	0,07	0,05
	3,6—10	0,11	0,15	0,13	0,14	0,15	0,17	0,16	0,16	0,15	0,15	0,14
VII—IX 1962	0,5—3,5	0,04	0,06	0,06	0,12	0,20	0,22	0,24	0,15	0,10	0,05	0,04
	3,6—8	0,12	0,14	0,13	0,17	0,19	0,22	0,22	0,20	0,15	0,14	0,12
VII—VIII 1963	0,5—3,5	0,02	0,02	0,03	0,15	0,33	0,31	0,27	0,27	0,16	0,07	0,06
	3,6—6	—	—	0,06	0,20	0,24	0,25	0,26	0,22	0,18	—	—

Tabelle 9.4.
Werte von ε, die aus Ballonbeobachtung in Balakowo berechnet wurden

Uhrzeit	Höhe/m			
	0—250	250—500	500—750	750—1000
7 30— 9 30	0,14	0,14	0,21	0,27
10—12	0,23	0,23	0,27	0,36
13—16	0,23	0,25	0,31	0,32
17—19	0,21	0,18	0,24	0,29

Während der Expeditionen wurden auch Beobachtungen mit Hubschraubern und Flugzeugen in der im Abschnitt 7.9. dargelegten Art durchgeführt. Die Flüge wurden im Höhenniveau abgestuft. Sie erfolgten gewöhnlich alle 100 m bis zu einer Höhe von 500 m, darüber in größeren Höhenabstufungen. Die Starts lagen in einer Zone vor der Rauchfahne, die Landungen einige Kilometer windab von ihr. Beim Start und bei der Landung wurden die Beobachtungen auf ein und demselben Niveau durchgeführt. Die Flugzeug- und Hubschraubermessungen dienten nicht nur dem Erfassen des vertikalen Temperaturprofils, sondern auch der Erkundung horizontaler Änderung der Temperatur. Sie wurden auch für die visuellen Beobachtungen der Rauchfahnen, die Ermittlung ihrer Auftriebshöhe, die Bestimmung der Ausbreitungsrichtung, ihrer Länge, Breite und Form genutzt. Außerdem erfolgte die Aufzeichnung der Rauchfahne, dabei wurde die Zeit des Ein- und Ausflugs registriert. Nach der Aufenthaltszeit in der Rauchfahne und nach der Fluggeschwindigkeit war es nicht schwer, die spezielle Breite zu bestimmen. In einzelnen Fällen verfolgte man die Rauchfahne des Kraftwerks Stschekino bis zu einer Entfernung von fast 70 km. Bei schwachen Windgeschwindigkeiten zwischen 1 und 2 m/s stieg sie bis zu einer Höhe von 1 km und mehr an.

Bei den Flugzeugmessungen erhielt man auch eine große Zahl von Beschleunigungsmeßschrieben, nach denen der Wert des Austauschkoeffizienten in den verschiedenen Höhen in Abhängigkeit von der Windgeschwindigkeit und der Schichtung berechnet werden konnte. Eine Serie von Flügen erfolgte in und um die Rauchfahne in verschiedenen Entfernungen vom Schornstein des Wärmekraftwerkes (Woronzow, 1965). Dabei wurde keine systematische Änderung von k_z in der horizontalen Ebene innerhalb einer festen Höhe bemerkt. So betrug für einen der Flüge im Gebiet des Kraftwerks Stschekino in einer Höhe von 250 m in der Rauchfahne 2 km vom Schornstein entfernt der Wert von $k_z = 19\ m^2/s$, in der gleichen Entfernung außerhalb der Rauchfahne 24 m^2/s und in 2 km Entfernung auf der anderen Seite vom Schornstein 23 m^2/s.

Einen bedeutenden Einfluß auf die Größe von k_z hat die Zeit der Mittelwertbildung, die bei der Bearbeitung der Beschleunigungsmeßwerte des Flugzeuges verwendet wird. Gewöhnlich beträgt die Mittelungszeit 2—3 Minuten, das mittlere Intervall der Pulsation der vertikalen Windkomponente aber 1,5—2,5 s. Bei der Mittelung der Werte über eine kürzere Zeit als 1 Minute ist der berechnete Wert durch große Änderungen über die Fläche und über die Zeit charakterisiert.

Saizew (1971) behandelt einige Fragen, die die mechanische Auswertung der Beschleunigungsschriebe von Flugzeugen betreffen. Auf Grund dieser Auswertungen wurden die mittlere vertikale Geschwindigkeit w und der Austauschkoeffizient k_z für die Gebiete des Kraftwerks Stschekino und des moldauischen Kraftwerkes bestimmt. Die charakteristischen Werte von k_z betrugen 25—30 m^2/s. Die Tabelle 9.5

Tabelle 9.5.
Werte für k_z (m^2/s), die für die atmosphärische Grenzschicht in der Umgebung des Kraftwerkes Stschekino berechnet wurden

Beobachtungszeitraum	Tageszeit	Höhe/m					
		150	200	250	500	750	1000
VII 1962	Morgenstunden	—	—	17	16	15	—
	Tag	—	—	21	20	17	16
III 1963	Tag	11	14	12	4	—	—

enthält Mittelwerte von k_z, die von Woronzow (1965) für das Gebiet des Stschekinsker Wärmekraftwerks für verschiedene Flüghöhen, verschiedene Jahres- und Tageszeiten erhalten wurden.

Die Resultate stimmen in der Größenordnung mit den auf der Grundlage der weiter oben angeführten theoretischen Modelle berechneten Werten der Austauschkoeffizienten überein. Die Flüge unter Inversionsbedingungen zeigten, speziell in der Schicht der freien Temperaturinversion, daß sich die Beschleunigungswerte und die ihnen entsprechenden Geschwindigkeitspulsationen w' plötzlich verringern. In diesen Fällen sind die Kurven auf den Beschleunigungsschrieben durch einen kleinen Maßstab der Schwingungen und eine große Periode der Pulsationen gekennzeichnet. Bei starker Inversion erhielt man fast gerade Schriebe mit seltenen Spitzen, die von der Geraden abweichen. Die kleinen Pulsationswerte w' und die großen Zeiten t_w, in denen die Pulsation in einer Richtung bestehen bleibt, erlaubte es praktisch nicht, für diese Fälle Rechnungen nach der Formel (7.5) durchzuführen. Es war nur möglich, qualitativ die erhebliche Verringerung der Turbulenz festzustellen.

Jelissejew (1968) benutzte für die Bestimmung von k_z auch Hubschraubermeßdaten über die vertikale Verteilung der Konzentration von Schwefelkohlenstoff und Schwefelwasserstoff, die bei Untersuchungen der Ausbreitung von Emissionen aus dem Schornstein des Krasnojarsker Kunstfaserwerkes (s. Abschn. 9.4.) aufgenommen wurden. Infolge der Kondensation des Wasserdampfes aus dem Schornstein bildete sich eine kleine Fahne von 100—220 m Länge. Nach dieser Fahne und auch nach dem für die Emission charakteristischen Geruch waren die Flüge der Hubschrauber rechtwinklig zur Achse der Fahne orientiert. Sie wurden in Höhen von 50 bis 300 m alle 50 m und in Abständen von 0,5; 1,5 und 3 km vom Schornstein durchgeführt. Die Dauer der Probenahme für die einzelnen Proben betrug, wie auf der Erde, 20 Minuten. Insgesamt wurden ca. 200 Proben in fünf Beobachtungstagen entnommen. Während der Zeit der Flüge wurde auch die Bodenkonzentration von CS_2 und H_2S in verschiedenen Abständen von der Quelle gemessen. Dadurch erhielt man das vertikale Konzentrationsprofil in der 300-m-Schicht einschließlich des Erdniveaus.

Auf dem Hubschrauber wurden die Konzentrationen nicht in einzelnen Punkten bestimmt, sondern ihre Mittelwerte q' auf dem Flugweg quer zur Rauchfahne ermittelt. Die Größe q' kann nach den Gleichungen (2.26) und (2.29) mit der Konzentration auf der Achse der Fahne q_0 und dem Halbmesser d' der Fahne verknüpft werden:

$$q' = \frac{1}{2d'} \int_{-d'}^{d'} q_0 e^{-\frac{y^2}{2\varphi_0^2 x^2}} \, dy , \tag{9.2}$$

daraus erhält man

$$q_0 = \frac{0{,}8 d' q'}{\varphi_0 x \operatorname{erf} \dfrac{d'}{\sqrt{2}\varphi_0 x}}. \tag{9.2a}$$

Die Beziehung (9.2) ermöglicht es, von den gemessenen Werten q' auf die Größe q_0 überzugehen.

Abbildung 9.8 zeigt die vertikale Verteilung der Konzentration von CS_2 und H_2S in 500 m Abstand vom Schornstein am 21. März 1968. Es enthält auch die Lufttemperatur- und Windgeschwindigkeitsverteilung.

Bei der Berechnung des Austauschkoeffizienten k_z aus den gegebenen integralen Konzentrationen der Beimengungen q' in verschiedenen Höhen benutzte JELISSEJEW in Anbetracht der großen Schornsteinhöhe (120 m) die Gleichung (1.55) für konstantes k_z und konstantes u. Näherungsweise ist das erlaubt, da sich der entscheidende

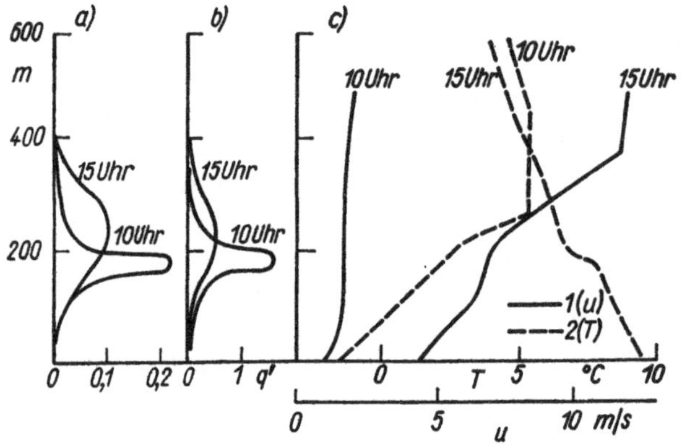

Abbildung 9.8.
Vertikale Verteilung der Konzentration von H_2S (a), CS_2 (b), der Windgeschwindigkeit (1) und der Lufttemperatur (2) (c) um 10 und um 15 Uhr

Teil der Beimengungen, wie aus Abbildung 9.8 zu sehen ist, in genügend großer Höhe konzentriert mit einem Maximum bei ca. 200 m, bei der sich der Austauschkoeffizient nur noch verhältnismäßig wenig ändert. Über die bekannte Konzentration q' in drei Höhen bei gegebenem Abstand x erhält man aus (1.55) zwei Gleichungen für die Bestimmung von k_z.

Tabelle 9.6 zeigt die Werte von k_z, die aus den Konzentrationen von CS_2 und H_2S berechnet wurden, und auch die Größen $k_z = k_1 h$, die mit Hilfe der Formel von BUDYKO (s. Abschn. 1.5.) für k_1 auf Grund von Gradientenbeobachtungen (bei 100 m) bestimmt wurden. Zwischen diesen Größen ergibt sich eine gewisse Übereinstimmung.

Der Artikel von PINUS (1971) gibt einen Überblick über einige Resultate der Forschungen zur Turbulenz der niederen Schicht der Troposphäre mit Flugzeug- und Ballonbeobachtungen. Die Arbeit enthält Angaben über den Turbulenzgrad, über den Austauschkoeffizienten, über Turbulenzspektren und Änderungen der Turbulenz. Im einzelnen ergab sich, daß ε über ebenem Untergrund beispielsweise den Wert 0,1 im Fall des Gleichgewichts der Schichtung, den Wert 0,03 bei stabiler Schichtung und einen Wert bis zu 0,3 bei instabiler Schichtung erreichen kann.

Tabelle 9.6.
Mittelwerte von k_z (m^2/s) in einer 300-m-Luftschicht nahe dem Krasnojarsker Kunstfaserwerk

Datum	Uhrzeit	Entfernung von der Quelle in m	k_z aus der Verteilung von		k_z nach Gradienten-Beobachtungen
			H_2S	CS_2	
17 III	11	500	4	4,2	6
	12	1500	—	3,5	
20 III	11	500	20	16	19
	13	3000	24	—	
21 III	10	500	2	4	14
	15	500	8	8	
22 III	13	500	—	14	11
	14	1500	—	18	
23 III	12	2000	4	4	2
	13	4000	2	1,3	

Weiter vorn wurden die Schlußfolgerungen aus den komplexen Beobachtungen gezogen, die bei Expeditionen zur Erkundung der Ausbreitung von Beimengungen aus Industriequellen angestellt wurden. Die erhaltenen Ergebnisse erlauben, genügend sicher den Grad der Luftverschmutzung in den Gebieten solcher Quellen zu beurteilen und auch die Bedingungen genügend genau zu bewerten, die die Gesetzmäßigkeiten der Diffusion der Beimengungen in der Grenzschicht der Atmosphäre bestimmen.

9.6. Die Verwendung von hohen meteorologischen Masten

Zur Untersuchung der Verschmutzungsverhältnisse der Atmosphäre und zur Bestimmung der Profile der meteorologischen Größen in der unteren Schicht der Atmosphäre (einige hundert Meter) führt man Beobachtungen an Fernsehmasten durch. Dazu benutzt man den größten Fernsehturm der Welt (500 m), den Moskauer Fernsehturm, und auch den Fernsehturm in Dallas (USA), an denen meteorologische Geräte bis zu einer Höhe von 450 m installiert sind. Über Beobachtungen an hohen Masten wurde in den Abschnitten 4.1., 7.7. und 9.1. berichtet.

Im Laufe einiger Jahre ist in dieser Richtung ein großer Arbeitsumfang an dem 300 m hohen meteorologischen Mast des Instituts für experimentelle Meteorologie (IEM) in Obninsk bewältigt worden. Er ist die einzige Einrichtung, die speziell für meteorologische Untersuchungen, darunter für die Erforschung der Gesetzmäßigkeit der atmosphärischen Diffusion (Petrosjanz, 1968), vorgesehen ist. Dadurch war es möglich, die erforderlichen Messungen zur Vermeidung von Fehlern durchzuführen, die bei der Benutzung von Radiomasten oder Fernsehtürmen entstehen.

Der Mast des IEM besteht aus einem 310 m hohen Rohr mit konstantem, verhältnismäßig geringem Durchmesser (2,4 m), das durch Seile verspannt wird (Abb. 9.9). In 13 Ebenen besitzt der Mast kleine Balkons und daran befestigte Rahen von 6 m Länge, auf denen die Meßgeräte installiert werden. Die Rahen sind in vier Himmelsrichtungen orientiert. Dadurch ist es möglich, bei der Analyse der Meßwerte die Anzeigen der Geräte zu benutzen, die auf der dem Wind zugekehrten Seite des Mastes außerhalb des Windschattens liegen.

Abbildung 9.9.
Der 300-m-Mast für meteorologische Untersuchungen des Instituts für experimentelle Meteorologie (a) und die Verteilung von Beimengungen auf der Erdoberfläche, die vom Mast abgeworfen wurden (b).
Die Zahlen an den Isolinien repräsentieren die Zahl der Teilchen auf der Planchette.

An dem Mast wurden im Laufe einiger Jahre systematische Untersuchungen sowohl der Schwankungen als auch der Mittelwerte der Temperatur, des Windes und anderer meteorologischer Größen durchgeführt. Er ist mit elektronischen Geräten für die Erfassung der Anzeigen und ihre statistische Analyse ausgerüstet.

Bis jetzt hat sich ein recht großer Umfang an Beobachtungsmaterial angesammelt, von dem ein Teil schon veröffentlicht wurde (Bysowa u. Iwanow, 1965).

Auf der Grundlage des erhaltenen Materials ermittelte man das vertikale Profil einiger charakteristischer Turbulenzgrößen, darunter die Dissipationsenergie, sowie den Zusammenhang zwischen den charakteristischen Größen der Pulsationen und der Schichtung (BYSOWA, 1974; IWANOW, 1971). Die Beobachtungswerte am Mast wurden auch für die Untersuchung des Zusammenhangs zwischen Streuung der Windrichtungsschwankungen und den Wetterbedingungen genutzt, um die Abhängigkeit der Konzentrationswerte von ihrer Mittelungszeit bewerten zu können (ARTEMOWA, 1967; ARTEMOWA u. TEWEROWSKI, 1971).

Während einiger Jahre führte man mit Hilfe des Mastes Untersuchungen über die Ausbreitung schwerer Beimengungen durch (BYSOWA, 1974). Bei den Versuchen zerstäubte man von den Balkons aus halbdisperse Pulver, die aus mikroskopisch kleinen Kugeln besonders bearbeiteter Plaste (Polymethylmetakrylat) bestanden. Auf der Erdoberfläche wurden leeseitig des Mastes in verschiedenen Abständen (bis 10–20 km) 100 bis 200 klebrige Planchetten mit einer Fläche von 0,1 m^2 zum Sammeln der ausfallenden Teilchen aufgestellt. Nach den Versuchen wurden die Planchetten unter Laborbedingungen ultraviolettem Licht ausgesetzt. Dabei begannen die Teilchen zu leuchten, und sie konnten so gezählt werden. Es wurden Pulver benutzt, die bei der Bestrahlung in verschiedenen Farben leuchteten (rot, gelb und orange). Die Möglichkeit der Unterscheidung der Teilchen erlaubte es, gleichzeitig Stäube in verschiedenen Höhen des Mastes auszublasen und den Einfluß der Quellhöhe auf die Ausbreitung der Teilchen zu untersuchen. Die Größe der ausgeworfenen Teilchen wurde durch Klassieren mit Sieben von 45, 65, 80 und 100 μm Maschenweite bestimmt. Aus der Abmessung (10 bis 100 μm) und dem spezifischem Gewicht (1,1 g pro cm^3) der Teilchen folgte ihre Sinkgeschwindigkeit nach dem STOOKESschen Gesetz. Diese Geschwindigkeit ändert sich von 0,3 bis 30 cm/s. Bei den Versuchen wurden 5 bis 20 kg Staub in der Zeit von einigen bis zu einigen ... zig Minuten ausgeblasen. Dabei wurde ein umfangreicher Komplex meteorologischer Beobachtungen am Mast ausgeführt.

Entsprechend den ausgezählten Teilchen, die auf die Planchette ausfielen, konnten auf einem Kartenschema der Landschaft in Turmnähe für jeden Versuch Linien gleicher Ausfalldichte gezeichnet werden (Abb. 9.9b). Danach wurden die Hauptparameter der Verteilung auf der Erde bestimmt, speziell die Größe des Maximums der Ausfalldichte P'_m, der Abstand x_m vom Mast, bei dem P'_m erreicht wurde, der Wert der Querdispersion δ_y^2 (diese wurde nach der Ausbreitung der Beimengungen in verschiedenen Entfernungen bestimmt) und der Abstand $L_{0,1}$ leeseitig vom Mast, bei dem sich die Ausfalldichte unter 0,1 P'_m verringert. Die ersten Experimente erfolgten in den Jahren 1959 bis 1961, eine größere Serie von Versuchen lief von 1963 bis 1967.

Bei der Analyse der Versuchswerte im Vergleich mit den Ergebnissen der Theorie benutzten OSSIPOW und BYSOWA (1970) die Lösung der Gleichung der turbulenten Diffusion (1.2) für schwere Teilchen mit $k_z = b_z\bar{u}z$ und $k_y = b_y\bar{u}z$, wobei $\bar{u}$ die mittlere Geschwindigkeit in der Schicht unterhalb der Quelle darstellt, b_z und b_y dimensionslese Parameter sind. Dabei wurde angenommen, daß die Konzentration der Beimengungen unmittelbar mit dem Ausfall P' und der Sinkgeschwindigkeit verknüpft ist. Die Verteilung des Ausfalls in Windrichtung und die Querdispersion der Beimengungen ermöglichen, die Größen von b_z und b_y zu bestimmen. OSSIPOW und BY-

SOWA berechneten Mittelwerte für b_z und b_y bei verschiedenen Klassen der Stabilität der erdnahen Schicht (siehe 7.6.):

Klasse der Stabilität	1	2	3	4	5—6	7
b_z	0,10	0,06	0,04	0,025	0,01	0,005
b_y	0,13		0,10	0,08		0,05

Die Analyse der Versuchsserie beinhaltete auch Untersuchungen über die Abhängigkeit der Ausfalldichte von der Dauer der Emission der Beimengungen oder der Wirkungszeit T_t der Quelle (OSSIPOW, 1971). Dabei stellte man fest, daß sich bei der Änderung von T_t im Zeitraum bis zu einer Stunde die Größe des Falloutmaximums P'_m umgekehrt proportional zu T_t mit einem Exponenten ändert, der sich in den Grenzen von 0,2 bis 0,4 bewegt.

9.7. Experimente mit dem Abwurf von Beimengungen aus dem Flugzeug

Umfangreiche Untersuchungen über den Niederschlag von Aerosolen aus hohen Linienquellen wurden von DUNSKI u. a. (1966) in den Jahren 1960 bis 1961 durchgeführt. Die Aerosolquellen waren in Form von Zerstäubern, die für die Bearbeitung von landwirtschaftlichen Flächen vorgesehen sind, in einem Flugzeug AN-2 installiert. Mit ihrer Hilfe wurde ein Wasser-Glyzerin-Gemisch zerstäubt, welches polydisperse Tropfen von 15—250 μm Durchmesser mit Sinkgeschwindigkeiten von 0,02—1 m/s ergab. Die Versuche erfolgten im Juni und Juli auf einem offenen, ebenen Feld der Abmessung 10 × 20 km². Das Flugzeug flog während des Versuchs an der dem Wind zugekehrten Grenze des Feldes bei konstanter Höhe mit einer Geschwindigkeit von 170 km/h. Die Flughöhe wurde bei verschiedenen Versuchen von 100 bis 600 m geändert. Vor dem Versuch wurden auf dem Feld in Reihen ebene Brettchen mit einer Fläche von 0,125 m² im Abstand von 500 m ausgelegt. Auf den Brettchen befanden sich Glasscheiben der Größe 9 × 12 cm² zum Auffangen der Tropfen. Die Länge der Reihe entsprach annähernd der Länge der Quelle, der Abstand zwischen den Reihen betrug 500—1000 m. Insgesamt wurden auf dem Versuchsfeld Messungen an 200—400 Kontrollpunkten durchgeführt. Auf den Glasscheiben bestimmte man unter dem Mikroskop die Menge der ausgefallenen Tropfen in sieben bis acht einzelnen Fraktionen, in die der Bereich der Aerosoltropfenabmessungen aufgeteilt worden war. Das gestattete, die Verteilung der Tröpfchen verschiedener Durchmesser zu verfolgen.

Für die Charakterisierung der meteorologischen Bedingungen wurden Gradientenbeobachtungen der Windgeschwindigkeit, der Temperatur und der Feuchte der Luft in 0,4 und 1,6 m Höhe sowie aerologische Windmessungen mit Fessel- oder Pilotballons durchgeführt.

Die Ausbreitung von Beimengungen von einer bewegten Quelle ist ihrem Charakter nach instationär. Wie DUNSKI anführte, werden aber während der Versuchszeit auf der Planchette die Beimengungen aufsummiert, wobei die summierte Menge der ausgefallenen Beimengungen verknüpft ist mit dem praktisch über die Zeit von 0 bis ∞ gebildeten Integral der Konzentration im gegebenen Punkt. Daraus kann man den Schluß ziehen, daß das erhaltene Feld der summierten Niederschläge äquivalent der Verteilung der Beimengungen auf der Erdoberfläche aus einer stationären Linienquelle ist.

Aus der Gesamtzahl der durchgeführten Versuche wurden 12 ausgewählt, bei denen die Aerosolzerstäubung stabil arbeitete und die sich eindeutig und günstig den meteorologischen Bedingungen zuordnen ließen. Die veröffentlichten Daten der Versuche umfassen die Verteilung der ausgefallenen, verschieden dispersen Tropfen in Abhängigkeit von der Entfernung von der Quelle (bis zu 10–20 km). Einige Versuchsergebnisse werden im Abschnitt 10.2. mit den theoretischen Rechnungen verglichen.

Dunski u. a. (1965) analysierten analoge Versuche über die Verteilung von flüssigen Aerosolen von auf der Erde bewegten Quellen (Zerstäuber auf Kraftfahrzeugen). Umfangreiches Beobachtungsmaterial über die Ausbreitung von grobdispersen Aerosolen mit Abmessungen bis 100–1000 μm, die von Flugzeugen aus Höhen von 500 bis 800 m ausgeworfen wurden, enthält der Artikel von Petrowa und Miroschkina (1967).

9.8. Stereofotografische Aufnahmen von Rauchstrichen

Eine neue Möglichkeit zur Untersuchung der Struktur von Luftströmungen gibt gegenwärtig die Methode der Stereofotografie. Sie wird bei verschiedenen geophysikalischen Untersuchungen, für die Untersuchung der Struktur von Meereswellen, zur Bestimmung von Bewölkungsparametern, für die Erfassung von Luftströmungen in großen Höhen der Stratosphäre usw. verwendet. Wissenschaftler der DDR (Kolbig, 1965) schenkten dieser Methode als effektivem Weg zur Untersuchung der Struktur der erdnahen Luftschicht besondere Aufmerksamkeit.

Lehmann (1971) veröffentlichte Ergebnisse über die Bestimmung von Parametern der atmosphärischen Diffusion aus den Werten stereofotographischer Bilder von horizontalen und vertikalen Rauchstrichen, die in der DDR aufgenommen wurden. Die horizontalen Striche in 60 bis 200 m Höhe erzeugte man mit Hilfe von Rauchsteinen, die am Seil eines Luftballons aufgehängt waren. Die Brenndauer der Steine betrug drei bis fünf Minuten. Es wurden auch Rauchpatronen abgeschossen, die beim Herabfallen auf die Erde vertikale Rauchstriche erzeugten. Die Bearbeitung besteht in der Bestimmung der Streuung der Beimengungen aus der Ausbreitung der Rauchstriche. Von Garger (1971) wurde eine Versuchsserie über die Fotogrammetrie horizontaler Rauchstriche durchgeführt, die in verschiedenen Höhen mit Hilfe des 300-m-Mastes für meteorologische Untersuchungen (s. Abschn. 9.6.) erzeugt wurden. Die erhaltenen Daten ergaben eine Reihe von Schlußfolgerungen über die Gesetzmäßigkeit der horizontalen Ausbreitung von Beimengungen in Abhängigkeit von der Quellentfernung.

Die Arbeiten zur Entwicklung dieser Methode wurden vom GGO zusammen mit dem Moskauer Institut für Ingenieurgeodäsie, Aerofotografie und Kartografie (MIIGAiK) durchgeführt. Die Methode ist für die zur Erforschung der Prozesse der atmosphärischen Diffusion erforderliche Untersuchung der räumlichen Verteilung von Windgeschwindigkeiten und der Parameter des Turbulenzzustandes vorgesehen (Burow u. a., 1969; Jelissejew, 1971; Berljand, 1972). Das Wesen der Methode besteht darin, daß mit Hilfe von an zwei Enden einer Basis aufgestellten speziellen Fotoapparaten während kurzer Zeitfolgen automatisch Synchronaufnahmen von den in den verschiedenen Geländepunkten erzeugten senkrechten Rauchstrichen (Tracer) gemacht werden. Dadurch wird die Luftbewegung in verschiedenen Höhen sichtbar. Der Vergleich aufeinanderfolgender Bilder erlaubt, die Geschwindigkeit aus der Änderung der Rauchfiguren zu bestimmen. Die Fotoeinrichtung besteht aus der Luftaufnahmekamera AFA-41/20 zusammen mit einem optischen Präzisionstheodoliten.

Die Apparatur läßt eine Fotofolge von drei Bildern in der Sekunde zu. Während dieses kurzen Zeitintervalls ändert sich die Form der Rauchstriche nur wenig, so daß ihre Ortsänderung auf zwei aufeinanderfolgenden Bildern zu verfolgen ist. Die Steuerung des Experiments wird von einem speziellen Kommandogerät vorgenommen. Solche Einrichtungen erwiesen sich gegenüber den in anderen Arbeiten zu diesem Zweck benutzten Fototheodoliten als sehr effektiv. Das Intervall zwischen den einzelnen Bildern des Fototheodoliten beträgt nicht weniger als ein bis zwei Minuten. Das ist eine Zeit, in der dünne Rauchstriche fast dissipiert sind. Dadurch erhält man Bilder, die für die Lösung der betrachteten Aufgabe praktisch nicht verwendbar sind. Die erhaltenen Bilder werden mit einem Spezialgerät, dem Stekometer der Firma Carl Zeiss Jena, automatisch ausgewertet. Das Stekometer wurde auch bei den oben erwähnten Arbeiten in der DDR eingesetzt. Mit Hilfe dieser Einrichtung erhält man die Koordinaten auf den Bildern mit einer sehr hohen Genauigkeit ($\pm$ 2 µm). Sie werden automatisch auf einem Papierband ausgedruckt und auf einen Lochstreifen zur weiteren Verarbeitung mit Hilfe elektronischer Rechenmaschinen übertragen.

Die Rauchmarkierung erfolgt mit Hilfe standardisierter pyrotechnischer Mittel, die ungefährlich in ihrer Handhabung sind. Mit ihnen kann man vertikale farbige (gewöhnlich orange) von der Erde bis in eine Höhe von 100—200 m reichende Rauchstriche erzeugen. Die Rauchstriche halten sich in der Atmosphäre ungefähr zwei Minuten. Die Rauchfarbe ergibt bei unterschiedlichen atmosphärischen Bedingungen kontrastreiche Abbildungen auf den Fotos. Die Methode der Stereogrammetrie hat gegenüber solchen traditionellen Mitteln der aerologischen Messung wie den Pilotballon- und Radiosondenmessungen den besonderen Vorzug, keine integrale 2dimensionalen Größen sondern detaillierte örtliche Werte in drei Dimensionen zu liefern. Der besondere Vorteil der geringen Trägheit dieser Methode macht sie zur Untersuchung sich schnell verändernder atmosphärischer Prozesse geeignet.

Jelissejew (1971) erhielt einige Aussagen zur Genauigkeit der Methode. Es zeigte sich zum Beispiel, daß bei einer Länge der Basis von 135 m, dem Intervall der Diskretisierung der Bilder von drei Sekunden und fünf realisierten Rauchstrichen die dargelegte Methode es ermöglicht, die Windgeschwindigkeitsschwankungen mit einer Genauigkeit von 0,3 m/s und die mittlere Windgeschwindigkeit mit einer Genauigkeit von 0,1 m/s zu bestimmen. Weiterhin wurde die erforderliche Anzahl der Wiederholungen, das heißt die Zahl der aufeinanderfolgenden Rauchstriche für die Bestimmung der Windgeschwindigkeit in einem 10minütigem Intervall ermittelt. Man stellte dabei fest, daß 2 bis 20 Wiederholungen bei Windgeschwindigkeiten bis zu 10 m/s erforderlich sind. Erstmals wurde diese Methode bei einer Expedition des GGO angewendet, die gemeinsam mit dem MIIGAiK und dem Hydrometeorologischen Dienst (UGMC) der Armenischen SSR zur Untersuchung der Luftströmung in einem bergigem Gelände Armeniens durchgeführt wurde. Man führte zwei Arten von Experimenten durch. Die eine davon war zur Bestimmung der Geschwindigkeit und der Richtung der Luftströmung in einem Tal vorgesehen, in dem ein Industrieobjekt gebaut werden sollte. Vertikale Rauchstriche, die an charakteristischen Orten des Reliefs erzeugt worden waren, wurden mit auf Anhöhen angebrachten Fotoapparaten aufgenommen. Man untersuchte auch das räumliche Geschwindigkeitsfeld der Luftbewegung über einem einzelnen Hügel mit verhältnismäßig glatter Oberfläche. Er war nicht bewachsen, hatte die Höhe von 100 m und die Ausdehnung von annähernd 500 m, seine Neigungswinkel betrugen 15—30°.

Längs des Hügels wurden beispielsweise in zehn Punkten vertikale Rauchstriche erzeugt. Ihre Stereofotogrammetrie erfolgte von einer 135 m langen Basis aus. Das Intervall zwischen den Aufnahmen betrug drei Sekunden. Abbildung 9.10a zeigt

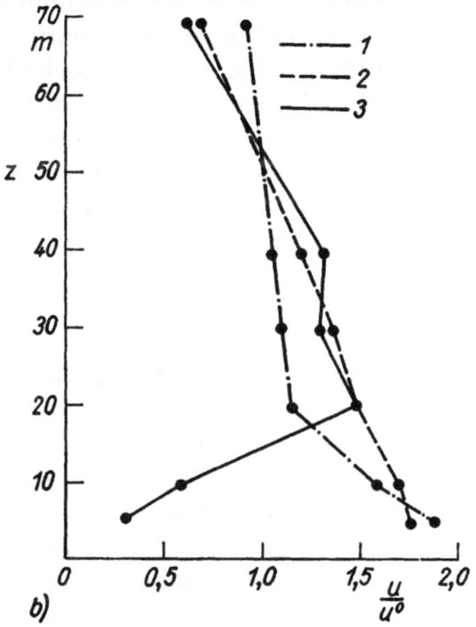

Abbildung 9.10.
Rauchstriche (a) und die vertikale Verteilung der dimensionslosen Geschwindigkeit über einem Hügel nach stereofotografischen Messungen

eine der Fotografien der Rauchstriche in verschiedenen Punkten des Geländes. Die Versuche führte man zu verschiedenen Tageszeiten durch. Insgesamt wurden 500 Stereofotographien aufgenommen und ausgewertet. Die festgestellten Gesetzmäßigkeiten der vertikalen Windgeschwindigkeitsverteilung stimmen grundsätzlich mit den Resultaten der oben angeführten theoretischen Untersuchungen und der Modelluntersuchungen im Windkanal überein. Abbildung 9.10b zeigt die vertikalen Profile der Verhältnisse von Windgeschwindigkeit u zur Windgeschwindigkeit u^0 in 70 m Höhe der Anströmung über dem Untergrund in drei charakteristischen Punkten des Hügels: Auf der Luvseite des Hügels 150 m vom Scheitel entfernt (Kurve 1), auf den Gipfel des Hügels (Kurve 2) und auf der Leeseite in einer Entfernung von 100 m vom Gipfel (Kurve 3). Auf der Luvseite und auf dem Gipfel verringern sich, beginnend von annähernd 5 m Höhe über dem Untergrund, die relativen Windgeschwindigkeiten u/u^0 mit der Höhe. Auf der Leeseite wächst in der unteren Schicht von 15 bis 20 m das Verhältnis von u/u^0 mit der Höhe an, darüber hinaus nimmt es ab. Die erzielten Ergebnisse gestatten so, geringe Effekte wie das Vorhandensein von Rückströmungen auf der Leeseite verhältnismäßig steiler Hügel festzustellen.

Die Stereofotogrammetrie von Rauchstrichen wurde auch bei den späteren Expeditionen des GGO zur Durchführung der komplexen energetischen Experimente im Jahre 1971 in Nordkasachstan und 1972 bei der Erkundung der meteorologischen Verhältnisse in Saporoshje (Kondratjew, Berljand, 1974) eingesetzt. Bei der ersten Expedition im offenen ebenen Gelände wurden gleichzeitig vier vertikale Striche erzeugt. Die Auswertung der Meßergebnisse führte nicht nur zu den vertikalen Profilen der mittleren Geschwindigkeiten, sondern auch zu einer Reihe von Turbulenzcharakteristika, einschließlich des turbulenten Impulsstroms.

In Saporoshje wurden Rauchstriche über einer städtischen Bebauung zur Untersuchung des Einflusses der Wohnbauten auf das vertikale Geschwindigkeitsprofil eingesetzt.

Im GGO verwendete man die Stereofotogrammetrie auch zur Bestimmung der Schornsteinüberhöhung für die Rauchfahne aus dem 180 m hohen Schornstein des moldauischen Wärmekraftwerkes (Burow u. a., 1969). Dabei erwies sie sich als hocheffektiv. Bei der Entwicklung der Methode der Stereofotogrammetrie muß vor allem die Aufmerksamkeit auf die Vervollkommnung der Markierungsmittel und Raketen gerichtet werden, die die Rauchquellen auf ein vorher festgelegtes Niveau schießen. In Zukunft kann dieses Verfahren noch weitere Anwendung bei der Lösung vieler Aufgaben, speziell zum Beispiel für die Untersuchung der Struktur der Luftströmung in Tagebaugebieten, finden (s. Abschn. 6.1.).

9.9. Klimatologische Faktoren der atmosphärischen Diffusion

In der Entwicklung der Industrie und bei der Urbanisierung der Gesellschaft bemerkt man allgemein die Tendenz zur Dezentralisierung. Der Bau neuer Werke und Wohnorte erfolgt in völlig verschiedenen klimatischen Zonen. Deshalb ist die umfangreiche Untersuchung der Änderung von klimatischen Faktoren, die die Prozesse der atmosphärischen Diffusion bestimmen, erforderlich. Die Verteilung der Temperaturdifferenz δT in der Luftschicht von 0,5 bis 2 m über dem Gelände ist einer der einfachsten Faktoren. Für die Untersuchung dieses Parameters benutzten Kasjan u. a. (1968) Meßwerte aus einem Netz von 42 Stationen (zur Wärmebilanzmessung) während der Monate Mai bis Oktober von 1955 bis 1968. Sie Stationen befanden sich in verschiedenen geographischen Gebieten der UdSSR. Aus den Untersuchungsergebnissen folgt, daß in Waldgebieten der Mittelwert von δT tagsüber gewöhnlich nicht 0,5 K überschreitet. In Steppen- und Wüstengebieten ist dieser Wert um 1–1,5 K höher. Die Intensität der nächtlichen Temperaturinversion ist in Steppen und Wüstengebieten etwas geringer als in Waldgebieten, was auf die geringeren Windgeschwindigkeiten in letzteren zurückzuführen ist. Die stärksten Inversionen registrierte man in einigen Gebieten Mittelasiens. Für die übrigen Gebiete übersteigt der absolute Wert von δT in den Nachtstunden gewöhnlich 0,5 K nicht. Während des Jahres sind die größten Werte der täglichen Temperaturunterschiede in den Monaten Juni und Juli zu verzeichnen. Große $|\delta T|$ kommen wesentlich häufiger bei klarem als bei trübem Wetter vor. Der Fall $|\delta T| > 2$ K hat eine Häufigkeit, die wenige Prozent nicht überschreitet. Für die Tageszeit (von 7 bis 16 Uhr) ist ein positiver Wert von δT charakteristisch.

Die Häufigkeit des Auftretens von bodennahen Inversionen in anderen Ländern wurde von verschiedenen Autoren untersucht. Speziell für Kanada führten MUNN u. a. (1970) nach Meßwerten von Radiosonden solche Arbeiten aus.

Detaillierte Untersuchungen des turbulenten Zustandes der bodennahen Luftschicht auf dem Gebiet der UdSSR wurden von GRATSCHEWA (1966, 1968, 1969) durchgeführt. Sie faßte die Materialien der Gradientenbeobachtungen in den Wärmebilanzstationen und die der Expeditionen des GGO zusammen. Aus der Temperaturdifferenz δT (in K) und der Windgeschwindigkeit in 1 m Höhe u_1 (in m/s) wurde der Wert des Parameters $B = \delta T/u_1^2$ (siehe (1.15)) berechnet. B ist eine der wichtigsten charakteristischen Größen der Stabilität der bodennahen Luftschicht und der Hauptparameter für die Berechnung des Austauschkoeffizienten k_1 nach den verschiedenen die Gradientenwerte benutzenden Methoden. Man berechnete auch den Wert des Austauschkoeffizienten k_1 in der Höhe von 1 m. Der Austauschkoeffizient wurde außerdem über die Wärmebilanzmethoden bestimmt (s. Abschn. 7.6.). Dadurch konnten nicht nur die unterschiedlichen Berechnungsmethoden für k_1 kontrolliert werden, sondern man erhielt erstmals umfangreiches Material über die klimatologischen Größen des turbulenten Zustandes, ermittelt nach der unabhängigen Methode der Wärmebilanz. Insgesamt wurde eine befriedigende Übereinstimmung der Ergebnisse unterschiedlicher Methoden und die erforderliche Zuverlässigkeit der Resultate erreicht. Die erzielten Resultate gestatteten, den Tages- und Jahresgang dieser Größen in verschieden klimatischen Zonen und auch ihre geographische Verteilung über dem Gebiet der UdSSR zu studieren.

Den Tagesgang des Parameters B bestimmte man in einem Sommermonat (Juli) für sechs Zeiten (1, 7, 10, 13, 16 und 19 Uhr) und in einem Wintermonat (Januar) für zwei Zeiten (1 und 13 Uhr).

In der Tabelle 9.7 ist die Größe B für in vier unterschiedlichen Zonen liegende Stationen aufgeführt. Es betrifft die Zonen trockenen, schwach feuchten, feuchten und stark feuchten Klimas. Die Maximalwerte von B beobachtete man gewöhnlich im Sommer zwischen 10 und 12 Uhr, die minimalen Werte traten in den Nachtstunden auf. Ihre größte Tagesamplitude hat die Größe B im Sommer. In den südlich gelegenen Stationen, insbesondere in den angeführten Stationen mit trockenem und halbtrokkenem Klima, ist das ganze Jahr über der Wert B am Tage positiv und nachts negativ. In den nördlich gelegenen Stationen sind die Werte von B nur in der warmen Jahreshälfte am Tage positiv, die übrige Zeit aber negativ.

Das Tagesgangsmaximum vom Austauschkoeffizienten k_1 registriert man in den Mittagsstunden, das Minimum dagegen nachts. Die größten Tagesamplitudenwerte von ca. 0,10 bis 0,15 m²/s stellen sich in fast gleicher Größenordnung für alle Klimazonen im Sommer ein. Im Winter (von November bis Februar) ändert sich der Wert

Tabelle 9.7.
Werte für den Stabilitätsparameter B in $k \cdot s^2/m^2$

Station	Monat	Uhrzeit 1	7	10	13	16	19
		Zone mit trockenem Klima					
Tamdi	I	−0,06			0,03		
	VII	−0,18	0,12	0,20	0,18	0,13	0,03
		Zone mit schwach feuchtem Klima					
Poltawa	I	−0,02			0,03		
	VII	−0,23	0,06	0,11	0,22	0,06	−0,06
Askanija Nowa	I	−0,02			0,02		
	VII	−0,14	0,10	0,21	0,23	0,11	−0,04
Chakasskaja	I	−0,06			0,00		
	VII	−0,17	0,16	0,46	0,37	0,22	−0,06
		Zone mit feuchtem Klima					
Torschok	I	−0,09			−0,05		
	VII	−0,12	0,10	0,14	0,09	0,05	−0,08
Turuchansk	I	−0,15			−0,17		
	VII	−0,30	0,10	0,20	0,17	0,14	−0,03
Primorskaja	I	−0,14			0,04		
	VII	−0,03	0,04	0,16	0,11	0,06	−0,2
		Zone mit sehr feuchtem Klima					
Kotkino	I	−0,22			0,08		
	VII	−0,07	0,09	0,12	0,10	0,05	0,00

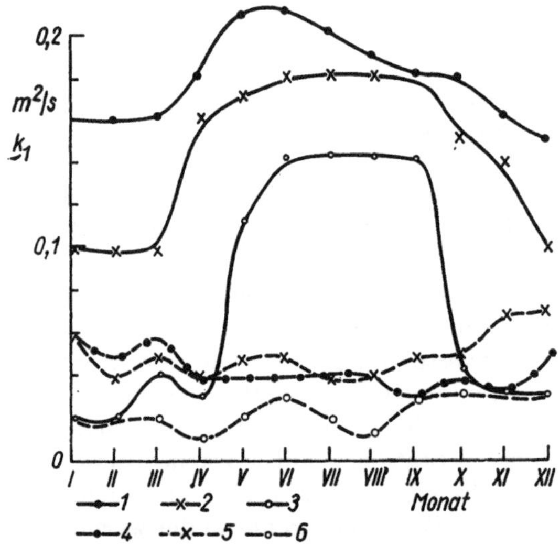

Abbildung 9.11.
Jahresgang des Austauschkoeffizienten k_1 während der Tages- (1, 2, 3) und der Nachtzeit (4, 5, 6)

1, 4 — Station Tamdi, trockenes Klima; 2, 5 — Station Rudni, Klima mit geringer Feuchtigkeit; 3, 6 — Station Kotkino, feuchtes Klima

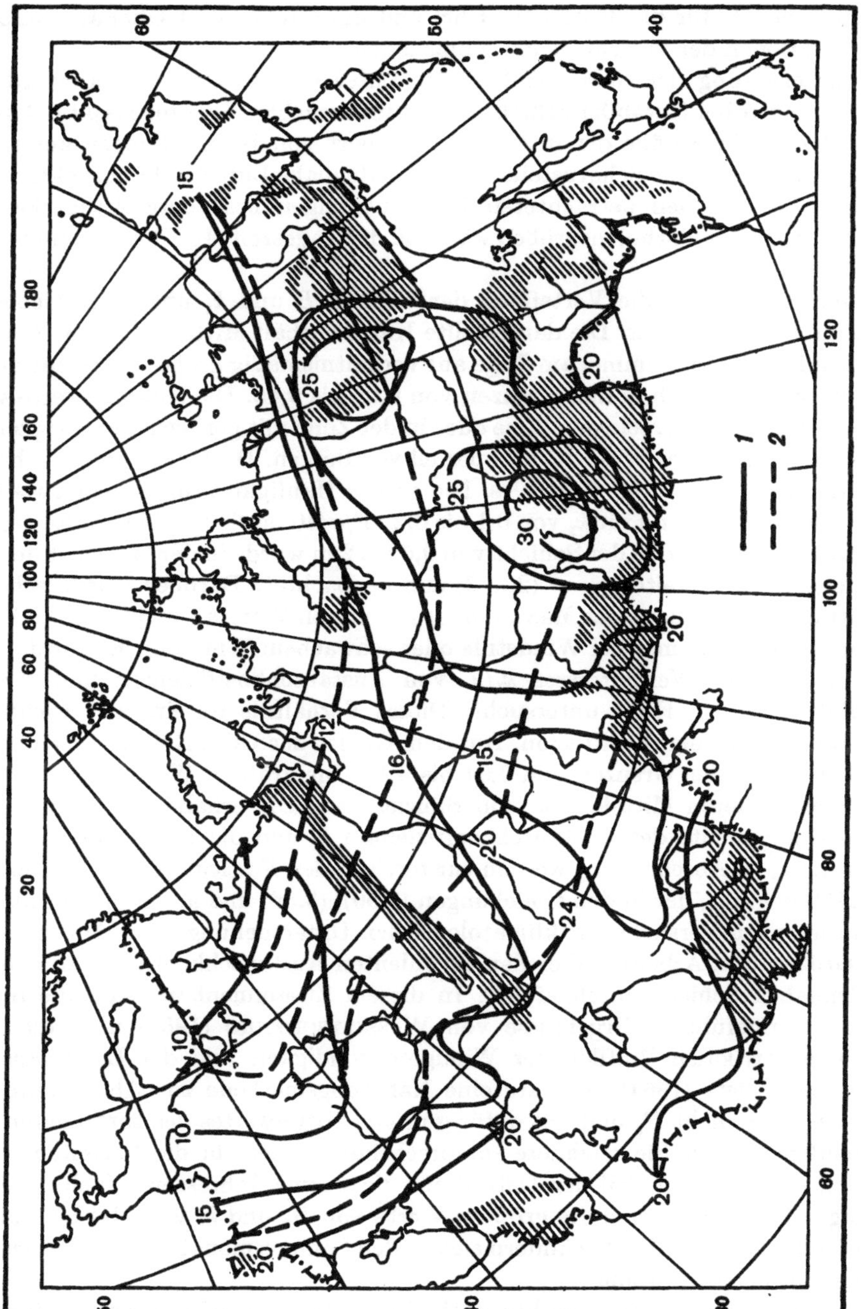

Abbildung 9.12.
Verteilung des Stabilitätsparameters $B \cdot 10^2$ (1) und des Austauschkoeffizienten $k_1 \cdot 10^2$ (2) über dem Territorium der UdSSR (Juni, 13 Uhr); B in ks²/m², k_1 in m²/s.

von k_1 im Laufe des Tages in den nördlichen Gebieten unbedeutend. Zum Süden hin wachsen die Tagesamplituden und die Maxima von k_1 an. Abbildung 9.11 zeigt den Jahresgang von k_1 für die Tages- (13 Uhr) und die Nachtzeit (1 Uhr) an charakteristischen Stationen der verschiedenen Klimazonen.

Zur Einschätzung der Gefährlichkeit der Luftverschmutzung ist es erforderlich, die Bedingungen bei instabiler Schichtung zu untersuchen. Wie im Kapitel 3 gezeigt wurde, ist für solche Fälle der intensive Transport von Beimischungen aus starken Quellen mit relativ hohen Schornsteinen in die bodennahe Luftschicht charakteristisch. Deshalb wurde bei den betrachteten Untersuchungen besondere Aufmerksamkeit der Bestimmung der Turbulenzgrößen während der Tageszeit (13 Uhr) und im Sommer (Juli) gewidmet.

Abbildung 9.12 zeigt die Verteilung der Größen B und k_1 über dem Gebiet der UdSSR im Juli um 13 Uhr. Die dargestellte Karte enthält Mittelwerte von B und k_1. Sie können bei klarem Himmel am Tage auf verhältnismäßig große Werte anwachsen. Die Größe B ändert sich in den Grenzen von 0,05 bis 0,45. Die Maximalwerte von B registrierte man in der trockenen Zone oder in der Zone mit geringer Feuchtigkeit und in Gebieten mit geringer Windstärke, speziell vor Bergen. Die Größe von k_1 schwankt in den Grenzen von 0,10 bis 0,30 m^2/s. Die größte Häufigkeit für B liegt zwischen 0 und 0,01 (30 bis 55%) und für k_1 von 0,1 bis 0,2 m^2/s (40 bis 65%). Die größte negative Temperaturdifferenz δT in der Schicht von 0,5 bis 2 m wurde in der Mehrheit der Fälle bei Windgeschwindigkeiten $u_1 = (2 \dots 3)$ m/s beobachtet. Darüber wurde schon im Abschnitt 3.4. gesprochen. Das Maximum des positiven Wertes von δT (starke Bodeninversion) tritt fast immer bei Windstille oder schwachem Wind auf. Es wurden auch die Mittelwerte des Verhältnisses k_1/u_1 von Austauschkoeffizienten und Windgeschwindigkeit in 1m Höhe untersucht. Dieses Verhältnis ist eine der wichtigsten Größen für die turbulente Diffusion. Auf dem Gebiet der UdSSR ändert sich k_1/u_1 in der Mittagszeit in den Grenzen von 0,04 bis 0,14. Die größten Werte von k_1/u_1 trifft man in den Gebieten Mittelasiens und Sibiriens an. Die erhaltenen Werte für die vertikale Komponente des Austauschkoeffizienten k_1 und die Dispersion der Windschwankung φ_0 (s. Abschn. 2.7.) werden zur territorialen Festlegung des Koeffizienten A (s. (3.51)) benutzt, der in den Gleichungen (3.50), (3.56) und anderen enthalten ist.

Es wurden auch Versuche zur klimatologischen Untersuchung einer Anzahl aerologischer Größen und Arbeiten über den turbulenten Austauschkoeffizienten oberhalb der bodennahen Schicht durchgeführt. In diesem Zusammenhang sind die im Abschnitt 4.4. aufgeführten Ergebnisse von Wassiltschenko (1965) über die Typisierung von vertikalen Profilen der Windgeschwindigkeit und der Lufttemperatur nützlich. Lasarewa (1964) benutzte eine Näherungsmethode zur Abschätzung der Höhe der Grenzschicht H_0 und des dafür gültigen Mittelwertes des turbulenten Austauschkoeffizienten k_z. Sie zeichnete entsprechende Karten für die Verteilung dieser Größen im europäischen Teil der UdSSR für die warme Jahreszeit. Nach ihren Bestimmungen beobachtet man die größten Werte von H_0 und k_z von Mai bis Juli mit ca. 1 km und 10 bis 15 m^2/s. Sie ändern sich in den Sommermonaten über das gesamte Gebiet verhältnismäßig wenig.

Es ist wichtig, die angeführten klimatologischen Größen bei der Entwicklung des Bauwesens und dem Aufbau neuer Industriezentren und Städte zu berücksichtigen.

10. Überprüfung der Theorie und praktische Empfehlungen für die Berechnung der Ausbreitung von Emissionen

10.1. Vergleich der berechneten Werte mit Feldmessungen

Zum Teil wurden die experimentellen und die berechneten Werte schon in den vorhergehenden Abschnitten gegenübergestellt. Speziell für die Konzentration, die durch hohe Quellen verursacht wurde, zeigte sich, daß die Rechenergebnisse nach den Formeln von Sutton und nach anderen Beziehungen gleichen Aufbaus in einigen Fällen erheblich von den Meßwerten abweichen. Martin und Barber (1973) stellten beim Vergleich der gemessenen SO_2-Konzentration in der Nähe von Wärmekraftwerken mit den berechneten Werten (nach der Beziehung von Pasquill) nur eine qualitative Übereinstimmung fest und bemerkten eine erhebliche Verschiedenheit der Werte (beispielsweise um den Faktor 2) beim quantitativen Vergleich. Frankenberger u. a. (1971) führten an, daß die nach den Empfehlungen von Turner (1969) und Smith (1968) berechneten Werte merklich höher als die gemessenen SO_2-Konzentrationen waren. McLaughlin u. a. (1971) fanden, daß die im Handbuch von Smith (1968) berechneten Werte 2—3mal niedriger waren als die beobachteten mittleren Konzentrationswerte an einigen Punkten in der Umgebung eines Wärmekraftwerks. Annähernd ähnliche Unterschiede zwischen den Rechenwerten nach dem Gaussschen Modell und den SO_2-Konzentrationsmessungen in der Umgebung von Wärmekraftwerken mit zwei Schornsteinen (Schornsteinhöhe 122 m) erhielten Weil und Jensen (1977). Im allgemeinen wurden die Ergebnisse der experimentellen Untersuchungen noch relativ wenig für die allseitige Überprüfung der theoretischen Ableitungen genutzt. Sie wurden hauptsächlich für die Aufstellung empirischer Formeln oder für die Verbesserung der in diesen Formeln enthaltenen Parameter verwendet.

Die in den Kapiteln 2 bis 6 dargelegten theoretischen Untersuchungsergebnisse von Berljand u. a. wurden am umfangreichsten durch experimentelles Material überprüft.

Die Theorie für die Ausbreitung von erwärmten Beimischungen verglich man mit Ergebnissen von Expeditionen des GGO in die Umgebung von Wärmekraftwerken, Aluminiumoxid- und Zementwerken und mit einigen aus Messungen im Ausland erzielten Resultaten (s. Abschn. 9.3.). Dabei galt die Hauptaufmerksamkeit der Maximalkonzentration und ihrer Abhängigkeit vom Quellabstand, der Windgeschwindigkeit und anderem. Außerdem wurden Untersuchungsergebnisse von weniger detaillierten hygienischen Inspektionen des Moskauer NII für Hygiene aus den Jahren 1953 bis 1958 genutzt (Onikul u. a., 1965). Dieses Untersuchungsmaterial enthielt auch die Werte von einigen Wärmekraftwerken, die mit verschiedenen Kohlesorten oder Torf beheizt wurden. Die Schornsteinzahl der einzelnen Kraftwerke lag zwischen 1 und 18, die Schornsteinhöhe zwischen 40 und 150 m. Für Kraftwerke, in denen die Emissionsparameter nicht vollständig gemessen wurden, berechnete man sie über die Brennstoffmenge und -sorte (s. Abschn. 7.10.).

Die Auswertung der Meßergebnisse erfolgte nach dem im Abschnitt 9.3. aufgezeigten Weg. Es wurden die Kurven für die Abhängigkeit der Konzentration von der Windgeschwindigkeit gezeichnet und davon die Einhüllende konstruiert. In den Fällen, in denen die Meßwerte für die Darstellung solcher Kurven nicht ausreichten, bildete man den Wert der maximalen Konzentration c_M aus der Hälfte der Summe des absoluten Maximums der beobachteten Konzentrationen und des Mittelwerts aller Proben, die größer als Null waren.

Tabelle 10.1.
Gemessene und berechnete relative Konzentration von SO_2 und Asche in der Nähe von Wärmekraftwerken ($10^6\, c_M/M$ in s/m^3)
(Bezugsgröße ist die Emmissionsmenge M)

Wärmekraftwerk	H/m	SO_2		Asche	
		gemessen	berechnet	gemessen	berechnet
Kaschira	150	0,29	0,31	0,18	0,32
Tscherepet	120	0,28	0,25	0,62	0,50
Süd-Ural	120	0,09	0,25	0,39	0,50
Süd-Kusbass	105	0,63	0,39	0,64	0,74
Neswet	70	—	—	—	—
Iwanowo	40—60	—	—	—	—
Schatura	40	—	—	—	—

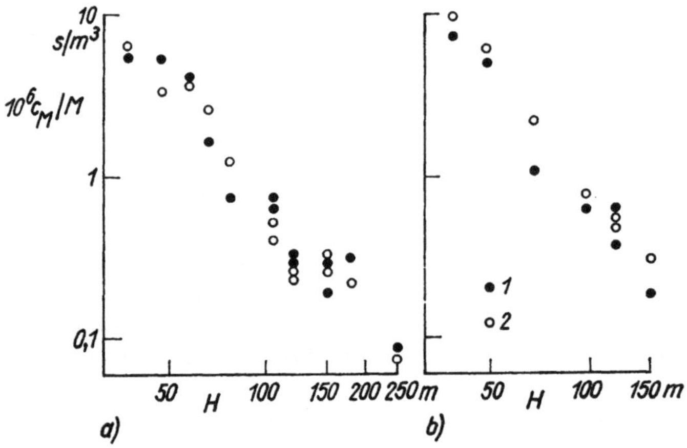

Abbildung 10.1.
Vergleich der berechneten (1) und gemessenen (2) Konzentrationen von Schwefeldioxid (a) und Asche (b) in der Umgebung von Wärmekraftwerken mit Schornsteinen unterschiedlicher Höhe H

Die Tabelle 10.1 enthält die berechneten und gemessenen Maximalwerte der SO_2- und Aschekonzentration (in mg/m^3), bezogen auf die entsprechende Emissionsmenge. Rechenergebnisse und Versuchswerte befinden sich in befriedigender Übereinstimmung.

Der Vergleich von theoretischen und experimentellen Ergebnissen für alle Wärmekraftwerke, die in den Tabellen 9.1 und 10.1 enthalten sind, sowie für einige ausländische Kraftwerke, zeigt Abbildung 10.1. Als Vergleichsmaß wird, wie in der Tabelle 9.1, der auf die Emission bezogene Maximalwert der Konzentration herangezogen (c_M/M).

Man kann feststellen, daß es für den gesamten Bereich der untersuchten Schornsteinhöhen von 40 bis 320 m genügend Punkte gibt, die einen für praktische Zwecke ausreichenden Vergleich zwischen Theorie und Versuch zulassen. Es bestätigt sich auch eine Schlußfolgerung aus der Theorie der Ausbreitung erwärmter Gase, daß nämlich die Größe von c_M umgekehrt proportional zu H^2 ist. Dabei ist zu bemerken, daß diese Abhängigkeit, die theoretisch in der Arbeit von BERLJAND u. a. (1964a) hergeleitet wurde, anfangs nur durch Beobachtungsmaterial aus der Zeit überprüft werden konnte, in der die Schornsteinhöhen 150 m nicht überschritten. Nach der Errichtung höherer Schornsteine, darunter einige von 250–320 m Höhe, sind die Beziehungen für c_M einschließlich der Abhängigkeit c_M von H vollständig durch Meßwerte der Expeditionen bestätigt worden (Abb. 10.1). Beispielsweise ergab die Rechnung für das moldauische Wärmekraftwerk mit Schornsteinhöhen von 150 m für c_M einen Wert von 0,26 mg/m³, die Messung 0,3 mg/m³.

Es stimmen auch die berechneten und gemessenen Werte für die kritische Windgeschwindigkeit u_M überein. Für die Kraftwerke Stschekino, Tscherepet und Kriwoi-Rog, deren Rauchgase eine Anfangstemperatur von 130–160 °C besitzen, beträgt der Wert für u_M nach der Rechnung 5 m/s, nach den Beobachtungen 4–6 m/s. Es sei bemerkt, daß auch MARTIN und BARBER (1967, 1973) für ähnliche Kraftwerke Werte $u_M \approx 5$ m/s angaben (s. Abschn. 9.1.). Für das moldauische Kraftwerk, in dem man eine Naßreinigung der Rauchgase durchführt und demzufolge Rauchgastemperaturen von ca. 40 °C erhält, beträgt der Wert für u_M nach der Rechnung 2,5 m/s und nach den Messungen 2–3 m/s.

Das bestätigt auch die Abhängigkeit der maximalen Konzentration c_{Mu} von der Windgeschwindigkeit u, wobei eine Asymmetrie dieser Beziehung bei $u > u_M$ besteht. Ist u kleiner als u_M, so wächst das Verhältnis von Konzentrationsmaximum c_{Mu} zu c_M mit der Windgeschwindigkeit schnell an. Ist u dagegen größer als u_M, so ändert sich dieses Verhältnis mit anwachsender Geschwindigkeit verhältnismäßig wenig.

Die Tabelle 10.2 enthält Werte des Verhältnisses c_{Mu}/c_M der SO_2-Konzentration des Stschekinsker Kraftwerkes für Windgeschwindigkeiten von 3–10 m/s.

Tabelle 10.2.
Das Verhältnis c_{Mu}/c_M für die SO_2-Konzentration nach der Rechnung und aus Messungen

	u in m/s				
	3	4	5	8	10
Rechnung	0,5	0,8	1,0	0,9	0,8
Messung	0,75	0,9	1,0	1,0	0,8

In der Mehrzahl der Fälle ergibt das Beobachtungsmaterial in der Nähe von Kraftwerken auch, daß x_M nahe dem theoretischen Wert liegt. Beispielsweise wird beim Kraftwerk Kriwoi Rog, dessen Schornsteine eine Höhe von 250 m haben, das Konzentrationsmaximum in einer Entfernung von 5 km erreicht. Es wurden auch die Aussagen bestätigt, daß der Anteil der Beimischungen in der bodennahen Schicht in der Zone von 0,5 x_M bis 2 x_M annähernd gleich ist. Versuche bestätigten die Rechenergebnisse über die Änderung der größten Konzentrationen c (bei ungünstigen Bedingungen) in Abhängigkeit vom Abstand x zur Quelle.

Tabelle 10.3 enthält für die SO_2- und Aschekonzentration Werte der Größe c/c_M in verschiedenen Entfernungen vom Schornstein (ONIKUL u. a., 1965).

Tabelle 10.3.
Verhältnisse c/c_M für das Kraftwerk Stschekino nach Rechenwerten und Beobachtungsdaten

Beimengung	Entfernung von der Quelle in km						
	1	2	3	4	6	10	15
SO_2							
berechnet	—	0,9	1,0	0,9	0,5	0,3	0,2
beobachtet	—	0,8	0,9	0,8	0,6	0,5	0,3
Asche							
berechnet	0,4	0,9	—	0,9	0,8	—	—
beobachtet	0,5	1	—	0,8	0,6	—	—

Tabelle 10.4.
Verhältnisse c/c_M für das Kraftwerk Kriwoi Rog nach Rechnung und Beobachtung

Beimengung	Entfernung von der Quelle in km						
	1	2	3	4	6	10	15
SO_2							
berechnet	0,4	0,7	0,9	1,0	0,9	0,7	0,5
beobachtet	0,6	0,7	0,9	1,0	0,9	0,7	0,6
Asche							
berechnet	0,3	0,7	0,9	1,0	0,7	0,6	0,4
beobachtet	0,5	0,8	0,9	1,0	0,9	0,8	0,7

In der Tabelle 10.4 sind analoge Werte für das Kraftwerk Kriwoi Rog (BELUGINA u. a., 1971) enthalten. Aus dem Beobachtungsmaterial bestimmte man für jeden Abstand die Geschwindigkeit u, bei der die Konzentration c den größten Wert erreichte. Es zeigte sich, daß im Falle des Kraftwerks Kriwoi Rog der Entfernung von 2—6 km $u = (5 \ldots 6)$ m/s und der Entfernung 8—15 km $u = (6 \ldots 7)$ m/s entsprechen. Nach der Rechnung sind diese Geschwindigkeiten gleich 5 m/s. Demzufolge kann man auch hier eine Übereinstimmung von berechneten und gemessenen Werten feststellen.

In der Tabelle 10.5a sind die Werte der größten beobachteten und berechneten SO_2-Konzentration im Gebiet des moldauischen Kraftwerkes dargestellt (GILDENSKOLD u. a., 1968).

Analoge Vergleiche zwischen Rechenergebnis und Beobachtungsmaterial wurden auch in der Periode der ersten und zweiten Etappe der komplexen Untersuchung der Ausbreitung von Beimengungen bei kompliziertem Geländerelief durchgeführt (s. Abschn. 9.1.). Die Bearbeitung und Analyse der Meßwerte, die nach der Methode zur Bestimmung der maximalen Konzentration erfolgte, sind im Abschnitt 9.3. dargelegt.

Aus Untersuchungen nahe dem Kraftwerk Varna in der VR Bulgarien (BAIKOW u. a., 1976) ist zu entnehmen, daß die größte Schwefelkonzentration aus dem Schornstein des Wärmekraftwerkes zum Beispiel 0,5 mg/m³ betrug, im Abstand von 2—3 km

Tabelle 10.5a.
Maximalkonzentration (mg/m³) von SO_2 für das moldauische Kraftwerk nach Rechnung und Beobachtung

Abstand von der Quelle in km	Windgeschwindigkeit in m/s			
	2	3	4	6
	beobachtete Werte			
1	0,08	0,09	0,09	0,07
2	0,18	0,18	0,18	0,16
3	0,23	0,22	0,20	0,16
4	0,22	0,27	0,20	0,10
5,5	0,17	0,20	0,15	0,11
8,5	0,08	0,08	0,07	0,06
	berechnete Werte			
1	0,02	0,06	0,06	0,05
2	0,14	0,21	0,20	0,14
3	0,22	0,24	0,22	0,15
4	0,24	0,22	0,21	0,14
5,5	0,23	0,21	0,18	0,12
8,5	0,18	0,15	0,12	0,08

wurde eine Konzentration von 0,4—0,5 mg/m³ gemessen. Die Änderung der Konzentration der Stickstoffoxide in einer Entfernung von 1—6 km ist etwas geringer. Ihr Maximum erreicht 0,17 mg/m³.

Nach Berechnungen entsprechend den Richtlinien von Berljand (Berljand u. a., 1975) folgt, daß die maximale Schwefeldioxidkonzentration $c_M = 0{,}34$ mg/m³ in einer Entfernung von 3 km vom Schornstein im ebenen Gelände bei für das Kraftwerk charakteristischer Emission erreicht wird. Bei der Berücksichtigung des Höhenunterschieds im Gelände von 100 m, muß man auf Grund der Ergebnisse von Kapitel 6 für die Größe c_M einen Korrekturfaktor von 1,5 einführen. Dann beträgt die maximale Konzentration von Schwefeldioxid 0,51 mg/m³. Das stimmt sehr gut mit den Meßwerten überein. Diese befriedigende Übereinstimmung, die von Baikow u. a. (1976) bestätigt wurde, gilt auch für die berechneten und gemessenen Werte der Stickstoffoxidkonzentration. Der Vergleich dieser Beobachtungsdaten mit den Rechnungen nach dem Gaussschen Modell (Kaspschiki u. Adamskaja, 1976) gibt wesentlich größere Abweichungen. Es wurde auch Übereinstimmung zwischen den Werten der Rechnung für die Schornsteinüberhöhung von Kraftwerken nach Formel (3.37) und den Ergebnissen der stereofotogrammetrischen Messungen erzielt (Jelissejew, 1976).

Die Ergebnisse der zweiten Etappe der komplexen Untersuchungen in der ČSSR ergaben als größte Schwefeldioxidkonzentration 0,8 mg/m³. Nach den Rechenergebnissen entsprechend den Richtlinien (Berljand u. a., 1975) für ebenes Gelände bei minimaler Kraftwerksemission von $M_{SO_2} = 1{,}75$ kg/s und bei maximaler Emission von $M_{SO_2} = 2{,}76$ kg/s ist c_M entsprechend 0,7 bzw. 1,0 mg/m³. Die Geländekorrektur entsprechend Kapitel 6 liefert für das erwähnte Kraftwerk den Faktor 1,15. Demzufolge ist die maximale Konzentration für das Kraftwerk Tissow bei minimaler Leistung 0,8 mg/m³ und bei maximaler Leistung 1,15 mg/m³. Das stimmt mit den Beobachtungen überein.

Die Ergebnisse der Gegenüberstellung von Beobachtungen und Rechenergebnissen für Meßwerte der komplexen Untersuchung in der VR Bulgarien und in der ČSSR unter Berücksichtigung der Reliefkorrektur sind auch in Abbildung 10.1 enthalten.

Wir führen weiterhin einige Ergebnisse der Gegenüberstellung von Berechnung und Beobachtung für die Kraftwerke Keystone und Hower City entsprechend der Arbeit von Berljand und Onikul (1977) an, die im Abschnitt 9.1. betrachtet wurden. Für das Kraftwerk Keystone beträgt während der Maximallast von 1850 MW die Emission von Schwefelgas $M_{SO_2} = 7{,}6$ kg/s und die entsprechende Austrittsgeschwindigkeit $W_0 = 23$ m/s sowie die Rauchgasüberhitzung $\Delta T = 140$ K. Bei diesen Werten ist $c_M = 0{,}44$ mg/m^3, was in den Grenzen von 25% mit dem im Abschnitt 9.1. angeführten experimentell gefundenen Wert (mit Berücksichtigung der Grundkonzentration c_F) des Konzentrationsmaximums von 0,55 mg/m^3 übereinstimmt. Selbst bei Maximallast des Kraftwerks und ohne Berücksichtigung der Grundkonzentration überschritten die gemessenen Konzentrationswerte sehr selten die berechnete Größe c_M. Es zeigte sich, daß insgesamt nur 1% der Meßwerte in das Intervall der 25%igen Überschreitung der berechneten Größe c_M fallen.

Der im Abschnitt 9.1. angeführten minimalen bzw. maximalen Leistung von 450 bzw. 850 MW entsprechen, falls nur ein Block arbeitet, die Werte M_{SO_2} von 1,9 bzw. 3,9 kg/s, die Werte w_0 von 10 bzw. 22 m/s, die Werte V_1 von 540 bzw. 1200 m^3/s und die Temperaturdifferenzen ΔT von 110 bzw. 135 K. Aus der Rechnung für diese Werte folgt entsprechend $c_M = 0{,}18$ bzw. 0,24 mg/m^3, $u_M = 4{,}3$ bzw. 6,2 m/s und $x_M = 3{,}9$ bzw. 5 km. Daraus ist zu ersehen, daß trotz des sehr großen Bereichs der Leistungsänderung des Kraftwerkes sich die Größe c_M relativ geringfügig ändert. Das läßt sich dadurch erklären, daß sich mit der Erhöhung der Kraftwerksleistung und demzufolge mit der Steigerung von M_{SO_2} V_1 vergrößert und teilweise auch ΔT, was zu einer Verringerung von c_M beiträgt. Nach den Beobachtungen wurden auch keine wesentlichen Unterschiede im Grad der Luftverschmutzung bei der Änderung der Kraftwerksleistung bemerkt. Rechnungen zeigten, daß es Fälle geben kann, in denen eine Verringerung der Kraftwerksleistung sogar zu einer Vergrößerung von c_M führt. Diesen Sachverhalt muß man bei der Steuerung der Emission von Wärmekraftwerken bei gefährlichen meteorologischen Bedingungen beachten. Darüber wird im Kapitel 12 gesprochen.

Die Gegenüberstellung von berechneten und beobachteten Werten wurde auch für die Konzentrationen in verschiedenen Entfernungen vom Kraftwerk Keystone bei Maximallast und ungünstigen meteorologischen Bedingungen durchgeführt. Zu diesem Zweck wurden für diese Bedingungen die Werte der maximalen Konzentration c in verschiedenen Entfernungen (2–3, 4–7, 8–10, 11–14 und 15–21 km) berechnet. Es wird angenommen, daß das experimentelle Material diese Werte bestätigt, wenn die Meßwerte die Rechenwerte nur sehr selten überschreiten oder wenn der Unterschied zwischen der gemessenen und berechneten Konzentration c gering ist und die Rechengenauigkeit bei ihrer Bestimmung in den Grenzen von (0,5 ... 1) c liegt. Zu diesem Zweck wurden bei der Analyse der Daten noch zwei Bereiche betrachtet, der von 0,5 und der von (1 ... 1,25) c. Die Auswertungen ergeben, daß Versuchs- und Rechenwerte einander genügend genau entsprechen. Beispielsweise überschritten beim Betrieb von zwei Kraftwerksblöcken von 500 Meßwerten nur fünf die Größe c, zwei die Größe 1,25 c und ein Wert die Größe 1,5 c. Beim Betrieb eines Kraftwerkblockes befand sich von 2000 Messungen das berechnete Maximum in 90–98% in den Grenzen der Rechengenauigkeit von 25%, und es wurde in 80—95% der Fälle nicht von den beobachteten Werten überschritten. Diese Überschreitung der berechneten Werte trat hauptsächlich bei Windrichtungen von Pittsburgh her auf, wenn sich die Grundverschmutzung der Luft deutlich erhöhte.

Mit der Rechnung stimmt auch die Entfernung x_M überein, in der das Konzentrationsmaximum c_M von Schwefeldioxid erreicht wurde. Sie betrug 4—5 km. Allerdings war die Zahl der Messungen in diesem Abstand gering im Verhältnis zur Gesamtzahl, und demzufolge kann man nicht genügend genaue Schlüsse zur Übereinstimmung von Rechnung und Beobachtung ziehen. Genauer wurde die Zone bestimmt, in der sich die berechnete Konzentration im Bereich (0,5 ... 1) c_M ändert. Ihre Grenzen liegen nach der Rechnung im Intervall von 1 bis 15 km, nach den tatsächlichen Werten von der kürzesten Entfernung von 2 bis 3 km, in der man die Messung ausführte, bis zu 17 km. Nach Rechnung und Beobachtung betrug die kritische Windgeschwindigkeit $u_M = (4 \ldots 6)$ m/s.

Analoge Ergebnisse erhielt man auch für das Kraftwerk Hower City. Bei Maximallast mit einer Emission von $M_{SO_2} = 3{,}0$ kg/s erhielt man $c_M = 0{,}21$ mg/m³, $u_M =$ $= 3$ m/s und $x_M = 4{,}7$ km. Eine befriedigende Genauigkeit zwischen Theorie und Experiment konnte festgestellt werden. Die für die Entfernungen von 2—3, 4—7, 8—10, 11—14 und 15—18 km berechnete Konzentration c wurde von den Meßwerten nur ganz selten überschritten.

Nach dem Beobachtungsmaterial in der Nähe der Wärmekraftwerke Keystone und Hower City haben GENICHOWITSCH und TSCHITSCHERIN (1977) auch berechnete und gemessene Werte der vertikalen Verteilung der Konzentration gegenübergestellt. Zu diesem Zweck wurden die mit Gasanalysatoren auf Hubschraubern registrierten Schwefeldioxidkonzentrationen in den Rauchfahnen des Wärmekraftwerkes ausgewertet.

Die Flüge der Hubschrauber wurden in verschiedenen Höhen quer zur Achse der Rauchfahne in Entfernungen von 4, 10 und 16 km von den Schornsteinen durchgeführt. Die Momentanwerte der Konzentration wurden längs der Flugbahn über eine Zeit von zwei bis drei Minuten integriert. In dieser Zeit wurde die Rauchfahne durchflogen. Die auf diese Weise erhaltene integrale Konzentration aus einer Punktquelle wird dargestellt durch die Konzentration einer Linienquelle mit einer Mittelungszeit von zwei bis drei Minuten. Deshalb wurde der Vergleich der Rechenergebnisse und Beobachtungen für Konzentrationswerte einer Linienquelle durchgeführt mit Bestimmung des Maximums q'_M in vertikaler Richtung für jede Entfernung und der Höhe z'_m, in der es auftrat. In Tabelle 10.5b sind die Mittelwerte des Verhältnisses von beobachteten und berechneten Werten $q'_{m\,beob}/q'_{m\,ber}$ und $z'_{m\,beob}/z'_{m\,ber}$ sowie ihre mittleren quadratischen Abweichungen Δq und Δz aufgetragen.

Tabelle 10.5b.
Vergleich von beobachteten und berechneten Maximalkonzentrationen q'_m einer Linienquelle und der Höhenlage z'_m des Maximums

Abstand von der Quelle in km	$\frac{q'_{m\,beob}}{q'_{m\,ber}}$	Δq	$\frac{z'_{m\,beob}}{z'_{m\,ber}}$	Δz
4	0,31	0,43	0,74	0,13
10	0,89	0,31	0,66	0,09
16	1,09	0,32	0,59	0,28

Berücksichtigt man den Meßfehler bei der Beziehung von q' und z'_m sowie die bekannten Vereinfachungen der Rechnung, so sind die erhaltenen Ergebnisse des Vergleichs zwischen Theorie und Experiment zufriedenstellend.

Die berechneten Werte und die Beobachtungsergebnisse der Expedition nach Pikalewo in der Nähe eines Zement- und Tonerdekombinats wurden auch gegenübergestellt (Wdowin u. a., 1973). Die durchgeführte Analyse zeigte, daß es bei den während der Beobachtungen vorherrschenden Windrichtungen möglich war, unabhängig voneinander die Ausbreitung der Beimengungen aus dem Zementwerk, aus allen Quellen der Tonerde- und Soda-Pottasche-Betriebe sowie aus dem Wärmekraftwerk zu untersuchen.

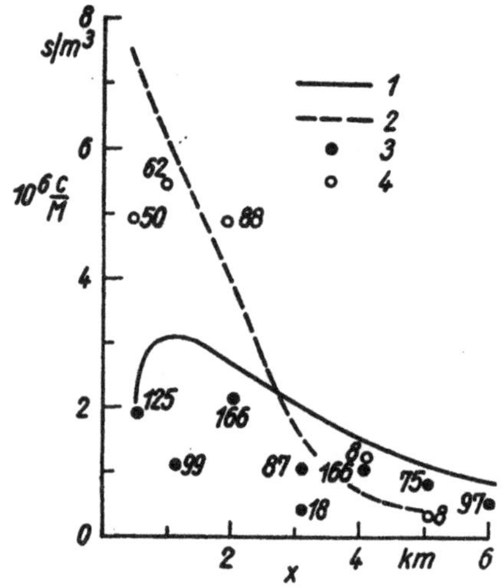

Abbildung 10.2.
Berechnete (1, 2) und gemessene (3, 4) maximale Staubkonzentrationen in der Umgebung eines Zement- (1, 3) und eines Tonerdewerkes (2, 4)

Die Zahlen an den Punkten stellen die Anzahl der Probenahmen auf der Achse dar, aus denen die maximale Konzentration bestimmt wurde.

In Abbildung 10.2 werden die Ergebnisse des Vergleichs der auf die Emission M bezogenen maximalen Staubkonzentrationen und Beobachtungsergebnissen für verschiedene Abstände von der Quelle gezeigt. Aus den Werten der Staubdispersion ergab sich in der Formel (3.50) $F = 2{,}5$. Die berechnete kritische Windgeschwindigkeit u_M für die Hauptquellen betrug 2—4 m/s, wobei sich die großen Werte auf das Zementwerk und das Kraftwerk beziehen. Das ausgewertete Beobachtungsmaterial stimmt genügend genau mit den berechneten Werten überein.

Für schwach erwärmte Emissionen wurden erste Rechenergebnisse für das Beobachtungsmaterial über die Stickstoffoxidkonzentration im Gebiet eines Chemiekombinats mit Schornsteinhöhen von 100 m erprobt (Goroschko u. a., 1966). Die größte Konzentration trat hier bei einer Entfernung von 1—3 km auf. Sie betrug 0,16—0,17 mg/m³. Nach der Rechnung ergab sich $c_M = 0{,}20$ mg/m³ und $x_M \approx 2$ km. Die kritische Windgeschwindigkeit lag zwischen 1 und 2 m/s, das heißt, sie ist bedeutend geringer als für Wärmekraftwerke.

Eine umfangreiche Erprobung der Rechenergebnisse für kalte Emissionen erfolgte nach Meßwerten einer Expedition in Gebieten von Kunstfaserkombinaten (Baikow

u. a., 1971). Für diese Betriebe ist charakteristisch, daß die Emissionen nicht nur aus hohen Schornsteinen stammen, sondern auch von einer Vielzahl von Lüftungsschächten, Ablufthauben und anderem herrühren.

In Abbildung 10.3 sind die Rechenergebnisse eines solchen Konzentrationsfeldes für Schwefelkohlenstoff (CS_2) im Gebiet des Kunststoffkombinates in Balakowo für Westwind dargestellt. Die Anfangskoordinate wurde in das Lagezentrum der hohen Schornsteine gelegt. Die Rechnung erfolgte mit den Werten der Emissionsparameter für den Zeitraum der Expedition 1968. Unmittelbar wurden nur die mächtigsten Quellen berücksichtigt, während man die kleineren Emissionen der einzelnen Werkhallen ihrem Zentrum zuordnete.

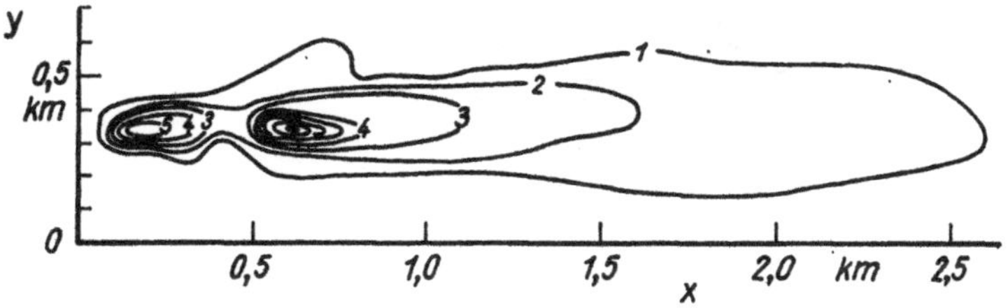

Abbildung 10.3.
Das normierte Konzentrationsfeld von 10^6 c/M (CS_2) (in s/m^3) auf der Erdoberfläche in der Umgebung eines Kunstfaserwerkes

Aus der Rechnung folgt, daß die größte Konzentration im Werksgelände auftritt und schon in einer Entfernung von 2 km auf 1/3 bis 1/5 abgeklungen ist. Das Konzentrationsfeld in der unmittelbaren Betriebsnähe hat eine sehr komplizierte Struktur, was für alle Betriebe mit einer großen Zahl von kleinen Quellen charakteristisch ist. Naturgemäß erfordert eine detailliertere Messung der Ausbreitung von Beimengungen in unmittelbarer Nähe des Werksgeländes ein sehr dichtes Netz von Beobachtungspunkten. In den durchgeführten Expeditionen war diese Aufgabe nicht gestellt, und deshalb wurden in größeren Entfernungen (0,5—1 km) relativ wenig Luftproben genommen. In größeren Entfernungen wird das Konzentrationsfeld viel gleichmäßiger.

Berechnungen in der Art, wie sie in Abbildung 10.3 dargestellt sind, wurden für verschiedenen Windrichtungen durchgeführt, Die berechneten Konzentrationswerte unterscheiden sich dabei nur in der Nähe des Werksgeländes. In Entfernungen größer als 1—2 km vom Zentrum des Werksgeländes, ist der Wert der Konzentration nicht von der Windrichtung abhängig. Das erlaubte, die Windrichtung beim Vergleich von Rechnung und Experiment zu vernachlässigen. Konzentrationsberechnungen wurden auch für verschiedene Windgeschwindigkeiten durchgeführt. Diese Rechnungen zeigten, daß die kritische Windgeschwindigkeit u_M, bei der die größte Konzentration erreicht wird, bei 0,5—1 m/s liegt. Die Werte für einzelne Quellen und das gewichtete Mittel u_{mc} unterscheiden sich wenig voneinander. Bei Zunahme des Windes von 1 auf 5 m/s verringert sich die Konzentration, allerdings im unterschiedlichen Grad, in Abhängigkeit von der Entfernung von der Quelle. Die größte Änderung (z.B. 2 bis 3mal) bezog sich auf eine Zone von weniger als 2 km, das heißt auf das Werksgelände und auf Entfernungen, in denen die Konzentrationen Maximalwerte erreichen. In Entfernungen über 2 km ist die Konzentrationsänderung in dem gegebenen Geschwindigkeitsbereich gering (in den Grenzen von 20—30%). Das erlaubt, für größere

Entfernungen von einem verhältnismäßig großen Bereich der kritischen Windgeschwindigkeit zu sprechen.

Abbildung 10.4 zeigt die berechneten und gemessenen Größen für das Verhältnis c/M in Abhängigkeit von der Entfernung x.

Berücksichtigt man die Ungenauigkeit bei der Bestimmung von M und auch den Meßfehler der Konzentrationsbestimmung, so kann man die Übereinstimmung von Rechnung und Experiment als befriedigend bezeichnen. Die erhaltenen experimentellen Werte bestätigen auch die Abhängigkeit der Konzentration von der Windge-

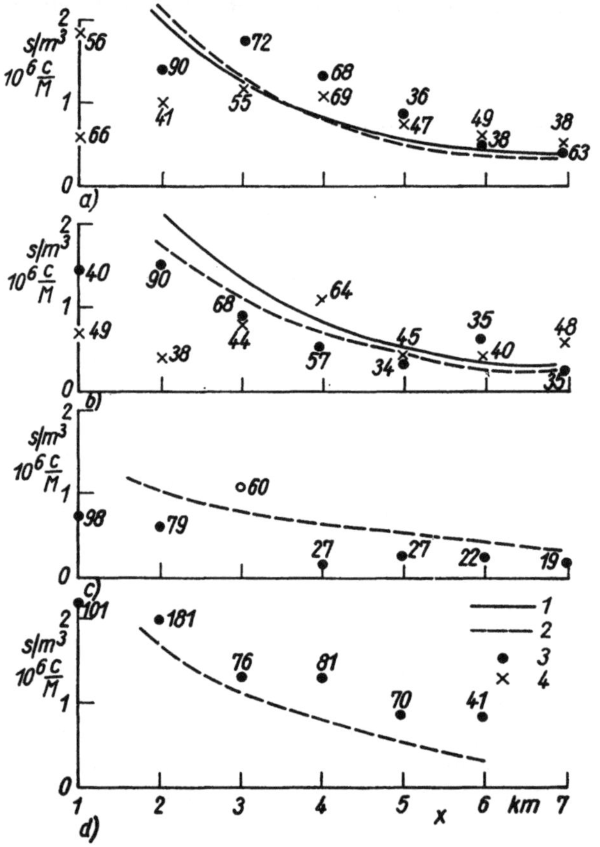

Abbildung 10.4.
Berechnete und gemessene Konzentrationen von CS_2 (a, d) und H_2S (b, c)

1 — berechnet aus Messungen im Schornstein, 2 — berechnet aus Massenbilanzen, 3 — gemessene Maximalkonzentrationen (Balakowo, 1967), 4 — gemessene Maximalkonzentrationen (Balakowo, 1968). Die Zahlen an den Punkten entsprechen der Anzahl der Fälle

schwindigkeit, die man über die Rechnung erhielt. Es ist bemerkenswert, daß die berechneten Kurven (Abb. 10.4 a, b), die auf Grund unterschiedlicher Methoden zur Bestimmung der Emissionen M erhalten wurden, sich untereinander nur wenig unterscheiden. Da die Methode der bilanzmäßigen Bestimmung von M Grundlage bei der Projektierung von Betrieben ist, dient die Übereinstimmung zwischen Rechnung und Beobachtung auch der Bestätigung der Richtigkeit der bei der Projektierung benutzten Parameter der Emission.

Analoge Vergleiche von Rechenergebnis und Beobachtungswert für die Konzentration von Beimengungen wurden auch mit den Meßwerten der Expeditionen zu den Kunstfaserkombinaten in Krasnojarsk und Tscherkassy durchgeführt. Das Material dieser Expeditionen ist aber nicht so umfangreich und zuverlässig wie das aus Balakowo.

Abbildung 10.4c enthält die Ergebnisse aus Krasnojarsk und Tscherkassy. Die berechneten Kurven wurden über die Massenbilanz aus der Größe *M* ermittelt. Einige Überhöhungen der Konzentrationsmeßwerte in Entfernungen über 3 km gegenüber den Rechenwerten sind möglicherweise in Tscherkassy durch den Einfluß des CS_2 aus den nahegelegenen Klärteichen für Industrieabwässer zu erklären (s. Abschn. 9.4.).

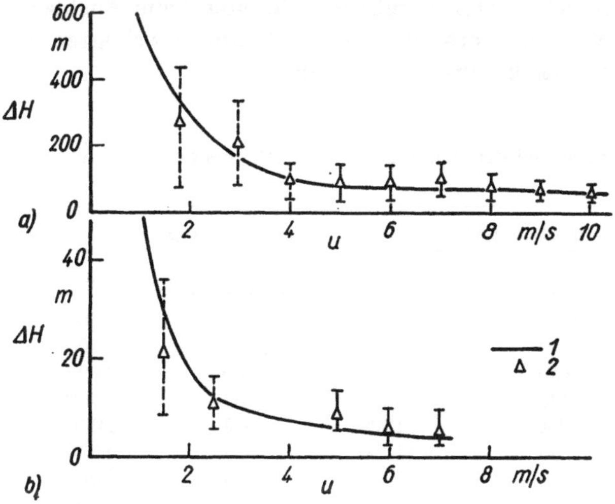

Abbildung 10.5.
Berechnete (1) und gemessene (2) Schornsteinüberhöhungen als Funktion der Windgeschwindigkeiten
a — Kraftwerk Stschekino, b — Newaer Chemiewerk

Die Beobachtungswerte der Expedition zur Schornsteinüberhöhung ΔH wurden mit den Rechenergebnissen nach Formel (3.37) verglichen. Die entsprechenden Werte sind in Abbildung 10.5a für das Kraftwerk Stschekino (Onikul u. a., 1965) und in Abbildung 10.5b für das Newaer Chemiewerk (Goroschko u. a., 1966) dargestellt. Die vertikalen Begrenzungen in den Abbildungen stellen die mittleren quadratischen Abweichungen vom Mittelwert ΔH dar, die durch die Auswertung von Fotografien bestimmt wurden. Die Streuung der Versuchswerte ist durch Unregelmäßigkeiten der Emission, Einflüsse der Luftschichtung und anderes zu erklären. Die Abweichungen zwischen den beobachteten Werten und der Rechnung liegen im Mittel bei 15—20 m. Nur bei geringen Windgeschwindigkeiten sind sie etwas höher. Der relative Fehler ist in diesen Fällen allerdings gering, da mit der Verringerung von *u* die Größe ΔH bedeutend anwächst.

Für die relativ kalten Emissionen aus den Schornsteinen des Newaer Chemiewerkes ist der Wert von ΔH bedeutend geringer als für die erwärmten Rauchgase aus den Schornsteinen von Kraftwerken.

Die Übereinstimmung von berechneten Größen ΔH nach Gleichung (3.37) und Beobachtungen wird auch in der in Abschnitt 9.1. betrachteten Arbeit von Bem (1971) nachgewiesen.

10.2. Überprüfung der Theorie durch Materialien spezieller Experimente

In der Arbeit von Bysowa und Onikul (1965) wird die berechnete Ausbreitung von schweren Beimengungen nach dem in Kapitel 2 dargelegten Schema von Berljand u. a. (1964a, 1965) mit den Versuchswerten verglichen, die man beim Ausblasen von Aerosolen von einem 300-m-Mast aus erhielt. Die Rechnungen erfolgten für die meteorologischen Bedingungen jedes konkreten Versuches.

Tabelle 10.6.
Rechen- und Versuchsergebnisse bei der Ausstreuung von Beimengungen vom meteorologischen Mast

H/m	u_H m/s	Beobachtung		Rechnung	
		p'_m	x_m	p'_m	x_m
169	3,8	2000	<1300	1870	500
169	2,1	6000	<750	6730	500
169	9,6	150	1200	460	1000
265	4,0	1000	<1300	905	1000
265	6,7	240	1500	543	2000
301	4,3	760	<1300	865	1500
301	5,7	480	1300	470	2000
301	7,7	420	2250	281	2500
169	9,0	580	1300	430	1600
169	6,6	500	1200	922	1400
169	4,0	2050	1300	2060	1000
169	6,6	670	2000	1340	2500

In Tabelle 10.6 sind einige Ergebnisse der Versuche bei konvektiven Bedingungen angegeben. Es wird der maximale Fallout P'_m auf die Planchetten und die dazugehörige Entfernung x_m angegeben. In einigen Fällen waren die Entfernungen, in denen die Planchetten aufgestellt waren, größer als x_m. Die erzielten Resultate bescheinigen die Übereinstimmung von Theorie und Experiment. Bei den Versuchen wurde nur der Aerosolausfall, aber nicht die Aerosolkonzentration gemessen. Bysowa und Onikul analysierten auf Grund der in Tabelle 10.6 angeführten sowie genauerer Versuche auch die maximal berechnete Konzentration der Beimischungen q_{mw} und den Abstand x_{mw}, in dem diese erreicht wird. Aus der Bedingung, daß der berechnete Wert und die auf die Planchette ausgefallenen Beimengungen übereinstimmen, wurde φ_0 für die Rechnung bestimmt.

Auf Grund der Angaben über die Abhängigkeit von q_{mw} und x_{mw} von der Stabilität der Atmosphäre sowie der Quellhöhe, der Windgeschwindigkeit und der Teilchengröße wurden einige Schlüsse über die Gesetzmäßigkeit der Ausbreitung von schweren Beimengungen gezogen. Im einzelnen ergab sich, daß die Lage des Maximums der

Konzentration mit wachsender Windgeschwindigkeit, Vergrößerung der Höhe und Steigerung der Stabilität der Atmosphäre weiter von der Quelle abrückt. Dabei verringert sich aber die Größe des Maximums. In einigen Fällen wurde der angeführte Einfluß der meteorologischen Bedingungen teilweise auf Grund der Änderung der Windrichtungsschwankungen kompensiert. Die Versuchswerte bestätigen die theoretische Gesetzmäßigkeit, daß bei konvektiven Bedingungen die Ausbreitung der schweren Beimengungen nur geringfügig von der Sedimentationsgeschwindigkeit abhängt, daß aber bei stabiler Schichtung deren Rolle erheblich anwächst. Man stellte auch Übereinstimmung für die Turbulenzeigenschaften k_1 und φ_0 aus der Lösung der reziproken Diffusionsaufgabe und der Bestimmung dieser Parameter aus den Gradienten und Schwankungen der Beobachtungsgrößen fest.

Analoge Vergleiche enthält auch die Arbeit von DUNSKI u. a. (1968). In ihr werden Versuche zur Versprühung von flüssigen Aerosolen beim Flug eines Flugzeuges senkrecht zur Windrichtung in Höhen von 100 bis 400 m analysiert. Alle auf die Flächeneinheit der Planchette ausgefallenen Aerosole P' wurden wie die Summe des Fallouts der einzelnen Fraktionen P'_i aufgefaßt: $P'_i = q_{li} w_i T_u$, wobei q_{li} die erdnahe Konzentration der i-ten Fraktion ist, die von einer Linienquelle der Länge l_0 herrührt. T_u ist die Zerstäubungsdauer der Beimengungen, w_i die entsprechende Sedimentationsgeschwindigkeit. Die Berechnungen erfolgten nach dem Verfahren von BERLJAND u. a. (1964a, b) mit der Formel (1.37). Es zeigte sich, daß die Länge der Quelle praktisch ausreichend groß war und man die Rechnung mit einer unendlich langen Linienquelle annähern konnte. Die Bearbeitung und Analyse der Werte wurde für jede Fraktion und für jeden Flug einzeln durchgeführt. Aus dem Versuchsergebnis bestimmte man die Größe des Falloutmaximums der i-ten Aerosolfraktion P'_{miV} und die dazugehörige Entfernung x_{miV}. Diese Größen wurden auch auf rechnerischem Wege bestimmt (P'_{miR}, x'_{miR}). Das Verfahren der gemeinsamen Auswertung von Versuchsmaterial und Rechenwerten bestand in der Lösung der umgekehrten Aufgabe, die die gesuchten Größen der Koeffizienten k_1 in 1 m Höhe aus den Werten des Fallouts einschließt. Dabei erhielt man die Größe k_1 durch Minimierung des Wertes $|P'_{miR}/P'_{miV} - 1|$ unter der Bedingung, daß $0{,}8 \leqq x_{miR}/x_{miV} \leqq 1{,}2$ ist. Außerdem wurde auf Grund der Meßwerte untersucht, inwieweit eine Verknüpfung zwischen der Sinkgeschwindigkeit der Teilchen und dem vertikalen Austauschkoeffizienten besteht, der in der in den Arbeiten von JUDINA (1946, 1962) beschriebenen Art aus der Konzentrationsverteilung bestimmt wurde.

Da jeder Flug als mehrere synchron verlaufende Experimente betrachtet werden kann, lassen sich daraus die für alle Fraktionen gemittelte Größe k_{1m} und die Größen für das Verhältnis k_{1i}/k_{1m} in Abhängigkeit von der Sinkgeschwindigkeit w_i bestimmen. Die Normierung der Werte k_{1i} auf den Mittelwert aus mehreren Versuchen für gleiche meteorologische Bedingungen ermöglicht die Auftragung der Versuchswerte in einer Kurve (Abb. 10.6). Der Bereich der Größen von w_i wurde in Intervalle von 0,05 m/s unterteilt. In Abbildung 10.6 sind die Mittelwerte k_1 für jedes dieser Intervalle eingezeichnet und mit der Anzahl der Versuche, die zu diesem Wert führten, gekennzeichnet. Die durch diese Punkte gezogene Linie zeigt, daß der Austauschkoeffizient mit steigender Sinkgeschwindigkeit w_i fällt, wie es auch die Theorie von JUDINA fordert. Allerdings ist dieser Effekt im Bereich der für Industriestäube charakteristischen Sinkgeschwindigkeiten, für praktische Rechnungen vernachlässigbar gering. Es ist anzunehmen, daß der Effekt nur bei sehr großen, mit der Windgeschwindigkeit vergleichbaren Sinkgeschwindigkeiten in Erscheinung tritt.

Dunski u. a. (1968) verglichen auch Werte über den Ausfall der Beimengungen nach Rechnung und Beobachtung. Die in Abbildung 10.7 dargestellten Kurven zeigen

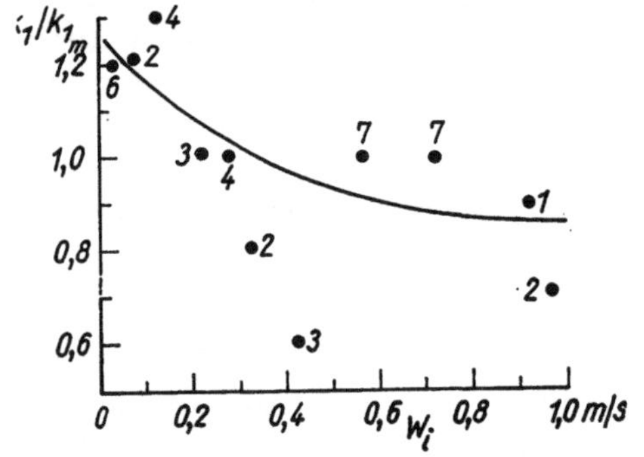

Abbildung 10.6.
Relativwert des Austauschkoeffizienten in Abhängigkeit von der Sedimentationsgeschwindigkeit

Die Zahlen an den Punkten repräsentieren die Anzahl der Versuche.

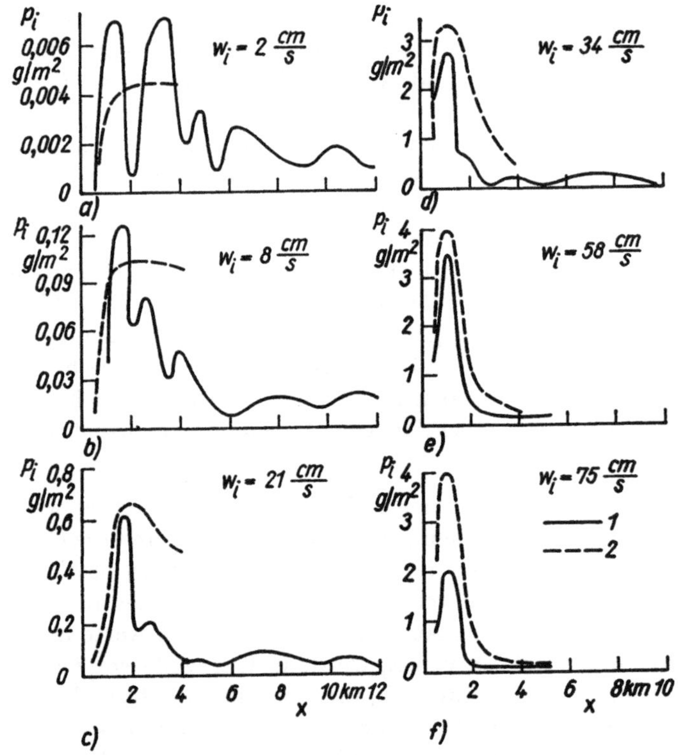

Abbildung 10.7.
Verteilung der ausgefallenen Tropfen nach Beobachtung (1) und nach Rechnung (2)

Diagramm	a	b	c	d	e	f
w_i, cm/s	2	8	21	34	58	75

den Ausfall verschiedener Fraktionen auf eine Planchette von einem Flug, der in einer Höhe von 200 m durchgeführt wurde. In der Rechnung wurde für diesen Flug für alle Fraktionen eine mittlere Größe k_1 angenommen. Die einzelnen Kurven beziehen sich auf verschiedene Aerosolfraktionen, das heißt auf verschiedene Sinkgeschwindigkeiten w_i. Der Mittelwert der Windgeschwindigkeit $\bar{u}$ in der Luftschicht zwischen Erdboden und Flughöhe betrug 4 m/s, und der Austauschkoeffizient oberhalb der bodennahen Luftschicht ($z > h$) war 25 m²/s. Für alle Fraktionen ist eine Übereinstimmung zwischen berechneten und beobachteten Werten in den Fehlergrenzen der Bestimmung der betrachteten Größen zu verzeichnen.

Es wurde auch die Größe x_{miR} mit der Größe $x_0 = H\bar{u}/w_i$ verglichen. x_0 ist der charakteristische Abstand, in dem alle Beimengungen mit der Sinkgeschwindigkeit w_i ausgefallen wären, wenn der Einfluß der turbulenten Diffusion ausgeschlossen würde.

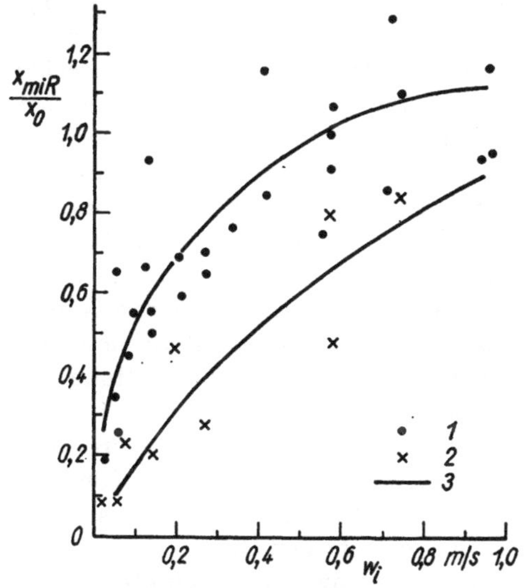

Abbildung 10.8.
Versuchsergebnisse von ausgestreuten schweren Beimengungen
1 — k_z = 2 ... 20 m²/s, 2 — k_z = 25 ... 40 m²/s, 3 — Mittelwerte

Dazu wird Abbildung 10.8 gezeigt, in der die Größe x_{miR}/x_0 für verschiedene w_i der betrachteten Versuche dargestellt ist. Hierbei wurden entsprechend dem Stabilitätszustand zwei Gruppen unterschieden: A für $k_z = (2 \ldots 20)$ m²/s und B für $k_z = (25 \ldots 40)$ m²/s. In die Abbildung sind die entsprechenden Mittelwertlinien für die Versuche aus jeder dieser Gruppen eingezeichnet. Aus der Abbildung kann man schlußfolgern, daß mit dem Anwachsen von k_z sich die Entfernung von der Quelle bis zum Ort des maximalen Ausfalls verringert. Für stabile Zustände nähert sich mit wachsendem w_i die Größe x_{miR} schnell x_0. Bei instabiler Schichtung tritt im gesamten betrachteten Bereich von w_i der maximale Ausfall in einer Entfernung auf, die wesentlich geringer als x_0 ist.

Einzelne Ausführungen der Theorie, die sich auf die Ausbreitung von Emissionen aus hohen Schornsteinen beziehen, speziell die über die Gefahren der sommerlichen

Konvektionsbedingungen, fand man durch Vergleich mit Beobachtungsergebnissen über die Luftverschmutzung in Städten bestätigt (Sonkin, 1968; Berljand, 1966b). Weitere Beobachtungen dazu folgen im Kapitel 11.

10.3. Methodische Empfehlungen für die Berechnung der Ausbreitung von Industrieemissionen

Auf Grund der dargelegten theoretischen Untersuchungen und ihrer Übereinstimmung mit den Beobachtungsergebnissen wurden im GGO mit Beteiligung der Hygieneaufsicht und technischer Organisationen Normen erarbeitet, die für die Projektierung und Auslegung von Betrieben in der UdSSR verbindlich sind. Sie werden in der praktischen Arbeit im breiten Maße angewendet.

Die Entwicklung der Theorie der atmosphärischen Diffusion von Beimengungen schuf neue Voraussetzungen für die Durchführung von Arbeiten zum Schutz der Atmosphäre vor Verschmutzungen. Die erfolgreiche Anwendung der wissenschaftlichen Empfehlungen in der Praxis bei der Bestimmung von Schadstoffkonzentrationen in Industriebezirken wird nicht allein durch die Strenge der Rechnung nach den Gesetzmäßigkeiten der Ausbreitung von Beimischungen in der Atmosphäre bestimmt. Im bedeutenden Maße hängt sie auch von der Genauigkeit der Bestimmung der Emissionen und einiger anderer Parameter ab, die in den Formeln enthalten sind. Das Vorhandensein hygienischer Kriterien erlaubt es, den Gefährlichkeitsgrad der berechneten Konzentration festzulegen. Sie sind unumgängliche Charakteristiken, die der Rechnung zugrunde liegen. Gerade zur Berücksichtigung dieser Zusammenhänge wurden in den vergangenen Jahren in der UdSSR Arbeiten zur Schaffung einer Rechenmethode über die Ausbreitung von Industrieemissionen durchgeführt.

Anfangs wurde eine „Einstweilige Methode zur Berechnung von Ausbreitungen der Emissionen aus Schornsteinen von Wärmekraftwerken“ (Berljand, 1965) vorgeschlagen und 1963 bestätigt. Diese erste Norm zur Berechnung der Ausbreitung von Verschmutzungen in der Atmosphäre war aus gewichtigen Gründen für Wärmekraftwerke bestimmt. Einer davon ist, daß von den gegenwärtig errichteten Wärmekraftwerken großer Leistung eine riesige Menge SO_2 in die Atmosphäre gelangt. Die SO_2-Emission eines Typenkraftwerks der Leistung von 2400 MW, das mit schwefelhaltigem Heizöl oder mit Magerkohle beheizt wird, erreicht 1000 t am Tag. Gegenwärtig befinden sich die Verfahren zur SO_2-Abscheidung für Abgase aus Wärmekraftwerken fast noch im Versuchsstadium. Eine solche Reinigung wird fast nirgendwo in der Welt genutzt, da ihre Kosten mit den Baukosten des gesamten Kraftwerks vergleichbar sind. Beim gegenwärtigen Stand der Gasreinigung besteht ein zeitweiliger Ausweg aus der Situation in der Errichtung von Hochschornsteinen, welche die Ausbreitungseigenschaften der Atmosphäre effektiv nutzen. Dazu war es erforderlich, vorrangig eine wissenschaftliche Methode zur Berechnung von hohen Einzelquellen auszuarbeiten. Ein relativ einfacher Quelltyp, wie es das Wärmekraftwerk darstellt, vereinfachte die Durchführung von experimentellen Arbeiten zur Untersuchung des Konzentrationsfeldes der emittierten Beimengungen und gewährleistete die erforderliche Überprüfung der theoretischen Ergebnisse.

Der zweite Grund besteht darin, daß die Methode zur Bestimmung der bei der Verbrennung von Brennstoff entstehenden Schadstoffmenge bedeutend besser ausgearbeitet ist als für die Mehrzahl der anderen Industriezweige. Schließlich besteht folgender — der Bedeutung nach aber nicht der letzte — Grund, daß große Wärmekraftwerke noch lange Zeit die wichtigsten Elektroenergieerzeuger bleiben und unbedingt gebaut werden müssen. Auf die Wärmekraftwerke entfallen gegenwärtig mehr als 80% der gesamten auf der Erde erzeugten Elektroenergie.

Die Schaffung einer Rechenmethode fiel zeitlich mit der Anfangsetappe der Projektierung eines weiten Netzes von Wärmekraftwerken im Rahmen des 20-Jahr-Planes der Elektrifizierung des Landes zusammen. Dabei war die Hauptbeschränkung für die Leistung eines Kraftwerkes an die Forderung gebunden, die erforderliche Reinheit der Atmosphäre zu gewährleisten. Die Nutzung herkömmlicher Methoden zur Berechnung der Ausbreitung von Beimischungen erwies sich im gegebenen Fall als falsch und hinderte ungerechtfertigt die Entwicklung der Energetik. Die Einführung der „Einstweiligen Methodik" und die rationelle Berücksichtigung der meteorologischen Bedingungen im Zusammenhang mit ihren Grundprinzipien änderte die Lage wesentlich. Einerseits konnte man dadurch die erforderliche Reinheit der Atmosphäre im Gebiet des Kraftwerks einhalten, andererseits ergab sich die Möglichkeit, die Kraftwerksleistung im Projekt fast zu verdoppeln, wenn man die früheren, physikalisch nicht begründeten Methoden als Vergleich nimmt. Die experimentellen Arbeiten, die nach der Ausarbeitung der Methoden für Wärmekraftwerke durchgeführt wurden, bestätigten vollständig die erhaltenen Beziehungen.

In der folgenden Etappe erschien mit der Entwicklung dieser Arbeit die „Richtlinie zur Berechnung der Ausbreitung von Schadstoffen in der Atmosphäre" SN 369-67 (Berljand u. Koschkin, 1967), die vom Bauministerium der UdSSR in der Baunorm (SN) als Gesetz verabschiedet wurde, das bei der Projektierung und Auslegung von Betrieben verbindlich ist. In der Richtlinie sind auch die Grenzen der Anwendbarkeit der Berechnungsgleichungen angegeben sowie Verfahren zur Konzentrationsberechnung aus Quellgruppen und zur Bestimmung der Grenzen von Sanitärschutzzonen dargelegt. Die Mitarbeit von Spezialisten der Entstaubungstechnik, von Projektanten der metallurgischen und der erdölverarbeitenden Industrie sowie aus anderen Industriezweigen bei der Zusammenstellung der speziellen Methoden ermöglichte es, ein Standardverfahren zur Berechnung der Emissionsparameter einiger wichtiger Produktionsprozesse auszuarbeiten und es auf verhältnismäßig viele verschiedenartige Betriebe anzuwenden.

Die Formeln und Empfehlungen der Richtlinie sind für die verschiedenartigsten Emissionsquellen von Schadstoffen geeignet. Gleichzeitig wurden für Objekte, bei denen diese ersten Normen anzuwenden waren, Einschränkungen eingeführt. Letztere sind teilweise durch die oben erwähnte prinzipielle Situation erforderlich, nach der die Berechnungsvorschrift nur auf Produktionsprozesse anwendbar ist, für die das Schema zur Berechnung der Emissionsparameter der Schadstoffe ausgearbeitet wurde. Den wichtigsten und gefährlichsten Produktionen galten die zielgerichteten einleitenden Vergleiche von Rechenvorschriften und vorhandenen experimentellen Werten mit dem Ziel, die Methode der Konzentrationsberechnung und das Verfahren zur Bestimmung der Emissionsparameter miteinander zu vergleichen. Die angeführten Einschränkungen sind von der Spezifik des Objektes abhängig, auf das man die Rechenmethode anwendet.

In Übereinstimmung mit den noch folgenden Verallgemeinerungen und Verbesserungen der Theorie für die Fälle kalter und polydisperser Beimengungen wurde eine universelle Methode zur Berechnung der Ausbreitung sowohl heißer Rauchgase als auch kalter Lüftungsemissionen erarbeitet (Berljand u. Onikul, 1971). Sie wurden den Normen des Bauministeriums der UdSSR zur Berechnung der Ausbreitung von Industrieemissionen (SN 369-74) zugrunde gelegt (Berljand u. a., 1975). Außer Punktquellen in der Art von Industrieschornsteinen, Schächten und Ablufthauben werden darin auch Linienquellen betrachtet, was auch die Berechnung von Dachlaternenaufbauten gestattet. Die Methode zur Berechnung von mehreren Quellen wurde mit Hilfe der EDV wesentlich vervollkommnet.

Es ist zu bemerken, daß ungeachtet der Vielzahl der Verfahren, welche von verschiedenen Autoren für die Bestimmung der Konzentrationen von Beimischungen und der Schornsteinüberhöhung vorgeschlagen wurden, ganz wenig gesetzlich bestätigte Methoden für die Berechnung der Ausbreitung von Beimengungen in der Atmosphäre vorhanden sind. Es sind Arbeiten bekannt, in denen einige Regeln und Empfehlungen zu diesen Fragen enthalten sind. Von dieser Art sind in den USA die Handbücher von Smith (1968), Turner (1969) und andere. In der BRD benutzt man die VDI-Vorschrift (VDI-Richtlinie 1963), die in jüngster Zeit etwas verbessert wurde (Gilbert, 1973). In England verwendet man eine Methode, die nur für die Berechnung der Ausbreitung von SO_2 aus Wärmekraftwerken vorgesehen ist (Stern, 1968). Beispiele für Vergleiche der Rechnungen nach einigen der angeführten Methoden mit der in der UdSSR gebräuchlichen wurden von Hüttner (1975), Gilbert (1973) und anderen gebracht. Man benutzt praktische Empfehlungen auch in einigen anderen Ländern. Von ihnen unterscheiden sich die in der UdSSR benutzten Methoden wesentlich durch ihre theoretische Begründung und die Erprobung durch Versuchsmaterial, aber auch hinsichtlich des Umfangs der betrachteten Fragen. Die Grundlagen dieser Weisungen werden auch in anderen Ländern, wie zum Beispiel Frankreich, bei der Ausarbeitung einer Berechnungsmethode für die Ausbreitung von Industrieemissionen in der Atmosphäre durch die staatlichen Organe bestätigt (Bouscaren u. Detrie, 1972). Die Korrekturen für das Relief, die in unseren Arbeiten vorgeschlagen wurden (Berljand u. a., 1968; Berljand, 1972) empfiehlt man auch in den USA für die praktische Nutzung (Li u. Stern, 1973). Die sowjetische Methodik benutzte man bei der Projektierung einiger Industrieobjekte in den Ländern des RGW, Jugoslawiens, Asiens, Afrikas und Südamerikas.

10.4. Zulässige Maximalkonzentration

Die Anwendung der Berechnungsmethodik zur Ausbreitung von Beimengungen ist mit der Einschätzung der Gefährlichkeit der Luftverschmutzung verbunden, diese wiederum gründet sich auf den Vergleich der berechneten Konzentrationswerte der Stoffe mit ihren maximal zulässigen Immissionskonzentrationen (MIK-Werte).

Von den Hygienikern wird der Festlegung der MIK-Werte große Aufmerksamkeit gewidmet (Buschtujewa, 1976; Ismerow, 1973; Sidorenko u. Pinigin, 1976, u. a.). Das Komitee der Weltgesundheitsorganisation (WHO) empfahl 1964, vier Stufen der Gefährlichkeit der Luftverschmutzung zu unterscheiden (ohne Einfluß, mit Reizwirkung, zu chronischen Erkrankungen führende und schwere Gesundheitsschäden hervorrufende). Der ersten Stufen ordnet man die Fälle zu, in denen noch keine direkten oder indirekten Einwirkungen auf den Menschen auftreten. In der UdSSR verwendet man für die Aufstellung der MIK-Werte diese niedrigste Stufe. Für ihre Bestimmung benutzt man hochempfindliche Tests, wie die Änderung der Farbempfindlichkeit der Augen oder die Veränderung des Biopotentials vom Gehirn und andere, welche die geringste Einwirkung von Schadstoffen auf den menschlichen Organismus bei kurzzeitiger Einatmung erkennen lassen. Außerdem führt man zur Bestimmung der resorptiven (Langzeit-) Wirkung der Schadstoffe Tierexperimente in speziellen Versuchskammern unter Verwendung von physiologischen, biochemischen, immunologischen sowie anderer Tests durch. Man nutzt auch Ergebnisse von epidemiologischen Versuchen. Die im Labor ermittelten Wirkungsschranken ergänzt man in einigen Fällen durch Sicherheitsfaktoren, die diese Schranken um ein Mehrfaches verringern (manchmal um den Faktor 1/100). Die Massenkonzentration wird normalerweise als Maß für die gefährliche Luftverschmutzung verwendet. Es zeigte sich, daß das sowohl für Stäube als auch für Aerosole gerechtfertigt ist, daneben kann ihre Dispersion in einigen Fällen eine wesentliche Rolle spielen. Das Gesundheitsministerium der UdSSR bestätigt in gewissen Zeitabständen die maximal zulässigen Immissionskonzentrationen von Schadstoffen in der Atmosphäre von Wohngebieten. Dabei unterscheidet man zwei Arten von MIK-Werten, den Kurzzeit-MIK-Wert ($\mathrm{MIK_K}$) und den Langzeit-MIK-Wert für 24 h ($\mathrm{MIK_D}$). Ersterer bezieht sich in der Regel auf einen Zeitraum von 20—30 Minuten. Er bestimmt den Grad für die Kurzzeiteinwirkung der Beimengungen auf den menschlichen Organismus. Der $\mathrm{MIK_D}$-Wert ist der für eine längere Periode zulässige Luftverschmutzungsgrad ohne strenge Zeitbeschränkung. Es sei bemerkt, daß die Bezeichnung Tagesmittelwert für $\mathrm{MIK_D}$ unglücklich gewählt ist, da das häufig zu der unkorrekten Vorstellung führt, daß er sich auf den Zeitraum eines Tages bezieht. Dieses Mißverständnis ist auch darin begründet, daß in einigen Ländern MIK-Werte eingeführt wurden, die sich auf einen Tag oder auf ein Jahr beziehen..

Gegenwärtig sind in der Sowjetunion MIK-Werte für mehr als 100 schädliche Ingredienzen aufgestellt worden. Diese MIK-Werte sind für viele Beimischungen strenger als in anderen Ländern (Janagisawa, 1973).

Die Tabelle 10.7 enthält MIK-Werte einiger Schadstoffe in der Atmosphäre von Ortschaften, die vom Gesundheitsministerium der UdSSR bestätigt wurden.

Nach den im Kapitel 3 angeführten Beziehungen (mit Berücksichtigung des Koeffizienten A) ergibt sich die Konzentration für einen 20minütigen Zeitabschnitt, die mit dem $\mathrm{MIK_K}$-Wert vergleichbar ist. Deshalb wird bei der Bestimmung der Schornsteinhöhe und anderer Emissionsparameter gefordert:

$$c_\mathrm{M} \leqq \mathrm{MIK_K} . \tag{10.1}$$

Liegt die Schadstoffquelle in einem Gebiet, in dem eine Grundkonzentration c_G des gleichen Schadstoffs nachweisbar ist, lautet die Forderung:

$$c_\mathrm{M} + c_\mathrm{G} \leqq \mathrm{MIK_K} . \tag{10.2}$$

Für einige Ingredienzen ist es unumgänglich, ihre Einwirkung zu summieren. Bei der Überlagerung von n solcher Stoffe mit den entsprechenden Konzentrationen $c_1, c_2, \ldots, c_n$ und den maximal zulässigen Immissionskonzentrationen $\mathrm{MIK_1}$, $\mathrm{MIK_2}$, $\ldots$, MIK_n führt die Summation zu der Bedingung, daß

$$\frac{c_1}{\mathrm{MIK_1}} + \frac{c_2}{\mathrm{MIK_2}} + \ldots + \frac{c_n}{\mathrm{MIK}_n} \leqq 1 \tag{10.3}$$

Tabelle 10.7.
Zulässige Konzentrationswerte

Stoff	zulässige Konzentration in mg/m³	
	Kurzzeit-MIK-Wert (MIK_K)	Langzeit-MIK-Wert (MIK_D)
Stickstoffdioxid	0,085	0,085
Ammoniak	0,20	0,2
Aceton	0,35	0,35
Benzol	1,5	0,8
ungiftiger Staub	0,5	0,16
Methylmerkaptan	$9 \cdot 10^{-6}$	—
Ruß	0,15	0,05
Kohlensäure	0,3	0,1
Schwefeldioxid	0,5	0,05
Schwefelwasserstoff	0,008	0,008
Schwefelkohlenstoff	0,03	0,01
Toluol	0,6	0,6
Kohlenmonoxid	3,0	1,0
Phenol	0.01	0,01
Phosphorsäureanhydrid	0,15	0,05
gasförmige Fluorverbindungen und gut lösliche Fluoride	0,02—0,03	0,005—0,01
schwerlösliche Fluoride	0,2	0,03
Chlor	0,1	0,03

sein muß. Beispielsweise sind die Wirkungen von Schwefeldioxid und solcher Gase, wie zum Beispiel Stickstoffdioxid, Phenol, Fluorwasserstoff, oder des Aerosols, der Schwefelsäure oder auch einiger anderer Beimischungen zu addieren.

Im allgemeinen folgt aus (10.1) oder (10.2) die zusätzliche Forderung, daß gleichzeitig die analogen Beziehungen für die mehrjährigen Mittelwerte von $\bar{c} + c_G$ einzuhalten sind. In der Norm SN 369-74 wird für die Gebiete der sanitären Schutzzonen von Kurorten, großen Kurheimen und Ferienheimen sowie für die Naherholungszentren von Städten mit mehr als 200000 Einwohnern empfohlen, anstelle der MIK_K-Werte in den Formeln (10.1) bis (10.3) die Größe $0{,}8 \cdot MIK_K$ zu verwenden.

Berljand u. Onikul (1968b) zeigten, daß die derzeitigen Tages-MIK_D-Werte nicht immer für den Gebrauch in analogen Rechnungen ausreichen. Tatsächlich erhielt man im Abschnitt 2.8., daß für Einzelquellen das Verhältnis von mehrjähriger mittlerer Konzentration zur maximalen momentanen Konzentration 1/25 bis 1/40 beträgt. Normalerweise beträgt für die MIK-Werte (Tabelle 10.7) dieses Verhältnis 1/3 bis 1. Daher ist die Forderung (10.1) eine härtere Bedingung als die Forderung, daß die mittlere mehrjährige Konzentration kleiner als der Tages-MIK_D-Wert sein soll. Bei der Anwendung der Beziehungen (10.1) bis (10.3) ergibt sich natürlich auch die Frage nach dem wiederholten Auftreten der maximalen Konzentration c_M (s. Abschn. 11.2.). Das kann jedoch bei Berechnungen praktisch durch einige Korrekturen der Größe des MIK_K-Wertes oder von c_M in den Grenzen von 5—10% berücksichtigt werden. Bei der tatsächlichen Bestimmungsgenauigkeit dieser Größen scheint eine solche Korrektur ungerechtfertigt zu sein.

Die Größe der MIK-Werte für verschiedene Ingredienzen hat man auch in anderen Ländern festgelegt (Barker u. a., 1962; Detrie, 1973; Janagisawa, 1973; Larsen,

1973, u. a.). In letzter Zeit wurden von Regierungsstellen der USA einige Standards zum Luftzustand bestätigt. Die eingeführten Normen beziehen sich auf verschiedene Zeitintervalle (1, 8, 24 Stunden), manchmal bis zu einem Jahr. So beträgt seit 1971 für CO der MIK-Wert 40 mg/m^3 für eine Stunde, 10 mg/m^3 für 8 Stunden. Für SO_2 und Stäube gelten die Werte 0,36 mg/m^3 bzw. 0,26 mg/m^3 für 24 Stunden und 0,08 mg pro m^3 bzw. 0,075 mg/m^3 für ein Jahr. Der MIK-Wert für fotochemische Oxidanten beträgt 0,16 mg/m^3 für eine Stunde; für NO_2 0,1 mg/m^3 für ein Jahr. Zur Einschätzung des Einflusses auf die Gesundheit der Bevölkerung dienende Standards nennt man primär. Außerdem führt man für einige Ingredienzen noch sekundäre Standards ein, die sich auf die Abschätzung der Umweltbeeinflussung beziehen. Die sekundären Normen für SO_2 und Stäube betragen 0,3 bzw. 0,14 mg/m^3 für 24 Stunden und für beide 0,06 mg/m^3 für ein Jahr. Für CO, NO_2 und Oxydanten sind sie mit den primären Standardwerten identisch. In Japan gelten seit 1973 entsprechend für die Stunden- bzw. Tages-MIK-Werte 2,5 und 12 mg/m^3 für CO, 0,3 und 0,12 mg/m^3 für SO_2, 0,2 und 0,1 mg/m^3 für kleindispersen Staub (Teilchendurchmesser unterhalb 10 μm). In der Schweiz beträgt der 30-Minuten-MIK-Wert für SO_2 0,75 mg/m^3, der Tageswert 0,3 mg/m^3. Die Konzentrationen in relativ großen Entfernungen von den Quellen dürfen die Sekundär-Standardwerte nicht überschreiten.

Die Normwerte in den USA sind nach ihrem Charakter hauptsächlich zur Kontrolle von vorhandenen Luftverunreinigungsquellen vorgesehen und nicht zur Verwendung bei der rechnerischen Auslegung von Betrieben. Sobald in dem Gebiet einer Quelle im Verlauf von einer, acht oder vierundzwanzig Stunden die erreichte Konzentration mehr als einmal im Jahr höher als die zulässige ist, werden unbedingt Maßnahmen eingeleitet, um die Standardwerte der Luft zu gewährleisten. In Frankreich verwendet man in einigen Fällen Tagesmittel-MIK-Werte als Standards, verbunden mit der Forderung, daß sie nicht mehr als achtmal im Jahr überschritten werden.

Es sind auch Kriterien der Luftverschmutzung vorgelegt worden, die die Auswirkungen auf die Pflanzenwelt berücksichtigen (Barker u. a., 1962; Guderian, 1977).

Für sich auf verschiedene Zeitintervalle beziehende Standardwerte ergibt sich bei Projektierungsarbeiten die Schwierigkeit, zu den oben aufgeführten Momentan-MIK-Werten für 20 Minuten und zu den Tages-MIK-Werten die analogen Größen für längere Zeiten auszuwählen. Mit dem Anwachsen der Zahl der Zeitintervalle, für die die MIK-Werte festgelegt wurden, erhöht sich die Wahrscheinlichkeit, daß die einzelnen MIK-Werte nicht übereinstimmen. In diesem Zusammenhang sollte man bei der Benutzung von für verschiedene Zeitintervalle vorgegebenen Standardwerten bei Projektierungsarbeiten denjenigen auswählen, der die schärfsten Forderungen erfüllt, wie das für den oben angeführten in der UdSSR gebräuchlichen 20-Minuten-MIK-Wert gilt.

10.5. Berechnung der Luftverschmutzung in der Umgebung von Betrieben

Mit den in den Kapiteln 3 bis 6 betrachteten Untersuchungsergebnissen kann man die Berechnung des Konzentrationsfeldes von Beimischungen in Industriegebieten bei unterschiedlichen meteorologischen und topographischen Bedingungen durchführen.

Die Ausgangsformel in den „Richtlinien zur Berechnung" (BERLJAND u. a., 1975) bezieht sich auf die Fälle verhältnismäßig ebenen Geländes und ungünstiger Wetterbedingungen, die durch einen intensiven turbulenten Austausch und die Werte der kritischen Windgeschwindigkeit u_M gekennzeichnet sind. Für eine Gruppe von N nahe beieinanderliegenden Quellen mit gleichen Emissionsparametern bestimmt man die größte Konzentration, die sich in einer Entfernung $x_M = d_0 H$ von der Quelle einstellt, entsprechend (3.50) nach der Formel

$$c_M = \frac{AMF\text{mn}}{H^2} \sqrt[3]{\frac{N}{V \Delta T}} \qquad (10.4)$$

(s. Abschn. 3.6. und 3.9.).

Der Koeffizient A wurde für verschiedene Gebiete der UdSSR bestimmt. Er nimmt nachfolgende Werte an: $A = 240$ für Mittelasien (südlicher als 40° nördlicher Breite), $A = 200$ für Kasachstan, das niedere Wolgagebiet, den Kaukasus, Moldawien, Sibirien, den Fernen Osten und Mittelasien (nördlicher als 40° nördlicher Breite),

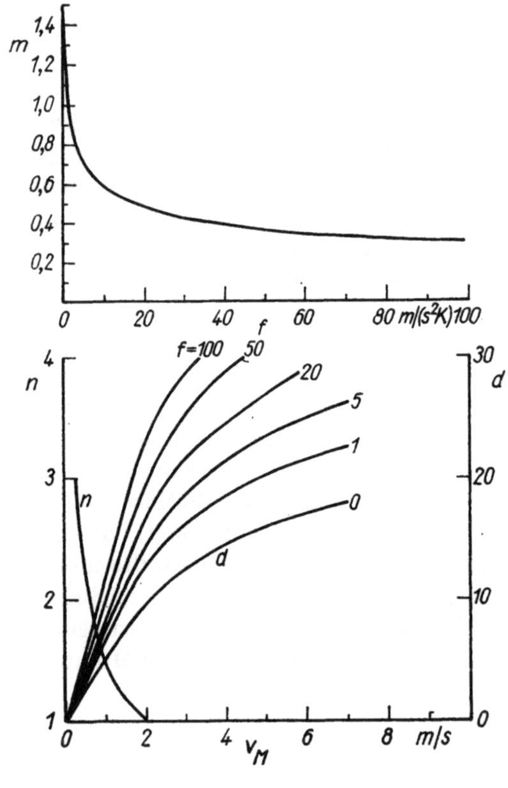

Abbildung 10.9.
Diagramm zur Bestimmung der Koeffizienten *m*, *n* und *d*

$A = 160$ für den Norden und das nordeuropäische Territorium der UdSSR, das mittlere Wolgagebiet, den Ural und die Ukraine, $A = 120$ für den zentralen Teil des europäischen Gebietes der UdSSR. Dabei ist wie im Abschnitt 3.6. benutzt:
c_M in mg/m³, M in g/s, V in $v_1 \cdot N$ in m³/s, H in m und ΔT in K. Für die Gebiete anderer Länder kann der Wert von A über die Ähnlichkeit der klimatischen Eigenschaften des turbulenten Zustands mit den angeführten Bereichen bestimmt werden.

Der Koeffizient F ist für Gase, leichte Aerosole und Stäube unterschiedlich und hängt von dem Wirkungsgrad der Entstaubungsanlagen ab. Er beträgt für Gase und leichte Aerosole $F = 1$, für schwere Beimengungen bei Entstaubungsgraden von $> 90\%$, $75-90\%$ und $< 75\%$ 2; 2,5 und 3. Für die Koeffizienten m und n werden im Abschnitt 3.6. Interpolationsformeln angegeben. Abbildung 10.9 enthält zu ihrer Bestimmung über die Parameter f und v_M (3.40) Hilfskurven.

Im allgemeinen Fall ist für Gase und Stäube $d_0 = (5\text{-}F)\, d/4$, wobei d auch nach Abbildung 10.9 bestimmt wird.

Entsprechend Abschnitt 3.6. bestimmt man die größte Konzentration c_{Mu} und die ihr entsprechende Entfernung x_{Mu} für den Fall $u \neq u_M$ über die Beziehungen

$$c_{Mu} = r c_M \quad \text{und} \quad x_{Mu} = p x_M\,.$$

Die größte Konzentration c in der Achse der Rauchfahne bei $u = u_M$ und $u \neq u_M$ findet man nach den Formeln

$$c = c_M s_1 \frac{x}{x_M} \quad \text{und} \quad c = c_{Mu} s_1 \frac{x}{x_{Mu}}\,.$$

In einer Entfernung y von der Achse der Rauchfahne ist

$$c_y = c s_2 u \left(\frac{y}{x}\right)^2.$$

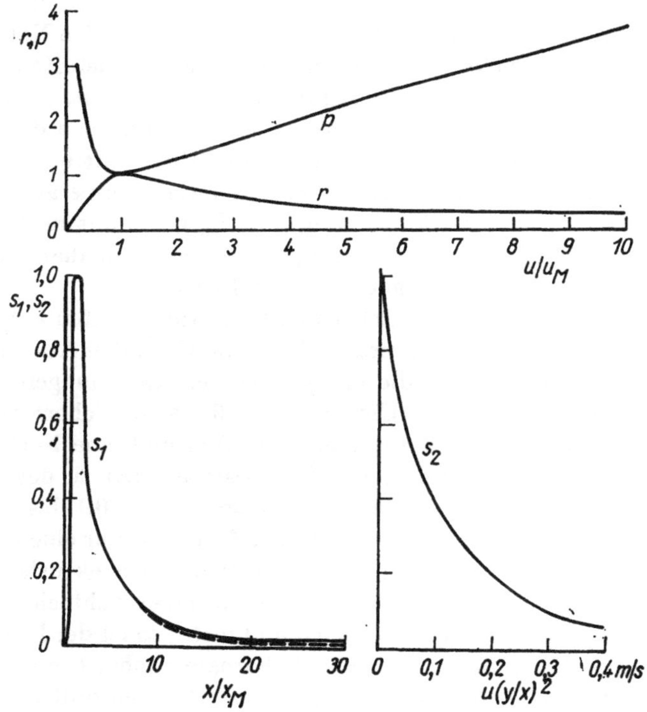

Abbildung 10.10.
Diagramm zur Bestimmung der Koeffizienten r, p, s_1 (ausgezogene Kurve bei $F = 1$, gestrichelte Kurve bei $F \geqq 2$) und s_2

Abbildung 10.10 enthält für die Bestimmung der Funktionen r, p, s_1 und s_2 Kurven, die den im Abschnitt 3.6. aufgeführten Interpolationsformeln entsprechen.

Für kalte Emissionen und für $f > 100$ m/($s^2 \cdot$ K) gilt

$$c_M = \frac{AMFnDN}{8H^{4/3}V}, \tag{10.5}$$

wobei der Koeffizient n auch aus Abbildung 10.9 für den Wert v_e bestimmt wird, der sich im vorliegenden Fall nach Formel (3.62) ergibt. Für Lüftungsschächte und andere Quellen mit rechteckförmigen Mündungsquerschnitten mit den Seitenlängen L_1 und b_1 führt man die Berechnungen mit denselben Beziehungen wie für Rohre durch, indem man den Durchmesser D durch den effektiven Durchmesser D_e und entsprechend das Volumen V ersetzt:

$$V_e = \tfrac{1}{4}\pi D_e^2 w_0 N$$

mit

$$D_e = \frac{2L_1b_1}{L_1 + b_1} \quad \text{und} \quad w_0 = \frac{V}{NL_1b_1}.$$

Die Berechnungen für Dachlaternen und andere Linienquellen sowie für Gruppenquellen mit unterschiedlichen Emissionsparametern und unterschiedlicher Verteilung auf dem Werksgelände werden auf Grund der Ergebnisse der Abschnitte 3.8. und 3.9. durchgeführt.

Die in den Formeln (10.4) und (10.5) enthaltenen Emissionsmengen M und V (s. Abschn. 7.9.) bestimmt man aus den für die einzelnen Produktionen geltenden Normativen. Ist eine Reinigung vorhanden, so versteht man unter M die Schadstoffmenge, die in dem Luft-Schadstoff-Gemisch nach der Reinigungsanlage verbleibt. In Projektierungsrechnungen berücksichtigt man bei der Auslegung von Betrieben die ungünstigen Verhältnisse für M und V, die real im Verlaufe eines Jahres auftreten können. Bei der Bestimmung der Temperaturdifferenz ΔT zwischen der Temperatur des emittierten Gas-Luft-Gemisches T_G und der Umgebungsluft T_L bestimmt man den Wert der Größe T_G nach den geltenden Normen und T_L nach dem Klimahandbuch als mittlere Temperatur des wärmsten Monats, gemessen um 13 Uhr.

Für die Berücksichtigung der Einflüsse vom Relief und von Wasserläufen auf die für ebenes Gelände berechneten Konzentrationswerte, führt man die in den Abschnitten 6.3. bis 6.7. dargelegten Korrekturen in die entsprechenden Rechnungen ein. Liegt der Betrieb in hügeligem Gelände, das im Umkreis von 50 bis 100 Schornsteinhöhen durch einen Höhenabfall des Geländes von mehr als 50 m und eine Neigung von mehr als 0,05 gekennzeichnet ist, so sind Relief-Korrekturfaktoren zu den berechneten Konzentrationswerten einzuführen. Bei einer Neigung von 0,1 bis 0,15 und einem Geländeabfall bis zu 100 m beträgt dieser Faktor 1,3 bis 1,5. Für eine Lage nahe einem Bergrücken mit einer Neigung von 0,15 bis 0,25 ist der Korrekturfaktor annähernd gleich 2. Liegt der Betrieb in einem Kessel oder in einer Schlucht von 100 bis 200 m Tiefe und Geländeneigungen von 0,2 bis 0,3 und mehr, so ist der Faktor für die Reliefkorrektur gleich 3. Mit größer werdender Schornsteinhöhe, beginnend ab $H = 100$ m, verringert sich der Korrekturfaktor für den Reliefeinfluß etwas. Strengere Abschätzungen des Relief-Korrekturwertes kann man auf Grund der konkreten Geländeeigenschaften nach den in Kapitel 6 dargelegten Methoden durchführen.

Die Einführung weiterer Korrekturen werden erforderlich, wenn das Industrieobjekt in Gebieten liegt, in denen das Potential der Verschmutzung hoch ist, sich häufig Nebel bildet oder nahe an großen Wasserflächen gelegen ist und anderes. Die Konzentrationen bei anormalen Bedingungen bestimmt man entsprechend den Ergebnissen der Kapitel 4 und 5.

10.6. Bestimmung der Schornsteinhöhe

Bei gegebenen Emissionsparametern erhält man die minimale erforderliche Schornsteinhöhe H, mit der man der Formel (10.2) genügende Zustände erreicht, für erwärmte Gase aus (10.4) die Beziehung

$$H = \sqrt{\frac{AMFmn}{\mathrm{MIK} - c_G}} \sqrt[3]{\frac{N}{V \Delta T}}. \tag{10.6}$$

Bei praktischen Berechnungen empfiehlt es sich, in erster Näherung das Produkt der Koeffizienten nm gleich 1 zu setzen. Danach berechnet man über die so gefundene Höhe H die Parameter f und v_M (3.40) und über sie die Werte von m und n. Die weitere Verbesserung des Wertes von H führt man nach der rekursiven Formel

$$H_{i+1} = H_i \sqrt{\frac{m_i n_i}{m_{i-1} n_{i-1}}}$$

durch, wobei m_i und n_i dem Wert H_i entsprechen und m_{i-1} sowie n_{i-1} dem Wert H_{i-1}.

Für kalte Emissionen, bei denen ΔT nahe Null ist, führt man die analoge Berechnung der minimalen Höhe des Schornsteins vom Durchmesser D auf Grund der Beziehung (10.5) durch:

$$H = \left[\frac{AMFnDN}{8V(\mathrm{MIK} - c_G)}\right]^{3/4} \tag{10.7}$$

Hier setzt man zu Beginn auch $n = 1$ und findet dann über die Rekursivformel die Beziehung

$$H_{i+1} = H_i \left(\frac{n_i}{n_{i-1}}\right)^{3/4},$$

in der n_i wie bei erwärmten Emissionen der Höhe H_i und n_{i-1} dem Wert H_{i-1} entsprechen.

Falls aus einem Schornstein einige Ingredienzen emittiert werden, deren schädlicher Einfluß nicht summiert werden muß, so ist für seine Höhe der größte aus den für jeden Schadstoff einzeln berechneten H-Werte zu verwenden. Wenn beispielsweise aus einem Schornstein Schwefelkohlenstoff und Schwefelwasserstoff emittiert werden, so bestimmt man

$$\frac{M_{CS_2}}{\mathrm{MIK}_{CS_2} - c_{G,CS_2}} > \frac{M_{H_2S}}{\mathrm{MIK}_{H_2S} - c_{G,H_2S}}$$

den Wert von H aus der Größe M_{CS_2}. Man muß auch den möglichen Einfluß von Windschatten entsprechend den Arbeiten von Howkins und Nonhebel (1955), Elterman (1967), Schneider und Lowsen (1976) und anderen berücksichtigen, nach denen es sich empfiehlt, daß die Schornsteinhöhe die Höhe der im Umkreis von $(4 \ldots 5)\,H$ liegenden Gebäude mindestens 2,5mal übersteigen sollte.

10.7. Maximal zulässige Emissionen

Auf der Grundlage der Beziehungen (10.6) und (10.7) und der Forderungen (10.2) wurden auch maximal zulässige Emissionswerte von Schadstoffen bestimmt (ME). Für erwärmte Gase gilt

$$\mathrm{ME} = \frac{(\mathrm{MIK} - c_\mathrm{G})\,H^2}{AFmn} \sqrt[3]{\frac{V\,\Delta T}{N}}\,. \tag{10.8}$$

Daraus folgt die zulässige Schadstoffkonzentration an der Schornsteinmündung c_MS zu

$$c_\mathrm{MS} = \frac{\mathrm{ME} \cdot N}{V}\,.$$

Für kalte Emissionen gilt

$$\mathrm{ME} = \frac{8(\mathrm{MIK} - c_\mathrm{G})\,H \sqrt[3]{HV}}{AFnND}\,. \tag{10.9}$$

Bei der Emission von bei der Verbrennung entstehenden Schadstoffen kann man den maximal zulässigen Brennstoffverbrauch MBV (in t/h) nach der Formel

$$\mathrm{MBV} = 3{,}6H^3 \sqrt{\left(\frac{\mathrm{MIK} - c_\mathrm{G}}{V_\mathrm{B} AFmn}\right)^3 M_\mathrm{B}\,\Delta T} \tag{10.10}$$

bestimmen. Dabei entsprechen M_B und V_B der Emissionsmenge des Schadstoffs (in g/kg) und dem Gasvolumen (in m^3/kg), bezogen auf 1 kg Brennstoff.

Die Konzentrationsberechnung einer Quellgruppe wird entsprechend den oben geschilderten Fällen durchgeführt. Sind in der Quellgruppe die Parameter unterschiedlich oder sind die Quellen über eine Fläche verteilt, so muß die Rechnung für einige Varianten durchgeführt werden, um die optimale Variante auswählen zu können, die der Bedingung (10.2) entspricht. Die Größe der Emission für Einzelquellen muß wie der maximal zulässige Emissionswert für jede Quelle einzeln bei der Projektierung des Betriebes berechnet und kontrolliert werden.

In den Auslegungsnormen SN 369-67 sind Standardverfahren für die Berechnung der Emission von metallurgischen, erdölverarbeitenden, chemischen und anderen Betrieben enthalten. Sie wurden von Fachleuten der entsprechenden Industriezweige erarbeitet. Die Berechnungsmethode der Schadstoffemission bei der Verbrennung stimmt mit der im Abschnitt 7.9. angeführten Methode überein.

Einige dieser Rechenverfahren wurden bei den Expeditionen des GGO neben den Berechnungsmethoden für die Konzentration erprobt.

1978 wurde in der UdSSR ein staatlicher Standard (GOST), bestätigt, der die Bedingungen zur Bestimmung maximal zulässiger Emissionen festlegt. Nach dieser Norm ist ME für jede Verschmutzungsquelle der Atmosphäre unter solchen Bedingungen festzulegen, daß ihre Emissionen und die aller Quellen in dem entsprechenden

Gebiet oder in der Stadt nicht zu einer den MIK_K-Wert überschreitenden Schadstoffkonzentration in Bodennähe führen.

In Übereinstimmung mit den allgemeinen Forderungen der GOST-Norm ist für Projektierungs- und Baubetriebe die Sicherung und Einhaltung der maximalen Emissionswerte verbindlich. In Fällen, in denen in Städten oder anderen Wohnorten die Schadstoffkonzentration der Luft den MIK_K-Wert überschreitet, die maximale Emissionsgrenze der Betriebe aber gegenwärtig nicht gesenkt werden kann, erfolgt eine etappenweise Verringerung der Emissionen bis auf die Größe, die zur Gewährleistung des MIK_K-Wertes erforderlich ist.

In jeder Etappe werden zeitweilige Emissionsgrenzen festgelegt, die dem im Betrieb erreichten verbesserten technologischen Niveau und der Kapazität sowie dem technologischen Prozeß entsprechen. Erst nach maximaler Verwendung neuzeitlicher technologischer Mittel zur Verminderung der Emission errichtet man hohe Quellen. Mit anderen Worten: zuerst sind die technischen Möglichkeiten zur Verringerung der Emissionen auszuschöpfen, und danach nutzt man die verteilenden Eigenschaften der Atmosphäre, das heißt, man leitet die restlichen Schadstoffe in hohe Schornsteine.

Die Berechnung der maximal zulässigen Emission und der zeitweilig zulässigen Emission führt man nach dem oben geschilderten Schema aus. Man nimmt an, daß die maximale Konzentration in allgemeiner Form nach der Formel (BERLJAND, 1977)

$$c_M = M\varphi(A, H, V, \Delta T, \varrho) + c_G$$

bestimmt wird. Sie enthält die vorher schon verwendeten Beziehungen: φ — mit Hilfe der beschriebenen Arbeiten aufgestellte Funktion, ϱ — Korrekturkoeffizient für das Relief (s. Kap. 6). Aus der Gleichung (10.2) folgt für $M = \text{ME}$ die maximal zulässige Emission $\text{ME} = (\text{MIK}_K - c_G)\, 1/\varphi$.

Analog geht man bei der Bestimmung der zeitweilig zulässigen Emission vor, wenn anstelle des MIK_K-Wertes $S \cdot \text{MIK}_K$ verwendet wird, wobei $S > 1$ ist und sich etappenweise bis auf $S = 1$ verringert.

Bei der Überlagerung von mehreren Quellen und für den Fall, daß c_G unbekannt ist, ist ein EDV-Programm zur Berechnung des Konzentrationsfeldes zu benutzen (s. 3.10.). In diesem Fall zählt bei der Bestimmung der maximal zulässigen Emission c_G als zu summierende Konzentration von den übrigen Quellen des betrachteten Gebietes.

Die Einführung der maximal zulässigen Emission erweitert die Kontrollmöglichkeit für die Luftreinhaltung. Bemerkt man eine Erhöhung der Konzentration, so ist es oft schwer, die verursachenden Emissionen zu finden, besonders in Städten, wo sich viele Quellen überlagern. Eine der wesentlichsten Errungenschaften der Einführung der maximalen Emission besteht in der Schaffung des Kontrollsystems unmittelbar an jeder Industriequelle. Es beinhaltet die direkte Kontrollmethode einschließlich der Schadstoffkonzentrationsmessung und der Bestimmung des Gas-Luft-Gemisch-Volumens am Emissionsort in die Atmosphäre.

In den USA und in einigen anderen Ländern werden manchmal Standards über die Emission aus Industriequellen eingeführt (maximal zulässige Emissionen), die von den Möglichkeiten der Technologie und der Gasreinigungsanlagen ausgehen (Handbuch spezifischer Emissionen, 1972, LINDNER u. NYBERG, 1973). Es ist vorgesehen, daß mit der Entwicklung der Technik die Emissionen stufenweise verringert werden.

Standards werden in einigen Ländern auch für die Schadstoffkonzentration der Emission festgelegt oder, wie im Abschnitt 7.9. bemerkt, für die Schadstoffemissionen je Einheit des Erzeugnisses. Wenn dabei allerdings nicht die Schornsteinhöhen und andere Emissionsbedingungen vorgeschrieben werden, so ist offensichtlich, daß solche Standards uneffektiv sind. In einigen Fällen sind die Standards für verschiedene Landesteile unterschiedlich, sie unterscheiden sich für eine Produktionsart eines Industriezweiges usw.

10.8. Sanitäre Schutzzone — Festlegung der Emissionen von Bodenquellen

Eine der wichtigsten praktischen Anwendungszweige der Berechnungsformeln ist die Bestimmung der Ausmaße von sanitären Schutzzonen (SSZ), die die Betriebe von den Wohnkomplexen trennen.

Die in den USA geltenden Rechte empfehlen in einigen Fällen, um Großbetriebe solche Zonen oder Waldschutzstreifen mit einer Tiefe von 30 m in der Stadt und 150 m außerhalb der Stadt zu schaffen. In Frankreich wird bei der Neugestaltung der Städte eine Aufteilung des Stadtgebietes in Wohn- und Industriezonen vorgenommen (Detrie, 1973). Mit den Sanitärnormen werden bei der Projektierung von Industriebetrieben (Koschkin u. a., 1972) Beispielklassifizierungen von Industrieobjekten entsprechend der Größe der erforderlichen Entfernung zwischen ihnen und den Wohnbauten geschaffen, die hauptsächlich die Verschmutzung der Gebiete in der Nähe von Betrieben mit niedrigen und unkontrollierten Emissionen berücksichtigen. Diese Klassifizierung benutzt man zweckmäßigerweise in den Fällen, wenn der berechnete Wert der maximalen Konzentration, der durch die kontrollierten Emissionen erreicht wird, kleiner als der $\mathrm{MIK_K}$-Wert ist. Wenn nach den Rechenergebnissen bis zum Abstand L_0 die Konzentration $c > \mathrm{MIK_K}$ ist, so erfolgt die Bestimmung der Grenzen der SSZ auf rechnerischem Wege. Dabei berücksichtigt man entsprechend der Beziehung (2.52) (Berljand u. Onikul, 1968) die Besonderheiten der Verteilung der mittleren Konzentration $\bar{q}$ abhängig von der Häufigkeit der Windrichtung P und beachtet dabei, daß für den Fall $x > x_M$ die Konzentration umgekehrt proportional zum Abstand x abnimmt.

Wird das Gebiet der Sanitärschutzzone beispielsweise durch eine mittlere konstante Konzentration eingeschlossen, so ist näherungsweise der Abstand l von der Quelle

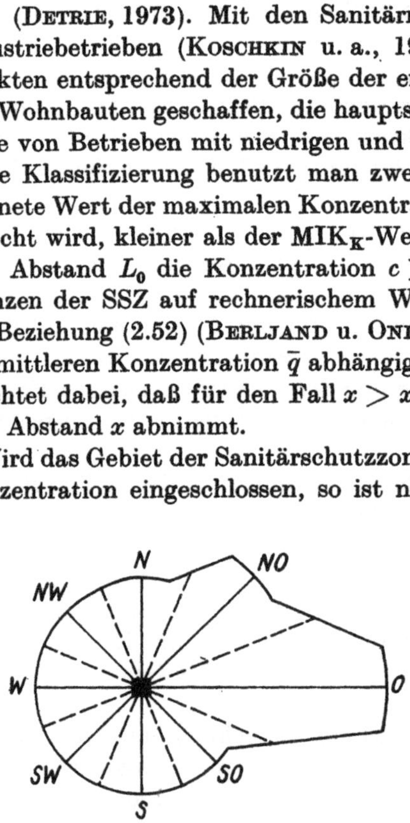

Abbildung 10.11.
Grenzen der sanitären Schutzzone

bis zur äußeren Grenze durch die Formel

$$l = L_0 \frac{P}{P_0} \quad \text{bei} \quad P > P_0$$

zu bestimmen. Dabei ist P_0 die Windhäufigkeit für einen Kompaßstrich der Windrose. Für die Richtung, für die $P < P_0$ ist, setzt man $l = L_0$. Abbildung 10.11 zeigt ein Beispiel der Berechnung der SSZ eines in Betrieb befindlichen Erdölverarbeitungsbetriebes. Für dieses Werk ist die minimale Abmessung der SSZ $l = 1$ km (KOSCHKIN u. a., 1972). Die Entfernung L_0, bis zu der man eine Überschreitung des MIK_K-Wertes an Schwefelgas entsprechend der Rechnung beobachten kann, beträgt 5 km. Die mittlere Jahreshäufigkeit des Windes P für verschiedene Richtungen (nach dem Klimahandbuch) ist folgende:

Windrichtung	N	NO	O	SO	S	SW	W	NW
$P/\%$	8	7	5	11	14	19	29	7

In der Arbeit von SHDANOWITSCH (1968) wird die Gestaltung von Sanitärschutzzonen aus städtebaulicher Sicht in Verbindung mit der Schaffung von Baumbepflanzungen betrachtet.

Die Schaffung von SSZ kann man auch als Äquivalent für eine Änderung der MIK_K-Werte sehen oder für die gleichzeitige Festlegung entsprechender Emissionen. Tatsächlich wächst in den Fällen, in denen $c_M > MIK_K$ ist, mit der Vergrößerung des zulässigen Abstandes L_0, an dem $c = MIK_K$ ist, die zulässige Konzentrationsdifferenz $c_M - MIK_K$. Deshalb vergrößert man mit der Ausweitung der SSZ den zulässigen Emissionswert.

Die Einführung der SSZ ist eine wesentliche Bedingung bei der Festlegung der Emissionen aus Bodenquellen. Entsprechend den Ergebnissen im Abschnitt 3.9. ist es für Bodenquellen ohne Schornsteinüberhöhung unumgänglich, bei der Festlegung der maximal zulässigen Emission (ME) die Zeitabhängigkeit des Prozesses zu berücksichtigen und folglich auch die Übergangszeit t und die Entfernung x bis zur Quelle zu berechnen. Bei konstanter Quellstärke M und gegebener Zeit t wird x um so geringer, je größer die Konzentration ist. Die größte Konzentration erreicht man an der Quelle selbst. Natürlich ist sie hier nicht unendlich, wie das aus der mathematischen Modellierung in Form einer Punktquelle folgen würde. Aber auch bei kleinen Emissionen kann sie sehr bedeutend sein. Deshalb besteht ein Zusammenhang zwischen der Emissionsnorm M und den Abmessungen der SSZ, und man kann für die Normierung der Emission eine Länge l_1 schaffen, außerhalb derer die hygienischen Forderungen erfüllt werden. Setzen wir voraus, daß $q \geqq MIK_K$ ist, so erhalten wir bei $x \geqq l_1$ im Fall der Punktquelle oder bei $x \geqq l_1'$ im Fall einer Linienquelle aus (3.73)

$$l_1 = \left(\frac{A_1 M t}{MIK_K}\right)^{1/3} \quad \text{und} \quad l_1' = \left(\frac{A_2 M t}{MIK_K}\right)^{1/2}. \tag{10.11}$$

Bei gegebenen Abmessungen der SSZ entsprechend den Größen l_1 oder l_1' bei Punkt- oder Linienquellen kann man aus der Beziehung (10.11) den Wert M erhalten, der auch die Größe der maximal zulässigen Emission ME bestimmt. Analog bestimmt sich auch die maximal zulässige Emission auf Grund der numerischen Lösung der Aufgabe für eine Bodenquelle nach den Ergebnissen der Arbeit von BERLJAND u. a. (1977a).

10.9. Ein zweckmäßiger Komplex von Schutzmaßnahmen

Die Anwendung der ausgearbeiteten Berechnungsmethoden für die Ausbreitung von Beimengungen gibt die Möglichkeit, rationell und ökonomisch einen sehr vorteilhaften Komplex von Schutzmaßnahmen für die Atmosphäre zu bestimmen. Einige dieser Maßnahmen können schon unmittelbar als Analyseergebnis der Berechnungsformeln angegeben werden. Zuerst bestimmt man die Kombinationen der in diesen Formeln enthaltenen Parameter, bei denen c_M kleiner als der MIK_K-Wert ist. Danach wählt man aus ihnen die Kombinationen aus, die den optimalen ökonomischen und konstruktiven Aufwand für die Errichtung des Schornsteins, die Gasreinigung usw. erfordern. Die Berechnungsmethoden gestatten auch, die minimalen Grenzen der SSZ zu bestimmen und den rationellen Zusammenhang zwischen gesteuerten und ungesteuerten Emissionen usw. darzulegen.

Es muß bemerkt werden, daß infolge des hohen Tempos der Industrialisierung die Emissionsmenge in die Atmosphäre erheblich zunimmt und sich der materielle Aufwand für den Schutz der Atmosphäre vor Verunreinigung rasch erhöht. Gegenwärtig erreicht der Aufwand für den Bau der Schornsteine und der Gasreinigungsanlagen bei einem großen Elektrizitätswerk oder einem Metallkombinat 20 bis 25% der Gesamtbaukosten. Die Kosten der hohen Schornsteine wachsen fast proportional zur dritten Potenz ihrer Höhe (Richter, 1969; Schapritzkij, 1965). Nur zur Verminderung des Luftverschmutzungsgrades vom Chemiekombinat Stschekino wurde eine Summe von ca. 5 Millionen Rubeln benötigt (Sidorenko u. Karatschunskaja, 1973). In den USA wurden für den Schutz der Atmosphäre und des Wassers vor Verschmutzung für die Jahre 1972 bis 1976 in den energieerzeugenden Betrieben 7,5 Mrd. Dollar, in der Schwarzmetallurgie 3 Mrd. Dollar und in der Buntmetallurgie mehr als 1,5 Mrd. Dollar eingeplant (Ananitschew, 1973). Deshalb kann eine rationelle Verwirklichung von Schutzmaßnahmen einen bedeutenden ökonomischen Effekt ergeben.

Einige Beispiele sollen das oben Gesagte demonstrieren (Berljand, 1967a, b). Aus den Beziehungen (10.4) und (10.5) folgt für c_M bei N Quellen, daß bei erwärmten Beimengungen (bei $v_M > 2$ m/s) $c_M \sim \sqrt[3]{N}$ ist, bei kalten Emissionen dagegen ist $c_M \sim N$. Daher ist es zweckmäßig, die Industrieemissionen durch eine möglichst geringe Zahl von Schornsteinen in die Atmosphäre zu leiten. In vielen Großbetrieben werden einige ...zig Schornsteine errichtet. Die 8—10fache Verringerung ihrer Zahl würde nicht nur die Baukosten verringern, sondern, wie aus den erhaltenen Formeln folgt, auch wesentlich die Konzentration c_M bei sonst gleichartigen Bedingungen verkleinern.

Die Verminderung der bodennahen Konzentration kann auch auf Kosten der Änderung anderer Parameter erreicht werden, die in den Beziehungen für die Konzentrationsberechnung enthalten sind. Bei der Abwägung der ökonomischen Zweckmäßigkeit des einen oder des anderen Parameters, muß man den Charakter seiner funktionellen Verknüpfung mit c_M betrachten. Den größten Einflus auf c_M hat die Schornsteinhöhe. Für erwärmte Emissionen ist $c_M \sim 1/H^2$. Diese Abhängigkeit wurde durch umfangreiches Versuchsmaterial bestätigt (s. Abb. 10.1). Das bedeutet, daß die Änderung der Schornsteinhöhe von 20 auf 200 m äquivalent einer 99%igen Gasreinigung ist. Bei kalten Emissionen ($\Delta T \approx 0$) ist die Abhängigkeit c_M von H geringer. Erinnern wir uns daran, daß in diesem Fall näherungsweise $n \sim H^{1/3}$ ist. Daraus ergibt sich der Zusammenhang $c_M \sim 1/H$.

Da $c_M \sim M$ ist, stellt die Schadstoffemissionsmenge und die erzielte Gasreinheit nach der Wichtigkeit den zweiten Faktor dar. Von den anderen Emissionsparametern, wie w_0, v, ΔT, hängt die Größe c_M wesentlich schwächer ab. Deshalb kann ein Effekt, der durch eine wesentliche Änderung dieser Parameter bewirkt würde, durch eine relativ kleine Höhenänderung des Schornsteins erreicht werden.

Die starke Abhängigkeit c_M von H fordert die maximal mögliche Verringerung der ungesteuerten Emissionen (außerhalb von Schornsteinen). In Prozenten ausgedrückt, ist dieser Anteil häufig geringer als der der gesteuerten Emission (durch Schornsteine), da sie aber in geringer Höhe austreten, kann ihr Beitrag zur bodennahen Konzentration überwiegen. Daraus folgt, daß der Zusammenhang zwischen den wichtigsten Faktoren — der Schornsteinhöhe und der Emissionsmenge — für konkrete Betriebe unter Berücksichtigung der ökonomischen Erwägungen festgelegt werden kann. Dabei ist in diesem Zusammenhang bei der Lösung entsprechender Fragestellungen immer der Verminderung der Emission durch Änderung des technologischen Prozesses und durch die Anwendung von Reinigungsanlagen der Vorzug zu geben. Man muß beachten, daß bei der Emission aus hohen Schornsteinen die Gesamtmenge an Verunreinigungen in der Atmosphäre anwächst und der Grundwert der Luftverschmutzung sich erhöht. Dadurch wird der Bau neuer Betriebe auch in großen Entfernungen von diesen Schornsteinen erschwert.

Im Rahmen der Rationalisierung des Komplexes von Schutzmaßnahmen ist die Lösung der Frage wichtig, die anormalen gefährlichen Wetterlagen bei der Projektierung zu berücksichtigen. Sie werden in vielen Fällen nur über relativ kurze Zeit beobachtet. In den Richtlinien zur Berechnung SN 369-67 und SN 369-74 wird vorgeschlagen, die Schornsteinhöhe ausgehend von den relativ häufig beobachteten gefährlichen Wetterlagen zu bestimmen. Im Zeitraum anormaler Wetterbedingungen empfiehlt es sich, die Produktion der Betriebe zu drosseln, um dadurch insgesamt die Emission in die Atmosphäre zu verringern. Das ist viel ökonomischer, als die Schornsteinhöhe beim Bau des Betriebes beträchtlich zu erhöhen.

Durchgeführte Abschätzungen und Ergebnisse von Expertisen zeigen, daß der ökonomische Effekt durch Berücksichtigung der rationellen Schutzmaßnahmen entsprechend der in der UdSSR ausgearbeiteten Berechnungsmethode nicht weniger als 30—40 Mill. Rubel für den Fünfjahrplan beträgt (Berljand, 1972, 1974).

Die angeführten Beispiele weisen nicht nur auf bekannte Erfolge hin, die erreicht werden können, wenn der Schutz der Atmosphäre vor Verschmutzung durch meteorologische Arbeiten gesichert ist, sondern auch auf die große Verantwortung und zu fordernde Strenge bei den Lösungen entsprechender Aufgaben.

10.10. Optimale Anordnung von Emissionsquellen

Eine wesentliche Möglichkeit, die Maßnahmen zum Schutz der Atmosphäre zu rationalisieren, ist mit der optimalen Anordnung der Emissionsquellen verbunden. Diese Frage wurde in den letzten Jahren von Berljand u. a. (1975) untersucht. Die Aufgabenstellung dieser Arbeit bestand darin, auf Grund der Betrachtung verschiedener Anordnungen von N Quellen die Variante zu finden, bei der die Größe c_M (die größte Konzentration von der Gesamtheit aller Quellen) ein Minimum wurde. Anders gesagt, es war notwendig, das Minimum der Funktion $\tilde{c}_M$ zu bestimmen, das sich aus dem Maximalwert der Konzentration bei festgehaltener Anordnung der Quellen ergibt. Die Quellen sind an einem beliebigen Punkt eines Rechtecks mit den Seiten parallel zu den Koordinatenachsen angeordnet, die individuell für jede Quelle oder gemeinsam für alle oder einen Teil der Quellen sein können. Es ist ein rechteckiger Querschnitt oder seine Ausartung zu einem Punkt möglich.

Für die Berechnung der Konzentrationssumme benutzt man die im Abschnitt 3.9. dargestellte Methode.

Die Analyse zeigt, daß die Funktion $\tilde{c}_M$ mehrere Extremwerte aufweist und nicht differenzierbar ist. Dadurch wird die Anwendung von Methoden zur Bestimmung des Minimums erheblich erschwert, wie sie beispielsweise von SEINFELD und CHWEN (1973) für die Lösung einer wesentlich einfacheren Aufgabe angewendet wurden. Deshalb wurde eine entsprechend der Besonderheit der betrachteten Aufgabe modifizierte Methode des zufälligen adaptiven Suchens (RASTRIGIN u. a., 1968) angewandt. Die Methode gründet sich auf die zufällige Auswahl jeder neuen Koordinate der Quellen. Das Verteilungszentrum ordnet man stets dem der gefundenen Punkte zu, für den die Summe der Konzentrationen niedriger ist als für die vorhergehende Variante. Die Effektivität des Algorithmus wurde an speziell gewählten nicht überall differenzierbaren Modellfunktionen mit mehreren Extremwerten und auch an realen Beispielen erprobt. Die Rechnungen erfolgten für unterschiedliche Quellzahlen N (von 2 bis 15). Liegt N zwischen 2 und 4, so kann man die optimale Verteilung auch ohne spezielle Rechnung ermitteln. Bei zwei Quellen ist von allen Anordnungen, die in den Grenzen des gesamten quadratischen Bereichs möglich sind, diejenige an den Enden der Diagonale optimal. Bei drei Quellen ist es die Anordnung an den Spitzen eines vom Quadrat eingeschlossenen gleichseitigen Dreiecks und bei $N = 4$ an den Ecken des Quadrates.

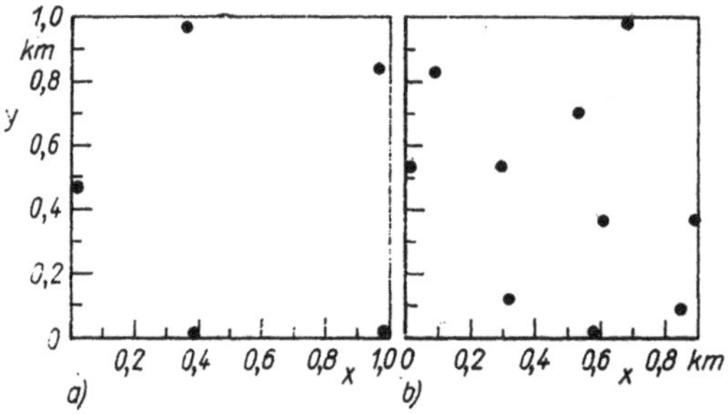

Abbildung 10.12.
Optimale Verteilung der Quellen für $N = 5$ (a) und $N = 10$ (b) im Werksgelände

In Abbildung 10.12 werden Beispiele für die Anordnung von fünf und zehn Quellen dargestellt. Es wurde auch die Möglichkeit einer optimalen Zusammenfassung in einer geringeren Zahl von Schornsteinen untersucht. Aus den Untersuchungsergebnissen folgen einige praktische Empfehlungen. So sind bei der Überlagerung einer großen Zahl von Quellen möglichst einige von ihnen zu vereinen. Bei einer geringen Zahl von Einzelquellen in den Grenzen des Werkplatzes wird man diese gegenseitig so weit wie möglich voneinander entfernen. Wenn auf dem Werkgelände eine mittelgroße Zahl von Quellen vorhanden ist, so ist ihre relativ gleichmäßige Verteilung über die Fläche optimal. Wenn es allerdings möglich ist, die Zahl der Schornsteine zu verringern und dabei ihre Höhe zu vergrößern sowie außerdem eine bessere Reinigung zu gewährleisten, so ist die Verwirklichung dieser Maßnahmen am effektivsten. Dabei ist die Anordnung der vereinigten Quellen nach den Gesichtspunkten der dargelegten Prinzipien der Optimierung durchzuführen.

10.11. Das Luftverunreinigungspotential

Zur Beschreibung der Ausbreitungsbedingungen für Beimengungen benutzt man oft den Begriff des Luftverunreinigungspotentials, der zuerst in den USA als komplexes Merkmal für die bestimmenden Größen der vertikalen Verteilung und Häufigkeit von Temperatur, Windgeschwindigkeit und manchmal auch anderer meteorologischer Elemente eingeführt wurde. Eine exakte Definition dieses Begriffs erfolgte allerdings nicht. Aus allgemeinen Überlegungen kann man entnehmen, daß ein hohes Potential der Luftverschmutzung den meteorologischen Bedingungen entspricht, bei denen die größten Konzentrationen von Beimengungen in der bodennahen Luftschicht für Quellen mit konstanten Emissionsparametern entstehen. Gleichzeitig können sich in Abhängigkeit von der Quellhöhe ein und dieselben meteorologischen Faktoren verschieden auswirken.

Wie früher schon bemerkt wurde, wird dieser Umstand häufig bei der Charakterisierung der Luftverschmutzung unter ungünstigen meteorologischen Bedingungen vergessen (Berljand, 1969). Bei hohen Quellen erreichen die Beimengungen die größte Bodenkonzentration bei Bedingungen, die durch intensiven turbulenten Transport der Beimengungen von oben nach unten gekennzeichnet sind. Die gleichen Bedingungen, das ist offensichtlich, müssen zum Transport der Beimengungen aus niedrigen Quellen nach oben beitragen und die bodennahe Schicht reinigen. Geht man davon aus, so wird für hohe Quellen das Luftverunreinigungspotential durch den Koeffizienten A in den Formeln (10.4), (10.5) bestimmt. Zonen mit relativ hohem A entsprechen den Bedingungen eines hohen Luftverunreinigungspotentials.

Aus der Verteilung des Koeffizienten A über dem Territorium der UdSSR folgt, daß bei ein und denselben Emissionseigenschaften aus Schornsteinen für Rauchgase und Abluft bei ungünstigen meteorologischen Bedingungen die Konzentration der Beimengungen in der bodennahen Luftschicht beispielsweise in Mittelasien und Sibirien größer sein wird als im zentralen Gebiet des europäischen Teils der Sowjetunion. Dieser Zusammenhang wurde nicht nur durch Meßwerte der Expeditionen geprüft, die in verschiedenen Gebieten der UdSSR durchgeführt wurden. Auch die systematische Beobachtung der Luftverunreinigung in den Städten bestätigt das. Natürlich beobachtet man die größte Luftverunreinigung in den großen Industriezentren, wo hohe Schadstoffemissionen auftreten.

Aus der Analyse von Beobachtungsmaterial folgt auch, daß die größte Luftverschmutzung in den Städten auftritt, die in Gebieten mit ungünstigen meteorologischen Bedingungen liegen (Sonkin, 1968; Berljand, 1967, 1970a). Solche Gebiete im Süden und Osten des europäischen Territoriums der SU, in Sibirien und in Mittelasien sind in Abbildung 10.13 durch Schraffur gekennzeichnet. Sie sind nach dem Beobachtungsmaterial durch die größte Konzentration von Schwefelgasen und Staub in der Stadtluft und durch eine große Häufigkeit der Tage mit relativ hohen Konzentrationen gekennzeichnet. Die Häufigkeit der erhöhten SO_2-Konzentrationen in

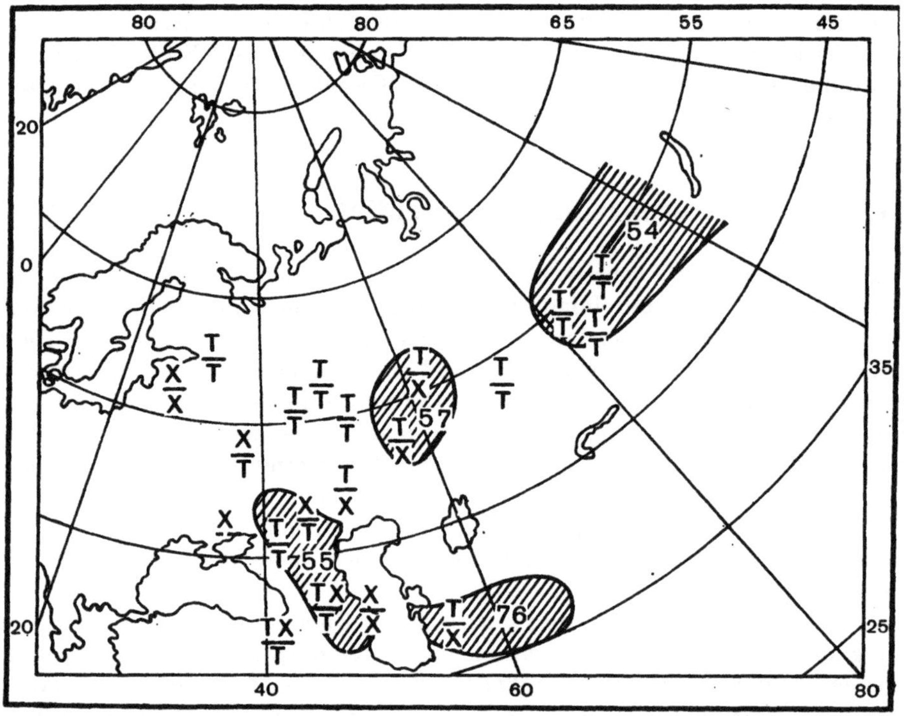

Abbildung 10.13.
Geographische Verteilung von charakteristischen Luftverschmutzungen in Städten

Prozenten ist in jedem der Bereiche in Abbildung 10.13 angegeben. Für die angeführten Bereiche ist auch ein intensiver turbulenter Austausch charakteristisch, als dessen Folge die bodennahe Konzentration in den Gebieten mit großen und hohen Quellen anwächst. Bei der Berechnung der maximalen Konzentration für diese Gebiete empfiehlt es sich, den Wert des Koeffizienten A zu erhöhen.

Ein deutlicher Einfluß der Klimafaktoren ergibt sich auch bei der Analyse des Jahresganges der maximalen Konzentration und der Häufigkeit der Tage mit Konzentrationen, die höher liegen als der MIK_K-Wert. In vielen Städten beobachtet man die größte Luftverunreinigung durch SO_2 und Staub im Sommer bei intensivem turbulenten Austausch, ungeachtet der Tatsache, daß ein bedeutender Teil dieser Stoffe aus Verbrennungsprozessen stammt, deren Umfang im Sommer bedeutend geringer als im Winter ist. In Abbildung 10.13 wurde der Buchstabe T an die Stellen geschrieben, an denen die Verstaubung der Stadtluft in der warmen Jahreszeit am größten war, und der Buchstabe X, wo das für die kalte Jahreszeit zutraf. Dabei charakterisiert der Buchstabe im Zähler die Fälle, in denen man die größte Konzentration beobachtete, der Buchstabe im Nenner die Häufigkeit der Tage mit erhöhter Konzentration.

Für die Luftverunreinigung durch Emissionen aus niedrigen Quellen, hauptsächlich durch den Kraftverkehr, entstehen in Städten ungünstige Bedingungen bei stabiler Schichtung und schwachem Wind. Deshalb dürfte sich die Methode zur Bestimmung des Verunreinigungspotentials dem Wesen nach nur auf die niedrigen Quellen beziehen. So ordnet man in einigen amerikanischen Arbeiten den hohen Potentialen Windgeschwindigkeiten in der bodennahen Schicht bis zu 4 m/s und in 3 km Höhe Geschwindigkeiten von weniger als 12 m/s zu, die bis zu einer Höhe von 2,5 km zu niedrigeren Werten abfallen. Dieser Zustand dauert ca. 36 Stunden.

Die Verknüpfung von schwachen Winden mit Bodeninversionen der Temperatur bezeichnet man oft als Windstille. HOLZWORTH (1962) stellte für die nördlichen Gebiete der USA eine Karte für Orte auf, in denen an einigen Tagen des Jahres (Juli 1961 bis August 1962) der Zustand schwacher Winde und Bodentemperaturinversion mit tatsächlich beobachteter starker Luftverschmutzung auftraten.

Häufig benutzt man zur Kennzeichnung der Stabilität der Atmosphäre die Mischungsschichthöhe, als Dicke der Luftschicht, in der sich die Emissionen bodennaher Quellen ausbreiten (HOLZWORTH, 1967, u. a.). Gewöhnlich nimmt man an, daß die Mischungsschicht in der Höhe endet, in der die instabile oder labile Schichtung mit der stabilen wechselt. Bei Benutzung dieses Begriffes spricht man normalerweise nicht von der Quellhöhe der Emissionen, da es sich selbstverständlich in diesen Fällen um niedrige Emissionen handelt. Bei geringer Höhe der Mischungsschicht oder bei Vorhandensein einer Bodeninversion sammeln sich die Beimengungen in Bodennähe, wodurch gefährliche Zustände der Luftverschmutzung entstehen. Unter den Bedingungen von Hochdruck-Wetterlagen entspricht diese Höhe am Tage annähernd der maximalen Höhe der Bodeninversion, die gegen Ende der Nacht erreicht wird. Bei der Prognose der maximalen Höhe der Mischungsschicht für die Stadt wird in Fällen, in denen man meteorologische Beobachtungen zu ihrer Begründung heranzieht, gewöhnlich in folgender Weise vorgegangen. In die thermodynamische Grafik, beispielsweise in ein Emagramm, zeichnet man die Abhängigkeit der Lufttemperatur von der Höhe ein. Weiter zieht man durch den Punkt, der dem Tagesmaximum der Temperatur am Erdboden in der Stadt entspricht, die Trockenadiabate — das heißt die Linie, die den Abfall der Temperatur mit der Höhe für Luft mit trockenadiabaten Koeffizienten (1 °C/100 m) angibt. Der Schnittpunkt dieser zwei Linien bestimmt auch die Höhe der Mischungsschicht.

HOLZWORTH (1967) führte auf Grund von Radiosondenmeßwerten aus 45 Stationen über 10 Jahre klimatologische Untersuchungen zur Höhe der Mischungsschicht über dem Territorium der USA durch und erhielt Mittelwerte der maximalen Höhe der Mischungsschicht am Tage für die einzelnen Jahreszeiten. Den größten Wert beobachtete man im kontinentalen Gebiet in der Sommerzeit. Er erreichte 200 bis 800 m. Den minimalen Wert fand man im Winter. An den Küsten der Ozeane ändert sich diese Höhe im Jahresverlauf gering. Eine Karte über die Verteilung größten Verunreinigungspotentials über dem Territorium der USA wurde auch von MILLER und NIEMEYER (1963) angegeben.

In der UdSSR (BESUGLAJA, 1968; BERLJAND, 1966) führte man für die Abschätzung der ungünstigen Ausbreitungsbedingungen für Beimengungen aus niedrigen Quellen eine gebietsweise Aufteilung auf Grund komplexer Berechnungen der Häufigkeit von Bodeninversionen und geringen Windgeschwindigkeiten durch. Scharf grenzt sich der nordöstliche Teil der UdSSR ab, in dem am häufigsten schwache Winde mit hochintensiven Inversionen beobachtet werden.

BESUGLAJA (1968) berechnete Jahresmittelwerte für die Höhe der windstillen Schicht, die Häufigkeit von Windgeschwindigkeiten bis 4 m/s und die Stärke der Bodeninversion. Sie teilte das Territorium der UdSSR in vier Bereiche auf (Abb. 10.14) Zum Bereich I gehört der größte Teil des östlichen Sibiriens, ein Teil Mittelasiens, wo man im Winter bis zu 25 Tagen im Monat Windstille beobachtet. Zum Bereich II

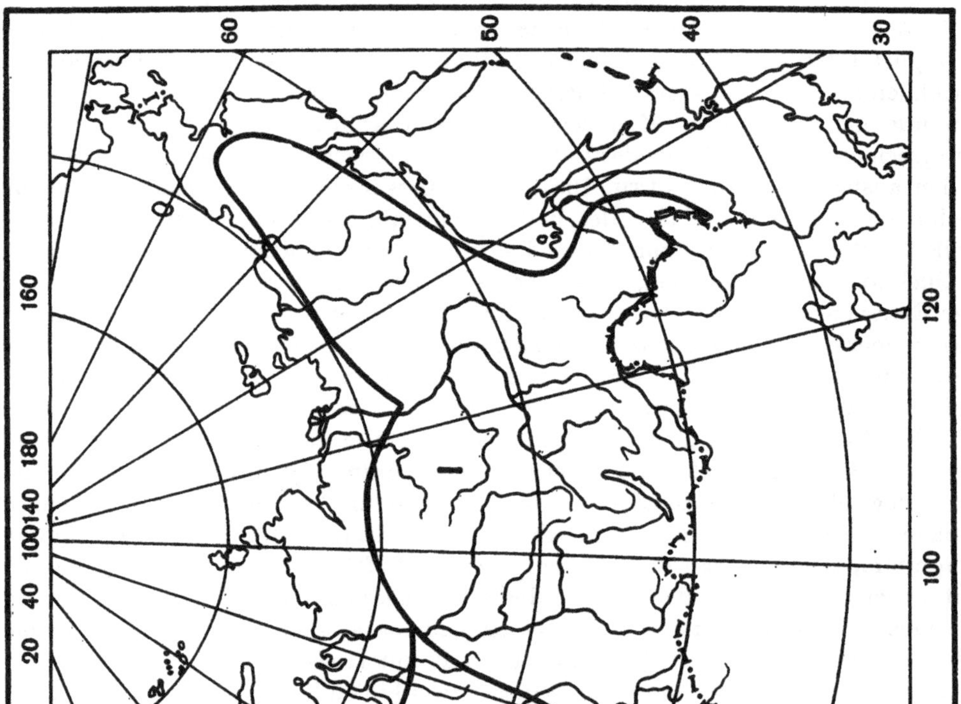

Abbildung 10.14.
Einteilung der UdSSR in Zonen nach komplexen Kenngrößen der Windgeschwindigkeit und Temperaturinversionen am Boden

zählt man den Westen des europäischen Territoriums der SU sowie das westliche und östliche Vorland des Urals, mit einer mittleren Häufigkeit der Windstille. Zum Bereich III gehören der Nordosten des europäischen Teils der SU und die Waldgebiete von Westsibirien, wo Windstille nur im Frühjahr oder Winter auftritt. Zum Bereich IV zählen Kasachstan, das Wolgagebiet, ein großer Teil Westsibiriens und die Küsten der Nordmeere, wo man äußerst selten Windstille beobachtet. Einige Gebiete (der Ural, der Süden Mittelasiens, der Kaukasus und die Bergregionen des östlichen Sibiriens) wurden in die Betrachtungen nicht einbezogen.

Später ordneten Besuglaja und Tschelojan (1971) das Territorium der UdSSR durch detaillierte Betrachtungen der Untersuchungen in fünf Zonen mit niedrigem, schwachem, erhöhtem, hohem und gefährlichem Verunreinigungspotential der Atmosphäre, wobei sie einen allmählicheren Übergang zwischen den Zonen erreichten.

10.12. Nutzung von Aerosolen zum Pflanzenschutz und ihre Einwirkung auf meteorologische Prozesse

Die Entwicklung der Theorie der atmosphärischen Diffusion kann außer zur Lösung der betrachteten Probleme der Luftverschmutzung zur Effektivitätssteigerung der Aerosolbearbeitungsverfahren von landwirtschaftlichen Kulturen durch Zerstäuber beitragen, die auf Kraftfahrzeugen oder Flugzeugen montiert sind. Durchgeführte Einschätzungen zeigen, daß die Berücksichtigung der meteorologischen Bedingungen es erlaubt, Chemikalien für die Bearbeitung der Felder ökonomisch einzusetzen und ihren unerwünschten Ausfall auf Nachbarfelder zu verringern. Die oben angeführten Formeln für die Konzentration von Beimengungen aus hohen Quellen (Berljand, 1963, 1972) wurden speziell von Skalow (1973) benutzt, um die Verteilung von Chemikalien durch Sprühgeräte von Flugzeugen auf Ackerstreifen zu untersuchen.

Die Anwendung der ausgearbeiteten Methoden der turbulenten Diffusion kann auch zur rationellen Verwirklichung der aktiven Einwirkung auf die atmosphärischen Prozesse, insbesondere zur Verhütung von Frostschäden, der Auflösung von Nebel und Regenwolken, genutzt werden. Schon eine der ersten Anwendungen von Ergebnissen der Untersuchung über atmosphärische Diffusion waren Arbeiten zur Verhütung von Frostschäden. Berljand (1956, 1966c) führte theoretische Abschätzungen des Wärmeeffekts von Rauchvorhängen und auch von offenen Feuern auf Plantagen und in Gärten während der Frostperiode durch. Dabei wurde der unmittelbare Zusammenhang zwischen der Erhöhung der Lufttemperatur und der Rauchkonzentration sowie zwischen Eintrübung und Verminderung der Auskühlung des Erdbodens nachgewiesen.

Unter dem Rauchvorhang wird die Temperaturänderung der Luft durch drei Komponenten bestimmt: die unmittelbare Wärmeübertragung von der Quelle, die Verringerung der effektiven Ausstrahlung infolge Verminderung der langwelligen Strahlung durch die Rauchteilchen sowie die Abgabe von Wärme bei der Kondensation des Dampfes an den Teilchen. Aus den Rechnungen folgt, daß alle drei Komponenten bei der üblichen Nutzung der Rauchschleier annähernd gleich groß sind. Ihr gesamter Wärmeeffekt beträgt in Übereinstimmung mit dem Experiment nicht mehr als 1—1,5 K bei schwachem Wind. Außer in den Nachtstunden werden nach schwachen Frösten Rauchschwaden auch in den Morgenstunden zum allmählichen Auftauen der

Pflanzen eingesetzt. Die Entwicklung der Theorie ermöglicht es, den Verbrauch von Rauchmitteln für die erforderliche Temperaturerhöhung in der Nacht und die geforderte Verminderung der Sonneneinstrahlung in den Morgenstunden zu bestimmen. Die Lösung der Gleichungen der turbulenten Diffusion von Wärme- und Feuchte wird auch für die Abschätzung des Wärmeeffekts von Bewässerungen und Beregnungen als Frostschutz für die Pflanzen genutzt. Die Rechnungen zeigten, daß gewöhnlich mit der Erhöhung der Wassermenge, die für die Beregnung verbraucht wurde, beispielsweise bis zu 500–600 $m^3/(h \cdot ha)$, die minimale Temperatur um 2 bis 3 K anwächst. Bei weiterer Steigerung des Wasserverbrauchs vermindert sich der Wärmeeffekt. Bei einem Verbrauch von 1000 $m^3/(h \cdot ha)$ verschwindet er und kann sogar negativ werden.

Aus der Lösung der Gleichung der turbulenten Diffusion wurde der Wärmeeffekt, der von Wärmequellen ausgeht, sowohl für eine Einzelquelle als auch für ein System von Quellen in Abhängigkeit von der verbrauchten Brennstoffmenge und den meteorologischen Bedingungen bestimmt. Der Wärmeeffekt bei dem in der UdSSR üblichen Einsatz von 400–500 Heizkörben je Hektar beträgt nach Rechnung und Beobachtung annähernd 3–5 K bei schwachem Wind. Auf dieser Grundlage wurde ein System praktischer Empfehlungen für die Anwendung von Frostschutzmaßnahmen für Pflanzen ausgearbeitet.

Die Ergebnisse der durchgeführten Untersuchungen beziehen sich auch auf die Auflösung von Nebel durch Ausstreuung mikroskopischer Teilchen und auf Kosten der Lufttemperaturerhöhung durch die Anwendung von Wärmequellen (Berljand, 1967a; Buikow, 1976).

11. Luftverschmutzung in Städten

11.1. Organisationsformen der Beobachtung

Es ist wichtig, von der Untersuchung der Schadstoffkonzentrationsfelder um Einzelquellen zur Erforschung und Kontrolle der Luftverschmutzung in Städten überzugehen. Dafür wird gegenwärtig ein umfangreiches System von Punkten für die regelmäßige Beobachtung geschaffen.

Eine der wichtigsten Aufgaben des Kontrolldienstes ist es, im für die Stadt charakteristischen komplizierten Feld der Schadstoffverteilung die Orte der bedeutendsten Luftverschmutzung festzustellen. Ausgehend von den realen finanziellen Möglichkeiten und den vorhandenen Geräten, ist für den Arbeitszeitraum das erforderliche notwendige Minimum an Beobachtungen vorzusehen, und dafür sind die einfachsten, aber doch genügend genauen Methoden zur Messung und chemischen Analyse zu benutzen.

Die Lösung dieser Aufgabe fördert die Anwendung der Untersuchungsergebnisse der atmosphärischen Diffusion, die es erlauben, Prinzipien für die Verteilung von Beobachtungspunkten relativ zu den Verschmutzungsquellen aufzustellen und die Frequenz der Messungen anzugeben. Diese Ergebnisse wurden in ihren Grundlagen in den methodischen Richtlinien (Berljand, 1970; Berljand u. Wolberg, 1971) dargelegt. In Übereinstimmung mit diesen Richtlinien werden weiter unten die Prinzipien der Organisierung von Beobachtungen in den Städten der UdSSR aufgeführt.

Wir unterscheiden zwei Formen der Beobachtung, die ortsfeste und die mobile. Für die Ermittlung der maximalen Konzentrationen der Beimischung ordnet man den größten Teil der Beobachtungspunkte auf der Leeseite der vorherrschenden Windrichtung im Abstand von ca. 20 mittleren Schornsteinhöhen H (eigentlich im Bereich von $10-40\ H$) vom Zentrum der Hauptemissionsquellen an. Die Punkte werden an verhältnismäßig offenen und gut durchspülten Stellen (Plätzen, Straßenkreuzungen), die für das Stadtgebiet repräsentativ sind, und auch an Automagistralen eingerichtet. Der Versuch zeigte, daß man sich bei ebenem Gelände häufig auf einen ortsfesten Punkt für eine Fläche von $10-15\ km^2$ beschränken kann. Im unebenen Gelände und bei ungleichmäßiger Verteilung der Industrieobjekte muß die Dichte der angeordneten Kontrollpunkte erhöht werden. Außerdem ordnet man manchmal ein bis zwei Punkte außerhalb der Stadt an Stellen an, die für den perspektivischen Wohnungsbau vorgesehen sind, oder in Naherholungszentren und an anderen Stellen.

Bei der Bestimmung von Momentankonzentrationen, einschließlich aus Schrieben von Gasanalysatoren benutzt man nach Möglichkeit eine Probenahmezeit von 20 Minuten, um die Beobachtungen zu vereinheitlichen. Falls die chemischen Methoden zur Bestimmung unterschiedlicher Ingredienzen unterschiedliche Luftmengen erfordern, erreicht man diese bei standardisierter Probenahmezeit durch die Änderung der Ansauggeschwindigkeit.

Proben nimmt man systematisch einige Male am Tage, damit der Tagesgang der meteorologischen Komponenten und die Änderung des Produktionszyklus erfaßt werden. Automatische Gasanalysatoren laufen rund um die Uhr. Können die Beobachtungen nicht im Zeitraum des gesamten Kalendertages durchgeführt werden, so empfiehlt es sich, die Proben nach einer „gleitenden Kurve" zu nehmen, das heißt an einem Tag im Verlaufe von 12 Stunden, am nächsten Tag in den folgenden 12 Stunden, um so die frühen Morgenstunden und den späten Abend zu erfassen.

In den meisten Städten ist für die häufigsten Beimengungen, wie Schwefeldioxid, Kohlenmonoxid, Stickstoffdioxid, Staub, Asche, Phenol und Schwefelwasserstoff, die systematische Kontrolle organisiert. In einigen Städten beobachtet man spezielle Ingredienzen, die für die in der Stadt angesiedelte Industrie spezifisch sind, wie z. B. Fluorwasserstoff, Fluoride und Chlor.

Spezielle Meßhütten werden ortsfest aufgestellt (s. Abb. 11.1 a). Die typisierte Hütte hat eine Grundfläche von $2 \times 2\ m^2$ und eine freie Höhe von 2,9 m. In ihrem Inneren sind die Meßgeräte, ein Arbeitstisch und ein Regal für die Aufbewahrung der Materialien untergebracht. Im Winter wird sie durch einen mit Thermostaten ausgerüsteten Elektroradiator beheizt. Die Probenahme für gasförmige Ingredienzen erfolgt durch Rohre, die durch Öffnungen im Dach führen. In den Wänden der Hütte befinden sich in einer Höhe von 1,5 m Öffnungen, durch die von der Luvseite Luftproben zur Aerosolteilchenbestimmung (Staub, Asche u. a.) gesammelt werden. In der Hütte befinden sich meteorologische Geräte und außerhalb die Geber des Universalwindmessers zur Registrierung der Windstärke und -richtung (Jankowski, 1974).

Für die mobile Beobachtung werden Geräte in einem Automobil benutzt (Abb. 11.1 b). Die Messungen führt man an vorher bestimmten Punkten zu gleichen Tageszeiten oder über einen Tag nach gleitendem Zeitplan im geparkten Auto durch. Dabei sind die meteorologischen Geräte an einem tragbaren Stativ der Länge von 2–4 m an der Luvseite des Autos angebracht. Das prinzipielle Schema der Geräteanordnung im Auto zeigt Abbildung 11.2.

In Städten mit bedeutenden Betrieben, die sich auf einem verhältnismäßig kleinen Werksgelände befinden, führt man außer ortsfesten und mobilen Beobachtungen auch Messungen der Beimischungskonzentrationen unter der Rauchfahne dieser Betriebe durch. Es werden dazu ebenfalls Autos eingesetzt. Die Messungen erfolgen in verschiedenen Abständen vom Zentrum des Industriegeländes bis zu jenem Abstand, wo die Konzentration der Beimengungen wesentlich unter dem MIK-Wert liegt. Das Beobachtungsprinzip ist hier annähernd das gleiche wie es für Expeditionsarbeiten beschrieben wurde. In einzelnen Städten (s. Kap. 7 u. 9) führen ständig tätige Expeditionen die Beobachtungen durch (Burenin u. a., 1968).

Zur Berechnung des Mikroklimaeinflusses der Stadt werden in den ortsfesten Punkten Wind und Lufttemperatur kontrolliert (s. Abschn. 7.7.). Die grundlegenden meteorologischen Beobachtungen werden in den örtlichen meteorologischen Stationen durchgeführt, die für ein genügend großes Gebiet repräsentativ sind. Ist es erforderlich, so werden in den Stationen zusätzliche Beobachtungszeiten eingeführt. Gleichzeitig registriert man auch die Form der Rauchfahnen aus den Schornsteinen von Heizkraftwerken oder Betrieben, die sich in der Nachbarschaft der Stationen befinden. Die Beobachtung erfolgt entsprechend der bekannten Klassifikation der

Abbildung 11.1.
Pavillon (a) und Kraftfahrzeug mit Laboranhänger (b) zur Beobachtung der Luftverschmutzung

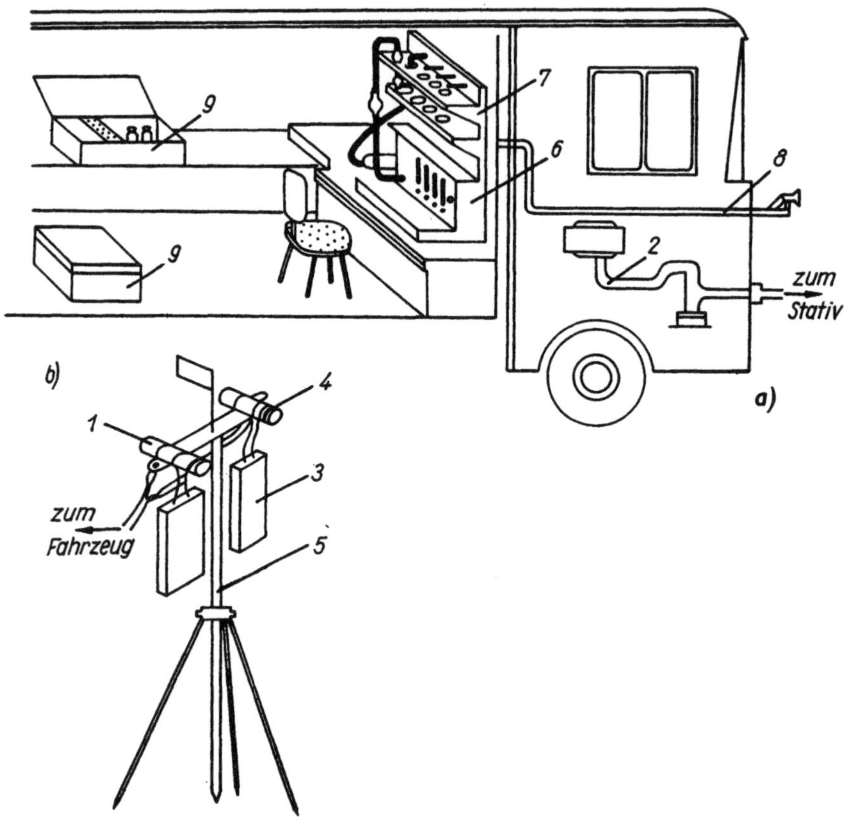

Abbildung 11.2.
Geräte im Kraftfahrzeug (a) und am tragbaren Stativ (b) für die Messung der Luftverschmutzung

1 — Kfz-Aspirator, 2 — Vergaser-Leitung, 3 — Rheometer, 4 — Filterhalter, 5 — Ständer für die Luftprobenahme zur Staubbestimmung, 6 — Elektroaspirator, 7 — Heizung für die Absorber, 8 — Probenahme für gasförmige Ingredienzen, 9 — Komplexkisten

Rauchfahnenform in Abhängigkeit von der Schichtungsart und der Windgeschwindigkeit (s. Abschn. 7.6.). Die Organisation der Kontrolle im Netz der sanitärepidemiologischen Stationen der UdSSR wird in den instruktiv-methodischen Richtlinien (Goldberg u. a., 1963), im Buch Ismerows (1973) und anderswo behandelt.

11.2. Methoden der statistischen Analyse

Der Umfang der Beobachtungen über die Luftverschmutzung wächst von Jahr zu Jahr in der UdSSR schnell an. Diese Werte benutzt man als Informationsmaterial bei der Aufstellung von Richtlinien sowie als Monats- und Jahreszusammenfassungen für interessierte Organisationen. 1965 wurden dafür 60000 Angaben aus 45 Städten genutzt, 1975 aber schon mehr als 2,2 Millionen aus 350 Städten, in denen Beobachtungen in den Stützpunkten der staatlichen Hygieneinspektion und des hydrometeorologischen Dienstes durchgeführt wurden (Berljand, 1974). Das aus Beobachtungen in Städten massenweise anfallende Material unterwirft man einer Verallgemeinerung und statistischen Analyse, um die Rolle der meteorologischen Bedingungen und anderer Einflußgrößen auf das Niveau der Verunreinigungsfaktoren zu klären.

Für den bedeutensten Teil der erhaltenen Werte wurde ein Komplex 80spaltiger Lochkarten geschaffen, auf denen die Ergebnisse für die Konzentrationen unterschiedlicher Ingredienzen und meteorologischer Parameter eingetragen sind. Gegenwärtig wird begonnen, die mechanische Abarbeitung der Daten einzuführen. Die Ablochung des Beobachtungsmaterials auf Lochstreifen erfolgt in den Städten, wo diese Beobachtungen durchgeführt wurden. Anschließend werden diese in ein Zentrum übertragen zur Kontrolle, Bearbeitung und Archivierung durch EDV-Anlagen.

Als Kennziffern der Luftverschmutzung benutzt man gewöhnlich die mittlere momentane Konzentration $\bar{q}$ (in mg/m^3) sowie die Häufigkeit der den MIK-Wert überschreitenden Konzentrationen, die allgemein auch die Zeitdauer der erhöhten Luftverschmutzung charakterisiert.

Die Häufigkeitsverteilung der Konzentration q in einem gegebenen Punkt hängt von der Eigenschaft und der Stärke der Quellen in der Stadt, ihrem Betriebszustand sowie auch von den meteorologischen Bedingungen ab. Diese Verteilung ist immer unsymmetrisch, weil die Konzentration nur positive Werte annimmt und ihr Anwachsen praktisch nicht begrenzt ist. Häufig benutzt man für die Beschreibung der asymmetrischen Verteilung die logarithmische Normalverteilung (GUMBEL, 1965, u. a.), deren Wahrscheinlichkeitsverteilungsdichte in der folgenden Formel dargestellt ist:

$$f(q) = \frac{1}{s_0 q \sqrt{2\pi}} e^{-\frac{\ln^2 q/m_0}{2s_0^2}} ; \tag{11.1}$$

s_0 und m_0 sind Parameter der Verteilung, die man für jeden konkreten Fall im Ergebnis der statistischen Auswertung des Beobachtungsmaterials findet. Die Nutzung von (11.1) erlaubt es, die mittlere Konzentration $\bar{q}$, ihre Streuung σ^2 und den Varianzkoeffizienten $\bar{V}$ in folgender Weise zu bestimmen:

$$\bar{q} = m_0 e^{s_0^2/2} , \tag{11.2}$$

$$\sigma^2 = m_0^2 e^{s_0^2} (e^{s_0^2} - 1) , \qquad \bar{V} = \frac{\sigma}{\bar{q}} = \sqrt{e^{s_0^2} - 1} . \tag{11.3}$$

Für die logarithmische Normalverteilung ist die Wahrscheinlichkeit F_0 der Überschreitung einiger Werte q_0, insbesondere des maximalen Wertes q_M, in der Form

$$F_0(q > q_0) = \tfrac{1}{2}(1 - \operatorname{erf} \zeta) , \tag{11.4}$$

bestimmbar mit

$$\zeta = \frac{\ln \frac{q_0}{m_0}}{s_0 \sqrt{2}} .$$

Andererseits ist für die Abschätzung der Größe q_0 mit einer beliebig gegebenen Wahrscheinlichkeit F_0 die Beziehung

$$q_0 = m_0 e^{\zeta s_0 \sqrt{2}} , \tag{11.5}$$

maßgebend, wobei ζ über F_0 nach (11.4) bestimmt wird.

Die maximale Konzentration berechnet man auch aus der Beziehung $\bar{q}_M = \bar{q} + 3\sigma$. Für die logarithmische Normalverteilung ist es charakteristisch, daß der Varianzkoeffizient annähernd 1 ist (nach den Meßwerten liegt er gewöhnlich im Bereich von 0,5–2). Deshalb wächst mit steigender Luftverschmutzung, das heißt mit dem Anwachsen von $\bar{q}$, natürlich auch σ.

Die Verwendung der logarithmischen Normalverteilung für die Beschreibung der Konzentrationsausbreitung der Beimengungen in der Atmosphäre wird in einigen Arbeiten behandelt (LARSEN u. a., 1965). In ihrer Arbeit hat BESUGLAJA (1969) mehr als 100 Konzentrationsverteilungen von SO_2, NO_2, CO, Staub und Asche aus sieben Städten der Sowjetunion untersucht. Es zeigte sich, daß in 75% der Fälle die Punkte der Wahrscheinlichkeitskurve nahe einer Geraden lagen. Das erlaubt die Annahme, daß die Verteilung der in der Atmosphäre enthaltenen Beimengungen durch das logarithmische Gesetz beschrieben werden kann. In diesem Zusammenhang benutzt man die Erfüllung einer solchen Verteilung als Kriterium für die Richtigkeit der erhaltenen Daten über die Schadstoffkonzentrationen in Städten. Speziell die minimale Konzentration, bei der die Abweichung von der gegebenen Verteilung beginnt, benutzt man zur Abschätzung der Grenze der Meßgenauigkeit von Konzentrationen. Die Anwendbarkeit des logarithmischen Normalverteilungsgesetzes für die Verteilung von SO_2, CO und NO_2 wurde in der Arbeit von BESUGLAJA (1971) durch die Angaben aus weiteren 30 Städten der UdSSR geprüft. In dieser Arbeit wurde durch die Beziehung (11.4) die Wahrscheinlichkeit $F_0(q > q_M)$ abgeschätzt, wobei für q_M die maximale Konzentration verwendet wurde, die man aus den netzmäßigen Beobachtungen als Größtwert von zwei benachbarten größten Konzentrationen erhielt. Es zeigte sich, daß die Wahrscheinlichkeit der Überschreitung von q_M am häufigsten 0,1–0,5% beträgt. Bei dreimaliger Beobachtung am Tag entspricht das einer einmaligen Überschreitung von q_M im Zeitraum von zwei bis drei Monaten bis zu einem Jahr.

Die statistische Analyse der Häufigkeit von Schadstoffkonzentrationen, die höher liegen als die zulässigen Werte und auch der Konzentrationsmittelwerte, die nicht dem logarithmischen Gesetz gehorchen, führten auch SONKIN und TSCHALIKOW (1968) durch. Mit einem dazu aufgestellten speziellen EDV-Programm wurden annähernd 7000 Beobachtungswerte aus den Jahren 1961 bis 1964 bearbeitet. Davon stammten 5000 von 7 Beobachtungspunkten aus Moskau und 2000 von 13 Beobachtungspunkten aus Leningrad. Die erhaltenen Verteilungskurven für die Häufigkeit der oben angeführten Konzentrationswerte für beide Städte und zwei Ingredienzen hatten annähernd hyperbolische Form. Die Häufigkeit sank plötzlich von 90–100% bei einer Konzentration von 0,1 mg/m³ auf 10–20% für eine Konzentration um 0,4 mg/m³. Die weitere Abnahme der Wahrscheinlichkeit mit dem Anwachsen der Konzentration vollzog sich wesentlich langsamer. Die Häufigkeit einer SO_2-Konzentration von 0,25 mg/m³ betrug in Leningrad annähernd 45%, für Moskau aber 35%. Dagegen war die Häufigkeit einer Staubkonzentration von 0,25 mg/m³ für beide Städte annähernd gleich 40%.

Gegenwärtig entwickelt das GGO einige Verfahren für eine vollkommenere statistische Analyse des Beobachtungsmaterials der Luftverschmutzung (BERLJAND, 1970a, b).

Eines dieser Verfahren enthält die Mehrfachkorrelation, das heißt, man berechnet den Einfluß der Gesamtheit der Faktoren. Dabei gelingt es nicht immer, die Hauptfaktoren abzusondern, und die Effektivität dieses Verfahrens ist begrenzt. Ein anderes

Verfahren besteht in der Methode, die Ausgangsinformation in ein System von orthogonalen Funktionen zu zerlegen, die auch natürliche Funktionen genannt werden. Für die Untersuchung der Abhängigkeit bestimmter Charakteristiken von der Zeit und der Entfernung benutzt man auch strukturelle, korrelative und spektrale Funktionen.

Die statistische Analyse der Versuchswerte ermöglicht es, einige allgemeine Schlußfolgerungen über die Ausbreitung der Beimengungen in verschiedenen Städten, abhängig von den meteorologischen Bedingungen, im Verlaufe des Jahres und eines Tages sowie in Abhängigkeit von einigen anderen Faktoren zu ziehen.

11.3. Methode der Zerlegung in orthogonale Funktionen

Bei der Analyse stochastischer Felder benutzten A. N. Bagrow, A. M. Obuchow, M. I. Judin und andere bei unterschiedlichen meteorologischen Untersuchungen erfolgreich die Methode der Aufspaltung in orthogonale Funktionen. Diese Methode besteht in der Schaffung eines Systems nicht stochastischer orthogonaler Funktionen φ_k, welches die Abweichungen der Konzentration $q(x, t)$ vom Mittelwert $\bar{q}(x)$ mit den kleinsten mittleren quadratischen Fehlern annähert. Es sind Funktionen der Koordinaten x und der Zeit t:

$$q(x, t) = \bar{q}(x) \sum_{i=1}^{N} \alpha_k(t)\, \varphi_k(x)\,. \tag{11.6}$$

Durch die Bestimmung der Koeffizienten $\alpha_k(t)$ ist die Streuung des Feldes $q(x, t)$ besser zu beschreiben als durch lineare Kombinationen anderer Funktionen, die ebenso viele Glieder enthalten. Wawilowa u. a. (1969) benutzten diese Methode für die statistische Analyse von Meßwerten über die Luftverschmutzung in der Stadt. Diese Werte setzen sich für jeden konkreten Zeitabschnitt aus der Gesamtheit der den N Beobachtungspunkten zuzuordnenden Größen $q_1, q_2, \ldots, q_N$ zusammen. Die orthogonalen oder natürlichen Funktionen $\varphi_k(x)$ sind Eigenvektoren der Variationsmatrix $R = ||r_{ij}||$ des Konzentrationsfeldes. Die Elemente dieser Matrix r_{ij} setzen sich aus den Kovarianten der Werte q_i und q_j an i und j Punkten (gemittelt über die Zeit) zusammen,

$$r_{ij} = \overline{q_i q_j} - \bar{q}_i \bar{q}_j\,. \tag{11.7}$$

Die natürlichen Funktionen φ_k genügen dabei der Gleichung

$$R\varphi_k = \lambda_k \varphi_k\,, \tag{11.8}$$

wobei φ_k die Eigenwerte darstellen. Die Funktionen φ_k werden in der Reihenfolge nach den zu ihnen gehörenden Eigenwerten λ_k numeriert. Die Koeffizienten $\alpha_k(t)$ findet man durch die Beziehung

$$\alpha_k(t) = \sum_{i=1}^{N} \varphi_{ki} q_i(t)\,. \tag{11.9}$$

Eine Analyse zeigt, daß schon die Summe der ersten Glieder der Zerlegung (11.9) die Änderung der untersuchten Größen abzuschätzen gestattet. Die nachfolgenden Glieder kennzeichnen die kleinmaßstäblichen Schwankungen und sind stark von den Meßfehlern abhängig. Ihre Vernachlässigung ermöglicht, das Rauschen auszufiltern, und erhöht damit die Zuverlässigkeit des Informationsausgangs. Auf diese Art kann eine große Menge von Beobachtungswerten aus dem Netz der Punkte in der Stadt durch nur wenige erste Zerlegungskoeffizienten charakterisiert werden. Oft genügt die Darstellung $q(x, t) \approx \bar{q}(x) + \alpha_1(t)\, \varphi_1(x)$. Das bedeutet, daß schon die erste natürliche Funktion die hauptsächlichen Besonderheiten des räumlichen Verhaltens des Konzentrationsfeldes wiedergibt und die gleichzeitigen Veränderungen des Konzentrationsfeldes der Beimengungen für die gesamte Stadt erfaßt. Durch den Koeffizienten $\alpha_1(t)$ kann beurteilt werden, um welchen Betrag sich das Gesamtniveau der Verschmutzung in den betrachteten Netzpunkten vergrößert oder verringert hat.

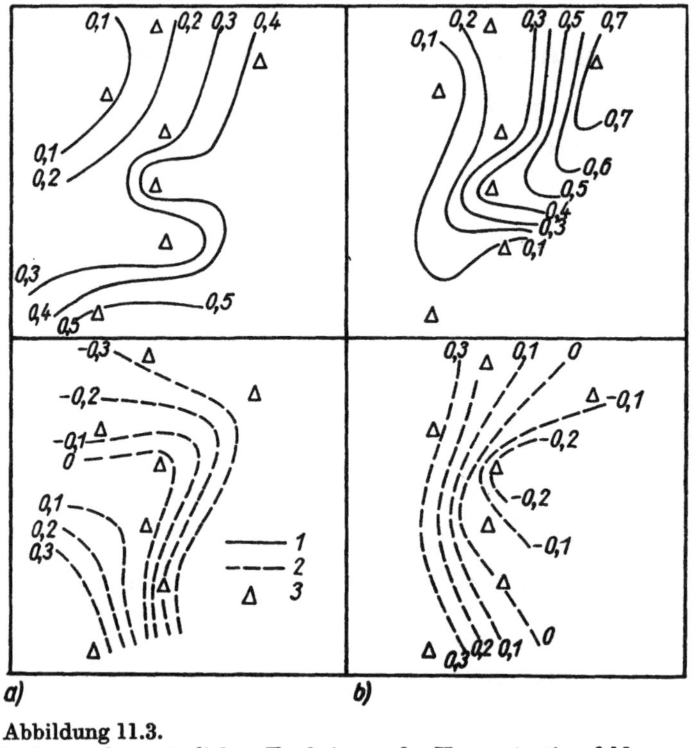

Abbildung 11.3.
Isolinien der natürlichen Funktionen des Konzentrationsfeldes von Schwefeldioxid (a) und Stickstoffoxiden (b) in einer Stadt
1 – erste natürliche Funktion, 2 – zweite natürliche Funktion, 3 – Beobachtungspunkte

Der Zusammenhang zwischen den Komponenten des Vektors $\varphi_1(x)$ zeigt, wie sich die Änderungen der Konzentration an verschiedenen Beobachtungspunkten bei gleichzeitiger Änderung des Gesamtniveaus der Verschmutzung der Atmosphäre gegenseitig beeinflussen.

Im allgemeinen Fall, wenn in (11.6) nur einige Glieder der Zerlegung berücksichtigt werden, charakterisiert der erste Koeffizient den Teil der Gesamtänderung, die sich aus der gleichzeitigen Änderung des Verschmutzungsniveaus der gesamten Stadt ergibt; der zweite Koeffizient gibt die wesentlichen Abweichungen davon an.

Abbildung 11.3 zeigt die berechneten natürlichen Funktionen für die Stadt Swerdlowsk (Wawilowa u. a., 1969). Die Rechnungen zeigten, daß das erste Glied der

Zerlegung für Schwefeldioxid weniger Information enthält als für Stickoxide. Das ist möglicherweise dadurch zu erklären, daß die hauptsächlichen SO_2-Quellen durch hohe Schornsteine einzelner Betriebe gebildet werden. Daher spielen die Prozesse eine große Rolle, die mit der unterschiedlichen Änderung des Verschmutzungsniveaus in der Stadt zusammenhängen und die in bedeutendem Maße durch die Zerlegungskoeffizienten höherer Ordnung beschrieben werden.

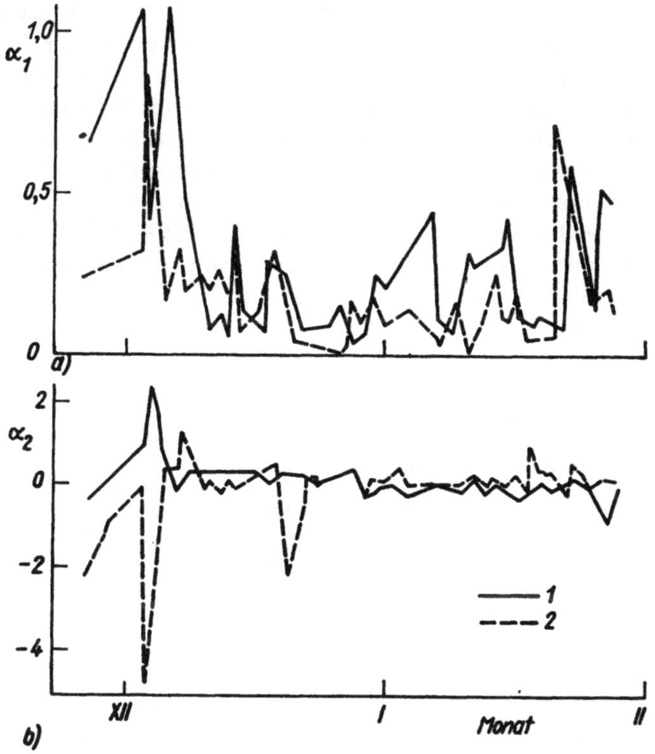

Abbildung 11.4.
Zeitlicher Verlauf der Spektralkoeffizienten der natürlichen Funktionen des Konzentrationsfeldes in der Stadt
1 — Schwefeldioxid, 2 — Stickoxide

Abbildung 11.4 zeigt den zeitlichen Verlauf des ersten $(\alpha_1(t))$ und des zweiten $(\alpha_2(t))$ Koeffizienten für den Zeitabschnitt von mehr als zwei Monaten. Für beide betrachteten Beimengungen ist der Verlauf dieser Koeffizienten ähnlich. Folglich wird das Verunreinigungsniveau von allgemeinen Einflüssen bestimmt, die sich gleichzeitig auf die gesamte Stadt auswirken. Die Koeffizienten, die die Luftverunreinigung insgesamt für die ganze Stadt charakterisieren, umfassen weniger stochastische Informationen als die einzelnen Konzentrationsmessungen an den Beobachtungspunkten und geben den Einfluß der Wetterbedingungen wieder. Für den zweiten Koeffizienten $\alpha_2(t)$ registrierte man entsprechend Abbildung 11.4 einen anderen Verlauf über der Zeit.

11.4. Jahres- und Tagesgang der Luftverunreinigung

In vielen Arbeiten in der UdSSR und im Ausland wurde der detaillierte Jahresgang der Änderung der Beimengungskonzentration in Städten untersucht. Auf Grund der großen Anzahl von Faktoren, die auf den Schadstoffanteil in der Luft einwirken, sind die Ergebnisse für verschiedene Städte manchmal sehr unterschiedlich. SONKIN u. a. (1966) stellte nach Versuchswerten der Jahre 1961 bis 1963 fest, daß in Leningrad das Konzentrationsmaximum von Staub im Frühjahr und das Häufigkeitsmaximum erhöhten SO_2-Gehalts in der Zeit Februar bis März liegen. In Moskau ist der Jahresgang der Luftverstaubung schwach ausgeprägt, die Konzentration von Schwefeldioxid erreicht ihr Maximum im Frühling. Das Frühjahrsmaximum kann dadurch erklärt werden, daß in dieser Jahreszeit der turbulente Austausch schon genügend entwickelt ist und die Heizkraftwerke in dieser Zeit noch große Brennstoffmengen verbrennen.

BESUGLAJA u. a. (1971) untersuchten anhand von Meßwerten ortsfester Punkte, die in der Zeit von 1968 bis 1969 anfielen, in 50 Städten der UdSSR den Jahresgang der Luftverschmutzung, der durch die mittlere Konzentration über einen Monat beschrieben wird, welche mit der über das ganze Jahr gemittelten Konzentration für die Stadt (q_{Mon}/q_{Jahr}) normiert wurde.

Tabelle 11.1.
Amplitudenhäufigkeit (in %) der relativen Konzentration q_{Mon}/q_{Jahr}

Beimengung	Amplitudenstufung q_{Mon}/q_{Jahr}			
	$< 0{,}5$	0,5–1,0	1,0–2,0	$>2{,}0$
Staub	8	38	32	22
Schwefeldioxid	2	31	49	18
Stickstoffdioxid	8	27	49	16
Kohlenmonoxid	19	62	19	0

Tabelle 11.1 enthält die Häufigkeit verschiedener Amplitudenklassen in Prozenten für vier verschiedene Stoffe. Der größte Amplitudenwert wird von SO_2 erreicht, der geringste von CO. Beispielsweise übersteigt in 20% der Fälle die mittlere monatliche Konzentration von SO_2 und Staub das Doppelte des jährlichen Mittelwertes, während man für CO solche Fälle praktisch nicht beobachtet. Man registrierte auch häufig eine Erhöhung der SO_2-Konzentration in dem Monat mit den meisten trüben und Nebeltagen. Das stimmt mit der in Kapitel 5 angeführten Theorie überein (BERLJAND u. a., 1968).

Nach Angaben von KANNO u. a. (1959) ist für den Jahresgang von Schwefeldioxid und Stickoxiden in Tokio ein Maximum am Jahresende charakteristisch, welches durch die Wirkung des Regens bedingt sein kann, der die Beimengungen auswäscht.

In einigen Arbeiten wird auch ein Wintermaximum der Verunreinigung angeführt (WARMBT, 1977, u. a.), das vor allem durch erhöhte Emission aus niedrigen Quellen und eine große Häufigkeit von ungünstigen Ausbreitungsbedingungen für diese Emissionen in der bodennahen Schicht verursacht wird.

Von vielen Autoren wurde auch der Tagesgang der Luftverschmutzung in der Stadt untersucht. Dabei stellte man auch erhebliche Unterschiede fest, die durch die Art der Emissionen aus Quellen verschiedener Höhe und die Änderung der meteorologischen Bedingungen begründet werden können. BESUGLAJA u. a. (1971) analysierten Beobachtungswerte von CO, SO_2 und NO_2 in einigen Städten der UdSSR aus den Jahren 1968 bis 1969.

Der Tagesgang der SO_2-Konzentration zeigt sich am deutlichsten in den südlichen Gebieten des Landes, wo im kalten Halbjahr das Konzentrationsmaximum in den Morgen- und Abendstunden registriert wird. In der warmen Periode ist hier die Tagesschwankung der SO_2-Konzentration in geringerem Grade ausgebildet, ihre Schwankungsamplituden überschreiten für die Mehrzahl der Städte (70%) nicht den halben Mittelwert. In einigen Städten wird jedoch die maximale SO_2-Konzentration am Tage beobachtet.

Man kann zwei Arten des Tagesganges bei der Konzentration des Kohlenmonoxids fast über alle Jahreszeiten hinweg beobachten, besonders in den Fällen, in denen die Hauptemission durch den Kraftverkehr verursacht wird. Einer davon, mit dem Maximum zur Tageszeit, wird durch die Steigerung des Verkehrs zu dieser Zeit hervorgerufen. Den anderen, mit relativ geringer Änderung der Konzentration im Verlauf des Tages und mit geringer Schwankungsamplitude, registriert man in den Fällen, wenn speziell die kompensierende Wirkung von veränderter Kraftfahrzeuganzahl auf den Straßen und Änderung des meteorologischen Zustands auftritt. In den Morgen- und Abendstunden, wenn der Kraftfahrzeugstrom abnimmt, vermindert sich die Konzentrationsverringerung infolge der Ausbildung einer Temperaturinversion und des Abflauens des Windes.

KANNO u. a. (1959) und STEINHAUSER (1971) bemerkten im Tagesgang der Konzentration von Beimengungen zwei Maxima, am Morgen und am Abend. Nach KANNO ist in Tokio im Winter das abendliche Maximum der SO_2-Konzentration höher als das morgendliche, im Sommer und Frühjahr allerdings umgekehrt.

11.5. Abschätzung des Einflusses der meteorologischen Faktoren

In einigen Fällen kann man sich mit den Betrachtungen einfacher Abhängigkeiten von dem einen oder anderen Wetterelement begnügen. Insbesondere wurden mehrfache Versuche der Abschätzung des Zusammenhangs zwischen Gehalt der Beimengungen in der Stadtluft und der Windgeschwindigkeit unternommen. Mehrere Autoren fanden dabei hauptsächlich größere Luftverunreinigungen nur bei schwachen Winden. In detaillierten Untersuchungen von SONKIN u. a. (1966), SONKIN und TSCHALIKOW (1968) sowie von BESUGLAJA und SONKIN (1971) ergab sich, daß in der Abhängigkeit der Konzentration von SO_2, Staub und einiger anderer Stoffe von der Windgeschwindigkeit zwei Maxima auftreten. Eines bei schwachem Wind in den Grenzen von 0—1 m/s und natürlich infolge niedriger Quellen, die die gesamte Grundverschmutzung der Stadtluft ausmachen, das andere, bei 3—6 m/s, kann entsprechend der Theorie (Kap. 3 u. 10) durch starke Emissionen aus hohen Quellen erklärt werden, die durch eine genügend hohe kritische Windgeschwindigkeit u_M charakterisiert sind. Für Leningrad und Moskau erwies sich das zweite Maximum im Sommer größer als das erste, im Winter aber war es niedriger. Für Schwefeldioxid tritt das zweite Maximum öfter auf, und das erste findet man seltener als für Staub.

Außerdem ist zu berücksichtigen, daß in dem Fall, in dem im Mittel für einen großen Stadtteil die kleinen Quellen überwiegen, bei der Summation ihres Konzentrationsfeldes sich die für große entfernte Quellen geltenden Gesetzmäßigkeiten einstellen. Insbesondere bezieht sich das auf die im Abschnitt 3.10. angeführten Unterschiede im Charakter der Abhängigkeit der maximalen Konzentration von der Windgeschwindigkeit auf kleine und große Entfernungen von den Quellen. Sie erklären auch das Auftreten von zwei Bereichen der kritischen Geschwindigkeit.

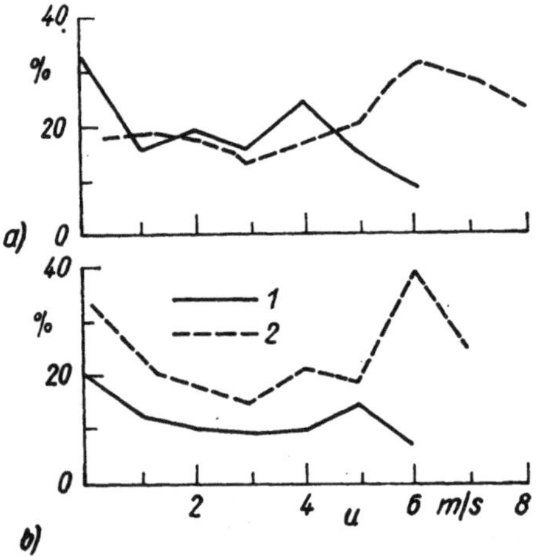

Abbildung 11.5.
Häufigkeit (%) erhöhter Konzentration von SO_2 (a) und Staub (b) in Abhängigkeit von der Windgeschwindigkeit in den warmen (1) und kalten (2) Jahreszeiten

Abbildung 11.5 zeigt die Häufigkeit erhöhter SO_2- und Staubkonzentrationen in Abhängigkeit von der Windgeschwindigkeit für Leningrad. Die Verhältnisse für die kalte und warme Jahreszeit sind einzeln dargestellt. Das Auftreten eines zweiten Maximums der Beimengungskonzentrationen in Bodennähe, abhängig von der Windgeschwindigkeit, wurde später auch von MUNN (1973b) festgestellt. Es wurde auch die Art des Einflusses der Bodeninversion und der freien Inversion auf die Luftverschmutzung untersucht.

SONKIN und TSCHALIKOW (1968) untersuchten anhand des Beobachtungsmaterials in Leningrad den Grad der Luftverschmutzung in Abhängigkeit von der Größe des Austauschkoeffizienten k_1 in einer Höhe von 1 m. Er wurde aus Gradientenbeobachtungen in den Vorortstationen bestimmt. Die mittlere Konzentration von SO_2 und Staub beträgt bei $k_1 \leqq 0{,}20$ m²/s annähernd 0,30 mg/m³, bei $k_1 \geqq 0{,}20$ m²/s wachsen die Konzentrationen für SO_2 auf 0,43 mg/m³ und für Staub auf 0,34 mg/m³ an. Dabei beobachtet man auch eine Steigerung der Häufigkeit erhöhter Beimengungskonzentrationen.

Die Untersuchung des Einflusses der Niederschläge ergab, daß im Verlaufe mehrerer Stunden nach dem Aufhören der Niederschläge selten erhöhte Beimengungskonzentrationen anzutreffen sind. Betrachtet man die Niederschläge in einem Zeitintervall von vier Stunden bis zur Probenahme, so steigt mit erhöhter Niederschlagsmenge der Luftreinheitsgrad. Dieser Effekt wurde auch in einigen anderen, schon erwähnten Arbeiten anderer Autoren festgestellt. In einigen von ihnen stellte man einen Zusammenhang zwischen Beimischungskonzentrationen und Niederschlagsmengen auf. Daraus läßt sich schlußfolgern, daß Niederschläge die Grundverschmutzung der

Luft in der Stadt verringern. Werden die Beimengungen unmittelbar von der Quelle her transportiert, so haben die Niederschläge auf die Reinigung der Luft keinen wesentlichen Einfluß.

Für die Analyse der Luftverschmutzung eröffnen sich durch die Verwendung von Daten aus der stetigen Registrierung der Beimischungskonzentration neue Möglichkeiten. In dieser Weise arbeitete man mit Meßwerten der automatischen Gasanalysatoren GKP-1 für SO_2 und GMK-3 für CO in Leningrad (Saizew, 1973a, b). Die Beobachtungen wurden gleichzeitig mit in verschiedenen Stadtteilen aufgestellten Geräten durchgeführt. Die Zeitstruktur der Konzentrationsänderung über eine Periode T' wird durch die Streuung der Beimengungen σ_T^2 und die Spektralfunktion F_T über

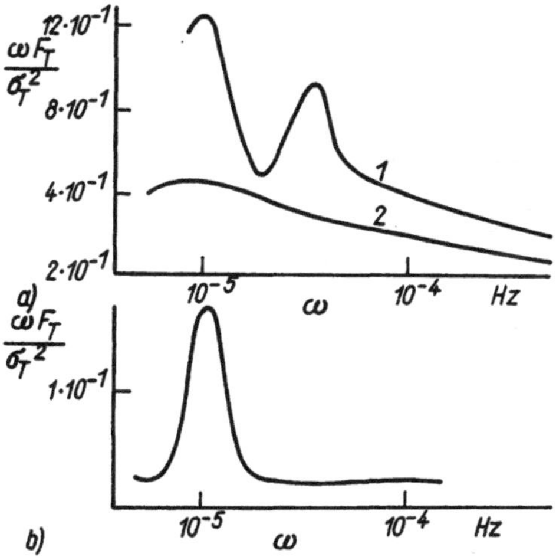

Abbildung 11.6.
Spektralfunktion der Konzentrationsänderung von SO_2 (a) und CO (b) im Verlauf eines Tages

der Frequenz $\omega = 2/T'$ charakterisiert. Dabei konnte man in der Winterzeit zwei Arten der spektralen Zerlegung des SO_2-Konzentrationsverlaufes über den Tag feststellen, jeder von ihnen entspricht einem bestimmten Funktionstyp.

Abbildung 11.6 enthält auf der Ordinate die normierte Spektralfunktion $\omega F_T/\sigma_T^2$ und auf der Abszisse die Frequenz ω in Hz. In Abbildung 11.6a sind für den ersten Typ (Kurve 1) zwei Maxima charakteristisch. Das eine gehört zu einer Periode von etwa 6h und ist möglicherweise auf die Betriebsweise nahegelegener Quellen mit verhältnismäßig hohen SO_2-Emissionen zurückzuführen. Das zweite Maximum tritt in der Periode eines Tages auf und wird in hohem Grade von den wirkenden meteorologischen Faktoren bestimmt. Der andere Typ (Kurve 2) ist durch ein Maximum im Verlaufe des Tages gekennzeichnet. Es ist wahrscheinlich auf das Übergewicht kleiner verstreuter Emissionsquellen zurückzuführen und wird hauptsächlich durch die Wetterbedingungen bestimmt.

Das mittlere Spektrum der Konzentrationsänderung für CO über der Zeit ist in Abbildung 11.6b enthalten. Es hat nur ein Maximum, welches darauf hinweist, daß der Einfluß von meteorologischen Bedingungen und Emissionsführung periodisch über 24 Stunden verläuft. Das erschwert, wie der Autor schon nachwies, die Untersuchung des Einflusses von meteorologischen Faktoren ohne Berücksichtigung der

Änderung der Emissionen mit der Zeit. Die Analyse zeigt, daß nahe an Transportwegen die mittlere Größe der CO-Konzentration und ihre mittlere quadratische Abweichung ähnlich sind.

In der Arbeit von PEWSNER und SAIZEW (1971) wurde ebenfalls die Konzentrationsänderung von CO untersucht. Sie wurde mit dem Gasanalysator GMK-3 gemessen, der in einem Auto installiert war. Die Beobachtungen führte man auf den Straßen der Stadt in Perioden unterschiedlicher Intensität des Straßenverkehrs durch.

Abbildung 11.7 enthält den charakteristischen Verlauf der Konzentration q (normiert auf den Mittelwert über die Beobachtungsperiode $\bar{q}$) im Verlauf eines Tages (a) und der Anzahl der Kraftfahrzeuge in Tausend je Stunde (b). Zwischen den in beiden

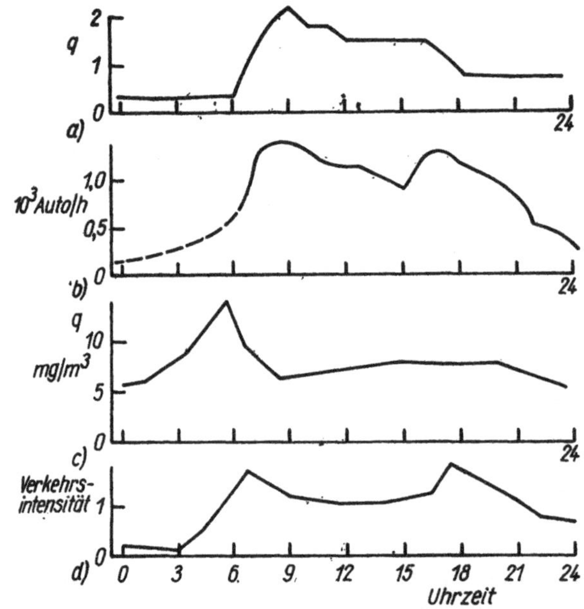

Abbildung 11.7.
Tagesgang der Konzentration von CO (a, b) und der Intensität des Kraftfahrzeugverkehrs (c, d) für Leningrad (a, c) und Washington (b, d)

Kurven dargestellten Werten ist eine wesentliche Korrelation zu bemerken (der Korrelationskoeffizient überschreitet 0,7). Diese Werte verglich SAIZEW mit analogen Resultaten, die OTTO u. a. im September 1964 für Washington erhielten. Sie sind auch in Abbildung 11.7 als Kurve der Konzentrationsänderung in mg/m³ (Kurve c) und der relativen Intensität des Verkehrs (Kurve d) dargestellt.

Interessant ist die Untersuchung der Fälle, in denen in den meisten Punkten der Stadt gleichzeitig eine Erhöhung oder Verringerung der Konzentration eines oder mehrerer Ingredienzen auftreten. Augenscheinlich erlauben solche Fälle, vor allem über den Einfluß des Wetters zu urteilen und in der Nähe wirkende andere Faktoren auszuschließen. Es zeigt sich, daß stärkere Luftverschmutzungen besonders in der kalten Zeit bei den meisten Beobachtungen zur Zeit stationären Hochdrucks auftreten und bei Tiefdruck sich die Luft reinigt.

Tabelle 11.2 zeigt die von L. P. SONKIN erhaltenen Beobachtungsergebnisse aus Moskau, Leningrad und Magnitogorsk über die Abweichung von der mittleren Häufigkeit erhöhter Schadstoffkonzentrationen bei stationärem Hochdruckwetter (BERLJAND, 1970a, b). Analoge Ergebnisse erhielt man auch in Arbeiten anderer Autoren (HOLZWORTH, 1962; NIEMEYER, 1960; SCHEWTSCHUK u. WEDENSKAJA, 1971, u. a.). In diesem Zusammenhang zeigen noch genauere Analysen, daß bemerkenswerte Luftverunreinigungen nicht nur bei stationärem Hochdruckwetter auftreten. Außerdem ist die Gesamteinschätzung der synoptischen Situation manchmal zur Analyse der Gründe für die Änderung der Luftverschmutzung nicht ausreichend.

Tabelle 11.2.
Abweichungen (in %) von der mittleren Häufigkeit der Konzentrationen von Staub und SO_2 bei einem stationären Hoch

Stadt	Staub		Schwefeldioxid	
	kalte Periode	warme Periode	kalte Periode	warme Periode
Moskau	+7	+1	+18	−2
Leningrad	+21	+13	+13	−1
Magnitogorsk	+34	+21	+19	+4

Die nach einem statistischen Plan ausgeführten Beobachtungen betreffen die Untersuchung der Korrelation der Abhängigkeit der Konzentration in einem oder in mehreren Punkten von einzelnen Faktoren ohne Berücksichtigung des Einflusses der übrigen.

So führt man eine Berechnung der Korrelationskoeffizienten durch, untersucht die Funktionsstruktur usw. Es zeigt sich beispielsweise, daß für einige Städte der Korrelationskoeffizient zwischen der Häufigkeit des Auftretens der Konzentrationen von Staub und SO_2 über dem zulässigen Wert im Verlauf eines Monats und zwischen der monatlichen Druckanomalie 0,5 beträgt. DICKSON (1961) stellte fest, daß die Korrelation zwischen der mittleren täglichen Staubkonzentration in Nashville (USA) und den bestimmenden meteorologischen Faktoren manchmal höher ist als die zwischen der Konzentration und der verbrauchten Brennstoffmenge.

Meteorologische Elemente	Korrelationskoeffizient
Schichtung der Atmosphäre	−0,60
Windgeschwindigkeit	−0,38
Niederschläge	−0,38
Menge des verbrannten Brennstoffs	0,18

11.6. Räumliche Struktur der Luftverschmutzung

Die Verteilung der Luftverschmutzung innerhalb der Städte ist völlig ungleichmäßig. Sie wird vor allem durch die Lage und die Art der Verschmutzungsquellen bestimmt. Die aus Schornsteinen oder Abluftschächten ausströmenden Verunreinigungen sind in den Rauch- oder Gasfahnen anzutreffen. Für die große Zahl von Quellen, wie sie für eine Stadt charakteristisch ist, überlagern sich diese Fahnen. Als Ergebnis erhält man eine hohe Luftverschmutzung in einer breiten Zone, die infolge einer einzelnen Quelle verhältnismäßig klein sein könnte. Ein Beispiel der Summierung von kleinen Verschmutzungsquellen ist die Wirkung der Abgase von Kraftfahrzeugen. Sie führen zur Bildung einer Schadstoffwolke mit komplizierter Struktur und Zusammensetzung in der Stadt. Die in der Wolke enthaltenen festen Teilchen machen sie sichtbar, und deshalb spricht man von der „städtischen Dunstglocke", die man deutlich bei der Annäherung an große Städte beobachten kann. Erst in der letzten Zeit beginnt man außer den Kontrollen, die man auf der Erdoberfläche durchführt, mit zeitweiligen Messungen in verschiedenen Höhen. In Paris zum Beispiel führte man diese Beobachtungen auf dem Eiffelturm durch. Die Konzentrationen einiger Beimengungen wurden auch an Fernsehtürmen und auf den Dächern von Gebäuden erfaßt. Die Benutzung von Flugzeugen und Hubschraubern in Leningrad, Budapest, New York und anderen Städten ergab, daß sich die Verunreinigungen hauptsächlich in einer Schicht von 1–2 km Dicke ansammeln. In kleineren Städten beträgt diese Schicht einige hundert Meter.

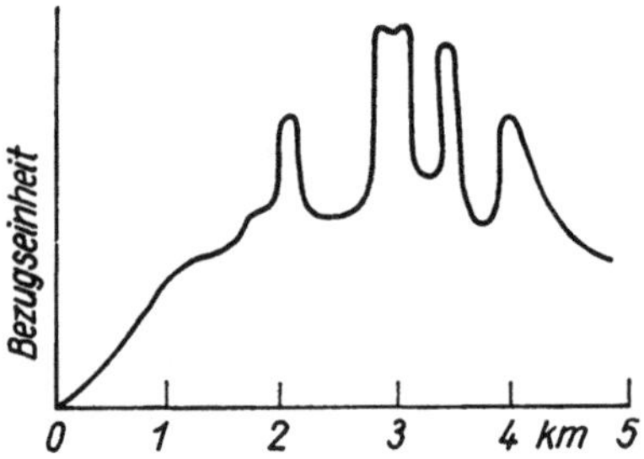

Abbildung 11.8.
Mittels Laser gemessene Staubverteilung

Umfangreiche Arbeiten zur Untersuchung der räumlichen Struktur der Luftverschmutzung von Saporoshje wurden im Sommer 1972 durchgeführt (s. Tab. 9.1) (Berljand u. a., 1974; Burenin u. Wdowin, 1974, u. a.). Außer den erdfesten Beobachtungen führte man mit auf dem Hubschrauber MI-1 installierten Geräten Probenahmen von SO_2, NO_2, HF und Phenol in 100, 200 und 400 m Höhe nach den im Abschnitt 7.8. dargelegten Methoden durch. Für CO wurden zudem Messungen in 600 und 800 m Höhe ausgeführt. Man flog über vier Stadtgebieten Kreise von ca. 1 km Radius. Die Konzentrationen nahmen natürlich mit der Höhe ab. Nur über einzelnen Gebieten erreichten sie ihr Maximum in 100 m Höhe, was möglicherweise damit zusammenhängt, daß der Hubschrauber in eine Rauchfahne geriet. Während dieser Arbeiten wurde auch die Verteilung des Staubes in der städtischen Dunstglocke durch Mitarbeiter des Institutes für Optik der Atmosphäre untersucht.

Abbildung 11.8 enthält die Verteilung des Staubgehalts (in willkürlichen Einheiten) über eine um 5° zum Horizont geneigte Strecke von 8 km Länge. Dabei wurde der Staubgehalt am Beobachtungspunkt als Einheit gewählt. Die erhaltenen Werte zeigen die komplizierte Struktur des Aerosolkonzentrationsfeldes.

Berdyjewa u. a. (1967) sowie Feldman und Lampert (1968) erhielten aus Meßwerten über die Verteilung einiger Beimengungen in städtischen Gebäuden, daß in der Nähe von Hauptverkehrsstraßen am Tage in Höhe der 10. bis 12. Etage eines Wohnhauses und in 1–2 m Höhe die CO-Konzentrationen ähnlich sind. In Leningrad führte man genauere Untersuchungen der vertikalen Verteilung der SO_2-Konzentration in der erdnahen Luftschicht mittels automatischer Gasanalysatoren vom Typ GKP-1 durch (SAIZEW, 1973a). Die Geräte waren in sieben verschiedenen Höhen von 0,25–11 m angeordnet. Aus den erzielten Ergebnissen folgt, daß die Unterschiede mit der Höhe keinen regulären Charakter haben. Größtenteils registrierte man ein Maximum bis 4 m Höhe. Die Meßergebnisse zeigen auch, daß die Wahl der Höhe für die Konzentrationsmessungen in der Stadt in der Größenordnung von einigen Metern unbedeutend ist. Solche Schlußfolgerungen kann man auch auf Grund der allgemeinen Ausbreitungsgesetze von Beimengungen aus relativ niedrigen Quellen ziehen. Wie schon gezeigt wurde, ist die vertikale Verteilung der Konzentration von der Erdoberfläche bis zur Quellhöhe in der Zone des erdnahen Maximums der Luftverschmutzung solcher Quellen verhältnismäßig gleichmäßig.

Interessant ist auch das Verhältnis der Schadstoffkonzentration im Freien und im Innern von Wohnhäusern in der Stadt. Nach Beobachtungsergebnissen von DEROWANE u. VERDAY (1973) wurde für zwei Gebäude und ihre Umgebung festgestellt, daß die SO_2-Konzentration im Gebäudeinneren im Winter 10–20% und im Sommer 40–50% der Außenwerte erreicht.

11.7. Allgemeine Eigenschaften und Tendenzen der Luftverschmutzung in Städten

Die Konzentration der atmosphärischen Beimengungen ist in der Stadt gewöhnlich um zwei bis drei Ordnungen größer als auf dem Lande (BESUGLAJA u. RASTORGUJEWA, 1973). So beträgt in ausreichend großen Entfernungen von der Stadt und von Industriezentren die SO_2-Konzentration ca. 0,001 mg/m³ und die CO-Konzentration 0,01 mg/m³. In solchen Städten wie Montreal, London, Yokohama, Budapest und Brüssel beträgt die mittlere jährliche Konzentration von SO_2 annähernd 0,4 mg/m³ und mehr, während die maximalen Konzentrationen einige mg/m³ erreichen.

Nach Angaben von LARSEN (1973) erreichte die maximale momentane SO_2-Konzentration für einige Städte der USA zum Beispiel in Chicago 3,3 mg/m³, in Philadelphia 2,7 mg/m³ in Saint Louis 2,3 mg/m³.

Die mittlere CO-Jahreskonzentration für einzelne Jahre in New York, Los Angeles, Montreal, Paris, Madrid, Florenz, Zürich, Sydney, Tokio, Osaka, Sofia betrug 10 mg pro m³, die maximale 100 bis 200 mg/m³.

Eine maximale Staubkonzentration von 2 mg/m³ beobachtete man in vielen Städten der USA und anderer Länder. Die maximale NO_2-Konzentration überstieg in Los Angeles, Philadelphia und anderen Städten 1 mg/m³.

In vielen Städten Englands durchgeführte Beobachtungen zeigten, daß im nördlichen Teil und in London, wo viel Kohle verbraucht wird, die Staubkonzentration 2–3mal höher als in den südlichen Städten ist (CRAXFORD u. WEATHERLEY, 1971).

Nach den Meßergebnissen von 50 Punkten der Stadt Chicago erreicht die mittlere Blei-Tageskonzentration einige µg/m³. In Polen ist nach Beobachtungen aus 10 Städten die größte Konzentration von Blei (> 1 µg/m³) und Kadmium ($> 0,05$ µg/m³) in Katowice registriert worden, wo eine große Zahl von Betrieben konzentriert ist (JUST

u. KELUS, 1971). Einen erheblichen Teil zur Luftverschmutzung tragen die Kraftfahrzeuge bei. In unmittelbarer Nähe von Autobahnen im Staate Michigan erreichte der Bleigehalt in den Aerosolen 25%, in einer Entfernung von 400 m betrug er 1,2 bis 1,6% und weit von den Straßen entfernt 0,1%. In einigen Großstädten der USA sind die mittlere und maximale Bleikonzentration zum Beispiel zehnmal so hoch wie in den Vororten. In einigen Städten Japans beträgt die Bleikonzentration auf belebten Kreuzungen im Mittel 2—15 $\mu g/m^3$.

In einer Reihe von Städten kommt es periodisch zur Bildung von intensivem Smog, manchmal zu sogenannten Smog-Katastrophen (s. Abschn. 5.7.), die Menschenleben fordern und zu erhöhter Erkrankung der Atemwege und der Augen führen. Berühmt wurden unter anderen die Smogs von London, Los Angeles und New York. In der relativ kleinen amerikanischen Stadt Donor verspürten mehr als 40% der Einwohner in den Oktobertagen des Jahres 1948 eine starke Augenreizung und Atembeschwerden, mehr als 30 Menschen starben (das war das Mehrfache der mittleren Sterberate). Bei dem Smog vom 5. bis 9. Dezember 1952 in London, als die SO_2-Konzentration stark anwuchs und 2—4 mg/m^3 erreichte, stieg die Zahl der Todesfälle auf das Viertausendfache der mittleren Häufigkeit der Sterbefälle. Schwere Folgen zogen auch die Londoner Smogs von 1956, 1957 und 1962 nach sich.

Im Abschnitt 5.7. wurden einige charakteristische fotochemische Smogs aufgeführt. In Los Angeles werden Smog-Erscheinungen geringer Intensität relativ häufig beobachtet. Ihre Häufigkeit hat sich in den letzten zehn Jahren erhöht. Gegenwärtig ist die Sicht fast konstant erheblich niedriger als in der Umgebung. Die Berge, die die Stadt umgeben, kann man nur zuweilen durch den Aerosolschleier sehen. Augenreizungen bei den Einwohnern wurden 1959 an 187 Tagen, 1960 an 198 Tagen und 1962 an 212 Tagen registriert (KOMMONER, 1974).

Intensive Smogs beobachtet man auch in New Orleans, Tokio, Yokohama, in einigen Städten Hollands, Italiens, Bulgariens und anderer Länder. Nach Angaben von KEWAMURA registrierte man allein in der Zeit von Mai bis Juli 1971 in Tokio 12 Fälle fotochemischer Smogs, von denen mehr als zehntausend Menschen betroffen wurden (SIDORENKO u. KARATSCHINSKAJA, 1973).

Auf den Straßenkreuzungen Tokios und anderer Städte mit sehr intensivem Verkehr müssen wegen der starken Luftverschmutzung die Verkehrsposten häufig wechseln oder Schutzgas atmen. In der Zeitschrift „Kurier UNESCO" (Juli 1971), ist ein Foto von in den Straßen Tokios installierten Automaten enthalten, die es erlauben, gegen Bezahlung reine Luft zu atmen.

Natürlich registriert man gleiche intensive Verschmutzungen in großen Industriezentren. In diesem Zusammenhang zeigen Meßwerte, daß die Verunreinigung der Stadtluft in Gebieten mit ungünstigen meteorologischen Bedingungen am größten ist (BERLJAND, 1966b).

Im Abschnitt 10.11. wurde gezeigt, daß die Meßwerte für Staub- und SO_2-Gehalt häufig in den Städten Maximalwerte der Konzentration erreichen, die in Gebieten mit intensiven turbulenten Austausch liegen. Ungeachtet dessen, daß der größte Teil der Asche und des SO_2 durch die Verbrennung in die Atmosphäre gelangt und der Brennstoffverbrauch in der Sommerperiode bedeutend geringer ist als im Winter, registriert man in vielen Städten die größte Konzentration dieser Beimengungen im warmen Halbjahr bei intensivem turbulenten Austausch (SONKIN, 1968).

Regelmäßige Beobachtungen der Luftverschmutzung in vielen Städten der Sowjetunion und einiger anderer Länder erlaubten Schlußfolgerungen über die Tendenz der Änderung der Konzentrationen einiger Beimengungen. In den vergangenen Jahren führten in einigen Städten die Maßnahmen im Kampf gegen die Luftverschmutzung zur wesentlichen Verringerung der Luftverunreinigung. Ungeachtet dessen, daß die Industriealisierung anwächst, konnte das Verschmutzungsniveau annähernd gehalten werden. Eine besondere Rolle spielten dabei die Zentralisierung und Gasversorgung der Heizkraftwerke. Schon Ende der 50er Anfang der 60er Jahre führte das zur Gesundung des Luftbassins Moskaus und Leningrads. Positiv wirkte sich in Moskau auch die Errichtung der Straßenunterführungen aus, da dadurch die Zahl der Bremsungen der Kraftfahrzeuge verringert wurde. In letzter Zeit ist die Tendenz zur Verringerung der Luftverschmutzung in solchen Industriestädten wie Kriwoi Rog, Irkutsk, Tscherepowez zu verzeichnen. In Tscheljabinsk und Magnitogorsk erwies sich die Einführung der Schwefelreinigung in den metallurgischen Betrieben vorteilhaft.

Weithin bekannt ist der Erfolg von Pittsburgh, eines der Industriezentren der USA mit der größten Luftverschmutzung (STOKTON, 1971). Umfangreiche technologische Maßnahmen, der Verzicht auf Verwendung von Bitumenkohle für die Heizung und ähnliches führten dazu, daß sich hier der Staubgehalt in der Luft auf ein Fünftel verringerte. Betrug der Zeitraum, in dem die Sicht im Geschäftsviertel der Stadt geringer als 1 km war, 1960 1000 Stunden, so waren es 1970 nur 75 Stunden. Wenn auch die Investitionen für den Schutz der Atmosphäre hier 80 Millionen Dollar betrugen, so haben sie sich doch schnell amortisiert.

Der beschriebene Londoner Smog von 1956 stimulierte die Annahme eines Gesetzes zur erheblichen Einschränkung der Schadstoffemissionen in die Atmosphäre. Einige Arbeiten weisen nach, daß das Inkrafttreten dieses Gesetzes schon gewisse positive Resultate zeitigt (AULICIEMS, 1973, u. a.). Es wurde die Verringerung der mittleren SO_2-Konzentration nachgewiesen. Die Gesamtrauchgasmenge aller Quellen verringerte sich in England von 1951 bis 1968 fast um 60% unabhängig von der Steigerung der Industrialisierung um 17% in dieser Periode. Man registrierte, daß sich im Zentrum von London die Staubkonzentration um 80% verringerte und die Sichtweite in der Winterzeit fast auf das Dreifache erhöhte. Die mittlere Staubkonzentration über ein Jahr verringerte sich von 1958 bis 1960 von 0,18 mg/m^3 auf 0,07 mg/m^3. Analysiert man die Angaben über die Änderung der Staubkonzentration in Kew bei London im Zeitraum nach 1922, so ist auf Grund der Gesamttendenz ihrer Verringerung der Effekt der Gesetzgebung von 1956 nicht so deutlich. Von 1962 bis 1967 verringerte sich auch die Konzentration an Schwefeldioxid in Paris, Düsseldorf, Köln und anderswo. Allerdings wächst in der Mehrzahl der Städte der Welt und in ihrer Umgebung die Konzentration der Beimengungen von Jahr zu Jahr, so zum Beispiel ist sie in den Industriezentren der BRD in wenigen Jahren um 20% angewachsen. Immer häufiger beobachtet man in einer Vielzahl von Städten verschiedener Länder Smogs.

11.8. Einfluß der Luftverschmutzung auf die Strahlungs- und Wärmeverteilung in der Stadt

Die Luftverschmutzung hat in vielen Städten ein solches Niveau erreicht, daß sie dort als Hauptursache für die Änderung der meteorologischen Verhältnisse angesehen werden muß (BERLJAND u. KONDRATJEW, 1972, u. a.).

Für die Untersuchung der Besonderheiten der städtischen meteorologischen Verhältnisse schuf man ein ausreichend großes Netz innerstädtischer Beobachtungspunkte. So befinden sich in Moskau und in der 50 km-Zone der Vorstädte mehr als 50 meteorologische Stationen und Posten (Dmitrijew u. Bessonow, 1969). In London und seiner Umgebung gibt es 17 meteorologische Stationen, und zusätzlich wurden 60 Punkte zur einmaligen täglichen Messung der Temperatur und der Niederschläge eingerichtet (Chandler, 1967). In den Städten der UdSSR werden an den Punkten, an denen man die Luftverschmutzung kontrolliert, auch einige meteorologische Größen gemessen, die zur Einschätzung der Besonderheiten des Stadtklimas genutzt werden können. Außerdem werden in vielen Fällen auch mobile und expeditionsmäßige Untersuchungen durchgeführt.

Die Änderung der meteorologischen Faktoren in der Stadt und die Verschmutzung der Atmosphäre beeinflussen sich oft gegenseitig. Das wird beispielsweise bei der Nebelbildung offensichtlich. Unter städtischen Bedingungen entstehen häufig Nebel, und die mit ihnen verknüpfte kritische Luftverschmutzung wächst. Nach Meinung einiger Autoren ist die Häufigkeit von Nebel in den Städten 10—20% größer als in der offenen Landschaft. Das erklärt sich nicht nur durch die erhöhte Zahl der Kondensationskerne, die praktisch immer für die Nebelbildung bei gesättigter feuchter Luft auch außerhalb der Stadt genügen, sondern eher dadurch, daß die städtischen Beimengungen bedeutend mehr hygroskopische Teilchen enthalten. Die Kondensation des Dampfes an solchen Teilchen beginnt bei relativen Feuchten unter 100% und damit wächst die Häufigkeit von Nebel.

Im Kapitel 5 wurde die Theorie der Bildung von Strahlungsnebel betrachtet. Die Ergebnisse dieses Kapitels sind für das Verständnis einiger Besonderheiten der Strahlungs- und Wärmeverteilung unter städtischen Bedingungen wichtig, weil ähnliche Prozesse in den über den Städten vorhandenen Aerosol- und Gaswolken ablaufen. Für Aerosole sind wesentliche Strahlungsabsorptionen im „atmosphärischen Fenster“ im Spektralbereich von 8 bis 12 μm charakteristisch. Das ist vergleichbar mit der Transparenz von Wasserdampf, der hauptsächlichsten absorbierenden Substanz in der reinen Atmosphäre. Deshalb hat man unter städtischen Bedingungen nachts, wenn auch möglicherweise in geringerem Grade als bei Nebel, durch die Absorption der langwelligen Strahlung eine Verringerung der effektiven Ausstrahlung der Erde. Folglich kühlt es sich in der Stadt nachts geringer ab als außerhalb der Stadt. Als Ergebnis ist die Temperatur der erdnahen Luftschicht in der Stadt nachts natürlich höher und die Bodeninversion der Temperatur verringert sich und geht in einigen Fällen zur freien Inversion in der in Abbildung 5.2 dargestellten Art über. Der Einfluß der Aerosole auf die nächtliche Abkühlung wurde in sehr vereinfachter Form auf Grund der Abschätzung der Wärmebilanz in den Arbeiten von Atwater (1971) untersucht. Das Ergebnis war, daß die minimale Oberflächentemperatur des Bodens unter der staubhaltigen Luftschicht um 0,3—0,5 K höher sein muß als ohne Verstaubung. Die Abschätzung von Atwater weisen auch auf die Möglichkeit der Bildung einer freien Inversion unter einer Aerosolschicht hin.

Feste und gasförmige Beimischungen in der Atmosphäre beeinflussen auch die Sonneneinstrahlung auf den Erdboden. Nach den Angaben mehrerer Autoren verringert sich die direkte Einstrahlung in den Städten (Paris, Tokio, Osaka, Budapest u. a.) um 10 bis 20% (Loup, 1971, u. a.). Die Strahlung vermindert sich vor allem in dem Intervall des Spektrums, das relativ transparent ist, wenn nur die natürlichen

Komponenten der Luft auftreten. So vermindert sich in der staubhaltigen Atmosphäre die ultraviolette Strahlung erheblich. In einigen Fällen, besonders im Winter, tritt eine zwei- bis dreifache Verminderung der UV-Strahlung auf. Die Sicht in der Stadt verringert sich fast auf 50%.

Tabelle 11.3 enthält für das Zentrum und die Umgebung von Paris Angaben über die prozentuale Zusammensetzung der Strahlung in den vier Hauptbereichen des Sonnenspektrums (MAURAIN, 1947). Es verringert sich auch die gesamte Sonneneinstrahlung, was in der Änderung des Durchlässigkeitskoeffizienten oder des Trübungsfaktors zum Ausdruck kommt.

Tabelle 11.3.
Spektrale Zusammensetzung der Sonnenstrahlung

Meßort	Intervall des Spektrums			
	ultraviolett	violett	sichtbares Licht	infrarot
Stadtzentrum	0,5	2,5	43	54
Stadtrand	3,0	5,0	40	52

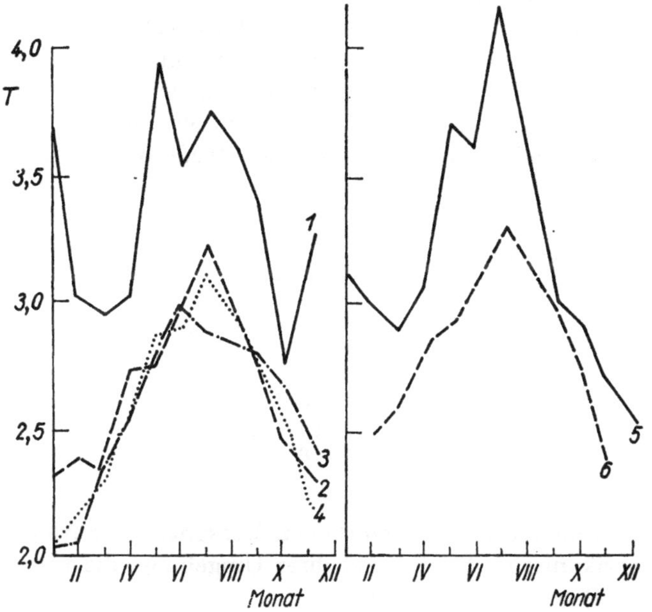

Abbildung 11.9.
Jahresgang des Trübungsfaktors T in Leningrad (1) und in den nahegelegenen Stationen Wojeikowo (2), Larjanskoje (3) und Nowonikolajewskoje (4) sowie für Moskau (5) und seine Umgebung — Station Sobakino (6)

Abbildung 11.9 enthält die Werte von RUSSINA (1971), die den Jahresgang des Trübungsfaktors in Wetterstationen innerhalb und außerhalb der Stadt charakterisieren. PIWOWAROWA (1968a) stellte fest, daß der Koeffizient der Durchlässigkeit in der Stadt im Mittel 2—5% geringer ist als auf dem Lande, was bei der Messung einem Unterschied in der geographischen Breite von 5—10° entspräche. Abhängig von der

Verteilung der Grünanlagen in der Stadt zeigten sich ebenfalls Unterschiede in der Durchlässigkeit der Luft (Tschernawskaja, 1969).

In Übereinstimmung mit Atwater wird durch eine Aerosolschicht von 200 m Dicke, deren Absorptionskoeffizient für die Sonneneinstrahlung 0,20 km^{-1} beträgt, die Oberflächentemperatur des Erdbodens um ca. 0,5 K verringert.

Besonderheiten des Einflusses der Strahlungsfaktoren auf den Tagesgang der Lufttemperatur kann man auch auf Grund analoger Prozesse des Wärmeübergangs unter den Bedingungen der städtischen Bebauung und in der Vegetationsschicht erklären. Die aus den Rechnungen hervorgehenden Ergebnisse zeigen (Berljand, 1966c) beispielsweise, daß bei der Verminderung der Sonneneinstrahlung durch Pflanzenwuchs und Beibehaltung der übrigen Bedingungen sich das Nachttemperaturminimum in der bodennahen Luftschicht um 2—3 K erhöhen kann. Dabei verringert sich das Temperaturmaximum (allerdings verhältnismäßig wenig) infolge des verstärkten turbulenten Austauschs am Tage.

Bei der Untersuchung der Strahlungsverhältnisse unter städtischen Bedingungen ist es wichtig, auf die mögliche Verminderung der Albedo der Erdoberfläche durch die großen Rauhigkeiten und die Bebauung im Vergleich zur benachbarten Landschaft hinzuweisen. So ist beispielsweise die Albedo von Asphalt 10—12%, das ist gewöhnlich weniger als die Albedo der Vororte. Bei vorhandener Schneedecke ist die Albedo in den Städten besonders gering. Den umgekehrten Effekt hat man, wenn die hellen Gebäudewände ein genügend großes Reflexionsvermögen (bis zu 50—70%) aufweisen. In dieser Hinsicht wurde praktisch noch sehr wenig untersucht.

Auch in den ausführlichen Handbüchern gibt es über die Albedo der Stadt eigentlich keine Angaben.

Tabelle 11.4.
Albedowerte für die Stadt und ihre Umgebung

Ort	Punkt	Monat	Albedo in %
Dallas	Stadt	Juli	12
	Vorstadt		16
Las Vegas	Stadt	September	19—20
	Wüste		24—27
Blumington	Stadt	September	14—16
	Land		15

Die Tabelle 11.4 enthält Ergebnisse von gelegentlichen Messungen der Albedo der Bodenoberfläche einiger amerikanischer Städte und ihrer Umgebung, die vom Flugzeug aus von Kung u. a. (1964) gemessen wurden.

Der mittlere Monatswert der Albedo von April bis September beträgt in Budapest 0,12, auf dem Lande aber 0,16; im Januar 0,24 bzw. 0,46 auf dem Lande.

Bei Berechnungen der Lufttemperaturänderungen während der Tageszeit muß man die entgegengesetzt wirkenden Effekte berücksichtigen, deren Einfluß das Vorzeichen der Änderung bestimmt. Es ist möglich, daß am Tage unter der Aerosolschicht die Lufttemperatur geringfügig anwächst, aber in geringerem Grade als nachts. Berücksichtigt man die Randbedingungen durch Änderung der Windrichtung, so kann man schlußfolgern, daß im Stadtzentrum nachts die Lufttemperatur normalerweise im Mittel höher sein wird als in der Umgebung der Stadt. Das ist auch eine Erklärung für die Entstehung von „Wärmeinseln" in den Städten.

Die Verringerung des Reflexionsvermögens des Erdbodens führt zu erhöhten Strahlungsabsorption, was eine Steigerung der Lufttemperatur der bodennahen Luftschicht zur Folge hat. Nach Abschätzungen von MYROP (1969) bringt eine Verminderung der Albedo von 30 auf 15% eine Lufttemperaturerhöhung am Tage von 1,5 K.

Tabelle 11.5 enthält Angaben von BACH (1970) über die Strahlungsbilanz in der Stadt und auf dem Lande sowie über die Strahlungskomponenten, normiert auf die Strahlungsbilanz auf dem Lande.

Tabelle 11.5.
Darstellung des Einflusses der Stadt auf die Strahlungsbilanz und ihre Komponenten

Ort	Strahlungsbilanz	Gesamtstrahlung	Reflexion der Strahlung	Effektive Ausstrahlung	Strahlungsverminderung durch die Atmosphäre
ländlich	1	1,48	0,28	0,79	0,67
städtisch	0,92	1,30	0,20	0,91	0,73

In der Arbeit von BERLJAND u. a. (1979c) ist in Übereinstimmung mit den im Abschnitt 8.4 dargestellten Ergebnissen eine Theorie der Streuung des Sonnenlichtes in der städtischen Atmosphäre entwickelt worden, und auf dieser Grundlage werden auch Abschätzungen des Aerosolgehalts der Luft in Städten durchgeführt.

11.9. Wärmeinseln, Wärmeverschmutzung

Die Differenz zwischen der jährlichen mittleren Lufttemperatur in großen Städten und auf dem Lande beträgt ca. 1 ± 0,3 K. Am Tage ist dieser Unterschied geringer, hat aber meistenteils positive Werte. Am Ende der Nacht beträgt er im Mittel 2 K und erreicht in einzelnen Fällen 8 K. Es sei bemerkt, daß außer den im Abschnitt 11.8. betrachteten Ursachen es noch andere Gründe für die Lufttemperaturerhöhung unter städtischen Bedingungen gibt. Sie hängen mit der Wärmeabgabe und Wärmespeicherung der Gebäude zusammen, die sich tagsüber stark erwärmen und nachts langsam abkühlen. Nach einigen Einschätzungen ist gegenwärtig in den gemäßigten Breiten im Winter die im Tagesmittel aus wirtschaftlichen Prozessen stammende Wärme in der Stadt mit der Wärmezuführung infolge der Sonneneinstrahlung vergleichbar. Beispielsweise beträgt in Sheffield (England) die im Mittel durch die wirtschaftliche Tätigkeit abgegebene Wärme ca. 20% der gesamten Sonneneinstrahlung.

Das Auftreten von Wärmeinseln in der Stadt kann man auch als eine Art Wärmeverschmutzung ansehen, die sowohl von der Verschmutzung der Atmosphäre durch Aerosole und Gase als auch durch unmittelbar wirkende industrielle thermische Quellen hervorgerufen werden kann.

Temperaturerhöhungen werden in bedeutendem Maße auch durch eine starke Verminderung der Verdunstung am Erdboden in der Stadt im Vergleich zur umgebenden Landschaft verursacht. Aus diesem Grund kann sich die Lufttemperatur in der Stadt am Tage wesentlich erhöhen. Nach MYROP (1969) kann die Verminderung der natürlichen Verdunstungsfläche in der Stadt von 50 auf 0% (bezogen auf die Grundfläche der Stadt) eine Steigerung der Lufttemperaturen am Tage um 8 K und mehr bewirken.

Allerdings weist das Fehlen der aufgeführten Effekte am Tage auf die ausgleichende Wirkung der verstärkten Advektion und turbulenten Mischung der Atmosphäre hin.

Gegenwärtig werden sehr viele Untersuchungen zur Frage der Wärmeinseln durchgeführt, die das charakteristische Anzeichen für das Stadtklima sind. Es gibt dazu umfangreiche Literatur (Kratzer, 1958; Landsberg, 1974; Chandler, 1967; Rastorgujewa, 1969; Urban climates, 1970; Ognewa, 1971; Oke, 1974). Die Temperaturerhöhungen registriert man hauptsächlich nachts bei schwachem Wind und wolkenarmem Wetter, im Winter häufiger als im Sommer. Der verminderte Temperaturunterschied an arbeitsfreien Tagen, wenn sich die Luftverschmutzung verringert, und auch bei stärkerer Bewölkung weist darauf hin, daß der entscheidende Faktor bei der Bildung von Wärmeinseln die große Menge der in der Luft vorhandenen Beimengungen sind, die den Strahlungsvorgang beeinflussen. Die im Stadtplan eingezeichneten Isothermen sind im wesentlichen dem Umriß der äußeren Stadtgrenze ähnlich, und die maximalen Temperaturen sind häufig in den am dichtesten bebauten Stadtteilen anzutreffen.

Einige Autoren meinen, daß die Intensität der Wärmeinseln mit der Vergrößerung der Städte wächst. Aus Untersuchungen von Mitchell (1961) in den USA für die Zeit von 1895 bis 1954 folgt, daß mit dem Anwachsen der Einwohnerzahl in der Stadt die Intensität der Wärmeinseln wächst. Ähnliche Ergebnisse erhielt man für 14 Städte Japans mit mehr als 200000 Einwohnern für die Zeit von 1900 bis 1940. Allerdings wird dieser Zusammenhang nicht immer bestätigt. Manchmal treten Wärmeinseln in kleinen Städten bei klarem Wetter nachts noch deutlicher auf. Nach Chandler (1967) hängt ihre maximale Intensität nicht von den Ausmaßen und der Einwohnerzahl einer Stadt ab, sondern von der Bebauungsdichte, deren Erhöhung um 10% eine Lufttemperatursteigerung um 0,2—0,3 K hervorruft.

Interessant ist der Zusammenhang zwischen den Wärmeinseln und den Eigenschaften des Nebels. In Städten ist die Häufigkeit von Nebeln größer, ihre Dichte aber durchschnittlich geringer als auf dem Lande. Chandler führt an, daß beispielsweise in London die Verminderung der Sichtweite auf 1000 m häufiger als auf dem Lande vorkommt, Sichtweiten bis zu 40 m aber seltener als auf dem Land anzutreffen sind (Urban dimates, 1970). Das kann dadurch erklärt werden, daß, ungeachtet der vorher angeführten günstigen Bedingungen für die Nebelentstehung in der Stadt, es hier auch Faktoren mit entgegengesetzter Wirkung gibt. So ist im Stadtzentrum die nächtliche Auskühlung geringer als auf dem offenen Feld. Im Anfangsstadium der Nebelbildung ist dieser Faktor von geringem Einfluß, er wird aber stärker im weiterentwickelten Stadium der Nebelbildung. Diese Fragen sind allerdings noch ungenügend untersucht worden. Es gibt auch Hinweise dafür, daß infolge der Luftverschmutzung die Nebel intensiver werden und sich infolge der Reinigung der Luft verringern. In London beispielsweise hat sich die Zahl der intensiven Nebel nach 1956 verringert, dem Jahr, in dem das Gesetz über die Reinhaltung der Luft verabschiedet wurde. Zarew (1977) untersuchte für die Jahre 1966 bis 1974 die Gegebenheiten für Nebel in den Städten Leningrad und Moskau und ihrer Umgebung. Es zeigte sich, daß die mittlere Zahl der Nebeltage in dieser Zeit von 32,2 auf 5,8 zurückging. Dieses Ergebnis zeigt den möglichen Einfluß der wirksamen Verminderung der Luftverstaubung durch steigende Gasversorgung der Kesselhäuser in den Jahren 1950 bis 1960 und der Einführung von Entstaubungsanlagen in vielen Betrieben. Es wurde auch festgestellt, daß die Zahl der Nebeltage, die in Leningrad und Moskau registriert wurden, bedeutend geringer ist als in den Stationen der benachbarten Vororte. Das erklärt sich durch den deutlichen Einfluß der vorhandenen „Wärmeinseln" in der Stadt, die dazu beitragen, den Nebel aufzulösen. Eine wesentliche Verringerung der Zahl der Nebeltage wurde von GODEW und KANDOWA (1972) für Sofia angegeben, was mit der gestiegenen Benutzung von Heizgas in den Städten zusammenhängt.

Wesentlich änderte sich in der Stadt auch das vertikale Temperaturprofil der bodennahen Luftschicht. Nach Literaturangaben hat RASTORGUJEWA (1969) festgestellt, daß über den Asphaltflächen der Stadt gleichermaßen für Sommer und Winter die Temperaturänderung δT in den Höhen 0,5 und 1,5 m meistens positiv ist. Ihr Maximum wird in den Nachmittagsstunden erreicht, und sie kann 1 K und mehr betragen. In den Morgen- und Abendstunden erreicht die Temperaturerhöhung häufig 0,1–0,2 K. Die Abhängigkeit von δT vom Begrünungsgrad der Stadt wurde von RAUNER und TSCHERNAWSKAJA (1972) betrachtet.

Messungen an Fernsehtürmen und Sendemasten und auch spezielle aerologische Beobachtungen, die in den vergangenen Jahren durchgeführt wurden, gestatten, einige Schlußfolgerungen über den Aufbau der atmosphärischen Grenzschicht über Städten zu ziehen. Die Analyse der Beobachtungsdaten zeigt, daß bei vorhandenen Wärmeinseln die Temperaturschichtung bei mittlerer Bebauung bis zu einigen ...zig Metern Höhe annähernd gleichmäßig bleibt oder leicht instabil während der Zeit ist, in der man über der Stadt eine Inversion beobachtet. Demzufolge ist über der Stadt die Bildung einer freien Inversion wahrscheinlicher. Die Wärmeinseln dehnen sich wie SEKIGUTI (Urban climates, 1970) zeigte, in der Nachtzeit bis zu einem Niveau von annähernd drei bis vier Gebäudehöhen aus. Für das Stadtzentrum von Tokio beträgt dieses Niveau 100–150 m, für kleinere japanische Städte 30–40 m. Nach Beobachtungen in Saporoshje (BERLJAND u. a., 1974a) wird die Höhe der Wärmeinseln auf ca. 150 m geschätzt. Es besteht eine Korrelation zwischen der Intensität der Wärmeinseln δT_0 und dem Temperaturgradienten der niederen Luftschicht $\partial T/\partial z$. LUDWIG (Urban climates, 1970) stellte fest, daß

$$\delta T_0 = 1{,}85 - 7{,}4 \frac{\partial T}{\partial z}$$

ist, wobei δT_0 in K, $\partial T/\partial z$ aber in K/mbar gemessen werden. Der Korrelationskoeffizient zwischen δT_0 und $\partial T/\partial z$ beträgt dabei 0,79.

11.10. Luftströmungen in der Stadt und ihre Verknüpfung mit der Luftverschmutzung

Für die Erforschung der atmosphärischen Diffusion unter städtischen Bedingungen sind die Eigenschaften der dynamischen Störungen der Luftströmungen von Bedeutung. Auf den Straßen und zwischen den Gebäuden ändern sich Geschwindigkeit und Richtung des Windes erheblich. Es ist schwer, die allgemeinen Gesetzmäßigkeiten zu erfassen, da sie wesentlich von der konkreten Struktur der Stadt abhängen. Eine der charakteristischen Besonderheiten der Luftströmung in Städten ergibt sich schon aus der Theorie der örtlichen Zirkulationen (GUTMAN, 1969, u. a.). Die Wärmeinseln bringen besonders im Druckfeld mit geringen Gradienten konvektive Zirkulationen hervor, bei denen der Wind in der bodennahen Luftschicht zum Stadtzentrum gerichtet ist, da dort die Luft aufsteigt. Der Gegenstrom ist in der Höhe zur Stadtgrenze hin gerichtet. Beim Auftreten von Wärmeinseln kann man experimentell Strömungen zum Stadtzentrum mit Geschwindigkeiten von 1—3 m/s erfassen.

MUNN (Urban climates, 1970) gibt entsprechende Werte für einige Städte der USA, Japans und Kanadas an. Er weist nach, daß über dem Stadtzentrum häufig vertikale Luftströmungen festgestellt werden, die von den Wärmeinseln und den Deformationen der Erdoberfläche auf Grund der Bebauung beeinflußt werden. CHANDLER (1960) registrierte Pulsationen der Wärmeinseln im Verlauf der Nacht. Dabei wurde die kältere Luft von den Stadtgrenzen zum Stadtzentrum geführt, wenn der Temperaturunterschied δT_0 einen gewissen kritischen Wert überstieg. OKE und HANNEL (Urban climates, 1970) bestimmten auch die kritische Windgeschwindigkeit u_{kr}, ab der man überhaupt keine Wärmeinseln mehr beobachtet. So erhielten sie für die Stadt Hamilton (Kanada) mit einer Einwohnerzahl von 300000 $u_{kr} = 6-8$ m/s. Auf Grund von Literaturwerten für einige andere Städte kann man schlußfolgern, daß man die kritische Geschwindigkeit mit der Einwohnerzahl N_{St} in der Stadt als Kennzahl für die Ausmaße derStadt näherungsweise verknüpfen kann. Es gilt

$$u_{kr} = 3{,}4 \lg N_{St} - 11{,}6 \,.$$

Daraus folgt, daß für Städte mit 20000 bis 100000 Einwohnern $u_{kr} = 3-5$ m/s ist.

Durch umfangreiches Beobachtungsmaterial ist ein Abflauen der Windgeschwindigkeit innerhalb der städtischen Bebauung belegt.

Abbildung 11.10 zeigt die Abhängigkeit der Windgeschwindigkeitsdifferenz zwischen London und dem Vorortflughafen von der Windgeschwindigkeit in London

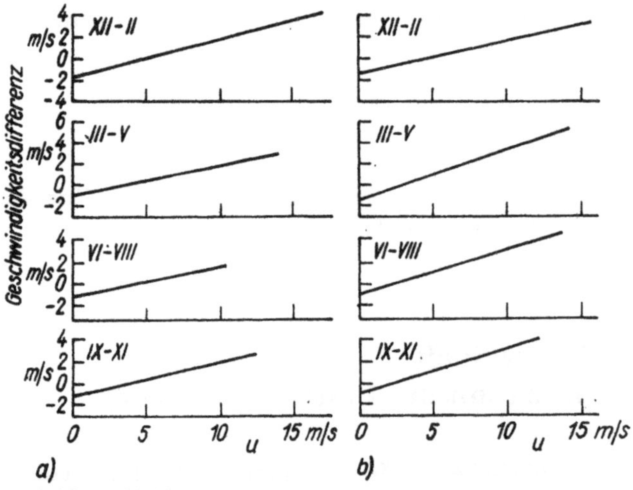

Abbildung 11.10.
Unterschied der Windgeschwindigkeiten in London und auf dem nahegelegenen Flugplatz als Funktion der Windgeschwindigkeit (in London) für verschiedene Monate
a — nachts (1 Uhr), b — tags (13 Uhr)

nach den Angaben von CHANDLER (Urban climates, 1970). In dem Buch von KRATZER (1958) wird gezeigt, daß bei mäßigen geostrophischen Winden die Geschwindigkeitsverringerung in der Stadt 20—30% beträgt. In einigen Fällen kann der Wind in der Stadt aufsteigen insbesondere durch die Einengung des Luftstroms längs der Straßen.

Wegen der vielfältigen Formen der städtischen Bebauung wird ihre Untersuchung in der Natur erschwert. Mit der Modellierung im Windkanal kann man diese Schwierigkeiten in bedeutendem Maße umgehen. In Abschnitt 6.10. sind Beispiele solcher Modelluntersuchungen angeführt, aus denen folgt, daß das vertikale Geschwindigkeitsprofil von der Art der Bebauung abhängt. Bei der Bebauung durch Gebäude unterschiedlicher Stockwerkszahl ändert sich der Wind stärker als bei gleich hohen Gebäuden. Über den Häusern geht die Windverteilung sowohl nach den Meßwerten im Windkanal als auch nach den Betrachtungen in der Natur verhältnismäßig schnell in das für das offene Gelände charakteristische Windprofil über.

Der Einfluß der Stadt auf die Änderung des Windprofils entspricht nach den analysierten Meßwerten der Beobachtungen von hohen Masten aus annähernd dem Effekt erhöhter Rauhigkeiten z_0 der Erdoberfläche. Nach OKE (1969) beträgt der Wert der Rauhigkeit z_0 für Liverpool 1,2 m und für Tokio 1,6 m. ARIJEL und KLUJUTSCHNIKOWA (1960) erhielten aus der Auswertung von Windmessungen an Fernsehtürmen für Leningrad $z_0 = 0{,}4$ m und für Kiew $z_0 = 4{,}6$ m. Ungeachtet der bekannten Ungenauigkeit dieser Werte kann man annehmen, daß für Städte der Wert z_0 sich in den Grenzen von einem bis zu mehreren Metern ändert, während für das offene Gelände z_0 annähernd gleich 0,01 m ist.

SEKIGUTI (Urban climates, 1970) gab nach ausgewerteten Beobachtungsdaten von Tokio ein auftretendes Geschwindigkeitsmaximum in der Höhe von 50—150 m an. Ein solches Geschwindigkeitsmaximum läßt sich, betrachtet man die Stadt als Ganzes, durch ein für den anströmenden Luftstrom bestehendes Hindernis erklären (GORLIN u. SRASHEWSKI, 1968; BERLJAND u. a., 1970). MUNN (Urban climates) zeigte, daß bei vorhandener Temperaturinversion in der Stadt ein Zwischenstrahl auftreten kann, das heißt, eine Erhöhung der Windgeschwindigkeit auf Werte über die geostrophischen. Der Zusammenhang von Zwischenstrahl und den Grenzen der Temperaturinversion in der atmosphärischen Grenzschicht wurde von BLACKADAR (1957) und mehreren anderen Autoren untersucht (s. Kap. 4).

Die auftretenden Besonderheiten bei der Temperatur- und Windverteilung in Städten sind im bestimmten Grade von der Luftverschmutzung abhängig und haben selbst eine spürbare Auswirkung auf die Verteilung der Schadstoffe. Die erhöhte Häufigkeit freier Temperaturinversionen und schwacher Winde in der Zone der städtischen Bebauung und auch die Nebel führen zur Erhöhung der Verschmutzung der unteren belebten Schicht der Atmosphäre. Die Windrichtung zum Stadtzentrum hin, bei vorhandener Wärmeinsel, bewirkt den Transport der Beimengungen von der Stadtgrenze her, wo die Industriebetriebe liegen. Das führt selbstredend (infolge der aufgeführten Zusammenhänge) zu noch deutlicherem Auftreten der Unterschiede zwischen den meteorologischen Zuständen der Stadt und auf dem Lande.

Infolge erhöhter Instabilität und Anhäufung von hygroskopischen Teilchen in der Stadt registriert man auch eine gewisse Erhöhung der Niederschläge. Die gesamte Frage des Einflusses der Stadt auf die Niederschlagsbildung ist unklar und widerspruchsvoll.

Es besteht auch Interesse an den Vorgängen innerhalb der Grenzschicht über der Stadt. Nach Abschätzungen von Clarke und McElroy (Urban climates, 1970), die auf Grund von Hubschraubermessungen im Gebiet einer Stadt mit der Ausdehnung von 8—10 km gemacht wurden, entwickelt sich die Grenzschicht bis zu einer Höhe von 800 m. Die Höhe dieser Schicht ist im Winter größer als im Sommer. Ist eine Temperaturinversion vorhanden, so vergrößert sie sich relativ zu den Abmessungen der Stadt sehr schnell.

Die oben betrachteten Besonderheiten des Stadtklimas zeugen vom Einfluß einer Vielzahl von Faktoren auf seine Gestaltung.

Berljand und Kondratjewa (1972) entwickelten ein allgemeines Programm für die weiteren Untersuchungen der meteorologischen Gegebenheiten der Stadt, welches speziell für die Entwicklung eines Modells der Klimaänderungen durch die menschliche Tätigkeit erforderlich ist. Dieses Programm umfaßt neben den Untersuchungen zur Zusammensetzung der Atmosphäre auch einen umfangreichen Komplex von Arbeiten über die Untersuchung der vertikalen und horizontalen Temperatur- und Feuchtegradienten der Luft, der Windgeschwindigkeit und der turbulenten Eigenschaften; die Bestimmung der Grundkomponenten des Strahlungsregimes mit Hilfe erdfester und Flugzeugmessungen; die Erforschung der Niederschlagsbildung sowie Fragen der Theorie der Tages- und Jahresschwankungen der wichtigsten meteorologischen Elemente unter Berücksichtigung der Advektion und der örtlich wirkenden städtischen Bedingungen. Zur Realisierung dieses Programms wurden die im Abschnitt 9.2. und 11.6. erwähnten expeditionsmäßigen Arbeiten in Saporoshje durchgeführt (Berljand u. a., 1974a; Kondratjew u. Berljand, 1974).

11.11. Mathematische Modellierung der Luftverschmutzung in Städten

Die in den vorangegangenen Abschnitten betrachteten Berechnungsmethoden für die Ausbreitung von Beimengungen in der Atmosphäre bezogen sich größtenteils auf die offene nichtstädtische Landschaft unter der Wirkung verhältnismäßig weniger Luftverschmutzungsquellen. Es ergibt sich natürlich die Frage, in welchem Grade man diese Methoden auf die städtischen Verhältnisse unter Berücksichtigung der vorhandenen Bebauung und der charakteristischen Besonderheiten der meteorologischen Bedingungen übertragen kann. Die Antwort darauf ist um so notwendiger, da die Verwendung der Untersuchungsergebnisse über die atmosphärische Diffusion in erster Linie für die Einschätzung der erforderlichen Reinheit der Luft wichtig wird, die für ein normales Leben der Bevölkerung erforderlich ist.

Es ist zu bemerken, daß viele Experimentatoren und Projektanten die erzielten theoretischen Ergebnisse über die Ausbreitung von Beimischungen in der Atmosphäre formal benutzen, ohne die Anwendungsmöglichkeit auf die Bedingungen von Siedlungen — insbesondere Städte — speziell zu begründen. Die Analyse der durchgeführten theoretischen und experimentellen Arbeiten rechtfertigt teilweise ein solches Vorgehen, wenn man einige städtische Besonderheiten der meteorologischen Verhältnisse im numerischen Rechenverfahren für die Ausbreitung von Beimengungen berücksichtigt. Man kann tatsächlich auf Grund der erzielten Untersuchungsergebnisse schlußfolgern, daß infolge eines horizontalen und intensiven vertikalen Luftaustausches über der Stadt sich häufig annähernd eine Verteilung der Temperatur, Windgeschwindigkeit und folglich auch des Turbulenzgrades ergibt, wie sie sich auch im offenen Gelände einstellen würde. Nur in einzelnen Fällen kann man besondere Bedingungen feststellen, die sich ungünstig auf die atmosphärische Diffusion der Beimischungen auswirken und besondere Betrachtungen erfordern.

Das erlaubt es, ohne spezielle Berücksichtigung der städtischen Bebauung näherungsweise die Berechnung von Beimengungen in der Stadt durchzuführen (in erster Linie für genügend hohe Quellen). In einigen Fällen kann man für die Begründung der ähnlichen Abläufe die Besonderheiten der Diffusion von Beimengungen aus hohen Quellen benutzen. Eine Analyse zeigt, daß sich das vertikale Konzentrationsprofil der Schadstoffe mit der Entfernung von der Quelle in der Weise ändert, daß in der Zone, in der am Boden das Konzentrationsmaximum erreicht wird, sich die Beimengungen fast gleichmäßig über die Höhe verteilen (Abb. 2.1b). Folglich kann die Bebauung, wenn sie auch die Mischungsbedingungen beeinflußt, insgesamt nicht eine bedeutende Umverteilung der Beimengungen in dieser Zone bewirken. Beispielsweise kann man sich auf die experimentellen Arbeiten im Gebiet des Kraftwerks Tschekino berufen (s. Abschn. 9.2.). Hier führte man bei einer Windrichtung die Messung der Konzentration der aus dem Schornstein des Kraftwerks emittierten Beimengungen in der Stadt, bei einer anderen Windrichtung im offenen Gelände durch. Die Meßergebnisse zeigen, daß der Einfluß der Stadt unwesentlich war (Berljand, 1970a, b). Die von Pooler (1966) und anderen dargelegten experimentellen Arbeiten zur Untersuchung der Ausbreitung von Tracer unter städtischen Bedingungen, die in Saint Louis (USA) durchgeführt wurden, mögen das unterstreichen. Sie zeigen, daß sich im Verlaufe des Tages die Streuung der Beimengungen in horizontaler und vertikaler Richtung in der Entfernung von zehn Meilen von der Tracer-Quelle über und hinter der Stadt nur wenig unterscheiden. Nur in einzelnen Fällen unterscheiden sie sich wesentlich. So ist für geringe Höhen (das folgt aus der Berechnung der Ausbreitung von Emissionen von niedrigen Quellen) die horizontale Streuung in der Stadt etwas höher als in der Umgebung. Der Unterschied der Streuung der Beimengungen erhöht sich in der Nacht auf 30–50% (Graham, 1968).

Deshalb kann man für städtische Bedingungen in erster Näherung die Formeln für die Konzentrationsbestimmung von Beimengungen im ebenen Gelände benutzen.

Für die Einbeziehung dieser Verhältnisse bei der Berechnung der Luftverschmutzung in Städten benutzt man ein EDV-Programm (Gratschewa u. a., 1969) (s. Abschn. 3.9.). Abbildung 11.11a zeigt in Form eines Beispiels seiner Anwendung die erzielten Rechenergebnisse für ein SO_2-Konzentrationsfeld aus 450 Quellen einer der größten Städte (Berljand, 1971b). Die durchgeführte Rechnung bezieht sich auf ungünstige Schichtungsbedingungen bei der kritischen Geschwindigkeit und einer solchen Windrichtung, die in der Gesamtwirkung aller betrachteten Quellen in der Stadt den größten Luftverschmutzungsgrad erzeugt. Die Beobachtungen bestätigen die Rechenergebnisse sowohl nach dem allgemeinen Charakter der Isolinien der größten Konzentrationen über dem Stadtgebiet als auch hinsichtlich der ermittelten Zonen der maximalen Luftverschmutzung. Natürlich ist die Aufstellung eines detaillierten Konzentrationsfeldes besonders bei ungünstigen meteorologischen Bedingungen wesentlich einfacher auf rechnerischem Wege zu erreichen als über empirische Angaben. Man kann bequemerweise auch nur einen Teil der städtischen Quellen, wie Heizhäuser, Kraftwerke oder einzelne Betriebe bei der Berechnung der Verschmutzung der Atmosphäre einiger großer Städte betrachten (BERLJAND, 1979d). Für die Durchführung solcher Rechnungen ist die ‚Kenntnis' aller Emissionen (sog. Emissionskataster) von großer Bedeutung (s. Abschn. 7.9.). Die Beobachtungsergebnisse benutzt man dabei zweckmäßigerweise zur Überprüfung des Feldes in einzelnen, am meisten charakteristischen Punkten der Stadt. Die Rechnung gestattet auch, die zu erwartende Luftverschmutzung infolge Änderung der Emission durch die Verlagerung einzelner Quellen aus dem Gebiet der Wohnbezirke abzuschätzen. Abbildung 11.11b

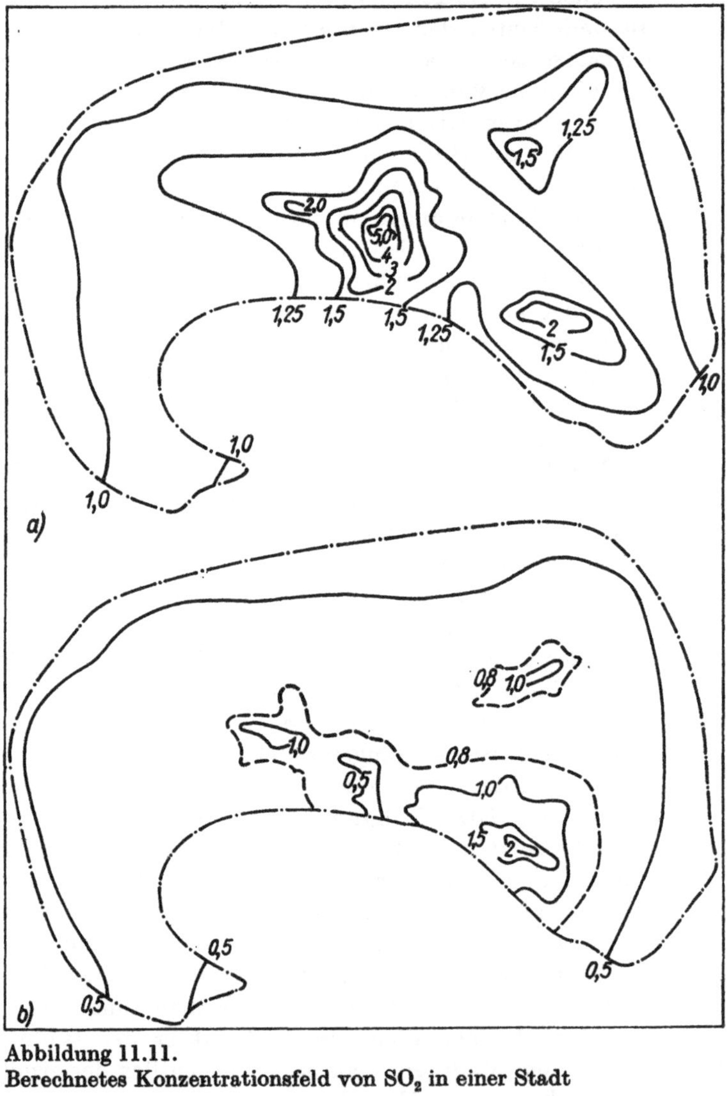

Abbildung 11.11.
Berechnetes Konzentrationsfeld von SO_2 in einer Stadt

zeigt, wie sich das Konzentrationsfeld der Beimischungen ändert, wenn man einige der größten SO_2-Emissionsquellen aus der Stadt verlagert. In dieser Weise erlaubt die mathematische Modellierung, Empfehlungen für die Sanierung des Luftbassins auszuarbeiten.

Unter Beachtung des komplizierten Konzentrationsfeldes und der ungenügenden empirischen Methoden zu seiner Erforschung verstärkte sich in letzter Zeit die Aufmerksamkeit für die Schaffung eines theoretischen Modells für die Ausbreitung von Beimengungen aus vielen Quellen. Zu diesem Zweck benutzt man hauptsächlich vereinfachte Verfahren. Beispielsweise zerlegen TURNER (1963), POOLER (1966) und andere die Stadt in ein Netz von Quadraten. Für jedes von ihnen führt man eine annähernde Abschätzung der Gesamtemission aller Schadstoffe durch. Danach berechnet man für die gesamte Stadt die Konzentrationssumme an der Erdoberfläche unter der Annahme, daß die Quellhöhe und die Schornsteinüberhöhung für die gesamte Stadt gleich hoch sind. LUKAS (1958), MILLER und HOLZWORTH (1967), HANNA (1971) und andere betrachten die Stadt wie eine Menge von kleinen Quellen, die relativ gleichmäßig über die Fläche verteilt sind. Die summierte Konzentration am Boden bestimmt man durch Integration der Größen für die Konzentration von den Punktquellen, die in einer mittleren Höhe angeordnet sind. MAHONEY und EGAN (1972) untersuchten theoretisch den Einfluß der hauptsächlichsten meteorologischen Faktoren auf die Konzentration von Beimischungen in der Stadt für die Abschätzung der Konzentration abhängig von der Gesamtheit der Kraftfahrzeuge in der Stadt, die als Flächenquelle modelliert wurden.

Eine Übersicht der Arbeiten zur Erforschung der atmosphärischen Diffusion unter den Bedingungen einer Stadt hat HANNA in seinen „Vorlesungen über die Erforschung der Luftverschmutzung“ (1975) gegeben. In der Arbeit BERLJAND u. a. (1979d) wurden die integralen Charakteristiken der Luftverschmutzung in städtischen Territorien bestimmt.

In den Vorträgen auf einem Symposium, das sich mit der Modellierung der Luftverschmutzung befaßte (STERN, 1970) stellte man die Ergebnisse der Berechnung von Konzentrationsfeldern einiger Beimengungen für eine Reihe von Städten vor, speziell für Bremen (FORTAK), Chicago (ROBERTS u. a.) und für New York (SHIEH u. a.). Einige allgemeine Gesichtspunkte bei der Aufstellung mathematischer Modelle der Verschmutzung in Städten wurden von GIFFORD in einer technischen Note der WMO dargelegt (MUNN u. a., 1972). Auch in diesen Arbeiten wurden wegen der komplizierten Aufgabe für die vorgeschlagenen Verfahren hauptsächlich ganz einfache physikalische Modelle gewählt. Sie geben nicht die Möglichkeit, das Konzentrationsfeld einer einzelnen Quellgruppe durch den Austausch durch eine Quelle zu bestimmen, die Parameter der letzteren zu wählen usw.

Sehr perspektivreich sind die Entwicklung der Arbeiten zur Modellierung der Prozesse der Luftverschmutzung in der Stadt mit vertieften physikalischen Grundlagen und eine umfangreiche Anwendung der EDV in der oben angeführten Form.

12. Prognose der Luftverschmutzung

12.1. Aufgaben der Prognose

Die Prognose solcher meteorologischer Bedingungen, bei denen in der erdnahen Luftschicht hohe Schadstoffkonzentrationen auftreten können, stellt eine neue Entwicklungsrichtung in den Arbeiten über die meteorologischen Aspekte der Luftverunreinigung dar. Zu bemerken ist, daß gegenwärtig sowohl Vorhersagen für einen Kalendertag als auch Langzeitvorhersagen für 10 bis 20 Jahre oder mehr von praktischem Interesse sind.

Kurzzeitprognosen sind einerseits für Städte und Industriezentren mit sehr hohen Schadstoffkonzentrationen der Luft wichtig, in denen es nicht möglich ist, Schadstoffquellen hoher Ergiebigkeit weit außerhalb der Stadtgrenze anzuordnen und die Voraussetzung für die Abgasreinigung vom technischen Niveau her nicht in allen Fällen gegeben ist. Hier muß man natürlich nach der Verringerung der Schadstoffauswürfe suchen, wenn auch nur für die relativ kurze Zeit der ungünstigen meteorologischen Bedingungen, die sonst zu einer gefährlichen Verunreinigung der Luft in den Wohngebieten führen würden. Andererseits ist es bei der Projektierung und dem Aufbau neuer Betriebe nicht immer möglich oder unökonomisch, so geringe Schadstoffemissionen vorzusehen, daß auch bei den ungünstigsten Bedingungen die Schadstoffkonzentration der erdnahen Luftschicht den maximal zulässigen Wert nicht überschreitet.

Bei der Projektierung von Betrieben sind die gesetzlich vorgeschriebenen Rechnungen nach den Normen CN 369-67 und 369-74 durchzuführen und dabei die ungünstigen meteorologischen Bedingungen, bei denen eine hohe Schadstoffkonzentration erreicht werden kann, zu berücksichtigen. Zum Beispiel zählen bei der Emission aus hohen Schornsteinen dazu die nahe der kritischen liegende Windgeschwindigkeit und die instabile Schichtung der Atmosphäre. Im Sommerhalbjahr, bei Hochdruckwetterlagen, treten diese atmosphärischen Bedingungen während der Tagesstunden häufig auf. In diesem Zusammenhang können kurzzeitig überaus gefährliche anormale Zustände der Luftverschmutzung entstehen. Das ist der Fall für eine freie Inversion unmittelbar über dem Schornstein und für bis zur Windstille abflauenden Wind (s. Kap. 4). Dabei wachsen die Schadstoffkonzentrationen an der Erdoberfläche stark an. Es ist ökonomisch sinnvoll, diesen Zustand durch eine geeignete Prozeßführung, wie zum Beispiel eine kurzzeitige Emissionsverringerung, und nicht durch zusätzliche Investitionen, zu vermeiden.

Es ist einzusehen, daß die meteorologischen Vorhersagen für die Luftverschmutzung nur dann wirksam werden, wenn es real möglich ist, bei ungünstigen Bedingungen die Schadstoffemission zu verringern oder gänzlich zu unterlassen. Man muß weiterhin berücksichtigen, daß die gleichen meteorologischen Bedingungen auf unterschiedliche Schadstoffquellen verschieden wirken können. Das hängt von der Art der Quelle und in erster Linie von ihrer Höhe ab. So ist eine labile Schichtung, verbunden mit der kritischen Windgeschwindigkeit, bei hohen Quellen ungünstig. Eine Bodeninversion in Verbindung mit einer Windstille führt bei niedrigen Quellen zu einer gefährlichen Situation, während die Bodenkonzentrationen für einen hohen Schornstein klein bleiben wird. Natürlich gibt es auch Quellen, bei denen neutrale Wetterlagen gefährlich sind.

12.2. Prognose der Luftverschmutzung aus Einzelquellen

Zweckmäßigerweise werden zuerst Prognosemethoden für verhältnismäßig einfache Fälle betrachtet, in denen Bedingungen für eine gefährliche Luftverschmutzung vorausgesagt werden. Wir betrachten zum Beispiel den Fall, in dem die Industriebetriebe in einem anderen Teil der Stadt als die Wohnbezirke angeordnet sind. In der Stadt Rustawi gelangen nur in 4–8% der Fälle Schadstoffemissionen aus Betrieben auf das Wohnviertel. Analoge Verhältnisse trifft man in Tschimkent, Sumgait und Newinnomyssk. Der Hinweis, daß der Wind von dem Industriebezirk auf die Wohngebiete zu weht, ist dabei eine eindeutige Warnung. Die Gefahr wächst, wenn gleichzeitig andere ungünstige Wetterbedingungen auftreten. Außerdem ist es in diesen Fällen einfacher, Maßnahmen zur Verringerung der Emission zu verwirklichen.

Auf Grund theoretischer und experimenteller Ergebnisse von Untersuchungen über die Ausbreitung von Schadstoffen konnten erste Arbeiten zur Prognose gefährlicher Zustände für die Luftverschmutzung aus Einzel- oder gruppenweise angeordneten Quellen abgeschlossen werden (Berljand u. a., 1972). Die maximale Konzentration c_m und die kritische Geschwindigkeit u_m, die aus den Parametern der Emission nach den Beziehungen von Kapitel 3 und 10 berechnet werden, gehen in die Ausgangsdaten ein.

Bei einigen Betrieben oder Industriekomplexen, die vor der Verabschiedung der jetzt gültigen Normen für die Emission gebaut wurden oder für die man die Berechnungen nicht durchführte, kann die Größe c_m höher sein als die zulässige Maximalkonzentration (MIK). Wird der Wert erheblich überschritten, so ergeben sich bei kritischen Windgeschwindigkeiten und überadiabaten Gradienten für Windrichtungen von den Betrieben in Richtung Wohnbezirk, Krankenhäuser, Kindergärten und anderes zu ungünstige Bedingungen für die Gesundheit der Menschen.

Sehr wichtig ist es, in der Prognose solche Anomalien wie über dem Schornstein liegende freie Inversion und gleichzeitige Windstille in der unteren Luftschicht, Nebel, topographische Besonderheiten der Landschaft, Möglichkeit der Anhäufung von Schadstoffen in Niederungen und anderes zu berücksichtigen.

Die meteorologischen Bedingungen können mit den geltenden Richtlinien und den Ausarbeitungen zur Kurzzeitwetterprognose vorhergesagt werden. Als Beispiel diene die Darstellung der Prognose über die Höhe der nächtlichen Inversion aus den abendlichen Meßwerten (s. Abb. 4.6). Für die Morgenstunden kann man diese Graphik zur Abschätzung der Dicke der freien Inversionsschicht benutzen, wenn man die Geschwindigkeit der Auflösung der Bodeninversion berücksichtigt.

Nebelbildung, Änderung des vertikalen Temperaturprofils und die Bildung der freien Inversionsschicht kann man mit den Ergebnissen des Kapitels 5 vorhersagen. Eine Reihe von Gesetzmäßigkeiten zur Bestimmung der nächtlichen Temperaturprofiländerungen sind bekannt. Das Temperaturprofil in den unteren 500 m der Luftschicht läßt sich durch die Arbeiten SONKINS (1965, 1966) und anderer vorherbestimmen. Dabei wird insbesondere darauf hingewiesen, daß sich stabile freie Inversionen in der kalten Jahreshälfte größtenteils im Bereich zwischen Tief- und Hochdruckgebieten bei niedrigen Lufttemperaturen bilden. Im warmen Halbjahr kann man freie Inversionen fast über dem gesamten Territorium der UdSSR (mit Ausnahme der Küsten und der feuchten Gebiete) besonders kurz nach Sonnenaufgang beobachten. In den Nachtstunden bemerkt man hauptsächlich Bodeninversionen. Treten sie auf, so ist das ein ausreichend prognostischer Hinweis dafür, daß tags darauf freie Inversionen in der Schicht bis 500 m nicht vorkommen werden. Für eine rechtzeitige Warnung vor gefährlichen Situationen sind die operativ einlaufenden aerologischen Informationen und deren Bearbeitung bedeutungsvoll, darunter auch die Beobachtungswerte von Fernsehtürmen. Dabei ist es erforderlich, die Bildung von Höheninversionen, windstillen Schichten und anderem systematisch zu analysieren. Wesentlich ist die laufende Information über die Schadstoffkonzentrationen in der Luft. Nimmt die Konzentration in ungünstigen meteorologischen Situationen zu, so ist das ein zusätzlicher Hinweis für eine erforderliche Warnung. Die Nutzung automatisch registrierender Gasanalysatoren erschließt hier neue Möglichkeiten.

12.3. Beeinflussung der Emissionen

Maßnahmen zur Verringerung der Emissionen lassen sich in ungünstigen Wettersituationen durchführen, ohne gleichzeitig die Produktion zu verringern oder die Technologie wesentlich ändern zu müssen. Wird in äußerst gefährlichen Situationen die Gesundheit der Bevölkerung erheblich beeinträchtigt, so ist eine Senkung der Emissionen zu Lasten der Produktionsprozesse vorzusehen, die am stärksten zur Luftverunreinigung beitragen. Gegenwärtig werden in vielen Industriezweigen der UdSSR Probleme der Emissionsregulierung bei ungünstigen Wetterbedingungen untersucht. Es wurden erste Maßnahmen erarbeitet, die bei der Vorhersage solcher Situationen eingeleitet werden können (GOROSCHKO u. SONKIN, 1977). Zu ihnen gehören: verstärkte Kontrolle über die Einhaltung der Produktionstechnologie und der Arbeit der Reinigungseinrichtungen; Verringerung der unkontrollierbaren Emissionen auf ein Minimum; Verhinderung schlagartiger Emissionen und Nutzung der Reserven hochwertiger Brennstoffe. Für einzelne Objekte sind einige spezifische Maßnahmen vorgesehen. Zweitrangige Produktionen mit großem Schadstoffauswurf werden eingestellt, der technologische Prozeß wird zeitweilig geändert usw. So werden in einigen Erdölkombinaten in den gefährdeten Perioden die Belastung der Öfen geändert, um die Schadstoffemission in die Atmosphäre zu verringern. In Titanmagneteisenwerken empfiehlt es sich, die sogenannten Chlordurchbrüche bis zum Stillstand der Chlorierungsaggregate nicht zuzulassen und die Reinigung von Tankwagen und Apparaten zu unterlassen. Spezifische Maßnahmen zur zeitweiligen Senkung der Emission erarbeitet man in einigen Betrieben der Glühlampenindustrie, der Arzneimittelindustrie und anderen. In einigen Wärmekraftwerken, besonders in Leningrad, heizt man bei ungünstigen Wetterbedingungen mit Gas oder schwefelarmen Brennstoff, verringert die Leistung oder löscht Kessel gänzlich, die mit sehr schwefelhaltigen oder aschehaltigen Brennstoffen arbeiten.

Seit 1969 verringert man bei ungünstigen meteorologischen Bedingungen die Emissionen der Wärmekraftwerke in Tennessee (USA) (LEAVITT u a , 1971). In diesem Zusammenhang wurden von den Wärmekraftwerken spezielle aerologische Beobachtungen für die Vorhersage der Schichtung und der Windgeschwindigkeit in der atmosphärischen Grenzschicht durchgeführt. Gleichzeitig führte man SO_2-Konzentrationsmessungen mit 14 in verschiedenen Entfernungen vom Kraftwerk installierten Gasanalysatoren durch.

Nach 1962 wurde in der BRD ein meteorologischer Warndienst zur Prognose gefährlicher Bedingungen der Luftverschmutzung geschaffen. Er legte zwei Gefahrenstufen in Abhängigkeit von der erreichten Schwefeldioxidkonzentration fest. Bei einer Konzentration von 2,5 mg/m^3 beginnt die erste, bei 5 mg/m^3 die zweite Gefahrenstufe. In diesen Fällen fordert man die Emissionsverminderung von Betrieben und vom Kraftverkehr. Der Vorschlag, die Emissionen der Betriebe im nordbömischen Braunkohlebecken in Abhängigkeit von den meteorologischen Bedingungen zu regeln, wurde von MUNZAR (1972) untersucht.

Die angeführten Beispiele zeigen die Möglichkeiten zur Verringerung der Emission bei gefährlichen meteorologischen Situationen und weisen auf die Wirksamkeit der Vorhersage von Luftverunreinigungen hin.

12.4. Prognose der Luftverunreinigung aus mehreren Quellen

Zur Prognose von Luftverschmutzungen aus vielen Quellen, wie man sie in Städten oder großen Industriekomplexen antrifft, und für die Berechnung der Gesamtverschmutzung, nutzt man statistische Verfahren. Zwischen hohen Schadstoffkonzentrationen und den entsprechenden Wetterbedingungen, also den Beobachtungsdaten, stellt man Korrelationen auf. Allerdings ist die Regressionsrechnung nicht immer genügend genau, da die Wetterbedingungen je nach Art und Verteilung der Schadstoffquellen in dem einen oder anderen Fall unterschiedlich wirken.

Nutzt man die allgemeine Verschmutzungscharakteristik über der ganzen Stadt und berechnet gleichzeitig den Einfluß verschiedener Faktoren auf den Schadstoffgehalt der Stadtluft, so lassen sich diese Schwierigkeiten im hohem Maße beseitigen. Diese Daten wurden durch Messungen über mehrere Tage an vielen Meßorten der Stadt aufgenommen. Sie unterliegen merkbar weniger den zufälligen Schwankungen als Einzelbeobachtungen der Konzentration, geben den Beitrag von Hauptquellen an der Luftverunreinigung wieder und zeigen auch die Grundschwankungen der Stadtluftkonzentration infolge der Überlagerung vieler Emissionen. In diesem Zusammenhang ist auch die Entwicklung einiger der vorher betrachteten statistischen Methoden zur Analyse von meteorologischen Bedingungen bei hohen Schadstoffkonzentrationen von Interesse.

Arbeiten dieser Art basieren in einigen Ländern hauptsächlich auf empirisch-statistischen Bearbeitungen, zum Beispiel auf der Benutzung der Mehrfachregression. BRINGFELT (1971) benutzte diese Methode für die Prognose der mittleren SO_2-Konzentration nach vier Punkten in Stockholm während des Winterhalbjahres und ermöglichte damit die Vorhersage ungünstiger Wetterbedingungen.

Da die untersuchten Abhängigkeiten gewöhnlich nichtlinear sind, ist die Mehrfachkorrelation für die Prognose nicht immer effektiv genug. Zukunftsträchtiger erscheint die Bestimmung der Koeffizienten des Konzentrationsfeldes der Stadt über natürliche Funktionen zu sein (WAWILOWA u. a., 1969; BERLJAND u. a., 1972b) (s. Abschn. 11.3.). Um dabei zufällige Effekte zu vermeiden, werden mittlere Koeffizienten über der Zeit ermittelt und die Normierung der gemessenen Konzentrationsmeßwerte entsprechend ihrer Bedeutung über eine genügend lange Periode durchgeführt. Die Untersuchung der ersten Glieder der Zerlegung, die durch die Gesamtheit der wirkenden Faktoren bestimmt wird, dient als Grundlage solcher statistischer Prognosen für die Luftverunreinigung.

Wie im Kapitel 11 bemerkt wurde, ist es sinnvoll, für die Fälle, in denen sich die Schadstoffkonzentrationen an den meisten Beobachtungspunkten der Stadt bedeutend erhöhen, die dafür charakteristischen Bedingungen festzuhalten. Diese Fälle werden nur in geringem Maße vom Emissionsverhalten beeinflußt, sondern hauptsächlich durch meteorologische Faktoren bestimmt. SONKIN (1971, 1974) führte in seinen Arbeiten den Parameter $p' = m/n$ ein. n ist die Gesamtzahl der Beobachtungen in der Stadt an dem gegebenen Tag, m ist die Zahl der Fälle an dem gegebenen Tag für alle Punkte der Stadt, bei denen die Konzentration $q > 1{,}5\,\bar{q}$ ist. $\bar{q}$ ist die mittlere Konzentration der entsprechenden Saison des Vorjahres unter Berücksichtigung von Änderungen der Luftverschmutzung des laufenden Jahres. Die Größe p' kann für die einzelnen Schadstoffe, aber auch für Schadstoffgruppen bestimmt werden. Es empfiehlt sich, p' nur in solchen Städten zu bestimmen, in denen mindestens drei stationäre Beobachtungspunkte vorhanden sind und die Anzahl der Beobachtungen an einem Tag 20 überschreitet.

Der Parameter p' gestattet es, näherungsweise die Emissionscharakteristik der Stadt zu berechnen, und verknüpft den Verschmutzungsgrad der Luft hauptsächlich nur mit meteorologischen Faktoren. In seiner Art ähnelt die Größe p' dem ersten Koeffizienten bei der Zerlegung des Konzentrationsfeldes in natürliche Funktionen. In der Gesamtheit der Fälle ändert sich p' zwischen 0 und 1. Nimmt man drei Stufungen der Größe p' vor, niedrig ($< 0{,}20$), relativ hoch ($0{,}20 \leqq p' \leqq 0{,}35$) und hoch ($> 0{,}35$), so treten diese Stufungen nach Beobachtungen in zehn Städten der UdSSR über zwei bis vier Jahre in folgender Häufigkeit auf: 54%, 34% und 12%.

Die Vorhersagegröße p' ist auf Grund statistischer Untersuchungen mit der Vorhersage der Windgeschwindigkeiten, des Stabilitätsgrades der Atmosphäre und anderem verbunden. Die Analysen zeigen, daß erhöhte Luftverschmutzungen in Städten im allgemeinen an mehreren aufeinanderfolgenden Tagen beobachtet werden. Daher ist die Größe p' für einen bestimmten Tag merkbar abhängig von der am Vortag beobachteten Größe p'_0. Beobachtet man eine Verringerung der Luftverschmutzung, so kommt es nur in 10% der Fälle vor, daß am darauffolgenden Tag eine merklich höhere Luftverschmutzung eintritt. Häufig wird die Gesamtluftverschmutzung einer Stadt durch viele niedrige Quellen verursacht. Der so entstandenen Schadstoffgrundbelastung wird die Auswirkung großer Schadstoffemissionen einzelner, relativ hoher Schornsteine überlagert. Deshalb hängt die Größe p' hauptsächlich von Bedingungen ab, die die Ausbreitung der Schadstoffemissionen niedriger Quellen beeinflussen. Dazu zählen in den meisten Fällen Situation mit Windstille und stabile Schichtung. Herrschen Emissionen aus hohen Quellen vor, so beobachtet man allerdings häufig die größte Luftverschmutzung bei Windgeschwindigkeiten von 3–5 m/s. SONKIN (1974) führt auf Grund statistischer Analysen umfangreichen Beobachtungsmaterials einige prognostische Vorboten erhöhter Luftverschmutzung (bei $p' > 0{,}35$) an und berichtet über ihre Bestätigung in verschiedenen Städten der UdSSR in über 100 Fällen. Dazu gehört am häufigsten Windstille in den Nacht- und Morgenstunden, wenn man vorhergehenden Tag $p_0' > 0{,}3$ war. Dieser Zusammenhang trifft zu 70% zu. In Situationen, in denen die Windgeschwindigkeit 3—6 m/s beträgt, tagsüber eine labile Schichtung besteht und eine abendliche Flaute bei $p_0' \geqq 0{,}15$ auftritt, bestätigt sich die Vorhersage erhöhter Luftverschmutzung zu 60%. Relativ niedrige Luftverschmutzungen sind bei Windgeschwindigkeiten über 5—6 m/s und auch nach mäßigem oder heftigem Regen zu erwarten. Es empfiehlt sich, für die konkreten Bedingungen der einzelnen Städte die Prognoserichtlinien zu präzisieren.

Die meteorologischen Bedingungen für die Luftverschmutzung untersucht man anhand von Beobachtungsmaterial einiger Städte der UdSSR nach der Methode der Typenbestimmung (GENICHOWITSCH u. a., 1973). Man verwendet aber auch wesentlich einfachere Analysemethoden für die erhaltenen Informationen (SONKIN, 1971; BERLJAND, 1972b).

Benutzt man die Methode der Typenbestimmung, so teilt man die Beobachtungsergebnisse nach dem Grad der Luftverschmutzung auf. Auch die meteorologischen Charakteristiken werden in Gruppen geordnet, die den verschiedenen Niveaus der Luftverschmutzung entsprechen. Dazu werden die Größen der charakteristischen Werte im einzelnen Komplex (Situation) $x_1, \ldots, x_n$ als Koordinaten des Punktes x in einem n-dimensionalen Raum betrachtet. Die Angaben über die Schadstoffkonzentrationen und die dazugehörigen Situationen gruppiert man zum Beispiel in große (I), mittlere (II) und kleine (III) Konzentrationswerte. Für jede der Gruppen, die aus M_j Situationen bestehen, bestimmt man den Schwerpunkt der i-ten Charakteristischen x_i und die mittlere Streuung σ_i^2. Zum Beispiel wird für die Gruppe I

$$x_i^{\mathrm{I}} = \frac{1}{M_{\mathrm{I}}} \sum_{j=1}^{M_{\mathrm{I}}} x_{ij}^{\mathrm{I}} \quad \text{und} \quad \sigma_i^{\mathrm{I}} = \frac{1}{M_{\mathrm{I}}} \sum_{j=1}^{M_{\mathrm{I}}} (x_{ij}^{\mathrm{I}} - x_i^{\mathrm{I}})^2 .$$

Danach benutzt man den konkreten Komplex der Charakteristiken, den man wie einen Satz von Vorhersagegrößen betrachtet, für die Bestimmung der Gruppe, aus der man die prognostizierende Situation entnehmen kann. Für jede konkrete Situation, die im Phasenraum durch den Punkt y mit den Koordinaten $y_1, y_2, \ldots, y_N$ gekennzeichnet wird, bestimmt man den Abstand zum Schwerpunkt der Gruppe I

$$\varrho_{\mathrm{I}} = \sum_{i=1}^{N} \left(\frac{y_i - x_i^{\mathrm{I}}}{\sigma_i^{\mathrm{I}}} \right)^2 .$$

Analog erhält man den Abstand zur Gruppe II und III, das heißt ϱ_{II} und ϱ_{III}. Die Situation y wird der Gruppe zugeschrieben, zu der der geringste Abstand besteht.

Die Vorbereitungsetappe der Arbeit (die Lernphase) besteht in der aufgeführten Gruppierung und dem Bestimmen der Charakteristiken der Gruppe von „Arten". Die eigentliche Prognose ist abgeschlossen mit der Ermittlung des Abstandes zur Gruppierung und der Vorhersage des Grades der Luftverschmutzung, der zu der Gruppe mit dem gerinsten Abstand zur erwarteten Situation gehört. Die abschließende Etappe, die Erprobung der Prognose, ist wie ein „Examen".

Die beschriebene Methode wird seit einigen Jahren in mehreren Städten zur Analyse der Beobachtungsdaten benutzt. Um den Tagesgang der Vorhersagegrößen auszuschalten, werden die Beobachtungen in der ersten Tageshälfte (von 6 bis 12 Uhr) und in der zweiten Tageshälfte (von 15 bis 21 Uhr) gesondert betrachtet. Den Gruppen I.

II und III wurden die Fälle mit $p' > 0{,}25$, $0{,}15 \leqq p' \leqq 0{,}25$ und $p' \leqq 0{,}15$ zugeordnet. Folgende charakteristische Größen gehen in die Vorhersage ein: p_0', die Windgeschwindigkeit in Anemometerhöhe und in 500 m Höhe, der Temperaturunterschied zwischen Erdoberfläche und 500 m, die Lufttemperatur in Bodenhöhe und die Windrichtung in Anemometerhöhe. Bei der Überprüfung der Richtigkeit der Methode wurde die Zahl der richtigen Vorhersagen für die Elemente der betrachteten Gruppe auf die Gesamtzahl der Prognose bezogen. Bei drei Gruppen würden absolut zufällige Prognosen zu je 33,3% eintreffen. Für die Städte Tschita und Krasnojarsk wurde die „Lernphase" nach Beobachtungsmaterial von Dezember bis Februar der Jahre 1967/68 und 1968/69 durchgeführt. Die Prognosen erfolgten für den gleichen Zeitraum und unabhängig davon für Tschita für die gleichen Monate des Zeitraumes 1969/70. Es zeigten sich bei der Berücksichtigung aller Vorhersagegrößen für die drei Gruppen I, II und III richtige Prognosen in 65, 61 und 76% der Fälle. Ohne Berücksichtigung von p_0' waren nur 48, 58 und 50% der Vorhersagen richtig. Für Krasnojarsk trafen bei der Rechnung mit allen Vorhersagegrößen 86, 72 und 71% der Prognosen zu. Fehlte p_0' für die Vorhersage, so waren es nur 70, 56 und 65%. Die Berücksichtigung einiger zusätzlicher Bedingungen erhöhte die Sicherheit der Prognose um 5–7%.

12.5. Vorhersage des Potentials der Luftverschmutzung und der Höhe der Mischungsschicht

Eine Reihe von Prognoseregeln wurden auf der Grundlage relativ einfacher statistischer Ermittlungen aufgestellt. In den USA werden dafür weitestgehend die vorher beschriebenen Arbeiten über das Potential der Luftverschmutzung und über die Höhe der Vermischungsschicht L_0, deren Größe mit synoptischen Methoden vorhergesagt wird, benutzt. Nach NIEMEYER (1960) wurden so erhebliche Luftverunreinigungen für die nächsten 36 Stunden bei Hochdruckwetter, Windgeschwindigkeiten von weniger als 4 m/s in der bodennahen Schicht und 12 m/s in einem Höhenniveau von 500 mbar prognostiziert.

Die Größe L_0 wird für die Tages- und Morgenstunden vorherbestimmt. Im ersten Fall bestimmt sie sich durch die Höhe, in der sich der morgendliche Temperaturverlauf mit der trockenen Adiabate schneidet, die durch die maximal erwartete Tagestemperatur am Boden führt. Im zweiten Fall wird die trockene Adiabate durch den Punkt $T_{\min} + \Delta T_{\mathrm{St}}$ geführt. $T_{\min}$ ist dabei die minimale Temperatur am Erdboden außerhalb der Stadt, ΔT_{St} die Temperaturdifferenz zwischen der Stadt und der Umgebung. Sie beträgt im Mittel 5 K. In den Morgenstunden ist der Wert von L_0 merklich geringer als am Tage, die Emission der Kraftfahrzeuge ist aber gerade in dieser Zeit am größten. Deshalb sind morgens auch die größten Konzentrationen an Primärschadstoffen, die unmittelbar in den Abgasen der Autos enthalten sind, zu erwarten. Bald nach der Mittagszeit erreicht die Höhe L_0 ein Maximum, und für die Primärschadstoffe wird eine minimale Konzentration erwartet. Allerdings wird in dieser Zeit das Maximum der Konzentration an Sekundärschadstoffen auftreten, die sich durch fotochemische Reaktionen unter der Einwirkung der Sonnenstrahlung bilden.

Außer der Höhe der Mischungsschicht L_0 prognostiziert man auch die mittlere Geschwindigkeit $\overline{u_0}$ der Luft in dieser Schicht. Ein hohes Potential ist in den Fällen zu erwarten, in denen am Tag der Prognosestellung und am Morgen des darauffolgenden Tages $L_0 < 500$ m und $\bar{u}_0 \leq 4$ m/s sind. Die amerikanische Prognosemethode für die Höhe der Mischungsschicht wurde an Beobachtungsmaterial von zehn japanischen Stationen erprobt. Danach entsprachen die berechneten Werte von L_0 den beobachteten in 80% der Fälle mit genügender Genauigkeit (McCORMICK, 1970).

Über die Größe von L_0 und die Menge der Emissionen in die Atmosphäre M (in g/(m² · s) kann man unter Nutzung des einfachen „Kastenmodells" sehr grob die zu erwartende Konzentration mit der Beziehung

$$q = \frac{Ml'}{2L_0u_0}$$

abschätzen. l' ist dabei die mittlere Ausdehnung der Stadt.

In den USA ist die operative Prognose über die mögliche Bildung von synoptischen Situationen, welche die Verdünnung der Schadstoffe hemmen, für die folgenden 12 bis 36 Stunden verwirklicht.

1955 wurde in Kalifornien das System „Rauchalarm" eingeführt, das abhängig von der Konzentration einiger Schadstoffe anspricht. Nach den Signalen dieser Alarme ist es möglich, die Arbeiten in einigen Betrieben einzustellen, den Verkehr zu unterbrechen sowie Massenveranstaltungen im Freien abzusagen (z.B. Sportveranstaltungen).

12.6. Ergebnisse der Prognose

Zur Zeit ist in einigen Städten (Dsershinsk, Saporoshje, Angarsk, Wolshsk, Saransk u. a.) die operativ arbeitende Prognose für die Luftverschmutzung durch einige Industriebetriebe nach den in 12.1. bis 12.4. aufgezeigten Methoden verwirklicht. Die Reduzierung von Schadstoffemissionen bei ungünstigen Wettersituationen werden

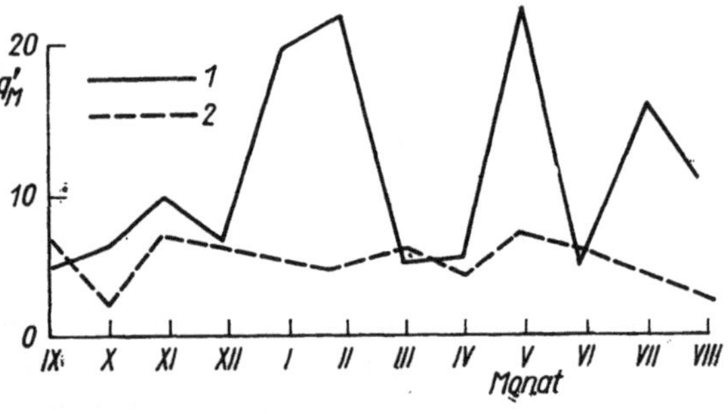

Abbildung 12.1.
Änderung des relativen Maximums der Schwefeldioxid-Konzentration über ein Jahr vor (1) und nach (2) der Vorhersage der Luftverschmutzung durch Beschränkung der Emissionen bei ungünstigen Wetterlagen

durchgeführt. Die Arbeit von BERLJAND u. a. (1972) berichtet über einige der erreichten Resultate.

Eine merkliche Verringerung der Luftverschmutzung ist in Dsershinsk eingetreten, nachdem die Vorhersage organisiert wurde. Das ist aus Abbildung 12.1 zu erkennen, die das Verhältnis der maximalen Schwefeldioxidkonzentration q_M im Monat zur maximalen Konzentration q'_M für die gleiche Jahreszeit vor Einführung der Prognose enthält. Es werden die Kurven für die Zeit vor (1966–1968) und nach der Einführung der Prognose (von September 1968 bis August 1970) gezeigt. Im zweiten Beobachtungszeitraum ist die maximale Konzentration im Vergleich zur ersten um eine Größenordnung gesunken. Besonders erniedrigte sich die maximale Konzentration in bestimmten Monaten. Das ist durch die Beeinflussung der Emission in den ungünstigsten Perioden zu erklären, in denen sonst hohe Konzentrationen entstanden. Die mittlere Konzentration verringert sich dabei weniger, ihre Absenkung hat jedoch auch Bedeutung.

In Dsershinsk verminderte sich die mittlere Chlorkonzentration nach Beginn der Prognosearbeiten beispielsweise auf die Hälfte. In Angarsk sank mit dem Beginn des Jahres 1971, als die Warnung der Industriebetriebe vor ungünstigen meteorologischen Situationen eingeführt wurde, der mittlere Gehalt an SO_2, NO_2, H_2S und Phenol im Vergleich zu den vorhergehenden Jahren um das 1,5fache. In Saransk erreichen dank der Maßnahmen bei ungünstigen Wetterbedingungen die mittleren Konzentrationen an Quecksilber und Blei in der Luft nur noch 20–30% der früheren Werte. Die maximalen Konzentrationen gingen auf die Hälfte zurück. In Omsk wurde die maximale SO_2-Konzentration ein Jahr nach Beginn der Vorhersage auf den halben Wert gesenkt.

Nach Abschluß einiger Verbesserungen des Hydrometeorologischen Dienstes der UdSSR werden für die gefährliche Luftverschmutzung 80–90% richtige Vorhersagen getroffen, verbunden mit einer Verbesserung der allgemeinen Wettervorhersagen. Die Aufmerksamkeit für Fragen, die den Schutz des Luftraumes betreffen, ist seit der Zeit gestiegen, als die Warnung nur Aufgabe der Betriebe war und die Kontrolle der Luftverunreinigungen merkbar erhöht wurde. Neben zeitweiligen Verringerungen der Emissionen in bestimmten Perioden sind langfristige Maßnahmen zur Sicherung der Reinhaltung der Atmosphäre als Ergebnis dieser Maßnahmen zu erkennen.

Die positiven Ergebnisse der Prognosen machen sich auch in einigen anderen Ländern bemerkbar. So steuert man in einigen amerikanischen Städten die Verbrennung fester Brennstoffe abhängig von der Berechnung des Charakters der atmosphärischen Ausbreitung (Weatherley, 1972). In einigen Städten reichte vom Mai 1970 bis Januar 1971 der aschearme Brennstoff nicht aus, der entsprechend den Prognosen ungünstiger Bedingungen erforderlich gewesen wäre. Die Staubkonzentrationen erhöhten sich deshalb in diesen Städten. Dagegen änderten sich die Schwefelkonzentrationen verhältnismäßig wenig. Für die Vorhersage und ihre Kontrolle ist es sehr wichtig, die Tendenzen der tatsächlichen Luftverschmutzung in der Nähe der Emissionsquellen zu kennen. Wesentlich ist auch die Messung der Emissionen unmittelbar an den Schornsteinen. So beschreibt Michaelis (1972) einen Versuch, optische Geräte für die Registrierung der Aschemenge zu nutzen, die aus dem Schornstein ausgeworfen wird. Das Gerät mittelt gleichzeitig den Auswurf über verschiedene Zeitperioden. Im Falle des Überschreitens der zulässigen Ascheemission wird diese automatisch begrenzt.

Bei der Bewertung der statistisch-empirischen Vorhersagemethoden für die Luftverschmutzung in Städten muß berücksichtigt werden, daß sie von einer Vielzahl Wirkungsfaktoren abhängen, die Beobachtungszeit aber endlich ist. Deshalb ist die Anwendung der meisten derzeitigen statistischen Analyseverfahren nicht immer ausreichend. Um sie effektiver zu gestalten, ist es erforderlich, den Einfluß einiger Hauptfaktoren auf Grund physikalischer Überlegungen zu klären, wie das in den vorangegangenen Abschnitten erfolgte. Es muß auch gesagt werden, daß die Methode der Prognose kein radikales Mittel zum Schutz des Luftraumes ist. In Zukunft wird man sie in den relativ seltenen Fällen anormal gefährlicher Wetterlagen nutzen müssen. In anderen Fällen wird sie nur den Charakter einer zeitweiligen Maßnahme annehmen, bis effektivere Verfahren die Erreichung der erforderlichen Luftreinheit garantieren.

12.7. Wissenschaftlich-technische Prinzipien für Langzeitprognosen. Gesamtemission in die Atmosphäre und ihre Berücksichtigung für die Prognose

In den letzten Jahren wurde der wissenschaftlich-technischen Einschätzung der zu erwartenden Änderung der Luftverschmutzung in Städten und Industriezentren für die folgenden zehn Jahre große Aufmerksamkeit gewidmet. Bei solchen Einschätzungen muß man in der Regel von mittleren klimatischen Bedingungen für die Verteilung von Schadstoffen bei ungünstigen Verhältnissen im Jahr ausgehen. Dann wird die zu erwartende Verschmutzung der Atmosphäre nur von der Emissionsmenge, der Höhe der Quellen und deren Verteilung über dem Territorium abhängig sein.

Für einzelne Städte und große Industrieviertel erfaßt man die Emission gegenwärtig durch Summieren von Kennziffern des Produktionsausstoßes, des Brennstoffverbrauchs unter Berücksichtigung des Schwefel- und Aschegehaltes usw. Sie kann auch über die im Abschnitt 7.9. erwähnte vorhandene Erfassung der Schadstoffquellen errechnet werden. In einigen Ländern wurden solche Abschätzungen sowohl für die vergangenen Jahre als auch für den Perspektivzeitraum durchgeführt. In der UdSSR überschreitet die jährliche Gesamtförderung an Kohle, Öl, Gas, Torf und anderem eine Milliarde Tonnen Normbrennstoff. Es muß berücksichtigt werden, daß die Brennstoffvorkommen nicht gleichmäßig über das Land verteilt sind. Mehr als 85% aller erschlossenen Brennstoffvorräte lagern in Sibirien oder im fernen Osten (Pomous, 1971). Es ist bekannt, daß in der sibirischen Kohle nur weniger als 0,5% Schwefel enthalten ist.

Mit der Industrialisierung wächst die Emission in die Atmosphäre schnell an. Tabelle 12.1 enthält Angaben über die Gesamtemission von SO_2, NO_x und Staub aus stationären Schadstoffquellen für verschiedene Länder (nach Angaben der OECD (1973)).

Die Gesamtmenge an Normbrennstoff erhöhte sich von 1968 bis 1980 von $1867 \cdot 10^6$ t auf $3462 \cdot 10^6$ t. Sollen die Emissionen 1980 das Niveau von 1968 nicht überschreiten, so sind Kapitalinvestitionen von 5,8 bis 15,6 Mrd. Dollar jährlich erforderlich. Die Betriebskosten wachsen von 2,2 auf 4,2 Mrd. Dollar im Jahr.

Die Emissionssteigerung in den USA von 1940 bis 1970 ist in der Tabelle 12.2 dargestellt (Perkins, 1974). In ihrem zweiten Teil stehen die Emissionen verschiedener Quellen in den USA für das Jahr 1970.

Benutzt man in immer größerem Umfang Kohle und Öl aus den östlichen Landesteilen, so läßt sich die Gesamtsituation in der UdSSR günstig beeinflussen.

1973 betrugen die Schwefeldioxidemissionen in den Ländern Westeuropas $22,4 \cdot 10^6$ t, in den Ländern des RGW und Jugoslawien — außer der UdSSR — $14 \cdot 10^6$ t. In der UdSSR betrugen nach Angaben der Europäischen Wirtschaftskommission 1975 die Schwefeldioxidemissionen der Industrie $23,5 \cdot 10^6$ t, darunter $11 \cdot 10^6$ t von

Tabelle 12.1.
Schadstoffemission (in 10^6 t) in den Jahren 1968 und 1980 (ohne Berücksichtigung von Maßnahmen zur Emissionsverminderung)

Land	Schwefeldioxid		Stickstoffoxide		Staub	
	1968	1980	1968	1980	1968	1980
USA	25,4	51,7	9,0	16,0	9,0	73,3
Großbritannien	5,7	6,0	1,0	1,2	1,4	—
Japan	4,0	14,0	1,0	3,4	1,9	6,5
BRD	3,2	5,4	1,3	1,9	1,0	0,8
Italien	1,9	4,0	0,4	1,1	0,1	0,3
Frankreich	1,6	3,2	0,5	0,6	0,3	0,2
Kanada	1,2	1,5	0,3	0,6	—	—
Spanien	0,9	2,6	0,2	0,5	0,2	0,4
Belgien	0,8	1,2	0,18	0,23	0,10	0,07
Holland	0,7	0,9	0,2	0,4	0,12	0,04
Schweden	0,5	1,1	0,1	0,2	0,02	0,04
Dänemark	0,4	0,5	0,09	0,15	0,02	0,03
Österreich	0,3	0,4	0,08	0,10	0,08	0,07
Finnland	0,2	0,4	0,1	0,2	0,02	0,04
Griechenland	0,2	0,8	0,04	0,12	0,01	0,06
Türkei	0,2	0,6	0,1	0,3	0,5	0,6
Insgesamt	47,2	94,3	14,7	27,0	14,9	83,0

Tabelle 12.2.
Schadstoffemissionen (in 10^6 t) in den USA

Jahr	Schwefeldioxid	Stickstoffoxide	Staub	Kohlenmonoxid	Kohlenwasserstoffe
1940	22	7	27	85	19
1950	24	10	26	103	26
1960	23	14	25	128	25
1970	34	23	25	147	25
Emissionen der Hauptquellen für 1970					
In ortsfesten Quellen verbrannter Brennstoff	26,5	10,0	6,8	0,8	0,6
Industrie	6,0	0,2	13,1	11,4	5,5
Transport	1,0	11,7	0,7	111,0	19,5
Müll	0,1	0,4	1,4	7,2	2,0
Rest	0,4	0,7	3,0	16,6	7,4

Wärmekraftwerken, 6,5 · 10^6 t von der Bunt- und Schwarzmetallurgie, 1,5 · 10^6 t von der chemischen und petrolchemischen Industrie und 4,5 · 10^6 t von der Schwerindustrie (Brodski, 1977).

Nach Buschtujewa (1976) beträgt der prozentuale Anteil der einzelnen Beimengungen an der Gesamtsumme der Industrieemissionen von 1968 bis 1969 in der UdSSR: Kohlenmonoxid — 31,9%, Staub — 28,3%, Schwefeldioxid — 27,0%, Kohlenwasserstoffe — 10,7%, Stickstoffoxid — 1,1% und restliche Stoffe — 1,0%.

Die Wachstumsgeschwindigkeit der verschiedenen Industriezweige ist ebenfalls zu berücksichtigen. Ein besonders hohes Entwicklungstempo ist für die Weltproduktion der chemischen Industrie zu verzeichnen, das bedeutend höher ist als das vieler anderer Industriezweige. Betrug in den 20er Jahren dieses Jahrhunderts die jährliche Produktion 5 Mrd. Dollar, so erhöhte sich dieser Wert 1950 mehr als 10fach und erreichte 1970 170 Mrd. Dollar (LINDNER u. NYBERG, 1973).

Für wissenschaftlich-technische Prognosen der Luftverschmutzung muß man den wesentlichen Anteil des sich rasch entwickelnden Kraftverkehrs beachten. Wie aus Tabelle 12.2 zu sehen ist, betrug sein Anteil 1970 in den USA bei Kohlenmonoxid 75,7%, bei Kohlenwasserstoffen 78% und bei Stickstoffoxider 51%. Nach Angaben von SOLOMATINA (1977) beträgt in der UdSSR in Städten mit entwickelter metallurgischer oder erdölverarbeitender Industrie, wie Dnepropetrowsk und Saporoshje, der CO-Anteil durch den Kraftverkehr 10—25% der Gesamtemissionssumme. In einigen Städten mit entwickelter Industrie anderer Volkswirtschaftszweige, wie zum Beispiel Moskau, Odessa und Riga, erreichen die Emissionen des Kraftverkehrs 50% und mehr der gesamten Emissionen in der Stadt.

Bei der Einschätzung der zu erwartenden Luftverschmutzung muß man außer der Emissionsmenge auch die Höhe und die Verteilung der Schadstoffquellen (s. Kap. 10) berücksichtigen. Es ist auch möglich, die Ergebnisse statistischer Auswertungen, wie sie in Kapitel 11 vorgestellt wurden, zu benutzen.

Es ist bekannt, daß sich in der Zeit von 1870 bis 1960 zum Beispiel die Bevölkerung der Städte mit mehr als 100000 Einwohnern verdreifacht hat und die Zahl der Städte mit mehr als 500000 Einwohnern von 83 auf 234 gewachsen ist. In der Sowjetunion entstehen alle zehn Jahre 200 bis 300 neue Städte. Beispielsweise sind 60% aller Städte der UdSSR, in denen 35% der städtischen Bevölkerung wohnen, nach 1917 entstanden (LAPPO u. PIWOWAROW, 1971).

Eine Analyse der Beobachtungsdaten zeigt, daß in Städten mit mehr als 500000 Einwohnern im Mittel die Konzentration der meist verbreiteten Schadstoffe 1,5 bis 2mal so groß ist wie in kleineren Städten. In Städten mit metall- und ölverarbeitender Industrie sind die Konzentrationen 2—3mal so hoch wie in anderen Städten vergleichbarer Größe. Die CO-Konzentration wächst auf das 2—4fache bei einer Steigerung der Zahl an Kraftfahrzeugen von 10000 auf 50000 (BERLJAND, 1974). Analoge Verhältnisse wurden in den USA für das Anwachsen des Bleigehaltes der Luft mit der Steigerung des Benzinverbrauchs durch den Kraftverkehr registriert. So stieg nach Angaben von 35 Beobachtungsstationen die Bleikonzentration von 1 auf 3 mg/m³ bei einer entsprechenden Erhöhung des Benzinverbrauchs von jährlich 3 auf 10 Mrd. Liter. Die Nutzung der aufgestellten korrelativen Beziehungen gestattet näherungsweise Aussagen über die Höhe der zu erwartenden Luftverschmutzung in den nächsten zehn Jahren in Abhängigkeit von der Entwicklung der Industrie und des Transportwesens.

13. Makromaßstäbliche Effekte und Tendenzen der globalen Verschmutzung der Atmosphäre

13.1. Allgemeine Charakteristiken

Mit der Entwicklung der Industrie und des Transports vergrößerten sich die Verschmutzungszonen in der Atmosphäre bedeutend, und man beginnt makromaßstäbliche Effekte festzustellen. Schon jetzt wird über die globale Zunahme der Grundkonzentration einiger Ingredienzen gesprochen. Betrachtet man aufmerksam die Tendenzen zur Zunahme der Emissionen in die Atmosphäre, so wird das Interesse für diese Fragen im wesentlichen von Zukunftsproblemen bestimmt (SINGER, 1970; GERASSIMOW u. BUDYKO, 1974; MCCORMAC, 1971; FEDOROW, 1972; ISRAEL u. TEWEROWSKI, 1971; SINGER, 1975).

Die Verschmutzung der Atmosphäre ist sehr ungleichmäßig. Die Hauptmasse der Schadstoffemissionen konzentriert sich auf die vergleichsmäßig kleinen Zonen der Städte und ihrer Umgebung.

Wenn über die globale Verschmutzung der Atmosphäre gesprochen wird, so sind immer mehr Schadstoffanteile von Industriezentren in großen Entfernungen zu beachten. Sie sind gegenwärtig noch gering und machen sich als Grundbelastung bemerkbar. Innerhalb der besiedelten Zonen ist die Ausbreitung solcher Gase wie CO und SO_2 von Bedeutung. Ihr experimenteller Nachweis ist noch nicht lange möglich (ungefähr seit 25 Jahren), da dafür eine ausgereifte Meßtechnik erforderlich ist.

Nur äußerst genaue instrumentelle Methoden gestatten, die Ausbreitung der Beimischungen in großer Entfernung von Städten zu bestimmen. Außerdem ist das hauptsächlich nur für Substanzen möglich, die über lange Zeit stabil sind. MURAZUMI u. a. (1967) weisen zum Beispiel eine zehnfache Zunahme des Bleigehalts in den Proben von Eis nach, die in Grönland in der Mitte des vergangenen Jahrhunderts und in den sechziger Jahren unseres Jahrhunderts entnommen worden sind. RABTSCHIKOW (1974) bemerkt, daß in den 25 Jahren der Verwendung von DDT sogar in der Antarktis mit dem Schnee fast 2500 t niedergingen. Die DDT-Teilchen wurden hier in der Leber der Pinguine nachgewiesen. Unlängst wurde festgestellt, daß die Atmosphäre über dem Stillen Ozean ständig Quecksilberdämpfe enthält (JUNGE, 1972).

In der Gegenwart nimmt man an, daß die trockene Atmosphäre im wesentlichen aus 78,09% N_2; 20,95% O_2; 0,93% Ar und 0,032% CO_2 besteht. Der Prozentsatz der übrigen Komponenten der Atmosphäre liegt zwischen $2 \cdot 10^{-3}$ und $2 \cdot 10^{-8}$% (MCCORMAC, 1971). Dazu gehören eine Reihe inerter Gase (Ne, He, Kr, Xe) sowie Verbindungen von Stickstoff, Kohlenstoff, H, O_3 und SO_2. Ihr Volumenanteil in der Atmosphäre wird gewöhnlich in millionstel Teilen bestimmt. Auch Wasserdampf und Aerosole zählt man zu den konstanten Komponenten der Atmosphäre.

Abbildung 13.1 zeigt die vertikale Verteilung des Gemischanteils einiger Stoffe (in Gewichtsprozent) in der Atmosphäre nach MCCORMAC (1971).

Ein wesentlicher Faktor für die globalen Verschmutzungen ist die Lebenszeit der atmosphärischen Beimischungen. Von ihr sind im bedeutenden Maße auch ihre Ausbreitungsmaßstäbe abhängig.

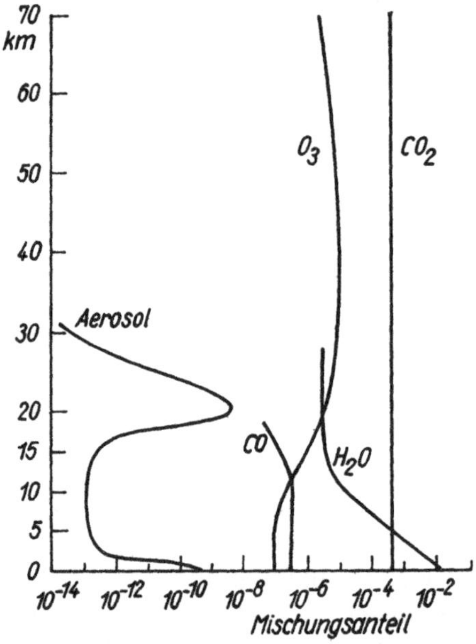

Abbildung 13.1.
Vertikale Verteilung der Gemischanteile für verschiedene Beimengungen (in Gewichtsanteilen) in der Atmosphäre

Einige Gase reagieren nur schwach mit anderen Komponenten der Atmosphäre, und ihre Lebenszeit ist überaus groß. Ein bedeutender Teil der Gasbeimischungen geht unter dem Einfluß der chemischen und fotochemischen Reaktion in Aerosole über, wodurch die Zeitspanne ihres Verbleibens in der Atmosphäre wesentlich verkürzt wird. Die Lebensdauer der Aerosole hängt hauptsächlich vom Größenspektrum der Teilchen ab. Die Teilchengröße bestimmt die Geschwindigkeit des Ausfallens auf die Erdoberfläche. Weiter unten werden die Charakteristika der meist verbreiteten Beimischungen unter Berücksichtigung ihrer möglichen Einflußnahme auf die Umwelt betrachtet.

Die globale Konzentration der Beimischungen anthropogenen Ursprungs ist einstweilen wesentlich niedriger als die zulässige Imissionskonzentration MIK für die besiedelten Orte (um zwei oder mehr Größenordnungen). In diesem Zusammenhang ist zu beachten, daß bei der großräumigen Verschmutzung der Atmosphäre außer dem MIK-Wert auch die ökologischen Kriterien ihrer Gefährlichkeit zu berücksichtigen sind, zum Beispiel der Einfluß der Beimischungen auf die meteorologischen Prozesse und das Klima (Man's impact on the Global environment, 1970; Inadvertent climate modification, 1971; Budyko, 1974; Berljand u. a., 1973; Israel, 1974a; Kondratjew u. a., 1977). In dieser Hinsicht stellen nicht alle Beimengungen anthropogenen Ursprungs, deren real mögliche Emissionen man in Betracht gezogen hat, eine potentielle Gefahr dar. Schätzungen beweisen, daß neben der Anhäufung toxischer Stoffe mit kumulativen Eigenschaften und großer Lebensdauer das Anwachsen des Anteils von CO_2 und Aerosolen in der Atmosphäre gefährlich werden kann.

Bei der Betrachtung der globalen Luftverschmutzung durch einzelne Beimischungen ist es wichtig, auch das Verhältnis zwischen den Anteilen der Naturprozesse und den Folgen der Industrialisierung zu berücksichtigen. Bei der Gesamtsumme der Beimischungen herrschen gegenwärtig die natürlichen Quellen vor. Für einige Verbindungen ist aber zum Beispiel der anthropogene Anteil manchmal bedeutend größer als der aus natürlichen Quellen stammende.

13.2. Verteilung von Schwefelverbindungen

Zu den meist verbreiteten Schadstoffen gehört SO_2, das hauptsächlich bei der Verbrennung entsteht. Die industriell bedingte Emission erreicht nach einigen Schätzungen fast $150 \cdot 10^6$ t im Jahr (mit einem Fehler von ca. 30%). Diese Menge erhöht sich zur Zeit schnell. Von 1905 bis 1965 wuchs die Gesamtsumme der Emission von SO_2 in die Atmosphäre auf das Vierfache. In den USA betrugen die Emissionen von SO_2 1971 $33 \cdot 10^6$ t, davon entfielen annähernd $26 \cdot 10^6$ t auf die Verbrennung von Heizmaterial in stationären Quellen (Environmental quality, 1973).

Auf die Nordhalbkugel entfallen ungefähr 93% aller Emissionen in die Atmosphäre und konzentrieren sich hier im wesentlichen auf das Festland in der Zone um 30—60° nördlicher Breite. Innerhalb der Industriegebiete fällt die Konzentration von SO_2 selten bis auf die Grundbelastung ab (5—10 $\mu g/m^3$ auf dem Festland und 1—3 $\mu g/m^3$ und weniger über den Ozeanen). Nach Messungen von Georgii und Vitze (1971) verschwindet in 3—4 km Höhe aber auch in Abhängigkeit von der geographischen Breite der Unterschied der Konzentration von SO_2 über Europa und dem Ozean. In Höhen über 2 km entfallen auch die saisonbedingten Schwankungen der Konzentration von SO_2.

Die Lebensdauer von SO_2 in der Atmosphäre ist relativ gering, da es durch katalytische, fotochemische und andere Reaktionen oxydiert und sich in Sulfate verwandelt. Besonders intensiv verlaufen solche Reaktionen in den Industriegebieten, wo das fast immer vorhandene Ammoniak und andere Beimischungen dazu beitragen. Hier kann die Lebensdauer von SO_2 nur einige Stunden betragen (Georgii u. Vitze, 1971). Jedoch werden die Emissionen von SO_2 in dieser Zeit häufig über die Grenzen der Gebiete mit der stark verschmutzten Luft getragen. In sauberer Luft beträgt die Lebensdauer von SO_2 2—3 Wochen (Junge, 1972).

Die Schwefelverbindungen entstehen in großen Mengen auch infolge der Umwandlung von Schwefelwasserstoff (H_2S). Seine Lebensdauer beträgt ungefähr zwei Tage. Eine wesentliche Quelle von H_2S sind natürliche Prozesse (die Zersetzung organischer Stoffe u. a.). Die Stärke dieser Quellen wird auf $100 \cdot 10^6$ t im Jahr geschätzt, während im Resultat der menschlichen Tätigkeit die Menge des in die Atmosphäre emittierten H_2S 30mal geringer ist.

Von den natürlichen SO_2- und H_2S-Quellen sind die Vulkane zu beachten (Lamb, 1971). Junge (1965) verweist darauf, daß unser Wissen für Schlußfolgerungen über die globale Rolle der vulkanischen Emissionen nicht ausreicht. Das hängt besonders mit den Schwierigkeiten ihrer Bestimmung zusammen. In diesem Zusammenhang sind die begonnenen Forschungen zur Bestimmung der Gasemissionen aus Vulkanen Kamtschatkas zu erwähnen (Berljand u. Schilin, 1971; Berljand u. a., 1974d). Mit dem Hubschrauber maß man die Konzentration von SO_2 und H_2S in der Nähe des tätigen Vulkans Karymski. Insofern direkte Messungen der Emissionen von Vulkanen nicht möglich waren, bediente man sich der von uns vorgeschlagenen Beziehungen für ihre Berechnung aus der Konzentrationsverteilung, wie in Abschnitt 7.10. dargestellt. Die Auswertung der Messungen ermöglichte erstmals die Abschätzung, daß die Emissionsmenge an SO_2 ungefähr 7 t/h betrug, die H_2S-Emission annähernd 700 kg/h. Wenn man berücksichtigt, daß der untersuchte Vulkan insgesamt ungefähr eine Stunde am Tag tätig war, so trat aus ihm annähernd in 24 Stunden 100mal weniger SO_2 aus, als aus einem Wärmekraftwerk mittlerer Leistung. Die Emissionen von H_2S, obwohl geringer als die von SO_2, sind vergleichbar mit den Emissionen der größten Kunstfaserwerke, welche die meisten Kohlenwasserstoffemissionen hervorbringen.

In einigen Arbeiten wird auf die geographische Verteilung der Schwefelverbindungen hingewiesen. In dem schwedischen Rechenschaftsbericht für die UNO (1971) wird das Verhältnis des Ausfalls von Schwefel zu den Schwefelemissionen dargestellt. Die Untersuchungen beziehen sich auf die bei der Verbrennung von Heizmaterial entstehenden Mengen von SO_2. Für Norwegen und Nordschweden beträgt dieses Verhältnis 120—125%, während es für die Gruppe von Industrieländern Westeuropas bedeutend geringer als 100% ist. Für England und Holland erhält man Werte von 10 bis 20%, für die BRD, Frankreich und Dänemark 20—45%. Hieraus lassen sich die Schlußfolgerungen ziehen, daß in den Staaten dieser Gruppe weitaus mehr Schwefel emittiert wird als auf das Territorium ihres Landes ausfällt. Die restliche Menge wird in die Nachbarländer getragen, zum Teil bis nach Skandinavien. Die angeführten Werte sind allerdings nach Aussagen Eriksons nicht vollständig, da die natürlichen Schwefelquellen nicht berücksichtigt wurden, welche auch für Skandinavien einen erheblichen Anteil liefern müßten.

13.3. Der Anteil von Kohlenstoff- und Stickstoffverbindungen in der Atmosphäre

Eine der am weitesten verbreitete Beimischung in der Atmosphäre ist das Kohlenmonoxid (CO). Die Emission durch die Wirtschaft wird mit annähernd $400 \cdot 10^6$, nach einigen Angaben $600 \cdot 10^6$ t pro Jahr, geschätzt, davon emittiert der Kraftverkehr ungefähr 80%. Nur in den USA betrug 1971 die Emission von CO $100 \cdot 10^6$ t, davon $78 \cdot 10^6$ t vom Kraftverkehr und $11 \cdot 10^6$ t aus der Industrie (Enviromental quality, 1973).

Erste Resultate von Messungen auf Schiffen im Stillen Ozean gestatten allgemeine Aussagen über die meridionale Ausbreitung des CO (Robinson u. Robbins, 1971). Nach diesen Messungen liegt das Maximum bei 50° nördlicher und das Minimum bei 50° südlicher Breite. Setzt man voraus, daß diese Beobachtungen für die niedere Troposphäre charakteristisch sind, so ergibt sich für die mittlere CO-Konzentration ein Wert von 0,1 ppm. Auf der nördlichen Halbkugel beträgt diese Konzentration fast 0,15 ppm, auf der südlichen dagegen nur 0,05 ppm. Bei Flügen in der höheren Troposphäre konnten fast keine Unterschiede in der Verteilung des CO über der nördlichen und südlichen Halbkugel festgestellt werden. In der Stratosphäre ist die CO-Konzentration 30—50mal geringer als in der Troposphäre (s. Abb. 13.1). Diese Tatsache konnte bis jetzt nicht ausreichend erklärt werden. In einigen Arbeiten schreibt man die Verminderung des CO den fotochemischen Reaktionen zu.

Übereinstimmend mit DIANOW-KLOKOW u. a. (1978) folgt aus Messungen während einer Schiffsreise von der baltischen Küste zur Antarktis und zurück sowie aus Messungen über verschiedenen Punkten der UdSSR, daß der Mittelwert des Gesamtanteils von CO in der Luftsäule über der Nordhalbkugel mehrere Male größer als über der Südhalbkugel ist. Die Analyse der episodischen Beobachtungen von 20—25 Jahren zeigt, daß der CO-Gesamtgehalt während der Winterperiode eine steigende Tendenz hat, was durch eine verstärkte anthropogene Tätigkeit bedingt ist. Nach den Werten für die Sommerzeit bleibt dieser CO-Anteil annähernd konstant. Daraus schließen die Autoren auf das Wirken natürlicher Prozesse, insbesondere mikrobiologischen und fotochemischen Charakters, die die CO-Verminderung bewirken.

Für CO ist eine lange Verweilzeit charakteristisch. Für ihre Größe werden von verschiedenen Autoren sehr unterschiedliche Werte angegeben. Sie reichen von einigen Tagen bis zu einigen Jahren. Betrachtet man die mittlere Konzentration auf dem Erdball, so erhält man über die globale Emission eine Verweilzeit für das CO von 2—5 Jahren. Die Abschätzung ergäbe, daß bei dieser Verweilzeit die Konzentration des CO um 0,05 ppm jährlich anwachsen müßte. Messungen bestätigen jedoch nicht annähernd ein solches Wachstum. Deshalb muß es wesentliche Abflüsse von CO geben, die bislang noch wenig erforscht sind. Insbesondere muß ein Abfluß durch die Stratosphäre bedingt sein, da dort die Konzentration von CO sehr gering ist. Der Abfluß in die Ozeane dürfte unwesentlich sein, da ihre oberen Wasserschichten gewöhnlich mit CO gesättigt sind. Die Konzentration ist in der oberen Schicht des Atlantiks 10mal höher als in der Atmosphäre.

Gegenwärtig nimmt man an, daß CO hauptsächlich (annähernd zwei Drittel der Menge) anthropogenen Ursprungs ist. Zu vollkommen anderen Ergebnissen kam das Argone National Laboratory (USA) (STEVENS, 1971). Nach den dort durchgeführten Abschätzungen ist die CO-Menge natürlichen Ursprungs bedeutend größer als die antropogenen Ursprungs. Sie beträgt fast $3{,}5 \cdot 10^9$ t im Jahr. Die Bildung solch großer CO-Mengen erklärt sich durch die Reaktion des Methans (CH_4), dessen Gehalt in der Atmosphäre sehr hoch ist. So sondert zum Beispiel 1 ha Sumpf annähernd 3 t CH_4 im Jahr ab. Die Konzentration von CH_4 in der Atmosphäre ist um Größenordnungen höher als die Konzentration von CO. Darum kann auch ein verhältnismäßig geringer Abfall der Methankonzentration die natürliche Quelle von CO sein. In bedeutend geringeren Mengen kann CO auch durch den Zerfall des Chlorophylls entstehen und auch von der Oberfläche der Ozeane abgegeben werden. Die Mengen sind mit denen anthropogenen Ursprungs vergleichbar. Nach JAFFE (1973) sind die anthropogenen CO-Emissionen 3—25mal geringer als die natürlichen Quellen.

Die in der Atmosphäre am weitesten verbreitete Kohlenstoffverbindung, das gasförmige Kohlendioxid (CO_2), gehört in der anzutreffenden Konzentration nicht zu den Schadstoffen. Nach Abschätzungen (ROBINSON u. ROBBINS, 1971, u. a.) entstehen infolge natürlicher Prozesse jährlich $140 \cdot 10^9$ t gasförmigen Kohlendioxids, die in die Atmosphäre gelangen. Durch den Brennstoffverbrauch und andere Arten anthropogener

Emissionen entstehen annähernd $15 \cdot 10^9$ t im Jahr. Darum wird die globale Verteilung von CO_2 hauptsächlich von natürlichen Faktoren bestimmt.

Die Verweilzeit $T^*_{CO_2}$ ist überaus groß und wird von verschiedenen Autoren von 2—5 bis zu 30—35 Jahren angegeben. Die CO_2-Konzentration in der Atmosphäre beträgt annähernd 320 ppm. Durch Fotosynthese werden fast 3% der insgesamt in der Atmosphäre enthaltenen Menge absorbiert.

Die Veränderung der Intensität der Fotosynthese im Verlauf der Vegetationsperiode hat einen nachweisbaren Einfluß auf den Jahresgang der CO_2-Konzentration (s. Abb. 13.3). Beim Zerfall von organischen Stoffen im Boden entsteht CO_2. Dadurch werden die Verluste kompensiert, die durch die Fotosynthese entstehen. Es gibt im Durchschnitt ein dynamisches Gleichgewicht zwischen den Quellen und Senken von CO_2, ihre Verteilung über den Erdball fällt aber nicht immer zusammen. Deswegen ergeben sich auch Unterschiede in der Konzentrationsverteilung. Je nach Temperatur, nach Salzgehalt und anderen Einflußgrößen wirken die Meeres- und Ozeangewässer als Quellen oder Senken. Man stellte fest, daß in den niederen Breiten, in denen das Wasser wärmer ist, die Ozeane als CO_2-Quellen wirken. Umgekehrt ist es in den höheren Breiten, in denen sie ständig CO_2 absorbieren. Die CO_2-Aufnahme stört den schwachen Austausch zwischen oberen und tieferen Schichten des Ozeans. Nach den Angaben von BOLIN u. BISHOF (1970) ist die CO_2-Konzentrationsänderung mit der geographischen Breite in den oberen Schichten des Ozeans und der darüberliegenden Atmosphäre um Größenordnungen geringer als in den tieferen Schichten des Ozeans. Daraus läßt sich schlußfolgern, daß der Einfluß des CO_2 aus dem Ozean unwesentlich ist. Die CO_2-Konzentration bis zu einer Höhe von ca. 30 km ist annähernd konstant.

Zu den in der Atmosphäre verbreiteten Kohlenstoffverbindungen zählt man auch die Kohlenwasserstoffe, deren Emissionen anthropogenen Ursprungs 1968 annähernd $80 \cdot 10^6$ t pro Jahr ausmachten. Ihre natürlichen Quellen bestehen in der Absonderung durch einige Pflanzenarten in einer Menge von $170 \cdot 10^6$ t pro Jahr und in einem großen Methanvorrat (WHELPDALE u. MUNN, 1977).

Unabhängig davon, daß die Atmosphäre fast zu 79% (Volumen-%) aus Stickstoff besteht, ist der Anteil an Stickstoffverbindungen in ihr verhältnismäßig gering, weitaus geringer als der an CO_2 oder CH_4. Das erklärt sich damit, daß Stickstoff hauptsächlich bei hohen Temperaturen reagiert (s. Abschn. 7.10.). Als Folge der Verbrennung gelangen annähernd $50 \cdot 10^6$ t auf NO_2 umgerechnete Stickstoffoxide (NO_x) jährlich in die Troposphäre. Die mittlere Konzentration von NO_x in der Troposphäre beträgt ca. 2 $\mu g/m^3$ (SIDORENKO u. KARAGUNSKAJA, 1973). Die Verweilzeit $T^*_{NO_2}$ beträgt ungefähr vier Tage. Auf erwähnenswerte Konzentrationen von NO_x trifft man im wesentlichen in der Umgebung der Industriegebiete (s. Kap. 11) und in den Flugzonen der Strahlflugzeuge (s. Abschn. 13.6.).

Hauptsächlich gelangen Verbindungen des Stickstoffs durch die bakterielle Zersetzung von stickstoffhaltigen organischen Verbindungen in die Atmosphäre. Dabei werden jährlich annähernd 10^9 t Distickstoffoxid (N_2O) und Ammoniak (NH_3) emittiert. Die industriellen Emissionen von NH_3 sind bedeutend geringer, N_2O fehlt in ihnen praktisch überhaupt. Die mittlere Konzentration von N_2O beträgt ca. 0,05 mg/m^3. Die Verweilzeit $T^*_{N_2O}$ beträgt annähernd 4,5 Jahre. Verschiedene Gebiete der Meere und der Ozeane können in Abhängigkeit von einer Reihe von Faktoren N_2O ausscheiden oder aufnehmen.

13.4. Natürliche und anthropogene Quellen der Verstaubung der Atmosphäre

In der Atmosphäre treten in großen Mengen Aerosole sowohl natürlichen als auch anthropogenen Ursprungs auf. Neben der direkten Emission bildet sich eine bedeutende Menge der Aerosole infolge der Umwandlung einer Reihe von gasförmigen Beimischungen. Deshalb unterscheidet man Primäraerosole, die unmittelbar in die Atmosphäre emittiert werden, und Sekundäraerosole, die durch Umwandlungen entstehen. Die Emissionsstärke von Staubquellen läßt sich nur schwer bestimmen. Trotzdem besteht für sie ein großes Interesse, und es wurden einige Abschätzungen durchgeführt.

Tabelle 13.1.
Aerosolmengen, die von verschiedenen Quellen in die Atmosphäre gelangen (in 10^6 t pro Jahr)

Natürliche Quellen	Mittelwert	Abweichung (±)	Anthropogene Quellen	Mittelwert	Abweichung (±)
		Primäraerosolquellen			
Austragung von Meeressalzen	700	400	Brennstoffverbrennung	30	24
Winderosion des Bodens	300	250	Industrieabgase	15	12
Waldbrände	200	160	Erdumbruch	5	4
Vulkanausbrüche	80	70			
Teilsummen	1280	880		50	40
		Sekundäraerosole			
Nitrate (aus NO_x)	250	200	Sulfate (aus SO_2)	170	40
Ammoniumsalze (aus NH_3)	170	90	Hydrokarbonate	50	40
Sulfate (aus H_2S)	170	40	Nitrate (aus NO_x)	30	5
Hydrokarbonate	140	70			
Teilsummen	730	400		250	85
≈ Gesamtsummen	2000	1300		300	125

Die Tabelle 13.1 enthält gesammelte Angaben über Aerosolquellen (Inadvertent Climate Modification, 1971; Robinson u. Robbins, 1971; Hidy u. Brock, 1971). Es werden Größen über die jährliche Bildung von Aerosolen angegeben (ausgenommen die sehr groben Staubfraktionen, die für die erdnahen Luftschichten charakteristisch sind). Die Angaben in der Tabelle sind stark fehlerbehaftet. Hauptsächlich betrifft das die Abschätzung der natürlichen Quellen. Hidy und Brock (1971) zum Beispiel konnten nach Angaben von Jacson über die Erosion des Bodens die Menge des Flugstaubs in der Atmosphäre nur im Bereich von zwei Größenordnungen angeben (von $7 \cdot 10^6$ bis $700 \cdot 10^6$ t im Jahr). Die jährliche Aufnahme von Meeresaerosolen in die Atmosphäre beträgt nach Erikson $1{,}5 \cdot 10^9$ t, nach späteren Abschätzungen von Junge (1972) $700 \cdot 10^6$ t. Im Buch „Inadvertent Climate Modification“ (1971) weist man darauf hin, daß der größte Teil der herausgerissenen Aerosole fast sofort wieder ins Wasser fällt und nur $300 \cdot 10^6$ t in der Luft enthalten bleiben. Die Menge der Aerosole, die sich infolge von Waldbränden bilden, beträgt nach Hidy und Brock $36 \cdot 10^6$ bis $360 \cdot 10^6$ t im Jahr, aber nach Robinson und Robbins insgesamt nur $3 \cdot 10^6$ t jährlich. Das Eindringen von kosmischem Staub in die Atmosphäre ist überaus gering und beträgt $2 \cdot 10^4 - 2 \cdot 10^5$ t im Jahr.

Die Angaben einzelner Autoren unterscheiden sich um ein bis zwei Größenordnungen. Die Tabelle 13.1 enthält den Bereich, in dem sich diese Werte ändern.

Insgesamt werden von allen Quellen im Mittel $2{,}3 \cdot 10^9$ t Staub gebildet. Die Abweichungen von diesem Wert betragen $\pm 1{,}4 \cdot 10^9$ t. Es ist zu beachten, daß ein sehr großer Teil der Aerosole durch die Umwandlung von gasförmigen Beimengungen der Atmosphäre entsteht. Infolge der Verbindung einiger Gase, darunter SO_2 und Stickstoffoxid, mit Sauerstoff, Wasserdampf und anderen unter dem Einfluß der fotochemischen und anderer Reaktionen bilden sich Stoffe, die in einen festen oder flüssigen Zustand übergehen. Auf diese Weise kann man die Verstaubung als Endprodukt der Umwandlung gasförmiger Beimischungen und als gewisse Endkenngröße der Verschmutzung der Atmosphäre ansehen. Das trifft auf Gase anthropogenen und auf die Gase natürlichen Ursprungs zu. Es ist interessant zu wissen, daß im ersten Fall (anthropogener Ursprung) die Staubmasse, die sich infolge der Umwandlung der Gase bildet, um einige Male größer als ihre direkten Emissionen ist. Dieser wichtige Umstand ist für die Wertung der gasförmigen Emissionen, wie sie im Abschnitt 13.2. und 13.3. durchgeführt werden, von grundsätzlicher Bedeutung.

Für natürliche Quellen ist der Anteil der direkt emittierten Aerosole größer als der Anteil durch die Bildung aus Gasen. Die Gesamtaerosolmenge anthropogenen Ursprungs verändert sich nach den Angaben verschiedener Autoren in den Grenzen von 5 bis 50% und beträgt im Mittel 15%. Der größte Anteil ist dabei den Sulfaten zuzuschreiben ($> 50\%$).

13.5. Verteilung und Eigenschaften der Aerosole

Die Verstaubung der erdnahen Luftschicht auf dem Territorium der UdSSR untersuchten Alexandrowa (1966) und Berljand (1966b, 1967a, b). Als Ausgangsmaterial wurden Beobachtungswerte von horizontal gelagerten Planchetten benutzt, die in einem Beobachtungsnetz aus 60 meteorologischen Stationen erfaßt wurden. Die Stationen lagen in der Regel außerhalb der großen Städte und an den Rändern von Industriegebieten, um die Grundverschmutzung bestimmen zu können (s. Abschn. 8.2.). Außerdem benutzte man mit Filterventilatoreinrichtungen aufgenommenes Beobachtungsmaterial über Tagesmittel der Staubkonzentration von Meßpunkten. Dadurch konnten die mittleren Tageskonzentrationen erfaßt werden. Auf der Grundlage der überarbeiteten Meßdaten wurden Karten für die mittlere monatliche und die mittlere jährliche Staubsedimentation angefertigt. Die in den Abschnitten 8.2. und 8.3. angeführten theoretischen Zusammenhänge zwischen der Staubsedimentation auf die Planchette und der Staubkonzentration in der Luft gestatteten, analoge Karten für die Staubkonzentration zu erarbeiten.

Abbildung 13.2 ist eine Karte für die mittleren jährlichen Größen, die aus dem Beobachtungsmaterial von drei Jahren zusammengestellt wurde. Die Isolinien sind mit den Werten der Staubsedimentation (in $t/(a \cdot km^2)$) und der Staubkonzentration (in mg/m^3) gekennzeichnet. Die Analyse zeigte, daß der Anteil der anorganischen Staubbestandteile meistens 0,3 bis 0,8 beträgt. Da die organischen Stoffe in den oberen Bodenschichten enthalten sind, kann man über den Anteil der organischen und anorganischen Stoffe im Staub auch über ihre Quellen urteilen und insbesondere die Ver-

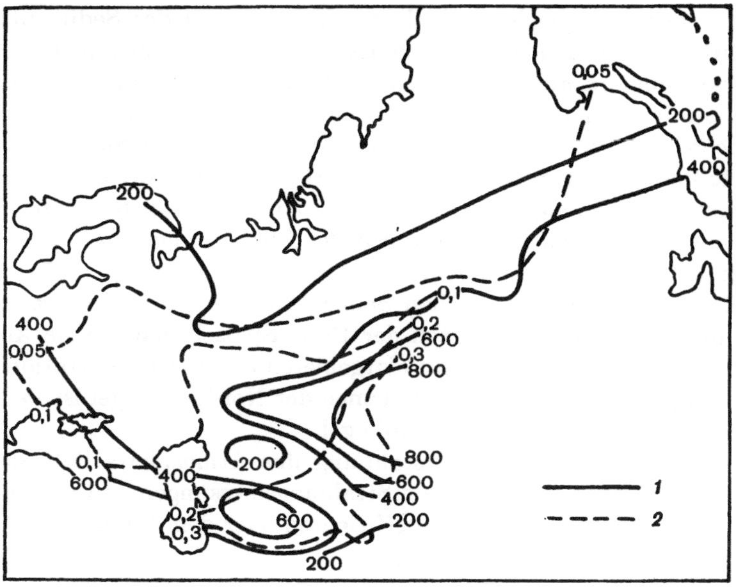

Abbildung 13.2.
Karte der Konzentrationsverteilung und der ausfallenden Aerosole
1 — Ausfall in t/(km² · Jahr) 2 — Konzentration in mg/m³

witterung des Bodens erfassen. Solche Angaben können sich besonders für Mittelasien und andere südliche Gebiete bei der Erforschung der Erosionsprozesse des Bodens, der Staubstürme, der Übertragungswege der Verstaubung usw. als wertvoll erweisen. Bei der Analyse der Beobachtungsergebnisse zeigte sich eine bestimmte Korrelation zwischen der erdnahen Verstaubung und den einzelnen Bodentypen, besonders in den südlichen Bezirken, für die eine starke Verwitterung des Bodens kennzeichnend ist. Das Beobachtungsmaterial analoger Untersuchungen in einigen anderen Ländern gestattet es, für fast alle Kontinente der nördlichen Halbkugel eine Karte zusammenzustellen. Die Versuchsergebnisse erlauben auch, den Jahresgang der Verstaubung in verschiedenen geographischen Zonen zu beurteilen. Im Verhältnis dazu gibt es nur wenig Angaben über die Zusammensetzung des Staubs über den Ozeanen, und man kann nur orientierende Schlußfolgerungen auf die Uferzonen ziehen.

Aus der Analyse der Meßdaten folgt im einzelnen, daß zum Beispiel über den ausgetrockneten Gebieten Mittelasiens infolge natürlicher Quellen der Wert der Staubkonzentration bedeutend höher liegt als in den Industriezonen der anderen Gebiete außerhalb der Städte. Das bestätigen auch Satellitenbeobachtungen, nach denen man über großen Gebieten Nordafrikas Südasiens und anderswo ständig Dunstschleier bemerkte, die in den Industriezonen außerhalb der Städte bislang nicht registriert wurden. In einzelnen Fällen bemerkte man, daß der Staub aus der Sahara bei Westwind Indien erreicht und Staub aus Südasien bis zu den Hawaii-Inseln getragen wird. Die braune Färbung des Dunstes weist in einer Reihe von Fällen auf die Herkunft vom Boden hin. Seine taubengraue Farbe fiel über einigen an Vegetation reichen Gebieten Amerikas und Afrikas auf. Einige Eigenschaften von Staubstürmen schilderten Grigorjew und Lipatow (1974) nach Auswertung kosmischer Beobachtungen.

Es wurden auch spektroskopische und chemische Analysen des Sedimentationsstaubs durchgeführt. Die Untersuchungsergebnisse zeigen, daß nicht nur in der Nähe der Industriebezirke, sondern auch in großen Entfernungen von ihnen die gleichen unterschiedlichen Stoffe enthalten sind. Neben den organischen und mineralischen Komponenten, wie zum Beispiel Sulfate und Chloride sowie andere Substanzen, enthält der Staub viele Metalle, darunter Pb, Cd, V, Fe, Al, Ni, Mn, Cu, Cr. Besondere Aufmerksamkeit kommt dem Blei zu, da es sehr giftig ist und in großen Mengen in den Emissionen des Kraftverkehrs enthalten ist. Auf der Erde werden durch den Kraftverkehr insgesamt 300000 t/a Blei emittiert. SCHIGALOWSKAJA u. a. (1974) verallgemeinerten die Ergebnisse von episodischen Beobachtungen der Konzentration von Spurenelementen in verschiedenen Gebieten der Erde. Speziell machen sie Angaben über die Verteilung von Pb und Cd. In den Polargebieten ist die Konzentration dieser Stoffe in der Luft am geringsten. Über den Ozeanen der Nordhalbkugel ist ihre Konzentration erheblich höher als auf der Südhalbkugel.

Die geographische Ausbreitung der Verstaubung der Atmosphäre läßt sich mit indirekten Methoden auf der Grundlage von Strahlungsmessungen untersuchen. Zu diesem Zweck benutzt man den Trübungskoeffizienten oder den Trübungsfaktor der

Tabelle 13.2.
Der Wert des Trübungsfaktors in Abhängigkeit von der geographischen Breite und vom Monat

Breite in Grad	I	II	III	IV	V	VI	VII	VIII	IX	X	XI	XII
45	2,24	2,38	2,30	2,67	2,85	2,91	3,38	3,01	2,60	2,66	1,87	1,95
50	1,49	2,54	2,04	2,76	2,85	3,15	3,14	2,72	2,68	2,26	2,06	1,74
55		2,18	2,06	2,79	2,88	3,00	3,05	2,91	2,76	2,41	2,00	
60		2,24	2,03	2,49	2,65	2,77	2,82	2,62	2,41	2,14	1,80	
65			2,13	2,64	2,37	2,36	2,65	2,37	1,97	2,18		
70				2,29	2,26	2,30	2,45	2,25	1,96	2,25		

Atmosphäre (PIWOWAROWA, 1968a, b, u. a.). Die Tabelle 13.2 zeigt Werte des Trübungsfaktors für verschiedene Breiten über dem Territorium der UdSSR im Verlaufe eines Jahres (RUSSINA, 1971). Den größten Wert des Trübungsfaktors registriert man in den mittleren Breiten (45–55°). Das ist möglicherweise durch den Einfluß von anthropogenen Faktoren bedingt.

Die Kenntnis über die vertikale Verteilung der Aerosole ist sehr gering, zudem ist größtenteils nur die berechnete Konzentration an Aerosolteilchen bekannt. Vergleichsweise vollständigere Angaben über die Verteilung der Zahl der Kondensationskerne über dem Territorium der UdSSR erhielt AITKEN durch Beobachtungen vom Flugzeug aus. SELESNEWA (1966) untersuchte die Gesetzmäßigkeiten dieser Verteilung in Abhängigkeit von meteorologischen und physikalisch-geographischen Bedingungen. J. S. SELESNEWA und M. I. JUDIN stellten im Gegensatz zu früheren Annahmen fest, daß sie in der unteren Hälfte der Stratosphäre nicht immer nach einem Exponentialgesetz mit der Höhe z abnehmen. Im Mittel wird die Abhängigkeit der Anzahl der Kondensationskerne $N(z)$ von der Höhe z durch die Formel

$$N(z) = N(0) \frac{c_0^2}{(c_0 + z)^2}$$

beschrieben. Dabei ist c_0 eine Konstante. Die Gesamtzahl der Kondensationskerne in der Luftsäule der Troposphäre läßt sich mit Hilfe dieser Formel abschätzen. Im europäischen Teil der Sowjetunion beträgt die Anzahl der Kondensationskerne in der Luftsäule, bezogen auf 1 cm^2, $1{,}5 \cdot 10^8$ in den nördlichen und $6 \cdot 10^8$ in den südlichen Gebieten. Nach Angaben anderer Beobachter erhielt man in der Regel ebenfalls, daß die berechnete Konzentration der Staubteilchen schnell mit der Höhe abnimmt. JUNGE (1965) fand allerdings in großen Höhen, speziell in der Stratosphäre in der Höhe von 20 bis 25 km, ein zweites Maximum an Aerosolen (s. Abb. 13.1), welches, wie er erklärte, durch die sich hier vollziehende Bildung von Aerosolen in Folge fotochemischer Reaktionen bedingt ist. Ähnliche stabile Schichten mit erhöhter Konzentration der Aerosole vermerkte man in der Folgezeit auch in anderen Arbeiten. Solche Schichten sind auch mit Temperaturinversionsschichten verbunden (IWLEW, 1969; KONDRATJEW u. a., 1973). Es ist offensichtlich, daß die vertikale Verteilung der Aerosole in bedeutendem Maß von dem Größenspektrum der Teilchen abhängt, da dadurch die Verweilzeit in der Atmosphäre bestimmt wird. Nach den bestehenden Vorstellungen haben die größten Teilchen, die sich auf die Luftschicht bis zu einer Höhe von 1 km konzentrieren, eine Verweilzeit T_0^* von 2—3 Tagen. Die Verweilzeit T_0^* der wesentlich kleineren Teilchen in der Statosphäre beträgt 5—30 Tage, manchmal sogar einige Monate.

Gewöhnlich beschreibt man die Abhängigkeit der Teilchenzahl vom Radius der Teilchen durch die Beziehung von JUNGE (1965)

$$\mathrm{d}N(r)/\mathrm{d}r = c' r^{-\beta'} \quad \text{mit} \quad \beta' \approx 4 .$$

Benutzt man diese Gleichung zur Bestimmung der Gewichtskonzentration q aus dem Volumen und der Dichte der Teilchen sowie ihrer Anzahl, so zeigt sich, daß die Änderung von q mit der Höhe hauptsächlich durch die Größe lg r_m der größten Teilchen mit dem maximalen Radius r_m und eine gewisse Variation der Konstanten c' mit der Höhe bestimmt wird. Das bedeutet, daß sich in einer Schicht von 1—10 km die Gewichtskonzentration für Teilchen, deren Größenspektrum nach der Formel von JUNGE berechnet wurde, nur unwesentlich ändern darf, obwohl die Konzentration der Teilchenzahl hier bedeutend schneller abnimmt. Angaben von JILLETA und BLIFFORD (1971) bestätigen dies.

Die Erforschung der Verteilung und der chemischen Zusammensetzung der Aerosole (Übersichten zu diesen Fragen sind in den Arbeiten von HARRIS (1976), KONDRATJEW (1977), MESZAROS (1977) u. a. enthalten) ist für die Lösung verschiedenartiger wissenschaftlicher und praktischer Probleme erforderlich. Umfangreiche Arbeiten in dieser Hinsicht wurden in Verbindung mit Untersuchungen zur Radioaktivität der Atmosphäre und der Ausbreitung von Produkten aus Kernexplosionen durchgeführt (JUNGE, 1965; STYRO, 1968; KAROL, 1972; ISRAEL, 1973, 1974).

In Gebieten mit großem Staubgehalt der Luft müssen die Ausbreitung und die Eigenschaften des Staubes bei der Einschätzung des Verschleißes der Freiluftanlagen berücksichtigt werden. Im Wolgagebiet, in Mittelasien und in anderen Gebieten sieht man spezielle Maßnahmen an den Freiluftanlagen von Gasleitungen, des Eisenbahnwesens und des Kraftverkehrs vor. Man schützt sich auch gegen das Eindringen von Staub in Räume. So wurden zum Beispiel einige Museumsräume nach dem Vorschlag von L. W. PETRJANOW gegen das Eindringen von Staub mit Filteranlagen ausgerüstet (WASSIN, 1974).

Von großer Bedeutung ist auch die Untersuchung von aggressiven Eigenschaften der Aerosole. Es ist bekannt, daß die Emissionen von Meeressalz die Korrosion von Metallen in der Uferzone verstärken (PETRENTSCHUK, 1977). Angaben über die Verringerung der Konzentration von Meeresaerosolen mit der Entfernung vom Strand und über ihre Zusammensetzung nutzt man zum Beispiel für die Bestimmung des Zeitintervalls, in dem die Korrosionschutzmaßnahmen an Hochspannungsleitungen wiederholt werden müssen. In letzter Zeit wurden im GGO einige experimentelle Arbeiten zur Erforschung der Ausbreitungsgesetze von Meeresaerosolen durchgeführt. J. S. SELESNEWA sammelte Angaben über die chemische Zusammensetzung der Niederschläge in den Uferzonen einiger Meere. Der Chloranteil in den untersuchten Aerosolen verringerte sich um 2—4mal bei einer Entfernung von 5—7 km vom Strand.

Auch einige Bodenaerosole besitzen aggressive Eigenschaften. Der Staub der Salzböden Mittelasiens enthält eine größere Menge von Sulfaten, die die Korrosion von Metall beschleunigen. Angaben über die Fläche solcher Böden, über die vertikale und horizontale Verteilung in der bodennahen Schicht über diesen Flächen muß man auch bei der Projektierung von Nachrichtenverbindungen und verschiedener anderer Einrichtungen berücksichtigen (SELESNEWA u. PETRENTSCHUK, 1974).

13.6. Die chemische Zusammensetzung der Niederschläge und des Wolkenwassers

Die Analyse der Zusammensetzung von Niederschlägen ermöglicht es, die Verschmutzung der Atmosphäre zu erforschen. Solche Arbeiten führte man in verschiedenen Ländern in den vergangenen 15 bis 20 Jahren durch (ERIKSON, 1970; PEARSON u. FISHER, 1971, u. a.).

SELESNEWA (1971, 1972a, b) und DROSDOWA u. a. (1964) faßten die Untersuchungsergebnisse über die Zusammensetzung der atmosphärischen Niederschläge über dem Territorium der UdSSR zusammen. Eine Analyse der Beobachtungsergebnisse aus einem Netz von 70 Stationen gestattete es, die mittleren Eigenschaften der Zusammensetzung der Niederschläge und die Menge der Mineralstoffe, die auf den Boden fallen, zu bestimmen. Die Beobachtungen wurden nach den Methoden durchgeführt, die im Abschnitt 7.4. dargestellt wurden. Nach den Hauptbestandteilen der Niederschläge stellte man charakteristische Karten für die einzelnen Monate und für das ganze Jahr zusammen. Daraus folgt, daß sich die Niederschlagskomponenten im wesentlichen zonal verteilen. Dabei erhöht sich der Mineralgehalt von Norden nach Süden hin.

In den nördlichen Waldzonen registrierte man die reinsten Niederschläge, deren mittlerer Mineralgehalt 8—15 mg/l beträgt. Zum Süden hin wächst er bis auf 20 bis 30 mg/l an und erreicht in Mittelasien 35—40 mg/l. Der Mineralgehalt wird in erster Linie von den Sulfaten und den Hydrokarbonaten bestimmt. Der Anteil der Chloride vermindert sich mit der Entfernung vom Meer in der kontinentalen Tiefe. Aus dem Mineralgehalt und der Niederschlagsmenge wurde geschätzt, daß auf das Territorium der UdSSR außerhalb der Städte mit den Niederschlägen 5—15 t/km^2 Mineralstoffe ausfallen. Wenn auf die Oberfläche des gesamten Erdballs jährlich $5 \cdot 10^{14}$ t Niederschläge fallen, so ergibt das bei einem mittleren Mineralanteil von

25 mg/l 10^{10} t Mineralsalze. Dieses Ergebnis dürfte für die Bodenkunde, die Agro- und Hydrochemie von Interesse sein (ALEKIN, 1970).

Der charakteristische Mineralgehalt in bestimmten Zonen kann als Bestätigung für vorherrschend natürliche Staubquellen in diesen Gebieten angesehen werden. Allerdings sind die künstlichen Komponenten in den Industriezonen und im Süden des europäischen Territoriums der Sowjetunion bedeutend, wo sie auch in großen Entfernungen von Städten auftreten.

Um die Rolle der Industriequellen zu erkunden, sind Teilbeobachtungen in der Umgebung von Leningrad und im Donbass organisiert worden. Die Beobachtungsergebnisse zeigen eine allgemeine Erhöhung des Verschmutzungsgrades der Niederschläge, besonders aber im Donbass. Es werden auch umfangreiche Untersuchungen der Zusammensetzung des Wolkenwassers über dem Gebiet der UdSSR durchgeführt (SELESNEWA u. PETRENTSCHUK, 1971; PETRENTSCHUK, 1968). Es zeigte sich, daß die Zusammensetzung des Regenwassers wesentlich vom Charakter der Bewölkung und den synoptischen Verhältnissen und nur in geringem Grade von den konkreten physikalisch-geographischen Bedingungen beeinflußt wird. Die größte Konzentration mineralischer Stoffe (bis 100 mg/l) fand man in den Wolken unterhalb von Inversionsschichten, die geringste in Wolkenfronten (6—7 mg/l).

Einige Autoren nehmen an, daß Chloride die wesentliche Komponente der Kondensationskerne, aber auch der löslichen Beimengungen in den Niederschlägen sind. SELESNEWA (1972) wies nach, daß sich das im Experiment nicht bestätigt. Obwohl der Anteil von Chloriden im Wolkenwasser höher ist (ungefähr 40%) als in den Niederschlägen, bilden die Sulfate den Hauptbestandteil (ca. die Hälfte). Auf die chemische Zusammensetzung der Niederschläge in den Zonen starker atmosphärischer Verschmutzung ist die Auswaschung der Beimischungen aus den Schichten unterhalb der Wolken von größtem Einfluß. Ihr Anteil erreicht 75—80%, von Industriegebieten entfernt dagegen, wie in der Tundra oder in der Taiga, nur 45—50%.

Aus der Analyse von Niederschlägen lassen sich einige Schlußfolgerungen über das Verhältnis der Einflüsse natürlicher und anthropogener Quellen auf die chemische Zusammensetzung der Niederschläge ziehen (SELESNEWA, 1972; BERLJAND u. SELESNEWA, 1973). Der Anteil der anthropogenen Komponenten erreicht auf dem europäischen Territorium der Sowjetunion 25—40%, in Sibirien und Mittelasien ungefähr 75%. Der Anteil an Flugstaub beträgt in Mittelasien ca. 70%, in Sibirien und im Süden des europäischen Territorium der Sowjetunion 40%, im Norden 30%. Der Chloridanteil der Aerosole natürlichen Ursprungs beträgt in Sibirien 24%, auf dem europäischen Territorium der Sowjetunion 15—20% und in Mittelasien 80%. Wenn die Angaben vom Territorium der Sowjetunion annähernd auf den gesamten Kontinent Eurasien verallgemeinert werden, so macht der Anteil der Meeresaerosole 15 bis 20% aus. 80—85% der Mineralien in den atmosphärischen Niederschlägen sind kontinentalen Ursprungs. Das stimmt grundsätzlich auch mit den Schlußfolgerungen aus der Tabelle 13.1 überein. Hier beträgt bei einer insgesamt anfallenden Aerosolmenge von $2{,}3 \cdot 10^9$ t der Anteil der Meeresaerosole $700 \cdot 10^6$ t.

Aus den Angaben über die mittlere Zusammensetzung der Beimischungen in einer Volumeneinheit der Niederschläge erhält man für die Gesamtmenge an Mineralien, die auf die nördliche Halbkugel mit den Niederschlägen fallen, ca. 10^9 t.

13.7. Die Verschmutzung der Stratosphäre und der Einfluß der Emissionen von Strahlflugzeugen. Das Ozonproblem

Gegenwärtig ist der Einblick in die Verschmutzung der Stratosphäre noch gering. In diesem Kapitel sind schon einige Eigenschaften dieser Verschmutzung angeführt worden (Abb. 13.1 u. a.).

Insgesamt gelangen in die Stratosphäre weniger als ein Viertel der Gesamtmenge an Beimengungen, die die gesamte Atmosphäre enthält (JUNGE, 1972). Kurzzeitig werden große Mengen an Gas und kleindispersem Staub in eine Höhe von 30—45 km durch gewaltige Vulkanausbrüche geschleudert. Die darin enthaltenen SO_2- und H_2S-Anteile wandeln sich in Sulfate um, die, wie Beobachtungen zeigen, als bestimmende Anteile in der Schicht des zweiten Aerosolmaximums vorkommen. (s. Abb. 13.1). Die Verweilzeit der Aerosole in der Stratosphäre erreicht ein bis zwei Jahre, in der Troposphäre dagegen weniger als einen Monat.

Es ist zu bemerken, daß die planmäßige Erforschung der Stratosphäre erst beginnt. Ein wesentliches Stimulans dafür ist die Notwendigkeit, den Einfluß der Emissionen der Strahlflugzeuge auf die Ozonschicht einzuschätzen. Diese Fragestellung ergibt sich aus der schnellen Entwicklung des Luftverkehrs mit Strahlflugzeugen, der Steigerung der verbrauchten Treibstoffmenge und der gestiegenen Flughöhe. Der Treibstoffverbrauch nur eines Überschallflugzeuges beträgt ungefähr 30 t/h, seine Flughöhe 15—20 km (d. h. Stratosphärenniveau). Beim Flug wird in die Stratosphäre eine bedeutende Menge an Beimischungen emittiert. KAROL (1974) gibt Werte dafür an. In den USA erhöhte sich von 1963 bis 1970 der Verbrauch von Treibstoffen durch die zivile Luftfahrt 3,2fach. In dieser Zeit wuchs in der UdSSR der Umfang der Fracht- und Passagierflüge auf das 2,1- bzw. 3,1fache. Bis zu den Jahren 1985 bis 1990 schätzt man die Gesamtemission (in 10^3 t/Jahr) durch Überschallflugzeuge (ohne Berücksichtigung der UdSSR) in die Stratosphäre auf ca. 100 bei SO_2, 350 bei NO_x, 115 bei CO und ungefähr 170 bei den Aerosolen (einschließlich ihrer Bildung aus den gasförmigen Beimischungen).

Die Emission von Wasserdampf in die Troposphäre kann zur Zunahme der Bewölkung der oberen Schichten führen. Die Einwirkung auf die Stratosphäre ist jedoch unbedeutend, da sie weitaus geringer als die Feuchtigkeitsmenge ist, die zur Sättigung der Luft erforderlich wäre. Im Prozeß der fotochemischen Reaktionen mit Beteiligung des Wasserdampfes bilden sich Verbindungen, die die Ozonschicht beeinflussen können.

In der Stratosphäre, in der es keine Bewölkung gibt und die Intensität der Sonneneinstrahlung sehr groß ist, sind die Bedingungen für die Fotosynthese noch günstiger als in den niederen Luftschichten. Hier laufen einige Zyklen der fotochemischen Reaktionen ab (s. Abschn. 5.8.). Dazu zählt man die sogenannten Stickstoff-, Wasserstoff-, Sauerstoff- und Halogenzyklen (TALROSE u. a., 1978). Besondere Aufmerksamkeit widmet man gegenwärtig den Emissionen der Stickstoffoxide, die durch die hohen Temperaturen bei der Verbrennung des Treibstoffs in den Flugzeugtriebwerken entstehen. Fast 4% der Masse des verbrannten Treibstoffs werden in Stickoxide umgewandelt. Die Emissionen von SO_2 sind ca. 40mal geringer. Aber auch sie muß man als wesentliche Quellen für die Bildung von Aerosolen berücksichtigen. Man nimmt an, daß die Stickstoffoxide im Ablauf der fotochemischen Reaktion die Ozonschicht (O_3) zerstören können. Das Konzentrationsmaximum des Ozons liegt in einer Höhe von 20—30 km. In diesem Zusammenhang stellt man auch die Frage, welche Rolle die Freone spielen, deren breite Anwendung in der Dienstleistungschemie und in der Agrotechnik bekannt ist. Die Produktion der davon am weitverbreitsten, Freon-11 ($CFCl_3$) und Freon-12 (CF_2Cl_2), wuchs nach Angaben von BASUK (1975) von 1960 bis 1972 jährlich um 22% und betrug 1972 500000 t. 1974 emittierte man allein in den USA 400000 t Freone. Nach MCCARTHY u. a. (1977) beträgt die Gesamtweltproduktion vom Produktionsbeginn bis Ende 1975 schätzungsweise 3430000 t Freon-11 und 5080000 t Freon-12. Nach diesen Abschätzungen beträgt die Emission in die Atmosphäre 95% der Gesamtproduktion. PACK u. a. (1977) zeigen durch Meßergebnisse aus den Jahren 1970 bis 1975, daß das Anwachsen der Freonkonzentration in der Atmosphäre zur Steigerung der Freonemission proportional ist. Überaus beständig an der Erdoberfläche (ihre Lebensdauer beträgt ca. 10 Jahre) können sie in die Stratosphäre steigen und aktiv an den fotochemischen Reaktionen teilnehmen. Sie können so auch das Ozon verringern.

Nach Berechnungen von CRUTZEN (1974), ROWLAND und MOLINÁ (1978) und anderen müßte der Ozongehalt schon merkbar vermindert sein. Entsprechend nicht eindeutigen Abschätzungen müßte das gegenwärtige Wachstumstempo der Freonemission und der Emissionen anderer Halogenverbindungen in den nächsten 20—30 Jahren die Ozonschicht zerstören. Es gibt aber auch andere Aussagen darüber. So ist nach Anaben von PARRY (1977) der Ozongehalt über der Nordhalbkugel im Mittel von 1960 bis 1975 völlig konstant geblieben, man stellte sogar schwache Tendenzen einer Ozonsteigerung fest. Es ist möglich, daß die Freone nicht nur in der Stratosphäre, sondern auch in den Ozeanen abgebaut werden. Die Ozonschicht ist deutlicher bestimmbar, wenn man anstelle des Mischungsverhältnisses die Konzentration des Ozons betrachtet (s. Abb. 13.1). Ihr Wert liegt in der unteren Hälfte der Troposphäre bei ca. 0,05 mg/m^3, in einer Höhe von 25 km bei 0,3 mg/m^3 und über 30 km Höhe bei 0,1 mg/m^3. Diese Schicht spielt bei der Absorption der ultravioletten Strahlung der Sonne eine sehr wichtige Rolle.

Bis zum Ende des 20. Jahrhunderts verändert sich der Anteil von O_3 nach unterschiedlichen Schätzungen um 5—10% bzw. um 20—30%. Rechnungen zeigen, daß das keine bedeutenden Temperaturänderungen in der Nähe der Erdoberfläche zur Folge haben muß. Die Zirkulation der Luftmassen in der Stratosphäre kann sich jedoch verändern. Auch unerwünschte Auswirkungen auf die Biosphäre sind nicht auszuschließen. Infolge der Erhöhung der auf die Erdoberfläche gelangenden ultravioletten Strahlung ist ein Anwachsen von Krebserkrankungen, zum Beispiel der Haut, nicht ausgeschlossen. Tatsächlich sind solche Erwägungen bis jetzt natürlich unzureichend begründet. Aus den Beobachtungen ist es noch nicht möglich, auf anthropogene Einflüsse zu schließen, da sie gegenwärtig noch in den Grenzen der natürlichen Schwankungen liegen. Eine große Menge von Stickstoffoxiden, vergleichbar mit den bis 1990 zu erwartenden Emissionen der Strahlflugzeuge, gelangte schon in die Stratosphäre, als die Kernwaffen erprobt wurden. Merkbare Veränderungen in der Ozonschicht konnten nicht nachgewiesen werden (GOLDSHMITH u. a., 1973).

In den letzten Jahren entdeckte man, daß durch biologische Prozesse sehr große Mengen Stickstoffoxid in die Atmosphäre abgesondert werden. Die erwarteten Emissionen der Überschallflugzeuge werden von diesen Mengen übertroffen, falls sie in die Stratosphäre gelangen (SCORER, 1973). In dem Buch „Inadvertent Climate Modification" (1971) wird angeführt, daß es gegenwärtig nicht möglich ist, genaue Schlußfolgerungen über die Auswirkungen der reaktiven Luftfahrt auf die Stratosphäre zu ziehen. Dennoch ist diese Frage sehr ernst zu nehmen und verlangt eine zielstrebige Erforschung. In den USA und in einigen anderen Ländern sind umfangreiche Forschungsprogramme über die Folgen der Verschmutzung der Stratosphäre vorhanden (Grobecker, 1972).

Auf ihrer Grundlage wurde eine sechsbändige Monographie Climatic Impact Assessment Program (Ciap, 1975) zusammengestellt, aus der hervorgeht, daß die Ozonschicht auch durch die Emissionen des Luftverkehrs beeinflußt wird, besonders durch Stickstoffdioxid, allerdings nur in bedeutend niedrigerem Maß, als man das früher annahm.

Wegen des geringen Umfangs und der Schwierigkeiten von Beobachtungen über die Verschmutzung der Stratosphäre kommt den Modellen der globalen Ausbreitung von Beimischungen und des Massenaustauschs zwischen Stratosphäre und Troposphäre wesentliche Bedeutung zu. Sie wurden von I. L. Karol, P. Crutzen, S. Manabe, E. Helwud und anderen auf Grund theoretischer Forschungen ausgearbeitet. (Karol, 1974; Grobecker, 1973). In ihren Veröffentlichungen wird die Abhängigkeit zwischen der Verteilung der Beimischungen in der Stratosphäre und den Bedingungen des turbulenten Makroaustauschs dargelegt. Das Abfließen der Beimischungen aus der Stratosphäre in die Troposphäre über die Tropopause im Bereich der Subtropen ruft das Wintermaximum der Austauschintensität außerhalb der Tropen hervor.

SO_2, H_2S und N_2O dringen im Sommer intensiv in die Stratosphäre aus den niederen Schichten der Atmosphäre ein. Das wird durch das Turbulenzmaximum in der Troposphäre der gemäßigten und höheren Breiten in dieser Zeit bedingt.

13.8. Tendenzen der globalen Verschmutzung der Atmosphäre und ihr Einfluß auf das Klima. Das Anwachsen des CO_2-Anteils und der Aerosole, Probleme des Sauerstoffs

Mit dem Anwachsen der Städte wird sich die Hauptmenge der Emissionen in die Atmosphäre vor allem auf kleinere Zonen um diese konzentrieren. Die Gesamtfläche dieser Zonen liegt gegenwärtig noch weit unter einem Zehntel der Gesamterdoberfläche. In absehbarer Zukunft bleibt sie auch weiterhin gering, wenn sie auch um mehr als eine Größenordnung anwachsen sollte. Als Folge bemerkt man eine Erhöhung der Verschmutzung der Luft in größeren Entfernungen von den Städten. Die globale Verschmutzung der Atmosphäre wird durch die Registrierung des CO_2-Gehalts besonders deutlich. In den letzten 15—20 Jahren führte man solche Beobachtungen an verschiedenen Punkten des Erdballs durch. Abbildung 13.3a zeigt die Tendenzen des CO_2-Anstiegs. Diese charakteristischen Verläufe wurden auf Grund der Meßergebnisse für praktische Zwecke aufgestellt. (Machta, 1972; Rotty u. Weinberg, 1977)

Zur Charakterisierung der zeitlichen Änderung der CO_2-Konzentration in großen Entfernungen von den Industriegebieten benutzt man oft die Angaben des Observatoriums Mauna Loa, das auf Hawaii in einer Höhe von 3500 m stationiert ist. Abbildung 13.3b enthält für den Zeitraum von 1958 bis 1975 (in letzter Zeit wurden von den Autoren in dieses Diagramm Änderungen eingearbeitet, die infolge verbesserter Eichung der benutzten Geräte die Genauigkeit aller Daten auf 3 ppm anheben) nach diesen Angaben die mittlere monatliche Konzentration von CO_2 in millionstel Teilen. Richten wir die Aufmerksamkeit auf den sägezahnförmigen Verlauf der gegebenen Kurve, der durch den Jahresgang der CO_2-Konzentration bedingt ist. Die Amplituden sind verhältnismäßig groß (sie betragen 6—7 ppm) und werden wahrscheinlich durch den Jahresablauf der Vegetation hervorgerufen. Die geringste

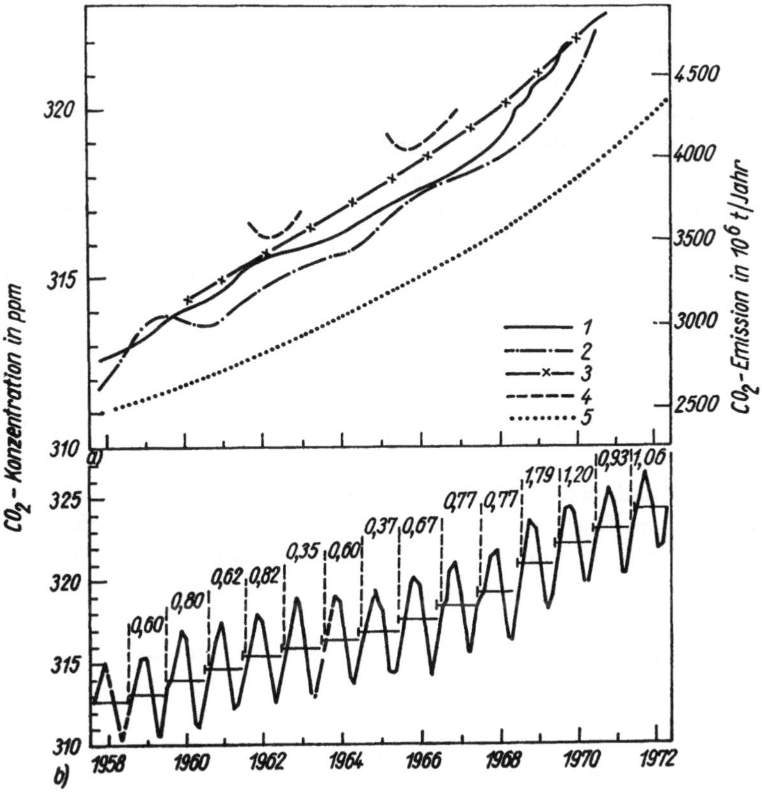

Abbildung 13.3.
Zeitliche Änderungen der mittleren monatlichen CO_2-Konzentrationen (a, b) und jährliche CO_2-Emission (a)

1 — Mauna Loa, 2 — Südpol, 3 — Schwedische Flugzeuge, 4 — Kap Barrow, Alaska, 5 — jährliche CO_2-Emission

CO_2-Konzentration registriert man im Oktober, die maximale im Mai. Analoge Resultate erhält man auch aus Angaben über Beobachtungen, die man in Skandinavien und Nordalaska durchgeführt hat, wo die Vegetation stärker entwickelt ist. Die Jahresamplitude ist hier fast zweimal größer als auf Hawaii. In der Antarktis ist umgekehrt die Jahresamplitude zweimal geringer als auf Hawaii. Aus den Werten der Kurve von Abbildung 13.3b folgt weiter, daß die mittlere Jahreskonzentration von Jahr zu Jahr allmählich anwächst. Im Mittel beträgt für die Periode von 1958 bis 1972 der jährliche Zuwachs annähernd 0,65 ppm. Das ist natürlich anthropogenen Faktoren zuzuschreiben. Nach der Menge des jährlich verbrannten Brennstoffs müßte die Konzentration des CO_2 annähernd 1,2 ppm betragen. Folglich hält sich nur die

Hälfte des gebildeten CO_2 in der Atmosphäre. Dieses Verhältnis ist ungenau. Im Jahr 1969 betrug der Zuwachs 1 ppm. In der Antarktis registrierte man auch einen CO_2-Konzentrationszuwachs von 1 ppm im Jahr. Nach Meinung einiger Autoren halten sich nur 35—40% des bei der Verbrennung von Heizmaterial erzeugten CO_2 in der Atmosphäre. Das kann zum Teil mit der erhöhten Absorption durch Pflanzen zusammenhängen als auch durch eine intensivere Fotosynthese infolge des gestiegenen CO_2-Gehalts der Atmosphäre bedingt sein. Einige Wissenschaftler, zum Beispiel Winogradow (1971), nehmen an, daß die Fotosynthese das Anwachsen der CO_2 Emission kompensieren kann. Nach der Meinung von Bolin und Bishof (1970) wirkt die verstärkte Lösung des CO_2 im Ozean als Hauptmechanismus der Kompensation.

In Abbildung 13.3a werden für die betrachtete Beobachtungsperiode auch Angaben über die jährliche CO_2-Emission infolge der Verbrennung fester Brennstoffe gemacht. Sie stimmen mit den Aussagen von Rotty und Weinberg (1973) überein. Richten wir unsere Aufmerksamkeit auf das schnelle Anwachsen dieser Emissionen. Allein in den letzten 15 Jahren stiegen sie um mehr als $2 \cdot 10^9$ t/Jahr. Nach den Angaben von Rotty (1973) stieg die Emission in den vergangenen 100 Jahren bis zum Jahr 1958 insgesamt nur um $2{,}4 \cdot 10^9$ t/Jahr.

Nach den bestehenden Einschätzungen erwartet man bis 1980 einen Zuwachs des Weltverbrauchs an Brennstoffen von annähernd 4% im Jahr. Danach verringert sich dieser Zuwachs auf 3,5% bis zum Jahr 2000 infolge der größeren Anwendung der Atomenergie. Auf dieser Grundlage schätzten Machta und andere Autoren (1972), daß der Anteil von CO_2 in der Atmosphäre von 1970 bis 2000 um 20% anwächst und dann 0,038% erreicht (Inadvertent Climate Modification, 1971). Die langwellige Strahlung wird vom CO_2 stark absorbiert. Steigt der CO_2-Anteil, so erhöht sich die Lufttemperatur infolge des sogenannten Treibhauseffektes, falls die Sonneneinstrahlung annähernd erhalten bleibt, die Wärmeabstrahlung aber durch den gestiegenen CO_2-Anteil abnimmt.

Nach Berechnungen von Manabe und Wetherald (1967) kann ohne Berücksichtigung des Wolkeneinflusses das Anwachsen der CO_2-Konzentration bis zum Jahr 2000 eine Erhöhung der mittleren Lufttemperatur in der Stratosphäre um 1 K, in der Troposphäre um 0,5 K bewirken, bei gewissen Temperaturverminderungen der Luft in höheren Breiten.

Mit dem Anwachsen des CO_2 infolge des erhöhten Brennstoffverbrauchs ist das Problem der Einschätzung der Sauerstoffverminderung in der Atmosphäre verbunden. Dawitaja (1971a, b) bemerkt, daß in den letzten 50 Jahren fast $250 \cdot 10^9$ t Sauerstoff verbraucht wurden, das sind 90% des Sauerstoffverbrauchs für die Verbrennung von Heizmaterial während der gesamten Periode der menschlichen Entwicklung. Das entspricht nur 0,02% der Gesamtmenge des in der Atmosphäre enthaltenen Sauerstoffs. Würde man den gesamten vorhandenen Treibstoff verbrennen, so wäre der Verlust von Sauerstoff auch in diesem Falle nicht groß (0,2%). Aus diesen Darlegungen und auch aus der Analyse der Angaben über die direkte Beobachtung des Sauerstoffanteils der Luft in den letzten zehn Jahren schließen Machta und Hughes (1970), daß das Sauerstoffproblem nicht aktuell ist. Dawitaja weist jedoch auf die Notwendigkeit hin, die gesamten Brennstoffvorräte im Erdinnern zu berücksichtigen. Ihre Nutzung kann zu einer katastrophalen Verminderung des Sauerstoffs führen. Bildhaft spricht man davon, daß die letzte Tonne Sauerstoff früher verbrannt sein wird als die letzte Tonne Brennstoff.

Die CO-Emission in die Atmosphäre wächst durch den anwachsenden Automobilpark auf der Welt schnell an. Nach SEILER (1974) vergrößerte sie sich von 1950 bis 1970 von $200 \cdot 10^6$ auf $600 \cdot 10^6$ t pro Jahr und wird im Jahr 2000 $2 \cdot 10^9$ t pro Jahr erreichen, wenn dieses Wachstumstempo erhalten bleibt.

Der Brennstoffverbrauch bewirkt auch eine direkte Wärmeabgabe in die Atmosphäre oder — mit der Terminologie des Abschnitts 11.9. — eine Wärmeverschmutzung der Atmosphäre. Abschätzungen ergeben, daß sich dadurch die Lufttemperatur auf der Erde in den nächsten 50 Jahren im Mittel um 0,5 K erhöhen wird (Energy and Climate, 1977).

Die Verschmutzungstendenzen der Atmosphäre wurden auch mit Hilfe der Beobachtungsergebnisse über die Zusammensetzung der Beimischungen in den Niederschlägen erforscht. Jedoch hat man zählbare Resultate noch nicht erhalten. ERIKSON (1970) wies darauf hin, daß in den letzten 15 Beobachtungsjahren in einigen west-

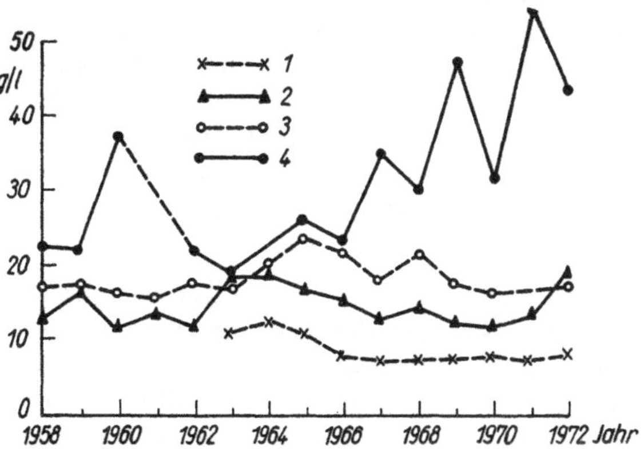

Abbildung 13.4.
Zeitliche Änderung des Niederschlags von Mineralen (mg/l)

1 — Turuchansk im Krasnojarsker Gebiet, 2 — Wojeikowo im Leningrader Bezirk, 3 — Wysokaja Dubrawa im Swerdlowsker Bezirk, 4 — Ogurzowo im Bezirk Nowosibirsk

europäischen Ländern der Anteil des Schwefels und der Chloride in den Niederschlägen von Jahr zu Jahr stark schwankt und es deshalb schwer ist, bestimmende Tendenzen einer Veränderung aufzuklären. Analoge Ergebnisse erhielt man auch aus den Beobachtungen über einen Zeitraum von 15 Jahren (Beginn 1958) in einigen Stationen auf dem Territorium der UdSSR. E. S. SELESNEWA gelang es nicht, in den Jahresmittelwerten und in den geglätteten fünfjährigen Mittelwerten des Mineralgehalts und der Schwefelsäurekonzentration in den Niederschlägen Änderungstendenzen nachzuweisen.

Abbildung 13.4 (BERLJAND u. SELESNEWA, 1974) enthält die Beobachtungsergebnisse von vier Stationen unter verschiedenen physikalisch-geographischen Bedingungen. Ein Anwachsen des Mineralgehalts wurde nur in Ogurzowo, einer Vorstadt Nowosibirsks, bemerkt. Das ist offensichtlich eine Folge der Nähe des Stadtgebietes. Wesentliche Veränderungen des Mineralgehalts von Jahr zu Jahr sind hier und auch in anderen Stationen im wesentlichen von der Menge der Niederschläge abhängig. Bekannt wurden Ergebnisse (DAWITAJA, 1965) über die Staubsedimentation auf den Gletschern des Kaukasus. Danach veränderte sich die Verstaubung der Luft von

1870 bis 1930 verhältnismäßig wenig. Infolge der industriellen Entwicklung stieg dann aber die Menge des sich ablagernden Staubes auf das 20fache. ROBBINS u. a. (1973) analysierten die Zusammensetzung der Luft durch Eisproben in Grönland und in der Antarktis. Das Alter der Eisproben lag zwischen 100 bis 2500 Jahren. Sie stellten fest, daß sich der CO_2-Anteil nicht veränderte, die CH_4-Konzentration aber auf das Doppelte stieg.

Andere Aussagen zur Veränderung der Verstaubung der Atmosphäre wurden auf der Grundlage vorhandener Beobachtungen über die Leitfähigkeit der Atmosphäre gemacht, deren Größe wesentlich vom Aerosolgehalt der Luft abhängt. Man konnte Ergebnisse von Beobachtungen auf Schiffen aus den Jahren 1907 und 1968 in denselben Gebieten des Atlantiks vergleichen (COBB u. WELLS, 1970). Es zeigte sich, daß in dieser Periode über dem Nordatlantik die Verstaubung sich auf fast das Doppelte erhöhte, aber im südlichen Teil des Stillen Ozeans praktisch nicht änderte. Einzelne Beobachtungen weisen auf ein Anwachsen des Anteils der Beimischungen in der Atmosphäre in einigen Gebieten hin, die weit entfernt von Industriezentren liegen. Die Ergebnisse haben zweifellos große Bedeutung, jedoch tragen sie alle zufälligen Charakter. Nach HIDY und BROCK (1971) erhöht sich die Gesamtmenge der Aerosole bis 1990 um annähernd 5%, aber bis zum Jahre 2000 um 10%. Die Autoren des Buches „Inadvertent Climate Modification" (1971) meinen, daß sich der Anteil der Aerosole anthropogenen Ursprungs bis zum Jahr 2000 auf das Doppelte erhöht, wobei der Anteil der Sulfatteilchen 90% erreichen wird.

ELSASSER führte indirekte Abschätzungen zur Änderung des Aerosolgehaltes in der Atmosphäre auf Grund von Leitfähigkeitswerten der Luft, glaziologischer Untersuchungen und auch durch direkte Messung der Verstaubung in 20 ländlichen Stationen der USA von 1958 bis 1966 sowie durch Beobachtungen in Städten verschiedener Länder durch und erhielt, daß das Anwachsen der Verstaubung relativ gering voranchreitet und 0,06–0,4% im Jahr beträgt (SINGER, 1975).

Die zunehmende Verstaubung der Atmosphäre ist neben dem Anwachsen der CO_2-Konzentration als zweiter Faktor anzusehen, der von wesentlichem Einfluß auf das Klima unseres Planeten sein kann. Man nimmt an, daß sie eine Abkühlung der Atmosphäre hervorrufen wird (BUDYKO, 1970, 1974; Man's impact on the Global environment, 1970; KONDRATJEW u. a., 1973; BERLJAND u. a., 1973a, u. a.). Der Charakter des Aerosoleinflusses auf die Veränderung des Wärmehaushalts der Atmosphäre soll hauptsächlich qualitativ untersucht werden. Die quantitativen Effekte dieses Einflusses sind bis jetzt nicht ausreichend geklärt. Die Kompliziertheit der Verhältnisse sieht man daran, daß sich bei insgesamt verringerter Strahlung in der verstaubten Luft die Streuung und Absorption der Strahlung verschieden auf die Temperatur der Atmosphäre auswirken.

Die Veränderung des thermischen Zustandes infolge der Luftverschmutzung kann sich durch die sogenannte Rückkopplung verstärken. In diesem Zusammenhang ist es wichtig, die Veränderung der Eisdecke in den arktischen Zonen zu berücksichtigen. Sinkt infolge erhöhten Aerosolgehalts der Atmosphäre die Lufttemperatur, so wächst die Eisfläche an. Das führt der Reihe nach zum Anwachsen des Reflexionsvermögens der Erdoberfläche und zur Verringerung der Strahlungsabsorption. Folglich muß die Temperatur der Atmosphäre noch weiter absinken, was zur weiteren Vergrößerung der arktischen Eisfläche führt.

Eine Erwärmung der Atmosphäre auf Grund des Anwachsens der CO_2-Konzentration führt umgekehrt zu einer Verschiebung der Grenze des arktischen Eises in höhere Breiten und folglich zu einer Erwärmung der Luft usw.

Insgesamt ist der Einfluß der Luftverschmutzung auf das Klima noch ungenügend bekannt. Einerseits soll der Effekt des CO_2-Zunahme und damit der merklichen Erwärmung des Klimas vorherrschen, zum anderen aber seine Abkühlung, infolge der verstärkten Verstaubung. Eine wesentliche Rolle können auch Veränderungen der Ozonschicht spielen. In diesem Zusammenhang wurden 1977 spezielle Aussagen der WMO getroffen, in denen auf die notwendigen weiteren Untersuchungen zu diesem Problem hingewiesen wird.

13.9. Nutzung aktinometrischer Meßwerte zur Einschätzung von Tendenzen der Verstaubung der Atmosphäre

Gegenwärtig kann die Wertung der Tendenzen in der Veränderung des Aerosolgehaltes der Atmosphäre hauptsächlich durch die Nutzung aktinometrischer Meßwerte erfolgen. Eine Reihe von Einschätzungen über die Veränderung der Transparenz der Atmosphäre nach Langzeit-Meßreihen der direkten Sonnenstrahlung wurden bereits ausgeführt. Budiko (1971, 1974), McCormick und Ludwig (1967), Yamamoto (1968), Piwowarow (1968), Dawitaja (1971b) und Tawartkiladse (1970) stellten die systematische Senkung der direkten Strahlung nach den Beobachtungsdaten des letzten Jahrzehnts fest. Es ist jedoch schwer, wie schon in Kapitel 8 bemerkt wurde, bei der Analyse der direkten Strahlung den Einfluß des Wasserdampfs auszuschließen. Man will dazu die Streustrahlung bei klarem Himmel benutzen, da ihre Abweichung von den Werten der Rayleigh-Streuung in der Hauptsache durch den Aerosolgehalt bestimmt wird. Die Werte der Streustrahlung nutzte man effektiv zur Einschätzung der Veränderung des Zustandes der Luftverstaubung, speziell infolge von Vulkantätigkeit. Der Entwicklung dieser Untersuchungen ist die Arbeit von Berljand u. a. (1974) gewidmet. Darin werden die Beobachtungen über die Intensität der Streuung D und der direkten Strahlung S für den Zeitraum 1961 bis 1970 von 16 Orten in verschiedenen Gebieten der UdSSR analysiert.

Die Analysemethode bestand in der Auswahl von Fällen, in denen der Himmel wolkenlos war und eine maximale Transparenz der Luft vorlag. Dabei erreicht die Streustrahlung ein Minimum. Dadurch kann die Veränderung des Grundzustandes der Atmosphäre, charakterisiert durch Zustände mit vergleichsweise sauberer Luft, abhängig von der Zeit beurteilt werden. In der Tabelle 13.3 sind die Ergebnisse der Untersuchungen für eine Sonnenhöhe von 40–45° dargestellt. Aus der Tabelle ist ersichtlich, daß die Mehrzahl der Punkte ein gewisses Anwachsen der Streustrahlung erkennen läßt. Es ist möglich, daß das durch eine gestiegene Luftverstaubung bewirkt wird. Für die Erforschung des Wärmehaushaltes der Atmosphäre ist der Zusammenhang zwischen der Streuung und der Absorption der Sonnenstrahlung wichtig. Von diesem Verhältnis kann eine überwiegende Abkühlung oder Erwärmung der Atmosphäre auf Kosten der Verminderung der Strahlung abhängen. Für die Analyse der Versuchswerte (Tab. 13.3) wurde die Theorie der Strahlungsübertragung in der verstaubten Atmosphäre benutzt, die in den Arbeiten von Berljand u. a. (1974a) sowie in den Abschnitten 8.4. und 8.5. dargelegt wurde. Diese Theorie hat auch einen

Tabelle 13.3.
Werte der direkten (S) und der diffusen Strahlung (D) bei wolkenfreiem Himmel und maximaler Sicht

Ort	Jahre									
	1961–1962		1963–1964		1965–1966		1967–1968		1969–1970	
	D	S	D	S	D	S	D	S	D	S
Aralsee	0,11	1,41	0,13	1,37	0,15	1,33	0,15	1,36	0,16	1,34
Archangelsk	0,10	1,39	0,11	1,34	0,14	1,33	0,15	1,29	0,13	1,36
Bolschaja Elan (Südsachalin)	0,12	1,24	0,17	1,40	0,13	1,32	0,13	1,14	0,16	1,27
Borispol (Kiew)	0,12	1,24	0,10	1,31	0,18	1,24	0,12	1,27	0,17	1,28
Werchojansk	0,10	1,35	0,09	1,38	0,10	1,34	0,09	1,31	0,11	1,30
Wojeikowo (Leningrad)	0,08	1,39	0,11	1,30	0,17	1,20	0,10	1,35	0,13	1,34
Irkutsk	0,08	1,32	0,10	1,30	0,11	1,35	0,15	1,35	0,12	1,37
Kuibyschew	0,09	1,36	0,10	1,42	0,10	1,34	0,12	1,34	0,13	1,40
Odessa	0,10	1,31	0,11	1,20	0,12	1,25	0,13	1,25	0,12	1,33
Omsk	0,10	1,24	0,12	1,24	0,13	1,09	0,15	1,38	0,10	1,24
Petropawlowsk-Kamtschatka	0,11	1,34	0,12	1,35	0,11	1,32	0,11	1,31	0,12	1,26
Gartenstadt (Wladiwostok)	0,12	1,49	0,12	1,43	0,13	1,41	0,13	1,36	0,12	1,31
Taschkent	0,13	1,46	0,11	1,42	0,11	1,34	0,14	1,29	0,13	1,44
Tbilissi	0,10	1,38	0,13	1,30	0,14	1,21	0,13	1,47	0,12	1,44
Tschita	0,11	1,34	0,10	1,31	0,14	1,18	0,13	1,37	0,12	1,31
Jakutsk	0,11	1,38	0,11	1,36	0,10	1,36	0,13	1,37	0,15	1,27
Mittelwert	0,10	1,35	0,11	1,34	0,13	1,29	0,13	1,32	0,13	1,33

bedeutenden Vorteil gegenüber der Methode der Spektralmessung, da man eine verhältnismäßig große Zahl aktinometrischer Beobachtungen ausnutzen kann. Im Ergebnis wurde festgestellt, daß in zehn Jahren (1961 bis 1970) die Menge der streuenden Massen im Mittel um ungefähr 10–20% anwuchs. Es wurde auch die Veränderung der absorbierenden Masse τ_A^* registriert. Wie im Abschnitt 8.5. schon nachgewiesen wurde, ist die Genauigkeit bei der Bestimmung von τ_A^* aus den Versuchsdaten verhältnismäßig gering. Für einzelne Städte, wie Odessa und Taschkent, zeigte sich, daß die Streukomponente dem Wert nach wesentlich größer ist als die absorbierende.

Die dargelegte Theorie von der Übertragung der Strahlungsenergie in der Atmosphäre ist augenscheinlich nicht nur für die Bewertung der globalen Luftverschmutzung anwendbar, sondern auch zur Analyse der Zusammensetzung von Aerosolen und gasförmigen Stoffe über Städten (s. Abschn. 11.8.).

13.10. Organisation der Beobachtung der atmosphärischen Grundverschmutzung. Die globale automatische Überwachung

Wir betrachten einige Aspekte der globalen Ausbreitung von Beimischungen. Die erzielten Resultate kann man noch nicht als endgültig werten. Sie haben heuristischen Charakter. Um strengere Schlußfolgerungen für die globale Ausbreitung von Beimengungen und ihre Einflußtendenzen auf Klima und Biosphäre ziehen zu können, führt man zur Zeit eine Reihe von internationalen Maßnahmen durch. Die spezielle internationale meteorologische Organisation (WMO) errichtete annähernd 150 Stationen in mehr als 40 Ländern der Erde für eine langjährige Beobachtung der atmosphärischen Grundverschmutzung. In der UdSSR plant man zehn Stationen (sechs davon arbeiten bereits nach einem Anlaufprogramm).

Auf den Grundwertstationen (background-stations), wie man sie manchmal nennt, ist es notwendig, verhältnismäßig niedrige Luftverschmutzungen zu messen. Zu diesem Zweck wird die Probenahme über eine relativ lange Zeit durchgeführt, oder man bestimmt integrale Eigenschaften der Beimischungen für den Raum, insbesondere für die vertikale Luftsäule der Atmosphäre. Für Letzteres kann man beispielsweise die aktinometrischen Meßergebnisse benutzen. Darum ist im Arbeitsplan der Grundwertstationen auch die regelmäßige Beobachtung der Sonnenstrahlung enthalten. Diese Beobachtungen werden in den verschiedenen Bereichen des Sonnenspektrums durchgeführt, um den Einfluß der Abschwächung der Strahlung hervorzuheben. Die Grundverschmutzung wird auch durch die Bestimmung des Anteils an Beimengungen in den Niederschlägen charakterisiert, welche die Schichten der Atmosphäre auswaschen. Die Zusammensetzung der Niederschläge wirkt wie ein integrales Maß dieser Schicht.

Entsprechend den Weisungen der WMO (1974) organisiert man zwei Arten von Grundwertstationen, die Basisstationen und die regionalen Stationen. Die Basisstationen (insgesamt 10 bis 15) sind über den ganzen Erdball (an Orten mit reinster Luft) verteilt. Hier sind die natürlichen Schwankungen der atmosphärischen Beimischungen verhältnismäßig gering. Eine der Hauptaufgaben dieser Stationen besteht in der Klärung jener Veränderungen in der Luftzusammensetzung, die Einfluß auf die Veränderung des Klimas haben könnten. Darum müssen die erhaltenen Meßwerte nicht nur die niederen Schichten der Atmosphäre, sondern auch die Stratosphäre charakterisieren. Als wichtigster Kennwert in dieser Hinsicht gilt der Anteil von Aerosolen und CO_2 in der Atmosphäre. Gleichzeitig ist der Grad der globalen Ausbreitung von verschiedenen Beimengungen anthropogenen, aber auch natürlichen Ursprungs, wie Schwefelverbindungen, Stickstoff, Ammoniak, Kohlenstoff, Sauerstoff, Methan und andere Kohlenwasserstoffe, zu erfassen. Neben den chemischen Analysen der Niederschläge und den Beobachtungen der Transparenz der Luft werden Mehrkomponentenanalysen der ausfallenden Aerosole durchgeführt. Auf den Basisstationen erweist sich die vertikale Fernmessung der Luftsäule mit Hilfe von Laser- und spektroskopischen Methoden als nützlich.

Um den Einfluß örtlicher Verschmutzungsquellen auszuschließen, empfiehlt es sich, die Stationen in solchen Gebieten zu errichten, in denen im Umkreis von 100 km in den nächsten 50 Jahren praktisch keine Wirtschaftstätigkeit mit wesentlichen Emissionen von Beimengungen zu spüren sein wird. Einige solcher Basisstationen, es sei an die Station Mauna Lao erinnert, wurden von den USA errichtet.

Die regionalen Stationen sind hauptsächlich für die Bewertung von Veränderungen der Grundverschmutzung in einzelnen großen Gebieten bestimmt. Das Programm der Beobachtungen umfaßt hier die Messung der spektralen Durchlässigkeit der Luft sowie das Auffangen und die Analyse der Niederschläge (auf SO_4, Cl, NO_3, Na, K, Ca, Schwermetalle, pH-Wert und elektrische Leitfähigkeit). Bewertungskriterien für die Auswahl der Lage der regionalen Stationen hat die WMO nicht gegeben.

Die Arbeitsgruppe für meteorologische Aspekte der Luftverschmutzung der sozialistischen Länder (RGMASA) (Borissenkow u. a., 1974) empfiehlt, diese Stationen an wenig besiedelten Punkten in ungefähr 100 km Abstand von Städten mit nicht mehr als 200—400tausend Einwohnern zu errichten, in denen sich keine besonders starken Quellen für die Luftverschmutzung befinden. In der Stadt organisiert man parallele Beobachtungen nach dem gleichen Programm wie auf den Basisstationen. Aus den Meßergebnissen beider Stationen kann man die lokale Grundverschmutzung der Atmosphäre feststellen, die durch den Einfluß der nahen Stadt hervorgerufen wurde.

Auf Empfehlung der RGMASA wurde im Sommer 1973 in der UdSSR im Kaukasus, unweit einer Basisstation ein internationaler Vergleich von in einigen Ländern angewendeten Methoden und Geräten für die Bestimmung der Grundverschmutzung der Atmosphäre durchgeführt. Man verglich die Sammel- und Analysemethoden für Niederschläge, die Bestimmung der spektralen Durchlässigkeit der Atmosphäre durch aktinometrische Messungen sowie die Ermittlung von Mikrokonzentrationen von SO_2 und NO_2, wie sie für eine verhältnismäßig reine Atmosphäre in Bergregionen charakteristisch sind.

In der BRD wurde im Herbst 1974 ein Vergleich der Methoden zur Messung der Grundverschmutzung an Schwefelverbindungen in der Atmosphäre durchgeführt.

Die Beobachtungsergebnisse von den Grundwert-Stationen werden in das Informationszentrum der WMO in die USA übertragen, von wo aus schon die ersten zusammenfassenden Ergebnisse über die Luftdurchlässigkeit und die chemische Zusammensetzungen der Niederschläge herausgegeben wurden.

Erste Analyseergebnisse von Daten, die von der WMO veröffentlicht wurden, und von Meßwerten der Basisstation in der UdSSR sind in den Arbeiten von Berljand und Russina (1977) und Russina (1977) enthalten. Aus ihnen folgt, daß der im Abschnitt 8.5. angegebene Trübungsfaktor nach Schuepp B in einigen Stationen der Erde Werte von 0,02—0,5 annimmt. Je niedriger dieser Koeffizient ist, um so besser ist die Sicht. Nach Meßwerten von 1972 betrug der Mittelwert von B für die nordamerikanischen Stationen 0,125, für Eurasien ohne die SU 0,137 und für die UdSSR 0,104. Auf den Inseln Großbritannien, Irland, Taiwan und den Philippinen betrug dieser Wert 0,138, in bergigen Regionen in einer Höhe über 1000 m aber 0,052. In den regionalen Stationen der UdSSR liegt der Jahresmittelwert in den Grenzen von 0,02 bis 0,17, das heißt, er ist verhältnismäßig niedrig. Auf der Basisstation im Kaukasus, in annähernd 2000 m Höhe, mißt man Mittelwerte von 0,01 bis 0,04. Das ist wesentlich niedriger als in den regionalen Stationen in Meereshöhe und kann dadurch erklärt werden, daß sich die Hauptmasse der Aerosole in der unteren Schicht der Atmosphäre bis zu 2 km Höhe befindet. Für die regionalen Stationen in den ländlichen Gegenden ist der Koeffizient B das ganze Jahr über bedeutend niedriger als in den zu ihnen gehörigen Parallelstationen in den Nachbarstädten.

Man erhielt ebenfalls erste Abschätzungen über die Änderungstendenz der Trübung der Atmosphäre durch Messungen in den Basisstationen der UdSSR in den Jahren 1972 bis 1975. Dabei zeigte sich, daß sich der mittlere Jahreswert von 1972 bis 1974 praktisch nicht änderte. 1975 stieg B um 30%, was mit dem von HOFFMANN und ROSEN (1976) registrierten Anwachsen der atmosphärischen Aerosolkonzentration in der Station Laramie im Staat Wyoming (USA) übereinstimmt und von den Autoren mit möglichen vulkanischen Ausbrüchen erklärt wird.

Die Grundwertstationen sind unmittelbar mit der Organisation des Weltbeobachtungssystems — der internationalen automatischen Überwachung — verbunden, die auf Empfehlung der Stockholmer UNO-Konferenz (1972) für die Erforschung nicht nur der Veränderung der Zusammensetzung der Atmosphäre, sondern auch zur Beobachtung ihres Einflusses auf verschiedene Teile der Biosphäre sowie für die Erforschung der ökologischen Folgen der Luftverschmutzung in Verbindung mit der Verschmutzung der äußeren Umwelt überhaupt gegründet wurde (MUNN, 1973a; ISRAEL, 1974d). Man unterscheidet drei Gruppen von Stationen, die Basisstationen (an den saubersten Stellen des Planeten), die regionalen Stationen (in den ländlichen Gegenden) und die städtischen Stationen (außerhalb der Industriegebiete). Die untersuchten Beimengungen unterteilt man in zwei Gruppen, in Beimischungen mit verhältnismäßig kurzer und verhältnismäßig langer Lebensdauer. Es ist vorgesehen, die Beobachtungen der Beimengungen der ersten Gruppe in einem dichteren Netz als für die der zweiten Gruppe durchzuführen.

Für diesen Zweck ist auch die Nutzung biosphärischer Beobachtungsstationen vorgesehen, in denen Konzentrationsmessungen im Komplex mit anderen Beobachtungen der Umweltverschmutzung durchgeführt werden (GASILINA u. a. 1977). Gegenwärtig werden im allgemeinen nur Vorschläge für die Erforschung der globalen Luftverschmutzung ausgearbeitet. Die weitere Entwicklung von Beobachtungsprogrammen sowie die Vervollständigung der Beobachtungsmethoden ist erforderlich.

13.11. Forschungsprogramme für Langstreckentransport von Beimengungen

Gegenwärtig schenken internationale Organisationen der Ausarbeitung von Forschungsprogrammen zum Langstreckentransport von Beimengungen große Beachtung. Das hängt damit zusammen, daß die Schadstoffemissionen, wenn sie auch verhältnismäßig gering sind, in sehr große Entfernungen von ihren Quellen vordringen und wesentlichen Einfluß auf die Umwelt ausüben können. Die Ausbreitung von Beimengungen über die Stadtgrenzen und über die Grenzen von Industriekomplexen hinaus wurde sehr selten untersucht. Einige Untersuchungsergebnisse dieser Art sind in den Arbeiten von MUNN und BOLIN (1971), ZEEDISK und VELDS (1973) und anderen enthalten. Der Einfluß großer Industriezentren zeigt sich hauptsächlich bis zu Entfernungen von 50—100 km, aber auch von einigen 100 km.

PETERSON (1968) weist darauf hin, daß Rauchfahnen 260 km von der Quelle entfernt beobachtet wurden. MILLAN und CHUNG (1977) verfolgten die SO_2-Konzentrationsänderungen der 380 m hohen Schornsteine eines Nickelwerkes in Kanada mit empfindlichen Methoden der Korrelationsspektrometrie bis zu einer Entfernung von 400 km.

Das aus dem Schornstein des Brookhaven-Reaktors in New York austretende ^{41}Ar war noch in 150 km Entfernung als Konzentration nachzuweisen. Der CO-Transport von den Industriegebieten der Großen Seen in den USA erfolgt bis Grönland hin. Bei Windrichtungen aus dem Ruhrgebiet erhöhte sich die mittlere monatliche SO_2-Konzentration in der kleinen Stadt Eindhofen, die 100 km entfernt liegt, häufig auf mehr als das Dreifache. Das Anwachsen der Anzahl von Kondensationskernen auf der Leeseite großer Städte verfolgte man bis zu Entfernungen von 200–300 km (BELJASCHOWA u. a., 1964). Naturgemäß nimmt ihre Konzentration mit der Entfernung von der Stadt schnell ab.

Wenn auch im globalen Maßstab die angeführten Übertragungsentfernungen gering sind, so reichen sie für die dichtbesiedelten Gebiete der Kontinente jetzt schon dazu aus, daß die Emissionen eines Landes in den Nachbarländern Schäden hervorrufen. Es sind Beispiele von Wald- und Kulturlandschäden in den Grenzgebieten Europas und Amerikas durch die Industrieabgase der Nachbarländer bekannt. Ebenfalls ist die Steigerung der Luftverschmutzung der Gesamtheit der Städte infolge Überlagerung der Beimengungen aus den einzelnen Städten zu beachten.

Wenn auch die Beimengungskonzentrationen in großen Entfernungen von den Quellen verhältnismäßig klein sind, so sind doch für die Analyse ihrer Änderungen und für die Bestimmung der Abhängigkeit von den wirkenden Faktoren die Arbeiten über die Modellierung der Ausbreitung von Beimengungen über große Entfernungen von wesentlicher Bedeutung. Die Grundlage dieser Arbeiten bildet ebenfalls die Lösung der Gleichung der atmosphärischen Diffusion. Allerdings kann man sich beim Transport von Beimengungen innerhalb einiger Stunden oder Tage schon nicht mehr, wie weiter oben, auf die geradlinige Ausbreitung längs der mittleren Windrichtung beschränken. Es müssen für den gegebenen Fall die realen Stromlinien der Luftbewegung berücksichtigt werden, und eine Grundaufgabe besteht in der Bestimmung der Stromlinien.

Für die angegebenen Zeitabschnitte spielt sich die Ausbreitung der Beimengungen gewöhnlich in der unteren Schicht der Atmosphäre bis zur Höhe von einigen Kilometern ab. Das ermöglicht es, die Stromlinien auf die 850-mbar-Fläche zu beziehen. Von ihrer Bestimmung hängt der wesentliche Erfolg der Arbeiten zur Untersuchung über die Luftmassenströmung ab (BERLJAND, 1956, u. a.).

Beim Transport von Beimengungen bis zu Entfernungen von 100 km und manchmal mehr ist es wichtig, die Quellhöhe zu berücksichtigen. Bei größeren Entfernungen kann man sie oft durch Flächenquellen auf der Erdoberfläche nachbilden.

Die Ausgangsgleichungen der atmosphärischen Diffusion müssen in ihrer allgemeinen Form (1.9) mit Berücksichtigung der instationären Glieder aller Windgeschwindigkeitskomponenten behandelt werden. Außerdem muß man in diese Gleichungen, wie das im Kapitel 5 gezeigt wurde, Glieder der Form αq in (5.2) einfügen, die durch Bildung und Verschwinden von Beimengungen aus der Atmosphäre auf dem Strömungsweg bestimmt werden. Man unterscheidet sogenannte „trockene“ und „feuchte“ Ausfälle von Beimengungen auf die Erde. Unter „trockenen“ Ausfällen versteht man die Abnahme der Beimengungen durch ihre Reaktion mit dem Untergrund, die bei Betrachtungen in der Nähe der Quelle nicht berücksichtigt werden, aber bei größeren Entfernungen wesentlich sind. Die Abschätzung der „trockenen“ Ausfallgeschwindigkeiten erhält man gewöhnlich aus empirischen Werten des Beimengungsgradienten über dem Untergrund. Es ist wichtig, auch die Bildung von Beimengungen als Folge katalytischer und fotochemischer Prozesse zu berücksichtigen. Betrachtet man beispielsweise Schwefeldioxid, so muß man seine Umwandlung in Sulfate berücksichtigen, die als Aerosol auftreten und eine Sedimentationsgeschwindigkeit besitzen. Ihre Sedimentation trägt auch zum „trockenen" Ausfall bei. Bei der Verminderung durch Ausfall gibt es auch die Form der Anlagerung von Beimengungen an Regen und Wolken, die man in entsprechender Form im Ergebnis berücksichtigt (s. Abschn. 5.9.). Die „trockene" und „feuchte" Ausfallgeschwindigkeit ist bisher kaum untersucht worden. Für die Genauigkeit des Ergebnisses ist ihr Wert nicht selten von erster bis zweiter Ordnung von Bedeutung.

Bei der praktischen Anwendung der Modellergebnisse ist die Erfassung der Emissionen oder der Beimengungsströme sowie ein organisiertes Beobachtungssystem für die transportierten Beimengungen erforderlich, um die in den Modellen enthaltenen Parameter zu verbessern und die Theorie zu erproben. Zu diesem Problemkreis laufen gegenwärtig viele Arbeiten.

In den letzten Jahren richteten einige Experimentatoren ihre Aufmerksamkeit auf die Möglichkeit erheblicher Luftverschmutzung durch den Langstreckentransport. Speziell bezieht sich das auf saure Aerosole, die durch die Umwandlung von SO_2 in der Atmosphäre entstehen. In einigen Fällen erhält man aus dem Aussehen, der Zusammensetzung und der Struktur dieser Aerosole Angaben über ihre Quelle und ihren Entstehungsmechanismus. Beispielsweise gibt Brosset (1975) Analyseergebnisse von fast zehnjährigen Beobachtungen über die Zusammensetzung der Aerosole in einigen schwedischen Stationen an. Auf Grund dieser Untersuchungen werden die Aerosole in zwei Typen aufgegliedert. Zum ersten Typ zählt man die dunkelfarbigen Aerosole, die durch katalytische Oxydation von SO_2 in Ammoniumsulfat entstanden sind. Zur zweiten Art zählt man die helleren Aerosole, die wegen des höheren Säuregehaltes bedeutend toxischer sind. Da der zweite Aerosoltyp in den Sommermonaten bei klarem Wetter beobachtet wurde, gewöhnlich bei Westwind, ordnet Brosset ihn der fotochemischen Umwandlung des SO_2 mit einer langen Reaktionszeit auf Entfernungen von mehr als 1000 km zu (möglicherweise aus England). In diesem Fall besteht die umgekehrte Aufgabe. Beim Auftreten großer Konzentrationen analysiert man die Strombahnen der Luftmassen, die diesen Punkt erreichen, und bestimmt daraus die möglichen Luftverschmutzungsquellen.

Diese und analoge Ergebnisse, insbesondere die im Abschnitt 13.2. erwähnten Fälle des Transports von Schwefelverbindungen über weite Entfernungen mit Ausfällen und mit der möglichen Erhöhung des Bodensäuregehaltes, waren der Anlaß für den Antrag von norwegischen Wissenschaftlern, über die Organisation des europäischen Beobachtungsnetzes die Ausbreitung von Beimengungen über den Kontinent zu beobachten sowie Analyse- und Prognosemethoden für die Beimengungen auszuarbeiten. Auf Grund dieses Antrags erstellte die europäische Wirtschaftsgemeinschaft ein „Programm zur Untersuchung des Langstreckentransports von Beimengungen" (1977) und führt seit 1972 einen umfangreichen Untersuchungszyklus durch. Seine Hauptaufgabe ist es, den relativen Anteil der örtlichen und der entfernten Quellen von Schwefelverbindungen bei der Luftverschmutzung in den verschiedenen Gebieten Westeuropas zu bestimmen. Eine besondere Bedeutung hat dabei die Messung des Säuregehaltes der atmosphärischen Niederschläge.

Nach diesem Programm laufen die Arbeiten in drei Richtungen: 1. Die Erfassung der Schwefeldioxidemissionen in jedem der betrachteten Gebiete. 2. Die Messung der Konzentration und des Ausfalls von Schwefelverbindungen in dem zu diesem Ziel geschaffenen Stationsnetz auf dem Erdboden und mit Hilfe von Flugzeugen. 3. Theoretische Untersuchungen über die Modellierung des Zusammenhangs zwischen den Quellemissionen und den Konzentrationen sowie den Ausfällen von Beimengungen. Teilweise untersucht man außer den Schwefelverbindungen auch die Ausbreitung von Stickstoffoxiden.

Auf Grund der Erfassung der Emissionen (Emissionskataster) nimmt man an (mit einer Genauigkeit von 30%), daß 1973 vom Territorium Europas $25 \cdot 10^6$ t Schwefel emittert wurden. Voraussetzung ist, daß der Anteil der natürlichen Quellen in der Schwefelgesamtbilanz 10% beträgt, obwohl er weit entfernt von Industriezentren wesentlich höher sein kann.

Ganz Westeuropa unterteilte man durch ein quadratisches Netz mit der Seitenlänge von 127 km je Masche. In jedem Quadrat bestimmt man die Schwefelgesamtemission. Dabei wird angenommen, daß im Mittel 25% der Emissionen innerhalb der Grenzen des betreffenden Quadrates wieder ausfallen.

Auf dem betrachteten Territorium befinden sich 74 Beobachtungsstationen. Sie sind nach Möglichkeit auf ländliche Gegenden verteilt, um eine wesentliche Beeinflussung durch naheligende Quellen auszuschließen. Die in diesen Stationen gewonnenen Meßwerte der mittleren jährlichen SO_2-Konzentrationen ändern sich von 0,002 mg/m³ in den abgelegenen Gebieten bis auf 0,02 mg/m³ in der BRD, in Holland und in England. Ähnliche Verteilungen sind auch für Sulfate charakteristisch, ihre Konzentrationen liegen in den Grenzen von $5 \cdot 10^{-4}$ bis 0,01 mg/m³, sowie für den Anteil von SO_4 in den Niederschlägen, der in den Grenzen von 0,1 bis 9,4 mg/l liegt. Die Meßwerte der Flugzeuge sind für die Aufzeichnung eine Ksonzentrationsfeldes unzureichend, sie gestatten aber eine Reihe allgemeingültiger Aussagen. Insbesondere folgt aus ihnen, daß sich die Ausbreitung der Schwefelverbindungen von der Quelle aus hauptsächlich in der unteren 2-km-Schicht der Atmosphäre vollzieht. Sie unterstreichen auch, daß die Rauchfahnen von Quellen bis zu einigen 100 km zu beobachten sind. Aus dem Vergleich der Meßergebnisse mit meteorologischen Größen folgt, daß erhöhte SO_2-Konzentrationen auftreten, wenn der Wind aus der Richtung großer Industriequellen weht und Wetterlagen nahe der Windstille herrschen.

Für die Modellierung integriert man die Transportdifferentialgleichungen für Schwefeldioxid und Sulfate längs der Stromlinien, die man aus den Windgeschwindigkeiten der 850-mbar-Fläche erhalten hat (Eliasson u. Saltbones, 1975). Bei der Rechnung benutzt man einige empirische Konstanten. Dazu gehören die Mittelwerte der „feuchten" und „trockenen" Abscheidegeschwindigkeit von SO_2 aus der Atmosphäre. Sie betragen $4 \cdot 10^{-5}$ und $1 \cdot 10^{-5}\,s^{-1}$ und entsprechen der Umwandlungsgeschwindigkeit von SO_2 in SO_4, die $3{,}5 \cdot 10^{-6}\,s^{-1}$ beträgt, und der Abscheidegeschwindigkeit von SO_4, die einen Wert von $4 \cdot 10^{-6}\,s^{-1}$ hat. Als Ergebnis bestimmt man die Schwefelbilanz für die einzelnen Länder und in dem festgehaltenen Luftvolumenstrom entsprechend dem Stromlinienverlauf.

Aus den erhaltenen Analysen folgt, daß im betrachteten Trajektorienbereich annähernd 50% des emittierten Schwefels infolge der „trockenen" und 30% im Ergebnis der „feuchten" Abscheidung ausfallen. Der Charakter des trockenen Ausfalls stimmt genügend genau mit der Verteilung der Emissionsquellen überein. Ein Maximum von 10 g/m^2 und Jahr wird in Gegenden mit den größten Emissionen erreicht. Dieser Wert verringert sich in einzelnen Gebieten allmählich auf 0,1 g/m^2 und Jahr.

Sowohl nach den theoretischen als auch den experimentellen Angaben erhält man die größten Werte der Konzentration und des Ausfalls von Schwefeldioxid in Industriegebieten, mit der Entfernung verringern sie sich. Allerdings sind für Südskandinavien und für die Schweiz größere Werte charakteristisch, als man sie auf Grund der Entfernung von den großen Industrieemissionen erwarten kann. Das hängt möglicherweise mit den durch die Gebirgslage bedingten im Vergleich zu den Nachbarländern häufigeren Niederschlägen zusammen.

Probleme des über die Landesgrenzen hinausreichenden Langstreckentransports gewinnen in verschiedenen Ländern an Bedeutung. FISCHER (1976) zeigte beispielsweise anhand von SO_2-Emissionswerten, daß die in England ausfallende Schwefelmenge im Mittel 5 g/m^2 und Jahr mit einem Maximum von 20 g/m^2 und Jahr in London beträgt, in Schweden dagegen 0,3 g/m^2 und Jahr. Eine besondere Bedeutung kommt dabei den Fragen der Modellierung des Transports von Beimengungen zu. Die Arbeiten von WELTISCHEWA (1977), MCMAHON (1976) PRAHM und CHRISTENSEN (1977b) und anderen widmen sich diesem Fragenkomplex.

Das vorliegende Arbeitsprogramm der europäischen Wirtschaftsgemeinschaft wird gegenwärtig durch die Ausweitung des Beobachtungsnetzes und durch die Entwicklung und Vervollkommnung der benutzten Modelle ergänzt. Des weiteren beginnt man die operative Prognose des zu erwartenden Luftverschmutzungsniveaus entlang der Übertragungsbahnen der Beimengungen auf Grund der Analyse der tätigen Schadstoffquellen zu verwirklichen. Dafür werden in Europa zwei Datenerfassungszentren geschaffen, eins davon in der UdSSR, das andere in Norwegen.

14. Schlußbemerkungen

Zusammenfassend ergibt sich, daß die Forschungen über atmosphärische Diffusionsvorgänge und die Luftverschmutzung ein breites Gebiet umfassen. Die erarbeiteten Methoden werden erfolgreich zur Lösung verschiedener wissenschaftlicher und praktischer Aufgaben angewendet.

Mit der Lösung vieler dieser Aufgaben wurde erst begonnen. Die genauere Untersuchung der Wetterbedingungen, bei denen intensive Luftverschmutzungen zu beobachten sind, stellt einen der weiteren Entwicklungswege dar. Speziell müssen die Struktur der Luftströmung und die Besonderheiten des turbulenten Austausches bei den vielfältigen Wetterbedingungen über unterschiedlichen Reliefformen und unter den Bedingungen der städtischen Bebauung untersucht werden.

Es ist erforderlich, Bestimmungsmethoden für die mittlere Schadstoffkonzentration über längere Zeiträume zu erarbeiten. Dabei müssen auch entsprechende Gefährdungsklassen langzeitiger Luftverschmutzungen für Lebewesen und Umwelt präzisiert werden. Die bestehende Diskrepanz zwischen den Kurz- und Langzeit-MIK-Werten, die zu sehr unterschiedlichen Emissionsnormen führen, ist zu vermindern.

In der Meßtechnik müssen die Entwicklungsarbeiten an für die Praxis geeigneten automatisch arbeitenden, selbstregistrierenden Geräten genügender Genauigkeit fortgesetzt werden. Gegenwärtig zählt man Tausende von Stoffen, die in die Atmosphäre emittiert werden. Deswegen ist die Entwicklung von Mehrkomponentenanalysemethoden für Gasgemische und Aerosole erforderlich. In diesem Zusammenhang ergibt sich die Forderung nach einem zentralisierten Erfassungssystem von Luftproben aus verschiedenen Städten und deren Analyse in einigen leistungsfähigen Labors mit kompliziertem und genauem Gerätepark, hochqualifiziertem Personal und automatischen Übermittlungssystemen (über Telefonleitungen oder per Funk) für die registrierten Angaben über die Luftverschmutzung aus den verschiedenen Städten zu einer Zentralstelle mit rechnergestützter Auswertung.

Der Einsatz von Lasergeräten und Spektralanalysatoren zur Fernmessung der chemischen Luftzusammensetzung sowohl von erdfesten Stationen als auch von Flugzeugen und Erdsatelliten aus erlangt immer größere Bedeutung. Den Fragen der Standardisierung und Vereinheitlichung der Untersuchungsmethoden zur Verschmutzung der Atmosphäre muß größere Beachtung geschenkt werden.

Die Anhäufung von Meßwerten stimuliert die physikalisch-statistische Datenanalyse zur Luftverschmutzung und die Vervollkommnung der Prognosemethoden für die Verschmutzung der Atmosphäre durch Einzelquellen und für Städte durch eine Vielzahl von Quellen. Daraus folgt die Entwicklung mathematischer und aerodynamischer Modelle sowohl zur Bestimmung der Luftverschmutzung in Städten und Industriezentren als auch für die Ausarbeitung von Empfehlungen zur Sanierung ihrer atmosphärischen Umgebung, wie zum Beispiel die optimale Anordnung von Betrieben und Wohnkomplexen. In diesem Zusammenhang sowie für die Lösung anderer Aufgaben sind Untersuchungen zur Luftverschmutzung durch verschiedene Bodenquellen erforderlich. Für solche Quellen ist beispielsweise die „Schornsteinüberhöhung" wenig bekannt, so daß sich die meteorologischen Bedingungen, unter denen sich die maximalen Konzentrationen ergeben, nicht bestimmen lassen (wie das für hohe Quellen analog möglich ist). Dieses Problem wird in Verbindung mit der Erweiterung von Gasfernleitungsnetzen hoch aktuell. Die Rohre, durch die das Erdgas mit großen H_2S-, Ammoniakanteilen und anderen Bestandteilen transportiert wird, können an einzelnen Stellen reißen und bodennahe Schadstoffquellen bilden. So kann der Austritt von reinem Erdgas Waldbrände hervorrufen. Es ist deshalb erforderlich, Grenzen von Schutzzonen in der Umgebung von Gasleitungen festzulegen.

Untersuchungen über die Luftverschmutzung durch die Emissionen des Kraftverkehrs sowie Forschungen über die Umwandlung verschiedener Beimengungen in der Atmosphäre und ihr Reagieren mit dem Untergrund sind ebenfalls notwendig.

Es muß der Grad der Luftverschmutzung durch Tagebaue und andere Sprengarbeiten, insbesondere bei Tiefsprengungen, durch Anwendung von Chemikalien in der Landwirtschaft und auf Feldern sowie bei der aktiven Einwirkung auf das Wetter untersucht werden. Es sind die Ausbreitungsbedingungen für Beimengungen auf Werksgeländen zu bestimmen und die vertikale Verteilung der Schadstoffe in der Umgebung von Betrieben zu ermitteln, für die eine spezielle Frischluftversorgung erforderlich ist.

Eine aktuelle Aufgabe, mit deren Lösung sich verschiedene Autoren befassen, ist die Ausbreitung von Wasserdampf aus Industriequellen (s. Kap. 5) zum Beispiel aus Kühltürmen, deren Bau sich in der Umgebung von Kraftwerken häuft.

Die angeführten Arbeiten erfordern eine Präzisierung und detailliertere Untersuchung der Schornsteinüberhöhung und anderes. Der Umfang der Arbeiten zur Erfassung der Schadstoffemission, zur Berechnung des Anteils verschiedener Quellen an der Luftverschmutzung, zur Ausarbeitung von wissenschaftlich-technischen Prognosemethoden der Luftverschmutzung für Zeiträume von einigen Jahren bis zu einigen Jahrzehnten mit Empfehlungen zur Einhaltung der erforderlichen Luftreinheit muß erweitert werden.

Die Probleme der umfassenden Untersuchung von Makromaßstabseffekten bei der Ausbreitung von Beimengungen künstlichen und natürlichen Ursprungs sind zu lösen. Durch die bestehende Tendenz der Ausweitung und Verschmelzung von Städten ergeben sich großräumige Gebiete mit verschmutzter Luft. Es ist zum Beispiel vorgesehen, daß bis zum Jahr 2000 zwischen Washington und Boston auf einem 30000 km^2 großen Gebiet mehr als 50 Millionen Menschen leben werden. Daher sind begründete Prognosen der zu erwartenden mit der globalen Luftverschmutzung verknüpften Gefahren erforderlich und Empfehlungen zur Vermeidung solcher Gefahren notwendig.

Eine bedeutende Rolle werden die systematischen Messungen der Grundverschmutzung im weltweiten Stationsnetz spielen. Die Analyse der Beeinflussung der Atmosphäre durch Emissionen des schnell wachsenden Luftverkehrs mit Strahlflugzeugen wurde notwendig.

Es ist wesentlich, nicht nur den Einfluß der meteorologischen Faktoren auf die Ausbreitung der Beimengungen zu untersuchen, sondern auch umgekehrt die Einwirkung der Luftverschmutzung auf atmosphärische Prozesse. Die Untersuchung des lokalen Zusammenhanges zwischen Luftverschmutzungen und dem Mikroklima von Städten und Industriezentren und ihres großmaßstäblichen Einflusses auf das Wetter und Klima des Planeten ist notwendig.

Die Probleme der Luftverschmutzung sind eng mit der Erhaltung der Biosphäre verbunden. Zum einen können atmosphärische Beimengungen auf den Boden ausfallen, ins Wasser gelangen und verschiedene Komponenten der Biosphäre vergiften, zum anderen können das Wasser oder den Boden verschmutzende Stoffe bei der Verdunstung aus Flußläufen und Ozeanen in die Luft gelangen oder auch von der Erdoberfläche ausgetragen werden. Oft ist es technisch möglich, die Schadstoffemission einer Reihe von Produktionsprozessen zu vermindern. Es sind auch gegensätzliche Fälle bekannt, in denen man die Luft reinigt und dabei das Wasser verschmutzt (z. B. bei der Naßabscheidung von Asche in Kraftwerken).

Bei einer rationellen Lösung der gegebenen Probleme ist die Wechselwirkung der Schadensfälle, die die Umwelt und die menschliche Gesellschaft überschwemmen, zu berücksichtigen. Man muß auch mögliche Schadstoffkreisläufe im Verlauf der Schadstoffausbreitung in der Biosphäre beachten. Zum Beispiel sind giftige Aerosole bekannt, die auf Äckern und bewachsenen Flächen ausfallen, von Tieren aufgenommen und in ihren Körpern gespeichert werden. Durch den Verbrauch von tierischen und pflanzlichen Produkten wirken diese Schadstoffe auf den Menschen. Ähnliche Übertragungszyklen von karzinogenen und radioaktiven Stoffen können eine große Gefahr bedeuten. Die Bestimmung der Gesamtbelastung von Umwelt und Biosphäre insgesamt muß diskutiert werden. Man darf andererseits aber nicht erwarten, daß überhaupt keine äußere Belastung der Natur möglich ist. Die natürlichen Prozesse unterliegen ständig äußeren Einflüssen, und das ist nicht immer mit schädlichen Folgen verbunden. Die Aufgabe besteht in der Bestimmung der zulässigen Belastung der gesamten Biosphäre. Selbstverständlich sind die Anforderungen bei einer Gesamtbewertung viel höher als bei der Betrachtung einzelner Umweltfaktoren. So wird bei der Emissionsbegrenzung von Produktionsprozessen in einigen Fällen der maximal zulässige Emissionswert unabhängig für Luft und Wasser festgelegt. Beachtet man die Kopplung zwischen der Verschmutzung von Luft und Wasser, so muß der MIK-Wert für beide herabgesetzt werden. Daraus folgt die Forderung nach einem Gesamtschädigungsfaktor, bezogen auf die Biosphäre, der durch ihre zulässige Belastung begründet ist. Besonders aus dieser Sicht lassen sich eine Vielzahl von Maßnahmen festlegen, bei denen die Umweltverschmutzung solchen Bedingungen genügt, die nicht zu unerwünschten Folgen führen. Eine der wichtigsten Fragen dabei ist die Berücksichtigung der Ausbreitungsgesetze von Schadstoffen aus Quellen.

Es ist offensichtlich, daß die gestellten Aufgaben schwierig sind und gegenwärtig nur allmählich gelöst werden können (Israel, 1974b). Die Aufmerksamkeit der Forscher muß auf die Aufklärung der Fragen gelenkt werden, die vorrangig zu lösen sind, auf die Auswahl von Hauptforschungsrichtungen sowie auf eine geeignete Verbindung zwischen ihnen. Die hauptsächliche Lösung dieser Aufgaben muß in der theoretischen Modellierung der Prozesse und der gezielten Durchführung von Experimenten bestehen, um mit diesem Versuchsmaterial die Modelle zu erproben, zu verbessern und die Theorie zu verallgemeinern.

Die im Buch betrachteten Ergebnisse der Arbeiten zeigen die bedeutenden Möglichkeiten und damit die Verantwortung der Wissenschaftler bei der Lösung dieser außerordentlich wichtigen wissenschaftlichen und praktischen Aufgaben.

Literaturverzeichnis

ABRAMOWITSCH, G. N. (Абрамович, Г. Н.), Теория турбулентных струй. Физматгиз, Moskau 1960.

AFINOGENOW, L. P., u. a. (Афиногенов, Л. П., и др.), Аппаратура для исследований приземного слоя атмосферы. Гидрометеоиздат, Leningrad 1977, 320 S.

ALEKIN, O. A. (Алекин, О. А.), К вопросу о роли химического состава атмосферных осадков в формировании состава речных вод. Тр. ЛГМИ, Band 39, 1970, S. 140—148.

ALEXANDROW, N. N. (Александров, Н. Н.), Об оценке точности измерения количества оседающей пыли. Тр. ГГО, Band 185, 1966, S. 83—93.

ALEXANDROW, N. N., und G. S. GUNIJA (Александров, Н. Н., и Г. С. Гуния), Об измерении концентраций атмосферной пыли радиометрическим методом. Тр. ГГО, Band 238, 1969, S. 115—122.

ALEXANDROW, N. N., u. a. (Александров, Н. Н., и др.), Сопоставление результатов наблюдений за атмосферными выпадениями с помощью различных сборников. Тр. ГГО, Band 158, 1964, S. 95—101.

ALEXANDROW, N. N., u. a. (Александров, Н. Н., и др.), Спектральный метод определения ряда элементов в атмосферных аэрозолях. Тр. ГГО, Band 234, 1968, S. 196—204.

ALEXEJEWA, M. W. (Алексеева, М. В.), Определение атмосферных загрязнений. Госхимиздат, Moskau 1963.

ALPERIN, W. S., u. a. (Альперин, В. С., и др.), Автоматический газоанализатор для непрерывного определения сернистого газа в атмосферном воздухе. Тр. ГГО, Band 234, 1968, S. 175—180.

ANANITSCHEW, K. W. (Ананичев, К. В.), Борьба с загрязнением окружающей среды в США. США — Экономика, политика, идеология 7, S. 108—120.

ANDREJEW, P. I. (Андреев, П. И.), Рассеяние в воздухе газов, выбрасываемых промышленными предприятиями. Госстройиздат, Moskau 1952.

ANGELL, J., u. a., Urban influence on nighttime airflow estimated from tetroon flights in the planetary boundary layer of the Los Angeles basin. J. Appl. Met. (1972) 3, S. 451—471.

ARIEL, N. S. und KLJUTSCHNIKOWA, L. A., (Ариель, Н. З., и Л. А. Ключникова), Ветер в условиях города. Тр. ГГО 94 (1960), 29—32.

ARRAGO, L. R., SCHWEZ, M. E. (Арраго, Л. Р., и М. Е. Швец), К вопросу распространения тяжелой однородной примеси из высотного источника. Тр. ЛГМИ, Band 15 (1963).

ARTEMOW, W. M., u. a. (Артемов, В. М., и др.), Определение концентрации аммиака на потряженной атмосферной трассе по резонансному поглощению излучения CO_2-лазера. Метеорология и гидрология (1977) 7, 41—45.

ARTEMOWA, N. J. (Артемова, Н. Е.), Возможный метод оценки средней суточной концентрации примеси в приземном слое воздуха. Тр. ИПГ, Band 4, (1967), S. 65—72.

ARTEMOWA, N. J., und TEWEROWSKI, J. N. (Артемова, Н. Е., и Е. Н. Теверовский), Принципы нормирования выбросов радиоактивных продуктов из труб предприятий атомной промышленности и энергетики. Атомная энергия, Band 6, 1971.

ASHBY, W., und H. FRITTS, Tree growth, air pollution and climate near La Porte. Bull. Amer. Met. Soc. (1972) 3, S. 246—251.

ATWATER, M., The thermal effects of pollutants evaluated by a numerical model. Air Poll. Met. Conference, Raleigh, 1971, S. 108—113.

AULICIEMS, A., Trends in smoke concentration before and after the clean air act of 1956. Atm. Env. (1973) 11, 1063—1070.

BACH, W., An urban circulation model. Arch. Met. Geoph. Bioclimat (1970) 2.

BÖER, W., Technische Meteorologie. B. G. Teubner, Leipzig 1964.

BAIKOW, B. K., u. a. (Байков, Б. К., и др.), Проверка методики расчета рассевания в атмосфере холодных выбросов на материалах обследования предприятий исскуственного волокна. Тр. ГГО 254 (1971), 72—81.

BAIKOW, B. K., u. a. (Байков, Б. К., и др.), Некоторые результаты изучения распространения в атмосфере выбросов ТЭЦ ,,Варна" в условиях пересеченного рельефа. Тр. ГГО, Band 373 (1976), 100—107.

BARKER, K., u. a. (Баркер и др.), Загрязнение атмосферного воздуха. ВОЗ, Genf 1962.

BASUK, J.; Freons and ozone in the stratosphere. BAMS 56 (1975) 6, 589—592.

BEKORJUKOW, W. N., und I. L. KAROL, (Бекорюков, В. Н., и И. Л. Кароль), Теоретическая оценка эффективности улавливания липкими планшетами в приземном слое атмосфери. In: Вопросы ядерной метеорологии. Госатомиздат, Moskau1962.

BELJASCHOWA, M. A. (Беляшова, М. А.), Некоторые данные о распределения ядер конденсации в районе Шекинской ГРЭС. Тр. ГГО 158 (1964), S. 88—94.

BELJASCHOWA, M. A. (Беляшова, М. А.), О распространении аэрозолей над морями. Тр. ГГО, Band 293 (1973), 138—155.

BELJASCHOWA, M. A., u. a. (Беляшова, М. А., и др.), Данные о формах факела дыма в связи с особенностями строения пограничного слоя. Тр. ГГО, Band 172 (1965), S. 86—93.

BELUGINA, W. A., u. a. (Белугина и др.), Исследование распространения вредных примесей в районе высоких источников выброса. Тр. ГГО, Band 254 (1971), S. 81—86.

BEM, B. (Бем, Б.), Результаты экспериментальных исследований дымовых струй от тепловых электростанций. In: Метеорологические аспекты загрязнения атмосферы. Гидрометеоиздат, Leningrad 1971, 44—48.

BERDYJEWA, C. W., u. a. (Вердыева, Х. Б., и др.) Влияние выбросов автотранспорта на загрязнение воздуха жилых помещений и уличной магистрали. Гигиена и санитария (1967) 6.

BERLJAND, M. J. (Берлянд, М.Е.), Определние горизонтальной составляющей коэффициента турбулентной диффузнн. Изв. АН СССР, сер. геогр. и геофиз. (1944) I, 6—10.

BERLJAND, M.J. (Берлянд,М.Е.), Теория изменения ветра с высотой. Тр. НИИ ГУГМС, сер. I, (1947) 25, 14—67.

BERLJAND, M. J.(Берлянд, М. Е.), О рассеянии длинноволновой радиации в аэрозолях и выборе эффективных дымов для борьбы с заморосками. Тр. ГГО 29 (1952) 31, S. 61—71.

BERLJAND, M. J. (Берлянд, М. Е.), Предсказание и регулирование теплового режима приземного слоя атмосферы. Гидрометеоиздат, Leningrad 1956, 436 S.

BERLJAND, M. J. (Берлянд, М. Е.), Определение коэффициента турбулентного обмена по очертанию дыма от промышленных труб. Метеорология и Гидрология (1961) 6, 13—20.

BERLJAND, M. J. (Берлянд, М. Е.) К теории турбулентной диффузии. Тр. ГГО, Band 138 (1963), S. 31—37.

BERLJAND, M. J. (Берлянд, М. Е.), Об опасных условиях загрязнения атмосферы промышленными выбросами. Тр. ГГО 185 (1966), 15—26. (a)

BERLJAND, M. J. (Берлянд, М. Е.), Климатические аспекты исследования загрязнения атмосферы промышленными выбросами. In: Современные проблемы климатологии. Гидрометеоиздат, Leningrad 1966, S. 280—291. (b)

BERLJAND, M. J. (Берлянд, М. Е.), Защита растений от заморозков. In: Современные проблемы климатологии. Гидрометеоиздат, Leningrad 1966. (c)

BERLJAND, M. J., Some theoretical questions of heat and moisture exchange in the atmospheric surface layer. The 11-th Pacific Sci. Congr. Symp. on Agricult. Met. Tokyo 1966, 18 S. (d).

BERLJAND, M. J. (Берлянд, М. Е.). Основные проблемы атмосферной диффузии и загрянзения воздуха. Тр. ГГО, Band 218, 1967, S. 295—308 (a).

BERLJAND, M. J. (Берлянд, М. Е.), Метеорологические проблемы обеспечения чистоты атмосферы. Метеорология и Гидрология (1967) 11, 50—62 (b).

BERLJAND, M. J., To the theory of the industrial emission dispersion in the atmosphere of the coastal zone. Idöjaras (1967) 12, 65—72 (c).

BERLJAND, M. J., High values of atmospheric pollution in summer at Kiew and the associated weather. Atmos. Env. 3 (1969) 4.

BERLJAND, M. J. (Берлянд, М. Е.), О распространении атмосферных примесей в условиях города. Метеорология и Гидрология (1970) 3, 45—57 (a).

BERLJAND, M. J., Meteorological factors in the dispersion of air pollutants in town conditions. WMO Tech. Note Nr. 108, 1970, S. 196—213 (b).

BERLJAND, M. J. (Берлянд, М. Е.), Состояние и перспективы развития метеорологических исследований загрязнения атмосферы. In: Метеорологические аспекты загрязнения атмосферы. Гидрометеоиздат, Leningrad 1971, S. 11—23.

BERLJAND, M. J. (Берлянд, М. Е.), Современные проблемы атмосферной диффузии и обеспечения чистоты атмосферы. Тр. V Всесоюзного метеорологического сьезда, Band 3, Гидрометеоиздат, Leningrad 1972, S. 164—173 (a).

BERLJAND, M. J., Atmospheric diffusion investigations in the USSR. WMO Tech. Note, Appendix, Nr. 121, 1972, S. 55—116 (b).

BERLJAND, M. J., Investigations of atmospheric diffusion providing a meteorological basis for air pollution control. Atmos. Env. (1972) 6, 379—388 (c).

BERLJAND, M. J. (Берлянд, М. Е.), Исследование атмосферной диффузии и загрязнение атмосферы на современном этапе. In: Итоги науки. Метеорология и климатология, Band 2. ВИНИТИ, Moskau 1974, S. 250—330.

BERLJAND, M. J. (Берлянд, М. Е.), Состояние работ и задачи в области изучения загрязнения атмосферы. In: Проблемы контроля и обеспечения чистоты атмосферы. Гидрометеоиздат, Leningrad 1975, S. 3—13.

BERLJAND, M. J. (Берлянд, М. Е.), Исследования распространения примесей и загрязнения атмосферы. In: Итоги науки. Метеорология и климатология, Band 3. ВИНИТИ, Moskau 1976, S. 306—358 (a).

BERLJAND, M. J. (Берлянд, М. Е.), Сотрудничество метеорологов социалистических стран в исследовании загрязнения атмосферы. Тр. ГГО, Band 373, 1976, S. 3—15 (b).

BERLJAND, M. J. (Берлянд, М. Е.), Основные принципы инвентаризации и определения предельно допустимых выбросов в атмосферу. In: Нормирование и контроль промышленных выбросов в атмосферу. Гидрометеоиздат, Leningrad 1977, S. 3—10.

BERLJAND, M. J. (Hrsg.) (Берлянд, М. Е. (ред.)), Временная методика расчетов рассеивания в атмосфере выбросов (золы и сернистого газа) из дымовых труб электростанций. Теплоэнергетика (1964) 7.

BERLJAND, M. J. (Hrsg.) (Берлянд, М. Е. (ред.)), Методические указания управлениям Гидрометслужбы по обследованию загрязнения воздуха в городах и промышленных центрах. Гидрометеоиздат, Leningrad 1970.

BERLJAND, M. J., und T. G. BERLJAND (Берлянд, М. Е., и Т. Г. Берлянд), Определение эффективного излучения земли с учетом влияния облачности. Изв. АН СССР, сер. геофиз. (1952) 1, 64—78.

BERLJAND, M. J., und J. L. GENICHOWITSCH (Берлянд, М. Е., и Е. Л. Генихович), Атмосферная диффузия и структура воздушного потока над неоднородной подстилающей поверхностью. In: Метеорологические аспекты загрязнения атмосферы. Гидрометеоиздат, Leningrad 1971, S. 49—69.

BERLJAND, M. J., und J. L. GENICHOWITSCH, Some features of turbulent diffusion and air pollution in the stratified conditions. Intern. Symp. on Stratified Flows, Novosibirsk 1973. American Soc. of Civil Engineers (1973) 4, S. 125—144.

BERLJAND, M. J., und J. S. KANTSCHAN (Берлянд, М. Е., и Я. С. Канчан), К теории образования радиационных туманов и их влияния на распространение примесей. Тр. ГГО, Band 293, 1973, S. 3—20.

BERLJAND, M. J., und W. B. KISSELJEW (Берлянд, М. Е., и В. Б. Киселев), О влиянии рельефа на распространение примесей с учетом их начального подьема. Метеорология и гидрология (1972) 3, 3—10.

BERLJAND, M. J., und W. B. KISSELJEW (Берлянд, М. Е., и В. Б. Киселев), Распространение в атмосфере промышленных выбросов влаги и их влияние на рассеивание примесей. Метеорология и гидрология (1975) 4, 3—15 (a).

BERLJAND, M. J., und W. B. KISSELJEW (Берлянд, М. Е., и В. Б. Киселев), О влиянии промышленной влаги на распространение примесей. Тр. ГГО, Band 352, 1975, S. 17—27 (b).

BERLJAND, M. J., und K. J. KONDRATJEW (Берлянд, М. Е., и К. Я. Кондратьев), Города и климат планеты. Гидрометеоиздат, Leningrad 1972, 40 S.

BERLJAND, M. J., und A. M. KOSCHKIN (Hrsg.) (Берлянд, М. Е., и А. М. Кошкин (ред.)), Указания по расчету рассеивания в атмосфере вредных веществ, содержащихся в выбросах промышленных предприятий. СН 369-67. Гидрометеоиздат. Leningrad 1967.

BERLJAND, M. J., und O. I. KURENBIN (Берлянд, М. Е., и О. И. Куренбин), Об атмосферной диффузии примесей при штиле. Тр. ГГО, Band 238, 1969, S. 3—13.

BERLJAND, M. J., und R. I. ONIKUL (Берлянд, М. Е., и Р. И. Оникул), К вопросу об образовании речных туманов. Тр. ВНМС, Band 7, 1963, Гидрометеоиздат, Leningrad 1963.

BERLJAND, M. J., und R. I. ONIKUL (Берлянд, М. Е. и Р. И. Оникул), К теории трансформации воздушных масс и образования речных туманов. Тр. ГГО, Band 207, 1968, S. 14—27 (a).

BERLJAND, M. J., und R. I. ONIKUL (Берлянд, М. Е., и Р. И. Оникул), Физические основы расчета рассеивания в атмосфере промышленных выбросов. Тр. ГГО, Band 234, 1968, S. 3—27 (b).

BERLJAND, M. J., und R. I. ONIKUL (Берлянд, М. Е., и Р. И. Оникул), К обобщению теории рассеивания промышленных выбросов в атмосферу. Тр. ГГО, Band 254, 1971, S. 3—27.

BERLJAND, M. J., und R. I. ONIKUL (Берлянд, М. Е., и Р. И. Оникул), К проверке и сопоставлению методов расчета рассеивания примесей. Тр. ГГО, Band 387, 1977, S. 23—36.

BERLJAND, M. J., und J. N. RUSSINA, Application of actinometric information to estimation of air pollutants. WMO Spec. Env. Report Nr. 10, 1977, S. 97—101.

BERLJAND, M. J., und A. S. SAIZEW (Берлянд, М. Е., и А. С. Зайцев), Исследования загрязнения атмосферы. In: Современные фундаментальные и прикладные исследования Главной геофизической обсерватории. Гидрометеоиздат, Leningrad 1977, S. 114—125.

BERLJAND, M. J., und B. W. SCHILIN, Several examples of the use of the remote sensing of gases and vapors. Proc. Seventh Intern. Symp. on Remote Sensing of Environment, Michigan, Ann Arbor 1971.

BERLJAND M. J., und E. S. SELESNEWA, The distribution of anthropogenic aerosols in the atmosphere and their interaction with clouds and fogs. Intern. Conf. on nucleation, Leningrad 1973.

BERLJAND, M. J., und E. S. SELESNEWA (Берланд, М. Е., и Е. С. Селезнева), Защита воздушной среды от загрязнения и исследование атмосферных примесей. Тр. ГГО, Band 344, 1974, S. 209—231.

BERLJAND, M. J., und N. S. WOLBERG (Hrsg.) (Берлянд, М. Е., и Н. Ш. Вольберг (ред.)), Временные методические указания по определению содержания примесей в атмосфере. Гидрометеоиздат, Leningrad 1971, 80 S.

BERLJAND, M. J., u. a. (Берлянд, М. Е., и др.), Численное решение уравнения турбулентной диффузии и расчет загрязнения атмосферы вблизи промышленных предприятий. Тр. ГГО, Band 138, 1963, S. 3—17 (a).

BERLJAND, M. J., u. a. (Берлянд, М. Е., и др.), О загрязнении атмосферы промышленными выбросами при аномальных условиях стратификации. Метеорология и гидрология (1963) 8, (b).

BERLJAND, M. J., u. a. (Берлянд, М. Е., и др.), О расчете загрязнения атмосферы выбросами из дымовых труб электростанций. Тр. ГГО, Band 158, 1964, S. 3—21 (a).

BERLJAND, M. J., u. a. (Берлянд, М. Е., и др.), Численное исследование атмосферной диффузии при нормальных и аномальных условиях стратификации. Тр. ГГО, Band 158, 1964, S. 22—32 (b).

BERLJAND, M. J., u. a. (Берлянд, М. Е., и др.), Особенности диффузии тяжелой примеси в атмосфере. Тр. ГГО, Band 158, 1964, S. 33—40 (c).

BERLJAND, M. J., u. a. (Берлянд, М. Е., и др.), Некоторые актуальные вопросы исследования атмосферной диффузии. Тр. ГГО, Band 172, 1965, S. 3—22 (a).

BERLJAND, M. J., u. a. (Берлянд, М. Е., и др.), Влияние вертикального распределения температуры и скорости ветра на атмосферную диффузию радиоактивных примесей. In: Радиоактивные изотопы в атмосфере и их использование в метеорологии. Атомиздат, Moskau 1965 (b).

BERLJAND, M. J., u. a. (Берлянд, М. Е., и др.), К теории зависимости между концентрациями аэрозолей в атмосфере и их потоками на горизонтальный планшет. Тр. ГГО, Band 185, 1966, S. 3—14.

BERLJAND, M. J., u. a. (Берлянд, М. Е., и др.), К теории атмосферной диффузии в условиях тумана. Тр. ГГО, Band 207, 1968, S. 3—13 (a).

BERLJAND, M. J., u. a. (Берлянд, М. Е., и др.), Влияние рельефа на распространение примесей от источника. Тр. ГГО, Band 234, 1968, S. 28—44 (b).

BERLJAND, M. J., u. a., Theory of tracer distribution near the ground. J. Geophys. Res. 75 (1970) 18.

BERLJAND, M. J., u. a. (Берлянд, М. Е., и др.), О прогнозировании загрязнения воздуха. Метеорология и гидрология (1972) 9.

BERLJAND, M. J., u. a. (Берлянд, М. Е., и др.), Климат города и проблема изменения глобального климата. Метеорология и гидрология (1973) 1.

BERLJAND, M. J., u. a. (Берлянд, М. Е., и др.), Комплексное исследование особенностей метеорологического режима большого города на примере г. Запорожье. Метеорология и гидрология (1974) 1, 14—24 (a).

BERLJAND, M. J., u. a. (Берлянд, М. Е., и др.), К теории рассеяния и поглощения радиации и оценке глобального загрязнения атмосферы по актинометрическим данным. Тр. ГГО, Band 314, 1974, S. 3—20 (b).

BERLJAND, M. J., u. a. (Берлянд, М. Е., и др.), К методике расчета рассеивания примеси от линейных источников и аэрационных фонарей. Тр. ГГО, Band 314, 1974, S. 21—41 (c).

BERLJAND, M. J., u. a., Basic principles of determination of atmospheric pollution in the USSR. Proc. Techn. Conf. on Observ. and Measurement of Atoms. Pollution, Helsinki, WMO Nr. 308, Genf 1974, S. 125—133 (d).

BERLJAND, M. J., u. a. (Берлянд, М. Е., и др.), Аэрогеохимическая сьемка для изучения объектов земной поверхности и атмосферных примессей естественного происхождения. Тр. ГГО, Band 314, 1974, S. 52—71 (e).

BERLJAND, M. J., u. a. (Берлянд, М. Е., и др.), Од оптимальной организации выбросов от совокупности источников. Тр. ГГО, Band 325, 1975, S. 3—25.

BERLJAND, M. J., u. a. (Hrsg.) (Берлянд, М. Е., и др. (ред.)) Указания по расчету рассеивания в атмосфере вредных веществ содержащихся в выбросах предприятий. СН 369—74. Стройиздат, Moskau, 1975, 44 S.

BERLJAND, M. J., u. a. (Берлянд, М. Е., и др.), Об использовании результатов моделирования воздушного потока в аэродинамических трубах для расчета загрязнения воздуха. Тр. ГГО, Band 352, 1975, S. 3—16.

BERLJAND, M. J., u. a. (Берлянд, М. Е., и др.), К нормированию выбросов от наземных источников. Тр. ГГО, Band 387, 1977, S. 3—22 (a).

BERLJAND, M. J., u. a. (Берлянд, М. Е., и др.), К оценке опасных скоростей ветра для высоких источников. Тр. ГГО, Band 387, 1977, S. 13—22 (b).

BERLJAND, M. J., u. a. (Берлянд, М. Е. и др.), О расчете среднегодовых концентраций примеси в атмосфере от промышленных источников. Тр. ГГО, Band 417, (1979), S. 3—18 (a).

BERLJAND, M. J., u. a. (Берлянд, М. Е. и др.), Особенности распределения примесей в пересеченной местности. Тр. ГГО, Band 417, (1979), S. 19—35 (b).

BERLJAND, M. J., u. a. (Берлянд, М. Е. и др.), К теории распространения солнечной радиации и оценке содержания аэрозоля в городской атмосфере. Тр. ГГО, Band 417, (1979), S. 59—68 (c).

BERLJAND, M. J., u. a. (Берлянд, М. Е. и др.), О моделировании загрязнения атмосферы в городах. Тр. ГГО, Band 436, (1979), S. 3—16 (d).

BERLJAND, M. J., u. a. (Берлянд, М. Е. и др.), О расчете интегральных характеристик загрязнения воздуха на территории города. Тр. ГГО, Band 436, (1979), S. 17—29 (e).

BESUGLAJA, E. J. (Безуглая, Э. Ю.), К определению потенциала загрязнения воздуха. Тр. ГГО, Band 234, 1968, S. 69—79.

BESUGLAJA, E. J. (Безуглая, Э. Ю.), Использование статистических методов для обработки данных наблюдений за загрязнением воздуха. Тр. ГГО, Band 238, 1969, S. 42—47.

BESUGLAJA, E. J. (Безуглая, Э. Ю.), К статистическому определению средних и максимальных значений концентрации примесей. Тр. ГГО, Band 254, 1971, S. 133—139.

BESUGLAJA, E. J., und G. P. RASTORGUJEWA (Безуглая, Э. Ю., и Г. П. Расторгуева), Загрязнение воздуха в городах различных стран. Тр. ГГО, Band 293, 1973, S. 215 bis 230.

BESUGLAJA, E. J., und L. R. SONKIN (Безуглая, Э. Ю., и Л. Р. Сонькин), Влияние метеорологических условий на загрязнение воздуха в городах Советского Союза. In: Метеорологические аспекты загрязнения атмосферы. Гидрометеоиздат, Leningrad 1971, S. 241—252.

BESUGLAJA, E. J., und J. S. TSCHOLOJAN (Безуглая, Э. Ю., и Е. С. Чолоян), Влияние метеорологических факторов на расмещение промышленных предприятий. Оздоровление окружающей среды населенных мест, Band 9, 1971, S. 55—58.

BESUGLAJA, E. J., u. a. (Безуглая, Э. Ю., и др.), Годовой и суточный ход содержания атмосферных примесей в городских условиях. Тр. ГГО, Band 254, 1971, S. 152—161.

BESUGLAJA, E. J., u. a. (Безуглая, Э. Ю., идр.), Инверсии температуры над территорией СССР. Тр. ГГО, Band 387, 1977, S. 88—100.

BETTSCHOW, R., und A. M. JAGLOM (Бетчов, Р., и А. М. Яглом), Замечания о теории подобия для турбулентности в неустойчиво стратифицированной жидкости. Изв. АН СССР. Физика атмосферы и океана (1971) 12, 127—129.

BIERLY, E., und F. HEWSON, Some restrictive meteorological conditions to be considered in the design of stacks. J. Appl. Met. (1965) 3, 383—390.

BJUTNER, E. K. (Бютнер, Э. К.), Зависимость величины дисперсии частиц, испускаемых перерывным источником, от интервала времени опыта. Тр. ГГО, Band 150, 1964.

BLACKADAR, A. K., Boundary layer wind maxima and their significance for the growth of nocturnal inversions. Bull. Amer. Met. Soc. (1957) 5.

BLACKER, J. H., u. a.; Evaluation of the reference method for determination of sulfur dioxide in the atmosphere. JAPCA (1973) 6, 525—527.

BOLIN, B., und W. BISHOF, Variations of the carbon dioxide content of the atmosphere of the northern hemisphere. Tellus **22** (1970) 431.

BORISSENKOW, J. P., u. a. (Борисенков, Е. П., и др.), Международное сотрудничество Главной геофизической обсерватории. Тр. ГГО, Band 344, 1974, S. 251—262.

BOSANQUET, C., und J. PEARSON, The spread of smoke and gases from chimneys. Trans. Faraday Soc. **32** (1936).

BOSANQUET, C., u. a., Dust deposition from chimney stacks. Proc. Inst. Mech. Eng. **162** (1950), 335—367.

BOUSCAREN, M., und J. DETRIE, Calcul de la hauter des cheminées. Pourquoi? Comment? Poll. Atoms **53** (1972) 1—16.

BRIGGS, G., Plume rise. USA EC Division of tech. information extension (TID-25075), 1969.

BRINGFELT, B., Plume rise measurements of industrial chimneys. Atmos. Environ. **2** (1968) 575—598.

BRINGFELT, B., A study of buoyance chimney plumes. Atmos. Environ. **3** (1969) 6, 609—623.

BRINGFELT, B., Important factors for the sulphur dioxide concentration in central Stockholm. Atmos. Environ. **5** (1971) 11, 949—972.

BRODSKI, J. N. (Бродский, Ю. Н.), Источники выбросов сернистого ангидрида в атмосферу. In: Нормирование и контроль промышленных выбросов в атмосферу. Гидрометеоиздат, Leningrad 1977, S. 34—36.

BROIDO, A.G. (Hrsg.) (Бройдо, А.Г. (ред.)), Руководство поградиентным наблюдениям и определению составляющих теплового баланса. Гидрометеоиздат, Leningrad 1964.

BROSSET, C., Acid particulate air pollutants in Sweden. IVL, B222, Gothenburg 1975.

BROUNSCHTEIN, A. M., u. a. (Броунштейн, А. М., и др.), О методе определения общего содержания CO_2 в атмосфере по их спектрам поглощения солнечной радиации. Тр. ГГО, Band 324, 1974, S. 6—13.

BUDYKO, M. I. (Будыко, М. И.), Испарение в естественных условиях. Гидрометеоиздат, Leningrad 1948, 136 S.

BUDYKO, M. I. (Будыко, М. И.), Климат и жизнь. Гидрометеоиздат, Leningrad 1971, 472 S.

BUDYKO, M. I. (Будыко, М. И.), Изменение климата. Гидрометеоиздат, Leningrad 1974, 280 S.

BUIKOW, M. W. (Буйков, М. В.), Искусственные воздействия на облака и осадки. In: Итоги науки. Метеорология и климатология, Band 3. ВИНИТИ, Moskau 1976, S. 284 bis 305.

BURENIN, N. S., und B. I. WDOWIN (Буренин, Н. С., и Б. И. Вдовин), Вертолетные измерения распределения примесей над городом. Тр. ГГО, Band 332, 1974, S. 69—75.

BURENIN, N. S., u. a. (Буренин, Н. С., и др.), Экспедиционное изучение загрязнения воздушного бассейна промышленных городов. Тр. ГГО, Band 234, 1968, S. 100—108.

BURENIN, N. S., u. a. (Буренин, Н. С., и др.), Результаты лабораторных сравнений газоанализаторов, используемых в СССР и США. Тр. ГГО, Band 352, 1975, S. 28—46.

BUROW, M. I., u. a. (Буров, М. И., и др.), Стереофотометрический метод исследования атмосферной диффузии. Тр. ГГО, Band 238, 1969, S. 77—85.

BURZEW, I. I., und S. G. MALACHOW (Бурцев, И. И., и С. Г. Малахов), Вымывание осадками продуктов деления из подоблачного слоя атмосферы. Изв. АН СССР. Физика атмосферы и океана (1968) 3, 324—328.

BUSCHTUJEWA, K. A. (Hrsg.) (Буштуева, К. А. (ред.)), Руководство по гигиене атмосферного воздуха. Медицина, Moskau 1976, 416 S.

BUSH, N. E., u. a., Workshop on micrometeorology. Boston Amer. Met. Soc. (1973) 392.

BYSOWA, N. L. (Бызова, Н. Л.), Рассеивание примесей в пограничном слое атмосферы. Гидрометеоиздат, Moskau 1974, 190 S.

BYSOWA N. L., und W. I. IWANOW (Hrsg.) (Бызова, Н. Л., и В. И. Иванов (ред.)), Пограничный слой атмосферы. Тр. ИПГ, Band 2, 1965, 184 S.

BYSOWA, N. L., und K. P. MACHONKO (Бызова, Н. Л., и К. П. Махонько), О взаимодействии аэрозоля с подстилающей поверхностью. Изв. АН СССР. Физика атмосферы и океана (1968) 9, 1000—1003.

BYSOWA, N. L., und R. I. ONIKUL (Бызова, Н, Л., и Р. И. Оникул), Анализ поля концентраций тяжелой примеси по данным опытов на 300-метровой метеорологической башне. Тр. ГГО, Band 172, 1965, S. 35—41.

CADLE, R. (Кейдл, Р.), Твердые частицы в атмосфере и в космосе. Мир, Moskau 1969 (Übers. aus d. Engl.).

CERMAK, S., und S. ARYA, Problems of atmospheric shear flows and their laboratory simulation. BLM 1 (1971) 1, 40—60.

CHAMBERLAIN, A.; Aspect of travel and deposition of aerosol and vapor clouds. Atomic Energy Reas. Establich., HR/R 1261, 1953.

CHAMBERLAIN, A., Deposition. Conf. on AEC Meteorol. Activities, BNL 914, Nr. 4, 1965, S. 125 to 132.

CHANDLER, T., Wind as factor of urban temperatures — a survey in north-east London. Weather 15 (1960).

CHANDLER, T., London's heat island. Biometeorology 2 (1967).

CHRGIAN, A. CH., und I. P. MASIN (Хргиан, А. Х., и И. П. Мазин), О распределении капель по размерам в облаках. Тр. ЦАО, Band 7, 1962.

CIAP Monographs Dept of Transportation. Washington 1975, Vol. 1—6.

CLARENBURG, L. A., u. a., Automatische Überwachung der Luftverunreinigung in den Niederlanden. Staub, Reinhalt. 32 (1972) 6, 252—258.

CLARKE, A. S., und G. SPURR, I-Summary paper. Routine sulphur dioxide around large modern power stations. Atm. Environ. 10 (1976) 4, 265—269.

COBB, W. L., und H. S. WELLS, The electrical conductivity of oceanic air and its correlation to global atmospheric pollution. J. Atmos. Sci. 27 (1970) 814.

COLDER, K. L., On the equation of atmospheric diffusion. Quart. J. Roy. Met. Soc. 91 (1965) 390, 514–516.
COLDER, K. L., On estimating air pollution concentrations from a highway in an oblique wind. Atmos. Environ. 7 (1973) 9, 863–868.
COMMONER, B. (Коммонер, Б.), Замыкающийся круг. Гидрометеоиздат, Leningrad 1974, 280 S.
Compilation of air pollutant emission factors. U.S. EPA. Triangle Park N.C., 1972.
COURTRIGHT, S., The economic of clean air in Canada. Chemosphere (1972) 11, 33–38.
CRAXFORD, S. R., und M. WEATHERLEY, Air pollution in towns in the United Kingdom. Phil. Trans. Roy. Soc. London (A) 269 (1971) 1199, 503–513.
CROSS, F. L., und H. F. SCHIFF, Continuous source monitoring. Chem. Eng. 80 (1973) 14, 125–127.
CRUTZEN, P. J., Estimate of possible variation in total ozon due to natural causes and human activity. AMBIO 3 (1974) 6, 201–210.
CSANADY, G., Some observations on smoke plumes. Int. J. Air. Wat. Pollut. 4 (1961) 47–51.
CSANADY, G., Turbulent diffusion of heavy particles in the atmosphere. J. Atm. Sci. (1963) 3, 201–208.
CSANADY, G., Turbulent diffusion in the Environment. D, Reidel Publ. Co. 205, 1973.
DAVIES, D. R., Three-dimensional turbulence and evaporation in the lower atmosphere. Quart. J. Mech. Appl. Math. (1950) 2, 168–178.
DAVIES, D. R., On diffusion from a continuous point source at ground level into a turbulent atmosphere. Quart. J. Mech. Appl. Math. 7 (1954).
DAWITAJA, F. F. (Давитая, Ф. Ф.), О возможном влиянии запыленности атмосферы на уменьшение ледников и потепление климата. Изв. АН СССР, сер. геофиз. (1965) 2.
DAWITAJA, F. F. (Давитая, Ф. Ф.), История атмосферы и динамика ее газового состава. Метеорология и гидрология (1971) 2 (a).
DAWITAJA, F. F. (Давитая, Ф. Ф.), Загрязнение земной атмосферы и изменение ее газового состава. Изв. АН СССР, сер. географ. (1971) 4, 5–17 (b).
DEMERJIAN, K. L., u. a., The mechanism of photochemical smog formation. In: Adv. in Environ. Science and Technol. Vol. 4, Nr. 4, Wiley, 1974, S. 1–262.
DENISSOW, A. I. (Денисов, А. И.), О распространении пыли и газов из дымовых труб. Изв. АН СССР, сер. геофиз. (1957) 6.
DERGATSCHEW, N. F. (Дергачев, Н. Ф.), Расчетные формулы для определения газовых ингредиентов дыма в атмосферном воздухе. Гигиена и санитария (1953) 5.
DEROWANE, A., und G. VERDAY, Comparasion des concentrations en SO_2 à l'interieur et à exterieur de deux bâtiments. Atmos. Environ. (1973) 9, 891–900.
DETRIE, L. (Детри, Л.), Атмосфера должна быть чистой. Прогресс, Moskau, 1973, 378 S. (Übers. aus d. Französ.).
DIANOW-KLOKOW, W. I., u. a. (Дианов-Клоков, В. И., и др.), Исследования содержания окиси углерода во всей толще атмосферы (Обзор). Изв, АН СССР, Физ. атмосф. и океана 14 (1978) 4, 366–377.
DICKSON, R., Meteorological factors affecting particulate air pollution of a city. BAMS 42 (1961) 8, 556–570.
DIMEFF, J., u. a., Heterodyne method for high specificity gas detection. AIAA-Paper Nr. 1064, 1971, 8 S.
DMITRIJEW, A. A., und I. P. BESSONOW (Hrsg.) (Дмитриев, А. А., и И. П. Бессонов (ред.)), Климат Москвы (особенности большого города). Гидрометеоиздат, Leningrad 1969.
DMITRIJEW, M. T. (Дмитриев, М. Т.), Фотохимический смог. Природа 2 (1971) 28–35.
DMITRIJEW, M. T., u. a. (Дмитриев, М. Т., и др.), Механизм фотохимического загрязнения атмосферы городов. In: Метеорологические аспекты загрязнения атмосферы. Гидрометеоиздат, Leningrad 1971, S. 295–309.
DORODNIZIN, A. A. (Дородницин, А. А.), Возмущение воздушного потока, вызванное неровностями на поверхности земли. Тр. ГГО, Band 23, 1938.
DROSDOWA, W. M., u. a. (Дроздова, В. М., и др.), Химический состав атмосферных осадков на Европейской территории СССР. Гидрометеоиздат, Leningrad 1964.
DUBOW, A. S. (Дубов, А. С.), Определение коэффициента турбулентного обмена по ускорению самолета. Тр. ГГО, Band 98, 1959.

DUBOW, A. S., u. a. (Дубов, А. С., и др.), Турбулентность в растительном покрове. Гидрометеоиздат, Leningrad 1977, 182 S.

DUNSKI, W. F., u. a. (Дунский, В. Ф., и др.), Оседание грубодисперсного аэрозоля из приземного слоя атмосферы на подстилающую поверхность земли. Тр. ГГО, Band 172, 1965, S. 192—294.

DUNSKI, W. F., u. a. (Дунский, В. Ф., и др.), Оседание грубодисперсного аэрозоля на подстилающую поверхность земли. Тр. ГГО, Band 185, 1966, S. 148—161.

DUNSKI, W. F., u. a. (Дунский, В. Ф., и др.), О расчете рассеяния оседающей примеси от линейного источника в пограничном слое атмосферы. Тр. ГГО, Band 207, 1968, S. 28—37.

ELIASSEN, A., und J. SALTBONES, Decay and transformation rates of SO_2, as estimated from emission data, trajectories, and measured air concentrations. Atm. Environ. 9 (1975) 425—429.

ELTERMAN, W.M. (Эльтерман, В. М.), Вентиляция химических производств. Стройиздат, Moskau 1967.

Energy and Climate. Nat. Ac. of Sciences. Washington 1977, 281 S.

ENGELMANN, R. J., und G. A. SEHMEL (Hrsg.), Atmosphere-surface exchange of particulate and gaseous pollutants (1974) ERDA Symposium. Oak. Ridge 1976, 988 S.

Environmental quality. The 4th annual report on the Council EO. Washington 1973.

EPSCHTEIN, A. M. (Эпштейн, А. М.), О форме от турбулентной струп в неограничном горизонтальном поперечном потоке. Инженерно — физический журнал 9 (1965) 451—456.

ERIKSON, E., Composition of atmospheric precipitation. Tellus 4 (1952) 215—232.

ERIKSON, E., The importance of investigation global back-ground pollution. WMO Tech. Note Nr. 106, 1970, S. 31—54.

ESCHENROEDER, A., und J. MARTINEZ, An extention of K-theory to describe photochemical air pollution. Conf. on Air Pollution Meteorology, Raleigh, N.C., 1971, S. 69—74.

FACY, L., Simulation in water model of the effects of the relief on the diffusion of effluvium (colorimetric and quantitative evaluation). Proc. 2-d Int. Clean Air Congress, Washington 1971, S. 1004—1006.

FEDOROW, J. K. (Федоров, Е. К.), Взаимодействие общества и природы. Гидрометеоиздат, Leningrad 1972.

FELDMAN, J. G., und F. F. LAMPERT (Фельдман, Ю. Г., и Ф. Ф. Ламперт), Загрязнение воздуха автомагистралей фотооксидантами на уровнях разных этажей жилых зданий. Гигиена и санитария (1968) 11.

FETT, W. (Фетт, В.), Атмосферная пыль. Изд. иностр. лит., Moskau 1961 (Übers. aus d. Deutsch.).

FISHER, B. E., The long range transport of SO_2. Atm. Environ. 9 (1976) 1063—1070.

FITZGERALD, J. W., und P. O. SPYERS-DURAN, Changes in cloud nuclei concentration and cloud droplets size distribution associated with pollution from St. Louis. J. Appl. Met. 12 (1973) 3.

FORTAK, H. G., Konzentrationsverteilung um eine kontinuierliche Punktquelle bei Windstille. VDI-Forschungsheft 483, 1961, S. 20—22.

FORTAK, H. G., Numerical simulation of the temporal and spatial distribution of urban air pollution concentration. Proc. of Symp. on multisource urban diffusion models, N.C., 9, 1970, S. 1—33.

FORTAK, H. G., Meteorologie DBG, Berlin 1971, 288 S.

FORTAK, H., Dreidimensionale Vermessung von Kühlturmfahnen. KFA, Oberpfaffenhofen, 1975, 30 S.

FORTAK, H., Ergebnisse von Meßkampagnen an den Kühltürmen der RWE-Kraftwerke Neurath und Mappen. KFA, Oberpfaffenhofen, 1976, 250 S.

FOX, O. G., Forced plume in stratified fluid. J. Geogr. Res. 75 (1970) 33, 6818—6835.

FOX, O. G., The mathematical simulation of air quality. Nord. Sym. Urban air pollution modeling, Denmark 1973.

FRANKENBERG, T., u. a., Sulfur dioxide in the vicinity of the Cardinal Plant. Proc. 2-d Int. Clean Air Congress, Washington 1971, S. 1042—1049.

FRENKIEL, F. N., Turbulent diffusion: Mean concentration distribution in a flow field of homogeneous turbulence. Advant. Appl. Mech. (1953) 3, 61—107.

FUHRMANN, H., und H. WINTER, Neuer hochempfindlicher Gasanalysator zur Immissionsmessung. Wasser, Luft u. Betrieb (1964) 8, 5—12.

FUX, N. A. (Фукс, Н. А.), Механика аэрозолей. Изд. АН СССР, Moskau 1955.

GAGE, K. S., und W. H. JASPERSON, Diffusion coefficients estimated from turbulence data measured by the metral positioning system in Minneapolis field test. Proc. third Symp. on Atmospheric Turbulence, diffusions and air quality. AMS Boston 1976, S. 114—121.

GANDIN, L. S., und R. E. SOLOWEITSCHIK (Гандин, Л. С., и Р. Э. Соловейчик), О распространении дыма из фабричных труб. Тр. ГГО, Band 77, 1958.

GARGER, J. K. (Гаргер, Е. К.), О рассеянии дыма от высотного точечного источника. In: Метеорологические аспекты загрязнения атмосферы. Гидрометеоиздат, Leningrad 1971, S. 194—206.

GASSILINA, N. K., u. a. (Гасилина, Н. К., и др.), Программа и методика комплексного мониторинга загрязнения в биосферных заповедниках. In: Биосферные заповедники. Гидрометеоиздат, Leningrad 1977, S. 146—151.

GELBWACHS, J., u. a, Fluorescence determination of atmospheric NO_2. Opto-electron 4 (1972) 2, 155—160.

GENICHOWITSCH, J. L., und W. P. GRATSCHEWA (Генихович, Е. Л., и В. П. Грачева), Анализ дисперсии горизонтальных колебаний направления ветра. Тр. ГГО, Band 172, 1965, S. 42—47.

GENICHOWITSCH, J. L., und E. N. RUSSINA (Генихович, Е. Л., и Е. Н. Русина), Оценка аэрозольного ослабления по данным актинометрических наблюдений с фильтрами. Тр. ГГО, Band 293, 1973, S. 105—110.

GENICHOWITSCH, J. L., und E. N. RUSSINA (Генихович, Е. Л., и Е. Н. Русина), К методике обработки спектральных актинометрических наблюдений на ЭВМ. Тр. ГГО, Band 325, 1975, S. 81—86.

GENICHOWITSCH, J. L., und S. S. TSCHITSCHERIN (Генихович, Е. Л., и С. С. Чичерин), К сравнению результатов расчета вертикальных распределений концентрации примеси с данными измерений. Тр. ГГО, Band 387, 1977, S. 37—40.

GENICHOWITSCH, J. L., u. a. (Генихович, Е. Л., и др.), О возможности прогноза загрязнения городского воздуха методом распознавания образов. Тр. ГГО, Band 293, 1973, S. 21—25.

GEORGII, H., und W. VITZE, Global and regional distribution of sulfur components in the atmosphere. Idöjaras 75 (1971) 5/6, 294—299.

GERASSIMOW, I. P., und M. I. BUDYKO (Герасимов, И. П., и М. И. Будыко), Актуальные проблемы взаимодействия человека и природы. Коммунист (1974) 10, 79—91.

GIFFORD, F., Statistical properties of a fluctuating plume dispersion model. Atmospheric diffusion and air pollution. Adv. in Geoph., vol. 6, Academic Press, New York 1959, S. 117—138.

GIFFORD, F., Peak to average concentration rations according to air fluctuating plume dispersion model. Int. J. Air Water Pollut. 3 (1960) 4, 253—260.

GIFFORD, F., Turbulent diffusion-typing schemes: a review. Nuclear Safety 17 (1976) 1, 25—43.

GIFFORD, F., und S. HANNA, Modeling urban air pollution. Atm. Env. (1973) 1, 131—136.

GILBERT, T., Probleme bei der Berechnung von Schornsteinhöhen in der internationalen Sicht. Proc. 3d Int. Clean Air Congr. Düsseldorf, 1973, S. B98—B101.

GILDENSKIOLD, R.S., u. a. (Гильденскиольд, Р.С., и др.), Результаты экспериментальных исследований загрязнения атмосферы в районе Молдавской ГРЭС. Тр. ГГО, Band 207, 1968, S. 65—68.

GILDENSKIOLD, R. S., u. a. (Гильденскиольд, Р. С., и др.), Постановка эксперимента по изучению распространения примесей в атмосфере в условиях сложного рельефа. Тр. ГГО, Band 373, 1976, S. 16—25.

GISSINA, F. A. (Гисина, Ф. А.), Распределение примеси, поступающей от непрерывного точечного источника при тумане. Изв. АН СССР, сер. геофиз. (1964) 7.

GODEW, N., und I. KANDOWA (Годев, Н., и И. Кандъова), Метеорологични и неметеорологични фактори, влияещи върху режима на мъглите над София. Хидрол. и Метеорол. 21 (1972) 2, 23—30.

GOLDBERG, M. S., u. a. (Гольдберг, М. С., и др.), Инструктивно-методические указания по организации исследования загрязнения атмосферного воздуха. Медгиз, Leningrad 1963.

GOLDSMITH, P., u. a., Nitrogen oxides, nuclear weapon testing, concorde and stratospheric ozone. Nature **244** (1973) 5418, 545—551.

GOLZBERG, I. A. (Hrsg.) (Гольцберг, И. А. (ред.)), Микроклимат СССР. Гидрометеоиздат, Leningrad 1967.

GORDON, B., und H. KRANER, On the development by charged particle X-ray fluorescence. J. Radioanal. Chem. **12** (1972) 1, 118—188.

GORLIN, S. M., und I. M. SRASHEWSKI (Горлин, С. М., и И. М. Зражевский), Изучение обтекания моделей рельефа и городской застройки в аэродинамической трубе. Тр. ГГО, Band 234, 1968, S. 49—59.

GORLIN, S. M., und I. M. SRASHEWSKI (Горлин, С. М., и И. М. Зражевский), Изучение обтекания характерных форм рельефа в аэродинамической трубе. Тр. ГГО, Band 238, 1969, S. 70—76.

GOROSCHKO, B. B. (Гофошко, Б. Б.), Некоторые особенности распространения вредных примесей от высоких источников в зависимости от синоптико-метеорологических факторов. Тр. ГГО, Band 207, 1968, S. 69—75 (a).

GOROSCHKO, B. B. (Горошко, Б. Б.), Постановка экспериментальных работ по изучению распространения вредных примесей от мощных источников. Тр. ГГО, Band 234, 1968, S. 109—115 (b).

GOROSCHKO, B. B., und L. R. SONKIN (Горошко, Б. Б., и Л. Р. Сонькин), Опасные метеорологические условия и регулирование выбросов. In: Нормирование и контроль промышленных выбросов в атмосферу. Гидрометеоиздат, Leningrad 1977, S. 19—26.

GOROSCHKO, B. B., u. a. (Горошко, Б. Б., и др.), Результаты наблюдений за загрязнением атмосферы окислами азота от химического завода. Тр. ГГО, Band 185, 1966, S. 63—67.

GOROSCHKO, B. B., u. a. (Горошко, Б. Б., и др.), К технике наблюдений атмосферного загрязнения с помощью вертолета. Тр. ГГО, Band 207, 1968, S. 76—81 (a).

GOROSCHKO, B. B., u. a. (Горошко, Б. Б., и др.), Вопросы методики и результаты исследования загрязнения атмосферы с помощью вертолета. Тр. ГГО, Band 234, 1968, S. 85—94 (b).

GOTAAS, J., A model of diffusion in a valley from a continuous point source. Arch. Met. Geoph. Biokl. (A) **21** (1972) 1, 13—26.

GRAEDEL, T. E., u. a., Kinetic studies of the photochemistry of the urban troposphere. Atm. Environ. **10** (1976) 12, 1095—1116.

GRAHAM, I. R., An analysis of turbulence statistics at Fort Wayne, Indiana. J. Appl. Met. **7** (1968), 90—93.

GRATSCHEWA, I. G., u. a. (Грачева, И. Г., и др.), К расчету загрязнения атмосферы от многих источников. Тр. ГГО, Band 238, 1969, S. 14—26.

GRATSCHEWA, W. P. (Грачева, В. П.), Исследование турбулентного режима приземного слоя воздуха в различных географических районах. Тр. ГГО, Band 185, 1966, S. 55—62.

GRATSCHEWA, W. P. (Грачева, В. П.), Географическое распределение коэффициента турбулентности в приземном слое атмосферы летом в дневное время. Тр. ГГО, Band 207, 1968, S. 164—169 (a).

GRATSCHEWA, W. P. (Грачева, В. П.), О коэффициенте турбулентного обмена в приземном слое летом в дневное время в различных географических районах СССР. Тр. ГГО, Band 234, 1968, S. 152—161 (b).

GRATSCHEWA, W. P. (Грачева, В. П.), К характеристике термической устойчивости в приземном слое воздуха. Тр. ГГО, Band 238, 1969, S. 153—179.

GRATSCHEWA, W. P., und W. P. LOSHKINA (Грачева, В. П., и В. П. Ложкина), Об устойчивости направления ветра в приземном слое атмосферы. Тр. ГГО, Band 158, 1964, S. 41—45.

GRIGORJEW, A. A., und W. B. LIPATOW (Григорьев, А. А., и В. Б. Липатов), Пыльные бури по данным космических исследований. Гидрометеоиздат, Leningrad 1974, 30 S.

GROBECKER, A. S., Assessment of climatic changes due to flights in the stratosphere. AIAA-Paper Nr. 658, 1972.

GUDERIAN, R., Air pollution. Springer Verlag, Berlin 1977, 126 S.

GUMBEL, E. (Гумбель, Э.), Статистика экстремальных значений. Мир, Moskau 1965.

GUTMAN, L. N. (Гутман, Л. Н.), Введение в нелинейную теорию мезометеорологических процессов. Гидрометеоиздат, Leningrad 1969.

HALITSKY, J., Wake a dispersion models for the EBR-11 building complex. Atm. Environ. 11 (1977) 7, 255—296.

HALOW, S. S., und S. J. ZEEK, Predicting Ringelmann number and optical characteristics of plumes. JAPCA (1973) 8, 676—684.

HAMILTON, P. M., und D. S. MOORE, Gas turbine plume hights measured at Norwey power station. Atm. Environ. (1973) 10, 991—998.

HANNA, S., A simple method of calculating dispersion from urban area sources. JAPCA 21 (1971) 12, 774—776.

HANNA, S., A simple model for the analysis of photochemical smog. Proc. Conf. Urban Envir. Philadelphia, 1972, S. 120—123.

HANNA, S. R., Meteorological effects of mechanical draft cooling towers of the Oak Ridge gaseous diffusion plant. NOAA Environ. Res. Lab. ATDL Contribution, Nr. 89, 1974.

HANNA, S. R., und F. A. GIFFORD, Meteorological effects of energy dissipation at large power parks. BAMS 56 (1975) 1069—1076.

HANNA, S. R., und F. A. GIFFORD, Application of the ATDL simple urban dispersion model to Frankfurt. Proc. NATO/CCMS 8th intern. techn. meeting on air pollution modeling. Belgien, 1977, S. 1—17.

HANNA, S. R., und J. PELL (Hrsg.), Cooling tower environment — 1974 U.S. ERDA. Oak Ridge 1974, 636 S.

HANNA, S. R., u. a., AMS Workshop on stability classification schemes and sigma curves-summery of recommendations. BAMS 38 (1977) 12, 1305—1309.

HARRIS, F. S., Atmospheric aerosols: a literature summery of their physical characteristics and chemical composition. NASA Contractor Report CR-2626, Washington 1976.

HAY, J.S., und F. PASQUILL (Хей, Е. З., и Ф. Пасквилл), Диффузия от непрерывного источника в зависимости от спектра и масштаба турбулентности. In: Атмосферная диффузия и загрязнение воздуха. Изд. инностр. лит., Moskau 1962.

HEINES, T. S., und L. K. PETERS, The effect of a horizontal inversions layer caused by a temperature inversion aloft on the dispersion of pollutants in the atmosphere. Atm. Environ. 1 (1973) 39—48.

HERMANN, G., Meßmethoden zur Bestimmung gasförmiger Luftverunreinigungen. Z. f. Meteorol. 27 (1977) 6, 341—350.

HESEK, F., Dependence of the concentration of a passive substance on the duration of the measurements. Studia geoph. geod. (1970) 4, 414—430.

HEWSON, E., u. a., Topographic influences on the behaviour of stack effluents. Proc. Amer. Power Conf., Band 23, 1961, S. 358—370.

HIDEO, O., u. a., Ambient and source SO_2 detector based on a fluorescence method. JAPCA 23 (1973) 6, 514—516.

HIDY, G. M., und S. R. BROCK, An assessment of the global sources of tropospheric aerosols. Proc. 2-d Int. Clean Air Congress, Washington 1971, S. 1088—1097.

HINKLEY, E. D., u. a. (Hrsg.), Laser monitoring of the atmosphere. Springer-Verlag, Berlin 1976, 380 S.

HINO, M., Maximum ground-level concentration and sampling time. Atm. Environ. (1968) 2 (a).

HINO, M., Computer experiment on smoke diffusion over a complicated topography. Atm. Environ. (1968) 6, 541—559 (b).

HOFFMANN, D. J., und J. M. ROSEN, Ballon observations of the time development of the stratospheric aerosol evand of 1974—75. Report AP-L Univ. Wayoming, 1976, 11 S.

HOGSTROM, U., An experimental study on the atmosphere diffusion. Tellus 16 (1964) 2, 205—251.

HOLZWORTH, G. C., A study of air pollution potential for the Western United States. J. Appl. Met. (1962) 3, 366—382.

HOLZWORTH, G. C., Mixing dephts, wind speeds and air pollution potential for selected locations in the U.S. J. Appl. Met. 6 (1967) 1039—1044.

HOWKINS, J. E., und G. NONHEBEL, Chimneys and the dispersion of smoke. J. Inst. Fuel. 28 (1955).

HUDER, A. H., und W. H. SNYDER, Building wake effects short stack effluents. Proc. Third Symp. on Atmospheric turbulence, diffusion and air quality, AMS Boston, 1976, S. 235—242.

HUFF, F., und S. CHANGNON, Climatological assessment of urban effects on precipitation at St. Louis. J. Appl. Meteorol. **11** (1972) 5, 823—842.

HUMPHEREYS, J., The rise of plumes of the South African High. Atm. Environ. (1973) 11, 1071 to 1077.

HUMPHREY, H., The problem of air pollution. Proc. 3-d Nat. Conf. Air Pollut., Washington 1967.

HUNT, K. C., und P. S. JACKSON; Surface obstacles in turbulent boundary layer. J. Fluid Mech. **64** (1974) 3, 529—567.

HÜTTNER, E., Gebräuchliche internationale Modelle zur Berechnung der Ausbreitung von Luftverunreinigungen unter dem Aspekt der Hochschornsteine. Technik und Umweltschutz, Band 11, VEB Deutscher Verlag für Grundstoffindustrie, Leipzig 1975, S. 81—118.

HUYGEN, G., und P. H. STEERMAN, The determination of nitrogen dioxide in air after absorption in a modified alkalin solution. Atm. Environ. **5** (1971) 10, 887—889.

IHLENFELD, H., Modellierung von Gasausbreitungsvorgängen in der bodennahen Grenzschicht durch Versuche im Windkanal. Z. f. Meteorol. **27** (1977) 6, 383—393.

Inadvertent Climate Modification. MIT Press, 1971.

IORDANOW, D. (Иорданов, Д.), О диффузии по направлению ветра и некоторых асимптотических формулах диффузии в приземном слое атмосферы. Изв. АН СССР. Физика атмосферы и океана (1967) 8.

IORDANOW, D., Simple approximation formula for determining the concentration distribution of high sources. Atmos. Environ. **6** (1972) 6.

IRSAEL, J. A. (Израэль, Ю. А.) Изотопный состав радиоактивных выпадений. Гидрометеоиздат, Leningrad 1973, 106 S.

ISRAEL, J. A. (Израэль, Ю. А.), Мирные ядерные взрывы и окружающая среда. Гидрометеоиздат, Leningrad 1974, 136 S. (a).

ISRAEL, J. A. (Израэлъ, Ю. А.) Глобальная систма наблюдений. Прогноз и оценка изменений состояния окружающей среды. Основы мониторинга. Метеорология и гидрология (1974) 7 (b).

ISRAEL, J. A. (Израэль, Ю. А.), Допустимая антропогенная нагрузка на окружающую природную среду. In: Всесторонний анализ окружающей природной среды. Гидрометеоидат, Leningrad 1976, S. 12—19.

ISRAEL, J. A., und J. I. TEWEROWSKI (Израэль, Ю. А., и Е. И. Теверовский), Возможности широкого мирного использования атомной энергии при обеспечении безопасности населения. Атомная энергия (1971) 12.

IWANOW, W. N. (Иванов, В. Н.), Использование параметров эйлеровой турбулентностидля оценок лагранжевых характеристик. In: Метеорологические аспекты загрязнения атмозферы. Гидрометеоиздат, Leningrad 1971, S. 162—178.

IWLEW, L. S. (Ивлев, Л. С.), Аэрозольная модель атмосферы. Проблемы физики атмосферы, Band 8, 1969.

IZMEROV, N. F., Control of air pollution in the USSR. WMO, Genf 1973, 156 S.

JACOBS, M. B., und M. M. BRAVERMAN, Ultramicrodetermination of sulfides in the air. Anal. Chem. (1957) 9, 1349.

JACOBS, M. B., und S. HOCHHEISER, Continuous sampling and ultramicrodetermination of Nitrogen Dioxide in air. Anal. Chem. **30** (1958) 426—428.

JAFFE, L. S., Carbon monoxide in the biosphere: sources, distribution and concentrations. J. Geophys. Res. (1973) 24, 5293—5305.

JAGLOM, A. M. (Яглом, А. М.), О турбулентной диффузии в приземном слое атмосферы. Изв. АН СССР. Физика атмосферы и океана (1972) 6, 579—594.

JANAGISAWA, S., Air quality standards national and international. JAPCA **23** (1973) 11, 945—948.

JANKOWSKI, I. A. (Янковский, И. А.), К обобщению опыта постов наблюдений за химическим составом атмосфеного воздуха городов. Тр. ГГО, Band 234, 1968, S. 116—124.

JANKOWSKI, I. A., u. a. (Янковский, И. А., и др.), Об опыте работы сети пунктов наблюдений за загрязнением атмосферы. Тр. ГГО, Band 314, 1974, S. 154—157.

JANKOWSKI, I. A., u. a. (Янковский, И. А., и др.), Передвижная лаборатория анализа загрязнения атмосферы. Тр. ГГО, Band 352, 1975, S. 235—238.

JELISSEJEW, W. S. (Елисеев, В. С.), К вопросу о горизонтальном рассеянии примеси в атмосфере. Тр. ГГО, Band 172, 1965, S. 74—75.

JELISSEJEW, W. S. (Елисеев, В. С.), Определение параметров атмосферной диффузии по видимым очертаниям дымового облака. Тр. ГГО, Band 185, 1966, S. 77–82.

JELISSEJEW, W. S. (Елисеев, В. С.), Исследование структуры дымовой струи и определение коэффициента турбулентного перемешивания по вертикальному распределению концентраций. Тр. ГГО, Band 234, 1968, S. 95–99.

JELISSEJEW, W. S. (Елисеев, В. С.), Стереофотограмметрическое исследование воздушного потока в пограничном слое атмосферы над холмом. Тр. ГГО, Band 254, 1971, S. 87–99.

JELISSEJEW, W. S. (Елисеев, В. С.), Траектории дымовых струй от промышленного источника. Тр. ГГО, Band 373, 1976, S. 78–85.

JILLETA, D. A., und J. H. BLIFFORD, Composition of tropospheric aerosols as a function of altitude. J. Atmos. Sci. 28 (1971) 7, 1199–1210.

JONES, P. M.; Cost analysis in the field of air pollution. Atmos. Environ. (1973) 12, 1191–1198.

JUDIN, M. I. (Юдин, М. И.), К вопросу о рассеянии тяжелых частиц в турбулентном потоке. Метеорология и гидрология (1946) 5.

JUDIN, M. I. (Юдин, М. И.), Физические представления о диффузии тяжелых частиц. In: Атмосферная диффузия и загрязнение воздуха. Изд. иностр. лит., Moskau 1962.

JUDIN, M. I., und M. I. SCHWEZ (Юдин, М. И., и М. И. Швец), Стационарная модель распределения ветра с высотой в турбулентной атмосфере. Тр. ГГО, Band 31, 1940.

JUNGE, CH., Der Stoffkreislauf der Atmosphäre. Probleme und neuere Ergebnisse der luftchemischen Forschung. Jahrb. Max-Planck-Gesellsch. zur Förderung d. Wiss. 1971. Göttingen 1972, S. 150–181.

JUNGE, CH., u. a., The atmospheric ^{12}CO and $^{14}CO_2$ budget. J. Geoph. Res. (1971) 12, 2866–2879.

JUNGE, CH. O. (Юнге, Х. О.), Химический состав и радиоактивность атмосферы. Мир, Moskau 1965 (Übers. aus d. Engl.).

JURGANOW, L. N., und W. I. DIANOW-KLOKOW (Юрганов, Л. Н., и В. И. Дианов-Клоков), О сезонных изменениях содержания окиси углерода в атмосфере. Изв. АН СССР. Физика атмосферы и океана (1972) 9, 981–984.

JUST, J., und J. KELUS, Kadm w powietrzu atmosferycznym 10 wybranych miast w Polsce. Rocz. Panst. Zakl. Hig. 22 (1971) 3, 249–256.

KAGAN, R. L., und M. I. JUDIN (Каган, Р. Л., и М. И. Юдин), Приближенное решение уравнения рассеяния света. Изв. АН СССР, сер. геофиз. (1958) 8.

KANNO, S., u. a.; Atmospheric SO_2 concentrations observed in Keichin industrial center and their relation to meteorological elements. Intern. J. Air Water Poll. 1 (1959) 234–240.

KAROL, I. L. (Кароль, И. Л.), О влиянии приземного слоя атмосферы на распространение тяжелой однородной примеси из высотного мгновенного точечного источника. Изв. АН СССР, сер. геофиз. (1959) 7.

KAROL, I. L. (Кароль, И. Л.), О влиянии турбулентной диффузии в направлении ветра на распределение концентрации субстанции, диффундирующей в атмосфере. Докл. АН СССР (1960) 6, 131.

KAROL, I. L. (Кароль, И. Л.), Радиоактивные изотопы и глобальный перенос в атмосфере. Гидрометеоиздат, Leningrad 1972, 366 S.

KAROL, I. L. (Кароль, И. Л.), Высотные самолеты и стратосфера. Гидрометеоиздат, Leningrad 1974, 48 S.

KASANSKI, A. B., und A. S. MONIN (Казанский, А. Б., и А. С. Монин), Определение турбулентных потоков количества движения, тепла и влаги по данным градиентных измерений. Метеорология и гидрология (1962) 12.

KASJAN, N. A., u. a. (Касьян, Н. А., и др.), Закономерности изменения температурного градиента в приземном слое воздуха на территории СССР. Тр. ГГО, Band 234, 1968, S. 137–151.

KASPSCHIZKI, A., und B. ADAMSKA (Каспшицки, А., и Б. Адамска), Классификация состояния устойчивости атмосферы в период Комплексного эксперимента и сравнение измеренных концентраций с результатами расчетов по гауссовой модели. Тр. ГГО, Band 373, 1976, S. 86–99.

KELENFFA, u. a., The vertical spread of urban air pollution. Idöjaras 75 (1967) 5.

KENNEDY, J. M., und S. H. KENT, Wind tunnel modeling of carbon monoxide dispersal in city streets. Atm. Environ. 11 (1977) 6, 541–547.

Kewamura, T., Urban climatology in Japan. J. of Climate 8 (1966) 1.

Klingo, W. W., und R. I. Onikul (Клинго, В. В., и Р. И. Оникул), О поглощении газообразных примесей каплями тумана. Тр. ГГО, Band 234, 1968, S. 80–84.

Klug, W., Meteorologische Einflußgrößen in der Ausbreitungsrechnung. Staub 24 (1964) 10, 396–400.

Kolbig, J., Die Ermittlung des Windprofils bis 300 m über dem Grund durch photogrammetrische Vermessung von Rauchmarkierungen. Z. f. Met. 17 (1965).

Kondratjew, K. J. (Кондратьев, К. Я.), Актинометрия, Гидрометеоиздат, Leningrad 1965.

Kondratjew, K. J. (Кондратьев, К. Я.), Возможности изучения атмосферных загрязнений с помощью спутников. Метеорология и гидрология (1970) 9.

Kondratjew, K. J. (Кондратьев, К. Я.), Современные изменения климата и определяющие их факторы. In: Итоги науки. Метеорология и климатология, Band 4 ВИНИТИ, Moskau 1977, S. 6–201.

Kondratjew, K. J., und M. J. Berljand (Hrsg.) (Кондратьев, К. Я., и М. Е. Берлянд (ред.)), Комплексный энергетический эксперимент (КЭНЭКС-72). Тр. ГГО, Band 332, 1974, S. 116.

Kondratjew, K. J., u. a. (Кондратьев, К. Я., и др.), О спектральном распределении лучистого притока тепла в атмосфере. Докл. АН СССР (1971) 5, 197–198.

Kondratjew, K. J., u. a. (Кондратьев, К. Я., и др.), Влияние аэрозоля на перенос излучения; возможные климатические последствия. Изд. ЛГУ, 1973, 266 S.

Konkow, S. A. (Коньков, С. А.), О регистрации концентрации пыли в атмосфере. Тр. ГГО, Band 234, 1968, S. 181–187.

Koschkin, A. M., u. a. (Hrsg). (Кошкин, А. М., и др. (ред.)), Санитарные нормы проектирования промышленных предириятий. СН 245-71, Стройздат, 245–71, Moskau 1972.

Kratzer, P. A. (Кратцер, П. А.), Климат города, Изд. иностр. лит., Moskau 1958, 240 S.

Kung, E. C., u. a., Study of Continental surface albedo on the basis of flight measurements. MWR 92 (1964) 543–564.

Laichtman, D. L. (Лайхтман, Д. Л.), Физика пограничного слоя атмосферы. Гидрометеоиздат, Leningrad 1970.

Laichtman, D. L., und E. K. Bjutner (Лайхтман, Д. Л., и Э. К. Бютнер), О времени установления стационарного распределения концентраций от точечного источника. Тр. ЛГМИ, Band 15, 1963, S. 97–102.

Landsberg, Ch. E. (Ландсберг, Х. Е.), Антропогенные изменения климата. In: Физическая и динамическая климатология. Гидрометеоиздат, Leningrad 1974, S. 267 to 313.

Lappo, G. M., und J. D. Piwowarow (Лаппо, Г. М., и Ю. Д. Пивоваров), Урбанизация и природная среда. In: Географические аспекты урбанизации. Знание, Moskau 1971, S. 18–48.

Larsen, R. I.; Air quality data analysis system for interrelating effects, standard and needed source reductiveness. J. Air Pollut. Control Assoc. 23 (1973) 41, 933–940.

Larsen, R. I., u. a., Analyzing air pollutant concentration and dosage date. IAPCA (1965) 12.

Lasarewa, N. A. (Лазарева, Н. А.), Годовой ход некоторых характеристик пограничного слоя атмосферы над ЕТС. Тр. ГГО, Band 154, 1964, S. 36–45.

Leavitt, H. S., u. a., Meteorological programme for limiting power plant stack emissions. JAPCA 21 (1971) 7, 400–405.

Lectures on air pollution and environmental impact analyses. AMS, Boston, 1975, 269 S.

Lee, W. L., und A. C. Stern, The height requirement implicit in the federal standards of performance for men stationary sources. JAPCA 23 (1973) 6, 505–513.

Lehmann, A., Zur Bestimmung von Diffusionsparametern für reale Standorte. In: Метеорологические аспекты загрязнения атмосферы. Гидрометеоиздат, Leningrad 1971, S. 89 to 98.

Lehmann, A., und D. Kahl, Wahrscheinlichkeitsaussagen über SO_2-Immissionsbelastungen und deren Vergleich mit Meßergebnissen. Technik und Umweltschutz, Band 11, VEB Deutscher Verlag für Grundstoffindustrie, Leipzig 1975, S. 58–80.

LEWIN, A. W. (Левин, А. В.), К вопросу об уравнениях, описывающих турбулентную диффузию в атмосфере. Тр. УкрнИГМИ, Band 103, 1971, S. 102—107.

LEWIN, L. M. (Левин, Л. М.), Исследования по физике грубодисперсных аэрозолей. Изд. АН СССР, Moskau 1961.

LINDNER, I., und K. NYBERG (Hrsg.), Environmental engineering. Boston D. Reidel P. C., Dordrecht 1973, 450 S.

LIU, C. Y., und W. R. GOODIN, A Two-dimensional model for the transports in an urban basin. Atm. Environ. 1 (1976) 7, 513—526.

LJAPIN, J. S. (Ляпин, Е. С.), Изучение коэффициента перемешивания воздуха при помощи опытных дымопусков. Тр. НИИ ГУГМС, Ser. 1, Band 34, 1946.

LJAPIN, J. S. (Ляпин, Е. С.), О турбулентном перемешивании воздуха в атмосфере. Метеорология и гидрология (1948) 8.

LOUP, J., Evolution seculaire du climat de Paris. Influence de l'urbanisation. Rev. geogr. Alp. 59 (1971) 3, 382—383.

LOVELOCK, J. E., Air pollution and climate change. Atmos. Environ. 5 (1971) 6, 403—411.

LUCAS, D., The atmospheric pollution of cities. Int. J. Air Wat. Pollut. 1 (1958), 71—86.

LUCAS, D., Application and evaluation of results of the Tilbury plume rise and dispersion experiment. Atmos. Environ. 1 (1967) 1, 421—424.

LUCAS, D., u. a., The rise of hot plumes from chimneys. Intern. J. Air Wat. Pollut. 7 (1963) 6/7.

LUIGA, P., u. a. (Луйга, П., и др.), Коррозионные испытания при оценке загрязнения атмосферного воздуха. ИАН ЭССР, Band 21, Химия и геология (1972) 4, 295—298.

LUSCHEW, J. G., und L. T. MATWEJEW (Лущев, Ю. Г., и Л. Т. Матвеев), Особенности образования и строения радиационных туманов (численный эксперимент). Изв. АН СССР. Физика атмосферы и океана 3 (1967) 5.

MACHTA, L., Mauna Loa and global trends in air quality. BAMS (1972) 5, 402—420.

MACHTA, L., und E. HUGHES, Atmospheric oxygen in 1967 to 1970. Science 168 (1970) 1582—1584.

MAHONEY, J. R., und B. A. EGAN, A mesoscale numerical model of atmospheric transport phenomena in urban areas. Proc. 2-d Intern. Air Pollut. Conf., Washington 1972, S. 1152—1157.

MASON, B. D. (Мейсон, Б. Д.), Физика облаков. Гидрометеоиздат, Moskau 1961 (Übers. aus d. Engl.).

MAMMARELLA, L.; L'inquinamento ambientale net Lazio con particolare rigurdo a quello atmosferico. IFA. RDP. (Publ.) Nr. 39, 1971.

MANABE, S., und R. T. WETHERALD, Thermal equilibrium of the atmosphere with a given distribution of relative humidity. J. Atmos. Sci. 24 (1967) 241—259.

Man's impact on the Global environment. MIT Press, 1970.

MARQUARDT, W., und P. IHLE, Niederschläge in der Umgebung von Naßkühltürmen. Z. f. Meteorol. 27 (1977) 6, 366—377.

MARTIN, A., und F. R. BARBER, Sulphur dioxide concentrations measured at various distances from a modern power station. Atmos. Environ. (1967) 6, 655—678.

MARTIN, A., und F. R. BARBER, Further measurements around modern power stations. Atmos. Environ. (1973) 1, 17—38.

MARTSCHUK, G. I. (Марчук, Г. И.), Методы расчета ядерных реакторов, Атомиздат, Moskau 1961.

MASCHKOWA, G. B. (Машкова, Г. Б.), О применении данных наземных наблюдений для характеристики состояния нижней части погранияного слоя атмосферы. Тр. ИЭМ, Band 15, 1970.

MATWEJEW, L. T. (Матвеев, Л. Т.), Основы общей метеорологии, Гидрометеоиздат, Leningrad 1965.

MAURAIN, C. H., Le climat parisien. Press. Univ., Paris 1947.

MCCARTHY, K. L., u. a., The fluorocarbon-ozone theory — 1. Production and release world production and release of CCl_3F and CCl_2F_2 (fluorocarbons 11 and 12) through 1975. Atmos. Environ. 11 (1977) 6, 491—498.

MCCORMAC, B. M. (Hrsg.), Introduction to the scientific study of atmospheric pollution. D. Reidel Publ. Co., Dodrecht 1971, 170 S.

MCCORMICK, R. A., Meteorological aspects of air pollution in urban and industrial districts. WMO Tech. Note, Nr. 106, 1970, S. 1—30.

McCormick, R. A., und J. H. Ludwig, Climatic modification by atmospheric aerosols. Science 156 (1967) 1358.

McLaughlin, S. F., u. a., Survey of ground-level SO_2 concentrations near Alton Illinois. Proc. 2d Intern. Clean Air Congress, Washington 1971, S. 1056–1062.

McMahon, T. A., u. a., A long-distance air pollution transportation model incorporating washout and dry deposition components. Atmos. Environ. 10 (1976) 9, 751–761.

Meade, P. J., Meteorological aspects of peaceful uses of atomic energy. WMO Tech. Note, Nr. 97, 1960.

Meadows, D. H., u. a., The limits of growth. P. A. Universe Books, New York 1972, 206 S.

Menzies, R. T., Use of CO and CO_2 lasers to detect pollutants in the atmosphere. Appl. Opt. 10 (1971) 7, 1532–1538.

Meszaros, A., On the size distribution of atmospheric aerosol particles of different composition. Atmos. Environ. 11 (1977) 11, 1075–1082.

Meteorology and atomic energy. U.S. Atomic Energy Commission, Washington, 1. Aufl. 1955, 2. Aufl. 1968.

Michaelis, E. E., Solid air pollution. Clean air 1 (1972) 4, 41–44.

Milford, S. N., u. a., Developing a practical dispersion model for an air quality region. JAPCA 21 (1971) 9, 549–554.

Millan, M. M., und Y. S. Chung, The prediction of the rise of cooling tower plumes. Atmos. Environ. 8 (1974) 4, 227–242.

Millan, M. M., und Y. S. Chung, Detection of plume 400 km from the source. Atmos. Environ. 11 (1977) 10, 939–944.

Miller, E. M., und L. E. Niemeyer, Air pollutions potential forecasts. A years experence. JAPCA (1963) 5.

Miller, M., und G. Holzworth, An atmospheric diffusion model for metropolitan areas. JAPCA (1967) 1, 46–50.

Mistschenkowa, T. W. (Мищенкова, Т. В.), Влияние атмосферы города на составляющие радиационного баланса. Сборник работ Иркутской ГМО, Band 1, Irkutsk 1966.

Mitchell, J. M., The temperature of cities. Weather-wise 14 (1961) 229.

Mitchell, J. M., The effect of atmospheric aerosols on climate with special reference to temperature near the earth's surface. J. Appl. Met. (1971) 4, 703–714.

Moffat, A. J., und M. M. Millan, The application of optical correlation techniques to the remote sensing of SO_2 plumes using sky light. Atmos. Environ. 5 (1971) 8, 677–690.

Monin, A. S. (Монин, А. С.), О диффузии с конечной скоростью. Изв. АН СССР, сер. геофиз. (1955) 3.

Monin, A. S. (Монин, А. С.), Полуэмпирическая теория турбулентной диффузии. Тр. Геофиз. ин-та АН СССР, Nr. 33 (160), 1956.

Monin, A. S., und A. M. Jaglom (Монин, А. С., и А. М. Яглом), Статистическая гидродинамика, Band 1. Наука, Moskau 1965, 638 S.

Monin, A. S., und A. M. Obuchow (Монин, А. С., и А. М. Обухов), Основные закономерности турбулентного перемешивания в приземном слое атмосферы. Тр. Геофиз. ин-та АН СССР, Nr. 24 (151), 1954.

Moratschewski, W. G., u. a. (Морачевский, В. Г., и др.), Об изменчивости характеристик приземных радиационных туманов. Тр. ГГО, Band 278, 1971.

Morton, B. R., The accent of turbulent forced plumes in a calm atmosphere. Int. J. Air Wat. Poll. 1 (1959).

Munn, R. E., Descriptive meteorology. Academic Press, London, 1966, Nr. 4, 246 S.

Munn, R. E., Airflow in urban areas. WMO Tech. Note, Nr. 108, 1970, S. 15–39 (a).

Munn, R. E., Biometeorological methods. Academic Press, London 1970, Nr. 4, 336 S. (b).

Munn, R. E., Global environmental monitoring system. SCOPE, rep. 3, Toronto 1973, 130 S. (a).

Munn, R. E., A study of suspended particulate air pollution at two locations in Toronto. Atmos. Environ. (1973) 311–318 (b).

Munn, R. E., und B. Bolin, Global air pollution — meteorological aspects. A survey. Atmos. Environ. 5 (1971) 6, 363–402.

Munn, R. E., u. a., Apreliminary climatology of ground-based inversion in Canada. Atmosphere (1970) 8, 52–68.

Munn, R. E., u. a., Dispersion and forecasting of air pollution. WMO Tech. Note, Nr. 121, 1972.

Munzar, J., Meteorologie a ocharana ovzduŝi prêd znecistenum. Stud. Geogr. (1972) 24, 21–24.

Murtny, G. K., On the mean path of a buoyant chimney plume in non-uniform wind. J. Appl. Met. 9 (1970) 4, 603–611.

Murozumi, M., u. a., Changes in concentrations of common lead in north polar snows with time. J. Air Poll. Contr. Assoc. (1967) 67–69.

Myrop, L. O., A numerical model of the urban heat island. J. Appl. Met. 8 (1969) 6.

Nasarow, I. M., und S. D. Fridman (Назаров, И. М., и Ш. Д. Фридман), Дистанционный мониторинг загрязнения окружающей среды. Метеорология и гидрология (1978) 4, 45–57.

Nasarow, I. M., u. a. (Назаров, И. М., и др.), Дистанционные и экспрессные методы определения загрязнения окружающей среды. Гидрометеоиздат, Moskau 1977, 194 S.

Neiburger, M., Introduction to session on dispersion of air pollutants over cities. Symp. on Air over Cities, SEC Tech. Rep., 1961, S. 173–195.

Nêmec, L., An experimental contibution to the method of calculating the ground level concentration of gaseus pollutants emitted from high stacks. Atmos. Environ. 3 (1969) 5, 505–507.

Nèmec, L. (Немец, Л.), О методах расчета приземной концентрации газообразной примеси, выбрасываемой из приподнятого источника. In: Метеорологические аспекты загрязнения атмосферы. Гидрометеоиздат, Leningrad 1971, S. 37–43.

Nester, R., Distribution des concentrations autour d'une source ponctuell continue par vent nul. Bull. Tech. Suisse romande, Nr. 25, 1967, S. 347–350.

Nicotra, C., u. a., Analysis of trace organic air pollutants by chromatography combined with mass spectrometry. Gas Chromatogr., Barking 1972, S. 9–15.

Niemeyer, L., Forecasting air pollution potential. MWR 88 (1960) 3.

Novak, J. V., Polarographic-coulometric analysers. Collection Czechoslov. Chem. Commun 30 (1965) 2703–2716.

Nowikow, A. J. (Новиков, Е. А.), О турбулентной диффузии в потоке с поперечным градиентом скорости. ПММ (1958) 3.

Nowizki, B. F. (Новицкий, Б. Ф.), Применение оптических квантовых генератов в исследовании процессов атмосферной диффузии. Тр. ГГО, Band 238, 1969, S. 64 to 69.

Obuchow, A. M. (Обухов, А. М.), Турбулентность в температуно-неоднородной атмосфере. Тр. Ин-та теор. геофиз. АН СССР, Band 1, 1946, S. 95–115.

Ognewa, T. A. (Огнева, Т. А.), Микроклиматические характеристики условий загрязнения атмосферы. In: Метеорологические аспекты загрязнения атмосферы. Гидрометеоиздат, Leningrad 1971, S. 137–146.

Ogura, I. (Огура, И.), Описание диффузии от непрерывного источника при конечном времени наблюдения. In: Атмосферная диффузия и загрязнение воздуха. Изд. иностр. лит., Moskau 1962.

Oke, T. R., Towards a more rational understanding of the urban heat island. Climatolog. Bull. Nr. 5, Montreal 1969.

Oke, T. R., Review of urban climatology 1968–1973. WMO Techn. Notes, Nr. 134, 1974, 132 S.

Onikul, R. I. (Оникул, Р. І.), К вопросу об образовании иркутских туманов. Тр. ГГО, Band 127, 1962.

Onikul, R. I., u. a. (Оникул, Р. И., и др.), Результаты анализа экспериментальных данных, характеризующих распределение атмосферных загрязнений вблизи тепловых электростанций. Тр. ГГО, Band 172, 1965, S. 23–34.

Oshima, R. J., A viable system of biological indicators for monitoring air pollutants. JAPCA 24 (1974) 6, 576–578.

Ossipow, J. S. (Осипов, Ю. С.), Диффузия от точечного источника конечного времени действия. In: Метеорологические аспекты загрязнения атмосферы. Гидрометеоиздат, Leningrad 1971, S. 207–214.

Ossipow, J. S., und N. L. Bysowa (Осипов, Ю. С., и Н. Л. Бызова), Методика расчета рассеивания примеси от высотного точечного источника. Тр. ИЭМ, Band 15, 1970, S. 115–141.

PACK, D. H., u. a., Halocarbon behaviour from a long time series. Atmos. Environ. 11 (1977) 4, 329—344.

PARRY, H. D., Ozone depletion by clorofluoromethans. Yet another look. J. Appl. Met. 16 (1977) 11, 1137—1148.

PARTSCHEWSKI, W. (Парчевски, В.), Влияние устойчивости атмосферы на распространение газообразных примесей. In: Метеорологические аспекты загрязнения атмосферы. Гидрометеоиздат, Leningrad 1971, S. 24—30.

PASQUILL, F., The estimation of the dispersion of windborne material. Met. Mag. 90 (1961) 1063.

PASQUILL, F., Atmospheric dispersion of pollution. Quart. J. Roy. Meteorol. Soc. (1971) 414, 369—395.

PASQUILL, F., Atmospheric diffusion. Wiley 1974, Band 4, 2. Aufl., 429 S.

PAWLENKO, A. A., und T. A. KUSMINA (Павленко, А. А., и Т. А. Кузьмина), К методам определения сероводорода и сероуглерода. Тр. ГГО, Band 234, 1968, S. 188—195.

PAWLENKO, W. A. (Павленко, В. А.), Газоанализаторы. Машиностроение, Moskau 1965.

PEARSON, F. J., und D. W. FISHER, Chemical composition of atmospheric precipitation in the Northeastern United States. Geol. Surv. Water-Supply Pap., 1535, 1971.

PERKINS, H. C., Air pollution. Nr. 4, McGraw-Hill Book Company, New York u. a. 1974, 408 S.

PETERS, L. K., und L. W. RICHARDS, Extension of atmospheric dispersion models to incorporate fast reversible reactions. Atmos. Environ. 11 (1977) 2, 101—108.

PETERSON, J. T., und K. L. DEMERJIAN, The sensivity of computed ozone concentrations to u. v. radiation in the Los Angeles area. Atmos. Environ. 10 (1976) 6, 459—468.

PETERSON, K. R., Continuous point source plume behaviour out to 160 miles. J. Appl. Meteorol. 7 (1968) 217—223.

PETIT, C., u. a., Study of turbulent diffusion above and within a forest-application in the case of SO_2-Atmos. Environ. 10 (1976) 12, 1057—1064.

PETRENTSCHUK, O. P. (Петренчук, О. П.), Химический состав облачной воды в районах Западной Сибири. Тр. ГГО, Band 234, 1968, S. 130—136.

PETRENTSCHUK, O. P. (Петренчук, О. П.), Оценка коррозионной агрессивности атмосферы в прибрежных районах. Тр. ГГО, Band 387, 1977, S. 116—121.

PETROSJANZ, M. A. (Петрозянц, М. А.), Институт экспериментальной метеорологии. Метеорология и гидрология (1968) 8.

PETROWA, G. M., und A. N. MIROSCHKINA (Петрова, Г. М., и А. Н. Мирошкина), Закономерность рассеяния аэрозольных частиц в свободной атмосфере. Тр. ИПГ, Band 4, 1967, S. 5—40.

PETROWA, G. M., u. a. (Петрова, Г. М., и др.), Осаждение облака взаимодействующих частиц и образование при этом „пылящего" источника в результате действия атмосферной диффузии. Докл. АН СССР 166 (1966) 6, 13—15.

PEWSNER, E. A., und A. S. SAIZEW (Певзнер, Э. А., и А. С. Зайцев), Автоматический газоанализатор и некоторые результаты регистрации окиси углерода в атмосферном воздухе. Тр. ГГО, Band 254, 1971, S. 197—204.

PILAT, M. J., und D. S. ENSOR, Plume quality and particulate mass concentration. Atmos. Environ. 4 (1970) 2, 163—173.

PINUS, N. S. (Пинус, Н. З.), О турбулентности атмосферы на малых высотах. In: Метеорологические аспекты загрязнения атмосферы. Гидрометеоиздат, Leningrad 1971, S. 109—129.

PIWOWAROWA, S. I. (Пивоварова, З. И.), Распределение коэффициента проирзачности атмосферы (для интегрального потока по территории СССР). Тр. ГГО, Band 312, 1968 (a).

PIWOWAROWA, S. I. (Пивоварова, З. И.), Многолетние изменения интенсивности солнечной радиации по наблюдениям актинометрических станций. Тр. ГГО, Band 233, 1966 (b).

POLESHAJEW, N. G., und W. W. GIRINA (Полежаев, Н. Г., и В. В. Гирина), Определение двуокиси азота в воздухе. Гигиена и санитария (1949) 11, 26—29.

POMOUS, M. I. (Помоус, М. И.), Географические проблемы освоения крупных промышленных—ресурсных территорий. In: Природные ресурсы и экономическая география СССР. Знание, Moskau 1971, S. 41—63.

POOLER, F. A.; A tracer study of dispersion over a city. JAPCA 11 (1966).

POOLER, F. A., und L. E. NIEMEYER, Dispersion from tall stacks: an evaluation. Proc. 2-d Int. Clean Air Congress, Washington 1971, S. 1049—1056.

PRAHM, L. P., und M. CHRISTENSEN, Validation of multiple source gaussian air quality model. Atmos. Environ. 11 (1977) 9, 791—796 (a).

PRAHM, L. P., und M. CHRISTENSEN, Long-range transmission of pollutants simulated by a two-dimensional pseudospectral dispersion model. J. Appl. Meteorol. 16 (1977) 9, 896—1100 (b).

PRESSMAN, A. J. (Прессман, А. Я.), О распространении в атмосфере тяжелых неоднородных примесей из мгновенного точечного источника. Ж. инж. физ. (1959) 3.

PRIESTLEY, C., und F. BALL, Continuous convection from an isolated source of heat. Quart. J. Roy. Met. Soc. 81 (1956).

PRIESTLEY, C., u. a., Turbulent diffusion in the atmosphere. WMO Tech. Note, Nr. 24, 1958, 68 S.

PROBALD, F., The energy balance as the basis of the urban climate of Budapest. Ann. Univ. Sci. Budapest, Sec. Geogr., 7 (1971) 51—68.

PROCH, L. S. (Прох, Л. З.), О перестройке стратификации температуры при эволюции туманов на суше. Тр. УкрНИГМИ, Band 55, 1966.

PRUSIK, B., u. a., Ergebnisse der „Internationalen Vergleichsmessungen der RGMASA mit automatischen Gasanalysatoren für Schwefeldioxid", Prag, 1—73. Z. f. Meteorol. 26 (1976) 5, 249—256.

RABINOWITSCH, L. S. (Рабинович, Л. С.), Распространение в атмосфере тяжелой примеси, выделяемой точечным источником. Изв. АН СССР, Физика атмосферы и океана (1965) 9.

RASTORGUJEWA, G. P. (Расторгуева, Г. П.), Характеристики метеорологического режима и турбулентного обмена в приземном слое воздуха по данным градиентных наблюдений. Тр. ГГО, Band 172, 1965, S. 48—57.

RASTORGUJEWA, G. P. (Расторгуева, Г. П.), Особенности термического режима городов. Тр. ГГО, Band 238, 1969, S. 145—152.

RASTORGUJEWA, G. P., und D. W. TSCHALIKOW (Расторгуева, Г. П., и Д. В. Чаликов), Опыт обработки градиентных наблюдений на электронной вычислительной машине. Тр. ГГО, Band 185, 1966, S. 26—30.

RASTRIGIN, A. A. (Растригин, А. А.), Статистические методы поиска. Физматгиз, Moskau 1968.

RAUCH, H., Zur Schornsteinüberhöhung. Ber. Meteorol. Inst. d. BRD, 1962.

RAUNDS, W., Solutions of the two-dimensional equations. Trans. Amer. Geophys. Un., Band 36, 1955.

RAUNER, J. A. (Раунер, Ю. А.), Тепловой баланс растительного покрова. Гидрометеоиздат, Leningrad 1972.

RAUNER, J. L., und M. M. TSCHERNAWSKAJA (Раунер, Ю. Л., и М. М. Чернавская), Тепловой баланс города и влияние городского озеленения на температурный режим. Изв. АН СССР, сер. геогр. (1972) 5.

Report and conclusions of the joint at hoc group in air pollution from fuel combustion in stationary sources OECD. Paris, 1973, 210 S.

REITER, E. L., Atmospheric transport processes. Teil 1, U.S. AEC, 1969.

REITER, E. L., Atmospheric transport processes, Teil 2, U.S. AEC, 1971.

REITER, E. L., Atmospheric transport processes. Teil 3, U.S. AEC, 1972.

RETTER, E. I. (Реттер. Э. И.), Аэродинамика промышленных зданий. Tscheljabinsk 1959, 204 S.

REUTER, H., Über den Einfluß der meteorologischen Parameter auf die Lage der Maxima der Imissionskonzentration am Boden bei vorgegebener Emissionsquelle. AMGB (A), 1964, Heft 1, S. 56—68.

REYNOLDS, S. D., u. a., Urban air shed photochemical simulation model study. Band 1, Contract N 68-02-0339, U.S. EPA W., 1973, 142 S.

RICHTER, B. W., u. a. (Рихтер, Б. В., и др.), Распределение приземных концентраций сернистого газа и золы в зоне тепловой электростанции. Тр. ГГО, Band 158, 1964, S. 84—87.

RICHTER, L. A. (Рихтер, Л. А.), Газовоздушные тракты тепловых электростанций. Изд. энергия, Moskau 1969.

RICHTER, L. A., u. a. (Рихтер, Л. А., и др.), Тепловой подъем газов из дымовых труб ТЭС. Теплоэнергетика (1973) 2, 52—57.

RIL, G. U. (Риль, Г. У.), Физика атмосферных процессов над морем. Гидрометеоиздат, Leningrad 1968 (Übers. aus d. Engl.).

RJABTSCHIKOW, A. M. (Рябчиков, А. М.), Изменение природной среды в результате производственной деятельности. Метеорология и гидрология (1974) 3, 9—16.

ROBBINS, R., u. a., Carbon monoxide in the atmosphere. JAPCA (1968) 2, 106—110.

ROBBINS, R., u. a., Analysis of ancient atmospheres. J. Geophys. Res. (1973) 24.

ROBINSON, E., und R. ROBBINS, Sources, abundance and fate of gaseous atmospheric pollutants. SRI Project PR-6785, 1968.

ROBINSON, E., und R. ROBINS, Gaseous sulfur pollutants from urban and natural sources. JAPCA (1970) 4, 233—235.

ROBINSON, E., und R. ROBINS, Emissions, concentrations and fate of particulate atmospheric pollutants. SRI Project SCC-8507, 1971.

ROFFMANN u. a., A field study on the behaviour of a SO_2 plume from a power plant near complex terrain and under stable atmospheric condition. Proc. third Symp. on atmospheric turbulent diffusion and air quality. AMS, Boston 1976, S. 421—429.

ROTHE, K. W., u. a., Remote mapping of NO_2 in Köln. Appl. Phys. 4 (1974) 181, 516—519.

ROTTY, M.; Global production of CO_2 from fossil fuels and possible changes in the world's climate. ASME publication, 1973, S. 1—12.

ROTTY, R. M., und A. M. WEINBERG, How long is coal's future. Climate Change 1 (1977) 1, 45—58.

ROWLAND, F. S., und M. S. MOLINA, Clorofluoromethanes in the environment. Rev. geophys. Space Phys. 13 (1975) 1—35.

RUSSINA, J. N. (Русина, Е. Н.), Оценка мутности атмосферы по актинометрическим данным. Тр. ГГО, Band 254, 1971, S. 190—197.

RUSSINA, J. N. (Русина, Е. Н.), Определение характеристик аэрозолей мутности атмосферы по данным спектральных актинометрических наблюдений. Метеорология и гидрология (1977) 5, 49—55.

SACHAROW, W. M., und O. K. KOSTKO (Захаров, В. М., и О. К. Костко), Метеорологическая лазерная локация. Гидрометеоиздат, Leningrad 1977, 222 S.

SAIZEW, A. S. (Зайцев, А. С.), Исследование характеристик турбулентности с помощью шаровпилотов. Тр. ГГО, Band 238, 1969, S. 180—183.

SAIZEW, A. S. (Зайцев, А. С.), Автоматизация обработки информации в свази с экспериментальными исследованиями атмосферной диффузии. In: Метеорологические аспекты загрязнения атмосферы. Гидрометеоиздат, Leningrad 1971, S. 130—136.

SAIZEW, A. S. (Зайцев, А. С.), Структура поля концентраций окиси углерода в городе. Тр. ГГО, Band 293, 1973, S. 47—51 (a).

SAIZEW, A. S. (Зайцев, А. С.), Результаты анализа временной структуры сернистого газа в атмосфере. Тр. ГГО, Band 293, (1973) S. 41—46 (b).

SALTZMAN, B., Coulometric microdetermination of nitrogen dioxide in the atmosphere. Anal. Chem. (1954) 12, 1949—1955.

SANDRONI, S., und C. CERUTTI, Long path measurements of atmospheric sulphur dioxide by a Barringer Cospec R. 111. Atmos. Environ. 11 (1977) 12, 1225—1232.

SASCHICHIN, M. N., u. a. (Зашихин, М. Н., и др.), Об унификации расчетов загрязнения атмосферы от многих источников с помощью ЭВМ. Тр. ГГО, Band 325, 1975, S. 161—174.

SCARINGELLI, F. P., u. a., Enhanced stability of sulfur dioxide in solution. Anal. Chem. 42 (1970) 1818.

SCHABAD, L. M. (Шабад, Л. М.), О циркуляции канцерогенов в окружающей среде. Медицина, Moskau 1973.

SCHAPRIZKI, W. N. (Шаприцкий, В. Н.), Очистка загрязнений воздуха в металлургии. Металлургия, Moskau 1965.

SCHELEICHOWSKI, G. B. (Шелейховский, Г. Б.), Задымление городов. Изд. Минкомхоз РСФСР, Moskau, Leningrad 1949.

SCHERBAN, A. N., u. a. (Щербань, А. Н., и др.), Телеметрическая система санитарно-химического контроля загрязнения воздуха. Химическая технология (1972) 3, 49—52.

SCHEWTSCHUK, I. A., und L. I. WWEDENSKAJA (Шевчук, И. А., и Л. И. Введенская), Численные характеристики метеорологических условий, сопутствующих периодам высокого загрязнения атмосферы в Западной Сибири. In: Метеорологические аспекты загрязнения атмосферы. Гидрометеоиздат, Leningrad 1971, S. 352 to 356.

SCHIERMIER, F. A., und L. E. NIEMEYER, Large power plant effluent study. Band 1, 1970, 450 S.

SCHIERMIER, F. A., und L. E. NIEMEYER, Large power plant effluent study. Band 2, Env. Health. Raleigh N.C., 1974, 334 S.

SCHMIDT, F. H., On the rise of hot plumes in the atmosphere. Int. J. Appl. Air Wat. Poll. **9** (1965) 4.

SCORER, R. S., The behaviour of chimney plumes. Int. J. Air Poll. **1** (1973) 198—200.

SEDUNOW, J. S. (Седунов, Ю. С.), Физика образования жидкокапельной фазы в атмосфере. Гидрометеоиздат. Leningrad 1972, 206 S.

SEILER, W., The cycle of atmospheric CO. Tellus **26** (1974) 1/2, 116—135.

SEINFELD, S. H., und W. H. CHWEN, Optimal distribution of air pollution sources. Atmos. Environ. **7** (1973) 1, 87—100.

SELESNEWA, J. S. (Селезнева, Е. С.), Атмосферные аэрозоли. Гидрометеоиздат, Leningrad 1966.

SELESNEWA, J. S. (Селезнева, Е. С.), О связи между минерализацией и электропроводностью атмосферных осадков. Тр. ГГО, Band 234, 1972, S. 208—212 (a).

SELESNEWA, J. S., Estimation of the background contamination of the atmosphere from the chemical composition of precipitation. Tellus **24** (1972) 2, 122—127 (b).

SELESNEWA, J. S., und O. P. PETRENTSCHUK (Селезнева, Е. С., и О. П. Петренчук), Об удалении примесей из атмосферы облаками и осадками. In: Метеорологические аспекты загрязнения атмосферы. Гидрометеоиздат, Leningrad 1971, S. 153—159.

SELESNEWA, J. S., und O. P. PETRENTSCHUK (Hrsg.) (Селезнева, Е. С., и О. П. Петренчук (ред.)), Распространение морских аэрозолей в прибрежной зоне. Тр. ГГО, Band 343, 1974.

SELVAN, A. M., u. a., Rainfall variations around a thermal power station. Atmos. Environ. **10** (1976) 11, 963—968.

SEPESCHI, L. (Сепеши, Л.), Метод определения средней концентрации примесей вблизи электростанций при помощи ЭВМ. In: Метеорологические аспекты загрязнения атмосферы. Гидрометеоиздат, Leningrad 1971, S. 31—36.

SHAW, S. H., The abundance of atmospheric carbon monoxide above Columbus, Ohio. Astrophys. J. (1958) 2, 428—440.

SHDANOWITSCH, J. W. (Жданович, Ю. В.), Организация санитарно-защитных зон промышленных предприятий. In: Метеорологические аспекты промышленных загрязнений атмосферы. Гидрометеоиздат, Leningrad 1968, S. 30—40.

SHIGALOWSKAJA, T. N., u. a. (Жигаловская, Т. Н., и др.), Микроэлементы в природных водах и атмосфере. Тр. ИЭМ, Band 2 (41), 1974, 182 S.

SHIRVAIKAR, V. V., und P. R. PATEK, Long term statistics of peak/mean concentrations from a point source. Atmos. Environ. **11** (1977) 4, 387—389.

SIDORENKO, G. I., und M. I. KARAGUNSKAJA (Hrsg.) (Сидоренко, Г. И., и М. И. Карагунская (ред.)), Гигиена атмосферного воздуха, воды и почвы (научный обзор). Moskau, 120 S.

SIDORENKO, G. I., und M. A. PINIGIN (Сидоренко, Г. И., и М. А. Пинигин), Гигиенические критерии максимально-допустимой нагрузки. In: Всесторонний анализ окружающей природной среды. Гидрометеоиздат, Leningrad 1976, S. 119—128.

SIGAL, I. J. (Сигал, И. Я.), Горение газа в котлах и атмосфере городов. Газовая промышленность (1969) 2, 30—35.

SILITINKEWITSCH, S. S. (Зилитинкевич, С. С.), Динамика пограничного слоя атмосферы. Гидрометеоиздат, Leningrad 1970.

SILITINKEWITSCH, S. S. (Зилитинкевич, С. С.), О турбулентности и диффузии при свободной конвекции. Изв. АН СССР. Физика атмосферы и океана. (1971) 12, 1263 to 1269.

SILITINKEWITSCH, S. S., und D. L. LAICHTMAN (Зилитинкевич, С. С., и Д. Л. Лайхтман), Турбулентный режим в приземном слое атмосферы. Изв. АН СССР. Физика атмосферы и океана (1965) 2, 150—156.

SIMIN, A. G. (Зимин, А. Г.), Вымывание радиоактивных аэрозолей из атмосферы осадками. In: Вопросы ядерной метеорологии. Атомиздат, Moskau 1962.

SINGER, S. F. (Hrsg.), The changing global environment. D. Reidal publ. Comp., Dodrecht-Hollan., 1975, 422 S.

SKALOW, D. G. (Скалов, Д. Г.), Распределение химиката в полосе авиаопрыскивания. Рефер. сб. Авиация в народном хозяйстве (1973) 4.

SMITH, F., The effect of sampling and averaging on the spectrum of turbulence. Quart. J. Roy. Meteorol. Soc. (1962) 376, 177.

SMITH, M. (Hrsg.), Recommended Guide for the prediction of air borne effluents. Amer. Soc. Mechan. Eng. (1968).

SNYDER, W., Similarity criteria for the application of fluid models to the study of air pollution meteorology. BLM Nr. 1, 1972, S. 113—134.

SNYDER, W. H., und R. E. LAWSON, Determination of a necessary hight for a stack close to a building-wind tunnel study. Atmos. Environ. **10** (1976) 9, 683—692.

SOLOMATINA, I. I. (Соломатина, И. И.), Влияние рельефа на скорости ветра и турбулентный обмен в приземном слое воздуха. Тр. ГГО, Band 158, 1964, S. 50—55.

SOLOMATINA, I. I. (Соломатина, И. И.), О влиянии рельефа на метеорологические характеристики в приземном слое воздуха. Тр. ГГО, Band 172, 1965, S. 58—69.

SOLOMATINA, I. I. (Соломатина, И. И.), Анализ и обобщение данных о выбросах вредных веществ в атмосферу. In: Нормирование и контроль промышленных выбросов в атмосферу. Гидрометеоиздат, Leningrad 1977, S. 27—33.

SONKIN, L. R. (Сонькин, Л. Р.), Синоптические условия формирования инверсий в нижном 500-метровом слое. Тр. ГГО, Band 172, 1965, S. 70—85.

SONKIN, L. R. (Сонькин, Л. Р.), Годовой ход и синоптическая обусловленность температурных профилей в нижнем 500-метровом слое. Тр. ГГО, Band 185, 1966, S. 31—43.

SONKIN, L. R. (Сонькин, Л. Р.), Некоторые результаты синоптико-климатического анализа загрязнения воздуха в городах. Тр. ГГО, Band 207, 1968, S. 56—64.

SONKIN, L. R. (Сонькин, Л. Р.), Некоторы возможности прогноза содержания примессей в городском воздухе. Тр. ГГО, Band 254, 1971, S. 121—132.

SONKIN, L. R. (Сонькин, Л. Р.), Вопросы прогнозирования фонового загразнения воздуха в городах. Тр. ГГО, Band 314, 1974, S. 42—51.

SONKIN, L. R., und T. M. MATWEJEWA (Сонькин, Л. Р., и Т. М. Матвеева), Некоторые особенности формирования температурных профилей в нижнем 500-метровом слое над Европейской Территорией СССР. Тр. ГГО, Band 207, 1968, S. 133—137.

SONKIN, L. R., und D. W. TSCHALIKOW (Сонькин, Л. Р., и Д. В. Чаликов), Об обработке и анализе наблюдений за загрязнением воздуха в городах. Тр. ГГО, Band 207, 1968, S. 51—55.

SONKIN, L. R., u. a. (Сонькин, Л. Р., и др.), К вопросу о метеорологической обусловленности загрязнения воздуха над городом. Тр. ГГО, Band 185, 1966, S. 44—54.

SPURNY, K., u. a. (Спурный, К., и др.), Аэрозоли. Атомиздат, Moskau 1964, 196 S. (Übers. aus d. Tschech.).

SRASHEWSKI, I. M., und W. W. KLINGO (Зражевский, И. М., и Клинго, В. В.), К моделированию атмосферных турбулентных движений над неоднородной подстилающей поверхностью. Тр. ГГО, Band 254, 1971, S. 39—56.

SRASHEWSKI, I. M., u. a. (Зражевский, И. М., и др.), Исследование влияния различных форм рельефа на характеристики воздушного потока в аэродинамической трубе. Тр. ГГО, Band 207, 1968, S. 38—50.

START, G. E., u. a., Affluent dilutions over mountainous terrain. Proc. third Symp. on atmospheric turbulence, diffusion and air pollution, AMS Boston, 1976, S. 235—242.

STEINHAUSER, F., Ergebnisse mehrjähriger Beobachtungen der Staubablagerungen in Österreich. Wetter und Leben (1971) 5/6, S. 89—102.

STEPHENS, E. R., Chemistry of atmospheric oxidants. JAPCA (1969) 3, 181—185.

STERN, A. C. (Hrsg.), Air pollution. P. 1, N. 4, Acad. Press, London 1968, 694 S.

STERN, A. C. (Hrsg.), Proceedings of the Symposium on multiple source diffusion models. U.S. Environ. Protect. Agency, 1970.

STERNSAT, M. S. (Стернзат, М. С.), Метеорологические приборы и наблюдения. Гидрометеоиздат, Leningrad 1974, 468 S.

STEVENS, C. M., Methane in stratosphere. Nature 223 (1971), 543 S.

STEVENS, K. K., und O'KEEFE, Modern aspects of air pollution monitoring. Analyt. Chem. 42 (1970) 2, A143–A148.

STOKTON, E. (Стоктон, Э.), Питсбург. Раньше город дыма и копоти, теперь город чистого неба. Kurier UNESCO, Juli 1971, S. 14–19.

STÜMKE, H., Berücksichtigung vereinfachter Geländetypen bei der Berechnung der turbulenten Ausbreitung von Schornsteingasen. Staub 24 (1964).

STÜMKE, H., Untersuchungen zur turbulenten Ausbreitung von Schornsteingasen über nichtebenem Gelände. Staub 26 (1966).

STYRO, B. I. (Стыро, Б. И.), Самоочищение атмосферы от радиоактивных загрязнений. Гидрометеоиздат, Leningrad 1968.

SUJEW, W. J. (Зуев, В. Е.), Лазерное зондирование атмосферы. Успехи физ. наук 107 (1972) 3, 520–521.

SUNDSTRÖM, K. R., und J. E. HÄLLGREN, Using lichens as physiological indicators of sulfurous pollutants. Ambio. 2m (1973) 12, 13–21.

SUTTON, O. G., Micrometeorology. Mc Graw-Hill, New York 1953.

Sweden's case study for the UN conference on the human environment. Stockholm 1971.

TALROSE, W. L., u. a. (Тальрозе, В. Л., и др.), Химико-кинетические критерии воздействия на озоносферу веществ естественного и антропогенного происхождения. физ. атмосферы и океана 14 (1978) 14, 355–365.

TAWARTKILADSE, K. A. (Таварткиладзе, К. А.), Увеличение запыленности атмосферы над территорией СССР. Метеорология и гидрология (1970) 5, 42–52.

The OECD Programme on long transport of air pollutants. OECD, Paris 1977.

THOMAS, F. W., u.a., Plume rise estimates for electric generating stations. JAPCA (1970) 3, 170–177.

TSCHERNAWSKAJA, M. M. (Чернавская, М. М.), Прозрачность атмосферы города Баку. Изв. АН СССР, сер. геогр. (1969) 4.

TURNER, D. B., Relationship between 24-hour mean-air quality measurements and meteorological factors in Nashville Tenn. JAPCA (1961).

TURNER, D. B., A diffusion model for an urban areas. J. Appl. Meteorol. (1963) 1.

TURNER, D. B., Workbook of atmospheric dispersion estimates. NAPCA, Cincinati 1969, 84 S.

UHLIG, S., Bestimmung der Stabilitätsgrade der Luft an Hand von Wettermeldungen. Mitteilungen des Deutschen Wetterdienstes, 1965, S. 436.

Urban climates. WMO Tech. Note, Nr. 108, 1970.

VDI-Richtlinie 2280, Ausbreitung luftfremder Stoffe in der Atmosphäre. VDI-Verlag, Düsseldorf 1963.

WAINERDI, R., u. a., Nuclear analytical methods and systems for the measurement of trace constituents in the environment. Nucl. Tech. Environ. Pollut., Wien 1971, S. 459–479.

WARMBT, W., Untersuchungen zur Methodik netzmäßiger Messungen der SO_2-Konzentration. Z. f. Meteorol. 27 (1977) 4, 206–215.

WASSILTSCHENKO, I. W. (Васильченко, И. В.), Основные тупы вертикальных профилей температуры и ветра в нижнем 500-метровом слое по аэростатным наблюдениям в районе щекинской ГРЭС. Тр. ГГО, Band 172, 1965, S. 94–103.

WASSIN, M. I. (Васин, М. И.), Чистое небо. Советская Россия, Moskau 1974, 176 S.

WAWILOWA, N. G., u. a. (Вавилова, Н. Г., и др.), Статистический анализ данных о загрязнении воздуха в городах с помощью естественных функций. Тр. ГГО, Band 238, 1969, S. 27–32.

WDOWIN, B. I., und W. G. WOLOSCHIN (Вдовин, Б. И., и В. Г. Волошин), О частоте и точности температурного зондирования пограничного слоя атмосферы. Тр. ГГО, Band 238, 1969, S. 184–190.

WDOWIN, B. I., und A. M. ZAREW (Вдовин, Б. И.., и А. М. Царев), О развитии штилей в пограничном слое атмосферы. Тр. ГГО, Band 238, 1969, S. 191–194.

WDOWIN, B. I., u. a. (Вдовин, Б. И., и др.), Экспериментальные исследования рассеивания в атмосфере холодных вентиляционных выбросов предприятий вискозного волокна. Тр. ГГО, Band 254, 1971, S. 57–71.

WDOWIN, B. I., u. a. (Вдовин, Б. И., и др.), Изучение закономерностей рассеивания в атмосфере выбросов от глиноземно-цементных промышленных комплексов. Тр. ГГО, Band 293, 1973, S. 240–249.

WEATHERLEY, M. L., Effects of suspension of smoke control orders on smoke concentrations. Clean Air (1972) 6, 9–10.

WEIL, J. C., und A. F. JEPSEN, Evalution of the Gaussian plume at the Dickerson power plant. Atmos. Environ. **11** (1977) 10, 901–910.

WEINSTOCK, B., und H. NIKI, Carbon monoxide balance in nature. Science **176** (1972) 290–292.

WELTISTSCHEWA, N. S. (Вельтищева, Н. С.), Численная модель дальнего переноса двуокиси серы. Метеорология и гидрология (1977) 9, 40–45.

WEST, P. W., und G. G. GAEKE, Fixation of sulfur dioxide as disulfitomercurate II, subsequent coulorimetric estimation. Anal. Chem. **28** (1956) 1816–1819.

WEYKMANN, H., Man-made weather patterns in the Great Lakes basin. Weatherwise (1972) 6, 260–268.

WHELPDALE, D. M., und R. E. MUNN, Global sources, sinks and transport of air pollution. In: Air pollution, V. 1, N. 4, Academic Press, New York, London 1976 (3. Aufl.).

WIGLEY, T. L., und P. R. SLAWSON, On the condensation of buoyant moisture. bent – over plumes. J. Appl. Meteorol. **10** (1971) 2, 253–259.

WINOGRADOW, A. P. (Виноградов, А. П.), Человек и климат. Неделя, Nr. 32, 1971.

WIPPERMANN, F., Die Maximalkonzentrationen in turbulenter Strömung sich ausbreitender Gase. Int. J. Air Wat. Poll. (1961).

WIPPERMANN, F., The planetary boundary layer of the atmosphere. Deutscher Wetterdienst, Offenbach a. M. 1973, 346 S.

WIPPERMANN, F., und W. KLUG, Schornsteinmindesthöhen. Darmstadt 1960.

WMO Guidelines for baseline and regional stations with expended programmes. Genf 1974, S. 100.

WOLBERG, N. S., und O. P. SCHARIKOWA (Вольберг, Н. Ш., и О. П. Шарикова), Применение сорбционных трубок для отбора проб воздуха при определении двуокиси серы. Тр. ГГО, Band 325, 1975, S. 152–160.

WOLBERG, N. S. (Вольберг, Н. Ш.), Кулонометрический метод определения серосодержащих соединений в воздухе. Тр. ГГО, Band 238, 1969, S. 107–117.

WOLBERG, N. S., und I. I. POTSCHINA (Вольберг, Н. Ш., и И. И. Почина), Непрерывное определение содержания окиси углерода в атмосфере кулонометрическим методом. Тр. ГГО, Band 314, 1974, S. 114–122.

WOLBERG, N. S., u. a. (Вольберг, Н. Ш., и др.), Вопросы внедрения автоматических методов определения атмосферных загрязнений. In: Метеорологические аспекты загрязнения атмосферы. Гидрометеоиздат, Leningrad 1971, S. 260–268.

WOLBERG, N. S., u. a. (Вольберг. Н. Ш., и др.), Результаты международных сравнений автоматических газоанализаторов на сернистый газ. Тр. ГГО, Band 293, 1973, S. 26–40.

WOLOSCHIN, W. G. (Волошин, В. Г.), К вопросу о применении радиозондов для исследования пограничного слоя атмосферы. Тр. ГГО, Band 234, 1968, S. 223–230.

WOLOSTSCHUK, W. M. (Волощук, В. М.), Введение в гидродинамику грудодисперсных аэрозолей, Гидрометеоиздат, Leningrad 1971, 208 S.

WORONZOW, P. A. (Воронцов, П. А.), Аэрологические исследования пограничного слоя атмосферы. Гидрометеоиздат, Leningrad 1960 (a).

WORONZOW, P. A. (Воронцов, П. А.), Методы и приборы для изучения пограничного слоя атмосферы. Гидрометеоиздат, Leningrad 1960 (b).

WORONZOW, P. A. (Воронцов, П. А.), Некоторые задачи аэрологических наблюдений при исследовании распространения дымовых струй. Тр. ГГО, Band 158, 1964, S. 56–68.

WORONZOW, P. A. (Воронцов, П. А.), Исследования турбулентного обмена в районе Щекинской ГРЭС. Тр. ГГО, Band 172, 1965, S. 104–121.

WORONZOW, P. A. (Воронцов, П. А.), Исследование структуры воздушного потока как фактора переноса продуктов загрязнения атмосферы. Тр. ГГО, Band 207, 1968, S. 138–154.

WORONZOW, P. A. (Hrsg.) (Воронцов, П. А. (ред.)), Метеорологический режим карьеров. Тр. ГГО, Band 207, 1970.
WORONZOW, P. A. (Hrsg.) (Воронцов, П. А. (ред.)), Воздухообмен и микроклимат карьеров. Тр. ГГО, Band 294, 1972.
WORONZOW, P. A., u. a. (Воронцов, П. А., и др.), Методика и некоторые результаты исследования турбулентного обмена в пограничном слое атмосферы с помощью самолета. Тр. ГГО, Band 158, 1964, S. 77–83.
YAMAMOTO, G., u. a., Hemispherical distribution of turbidity coefficient as estimated from direct solar radiation measurements. Jap. J. Met. Soc. (1968) 4, 278–300.
ZAREW, A. M. (Царев, А. М.), К вопросу о влиянии города на режим туманов. Тр. ГГО, Band 387, 1977, S. 147–153.
ZDUNKOWSKI, W. G., und B. C. NIELSEN. Preliminary prediction analysis radiation fog. Pageogh. Vol. 75, 1969.
ZEEDISK, H., und C. A. VELDS, The transport of SO_2 over a long distance. Atmos. Environ. 7 (1973) 9, S. 849–862.

Im Literaturverzeichnis wurden die russischen Namen transkribiert. Der Name des Autors erscheint deshalb als M. J. BERLJAND

Sachverzeichnis

Berichtigung

S. 48: In Gl. (2.2) muß der 2. Term richtig heißen:

$$e^{-\frac{u_1 H^{1+x}}{(1+n)^2 k_1 x} - \frac{y^2}{4k_0 x}} .$$

S. 104, 1. Zeile von oben: statt: q_M lies: v_M

S. 132, 13. Zeile von unten: statt: χ lies: x

S. 366, 2. Zeile von oben: statt: man lies: am

S. 411, 30. Zeile von oben: statt: Atoms lies: Atmos.

Bei Fragen zur Produktsicherheit wenden Sie sich bitte an:
If you have any questions regarding product safety,
please contact:

Walter de Gruyter GmbH
Genthiner Straße 13
10785 Berlin
productsafety@degruyterbrill.com